AF544638

EUL
VERLAG

Dr. Benjamin Brucker

Gesellschafterkontenabgrenzung einer inländischen Personenhandelsgesellschaft und deren Bedeutung in ausgewählten ertragsteuerlichen Normen

Bibliografische Information der Deutschen Nationalbibliothek

Die Deutsche Nationalbibliothek verzeichnet diese Publikation in der Deutschen Nationalbibliografie; detaillierte bibliografische Daten sind im Internet über <http://dnb.d-nb.de> abrufbar.

Dissertation, Universität Hohenheim, 2016

D 100

ISBN 978-3-8441-0488-2
1. Auflage Dezember 2016

JOSEF EUL VERLAG GmbH
Brandsberg 6
53797 Lohmar
Tel.: 0 22 05 / 90 10 6-80
Fax: 0 22 05 / 90 10 6-88
E-Mail: info@eul-verlag.de
http://www.eul-verlag.de

Bei der Herstellung unserer Bücher möchten wir die Umwelt schonen. Dieses Buch ist daher auf säurefreiem, 100% chlorfrei gebleichtem, alterungsbeständigem Papier nach DIN 6738 gedruckt.

Vorwort

Die vorliegende Arbeit wurde im Sommersemester 2016 von der Wirtschafts- und Sozialwissenschaftlichen Fakultät der Universität Hohenheim als Dissertation angenommen. Gesetzesstand, Literatur und Rechtsprechung wurden bis zur Abgabe der Arbeit (Mai 2016) berücksichtigt.

Besonderer Dank gebührt meinem akademischen Lehrer und Doktorvater, Herrn Prof. Dr. *Holger Kahle*. Zum Gelingen der vorliegenden Arbeit haben seine persönliche Förderung und Betreuung sowie seine uneingeschränkte Unterstützung maßgeblich beigetragen. Herrn Prof. Dr. *Ulrich Palm* danke ich für die rasche Erstellung des Zweitgutachtens und Herrn Prof. Dr. *Dirk Hachmeister* für die Übernahme des Prüfungsvorsitzes im Rahmen des Promotionskolloquiums.

Für die sehr gute Zusammenarbeit während der gemeinsamen Lehrstuhlzeit möchte ich mich bei allen ehemaligen Kolleginnen und Kollegen am Lehrstuhl für Betriebswirtschaftliche Steuerlehre und Prüfungswesen bedanken. Insbesondere danke ich Herrn Dr. *Benjamin Cortez* für seine ständige Unterstützung und dafür, dass er mir mit seiner selbstlosen Hilfsbereitschaft die Endphase der Dissertation maßgeblich erleichtert hat.

Den wichtigsten Menschen sei zum Schluss gedankt. Meinen Töchtern *Helene* und *Mathilda* danke ich von ganzem Herzen. Auch wenn es Ihnen selbst wohl nicht bewusst war, trugen sie wesentlich zum Gelingen dieser Arbeit bei, indem sie mir immer wieder aufs Neue und vor allem in schwierigen Phasen vor Augen führten, dass es neben meinem Promotionsvorhaben doch weitaus wichtigere Dinge in meinem Leben gibt. Den größten Dank schulde ich jedoch meiner *Lissi*, die wohl die schwerste zwischenmenschliche Last meiner Dissertation tragen musste. Ihr bedingungsloser Rückhalt und ihr stetiger Zuspruch in allen Phasen dieser Arbeit sind nicht zu begleichen. Ohne ihre Geduld und ohne ihren Glauben in mich wäre diese Arbeit nicht zustande gekommen – ihr widme ich diese Arbeit.

Murrhardt-Siegelsberg, im Dezember 2016 Benjamin Brucker

Inhaltsübersicht

Inhaltsverzeichnis

Abbildungsverzeichnis

Abkürzungsverzeichnis

A. Verzeichnis der gebräuchlichen Abkürzungen für Zeitschriften und regelmäßig erscheinende Sammelwerke

ADS	Adler/Düring/Schmaltz (Kommentar zum HGB)
AER	The American Economic Review (Zeitschrift)
BB	Betriebs-Berater (Zeitschrift)
BBK	Buchführung, Bilanzierung, Kostenrechnung (Zeitschrift)
BC	Zeitschrift für Bilanzierung, Rechnungswesen und Controlling (Zeitschrift)
BeSt	Beratersicht zur Steuerrechtsprechung (Zeitschrift)
BFH/PR	Entscheidungen des BFH für die Praxis der Steuerberatung (Zeitschrift)
BFuP	Betriebswirtschaftliche Forschung und Praxis (Zeitschrift)
BuW	Betrieb und Wirtschaft (Zeitschrift)
CDFI	Cahiers de Droit Fiscal International
CFL	Corporate Finance Law (Zeitschrift)
DB	Der Betrieb (Zeitschrift)
DBW	Die Betriebswirtschaft (Zeitschrift)
DK	Der Konzern (Zeitschrift)
DStJG	Deutsche Steuerjuristische Gesellschaft
DStJG	Deutsche Steuerjuristische Gesellschaft (Zeitschrift)
DStR	Deutsches Steuerrecht (Zeitschrift)
DStRE	Deutsches Steuerrecht Entscheidungsdienst (Zeitschrift)
DStZ	Deutsche Steuer-Zeitung (Zeitschrift)
DSWR	Datenverarbeitung – Steuer – Wirtschaft – Recht (Zeitschrift)
EStB	Ertrag-Steuer-Berater (Zeitschrift)
FA	Finanzarchiv (Zeitschrift)
FN-IDW	IDW Fachnachrichten (Zeitschrift)
FR	Finanz-Rundschau (Zeitschrift)

GmbHR	GmbH-Rundschau (Zeitschrift)
GmbH-StB	GmbH-Steuerberater (Zeitschrift)
HFR	Höchstrichterliche Finanzsprechung (Zeitschrift)
INF	Die Information für Steuerberater und Wirtschaftsprüfung (Zeitschrift)
IRZ	Zeitschrift für internationale Rechnungslegung (Zeitschrift)
IStR	Fachzeitschrift zum internationalen Steuerrecht (Zeitschrift)
IWB	NWB Internationale Wirtschafts-Briefe (Zeitschrift)
JbFfSt	Jahrbuch der Fachanwälte für Steuerrecht
JbFStR	Jahrbuch der Fachanwälte für Steuerrecht (Zeitschrift)
JuS	Juristische Schulung (Zeitschrift)
JZ	Juristen Zeitung (Zeitschrift)
KK	Kredit und Kapital (Zeitschrift)
KoR	Zeitschrift für internationale und kapitalmarktorientierte Rechnungslegung (Zeitschrift)
KÖSDI	Kölner Steuerdialog (Zeitschrift)
NJW	Neue Juristische Wochenschrift (Zeitschrift)
NVwZ	Neue Zeitschrift für Verwaltungsrecht (Zeitschrift)
NWB	Neue Wirtschafts-Briefe (Zeitschrift)
NZG	Neue Zeitschrift für Gesellschaftsrecht (Zeitschrift)
PiR	Praxis internationale Rechnungslegung bzw. NWB Internationale Rechnungslegung (Zeitschrift)
RdF	Recht der Finanzinstrumente (Zeitschrift)
RGZ	Entscheidungen des Reichsgerichts in Zivilsachen (Zeitschrift)
RIW	Recht der Internationalen Wirtschaft (Zeitschrift)
RNotZ	Rheinische Notarzeitschrift (Zeitschrift)
S:R	Status:Recht (Zeitschrift)
SJ	Steuer-Journal (Zeitschrift)
Stbg	Die Steuerberatung (Zeitschrift)

StbJb	Steuerberater-Jahrbuch
StBp	Die steuerliche Betriebsprüfung (Zeitschrift)
SteuK	Steuerrecht kurzgefaßt (Zeitschrift)
StuB	NWB Unternehmensteuern und Bilanzen (Zeitschrift)
StuD	NWB Steuer & Studium (Zeitschrift)
StuW	Steuer und Wirtschaft (Zeitschrift)
TLR	Tax Law Review (Zeitschrift)
TNI	Tax Notes International (Zeitschrift)
Ubg	Die Unternehmensbesteuerung (Zeitschrift)
WiSt	Wirtschaftswissenschaftliches Studium (Zeitschrift)
WM	Zeitschrift für Wirtschafts- und Bankrecht (Zeitschrift)
WPg	Die Wirtschaftsprüfung (Zeitschrift)
ZfB	Zeitschrift für Betriebswirtschaft (Zeitschrift)
ZfbF	Zeitschrift für Betriebswirtschaftliche Forschung (Zeitschrift)
ZfhF	Zeitschrift für handelswissenschaftliche Forschung (Zeitschrift)
ZGR	Zeitschrift für Unternehmens- und Gesellschaftsrecht (Zeitschrift)
ZHR	Zeitschrift für das gesamte Handels- und Wirtschaftsrecht (Zeitschrift)
ZIP	Zeitschrift für Wirtschaftsrecht (Zeitschrift)
ZNotP	Zeitschrift für die Notarpraxis (Zeitschrift)
ZSteu	Zeitschrift für Steuer und Recht (Zeitschrift)

B. Verzeichnis der steuerspezifischen Begrifflichkeiten

AktG	Aktiengesetz
AO	Abgabenordnung
AStG	Außensteuergesetz
BFH	Bundesfinanzhof
BFHE	Entscheidungen des BFH
BGB	Bürgerliches Gesetzbuch

BGBl.	Bundesgesetzblatt
BGH	Bundesgerichtshof
BGHZ	Entscheidungen des Bundesgerichtshofs in Zivilsachen
BMF	Bundesministerium der Finanzen
BR-Drs.	Drucksache(n) des Deutschen Bundesrates
BStBK	Bundessteuerberaterkammer
BStBl.	Bundessteuerblatt
BT-Drs.	Drucksache(n) des Deutschen Bundestages
BVerfG	Bundesverfassungsgericht
BVerfGE	Entscheidung des Bundesverfassungsgerichts
DBA	Doppelbesteuerungsabkommen
DStJG	Deutsche Steuerjuristische Gesellschaft
EC	Europäische Kommission
EFG	Entscheidungen der Finanzgerichte
EStG	Einkommensteuergesetz
EStH	Einkommensteuer-Hinweise
EStR	Einkommensteuer-Richtlinien
EuGH	Europäischer Gerichtshof
EuGHE	Sammlung der Entscheidungen des Europäischen Gerichtshofs
FG	Finanzgericht
FGO	Finanzgerichtsordnung
FinMin	Finanzministerium
FS	Festschrift
GewStG	Gewerbesteuergesetz
GmbHG	Gesetz betreffend die Gesellschaften mit beschränkter Haftung
GrS	Großer Senat
GS	Gedächtnisschrift
H	Hinweis

HFA	Hauptfachausschuss
HGB	Handelsgesetzbuch
IAS	International Accounting Standards
IASB	International Accounting Standards Board
IDW	Institut der Wirtschaftsprüfer e.V.
IFA	International Fiscal Association
IFRS	International Financial Reporting Standards
InsO	Insolvenzordnung
JStG	Jahressteuergesetz
KapESt	Kapitalertragsteuer
KStG	Körperschaftsteuergesetz
KWG	Gesetz über das Kreditwesen
NV	nicht veröffentlicht
OECD	Organisation für wirtschaftliche Zusammenarbeit und Entwicklung
OECD-MA	OECD-Musterabkommen
OFD	Oberfinanzdirektion
OLG	Oberlandesgericht
R	Richtlinie
RFH	Reichsfinanzhof
RFHE	Sammlung der Entscheidungen und Gutachten des Reichsfinanzhofs
RGBl.	Reichsgesetzblatt
rkr.	rechtskräftig
RStBl.	Reichssteuerblatt
SEStEG	Gesetz über steuerliche Begleitmaßnahmen zur Einführung der Europäischen Gesellschaft und zur Änderung weiterer steuerrechtlicher Vorschriften
UmwG	Umwandlungsgesetz
UmwStG	Umwandlungssteuergesetz

C. Verzeichnis der gängigen Abkürzungen

a. A.	andere Auffassung / andere Ansicht
Abs.	Absatz
Abschn.	Abschnitt
Abt.	Abteilung
a. F.	alte Fassung
AG	Aktiengesellschaft
AK	Anschaffungskosten
Anm.	Anmerkung
Art.	Artikel
Aufl.	Auflage
Az.	Aktenzeichen
Bd.	Band
BewG	Bewertungsgesetz
bspw.	beispielsweise
Buchst.	Buchstabe
bzw.	beziehungsweise
d. h.	das heißt
Drs.	Drucksache
Einf.	Einführung
et al.	et alii (lat.: "und andere ")
etc.	et cetera (lat.: "und so weiter")
EG	Europäische Gemeinschaft
EU	Europäische Union
f.	folgende
ff.	fortfolgende
FA	Finanzamt
Fn.	Fußnote

gem.	gemäß
GG	Grundgesetz
ggf.	gegebenenfalls
Gl. A.	gleiche Auffassung / gleiche Ansicht
GmbH	Gesellschaft mit beschränkter Haftung
HK	Herstellungskosten
h. M.	herrschende Meinung
Hrsg.	Herausgeber
HS	Halbsatz
Hs.	Halbsatz
i. d. F.	in der Fassung
i. d. R.	in der Regel
i. e. S.	im engeren Sinn
i. H. v.	in Höhe von
insb.	Insbesondere
i. R. d.	im Rahmen der/des
i. S.	im Sinne
i. S. d.	im Sinne des
i. S. e.	im Sinne eines
i. S. v.	im Sinne von
i. V. m.	in Verbindung mit
i. w. S.	im weiteren Sinne
i. Z. m.	im/in Zusammenhang mit
KG	Kommanditgesellschaft
lit.	Littera (lat. Buchstabe)
MA	Musterabkommen
m. E.	meines Erachtens
m. w. N.	mit weiteren Nachweisen

Nr.	Nummer
o. g.	oben genannten
OHG	Offene Handelsgesellschaft
R	Richtlinie
rev.	revised
Rz.	Randziffer
s.	siehe
S.	Seite
sog.	sogenannte
Sp.	Spalte
str.	strittig
u. a.	unter anderem
u. U.	unter Umständen
v.	vom
vgl.	vergleiche
vs.	versus
z. B.	zum Beispiel
z. T.	Zum Teil

1. Einleitung

1.1. Problemstellung und Zielsetzung

Die Personenhandelsgesellschaft[1] besitzt nach § 124 HGB eine gewisse eigene Rechtspersönlichkeit und kann deshalb mit ihren Gesellschaftern schuldrechtliche Verträge abschließen.[2] Somit ist es dem Gesellschafter grundsätzlich möglich, seiner Gesellschaft sowohl als Eigen- als auch als Fremdkapitalgeber gegenüberzutreten.[3] Zudem ist der Gesellschafter frei in seiner Entscheidung, ob und in welcher Höhe er seine Gesellschaft mit Eigen- oder Fremdkapital ausstattet.[4]

Zur Erfassung der vom Gesellschafter überlassenen Beträge schreibt das Handelsrecht für Personenhandelsgesellschaften in den §§ 119 ff. HGB die Einrichtung von Gesellschafterkonten vor.[5] Das gesetzliche System nach § 120 Abs. 2 HGB kennt bei der OHG nur ein einheitliches variables Gesellschafterkonto. Diese Regelung gilt nach § 161 Abs. 2 i. V. m. § 120 Abs. 2 HGB auch für den Vollhafter einer KG. Hingegen führen die Kommanditisten einer KG zunächst ein der Höhe nach begrenztes einheitliches Kapitalkonto. Ist die vereinbarte Einlage auf diesem Kapitalkonto erbracht, werden entstehende Gewinnanteile oder weitere Einlagen einem zweiten Konto gutgeschrieben (§ 167 Abs. 2 HGB). Die gesetzlichen Kontenmodelle sind für die Praxis aus verschiedenen Gründen[6] jedoch unzweckmäßig, sodass diese in der gesellschaftsvertraglichen Praxis häufig modifiziert

---

1 Die im Handelsrecht existierenden Typen von Personenhandelsgesellschaften sind die offene Handelsgesellschaft (OHG) und die Kommanditgesellschaft (KG). Die GmbH & Co. KG ist eine Sonderform der KG, bei der mindestens ein vollhaftender Gesellschafter eine GmbH ist.

2 Vgl. *Ulmer/Schäfer*, in: Säcker et al., Münchener Kommentar zum BGB, 2013, § 705 BGB, Rz. 187, 202. Detailliert zur Rechtsfähigkeit der Personengesellschaft vgl. *Palm*, Person im Ertragsteuerrecht, 2013, S. 317 ff.

3 Vgl. *Wendt*, Stbg 2010, S. 145.

4 Vgl. BFH, Urteil v. 5.2.1992, I R 127/90, BStBl. II 1992, S. 532. Das Urteil bezog sich zwar speziell auf die Gesellschafter-Fremdfinanzierung einer Kapitalgesellschaft, die Überlegungen gelten aber rechtsformübergreifend, vgl. *Prinz*, in: Prinz/Hoffmann, Beck'sches Handbuch der Personengesellschaften, 2014, § 7, Rz. 21.

5 Für andere Personengesellschaften wie bspw. die Gesellschaft bürgerlichen Rechts (GbR) oder die Partnerschaftsgesellschaft gelten die Vorschriften des HGB hingegen nicht. Die Rechtsgrundlagen für diese Gesellschaftsformen ergeben sich für die GbR aus §§ 705 ff. BGB und für die Partnergesellschaft aus dem Partnergesellschaftsgesetz (PartGG). Mangels Kaufmannseigenschaft sind diese Gesellschaften auch nicht verpflichtet, einen Jahresabschluss nach handelsrechtlichen Grundsätzen zu erstellen (§ 238 HGB). Eine Verpflichtung zur Buchführung kann sich lediglich nach steuerrechtlichen Vorschriften (§ 141 AO) ergeben. Eine analoge Anwendung der in der Untersuchung dargestellten Kontenmodelle ist aufgrund der Dispositivität der für die o. g. Gesellschaften einschlägigen Rechtsnormen jedoch möglich. Personenhandelsgesellschaften sind hingegen zur Buchführung und zur Erstellung eines Jahresabschlusses verpflichtet (§§ 238, 242 HGB, i. V. m. § 6 Abs. 1 HGB). Bei Gewinneinkünften erzielenden Personenhandelsgesellschaften ist dieser Verpflichtung aufgrund § 140 AO auch steuerlich nachzukommen. Aufgrund dessen werden im Rahmen der Untersuchung nur Personenhandelsgesellschaften betrachtet.

6 Vgl. hierzu Gliederungspunkt 3.2.3.1.

werden.[7] Die Abbildung des Eigenkapitals erfolgt dann meist zahlenmäßig auf mehreren (Unter-)Kapitalkonten, die in ihrer Summe den Kapitalanteil des Gesellschafters ausmachen. Überlassene Geldbeträge, die Fremdkapital darstellen, werden grundsätzlich auf einem dafür eingerichteten Darlehenskonto verbucht.

Allerdings sind die gesellschaftsvertraglichen Regelungen zu den Gesellschafterkonten häufig ebenfalls nicht eindeutig. Mit der Erfassung der jeweiligen Beträge auf den Gesellschafterkonten ist zudem noch keine Entscheidung darüber getroffen worden, ob es sich bei dem einzelnen Gesellschafterkonto um Eigen- oder Fremdkapital handelt. Diese Frage ist jedoch von erheblicher praktischer Bedeutung. Unzweckmäßig und unzulänglich ausgestaltete Bestimmungen beinhalten ein erhebliches Streit- und Konfliktpotential. Für zahlreiche betriebswirtschaftliche, handelsrechtliche und steuerrechtliche Folgen kommt es entscheidend auf die Frage an, ob der jeweilige Saldo auf einem Gesellschafterkonto als Eigenkapital der Gesellschaft den Kapitalanteil des Gesellschafters erhöht oder ob es sich insoweit um eine Verbindlichkeit der Gesellschaft gegenüber einem Gesellschafter handelt.[8]

Im Rahmen der betriebswirtschaftlichen Relevanz ist die Höhe des Eigenkapitals unter anderem bedeutend für die Bestandssicherheit und die Expansionsmöglichkeit eines Unternehmens. Je höher die Eigenkapitalquote, desto kleiner ist das Insolvenzrisiko und desto höher ist das Vertrauen der Fremdkapitalgeber und Investoren. Auch im Rahmen von Kreditwürdigkeitsbeurteilungen (Rating) ist die Kenntnis des Eigenkapitals unentbehrlich, da die Abgrenzung zwischen Eigen- und Fremdkapitalkonten im Rahmen der Kreditvergabepraxis unmittelbare Auswirkungen auf die Eigenkapitalquote und damit einhergehend auf die Kosten der Kreditaufnahme hat.[9] Zudem gilt die Veränderung des Eigenkapitals als Indikator des finanziellen Erfolges der Unternehmensleitung.

Im Handelsrecht ist die Abgrenzung von Eigen- und Fremdkapitalkonten vor allem für die Verteilung der Gewinne und Verluste, für die Stimmrechte und für die Haftung der Gesellschafter maßgebend.[10] Zudem spielt sie eine Rolle bei der Ermittlung des Abfindungsguthabens bei der Auflösung der Gesellschaft oder beim Ausscheiden eines Gesellschafters.[11] Aber auch für die Entnahmefähigkeit

---

7 Vgl. *Ehrike*, in: Ebenroth et al., HGB, 2014, § 120 HGB, Rz. 70 f.

8 Vgl. *Wälzholz*, DStR 2011, S. 1816; *Schluck-Amend/Krispenz*, BB 2012, S. 1847.

9 Vgl. *Prinz*, FR 2006, S. 566; *Prinz*, in: Prinz/Hoffmann, Beck´sches Handbuch der Personengesellschaften, 2014, § 7, Rz. 11.

10 Vgl. *Altendorf*, GmbH-StB 2009, S. 101; *Rodewald*, GmbHR 1998, S. 521; *Pohl*, NWB 2008, S. 3916; *Prinz*, in: Prinz/Hoffmann, Beck´sches Handbuch der Personengesellschaften, 2014, § 7, Rz. 14.

11 Vgl. *Rödel*, INF 2007, S. 456.

oder für die Ausweisvorschriften des § 264c HGB[12] ist die Einordnung der Gesellschafterkonten von Bedeutung.

Auch im Steuerrecht hat die Unterscheidung zwischen Eigen- und Fremdkapital fundamentale Bedeutung. So spielt die Frage, ob einem Gesellschafterkonto die Rechtsnatur eines Eigenkapitalkontos zukommt oder ob dieses lediglich eine Forderungen oder eine Verbindlichkeiten zwischen dem Gesellschafter und der Gesellschaft repräsentiert

– bei der Bestimmung des Kapitalskontos i. S. d. § 15a EStG,[13]
– bei der Übertragung von einzelnen Wirtschaftsgütern (§ 6 Abs. 5 EStG) oder Sachgesamtheiten (§ 6 Abs. 3 EStG, § 24 UmwStG) auf eine oder aus einer Personenhandelsgesellschaft gegen Gutschrift bzw. Lastschrift auf den Gesellschafterkonten,[14]
– bei der Behandlung der Verzinsung der Gesellschafterkonten,[15]
– bei der Ermittlung der nichtabziehbaren Schuldzinsen nach § 4 Abs. 4a EStG,[16]
– bei der Ermittlung der Eigenkapitalquote bei der Bestimmung der Zinsschranke gemäß § 4h EStG,[17]
– bei der Übertragung eines Mitunternehmeranteils (§§ 6 Abs. 3 und 16 EStG),[18]
– bei der Einordnung von Entnahmen und Einlagen im Rahmen der Thesaurierungsbegünstigung nach § 34a EStG,[19]

eine entscheide Rolle.[20]

---

12 Vgl. ausführlich hierzu Gliederungspunkt 3.5.
13 Vgl. ausführlich hierzu Gliederungspunkt 4.1.
14 Vgl. ausführlich hierzu Gliederungspunkt 4.2.
15 Vgl. ausführlich hierzu Gliederungspunkt 4.3.
16 Vgl. ausführlich hierzu Gliederungspunkt 4.3.
17 Vgl. ausführlich hierzu Gliederungspunkt 4.3.
18 Vgl. ausführlich hierzu Gliederungspunkt 4.4.
19 Vgl. ausführlich hierzu Gliederungspunkt 4.5.
20 Vgl. *Ley*, DStR 2009, S. 613; *Dötsch*, FS Spindler, 2011, S. 597; *Strahl*, KÖSDI 2009, S. 16531; *Altendorf*, GmbH-StB 2009, S. 101; *Pohl*, NWB 2008, S. 3915 f.; *Leitzen*, ZNotP 2009, S. 255 f.; *Frystatzki*, EStB 2006, S. 342; *Carlé/Bauschatz*, FR 2002, S. 1153. Die Aufzählung ist nicht abschließend. Vielmehr werden die in der Praxis bedeutendsten Vorschriften genannt, welche auch im Rahmen der vorliegenden Arbeit betrachtet werden. Die Qualifikation der einzelnen Gesellschafterkonten in Eigen- und Fremdkapital hat sowohl Folgewirkungen auf die Höhe des Betriebsvermögens als auch auf den Umfang der Entnahmen und Einlagen. Demnach spielt die Gesellschafterkontenabgrenzung faktisch in allen steuerlichen Normen eine Rolle, in denen diesen Begriffen eine maßgebende Bedeutung zukommt.

Diese unterschiedlichen Zwecksetzungen führen mitunter zu Zielkonflikten. Aus betriebswirtschaftlicher und finanzwirtschaftlicher Sicht der Gesellschaft ist es erstrebenswert, die einzelnen Gesellschafterkonten als Eigenkapitalkonten zu qualifizieren. Gerade im Rahmen von Kreditwürdigkeitsbeurteilungen und zur Verringerung des Insolvenzrisikos geht das Bestreben dahin, ein möglichst hohes Eigenkapital auszuweisen.[21] Die Gesellschafter haben hingegen ein gegenteiliges wirtschaftliches Interesse und streben in der Regel eine höchstmögliche Entnahmefähigkeit an. Je umfangreicher und flexibler ein Gesellschafter Beträge auf den Gesellschafterkonten entnehmen kann, desto mehr kann er konsumieren oder Alternativinvestitionen vornehmen. Gerade für den Kommanditisten einer KG ist die Qualifikation eines Gesellschafterkontos als Fremdkapital von Vorteil, da Entnahmen von einem Eigenkapitalkonto u. U. eine Haftung im Außenverhältnis begründen (§ 172 Abs. 4 Satz 2 HGB). Zudem werden aus Sicht der Gesellschafter Fremdkapitalkonten bevorzugt, damit einmal entstandene Gewinne nicht durch spätere Verluste vernichtet werden. Allerdings kann die gewünschte umfangreiche und flexible Entnahmefähigkeit bei steuerlichen Regelungen eine negative Reflexwirkung zur Folge haben.[22]

Aufgrund der dargestellten Zielkonflikte und Folgewirkungen wird ersichtlich, dass der Einordnung von Gesellschafterkonten in der Praxis eine besondere Bedeutung zukommt. Zur Vermeidung von Unsicherheiten sind demnach eindeutige Kriterien zur Abgrenzung und Einordnung von Gesellschafterkonten notwendig. Der BFH[23] hat in letzter Zeit zwar die Gelegenheit ergriffen, systematisierend zur handels- und steuerrechtlichen Abgrenzung von Gesellschafterkonten Stellung zu beziehen. Jedoch konnten durch die Rechtsprechung noch nicht alle Zweifelsfragen eindeutig beantwortet werden.

Zentraler Gegenstand der Arbeit ist, eine Empfehlung für die Ausgestaltung eines Kontenmodells auf einer ökonomischen Grundlage zu entwickeln, welches den betriebswirtschaftlichen, gesellschafts-, handels- und steuerrechtlichen Anforderungen gerecht wird. Hierzu werden mit der Arbeit drei Zielsetzungen verfolgt: (1) Es werden ökonomische Kriterien zur Eigen- und Fremdkapitalabgrenzung entwickelt. (2) Eine weitere Zielsetzung besteht in der Darstellung, der Analyse und dem Vergleich

---

21 Insoweit stehen Bilanzierung und Finanzierung in einem direkten ökonomischen Zusammenhang, vgl. *Prinz*, FR 2006, S. 566; *Küting/Dürr*, DB 2005, S. 1529.

22 So z. B. im Rahmen der §§ 15a, 4 Abs. 4a und 34a EStG.

23 Vgl. BFH, Urteil v. 26.6.2007, IV R 29/06, BStBl. II 2008, S. 103; v. 24.1.2008, IV R 37/06, BStBl. II 2011, S. 617; v. 24.1.2008, IV R 66/05, BFH/NV 2008, S. 1301; v. 15.5.2008, IV R 46/05, BStBl. II 2008, S. 812; v. 17.7.2008, I R 77/06, BStBl. II 2009, S. 464.

der entwickelten ökonomischen Abgrenzungskriterien mit den in der Literatur und Rechtsprechung herausgearbeiteten handelsrechtlichen, steuerrechtlichen und im Rahmen der IFRS anzuwendenden Kriterien zur Eigen- und Fremdkapitalabgrenzung. Der Einbezug bzw. die Analyse der Abgrenzungskriterien nach IFRS lässt sich zum einen in der schleichenden Veränderung der handelsrechtlichen GoB durch die Einstrahlung der IFRS rechtfertigen. Über die materielle Maßgeblichkeit der handelsrechtlichen GoB (§ 5 Abs. 1 Satz 1 EStG) erlangen die IFRS daher implizit Bedeutung für die steuerliche Gewinnermittlung, insoweit diesen keine steuerliche Spezialvorschrift entgegensteht.[24] (3) Basierend auf diesem Beurteilungsrahmen werden des Weiteren die einzelnen Gesellschafterkonten einer inländischen Personenhandelsgesellschaft eingeordnet und die Bedeutung der Gesellschafterkontenabgrenzung und die damit einhergehenden Auswirkungen auf ausgewählte ertragsteuerliche Normen beleuchtet.[25]

1.2. Gang der Untersuchung

Die Arbeit ist in sechs Hauptkapitel unterteilt. Nach einer Einführung (Kapitel 1) in die Thematik ist es wesentliche Aufgabe des zweiten Kapitels, ökonomische Kriterien zur Abgrenzung von Eigen- und Fremdkapital auf Grundlage verschiedener Abgrenzungsansätze zu erarbeiten. Auf Grundlage dieser ökonomischen Kriterien wird sodann die bilanzielle Eigenkapitaldefinition in der Handels-, Steuerbilanz und im IFRS-Abschluss auf einer abstrakten Ebene analysiert und erörtert. Eine Skizzierung der Bewertungsregeln bezüglich des Eigenkapitals in den angesprochenen Rechnungslegungsnormen beschließt dieses Teilkapitel.

---

24 Dieses Risiko wird zwar als gering eingeschätzt, da die Ausschüttungsbemessungsfunktion das Handelsrecht dominiert und es sich somit verbietet, die IFRS als Auslegungshilfe heranzuziehen, vertiefend hierzu *Kahle*, DB Beilage zu Heft 22 2014, S. 14. A. A. *Theile*, in: Heuser/Theile, IFRS Handbuch, 2012, Rz. 158. Auch der BFH selbst konstatiert, dass die IFRS die steuerrechtliche Gewinnermittlung nicht bestimmen, vgl. BFH, Urteil v. 25.8.2010, I R 103/09, BStBl. II 2011, S. 218; v. 14.4.2011, IV R 46/09, BStBl. II 2011, S. 696. zum letztgenannten Urteil vgl. *Urbahns*, StuB 2011, S. 537 ff.; *Briesemeister/Joisten/Vossel*, FR 2011, S. 666 f. Jedoch wird gerade im Rahmen von neueren Bilanzierungsfragen durchaus verstärkt auf die IFRS Bezug genommen, vgl. *Kahle*, DB Beilage zu Heft 22 2014, S. 14; *Prinz*, DB 2010, S. 2074. Zudem hat die Betrachtung der Eigen- und Fremdkapitalabgrenzung nach IFRS ihren Grund in der unmittelbaren Bezugnahme der IFRS im Rahmen der Zinsschranke nach § 4h EStG, ausführlich hierzu siehe *Kahle*, in: Prinz/Kanzler, Bilanzsteuerrecht, 2014, Rz. 3053 ff

25 Der Untersuchung wird als Standardfall eine inländische Personenhandelsgesellschaft mit inländischen Gesellschaftern zugrunde gelegt. Punktuell werden bei der Analyse der einzelnen ertragsteuerlichen Normen die Besonderheiten bei einem ausländischen Gesellschafter skizziert. Aufgrund der Komplexität und des hohen Aufwands einer Analyse der jeweiligen ausländischen gesellschaftsrechtlichen Regelungen wird die Eigen- und Fremdkapitalabgrenzung einer ausländischen Personengesellschaft und die eventuell daraus entstehenden Qualifikationskonflikte im Rahmen dieser Arbeit nicht betrachtet. Besonderheiten bei doppelstöckigen Personenhandelsgesellschaften werden in der Arbeit ebenfalls nicht thematisiert.

Gegenstand des dritten Kapitels ist die Darstellung und die Analyse des bilanziellen Eigenkapitalbegriffes und den unterschiedlichen Gesellschafterkonten einer Personenhandelsgesellschaft. Hierfür werden zunächst die Struktur der unterschiedlichen Kontenmodelle dargestellt und die einzelnen von der Rechtsprechung entwickelte Kriterien zur Eigen- und Fremdkapitalabgrenzung analysiert und mit den ökonomischen Abgrenzungskriterien aus Kapitel 2 verglichen. Daran anschließend erfolgt auf Grundlage dieser Ergebnisse die Einordnung der passiven und aktiven Gesellschafterkonten. Abschließend wird der Ausweis des Eigenkapitals einer Personenhandelsgesellschaft dargestellt.

Hierauf aufbauend wird in Kapitel 4 die Bedeutung der Gesellschafterkonten in ausgewählten steuerrechtlichen Normen erörtert. Neben der Relevanz der Gesellschafterkonten bezüglich der Regelung zu § 15a EStG wird deren Bedeutung im Rahmen von Übertragungsvorgängen, der steuerlichen Behandlung der Verzinsung von Gesellschafterkonten, der nicht abziehbaren Schuldzinsen nach §§ 4 Abs. 4a und 4h EStG, der Übertragung eines Mitunternehmeranteils und im Rahmen der Thesaurierungsbegünstigung nach § 34a EStG erörtert.

Die Gestaltungsempfehlung eines Kontenmodells beendet den Hauptteil in Kapitel 5, bevor die Arbeit mit einer thesenförmigen Zusammenfassung der wesentlichen Ergebnisse schließt.

2. Ökonomische und bilanzielle Abgrenzung von Eigen- und Fremdkapital

2.1. Ableitung von ökonomischen Abgrenzungskriterien

2.1.1. Finanzierungsbegriff

Der Finanzierungsbegriff wird in der Literatur unterschiedlich beschrieben. Der monetäre Finanzierungsbegriff orientiert sich an Kapital in Form von Geldströmen, also in Form von Zahlungsmitteln.[26] Hiernach definiert *Schneider* Finanzierung als einen Zahlungsstrom, „der mit Einnahmenüberschüssen beginnt und später Ausgaben- und Einnahmenüberschüsse in einzelnen Zahlungszeitpunkten erwarten lässt".[27] *Drukarczyk* versteht unter Finanzierung die „Beschaffung von Geld oder Geldäquivalenten a) durch explizit geschlossene Finanzierungsverträge mit Kapitalgebern unter Beachtung der vertraglichen Bedienungs- und Rückzahlungsmodalitäten sowie der Informations-, Kontroll-, Sicherungs- und Sanktionsrechte der Financiers und b) durch die Bindung von Mitteln im Unternehmen durch vor bzw. nach der Auszahlung periodisierte Aufwendungen, zeitlich verlagerte Steuerzahlungen bzw. den Einzahlungen periodisierte Erträge sowie explizite Ausschüttungssperrbeschlüsse des Managements".[28]

Im Rahmen des klassischen Finanzierungsbegriffes wird unter Finanzierung die Überlassung von bilanziellem Kapital an ein Unternehmen durch einen Dritten gegen Gewährung verschiedener Rechte verstanden.[29] Da der klassische Finanzierungsbegriff nur Vorgänge erfasst, die auf der Passivseite der Bilanz durch Ausweis eines Schuld- oder Eigenkapitalpostens abgebildet werden, ist er enger als der monetäre Finanzierungsbegriff. Grundlage des klassischen Finanzierungsbegriffes ist daher stets ein Rechtsverhältnis zwischen Unternehmen und Kapitalgeber. Dieses Rechtsverhältnis bezieht sich nicht nur auf den Zeitpunkt der Kapitalzuführung, sondern besteht für die gesamte Dauer der Kapitalüberlassung und wird als Finanzierungsverhältnis bezeichnet.[30] Eine Unterscheidung von Eigen- und Fremdkapital lässt sich weder aus dem monetären noch aus dem klassischen Finanzierungsbegriff ableiten, da sowohl Eigen- als auch Fremdkapital die beschriebenen Kriterien erfüllen.[31] Im Folgenden soll nun untersucht werden, welche Kriterien aus ökonomischer Sicht für

---

26 Vgl. *Perridon/Steiner/Rathgeber*, Finanzwirtschaft, 2012, S. 389.
27 *Schneider*, Investition, 1992, S. 21.
28 *Drukarczyk*, Theorie, 1993, S. 18.
29 Vgl. *Thiele*, Eigenkapital, 1998, S. 10 f.; *Perridon/Steiner/Rathgeber*, Finanzwirtschaft, 2012, S. 389.
30 Vgl. *Thiele*, Eigenkapital, 1998, S. 11.
31 Vgl. *Höflacher*, Eigenkapital, 1992, S. 78.

das Vorliegen von Eigen- und Fremdkapital relevant sind. Diese wirtschaftliche Betrachtung ist notwendig, da für die rechtliche Abgrenzung von Eigen- und Fremdkapital immer die dahinterstehenden wirtschaftlichen Vorgänge von Bedeutung sind.[32]

2.1.2. Finanzierungstheoretische Abgrenzung von Eigen- und Fremdkapital

2.1.2.1. Ausgangspunkt: Vollkommener Kapitalmarkt

Sowohl der neoklassische als auch der neo-institutionalistische Ansatz haben ihren Ausgangspunkt im vollkommenen Kapitalmarkt, der durch die folgenden Bedingungen gekennzeichnet ist:[33]

- Es bestehen weder Transaktionskosten noch entscheidungsbeeinflussende Steuern.
- Alle Marktteilnehmer handeln mit unendlicher Reaktionsgeschwindigkeit.
- Die Finanzierungstitel sind unendlich teilbar.
- Eine Marktbeeinflussung durch einzelne Marktteilnehmer ist nicht möglich.
- Es bestehen keine Marktzutrittsschranken.
- Alle Investoren haben bezüglich der künftigen Erträge der Finanzierungstitel dieselben homogenen Erwartungen. Das heißt, dass im Falle der Unsicherheit alle Investoren von denselben Annahmen über die künftigen Erträge und deren Wahrscheinlichkeiten ausgehen.

Bei Gültigkeit dieser Voraussetzungen können allerdings keine unterschiedlichen Finanzierungstitel existieren, denn den Marktteilnehmern sind die zu erwartenden Erträge jedes Unternehmens bekannt (vollständige Information). Folglich gibt es beim Vorliegen von zwei unterschiedlichen Finanzierungsverträgen, deren Rendite-Erwartungen sich bei gleicher Streuung unterscheiden, für die Investoren keinen Anlass, den Finanzierungsvertrag mit der geringeren Verzinsung zu wählen. Deshalb steigen die Nachfrage und damit auch der Preis des höher verzinsten Finanzierungsvertrages. Analog kommt es aufgrund der verminderten Nachfrage des niedrig verzinsten Finanzierungsvertrages zu einer Senkung von dessen Preis. Da annahmegemäß alle Marktteilnehmer mit unendlicher Reaktionsgeschwindigkeit handeln, geht dieser Arbitrageprozess mit unendlicher Geschwindigkeit vonstatten, sodass im Ergebnis keine unterschiedlichen Finanzierungsformen vorliegen können.[34]

---

32 Vgl. *Haun*, Hybride Finanzierungsinstrumente, 1996, S. 19.

33 Vgl. *Drukarczyk*, Finanzierungstheorie, 1980, S. 148 f., 373; *Süchting*, Finanzmanagement, 1989, S. 312 f., 334 f.; *Schmidt/Terberger*, Grundzüge, 1997, S. 91 ff.

34 Vgl. *Höflacher*, Eigenkapital, 1992, S. 80 f.; *Wüstemann/Bischof*, ZHR 2011, S. 214.

Für einen Investor existieren somit keine sich unterschiedlich rentierenden Anlagemöglichkeiten. Daher stellt sich für den Investor auch nicht die Frage, ob er sich als Eigen- oder Fremdkapitalgeber an einer Unternehmung beteiligen soll. Dies hat zur Folge, dass eine Abgrenzung zwischen Eigen- und Fremdkapital nicht notwendig ist. Im Ergebnis entfällt gar das Finanzierungsproblem an sich.[35] Dies ändert sich jedoch, wenn nicht mehr alle Voraussetzungen des vollkommenen Kapitalmarktes gegeben sind, also Unvollkommenheit vorliegt.[36]

2.1.2.2. Neoklassischer Ansatz der Finanzierungstheorie

Die neoklassische Finanzierungstheorie[37] geht von einem vollkommenen Kapitalmarkt aus und versteht den Finanzierungsvorgang wie folgt: Kapitalgeber beteiligen sich mit unterschiedlich ausgestalteten Finanzierungsverträgen an einer Unternehmung zur Durchführung einer Investition. Die Finanzierung ist demnach einerseits eine Aufteilung einer Gesamtposition in Teile (sog. Parten) und andererseits Mittelbeschaffung durch den Verkauf dieser Parten an die Kapitalgeber.[38]

Ausgangspunkt bildet dabei eine Unternehmung mit bestimmten Ertragserwartungen aus ihren Investitionstätigkeiten.[39] Die zu erwartenden Investitionserträge der Unternehmung stellen eine sogenannte Position dar. Die aus dieser Position resultierenden unsicheren Erträge werden sodann durch die abgeschlossenen Finanzierungsverträge aufgeteilt.[40] Ein Anteil am Investitionsertrag verkörpert eine Parte, welche eine bestimmte Finanzierungsform darstellt.[41] Die einzelnen Parten sind z. B. hinsichtlich der Fristigkeit oder des Risikos der Zahlungsansprüche unterschiedlich ausgestaltet. Die Aufteilung des erwirtschafteten Investitionsertrages auf Kapitalnehmer und Kapitalgeber wird letztendlich aufgrund der Vorschriften des Finanzierungsvertrages durchgeführt. Der Unternehmer als Kapitalnehmer verkauft an den Kapitalgeber bestimmte Parten der Investition. Mit diesem Verkauf wird die

---

35 Vgl. ausführlich hierzu *Drukarczyk*, Finanzierungstheorie, 1980, S. 148 ff.; *Modigliani/Miller*, AER 1958, S. 261; *Schmidt/Terberger*, Grundzüge, 1997, S. 252 ff.; *Schneider*, Investition, 1992, S. 471 ff.; *Kruschwitz*, Finanzierung und Investition, 1999, S. 220 ff.

36 Vgl. *Höflacher*, Eigenkapital, 1992, S. 81 ff. m. w. N.

37 Ausführlich zur neoklassischen Finanzierungstheorie u. a. *Schmidt/Terberger*, Grundzüge, 1997, S. 55 ff. und *Perridon/Steiner/Rathgeber*, Finanzwirtschaft, 2012, S. 20 ff.; *Erlei/Lescheks/Sauerland*, Neue Institutionenökonomik, 2007, S. 458 ff.; *Martinsen*, Institutionenökonomik, 2000, S. 29 ff.; *Terberger*, Neo-institutionalistische Ansätze, 1994, S. 19 ff.; *Beine*, Eigenkapitalersetzende Gesellschafterleistungen, 1994, S. 81 ff.

38 Vgl. *Schmidt/Terberger*, Grundzüge, 1997, S. 266.

39 Vgl. *Höflacher*, Eigenkapital, 1992, S. 90.

40 Vgl. *Schmidt*, in: Rühli/Thommen, Neo-institutionalistischer Ansatz, 1981, S. 137 f.

41 Vgl. *Haun*, Hybride Finanzierungsinstrumente, 1996, S. 20. Die neoklassische Theorie fußt hierbei auf zwei Prämissen. Die Vorgehensweise für die Aufteilung der unsicheren Investitionserträge ist bekannt und bestimmt. Des Weiteren ist die Wahrscheinlichkeitsverteilung der Investitionserträge bekannt.

Entscheidung über die Aufteilung der Investitionserträge getroffen. Je nach Risikobereitschaft des Kapitalgebers erhält dieser entweder Festbetragsansprüche oder Residualansprüche. Risikoaverse Kapitalgeber kaufen Parten, die einen von vornherein vereinbarten Teil des Investitionserfolges definieren. Kapitalgeber mit der Bereitschaft, Risiko zu übernehmen, fragen Parten nach, die proportional am Investitionserfolg teilnehmen. Aufgrund dieser unterschiedlichen Bereitschaft und Fähigkeit der Risikoübernahme jedes einzelnen Kapitalgebers kann die Existenz unterschiedlicher Finanzierungsformen und somit auch die Existenz von Eigen- und Fremdkapital erklärt werden.[42]

Eine Abgrenzung von Eigen- und Fremdkapital kann die neoklassische Theorie allerdings nicht liefern. Denn wie die Theorie von *Modigliani/Miller*[43] baut die neoklassische Theorie auf Marktgleichgewichten auf.[44] Auf einem vollkommenen Markt gibt es im Gleichgewicht nach *Modigliani/Miller* keine optimale Kapitalstruktur, sodass es somit auch keine optimale Partenteilung geben kann.[45] Somit erfüllen die Finanzierungsformen Aufgaben, die in der Welt der neoklassischen Theorie nicht existieren.[46] Zudem ist die wesentliche Schwäche der neoklassischen Theorie, dass sie mit realitätsfremden Annahmen arbeitet.[47] Denn die Existenz von unvollkommenen Kapitalmärkten und die Vielzahl von Finanzierungsarten sowie Rechtsformen, die allesamt unzweifelhaft existieren, kann durch die neoklassische Finanzierungstheorie nicht erklärt werden.[48] Die neoklassische Theorie dient vielmehr als Referenzpunkt für die Beurteilung realer Sachverhalte im Rahmen der Erklärung, warum und wie es zu den tatsächlich vorhandenen Unvollkommenheiten kommen kann.[49] Sie bildet somit eine geeignete Ausgangsbasis für die Erklärung der real existierenden Finanzierungsformen.[50]

Im Ergebnis liefert die neoklassische Finanzierungstheorie einen wesentlichen Unterschied zwischen Eigen- und Fremdkapital. Eigenkapital bringt Residualansprüche mit sich, Fremdkapital Festbetragsansprüche. Der Eigenkapitalgeber hat zwar einerseits das Risiko zu tragen, keine oder nur eine geringere Verzinsung bzw. Rückzahlung zu bekommen, dafür besteht andererseits aber die Chance, einen

---

42 Vgl. *Schmidt*, Grundzüge 1986, S. 186 ff.; *Schmidt*, in: Rühli/Thommen, Neo-institutionalistischer Ansatz, 1981, S. 137 ff.

43 Vgl. *Modigliani/Miller*, AER 1958, S. 261 ff.; *Höflacher*, Eigenkapital, 1992, S. 92.

44 Vgl. *Schmidt*, in: Budäus/Gerum/Zimmermann, Property Rights-Analysen, 1988, S. 244.

45 Vgl. *Modigliani/Miller*, AER 1958, S. 292.

46 Vgl. *Haun*, Hybride Finanzierungsinstrumente, 1996, S. 22.

47 Vgl. *Schmidt*, in: Budäus/Gerum/Zimmermann, Property Rights-Analysen, 1988, S. 244.

48 Vgl. *Perridon/Steiner/Rathgeber*, Finanzwirtschaft, 2012, S. 25, *Schulz*, Vergütungssysteme, 2010, S. 18.

49 Vgl. *Schmidt*, in: Budäus/Gerum/Zimmermann, Property Rights-Analysen, 1988, S. 245; *Schneider*, Betriebswirtschaftslehre, 1987, S. 44 f., 181 f.; *Schneider*, ZfbF 1989, S. 37, 39 f.

50 Vgl. *Höflacher*, Eigenkapital, 1992, S. 92.

höheren Ertrag zu erzielen. Der Fremdkapitalgeber hingegen hat als Chance nur die vertraglich festgelegte Verzinsung, der Anspruch auf Rückzahlung ist aber sicherer. Das entscheidende Abgrenzungskriterium eines Finanzierungsverhältnisses sind somit die daraus resultierenden Vermögensrechte (Vergütungs- und Rückzahlungsanspruch).[51] Bei der Ausgestaltung der Vermögensrechte kann grundsätzlich festgehalten werden, dass zwei Risikoklassen unterschieden werden können: Zum einen das Kontraktrisiko, welches mit Fremdkapital verbunden ist, und zum anderen das Residualeinkommensrisiko, welches Kennzeichen des Eigenkapitals ist.[52] Residualbestimmt ist Kapital dann, wenn sowohl die periodische Vergütung als auch die Endvermögensbeteiligung vom Unternehmenserfolg abhängig sind.[53] Die Vermögensrechte des Fremdkapitals sind dagegen festbetragsbestimmt. Das gilt sowohl für die laufenden Vergütungsansprüche als auch für den festen Rückzahlungsanspruch.

2.1.2.3. Neo-institutionalistischer Ansatz der Finanzierungstheorie

Die neo-institutionalistische Finanzierungstheorie[54] setzt an der Kritik der Neoklassik an und erklärt die Ursachen für unvollkommene Kapitalmärkte, Informationsasymmetrien und Finanzierungsformen.[55] Ausgangspunkt sind die Property Rights- und Agency-Theorien. Im Rahmen der neo-institutionalistischen Theorie stellt die Finanzierung eine Partnerschaft dar, mit deren Hilfe die Erzielung von Kooperationsvorteilen möglich ist. Der Abschluss eines Finanzierungsvertrages ermöglicht es den Partnern, Erträge zu erzielen, die jeder für sich nicht hätte erzielen können. Die einzelnen Vertragspartner haben hierbei ein primäres Interesse an den Vorteilen, die sie selbst erzielen können. Insbesondere der Kapitalnehmer ist aufgrund der bestehenden Informationsasymmetrie in der Lage, nach erfolgter Kapitalüberlassung den Kapitalgeber zu schädigen, indem er Investitionsentscheidungen trifft, die ausschließlich seine Kooperationsvorteile zu Lasten der Kooperationsvorteile des

---

51 Allgemein werden der Vergütungsanspruch und der Rückzahlungsanspruch durch die Kriterien Existenz, Höhe und Zahlungszeitpunkt definiert. Ausführlich hierzu vgl. *Thiele*, Eigenkapital, 1998, S. 24 ff.; *Neu*, Finanzvermögen, 1994, S. 67 ff.; *Franke/Hax*, Finanzwirtschaft, 2009, S. 34 ff.

52 Vgl. *Schreiber*, StuW 1987, S. 3.

53 Zur Systematisierung und Gestaltbarkeit der im Folgenden diskutierten Vermögensrechte vgl. *Sauer*, Möglichkeiten, 1992, S. 42 ff.; *Zupancic*, Risikokapitalbeschaffung, 1989, S. 92 ff.

54 Ausführlich zur neo-institutionalistischen Finanzierungstheorie vgl. *Schmidt/Terberger*, Grundzüge, 1997, S. 66 ff.; *Perridon/Steiner/Rathgeber*, Finanzwirtschaft, 2012, S. 24 ff.; *Beine*, Eigenkapitalersetzende Gesellschafterleistungen, 1994, S. 94 ff.; *Bieg/Kußmaul*, Finanzierung, 2009, S. 25 ff.

55 Vgl. *Steiner/Kölsch*, DBW 1989, S. 409 ff.

Kapitalgebers erhöhen.[56] Der Kapitalnehmer versucht also einen Teil des Risikos auf den Kapitalgeber abzuwälzen.[57] Um dies zu vermeiden, muss der Kapitalgeber mehr als eine Parte des Investitionserfolges erhalten. Folglich müssen dem Kapitalgeber Informationsrechte über das Engagement eingeräumt werden, um seinen Informationsnachteil zu mildern. Darüber hinaus könnten die Vertragsparteien den Kapitalgeber mit einem Kündigungsrecht ausstatten und den Betrag begrenzen, mit dem er für eingetretene Verluste haftet.[58] Eine weitere Möglichkeit, um das Misstrauen des Kapitalgebers zu reduzieren, besteht darin, den Kapitalgeber an unternehmerischen Entscheidungen zu beteiligen, damit dieser unmittelbar auf das mit der Unternehmenspolitik verbundene Risiko Einfluss nehmen kann.[59] Erst durch diese Schutzmechanismen erhält der Kapitalgeber eine akzeptable Vertragsposition.[60]

Es wird deutlich, dass eine Finanzierungsform im Sinne der neo-institutionalistischen Theorie eine spezifische Kombination von Rechten und Handlungsmöglichkeiten für den Kapitalgeber darstellt. Durch die institutionellen Merkmale der Finanzierungsformen, wie Haftungsbeschränkung, Kündigungsrecht und Geschäftsführung, sollen sowohl die Anreize und Möglichkeiten des Kapitalnehmers zur Schädigung des Kapitalgebers reduziert als auch die Kooperationsvorteile für die Vertragspartner bei geringen Interaktionskosten gesichert werden. Zudem besteht deren Aufgabe darin, den Kapitalgeber zu schützen und die Kapitalüberlassung für ihn vorteilhaft auszugestalten.[61]

Vor diesem Hintergrund können Eigen- und Fremdkapitalpositionen wie folgt gekennzeichnet werden: Der Eigenkapitalgeber trägt das Risiko, den Eigenkapitalanteil zu teuer erworben zu haben (Ertragsrisiko). Zudem besteht für ihn das Risiko, dass Investitionsentscheidungen nicht in seinem Interesse getroffen werden. Durch Haftungsbegrenzung erhält der Eigenkapitalgeber einen unmittelbaren Schutz. Mittelbaren Schutz erlangt er, wenn er durchsetzen kann, dass seine Interessen berücksichtigt werden. Die Fremdkapitalgeber unterliegen dem Risiko, in den Ertragsaussichten der Investition und über das Kreditrisiko getäuscht zu werden.[62]

---

56 Vgl. *Elschen*, DBW 1988, S. 248 f. Zur Verdeutlichung des Konfliktes zwischen den Vertragsparteien siehe ausführlich *Höflacher*, Eigenkapital, 1992, S. 95 ff.

57 Vgl. *Höflacher*, Eigenkapital, 1992, S. 95.

58 Vgl. *Drukarczyk*, Finanzierung, 2008, S. 163 ff.; *Schmidt*, KK 1981, S. 199.

59 Vgl. *Süchting*, Finanzmanagement, 1989, S. 176 f.

60 Vgl. *Schmidt*, Grundzüge 1986, S. 189 ff.; *Schmidt*, in: Rühli/Thommen, Neo-institutionalistischer Ansatz, 1981, S. 140 f.

61 Vgl. *Schmidt*, Grundzüge 1986, S. 190 ff.; *Haun*, Hybride Finanzierungsinstrumente, 1996, S. 24.

62 Durch die Vereinbarung von Kreditsicherheiten oder befristeten Krediten kann dieses Risiko seitens des

Die Existenz der unterschiedlichen Finanzierungsformen kann damit erklärt werden, dass sich diejenigen Merkmalskombinationen durchsetzen, bei denen sich die negativen Wirkungen der einzelnen Merkmale gegenseitig abschwächen und die positiven Wirkungen gegenseitig verstärken.[63] Demzufolge kann der neo-institutionalistische Ansatz zwar Aufschluss darüber geben, warum verschiedene Finanzierungsformen existieren, einen eigenständigen Ansatz zur Eigen- und Fremdkapitalabgrenzung kann er aber nicht liefern. Dafür ist die Umschreibung einer Finanzierungsform als Kombination von Rechten und Handlungsmöglichkeiten zu unkonkret.[64] Entscheidender Beitrag dieser Theorie zur Abgrenzungsfrage ist somit die Erkenntnis, dass Finanzierungsverträge den Kapitalgebern neben den Vermögensrechten auch Verwaltungsrechte einräumen müssen.

Diese Verwaltungsrechte können in Gestaltungs-, Einwirkungs- und Informationsrechte unterteilt werden.[65] Gestaltungsrechte sind Rechte, die es einer Partei gestatten, ihre aus dem Finanzierungsverhältnis resultierenden Rechte und Pflichten einseitig zu modifizieren. Dem Kapitalgeber können als Gestaltungsrechte Kündigungs-, Veräußerungs-, Wandlungs- sowie sonstige Optionsrechte zustehen.[66] Parallel zu den Gestaltungsrechten können dem Kapitalgeber auch Einwirkungsrechte oder auch sog. Herrschaftsrechte zustehen, die ihm die Einflussnahme auf unternehmerische Entscheidungen ermöglichen. Ferner können dem Kapitalgeber Informationsrechte zustehen. Vor allem das Recht auf Auskunft, Einsichtnahme und Kontrolle ist gesetzlich geregelt, kann grundsätzlich aber vertraglich erweitert werden. Der Umfang der Informationsrechte determiniert den Wert der bestehenden Gestaltungs- und Einwirkungsrechte.[67] Bestehen nur eingeschränkte Einwirkungsrechte, so dienen die Informationsrechte der Überwachung der Unternehmensleitung. Zudem können die Einwirkungsrechte nur sinnvoll ausgeübt werden, wenn der Entscheidende über die notwendigen Informationen verfügt. Typischerweise bringt Eigenkapital Mitentscheidungs- und Informationsrechte mit sich, Fremdkapital hingegen nicht.

Kapitalgebers minimiert werden, vgl. *Haun*, Hybride Finanzierungsinstrumente, 1996, S. 23 f.

63 Vgl. *Schmidt*, Grundzüge 1986, S. 191 ff.

64 Vgl. *Haun*, Hybride Finanzierungsinstrumente, 1996, S. 24.

65 Vgl. *Franke/Hax*, Finanzwirtschaft, 2009, S. 45 f.; *Breuer*, Finanzierung, 2007, S. 10.

66 Vgl. *Franke/Hax*, Finanzwirtschaft, 2009 S. 45 ff. Vertiefend zu den einzelnen Rechten siehe *Thiele*, Eigenkapital, 1998, S. 29 f.

67 Vgl. *Thiele*, Eigenkapital, 1998, S. 30; *Briesemeister*, Hybride Finanzinstrumente, 2006, S. 74 f.

2.1.3. Eigen- und Fremdkapitalabgrenzung anhand der Rechtsnatur von Finanzierungsverhältnissen

Ein weiterer Abgrenzungsversuch von Eigen- und Fremdkapital stellt die Anknüpfung an die Rechtsnatur eines Finanzierungsinstrumentes dar. Die Rechtsnatur kann hierbei in schuldrechtliche und gesellschaftsrechtliche Vertragsverhältnisse eingeteilt werden.

Bei schuldrechtlichen Austauschverhältnissen sind die Vertragsparteien zu Leistung und Gegenleistung verpflichtet. Im Ergebnis muss ein Leistungsaustausch zwischen den Vertragsparteien vorliegen. Leistung und Gegenleistung stehen in einem synallagmatischen Verhältnis, da die einzelnen Vertragspartner ihre Leistung nur deshalb erbringen, um die Gegenleistung zu erhalten.[68] Jede Partei verfolgt demnach ausschließlich eigene Zwecke.

Von den schuldrechtlichen Austauschverhältnissen sind die Finanzierungsverhältnisse abzugrenzen, die ihre rechtliche Grundlage im Gesellschaftsrecht haben. Gemeinsame Kennzeichnung dieser Vertragsverhältnisse ist die Verfolgung eines gemeinsamen Zwecks.[69] Diese gesellschaftsrechtlichen Vertragsverhältnisse lassen sich einerseits in Mitgliedschaftsverhältnisse und andererseits in kooperative Schuldverhältnisse untergliedern.[70] Mitgliedschaftsverhältnisse sind durch eine im Verhältnis zu ihren Mitgliedern rechtlich verselbstständigte Organisation gekennzeichnet, die selbst Träger von Rechten und Pflichten ist. Zudem bestehen Ansprüche und Verpflichtungen nicht nur zwischen den Gesellschaftern untereinander, sondern auch zwischen Gesellschaftern und der Gesellschaft.[71] Bei kooperativen Schuldverhältnissen entsteht hingegen keine rechtlich verselbständigte Organisation, da die Rechtsbeziehungen nur zwischen den Gesellschaftern bestehen.[72] Sowohl bei den Mitgliedschaftsverhältnissen als auch bei den kooperativen Schuldverhältnissen haben die Gesellschafter Rechte und Pflichten, die in einem Gesetz oder im Gesellschaftsvertrag festgelegt sind.[73]

---

68 Vgl. *Larenz*, Schuldrecht, 1987, § 21, S. 6.

69 Vgl. *K. Schmidt*, Gesellschaftsrecht, 2002, 57 ff.

70 Als Beispiel für mitgliedschaftlich strukturierte Gesellschaften sind alle Handelsgesellschaften anzuführen. Demgegenüber stellt bspw. die stille Gesellschaft ein Zusammenschluss aufgrund eines kooperativen Schuldverhältnisses dar, vgl. *Thiele*, Eigenkapital, 1998, S. 19.

71 Vgl. *K. Schmidt*, Gesellschaftsrecht, 2002, S. 168.

72 Vgl. *Thiele*, Eigenkapital, 1998, S. 19.

73 Die einzelnen Rechte und Pflichten eines Gesellschafters sind wiederum von der gewählten Rechtsform abhängig. Die auf dem Gesellschaftsverhältnis beruhenden Pflichten bezeichnet man als Beitragspflichten. Die zu erbringenden Leistungen werden Beiträge genannt, vgl. *K. Schmidt*, Gesellschaftsrecht, 2002, S. 567.

Die Vielzahl der unterschiedlichen Grundtypen von Finanzierungsverhältnissen, die aus den genannten unterschiedlichen rechtlichen Grundlagen resultieren, können wiederum zu neuen Typen vermischt werden. So können bspw. zwei Rechtsformen zu einer neuen Rechtsform kombiniert werden (sog. Mischformen). Zudem ist es möglich, dass sich ein Gesellschafter im Gesellschaftsvertrag dazu verpflichtet, neben der gesellschaftsrechtlich zu erbringenden Kapitalüberlassung der Gesellschaft auch im Rahmen einer schuldrechtlichen Vereinbarung Kapital zu überlassen (sog. Finanzplandarlehen).[74]

Im Ergebnis lassen sich die Finanzierungsverhältnisse nach den Kriterien „Zweckverfolgung" und „Rechtsnatur der Anspruchsgrundlage" differenzieren. Bei der Differenzierung nach der Zweckverfolgung wird danach gefragt, ob die Vertragsparteien einen gemeinsamen Zweck verfolgen (dann Gesellschaftsverhältnis) oder ob eine eigene Zweckverfolgung und daher ein Austausch von Leistungen angestrebt wird (dann schuldrechtliches Austauschverhältnis). Die Abgrenzung nach der Rechtsnatur der Anspruchsgrundlage des Kapitalgebers unterscheidet zwischen schuldrechtlichen und mitgliedschaftlichen Ansprüchen gegen die Gesellschaft. Beide Differenzierungsmöglichkeiten kommen bei der Einordnung der Finanzierungsverhältnisse jedoch zu unterschiedlichen Ergebnissen. In der Praxis kann es im Rahmen der Abgrenzung anhand der Zweckverfolgung zu Subsumtionsproblemen kommen, da in vielen Fällen nicht immer eindeutig festgestellt werden kann, ob die Vertragsparteien einen gemeinsamen Zweck verfolgen oder nicht.[75] Aber auch anhand der Rechtsnatur der Anspruchsgrundlage des Kapitalgebers ist eine zweifelsfreie Abgrenzung oftmals nicht möglich. Gerade die stille Gesellschaft, die als gesellschaftsvertragliches Vertragsverhältnis eingestuft wird, steht den schuldrechtlichen Vertragsverhältnissen überaus nahe, da der stille Gesellschafter auf den vertraglich vereinbarten anteiligen Gewinn lediglich einen schuldrechtlichen Anspruch hat.[76]

Das eben angesprochene Subsumtionsproblem und die mangelnde Ergebnisstetigkeit machen deutlich, dass die Rechtsordnung keine klare Abgrenzung zwischen Eigen- und Fremdkapital vorgibt und somit die dichotome Teilung von Eigen- und Fremdfinanzierung unter rechtlichen Aspekten stark

---

74 Vgl. *Thiele*, Eigenkapital, 1998, S. 19 f.

75 Vgl. *Thiele*, Eigenkapital, 1998, S. 20 f. Am Beispiel der Abgrenzung zwischen Genussrecht und stiller Gesellschaft wird deutlich, dass die jeweiligen Zweckverfolgungen der Beteiligten nicht immer eindeutig voneinander abgrenzbar sind. Vertiefend hierzu vgl. *Briesemeister*, Hybride Finanzinstrumente, 2006, S. 69 ff.

76 So auch *Briesemeister*, Hybride Finanzinstrumente, 2006, S. 69 ff.

vereinfachend ist.[77] Die rechtlichen Strukturen sind für die eindeutige Einordnung von Finanzierungsverhältnissen in Grenzfällen daher ungeeignet. Dies wird durch die Dispositivität des Gesellschaftsrechts in der Ausgestaltung von Finanzierungsverhältnissen noch verstärkt.[78]

2.1.4. Funktionsorientierte Abgrenzung von Eigen- und Fremdkapital

Eine weitere Abgrenzungsmöglichkeit ist die Deduktion des Eigenkapitalbegriffes aus Eigenkapitalfunktionen. Bei der funktionellen Eigenkapitalabgrenzung wird nach der Funktion gefragt, die das Eigenkapital übernehmen soll. Im Folgenden erfolgt ein nur kursorischer Überblick über die hauptsächlich in der betriebswirtschaftlichen Literatur genannten Eigenkapitalfunktionen.[79]

Die Haftungsfunktion[80] besagt, dass das von den Eigenkapitalgebern überlassene Kapital für die bestehenden Verbindlichkeiten des Unternehmens haftet, die gegenüber den Gesellschaftsgläubigern bestehen.[81] Relevant wird die Haftungsfunktion im Rahmen der freiwilligen oder erzwungenen Auflösung des Unternehmens. Allerdings haftet das Eigenkapital nicht selbst für die Ansprüche der Fremdkapitalgeber und zeigt auch nicht den gesamten Haftungsbetrag an. Vielmehr ist das Eigenkapital „ein Indiz für das freie - d. h. nicht von Zahlungsansprüchen der Fremdkapitalgeber belegte - Haftungspotential eines Unternehmens“[82]. Darüber hinaus steht neben einer eventuell bestehenden persönlichen Haftung des Gesellschafters das gesamte Bruttovermögen des Unternehmens als Haftungspotential zur Verfügung.[83]

Die Verlustausgleichsfunktion[84] bezieht sich im Gegensatz zur Haftungsfunktion nicht auf die erzwungene oder freiwillige Auflösung eines Unternehmens, sondern auf die Fortführung der

---

77 Vgl. *Thiele*, Eigenkapital, 1998, S. 20.

78 Vgl. *Briesemeister*, Hybride Finanzinstrumente, 2006, S. 72.

79 Eine vertiefende Darstellung der Diskussion findet sich bei *Thiele*, Eigenkapital, 1998, S. 49 ff. Eine Diskussion von verschiedenen Eigenkapitalfunktionen findet sich vereinzelt auch im angelsächsischen Schrifttum. So ordnet *Damodaran* dem Eigenkapital fünf verschiedene Eigenschaften zu: 1. Residualanspruch, 2. Nachrangigkeit des Anspruches bei der Verteilung des Cashflows bei Liquidation sowie Gewinnverteilung, 3. Keine steuerliche Abzugsfähigkeit der Zahlungen, 4. Im Gegensatz zu Fremdkapital unbegrenzte Laufzeit, 5. Kontrollmöglichkeit in Bezug auf die Gesellschaft, vgl. *Damodaran*, Corporate Finance, 2001, S. 482 f.

80 Vgl. *Breker/Harrison/Schmidt*, KoR 2005, S. 477; *Siegel*, in: Chmielewicz/Schweitzer, Eigenkapital, 1993, Sp. 483; *Süchting*, Finanzmanagement, 1989, S. 71 f.; *Thiele*, Eigenkapital, 1998, S. 54 ff.; *Baetge/Kirsch/Thiele*, Bilanzen, 2014, S. 491; *Schmidt*, JZ 1984, S. 772; *Bieg/Kußmaul*, Finanzierung, 2009, S. 38 f.

81 Vgl. *Süchting*, Finanzmanagement, 1989, S. 71; *Baetge*, in: Baetge, Eigenkapitalstärkung, 1990, S. 219; *Bösch*, Finanzwirtschaft, 2013, S. 76; *Hahn*, Finanzwirtschaft, 1983, S. 214.

82 *Thiele*, Eigenkapital, 1998, S. 55.

83 Vgl. *Thiele*, Eigenkapital, 1998, S. 54.

84 Vgl. *Baetge/Kirsch/Thiele*, Bilanzen, 2014, S. 491; *Bieg/Kußmaul*, Finanzierung, 2009, S. 38 f.; *Thiele*, Eigenkapital, 1998, S. 57 ff.

Unternehmenstätigkeit. Sie drückt aus, dass das Eigenkapital zum Ausgleich von laufenden Verlusten des Unternehmens herangezogen wird.[85] Bei bilanzieller Betrachtung vermindert ein laufender Verlust das Bruttovermögen des Unternehmens. Im Ergebnis hat das Unternehmen weniger Vermögen, mit dem die Ansprüche der Fremdkapitalgeber bedient werden können.[86] Ein Ausgleich der eingetretenen Vermögensminderung findet durch die Verlustausgleichfunktion des Eigenkapitals indes nicht statt.[87] Die bilanzielle Aufrechnung der Verluste mit Eigenkapital hat für die finanzwirtschaftliche Situation des Unternehmens keine unmittelbare Bedeutung, da sich hierdurch das dem Unternehmen zustehende Vermögen nicht ändert und es sich auch keine Auswirkungen auf die Verpflichtungen des Unternehmens ergeben.[88] Materielle Bedeutung hat die Verlustausgleichsfunktion vielmehr dergestalt, dass bei einem Verlust des Unternehmens keine Vergütungen für die Überlassung des Eigenkapitals gezahlt werden müssen, während dies für die Überlassung von Fremdkapital unabhängig vom Unternehmenserfolg der Fall ist.[89]

Aufgrund der Haftungs- und Verlustausgleichsfunktion wird deutlich, dass die Eigenkapitalgeber in großem Maße die Risiken der Unternehmenstätigkeit tragen, da deren Zahlungsansprüche wesentlich unsicherer sind als die der Fremdkapitalgeber.[90] Zum einen wird ihnen eine Vergütung für die Kapitalüberlassung nur im Falle eines Gewinnes bezahlt und zum anderen ist die Rückzahlung des von ihnen überlassenen Kapitals erst nach der Erfüllung der Gläubigeransprüche zulässig.[91] Deshalb werden die Haftungs- und die Verlustausgleichsfunktion im Schrifttum auch als Risikoübernahmefunktion des Eigenkapitals bezeichnet.[92]

Die Kontinuitätsfunktion[93] besagt, dass die Eigenkapitalfinanzierung eines Unternehmens dazu diene, den Fortbestand des Unternehmens zu gewährleisten.[94] Diese Aufgabe wird dann erfüllt, wenn die Rechte und Pflichten zwischen Kapitalgeber und Unternehmen so ausgestaltet sind, dass der Rückzahlungsanspruch des Kapitalgebers solange ausgeschlossen wird, wie das Unternehmen

---

85 Vgl. *Süchting*, Finanzmanagement, 1989, S. 72.
86 Vgl. *Thiele*, Eigenkapital, 1998, S. 57.
87 Vgl. *Schwantag*, ZfhF 1963, S. 225; *Raettig*, Finanzierung mit Eigenkapital, 1974, S. 52.
88 Vgl. *Raettig*, Finanzierung mit Eigenkapital, 1974, S. 52.
89 Vgl. *Schneider*, DB 1987, S. 187.
90 Vgl. *Loitlsberger*, Quartalshefte der Girozentrale, 1976, S. 14.
91 Vgl. *Thiele*, Eigenkapital, 1998, S. 59.
92 Vgl. *Engels*, in: Kosiol/Chmielewicz/Schweitzer, Eigenkapital, 1981, Sp. 426; *Siegel*, in: Chmielewicz/Schweitzer, Eigenkapital, 1993, Sp. 483; *Lanfermann*, FS Ludewig, 1996, S. 556.
93 Vgl. *Baetge/Kirsch/Thiele*, Bilanzen, 2014, S. 491; *Thiele*, Eigenkapital, 1998, S. 51 ff.
94 Vgl. *Schmidt*, JZ 1984, S. 772; *Baetge*, in: Baetge, Eigenkapitalstärkung, 1990, S. 220.

besteht. Das Unternehmen ist insofern vor dem Entzug des Eigenkapitals geschützt. Die Kapitalüberlassung muss für eine unbestimmte Zeit und somit dauerhaft erfolgen.[95] Demgegenüber handelt es sich um Fremdkapital, wenn dies dem Unternehmen nur für einen befristeten Zeitraum überlassen wird. Fremdkapital wird dem Unternehmen daher zu einem bestimmten Zeitraum wieder entzogen.[96]

Ferner fällt den Eigenkapitalgebern der Anspruch auf entstandene Gewinne zu. Diese Funktion wird als Gewinnbeteiligungsfunktion bezeichnet.[97] Die Gewinnbeteiligungsfunktion basiert auf dem Gedanken, dass den Eigenkapitalgebern ein Residualanspruch auf den Gewinn des Unternehmens zusteht. Somit ist sie ein Ausgleich für die aus Haftungs- und Verlustausgleichsfunktion resultierenden Risiken.[98]

Nach der Herrschaftsfunktion[99] haben die Eigenkapitalgeber die Aufgabe, für das Unternehmen im Außenverhältnis zu handeln (Vertretung) und im Innenverhältnis Entscheidungen zu treffen (Geschäftsführung).[100] Ausgangspunkt dieser Eigenkapitalfunktion ist die Anknüpfung der Leitungsbefugnis an die Eigenkapitalausstattung und der dazugehörige Gedanke, dass diejenigen, die unternehmerische Entscheidungen treffen, auch die daraus resultierenden Chancen und Risiken tragen sollen.[101]

Im Schrifttum werden zudem die Errichtungs- und Finanzierungsfunktion genannt.[102] Unter Errichtungsfunktion des Eigenkapitals soll das überlassene Kapital als Startkapital für die Aufnahme einer unternehmerischen Tätigkeit verstanden werden. Die Finanzierungsfunktion besagt, dass durch das zugeführte Kapital der Eigenkapitalgeber eine anderweitige Kapitalaufnahme nicht mehr notwendig sei.[103] Diese Funktionen können allerdings auch problemlos von Fremdkapitalgebern erfüllt werden, sodass diese Funktionen keine speziellen Eigenkapitalfunktionen darstellen.

---

95 Vgl. *Thiele*, Eigenkapital, 1998, S. 32; *Hahn*, Finanzwirtschaft, 1983, S. 216.

96 Vgl. *Baetge/Kirsch/Thiele*, Bilanzen, 2014, S. 491; *Thiele*, Eigenkapital, 1998, S. 51 f.

97 Vgl. *Thiele*, Eigenkapital, 1998, S. 59.

98 Vgl. *Baetge/Kirsch/Thiele*, Bilanzen, 2014, S. 492.

99 Die Herrschaftsfunktion wird in der Literatur auch häufig als Geschäftsführungsfunktion bezeichnet. So bspw. *Baetge/Kirsch/Thiele*, Bilanzen, 2014, S. 492; *Bieg/Kußmaul*, Finanzierung, 2009, S. 42.

100 Vgl. *von Arnin*, in: Büschgen, Eigenkapital, 1976, Sp. 287; *Siegel*, in: Chmielewicz/Schweitzer, Eigenkapital, 1993, Sp. 483 f.

101 Kritisch hierzu *Schneider*, DB 1987, S. 187.

102 Vgl. *Süchting*, Finanzmanagement, 1989, S. 71; *Bieg/Kußmaul*, Finanzierung, 2009, S. 41.

103 Vgl. *Thiele*, Eigenkapital, 1998, S. 61; *Schneider*, DB 1987, S. 186.

Aus den einzelnen Eigenkapitalfunktionen können zwar bestimmte notwendige Merkmale des Eigenkapitals abgeleitet werden.[104] Das Heranziehen der Eigenkapitalfunktionen für die Merkmalsbestimmung von Eigenfinanzierung ist jedoch nicht geeignet, denn das Heranziehen der Eigenkapitalfunktionen und somit die Heranziehung der Zwecke der Eigenfinanzierung setzt voraus, dass diese Zwecke auch definiert bestimmbar sind. Allerdings fehlen für die Festlegung dieser Zwecke objektive betriebswirtschaftliche Kriterien, was zur Folge hat, dass die Ermittlung der Zwecke subjektiv erfolgen müsste. Bei einer subjektiven Bestimmung der Zwecke ist demnach keine objektive Bestimmung der Eigenkapitalmerkmale möglich.[105] Die Funktionen von Eigen- und Fremdkapital sind zudem nach betriebswirtschaftlicher Erkenntnis weitestgehend identisch.[106] Der Grund dafür, dass in der finanzwirtschaftlichen Literatur die oben genannten Zwecke und Funktionen der Eigenfinanzierung diskutiert werden, lässt sich somit nicht aus betriebswirtschaftlichen Überlegungen herleiten. Die Zuordnung von bestimmten Merkmalen der Eigenfinanzierung folgt in diesem Rahmen eher einem von rechtlichen Regelungen beeinflussten Vorverständnis. Ohne dieses geprägte Vorverständnis ist es nicht begründbar, welche Funktionen vorliegen müssen, um das Finanzierungsverhältnis als Eigenkapital einstufen zu können. Die Eigenkapitalabgrenzung anhand der Eigenkapitalfunktionen stellt somit ein Zirkelschluss dar.[107]

2.1.5. Eigen- und Fremdkapitalabgrenzung anhand des Risikogrades

Eigenkapitalgeber besitzen einen residualbestimmten Zahlungsanspruch, da ihre Rückflüsse aus der Unternehmung ergebnisabhängig sind. Fremdkapitalgeber hingegen haben einen ergebnisunabhängigen deterministischen Zahlungsanspruch.[108] Aus diesen Überlegungen folgt eine weitere Abgrenzungsmöglichkeit über das betriebswirtschaftliche Kriterium des Risikogrades der verschiedenen Finanzierungspositionen,[109] denn die mit unterschiedlichsten Rechten und Pflichten verknüpften Finanzierungsverhältnisse bilden ein Kontinuum an Rendite-Risiko-Positionen ab.[110] Dabei stellt der

---

104 Vgl. hierzu Gliederungspunkt 2.1.6.

105 Vgl. *Ruppe*, Ergebnisse, 1985, S. 7; *Thiele*, Eigenkapital, 1998, S. 32 f.

106 Vgl. *Schneider*, DB 1987, S. 186; *Höflacher*, Eigenkapital, 1992, S. 60 ff., 102; *Herzig*, FR 1994, S. 593; *Thiele*, Eigenkapital, 1998, S. 32 f.; *Kampmann*, Kapitalstruktur, 2001, S. 138 f.; *Prinz*, in: Schaumburg, Kaufpreisfinanzierung, 2004, S. 155.

107 Vgl. *Thiele*, Eigenkapital, 1998, S. 33.

108 Denkt man allerding an den Fall einer Insolvenz mit einer Befriedigungsquote kleiner als 100 %, sind die Zahlungsansprüche der Fremdkapitalgeber trotz ihres prioritätischen Befriedigungsanspruches mit einem gewissen Ausfallrisiko behaftet, vgl. *Höflacher*, Eigenkapital, 1992, S. 65 f.

109 Vgl. *Swoboda*, FS Wittmann, 1985, S. 356 ff.

110 Vgl. *Elschen*, in: Gebhardt/Gerke/Steiner, Fremdfinanzierung, 1993, S. 586.

Risikograd die gemessene Unsicherheit der Zahlungsansprüche der Kapitalgeber dar.[111] Somit wird bei überlassenem Kapital, das eine hohe Unsicherheit der Zahlungsansprüche der Kapitalgeber aufweist, von Eigenkapital ausgegangen. Bei keiner oder nur geringer Unsicherheit wird hingegen Fremdkapital angenommen.

Für die Einordnung von Eigen- und Fremdkapital müssen in einem ersten Schritt die Wahrscheinlichkeiten der künftigen Zahlungsströme an die Kapitalgeber prognostiziert werden, bevor in einem zweiten Schritt das Risikomaß festgelegt wird.[112] In einem dritten und letzten Schritt ist sodann der kritische Wert zu definieren.[113] Kritisch an dieser Vorgehensweise ist, dass der Risikograd kein dichotomes Merkmal, sondern ein kontinuierliches Maß darstellt, denn durch die Kombination verschiedener Rechte und Pflichten ist jede denkbare Risikoabstufung möglich. Eine erkennbare Trennung in zwei Risikoklassen kann somit nicht erfolgen, zumal die Festlegung des kritischen Wertes die mit dem Risikograd gerade überwundene Dichotomie wiederherstellt und willkürlich ist.[114] Zudem beruht die Einschätzung der künftigen Zahlungen an die Kapitalgeber auf subjektiven Überlegungen und ist daher für eine objektive Abgrenzung von Eigen- und Fremdkapital nicht geeignet.[115]

Im Ergebnis ist eine dichotome Trennung der Finanzierungsformen in Eigen- und Fremdfinanzierung anhand des Risikogrades nicht möglich.[116] Daher erwägt *Schneider* die Aufgabe der dichotomen Trennung.[117] Ausgangspunkt für diese Überlegung bildet die Erkenntnis, dass der Übergang zwischen Eigen- und Fremdkapital kontinuierlich erfolgt. Darauf aufbauend definiert *Schneider* Risikokapital verschiedener Ordnungen, das aus ökonomischer Sicht als deutlich realitätskonformer erscheint.[118]

---

111 Diese Aussage ist so zu verstehen, dass alle konkreten vertraglichen Vereinbarungen über Zeitpunkt, Höhe, Ergebnis(un)abhängigkeit der laufenden Zahlungsansprüche, Rang des Anspruches im Liquidationszeitpunkt, Mitentscheidungs- und Informationsrechte gemeinsam den Risikograd der finanziellen Ansprüche determinieren. Denn all diese vertraglichen Eigenschaften schlagen sich letztlich im Risikograd nieder, vgl. *Drukarczyk*, Finanzierung, 2008, S. 302.

112 Als Risikomaß wird bspw. die Standardabweichung der Rendite herangezogen.

113 Vgl. *Swoboda*, FS Wittmann, 1985, S. 356; *Swoboda*, in: Ruppe/Swoboda/Nitsche, Eigen- und Fremdkapital, 1985, S. 55.

114 Vgl. *Thiele*, Eigenkapital, 1998, S. 34; *Siegel*, in: Chmielewicz/Schweitzer, Eigenkapital, 1993, Sp. 483; *Kampmann*, Kapitalstruktur, 2001, S. 141.

115 Vgl. *Drukarczyk*, Finanzierung, 2008, S. 303; *Siegel*, in: Chmielewicz/Schweitzer, Eigenkapital, 1993, Sp. 483; *Briesemeister*, Hybride Finanzinstrumente, 2006, S. 76; *Haun*, Hybride Finanzierungsinstrumente, 1996, S. 26. Nach *Thiele* widerlegt diese Überlegung „zwar nicht die Richtigkeit des Risikogrades als Abgrenzungskriterium, stellt aber die praktische Anwendung deutlich in Frage." *Thiele*, Eigenkapital, 1998, S. 34.

116 Vgl. *Schneider*, DB 1987, S. 186; *Herzig*, FR 1994, S. 593; *Thiele*, Eigenkapital, 1998, S. 34, 239.

117 Auch *Swoboda* erwägt aufgrund der Mängel des Kriteriums „Risikograd" die Aufgabe der dichotomen Trennung der Finanzierungsverhältnisse zugunsten der Einzelcharakterisierung aller Ansprüche, vgl. *Swoboda*, in: Ruppe/Swoboda/Nitsche, Eigen- und Fremdkapital, 1985, S. 59.

118 Vgl. *Schneider*, DB 1987, S. 186 f.; *Schneider*, Investition, 1992, S. 55 f. Hierbei unterscheidet *Schneider* wie folgt:

Die Aufgabe der dichotomen Trennung von Eigen- und Fremdkapital mag in bestimmten Teilbereichen überzeugen. Für bilanzielle Zwecke ist eine solche Definition von Eigen- und Fremdkapital jedoch nicht sachgerecht, denn sowohl das Steuerrecht als auch das Handelsrecht und die IFRS verlangen eine dichotome Teilung in Eigen- und Fremdkapital.[119]

2.1.6. Abgrenzung anhand idealtypischer Ausprägungen von Eigen- und Fremdkapital

Aufgrund der Problematik, eine zweckmäßige und praktikable Eigenkapitaldefinition zu finden, werden im Schrifttum[120] Eigen- und Fremdkapital als Idealtypen definiert und als Extrempositionen der zwischen Unternehmen und Kapitalgeber vereinbarten Rechte und Pflichten verstanden. Diese können demnach als Endpunkte des Gestaltungsraums möglicher Rendite-/ Risiko-Positionen angesehen werden.[121] Auf eine Grenzziehung zwischen Eigen- und Fremdkapital wird bewusst verzichtet. Vielmehr wird in Kauf genommen, dass Finanzierungsverhältnisse, die im Bereich zwischen den Idealtypen liegen, weder dem Eigen- noch dem Fremdkapital zugeordnet werden können.[122] Die Extremposition Eigenkapital lässt sich charakterisieren als ausschließlich vom wirtschaftlichen Erfolg abhängige Auszahlungsansprüche gegen das Unternehmen, die mit dem Recht verbunden sind, unternehmerische Entscheidungen zu treffen.[123] Idealtypisches Fremdkapital stellt hingegen einen feststehenden, vom wirtschaftlichen Erfolg des Unternehmens unabhängigen Anspruch bei fehlenden unternehmerischen Entscheidungsbefugnissen dar.[124] Der Vorteil dieser vereinfachten Einteilung in Idealtypen liegt darin, dass eine gedanklich klare und eindeutige Gegenüberstellung von Eigen- und Fremdkapital möglich ist.[125]

Risikokapital erster Ordnung: Unternehmensvermögen, das nicht für Auszahlungsansprüche von Kapitalgebern zur Verfügung steht. Risikokapital zweiter Ordnung: Auszahlungsansprüche, die ausschließlich ergebnisabhängig sind. Risikokapital dritter Ordnung: Auszahlungsansprüche, bei denen eine Zuordnung zum Risikokapital zweiter und vierter Ordnung nicht möglich sind. Risikokapital vierter Ordnung: Auszahlungsansprüche, die ausschließlich ergebnisunabhängig sind. *Schneiders* zentrales Abgrenzungskriterium ist somit, ob das Kapital ergebnisabhängig oder -unabhängig ausgestaltet ist. Somit nimmt dieser Abgrenzungsansatz den Gedanken der Partenteilung der neoklassischen Finanzierungstheorie auf.

119 Die Aufgabe der dichotomen Teilung und der damit verbundenen fließenden Einteilung von Eigen- und Fremdkapital verstößt zudem gegen den steuerlichen Grundsatz der Gleichmäßigkeit der Besteuerung und ist somit abzulehnen.

120 Vgl. *Schneider*, DB 1987, S. 187; *Drukarczyk*, Finanzierung, 2008, S. 303.

121 Vgl. *Schneider*, DB 1987, S. 186 f.; *Thiele*, Eigenkapital, 1998, S. 36; *Zupancic*, Risikobeschaffung, 1989, S. 50.

122 Vgl. *Thiele*, Eigenkapital, 1998, S. 36.

123 Vgl. *Drukarczyk*, Finanzierung, 2008, S. 303; *Thiele*, Eigenkapital, 1998, S. 37; *Briesemeister*, Hybride Finanzinstrumente, 2006, S. 77; *Swoboda*, Finanzierung, 1994, S. 10.

124 Vgl. *Elschen*, in: Gebhardt/Gerke/Dürr, Fremdfinanzierung, 1993, S. 591 f.; *Drukarczyk*, Finanzierung, 2008, S. 304; *Swoboda*, Finanzierung, 1994, S. 10.

125 Vgl. *Schneider*, DB 1987, S. 187; *Drukarczyk*, Finanzierung, 2008, S. 303; *Thiele*, Eigenkapital, 1998, S. 36;

Aus den Eigenkapitalfunktionen sind in der betriebswirtschaftlichen Literatur[126] unter anderem Merkmale entwickelt worden, welche in ihrer idealtypischen Ausprägung „reines" Eigenkapital und „reines" Fremdkapital beschreiben:[127]

- *Ergebnisabhängigkeit bzw. Residualanspruch*: Bei reinem Eigenkapital liegt ausschließlich ein ergebnisabhängiger Auszahlungsanspruch vor, während bei reinem Fremdkapital ausschließlich ergebnisunabhängige Auszahlungsansprüche bestehen.[128]
- *Nachrangigkeit*: Zahlungen an die Eigenkapitalgeber sind im Fall der Liquidation oder Insolvenz erst zu leisten, wenn die Fremdkapitalgeber vollständig befriedigt wurden. Auch bei Kündigung des Eigenkapitalinstruments werden Ansprüche der Eigenkapitalgeber nur erfüllt, soweit das verbleibende Eigenkapital für die Bedienung des Fremdkapitals ausreicht.[129]
- *Vermögensanspruch*: Eigenkapitalgeber haben einen Restbetragsanspruch (anteiliger Anspruch auf das Nettovermögen des Unternehmens), während Fremdkapitalgebern ein Festbetragsanspruch (nominell festgelegter Rückzahlungsanspruch) zusteht.[130]
- *Dauerhaftigkeit (Befristung)*: Bei reinem Eigenkapital ist weder ein Rückzahlungszeitpunkt noch ein Kündigungsrecht vereinbart. Das reine Fremdkapital hingegen weist einen Rückzahlungszeitpunkt auf.[131]
- *Herrschaftsrechte*: Eigenkapital vermittelt Leitungsbefugnis, Fremdkapital hingegen nicht.[132]

Küting/Dürr, DB 2005, S. 1529.

126 Vgl. *Süchting*, Finanzmanagement, 1989, S. 24; *Perridon/Steiner/Rathgeber*, Finanzwirtschaft, 2012, S. 390 f.; *Breker/Harrison/Schmidt*, KoR 2005, S. 477; *Pape*, Grundlagen, 2011, S. 37 ff.; *Eichholz*, Finanzwirtschaftliches Management, 2009, S. 10; *Franke/Hax*, Finanzwirtschaft, 2009, S. 30 f.; *Wüstemann/Bischof*, ZHR 2011, S. 217; *Bitz*, Finanzdienstleistungen, 1993, S. 8; *Zupancic*, Risikobeschaffung, 1989, S. 47.

127 Diese Merkmale erfassen die Eigenschaften von Finanzierungsverhältnissen allerdings nicht vollständig, da diese durch eine weitaus größere Zahl einzelner Merkmale charakterisiert werden, vgl. *Thiele*, Eigenkapital, 1998, S. 38.

128 Das Merkmal der Ergebnisabhängigkeit resultiert aus der Gewinnbeteiligungs- und Verlustausgleichsfunktion.

129 Das Merkmal Nachrangigkeit der Rückzahlungsansprüche resultiert aus der Haftungsfunktion. Um die Haftungsfunktion zu gewährleisten, muss allerdings neben dem Merkmal der Nachrangigkeit auch das Merkmal der Dauerhaftigkeit hinzutreten, denn wenn es einem Eigenkapitalgeber möglich wäre, sein überlassenes Kapital beliebig zurückzufordern, könnte er sich dadurch faktisch der Haftung entziehen, vgl. *Thiele*, Eigenkapital, 1998, S. 55. Nach *Schneider* ist die Nachrangigkeit das wichtigste idealtypische Merkmal, vgl. *Schneider*, DB 1987, S. 187; *Schneider*, Investition, 1992, S. 50 f.

130 Dieses Merkmal ist eine Ausprägung der Gewinnbeteiligungsfunktion.

131 Die Dauerhaftigkeit stellt eine Ausprägung der Kontinuitätsfunktion dar, vgl. *Bingel/Weidenhammer*, DStR 2006, S. 675; *Breker/Harrison/Schmidt*, KoR 2005, S. 477. *Schneider* sieht das Abgrenzungsmerkmal der Befristung kritisch, da es inhaltlich falsch ist. Innerhalb des Planungszeitraumes kann jede Kapitalüberlassung befristet werden, ohne dabei auf Eigen- oder Fremdkapital schließen zu können. Bspw. kann ein Kommanditist seine Einlage jederzeit kündigen. Betriebswirtschaftlich ist das Merkmal Befristung nur dann sinnvoll, wenn „dauerhaft" mit „bis zum jeweiligen Planungshorizont der Unternehmung" gleichgesetzt wird, vgl. *Schneider*, DB 1987, S. 186.

132 Die einzelnen Herrschaftsrechte resultieren aus der Herrschaftsfunktion.

Die nachfolgende Abbildung stellt die Rechte und Pflichten bei idealtypischem Eigenkapital und idealtypischem Fremdkapital im Einzelnen dar, wenn die Merkmale aller Rechte und Pflichten, die zwischen den Vertragsparteien vereinbart worden sind, miteinbezogen werden:[133]

Merkmale	**Idealtypisches Eigenkapital**	**Idealtypisches Fremdkapital**
Auszahlungsanspruch Residualanspruch Ergebnisabhängigkeit	Variabel, erfolgsabhängig, Residualanspruch	Fest, erfolgsunabhängig
Nachrangigkeit	Zahlungen an Eigenkapitalgeber erfolgen erst nach vollständiger Befriedigung der Gläubiger	Keine Nachrangigkeit der Zahlungen
Vermögensanspruch	Quotal	Nominal
Dauerhaftigkeit	Unbefristet bzw. bis zum Planungshorizont nicht vereinbart	Befristet, Rückzahlungszeitpunkt vertraglich fixiert
Zahlungsverpflichtung des Kapitalgebers	Unbeschränkte Haftung für Verpflichtungen des Unternehmens	Keine Zahlungsverpflichtungen
Gestaltungsrechte des Kapitalgebers	Kein Kündigungsrecht	Kündigungsrecht
Informationsrechte des Kapitalgebers	Recht auf vollständige Information	Nur durch Informationspflichten des Kapitalnehmers
Herrschaftsrechte des Kapitalgebers	Unternehmensleitung	Keine

Abbildung 1: Idealtypisches Eigen- und Fremdkapital

133 In Anlehnung an *Thiele*, Eigenkapital, 1998, S. 40; *Briesemeister*, Hybride Finanzinstrumente, 2006, S. 78. Vereinfachte Übersicht z. B. in *Süchting*, Finanzmanagement, 1989, S. 24; *Perridon/Steiner/Rathgeber*, Finanzwirtschaft, 2012, S. 390; *Küting/Dürr*, DB 2005, S. 1529; *Prätsch/Schikorra/Ludwig*, Finanzmanagement, 2007, S. 8; *Pape*, Grundlagen, 2011, S. 37.

2.1.7. Ergebnis: Abgrenzung von Eigen- und Fremdkapital anhand der Rechte und Handlungsmöglichkeiten

Die Anzahl der mit einem Finanzierungsverhältnis verbundenen Rechte und Pflichten und die daraus resultierende Vielzahl möglicher Kombinationen führen zu einer großen Zahl unterschiedlicher Finanzierungsinstrumente.[134] Diese Tatsache wird noch durch die Dispositivität des Zivil-, Gesellschafts- und Kapitalmarktrechts verstärkt.[135] Aufgrund dieser Vielzahl von Ausgestaltungsvariationen stellt sich die Frage nach geeigneten Abgrenzungskriterien, welche eine Klassifikation der unterschiedlichen Finanzierungsinstrumente als Eigen- und Fremdfinanzierung ermöglichen.

In der bisherigen Untersuchung wurde deutlich, dass die einzelnen Abgrenzungsansätze für sich allein keine befriedigenden Ansätze zur Eigen- und Fremdkapitalabgrenzung liefern können und es somit in der Betriebswirtschaftslehre nicht möglich ist, eine exakte Eigen- und Fremdkapitalabgrenzung für alle denkbaren Rechtsbereiche vorzunehmen, wie bspw. Gesellschafts-, Steuer- oder Insolvenzrecht.[136] Trotz des Fehlens von rechtlichen und ökonomisch begründbaren Abgrenzungskriterien stellt die Betriebswirtschaftslehre indes Kriterien bereit, die als Anhaltspunkte für die Abgrenzungsfrage herangezogen werden können.[137] Finanzierungstitel werden vorrangig nach dem Risikograd unterschieden, mit dem der Inhaber an der geschäftlichen Entwicklung des Emittenten partizipiert.[138] Dieses Risiko wird maßgeblich von den Rechten und Handlungsmöglichkeiten bestimmt, welche die Inhaber der Finanzierungstitel erhalten haben und aus denen sich daher auch die Abgrenzung von Eigen- und Fremdkapital ergeben muss.[139] Eigenkapital muss somit grundsätzlich anhand bestimmter zwischen Unternehmen und Kapitalgeber bestehenden Rechte und Pflichten definiert werden, indem festgelegt wird, welche Merkmale bzw. Rechte und Pflichten mit Eigen- und Fremdkapital idealtypisch verbunden sein sollen. Die Betriebswirtschaftslehre füllt somit die abzugrenzenden Begriffe Eigen- und Fremdkapital durch betriebswirtschaftliche Kriterien auf. Die Begriffe Eigen- und Fremdkapital sind demzufolge als Typusbegriffe zu verstehen, die mithilfe der betriebswirtschaftlichen

---

134 Vgl. *Thiele*, Eigenkapital, 1998, S. 32; *Elschen*, in: Gebhardt/Gerke/Steiner, Fremdfinanzierung, 1993, S. 586.

135 Vgl. *Briesemeister*, Hybride Finanzinstrumente, 2006, S. 75.

136 Vgl. *Zupancic*, Risikokapitalbeschaffung, 1989, S. 52. *Zupancic* fordert zudem für betriebswirtschaftliche Fragestellungen das Begriffspaar Eigen- und Fremdkapital durch das Begriffspaar Risikokapital und Nicht-Risikokapital zu ersetzen.

137 Zudem ist anzumerken, dass alle aufgezeigten betriebswirtschaftlichen Ansätze von der ökonomischen Wirkung und nicht von der formal-rechtlichen Ausgestaltung der Partenteilung ausgehen, vgl. *Gutenberg*, Grundlagen, 1980, S. 128 f.

138 Vgl. *Hax*, Unternehmen und Unternehmer, 2005, S. 108 f.; *Swoboda*, FS Wittmann, 1985, S. 343.

139 Vgl. *Wüstemann/Bischof*, ZHR 2011, S. 217.

Merkmale ausgelegt werden können. Hierzu wird für die Definition von Eigenkapital entweder ein einzelnes Merkmal oder eine Kombination von Merkmalen herangezogen.[140] Im Falle der Heranziehung eines Merkmals wird in der Literatur bspw. auf den Anspruch im Auseinandersetzungsguthaben[141] oder auf die Nachrangigkeit im Konkurs[142] abgestellt. Die Verwendung nur eines Kriteriums sagt allerdings nur wenig über die ökonomischen Eigenschaften des Finanzierungsverhältnisses aus und hat somit einen nur geringen Informationsgehalt.[143] Folglich kommt es zu unzweckmäßigen Klassifizierungen. Eine Eigenkapitaldefinition, die alle Merkmale einbezieht, ist ebenfalls unzweckmäßig und nicht praktikabel, da sich durch die fast unendlichen Kombinationsmöglichkeiten der einzelnen Merkmale keine eindeutige Eigenkapitaldefinition durchsetzen würde.[144]

Ökonomisches Kriterium	**Eigenkapital**	**Fremdkapital**
Vermögensrechte Laufende Vergütungsansprüche Anspruch auf Kapitalrückzahlung	 Unmittelbar oder mittelbar erfolgsabhängige Vergütungen Rückzahlungsanspruch vom Unternehmensvermögen abhängig Unmittelbare oder mittelbare Erfolgsabhängigkeit **Residualanspruch**	 Erfolgsunabhängige Vergütungen Fester Rückzahlungstermin und fester Rückzahlungsanspruch **Festbetragsansprüche**
Verwaltungsrechte	Gestaltungsrechte Informationsrechte Herrschaftsrechte	Keine Verwaltungsrechte

Abbildung 2: Vermögens- und Verwaltungsrechte von Eigen- und Fremdkapital

Die für die Kapitalabgrenzung entscheidenden Merkmale können nur aus der Analyse der aufgezeigten Angrenzungsansätze gewonnen werden. Aus der neoklassischen Finanzierungstheorie wurde die

---

140 Vgl. *Hahn*, Finanzwirtschaft, 1983, S. 204.
141 Vgl. *Gutenberg*, Grundlagen, 1980, S. 3.
142 Vgl. *von Arnin*, in: Büschgen, Eigenkapital, 1976, Sp. 284.
143 Vgl. *Swoboda*, FS Wittmann, 1985, S. 347.
144 Vgl. *Thiele*, Eigenkapital, 1998, S. 36.

Bedeutung der Vermögensrechte eines Kapitalgebers als entscheidendes Abgrenzungskriterium herausgestellt. Es wurde deutlich, dass Eigenkapitalgeber Residualansprüche besitzen, während Fremdkapital Festbetragsansprüche mit sich bringt. Im Rahmen der neo-institutionalistischen Finanzierungstheorie ist für eine Finanzierungsform die durch das Rechte- und Pflichtenbündel ausgelöste konkrete Risiko-Rendite-Position entscheidend, die eine Finanzierungsbeziehung mit sich bringt. Maßgeblicher Beitrag dieser Theorie zur Frage der Kapitalabgrenzung war, dass neben den Vermögensrechten auch die weiteren Handlungsmöglichkeiten einzubeziehen sind.[145] Allerdings kann die neo-institutionalistische Finanzierungstheorie keine Antwort auf die Frage geben, welches konkrete Rechtebündel eine Eigen- oder Fremdkapitalposition darstellt. Diese Frage beantwortet der Abgrenzungsversuch aufgrund von idealtypischen Ausprägungen von Eigen- und Fremdkapital. Bei der idealtypischen Einteilung von Eigen- und Fremdkapital werden konkrete Rechte und Handlungsmöglichkeiten aufgezeigt, durch die die Eigenschaften von Eigen- und Fremdkapital zum Ausdruck kommen.[146]

Im Ergebnis kann festgehalten werden, dass es für die Abgrenzung von Eigen- und Fremdkapital einer Analyse der Rechte eines Finanzierungsinstrumentes bedarf. Insbesondere sind aus ökonomischer Sicht die Vermögens- und Verwaltungsrechte entscheidend. Die vorstehende Tabelle zeigt die Kriterien zur Abgrenzung von Eigen- und Fremdkapital, welche der weiteren Untersuchung zugrunde liegen.[147]

2.2. Bilanzielles Eigenkapital nach HGB, Steuerrecht und IFRS

2.2.1. Grundlagen

2.2.1.1. Kapital- und Vermögensbegriff

Für die bilanzielle Abgrenzung von Eigen- und Fremdkapital kommt es neben dem formellen Eigenkapitalbegriff auch auf den materiellen (funktionellen) Eigenkapitalbegriff an.[148] Der formelle Eigenkapitalbegriff knüpft an den Begriff des Kapitals an. Aufgrund dessen ist es notwendig, in einem

---

145 Vgl. *Breuer*, Finanzierung, 2007, S. 10.

146 Der idealtypische Ansatz, dessen Ausgangspunkt der funktionsorientierte Ansatz ist, füllt die Gedanken der neo-institutionalistischen Finanzierungstheorie aus. Er definiert, wie die Rechte und Handlungsmöglichkeiten und somit die Risiko-Rendite-Position eines Finanzinstruments beschaffen sein müssen, damit Eigen- oder Fremdkapital vorliegt, vgl. *Haun*, Hybride Finanzierungsinstrumente, 1996, S. 31.

147 Vgl. *Haun*, Hybride Finanzierungsinstrumente, 1996, S. 34.

148 Vgl. *Böcking*, FS Beisse, 1997, S. 85 ff.; *Bingel/Weidenhammer*, DStR 2006, S. 675; *Leuschner/Weller*, WPg 2005,

ersten Schritt den Kapitalbegriff und somit den damit eng verbundenen Begriff des Vermögens zu erörtern.[149] In den Wirtschaftswissenschaften werden die Begriffe Vermögen und Kapital allerdings nicht einheitlich verwendet.[150]

Im Ausgangspunkt verstehen die unterschiedlichen betriebswirtschaftlichen Vermögensbegriffe das Vermögen als Gesamtheit der geldwerten Güter einer Person. Allerdings wird der Vermögensbegriff in unterschiedlicher Weise präzisiert, sodass folgende Begriffsdefinitionen existieren:[151] Der traditionelle Vermögensbegriff definiert Vermögen als die Gesamtheit der Güter, über die ein Wirtschaftssubjekt verfügen kann. Die Bewertung des Vermögens erfolgt als Summe aller Güter zu einem Stichtag.[152] Der bilanzielle Vermögensbegriff ist ein konkret definierter Unterfall des traditionellen Vermögensbegriffes. Zum bilanziellen Vermögensbegriff gehören nur die Vermögensgegenstände, die in der Handels- und Steuerbilanz ausgewiesenen sind.[153] Die Bewertung erfolgt daher wie beim traditionellen Vermögensbegriff zu einem Stichtag. Demgegenüber steht der kapitaltheoretische Vermögensbegriff. Dieser rückt als Begriffsdefinition die Fähigkeit in den Vordergrund, in Zukunft Konsumzahlungen leisten zu können.[154] Die Bewertung des kapitaltheoretischen Vermögensbegriffes vollzieht sich zukunftsbezogen auf der Basis von Zahlungen, die sich auf das Unternehmen als Ganzes beziehen.[155]

Der Begriff des Kapitals wird in der Betriebswirtschaftslehre noch vielfältiger verwendet als der Vermögensbegriff. Von den vorgeschlagenen Definitionen werden folgend die wesentlichen genannt.[156] Der traditionelle Kapitalbegriff definiert Kapital als Geld für Investitionen. Dabei wird auf der einen Seite Geld als konkretes Gut (Wertding) und auf der anderen Seite als abstrakte Rechengröße (Erinnerungsposten) verstanden.[157] Die Ermittlung des Kapitals erfolgt durch eine

---

S. 262 ff. Der formelle und der materielle Eigenkapitalbegriff werden ausführlich im Rahmen der handelsrechtlichen Eigenkapitaldefinition in Gliederungspunkt 2.2.2.2. erörtert.

149 Vgl. *Thiele*, Eigenkapital, 1998, S. 7.

150 Eine Zusammenstellung der unterschiedlichen Definitionen findet sich bei *Baetge*, Kapital und Vermögen, 1975, Sp. 2089 ff. m. w. N.

151 Weitere Vermögensdefinitionen siehe *Baetge*, Kapital und Vermögen, 1975, Sp. 2093 ff.

152 Vgl. *Baetge*, Kapital und Vermögen, 1975, Sp. 2094 f.

153 Vgl. *Coenenberg/Haller/Schultze*, Jahresabschluss, 2014, S. 6; *Federmann*, Bilanzierung, 2010, S. 44.

154 Vgl. *Moxter*, ZfbF 1966, S. 38.

155 Vgl. *Baetge*, Kapital und Vermögen, 1975, Sp. 2094 f. Aufgrund der mit den unterschiedlichen Vermögensbegriffen verbundenen unterschiedlichen Bewertungskonzeptionen wird klar, dass über die Definition des Vermögensbegriffes die Ermittlung desselbigen determiniert wird, vgl. *Thiele*, Eigenkapital, 1998, S. 8.

156 Siehe hierzu vertiefend *Baetge*, Kapital und Vermögen, 1975, Sp. 2089 ff.

157 Vgl. *Preiser*, FS Rieger, 1953, S. 21.

stichtagsorientierte Bewertung.[158] Der bilanzielle Kapitalbegriff ist wiederum ein spezieller Fall des traditionellen Kapitalbegriffes, da das Kapital auch in der Bilanz einen Erinnerungsposten darstellt.[159] Er stellt auf die Summe aller Passiva einer Bilanz ab, die die Mittelherkunft und demzufolge auch die Ansprüche der Kapitalgeber am Vermögen des Unternehmens darstellen.[160] Der Hauptunterschied zum traditionellen Kapitalbegriff besteht in der Normierung der Ermittlung des Kapitalbetrages.[161] Im Rahmen der kapitaltheoretischen Theorie wird das Kapital als Ertragswert verstanden, der als Summe aller Investitionsprojekte eines Unternehmens definiert ist.[162] Die Ermittlung des Kapitals basiert auf der Diskontierung der künftigen Zahlungen.[163] Allen betriebswirtschaftlichen Kapitalbegriffen ist gemeinsam, dass mit Kapital stets der Wert[164] bezeichnet wird, den die konkreten Güter für ein Wirtschaftssubjekt haben.

Im Ergebnis lässt sich festhalten, dass die Begriffe Vermögen und Kapital die Gesamtheit der Güter bezeichnen, die ein Unternehmen zur Zielerreichung einsetzt.[165] Während der Vermögensbegriff die vorhandenen Güter allerdings konkret bezeichnet, drückt der Begriff des Kapitals stattdessen den Wert dieser Güter aus.[166]

2.2.1.2. Bilanzielles und effektives Eigenkapital

Prinzipiell muss zwischen einem buchhalterischen bzw. bilanziellen Eigenkapital und einem Effektiveigenkapital[167] unterschieden werden.[168] Aus betriebswirtschaftlicher Perspektive besteht bilanzielles Eigenkapital aus den Mitteln, die von den Inhabern des Unternehmens eingelegt werden (Außenfinanzierung) zuzüglich der Erfolge des Unternehmens (Innenfinanzierung: Gewinnentstehung) und abzüglich der Entnahmen bzw. Gewinnausschüttungen und Kapitalrückzahlungen

---

158 Vgl. *Zantow/Dinauer*, Finanzwirtschaft, 2011, S. 24; *Thiele*, Eigenkapital, 1998, S. 9.

159 Vgl. *Baetge*, Kapital und Vermögen, 1975, Sp. 2090 f.

160 Vgl. *Coenenberg/Haller/Schultze*, Jahresabschluss, 2014, S. 6; *Federmann*, Bilanzierung, 2010, S. 44.

161 Vgl. *Zantow/Dinauer*, Finanzwirtschaft, 2011, S. 24; *Thiele*, Eigenkapital, 1998, S. 10.

162 Vgl. *Swoboda*, Finanzierung, 1994, S. 4.

163 Vgl. *Thiele*, Eigenkapital, 1998, S. 9.

164 Wert ist nicht zwingend als Geldsumme zu verstehen, sondern kann auch im Sinne von „Nutzen" oder „Bedeutung" verstanden werden, vgl. *Moxter*, Eigenkapitalmessung, 1978, S. 83.

165 Vgl. *Perridon/Steiner/Rathgeber*, Finanzwirtschaft, 2012, S. 6.

166 Wird das kapitaltheoretische Verständnis zugrunde gelegt, werden beide Begriffe konzeptionsbedingt zu Synonymen, vgl. *Baetge*, Kapital und Vermögen, 1975, Sp. 2095.

167 Zum Begriff *Moxter*, Eigenkapitalmessung, 1978, S. 87.

168 Auf das bilanzanalytische Eigenkapital wird im Rahmen der Arbeit nicht eingegangen, vgl. hierzu vertiefend *Leffson*, Bilanzanalyse, 1984, S. 36 ff.; *Baetge/Kirsch/Thiele*, Bilanzen, 2014, S. 489; *Ballwieser*, WPg 1987, S. 60 jeweils m. w. N.

(Gewinnverwendung).[169] Buchungstechnisch ergibt sich das bilanzielle Eigenkapital aus der Differenz zwischen den Vermögenswerten und Schulden als eine Saldo- oder Residualgröße und somit erst nach Ansatz und Bewertung der übrigen Bilanzposten.[170] Es gilt somit die bilanzielle Grundgleichung: Eigenkapital ist gleich Vermögen abzüglich Schulden.[171] Problematisch ist die Tatsache, dass die in den Aktiv- und Passivposten enthaltenen Vermögensgegenstände und Schulden ebenfalls unbestimmte Rechtsbegriffe darstellen und diese gleichzeitig als Basis für die Ableitung des Eigenkapitalbegriffs fungieren.[172] Infolgedessen kommt es für die bilanzielle Eigenkapitalabgrenzung entscheidend auf die Begriffsdefinitionen des Vermögensgegenstandes und der Schulden an.[173] Die jeweils anzuwendenden Rechnungslegungssysteme für die Bilanzierung und Bewertung der Vermögenswerte und Schulden bestimmen dabei die Höhe des bilanziellen Eigenkapitals.[174] Dies führt dazu, dass aufgrund der unterschiedlichen Bilanzierungs- und Bewertungsvorschriften das bilanzielle Eigenkapital im HGB-Abschluss, IFRS-Abschluss und in der Steuerbilanz unterschiedlich hoch ausgewiesen wird.

Abzugrenzen vom bilanziellen Eigenkapital ist das effektive Eigenkapital. Aufgrund bestimmter Bilanzierungsvorschriften und durch die Ausübung von Ansatz- und Bewertungswahlrechten entstehen möglicherweise Differenzen zwischen Buchwerten und Zeitwerten. Diese Differenzen wirken bei ihrer späteren Realisation bzw. Auflösung entweder gewinn- und somit eigenkapitalerhöhend oder gewinn- und damit eigenkapitalvermindernd.[175] Das effektive Eigenkapital des Unternehmens erweitert daher den bilanziellen Eigenkapitalbegriff sowohl um die stillen Reserven und Lasten, die

---

169 Vgl. *Scheffler*, Besteuerung von Unternehmen II, 2014, S. 330; *Baetge/Kirsch/Thiele*, Bilanzen, 2014, S. 487; *Kersten/Feldgen*, FR 2013, S. 197.

170 Vgl. *Scheffler*, Eigenkapital, 2006, S. 4; *ADS*, Rechnungslegung und Prüfung der Unternehmen, 1998, § 246 HGB, Rz. 79; *Ballwieser*, in: Schmidt/Ebke, Handelsgesetzbuch, 2013, § 247 HGB, Rz. 55; *Hoffmann/Schmidt*, in: Förschle et al., Beck´scher Bilanz-Kommentar, 2016, § 247 HGB, Rz. 150; *Müller*, FS Budde, 1995, S. 455, 448; *Sieker*, Eigenkapital, 1991, S. 3; *Thiele*, Eigenkapital, 1998, S. 41; *Kampmann*, KoR 2007, S. 191; *Baetge/Kirsch/Thiele*, Bilanzen, 2014, S. 487; *Engels*, in: Kosiol/Chmielewicz/Schweitzer, Eigenkapital, 1981, Sp. 419; *Pellens et al.*, Internationale Rechnungslegung, 2014, S. 494; *Dürr*, Mezzanine-Kapital, 2007, S. 149.

171 Vgl. *Hennrichs*, WPg 2009, S. 1066. Eine inhaltliche Begriffsbestimmung ergibt sich aus dieser Residualgröße indes nicht. Durch die Bestimmung des Eigenkapitals als Residuum wird lediglich ein Ausgleichsposten bestimmt, welcher der Logik der doppelten Buchführung entspricht. Es handelt sich vielmehr um eine rein technische Lösung, die sich aus der Bilanzgleichung ergibt. Der Residualcharakter des Eigenkapitals ist demnach interpretationsoffen und damit sehr breiten inhaltlichen Bestimmungen zugänglich. Definitionen, die hieran anknüpfen, sind demnach weitgehend inhaltsleer, vgl. hierzu *Wüstemann/Bischof*, ZHR 2011, S. 213 f.

172 Vgl. *Müller*, FS Budde, 1995, S. 445, 451.

173 Vgl. *Hennrichs/Pöschke*, in: Wysocki et al., Handbuch des Jahresabschlusses, 2015, Abt. III/1, Rz. 8.

174 Vgl. *Scheffler*, Eigenkapital, 2006, S. 4; *Baetge/Kirsch/Thiele*, Bilanzen, 2014, S. 489; *Ley*, DStR 2013, S. 272.

175 Vgl. *Baetge/Kirsch/Thiele*, Bilanzen, 2014, S. 489.

buchmäßig nicht ausgewiesen sind, als auch um den nicht bilanzierten originären Geschäftswert des Unternehmens.[176]

Je nach Rechnungslegungsnorm ist die Grenze zwischen bilanziellem und effektivem Eigenkapital fließend. Während das HGB und das sich daran orientierende Steuerrecht aufgrund des Gläubigerschutzes die Bildung von stillen Reserven fördert (§ 252 Abs. 1 Nr. 4 HGB), haben die IFRS das Ziel, aus dem Abschluss entscheidungsrelevante Informationen zu gewinnen. Daher erfolgt im IFRS-Abschluss zunehmend eine Bewertung zu Zeitwerten, was die Bildung von stillen Reserven weitgehend verhindert.[177]

2.2.1.3. Bedeutung der Jahresabschlusszwecke für die Definition des bilanziellen Eigenkapitals

Für die bilanzielle Eigen- und Fremdkapitalabgrenzung ist es entscheidend, dass die bilanzielle Abbildung eines wirtschaftlichen Sachverhaltes kein rein technischer Vorgang ist. Vielmehr muss die Auslegung und Anwendung von Rechtsnormen vorausgesetzt werden. Der bilanzrechtliche Eigenkapitalbegriff ist somit ein normativer und daher aus dem Bilanzrecht selbst zu entwickeln.[178]

Verschiedene Rechnungslegungssysteme enthalten keine Legaldefinition des Eigenkapitalbegriffs,[179] sodass es sich vielmehr um einen unbestimmten Rechtsbegriff handelt, der durch Auslegung konkretisiert werden muss.[180] Die Auslegung von unbestimmten Rechtsbegriffen erfolgt durch Gesetzesauslegung, indem vor allem

- der Wortlaut und Wortsinn der gesetzlichen Vorschriften (sprachlich-grammatikalisch),
- die Entstehungsgeschichte der gesetzlichen Vorschriften,
- der Bedeutungszusammenhang der gesetzlichen Vorschriften,
- die Gesetzesmaterialien und die Ansichten des Gesetzgebers,

---

176 Vgl. *Siegel*, in: Chmielewicz/Schweitzer, Eigenkapital, 1993, Sp. 483. Der originäre oder selbst erschaffene Geschäftswert darf weder nach HGB (§ 248 Abs. 2 HGB) noch nach IFRS (IAS 38.48) und Steuerrecht (§ 5 Abs. 2 EStG) aktiviert werden.

177 Vgl. *Scheffler*, Eigenkapital, 2006, S. 4.

178 Vgl. *Hennrichs/Pöschke*, in: Wysocki et al., Handbuch des Jahresabschlusses, 2015, Abt. III/1, Rz. 8; *Pöschke*, CFL 2011, S. 195.

179 So bspw. das deutsche Handels- und Steuerrecht. Die IFRS hingegen enthalten eine Legaldefinition des Eigenkapitalbegriffes.

180 Vgl. *Thiele*, Eigenkapital, 1998, S. 73; *Hennrichs/Pöschke*, in: Wysocki et al., Handbuch des Jahresabschlusses, 2015, Abt. III/1, Rz. 8; *Küting/Dürr*; DB 2005, S. 1529.

- betriebswirtschaftliche bzw. objektiv-teleologische Gesichtspunkte sowie
- die Verfassungskonformität der gesetzlichen Vorschriften

untersucht werden.[181]

Nach der teleologischen Auslegung soll die Problemlösung derart erfolgen, dass sie mit den gesetzlichen Rechnungslegungsvorschriften im Einklang steht und den Zwecken der auszulegenden Rechnungslegungsvorschriften[182] gerecht wird. Dabei bezeichnet der Rechnungslegungszweck das Informationsbedürfnis der Rechnungslegungsadressaten. Es ist davon auszugehen, dass der Gesetzgeber für die Auslegung des Begriffes Eigenkapital, eine den Jahresabschlusszwecken entsprechende und daher eine an den Informationsbedürfnissen der betroffenen Adressaten und deren Ziele angelehnte, sinnvolle und gerechte Definition treffen will.[183] Für die Auslegung des bilanziellen Eigenkapitalbegriffes ist daher der Rückgriff auf die Zwecke des Jahresabschlusses erforderlich. Zudem hat sich die Auslegung an den allgemeinen Anforderungen der einzelnen Rechnungslegungssysteme zu orientieren.

2.2.2. Bilanzielles Eigenkapital im handelsrechtlichen Jahresabschluss

2.2.2.1. Zwecke des handelsrechtlichen Jahresabschlusses

Dem handelsrechtlichen Jahresabschluss liegt eine Mehrzahl von Zwecken (sog. Zwecksystem) zugrunde, welche sich grundsätzlich alle unter die Informations- und Finanzinteressen der Adressaten subsumieren lassen.[184]

Im Rahmen der Informationsinteressen soll der Jahresabschluss Informationen für die Adressaten bereitstellen. Zur Wahrung derer Informationsinteressen ist es erforderlich, dass der Gesetzgeber Formvorschriften für die Erstellung der Informationsmittel erlässt und die Unternehmenseigner dazu verpflichtet, bestimmte Informationen auch bereitzustellen. Daraus ergeben sich die unbestrittenen

---

181 Allgemein zu dieser Methodik siehe *Larenz*, Methodenlehre, 1991, S. 312 ff.; *Bydlinski*, Methodenlehre, 1991, S. 391 ff. Zu ihrer Anwendung auf das Bilanzrecht siehe *Baetge/Kirsch/Thiele*, in: Küting/Pfitzer/Weber, Handbuch der Rechnungslegung, Kapitel 4, Rz. 21 (Mai 2015); *Baetge/Kirsch/Thiele*, Bilanzen, 2014, S. 99 f.

182 Zur Differenzierung der Begriffe Rechnungslegungszweck und Rechnungslegungsziel vgl. *Schneider*, Allgemeine Betriebswirtschaftslehre, 1987, S. 405 ff.; *Schneider*, StuW 1983, S. 148 ff.

183 Vgl. RG, Urteil v. 27.6.1910, Rep. VI 277/08, RGZ 74, S. 72, zur Auslegung von allgemeinen Rechtsvorschriften.

184 Vgl. *Baetge*, FS Leffson, 1976, S. 21 ff.; *Baetge/Kirsch/Thiele*, in: Küting/Pfitzer/Weber, Handbuch der Rechnungslegung, Kapitel 4, Rz. 29 ff. (Mai 2015); *Moxter*, Bilanzlehre II, 1986, S. 16 ff.; *Leffson*, GoB, 1987, S. 38 ff.; *Federmann*, Bilanzierung, 2010, S. 69 f.

Bilanzzwecke der Dokumentation und der Rechenschaft.[185] Die Dokumentation verlangt, dass alle Geschäftsvorfälle übersichtlich, vollständig und für Dritte nachvollziehbar aufzuzeichnen sind und somit im Rahmen des Jahresabschlusses eine zusammenfassende Auskunft über die wirtschaftliche Lage des Unternehmens möglich wird.[186] Somit ist die Dokumentation als ein vollständiges, richtiges und systematisches Aufschreiben und Festhalten der Güterbewegungen und Zahlungsvorgänge zu verstehen, die die Grundlage des Jahresabschlusses und damit die Voraussetzung bildet, die vom Gesetzgeber intendierten Jahresabschlusszwecke zu erfüllen.[187]

Unter dem Zweck der Rechenschaft wird einerseits verstanden, dem Kapitalgeber solche Informationen zu geben, die für seine Investitionsentscheidung notwendig sind (Rechenschaft gegenüber Dritten).[188] Andererseits soll dem Unternehmen selbst die Möglichkeit geboten werden, mit den bereitgestellten Bilanzinformationen vergangene Investitionsentscheidungen zu kontrollieren und künftige zu planen sowie mögliche krisenhafte Entwicklungen zu erkennen und ihre Entscheidungen dementsprechend zu lenken (Selbstinformation).[189]

Neben der informationellen Entscheidungsunterstützung der Adressaten regelt der Gesetzgeber auch die Finanzinteressen der Beteiligten. Dies geschieht durch Vorschriften zur Kapitalerhaltung. Im Rahmen des Kapitalerhaltungszwecks soll der Periodenerfolg so ermittelt werden, dass dem Unternehmen durch die Ausschüttung des Jahresüberschusses nur so viel Kapital entzogen wird, dass sowohl das (nominelle) Eigenkapital nicht reduziert als auch die Lebensfähigkeit des Unternehmens nicht beeinträchtigt werden und das Unternehmen somit als Einkommensquelle erhalten bleibt (Sicherung des nominellen Haftungskapitals).[190]

Bei der Gewichtung der Jahresabschlusszwecke Dokumentation, Rechenschaft und Kapitalerhaltung sind die divergierenden Interessen der Adressaten des Jahresabschlusses zu berücksichtigen.[191] Zu

---

185 Vgl. *Federmann*, Bilanzierung, 2010, S. 70.

186 Vgl. *Leffson*, GoB, 1987, S. 203 f.; *Moxter*, Bilanzlehre II, 1986, S. 8 f.

187 Vgl. *Baetge/Kirsch/Thiele*, Bilanzen, 2014, S. 100 f.; *Coenenberg/Haller/Schultze*, Jahresabschluss, 2014, S. 18.

188 Vgl. *Leffson*, GoB, 1987, S. 57; *Baetge/Kirsch/Thiele*, Bilanzen, 2014, S. 100 f.; *Coenenberg/Haller/Schultze*, Jahresabschluss, 2014, S. 18 f.

189 Vgl. *Leffson*, GoB, 1987, S. 63.

190 Vgl. grundlegend hierzu *Leffson*, GoB, 1987, S. 92 ff.; *Baetge/Kirsch/Thiele*, in: Küting/Pfitzer/Weber, Handbuch der Rechnungslegung, Kapitel 4, Rz. 104 ff. (Mai 2015); *Baetge/Kirsch/Thiele*, Bilanzen, 2014, S. 105 ff.; grundlegend zu den unterschiedlichen Kapitalerhaltungsformen vgl. *Bieg/Kußmaul/Waschbusch*, Externes Rechnungswesen, 2012, S. 26 ff.

191 Vgl. *Baetge*, FS Leffson, 1976, S. 26 ff.; *Sieben*, ZfbF 1974, S. 157; *Havermann*, WPg 1988, S. 613. Ausführlich zu den unterschiedlichen Informationsbedürfnissen der Jahresabschlussadressaten vgl. *Bieg/Kußmaul/Waschbusch*, Externes Rechnungswesen, 2012, S. 55 ff.; *Federmann*, Bilanzierung, 2010, S. 62 ff.

den berechtigten Adressaten zählen vor allem die Gesellschafter, die Gläubiger, die Arbeitnehmer des Unternehmens und die allgemeine Öffentlichkeit.[192] Die Divergenz ihrer Interessen kann bspw. darin zum Ausdruck kommen, dass die Gesellschafter im Gegensatz zu den Gläubigern (kurzfristig) an einer höheren Ausschüttung interessiert sein könnten. Deshalb rücken die Gläubiger den Zweck der nominalen Kapitalerhaltung stärker in den Fokus als den Zweck der Rechenschaft.[193] Allerdings ist das Zwecksystem keinesfalls hierarchisch aufgebaut. Vielmehr stehen der Rechenschaftszweck und der Kapitalerhaltungszweck gleichberechtigt nebeneinander, ohne dass der eine Zweck den anderen dominiert.[194] Diese Ausgewogenheit ist auch erforderlich, wenn der Gesetzgeber nicht einzelne Interessen von Adressaten oder Adressatengruppen einseitig berücksichtigen will, denn das Rechtsinstitut des Jahresabschlusses soll insgesamt einen gegenseitigen relativierten Schutz aller (berechtigten) Jahresabschlussadressaten bezwecken.[195]

2.2.2.2. Definition des Eigenkapitals im handelsrechtlichen Jahresabschluss

Das HGB enthält keine Legaldefinition des Begriffes Eigenkapital.[196] Allerdings fordert die gesetzliche Bilanzgliederungssystematik des HGB eine klare dichotome Trennung von Eigen- und Fremdkapital.[197] Eindeutige und bindende Kriterien zu deren Abgrenzung werden aber nicht definiert, sodass eine eindeutige Zuordnung durch die Heranziehung des Gesetzestextes nicht möglich ist. Im Rahmen der Eigen- und Fremdkapitalabgrenzung nach dem HGB haben sich in der Literatur zwei Eigenkapitalbegriffe herauskristallisiert: Auf der einen Seite existiert der formelle Eigenkapitalbegriff[198] und auf der anderen Seite der materielle Eigenkapitalbegriff.[199]

---

192 Vgl. *Sprenger*, Grundsätze, 1976, S. 41 f.; *Moxter*, FS Leffson, 1976, S. 95; *Coenenberg/Haller/Schultze*, Jahresabschluss, 2014, S. 16; *Pellens* et al., Internationale Rechnungslegung, 2014, S. 6.

193 Vgl. *Baetge/Kirsch/Thiele*, Bilanzen, 2014, S. 103. Dem Kapitalerhaltungsgrundsatz kommt aufgrund der Tatsache, dass sich Unternehmen in Deutschland traditionell stark über Fremdkapital finanzieren, eine besondere Bedeutung zu, vgl. *Dangel/Hofstetter/Otto*, Analyse, 2001, S. 20.

194 Vgl. ausführlich dazu *Baetge/Kirsch/Thiele*, in: Küting/Pfitzer/Weber, Handbuch der Rechnungslegung, Kapitel 4, Rz. 44 ff. (Mai 2015).

195 Vgl. *Baetge/Kirsch/Thiele*, in: Küting/Pfitzer/Weber, Handbuch der Rechnungslegung, Kapitel 4, Rz. 44 (Mai 2015); *Baetge/Kirsch/Thiele*, Bilanzen, 2014, S. 108 ff.

196 Vgl. *ADS*, Rechnungslegung und Prüfung der Unternehmen, 1998, § 246 HGB, Rz. 80; *Mentz*, in: Eilers/Rödding/Schmalenbach, Unternehmensfinanzierung, 2008, G, Rz. 15; *Müller*, FS Budde, 1995, S. 445, 447 f.; *Thiele*, Eigenkapital, 1998, S. 41; *Schweitzer/Volpert*, BB 1994, S. 823. Verschiedene Vorschriften erwähnen das Eigenkapital zwar, betreffen allerdings nur dessen Ausweis, vgl. bspw. §§ 247 Abs. 1, 264c Abs. 2, 266 Abs. 1 und 3, 268 Abs. 3, 272 HGB.

197 Vgl. § 247 Abs. 1 HGB i. V. m. § 266 Abs. 3 HGB. Kritisch zu dieser Trennlinie vgl. *Luttermann/Grossfeld*, Bilanzrecht, 2005, S. 172; *Paton*, Accounting Theory, 1922, S. 50 ff.

198 So stellt bspw. *Gutenberg* explizit auf die formale Betrachtungsweise ab, vgl. *Gutenberg*, Einführung BWL, 1958, S. 100.

199 Vgl. *Hennrichs/Pöschke*, in: Wysocki et al., Handbuch des Jahresabschlusses, 2015, Abt. III/1, Rz. 10; *Thiele*,

Der formelle Eigenkapitalbegriff des HGB entwickelt sich aus gesellschaftsrechtlichen Überlegungen heraus und orientiert sich somit an den Strukturmerkmalen des gesellschaftsrechtlichen Eigenkapitals.[200] Diesen zufolge soll das Eigenkapital gegenüber den Gläubigern für die Rückzahlung der Verbindlichkeiten haften und verkörpert zudem die „vermögensrechtliche Komponente des Gesellschaftsrechts bzw. des gesellschaftsrechtlichen Anteils".[201] Gesellschaftsrechtliches Eigenkapital ist demnach der Kapitalanteil (§§ 120, 167 HGB) bei Personengesellschaften, das Grundkapital (§ 6 AktG) und die Rücklagen (§§ 150, 174 AktG) bei Aktiengesellschaften sowie das Stammkapital (§ 5 GmbHG) und die Rücklagen (§ 29 GmbHG) bei der GmbH. Diese gesellschaftsrechtliche Prägung des handelsrechtlichen Eigenkapitalbegriffes ist der besonderen Funktion des Bilanzrechts im System der gesellschaftsrechtlichen Kapitalerhaltung geschuldet[202] und drückt letztlich den engen Funktionszusammenhang von Gesellschafts- und Bilanzrecht aus.[203] Im Ergebnis liegt demnach Eigenkapital vor, wenn die Mittel im Rahmen einer gesellschaftsrechtlichen Vereinbarung der Gesellschaft überlassen werden (gesellschaftsrechtliche Einlageverpflichtungen) und diese Mittel eine Haftungsfunktion gegenüber den Gläubigern begründen. Fremdkapital wird losgelöst vom Gesellschaftsverhältnis aufgrund schuldrechtlicher Vereinbarungen der Gesellschaft zur Verfügung gestellt.[204] Im Rahmen des formellen Eigenkapitalbegriffs gilt somit der Grundsatz, dass eine Kapitalzuführung, welche gesellschaftsrechtlich Eigenkapital darstellt, ebenfalls für handelsrechtliche Zwecke als Eigenkapital zu qualifizieren ist.[205]

Der materielle Eigenkapitalbegriff des HGB wird anhand der Eigenschaften des der jeweiligen Kapitalüberlassung zugrundeliegenden Rechtsverhältnisses definiert. Grundlage der Abgrenzung zwischen Eigen- und Fremdkapital ist nach heute herrschender handelsrechtlicher Auffassung die funktionelle Kapitalabgrenzung und die sich daraus ergebenden konkrete Rechte und Pflichten, die aus dem Finanzierungsverhältnis folgen.[206] Die funktionelle Kapitalabgrenzung stellt zur Eigen- und

---

Eigenkapital, 1998, S. 80; *Weidenhammer*, Eigenkapitalsituation, 2007, S. 15 ff.; *Pöschke*, Eigenkapital mittelständischer Gesellschaften nach IAS/IFRS, 2009, S. 15 ff.

200 Vgl. *Wüstemann/Bischof*, ZHR 2011, S. 217; *Goebel/Eilinghoff/Busenius*, DStZ 2010, S. 743; *Müller*, FS Budde, 1995, S. 457 f. und wohl auch *Groh*, BB 1993, S. 1889 ff.

201 *Müller*, FS Budde, 1995, S. 457 f.

202 Ausführlich dazu *Hennrichs/Pöschke*, in: Wysocki et al., Handbuch des Jahresabschlusses, 2015, Abt. III/1, Rz. 14; *Hennrichs*, StuW 2005, S. 257 f.

203 Vgl. *Hennrichs*, WPg 2006, S. 1258.

204 Vgl. *Häuselmann*, in: Kessler/Kröner/Köhler, Konzernsteuerrecht, 2008, § 10, Rz. 210; *Goebel/Eilinghoff/Busenius*, DStZ 2010, S. 744; *Hennrichs/Pöschke*, in: Wysocki et al., Handbuch des Jahresabschlusses, 2015, Abt. III/1, Rz. 11.

205 Vgl. *Goebel/Eilinghoff/Busenius*, DStZ 2010, S. 744.

206 Vgl. *Breuninger/Prinz*, DStR 2006, S. 1346; *Brüggemann/Lühn/Siegel*, KoR 2004, S. 347; *Küting/Reuter*, in:

Fremdkapitalabgrenzung auf die dem Kapital zukommenden Funktionen ab.[207] Ein Kapitalbeitrag kann nach der funktionellen Betrachtungsweise aber nur dann als Eigen- oder Fremdkapital qualifiziert werden, wenn auf die jeweiligen Zwecke des Jahresabschlusses zurückgegriffen wird.[208] Im Ergebnis wurde festgehalten, dass dem Kapitalerhaltungsgrundsatz eine besondere Bedeutung zukommt.[209] Das zentrale Merkmal von Eigenkapital stellt somit auf dessen Gläubigerschutzwirkung ab, sodass für die handelsrechtliche Eigen- und Fremdkapitalabgrenzung der Haftungs- und Verlustausgleichsfunktion eine wesentliche Bedeutung zukommt.[210] Dies ist der Fall, da die Gläubiger ein besonderes Interesse daran haben, Informationen über Kapitalteile zu erhalten, die ihr zur Verfügung gestelltes Fremdkapital schützen sollen.[211] Vor dem Hintergrund, dass das überlassene Kapital als Risikoträger fungiert und die Haftungs- und Verlustausgleichsfunktion eine zentrale Rolle einnimmt, folgt, dass es sich bei einer schuldrechtlichen Kapitalüberlassung nur dann um bilanzielles Eigenkapital handeln kann, wenn die folgenden vier Kriterien kumulativ erfüllt sind: Verlustteilnahme, Nachrangigkeit, Erfolgsabhängigkeit der Vergütung und Langfristigkeit.[212] Die Gläubigerschutzwirkung wird somit vor allem durch die Nachrangigkeit des gewährten Kapitals im Insolvenz- oder Liquidationsfall und durch die Verlustteilnahme bis zur vollen Höhe erreicht.[213]

Küting/Pfitzer/Weber, Handbuch der Rechnungslegung, § 272 HGB, Rz. 191 (Mai 2015); *Priester*, DB 1991, S. 1918; *Thiele*, Eigenkapital, 1998, S. 93; *Wiedemann*, FS Beusch, 1993, S. 896; *Pöschke*, CFL 2011, S. 196; *Hennrichs/Pöschke*, in: Wysocki et al., Handbuch des Jahresabschlusses, 2015, Abt. III/1, Rz. 12.

207 Vgl. *Lutter/Hommelhoff*, ZGR 1979, S. 42; *Küting/Kessler*, BB 1994, S. 2104; *Emmerich/Naumann*, WPg 1994, S. 678; *Schmidt*, FS Goerdeler, 1987, S. 489 f. Ausführlich zu den unterschiedlichen Funktionen vgl. Gliederungspunkt 2.1.4.

208 Vgl. *Bingel/Weidenhammer*, DStR 2006, S. 675; *Breuninger/Prinz*, DStR 2006, S. 1345 ff.; *Wüstemann/Bischof*, ZHR 2011, S. 217; *Lutter*, DB 1993, S. 2441; *Kühnberger*, DB 2004, S. 661; *Leuschner/Weller*, WPg 2005, S. 262 ff.; *Zülch/Erdmann/Clark*, IRZ 2006, S. 227.

209 Vgl. *Dangel/Hofstetter/Otto*, Analyse, 2001, S. 20.

210 Vgl. *Breker/Harrison/Schmidt*, KoR 2005, S. 477; *Küting/Dürr*, DB 2005, S. 1529; *Brüggemann/Lühn/Siegel*, KoR 2004, S. 347. Hingegen kritisch zur starken Betonung der Gläubigerschutzfunktion vgl. *Müller*, FS Budde, 1995, S. 456; *Wüstemann/Bischof*, ZHR 2011, S. 218. Kritisch zur Haftungsfunktion des bilanziellen EK vgl. *Bitz*, FS Schneeloch, 2007, S. 165 f.

211 Vgl. bspw. *Baetge/Kirsch/Thiele*, Bilanzen, 2014, S. 105 ff.; *Coenenberg/Haller/Schultze*, Jahresabschluss, 2014, S. 1259.

212 Diese kumulative Erfüllung fordert das *IDW* (*IDW*, HFA 1/1994, WPg 1994, S. 419 ff.). Dabei sind die Kriterien Verlustteilnahme, Nachrangigkeit und Erfolgsabhängigkeit Ausfluss der Haftungsfunktion, während das Kriterium der Langfristigkeit auf die Finanzierungsfunktion abstellt. Die Kriterien werden in Gliederungspunkt 3.3.2. ausführlich erläutert.

213 Vgl. *Breker/Harrison/Schmidt*, KoR 2005, S. 477. Bei Kapitalgesellschaften wird darüber hinaus auf die Erfolgsabhängigkeit der Vergütung und auf die Längerfristigkeit abgestellt. Bei Personengesellschaften ist anstelle der letzten zwei Kriterien die persönliche gesamtschuldnerische Haftung des Gesellschafters einschließlich entsprechender Nachhaftungsregelungen ausgeschiedener Gesellschafter von Bedeutung, vgl. *Emmerich/Naumann*, WPg 1994, S. 677 und 681 ff. Demnach fordert das IDW in seiner Stellungnahme zur handelsrechtlichen Rechnungslegung bei Personenhandelsgesellschaften für die Eigenkapitaleinordnung auch nur die Kriterien der Verlustteilnahme und der

Hennrichs/Pöschke unterscheiden für die Kapitalabgrenzung allerdings zwei Ebenen. Nach deren Meinung ist der Eigenkapitalbegriff im Ausgangspunkt formell und folgt dem Gesellschaftsrecht. Somit definiert das gesellschaftsrechtliche Eigenkapital eine erste Ebene von bilanziellem Eigenkapital im formellen Sinne. Deshalb bedarf es für die oben genannten Posten des gesellschaftsrechtlichen Eigenkapitals für die Zuordnung zum Eigenkapital gerade keiner inhaltlich-materiellen Einordnung und Würdigung des Charakters des überlassenen Kapitals.[214] Diese Kapitalbestandteile sind somit stets als Eigenkapital auszuweisen.[215] Der materielle Eigenkapitalbegriff wird hingegen erst auf der zweiten Ebene relevant, nämlich dann, wenn es um die Frage geht, ob auch Kapitalposten, die nicht bereits formelles Eigenkapital sind, im Eigenkapital ausgewiesen werden können.[216] Für die Einordnung des fraglichen Kapitalpostens sind in einem ersten Schritt durch systematische und teleologische Auslegung der bilanzrechtlichen Regelungen die gemeinsamen Eigenschaften der im HGB genannten Eigenkapitalposten zu ermitteln, die den handelsrechtlichen Eigenkapitalbegriff definieren. In einem zweiten Schritt ist sodann zu untersuchen, ob das Rechtsverhältnis, welches der fraglichen Kapitalüberlassung zugrunde liegt, diejenigen Merkmale aufweist, die den handelsrechtlichen Eigenkapitalbegriff definieren.[217] Stimmen die Merkmale des Rechtsverhältnisses der Kapitalüberlassung mit denen des Eigenkapitalbegriffes nach dem HGB überein, kann der entsprechende Kapitalposten im Eigenkapital ausgewiesen werden.[218]

Nachrangigkeit. Ausführlich hierzu vgl. *IDW*, RS HFA 7, WPg-Supplement 2012, S. 73 ff. und Gliederungspunkt 3.3.

214 Vgl. *Hennrichs/Pöschke*, in: Wysocki et al., Handbuch des Jahresabschlusses, 2015, Abt. III/1, Rz. 13.

215 Vgl. *Hennrichs/Pöschke*, in: Wysocki et al., Handbuch des Jahresabschlusses, 2015, Abt. III/1, Rz. 13. Auch *Thiele* stellt richtigerweise fest: „Tatsächlich ist die Abgrenzung von Eigenkapital und Fremdkapital dann unproblematisch, wenn von den gesetzlich vorgegebenen Typen des Fremdkapitals (Darlehen) und des Eigenkapitals nicht abgewichen wird.“ *Thiele*, Eigenkapital, 1998, S. 78. So auch *Kraft*, ZGR 2008, S. 325; *Singhof*, in: Wysocki et al., Handbuch des Jahresabschlusses, 2015, Abt. III/2, Rz. 4, 78.

216 Vgl. *Hennrichs/Pöschke*, in: Wysocki et al., Handbuch des Jahresabschlusses, 2015, Abt. III/1, Rz. 15; *Thiele*, Eigenkapital, 1998, S. 78; *Pöschke*, CFL 2011, S. 196.

217 Vgl. *Pöschke*, CFL 2011, S. 196. Welche Merkmale den handelsrechtlichen Eigenkapitalbegriff prägen, ist im Einzelnen umstritten. Zur Diskussion vgl. Gliederungspunkt 3.3.2.

218 Abzugrenzen vom Eigenkapital ist der Begriff des Fremdkapitals. Fremdkapital ist bilanzrechtlich durch folgende Kriterien definiert: rechtliche oder faktische Verpflichtung, wirtschaftliche Vermögensbelastung, Quantifizierbarkeit und Wahrscheinlichkeit der Inanspruchnahme, vgl. ausführlich hierzu *Baetge/Kirsch/Thiele*, Bilanzen, 2014, S. 181 ff.

2.2.3. Bilanzielles Eigenkapital in der Steuerbilanz

2.2.3.1. Steuersystematische Grundprinzipien

2.2.3.1.1. Vorbemerkung

Während in der Handelsbilanz mehrere Adressaten und deren divergierende Interessen zu berücksichtigen sind, wendet sich die Steuerbilanz ausschließlich an den Fiskus als den einzigen Empfänger dieses Rechenwerkes.[219] Primärer Zweck der Besteuerung ist die Erzielung von Einnahmen durch den Staat (fiskalischer Zweck).[220] Die Steuerbilanz ist funktional als Mittel zur Gewinnermittlung definiert.[221] Ihr Zweck ist demnach die Ermittlung eines Steuerbilanzgewinns. Mithilfe des Steuerbilanzgewinns soll festgelegt werden, welche Beträge nach dem Einkommen- bzw. dem Körperschaftsteuergesetz sowie dem Gewerbesteuergesetz an den Staat abzuführen sind. Für die steuerliche Gewinnermittlung hat neben der Forderung nach Manipulationsfreiheit im Interesse der Rechtssicherheit und Praktikabilität der Gedanke der Steuerneutralität und der Steuergerechtigkeit große Bedeutung. Zudem soll die Steuerbilanz in formeller Hinsicht „eine einfache und richtige Abrechnung (Objektivierung und Vereinfachung) ermöglichen“[222]. Dieser Anspruch hat Vorrang vor der „betriebswirtschaftlichen Richtigkeit“[223]. Diese obersten Grundsätze werden nun im Folgenden erläutert.

2.2.3.1.2. Neutralität der Besteuerung

Ein Steuersystem sollte der ökonomischen Forderung nach Entscheidungsneutralität, im vorliegenden Kontext der Investitions- und Finanzierungsneutralität, gerecht werden.[224] Das Postulat der

---

219 Vgl. *Coenenberg/Haller/Schultze*, Jahresabschluss, 2014, S. 21; *Federmann*, Bilanzierung, 2010, S. 77.

220 Dabei stellt diese Einnahmeerzielung kein Selbstzweck dar, sondern dient dem Staat zur Erfüllung seiner Aufgaben. Die Einnahmeerzielung kann gem. § 3 Abs. 1 AO auch Nebenzweck sein. Neben dem fiskalischen Hauptzweck wird die Steuerbilanz auch als Instrument der Verhaltenslenkung der Unternehmen bzw. Unternehmer bezüglich außerfiskalischer politischer Zielverwirklichungen eingesetzt, sodass auch wirtschafts- oder sozialpolitische Zwecke im Vordergrund stehen.

221 Vgl. BFH, Urteil v. 7.4.2010, I R 77/08, BStBl. II 2010, S. 739; *Kahle*, DB Beilage zu Heft 22 2014, S. 1.

222 *Weber-Grellet*, DB 2010, S. 2299.

223 *Weber-Grellet*, FS Schmidt, 1993, S. 170; vgl. auch *Weber-Grellet*, DB 2010, S. 2299.

224 Vgl. *Wagner*, FS Scherpf, 1983, S. 45 ff.; *Schneider*, Unternehmensbesteuerung, 1994, S. 21; *Wagner*, StuW 1992, S. 3 ff.; *Wagner/Wistel*, WiSt 1995, S. 65; *Heinhold*, FS Seicht, 1999, S. 75; *Herzig/Watrin*, StuW 2000, S. 397 f.; *Schreiber*, Besteuerung von Unternehmen, 2012, S. 603 ff. Einen Überblick über die verschiedenen Bereiche der Entscheidungsneutralität geben *Elschen/Hüchtebrock*, FA 1983, S. 257 ff. Die Rechtsformneutralität wird in diesem Kontext nicht näher betrachtet, da sie ein untergeordnetes Ziel der Finanzierungsneutralität darstellt. Vgl. hierzu u. a. *Schreiber*, WPg 2002, S. 563. Vertiefend zur Rechtsformneutralität vgl. *Schneider*, DB 2004, S. 1517 ff.; *Schmiel*, BFuP 2006, S. 246 ff.; *Wagner*, StuW 2006, S. 101 ff.

Investitions- und Finanzierungsneutralität in einzelwirtschaftlichem Kontext[225] ist erfüllt, wenn Entscheidungen der Wirtschaftssubjekte bezüglich ihrer möglichen Handlungsalternativen von der Besteuerung unbeeinflusst bleiben.[226] Eine differierende steuerliche Belastung ökonomisch gleichwertiger Handlungsalternativen löst zwangsweise Steuervermeidungs- und Steuergestaltungsplanungen aus. Die Forderung nach Entscheidungsneutralität hat zum Ziel, sowohl diese Steuerplanungskosten als auch steuerinduzierten Fehlentscheidungen zu vermeiden.[227]

Im Rahmen der Investitionsneutralität der Besteuerung ist es erforderlich, dass die Rangfolge der Vorteilhaftigkeit der Handlungsalternativen durch die Besteuerung nicht beeinflusst wird (Rangfolgeinvarianz)[228] und eine vorteilhafte (nachteilhafte) Handlungsalternative in einer Welt ohne Steuern auch in einer Welt mit Steuern vorteilhaft (nachteilhaft) bleibt.[229] Dies ist dann gegeben, wenn die Handlungsalternative mit dem höchsten Bruttoergebnis vor Steuern auch zum höchsten Nettoergebnis führt.[230]

Für die Verwirklichung der Finanzierungsneutralität der Besteuerung ist es erforderlich, dass die Besteuerung keinen Einfluss auf die Reihenfolge der Vorteilhaftigkeit unternehmerischer Entscheidung bezüglich der Art (Eigen- vs. Fremdkapital) und Weise (Außen- vs. Innenfinanzierung) der

---

225 Im volkswirtschaftlichen Kontext wird das Prinzip der Steuerneutralität unter Berücksichtigung sowohl allokations- als auch verteilungspolitischer Aspekte überwiegend wohlfahrtstheoretisch konkretisiert. Die Betriebswirtschaftslehre richtet den Fokus der Betrachtung auf die einzelnen Entscheidungsträger, deren Ziele und wie die Besteuerung deren Entscheidungen beeinflusst. Zur Differenzierung vgl. stellvertretend *Elschen/Hüchtebrock*, FA 1983, S. 251 ff. Zur Verbindung zwischen gesamtwirtschaftlicher Allokationseffizienz und betriebswirtschaftlichem Individualkalkül vgl. *Elschen*, StuW 1991, S. 99 ff.

226 Vgl. *Elschen*, StuW 1991, S. 102 ff.; *Elschen/Hüchtebrock*, FA 1983, S. 253 f.; *Wagner*, FA 1986, S. 41 f.; *Heinhold*, FS Seicht, 1999, S. 75; *Herzig/Watrin*, StuW 2000, S. 379; *Homburg*, Allgemeine Steuerlehre, 2010, S. 238; *Schreiber/Stellpflug*, WiSt 1999, S. 190. Zu internationalen Aspekten des Neutralitätspostulats vgl. *Haun*, Hybride Finanzierungsinstrumente, 1996, S. 43 ff.; *Klapdor*, DBW 2002, S. 360 ff.; *Lipp*, Sille Gesellschaft, 2014, S. 18 ff.

227 Vgl. *Wagner*, StuW 1992, S. 3; *Wagner*, Zeitaspekte, 1989, S. 263 ff.; *Elschen*, StuW 1991, S. 104; *Wagner*, DB 1991, S. 1 ff.; *Müller*, Entscheidungsneutralität, 2001, S. 11; *Wagner*, StuW 2006, S. 102; *Frebel*, Erfolgsaufteilung, 2006, S. 54; *Elschen*, Institutionale Besteuerung, 1994, S. 253 f.

228 Vgl. *Elschen/Hüchtebrock*, FA 1983, S. 253 ff.; *Wagner/Dirrigl*, Steuerplanung der Unternehmung, 1980, S. 13 ff.; *Wagner*, StuW 1992, S. 3; *Schneider*, Investition, 1992, S. 193; *Schreiber/Stellpflug*, WiSt 1999, S. 190 f.; *Kahle*, Rechnungslegung, 2002, S. 188; *Schneider*, Steuerlast und Steuerwirkung, 2002, S. 97; *König*, StuW 2004, S. 263; *Wagner*, StuW 2005, S. 96; *Müller*, Entscheidungsneutralität, 2001, S. 17 f.

229 Vgl. *Schneider*, Investition, 1992, S. 193; *Wagner*, FS Schneider, 1995, S. 741; *Schreiber/Stellpflug*, WiSt 1999, S. 186; *Schneider*, Steuerlast und Steuerwirkung, 2002, S. 97; *Bareis*, Reform, 2002, S. 21; *König/Wosnitza*, Steuerplanungs- und Steuerwirkungslehre, 2004, S. 139 f.; *Bareis*, BFuP 2007, S. 433 f.; *Schreiber*, Besteuerung der Unternehmen, 2012, S. 603 f.; *Elschen/Hüchtebrock*, FA 1983, S. 253; *Wagner*, Zeitaspekte, 1989, S. 265.

230 Vgl. *Wagner*, StuW 1992, S. 4; *Kahle*, WiSt 1995, S. 214; *Kahle*, Rechnungslegung, 2002, S. 189.

Finanzierung des Unternehmens hat.[231] Finanzierungsneutralität im engsten Sinne[232] liegt dann vor, wenn die unterschiedlichen Finanzierungsalternativen in ihrer steuerlichen Belastung gleichgestellt sind, das Entgelt aus der Kapitalüberlassung also sowohl bezüglich der Belastung auf Gesellschaftsebene als auch bezüglich der Belastung auf Gesellschafterebene gleich behandelt wird (Kapitalkostenneutralität der Besteuerung).[233]

Aus ökonomischer Sicht kommt für die Erreichung einer entscheidungsneutralen Besteuerung nur eine Besteuerung ökonomischer Zielgrößen in Betracht.[234] Als Bemessungsgrundlage werden hierzu die Zielbeiträge der einzelnen Handlungsalternativen herangezogen.[235] Folglich ist eine Steuervermeidung nur dann möglich, wenn sich der Steuerpflichtige selbst schädigt, indem er auf die Zielbeiträge verzichtet.[236] Im Rahmen einer vollständigen Zielgrößenbesteuerung müssen sowohl die ökonomisch messbaren als auch nicht-monetären Ziele eines Investors berücksichtigt werden.[237] Problematisch ist jedoch, dass nicht-monetäre Ziele nur sehr bedingt oder überhaupt nicht objektivierbar sind und daher auch nur sehr schwer oder überhaupt nicht gemessen werden können. Aus diesem Grund wird eine Beschränkung auf die steuerliche Erfassung monetärer Zielgrößen gefordert.[238] Grundsätzlich fungiert der Kapitalwert einer Investition als Entscheidungskriterium eines Investors. Als Steuerbemessungsgrundlage dient in diesem Fall der kapitaltheoretische bzw. ökonomische Gewinn einer Periode.[239] Unter der Annahme eines vollkommenen Kapitalmarktes wird der

---

231 Vgl. hierzu grundlegend u. a. *Schneider*, Steuerlast und Steuerwirkung, 2002, S. 173; *Hachmeister*, Kritisches, 2005, S. 591 ff.; *Schreiber*, Besteuerung der Unternehmen, 2012, S. 618 ff.; *Schneider*, Zfbf 2009, S. 126 ff.; *Homburg*, Allgemeine Steuerlehre, 2010, S. 251 ff.; *Maiterth/Sureth*, BFuP 2006, S. 225 ff.

232 Finanzierungsneutralität im engsten Sinne betrachtet nur einen Teil der Rentabilitätswirkungen der Besteuerung und schließt die Liquiditäts- und Risikowirkungen der Besteuerung aus, vgl. *Schneider*, Steuerlast und Steuerwirkung, 2002, S. 172. Ausführlich und kritisch hierzu vgl. *Schneider*, Steuerlast und Steuerwirkung, 2002, S. 171 ff.

233 Vgl. *Hey/Raupach*, Einführung KStG, 2000, Rz. 39; *Prinz*, FS Herzig, 2010, S. 148; *Schneider*, Steuerlast und Steuerwirkung, 2002, S: 173.

234 Vgl. *Schwinger*, Steuersysteme, 1992, S. 23 ff. Eine Umsetzung der entscheidungsneutralen Besteuerung durch eine entscheidungsfixe Besteuerung ist zwar möglich, aber nicht zielführend. Im Fall einer sog. fixen Pauschalbesteuerung in Form einer Kopfsteuer ist die Steuerlast zwar nicht von der Auswahl der dem Entscheidungsträger zur Verfügung stehenden Handlungsalternativen abhängig und wirkt somit entscheidungsneutral. Die Möglichkeit zur Umverteilung ist hier allerdings ebenfalls nicht gegeben und daher unter Gerechtigkeitsaspekten nur schwer umsetzbar, vgl. hierzu *Elschen*, StuW 1991, S. 104 f.; *Haun*, Hybride Finanzierungsinstrumente, 1996, S. 42 f.; *Dahlke*, Konzernbesteuerung, 2011, S. 23; *Wagner*, StuW 1992, S. 4; *Homburg*, Allgemeine Steuerlehre, 2010, S. 103 ff.

235 Ausführlich zur Zielgrößenbesteuerung siehe *Wagner*, FA 1986, S. 35; *Schneider*, BFuP 2006, S. 267; *Wagner*, BFuP 1984, S. 203 f.; *Wagner*, StuW 1992, S. 4; *Schneider*, Investition, 1992, S. 206 ff.

236 Vgl. *Elschen*, StuW 1991, S. 104 f.; *Haun*, Hybride Finanzierungsinstrumente, 1996, S. 43.

237 Zu beachten ist jedoch, dass rational handelnde Investoren nicht zwangsläufig identische Kriterien für ihre Entscheidungsfindung zugrunde legen und sich die Kriterien im Zeitablauf verändern können, vgl. *Wagner*, StuW 1992, S. 4 ff.

238 Vgl. *Wagner*, StuW 1992, S. 5.

239 Vgl. *Kahle*, Rechnungslegung, 2002, S. 190; *Spengel*, FR 2009, S. 105.

ökonomische Gewinn definiert als Verzinsung des Ertragswerts des Unternehmens am Beginn einer Periode. Er stellt somit den Betrag dar, der am Ende der Periode entnommen werden kann, ohne dass der Ertragswert geschmälert wird.[240] Die Besteuerung des ökonomischen Gewinns hat die Eigenschaft, dass der Ertragswert einer Investition ohne Steuern und der Ertragswert derselben Investition nach Abzug von Gewinnsteuern identisch sind.[241]

Wie bereits erwähnt wurde, wird als Finanzierung ein Zahlungsstrom bezeichnet, welcher mit einer Einzahlung beginnt.[242] Aus Sicht eines Kapitalgebers stellt eine Finanzierungsmaßnahme demnach einen Zahlungsstrom dar, der wie eine Investition mit einer Auszahlung beginnt. Durch diese Ähnlichkeit des zahlungsorientierten Investitions- und Finanzierungsbegriffes lassen sich die Voraussetzungen für die Neutralität der Finanzierung ebenso wie die Voraussetzungen für die Investitionsneutralität feststellen.[243] Die Fremdfinanzierung ist für den Kapitalgeber dann steuerneutral, wenn der Barwert der Kapitalüberlassung vor Steuern dem Barwert der Kapitalüberlassung nach Steuern entspricht. Dies ist der Fall, wenn der Marktzinssatz und die zufließenden Zinsen mit dem gleichen Steuersatz belegt sind.[244] Im Rahmen der Eigenfinanzierung setzt Finanzierungsneutralität voraus, dass der Steuersatz, der auf den ökonomischen Gewinn angewandt wird, dem Steuersatz gleicht, der auf die Zinsen, welche aus einer alternativen Verwendung der Mittel fließen, angewandt wird.[245]

Die praktische Umsetzung einer entscheidungsneutralen Besteuerung auf Grundlage des Modells der Besteuerung des ökonomischen Gewinns ist jedoch nicht möglich, da er nicht dem verfassungsmäßigen Grundsatz der Rechtssicherheit genügt[246] und die dafür erforderlichen künftigen Zahlungsströme ex-ante nicht bekannt sind und deshalb geschätzt werden müssen.[247] Darüber hinaus sind die Annahmen eines vollkommenen Kapitalmarkts in der Realität nicht erfüllt.[248] Das Modell des ökonomischen Gewinns dient daher zwar als Leitlinie für eine theoretische Beurteilung von Steuerwirkungen, ist

---

240 Vgl. u. a. *Schreiber*, Besteuerung der Unternehmen, 2012, S. 605; *Kahle*, WiSt 1995, S. 214 ff.; *Schneider*, Steuerlast und Steuerwirkung, 2002, S. 107.

241 Vgl. u. a. *Schneider*, Steuerlast und Steuerwirkung, 2002, S. 106.

242 Vgl. Gliederungspunkt 2.1.1.

243 Vgl. *Schreiber*, Besteuerung der Unternehmen, 2012, S. 619; *Wagenknecht*, Finanzierungsentscheidungen, 2016, S. 148.

244 Vgl. ausführlich hierzu *Schreiber*, Besteuerung der Unternehmen, 2012, S. 621.

245 Vgl. *Schreiber*, Besteuerung der Unternehmen, 2012, S. 622.

246 Vgl. *Coenenberg/Haller/Schultze*, Jahresabschluss, 2014, S. 21.

247 Vgl. *Kahle*, Rechnungslegung, 2002, S. 192; *Dahlke*, Konzernbesteuerung, 2011, S. 28; *Wagner*, FS Schneider, 1995, S. 742.

248 Vgl. stellvertretend für viele *Schneider*, BFuP 2006, S. 267 f.

aber eher als gedanklicher Nullpunkt der Steuerwirkungslehre bzw. als „modellmäßiger Eichstrich“[249] zu verstehen.[250]

2.2.3.1.3. Gerechtigkeit der Besteuerung

Wesentliche Grundanforderung an ein Steuersystem und fundamentaler verfassungsrechtlicher Legitimationsbestandteil der Steuererhebung ist die Gerechtigkeit der Besteuerung.[251] Hierbei ist das Postulat der Steuergerechtigkeit Ausfluss des allgemeinen Gleichheitsgrundsatzes nach Art. 3 Abs. 1 GG.[252] Auf dieser Grundlage definiert sich Steuergerechtigkeit wesentlich durch die Gleichmäßigkeit der Besteuerung.[253] Der Gleichheitsgrundsatz fordert für das Steuerrecht, dass Steuerpflichtige aufgrund eines Steuergesetzes rechtlich und tatsächlich gleichmäßig besteuert werden.[254] Leitlinie für die Anwendung des Gleichheitsgrundsatzes im Steuerrecht ist das Leistungsfähigkeitsprinzip.[255]

---

249 Vgl. *Schneider*, Steuerlast und Steuerwirkung, 2002, S. 97 ff.; *Schneider*, DB 2000, S. 1244; *Schneider*, Investition, 1992, S. 195.

250 Vgl. *Schneider*, Investition, 1992, S. 193; *Schneider*, Steuerlast und Steuerwirkung, 2002, S. 97; *Kahle*, Rechnungslegung, 2002, S. 194; *Schreiber*, Besteuerung der Unternehmen, 2012, S. 605.

251 Vgl. *Jachmann*, Steuergesetzgebung, 2000, S. 9.

252 Vgl. *Tipke*, Steuerrechtsordnung, 2003, S. 284 f., 298 ff. mit umfassenden Nachweisen zur Judikatur des BVerfG; *Hey*, in: Tipke/Lang, Steuerrecht, 2015, S. 62.

253 Vgl. *Tipke*, FS Stoll, 1990, S. 235; *Kraft*, Steuergerechtigkeit, 1991, S. 7; *Tipke*, Steuerrechtsordnung, 2003, S. 284, 314 f.; *Schulz*, Harmonisierung, 2012, S. 126. Zu internationalen Aspekten des Gerechtigkeitspostulats vgl. *Haun*, Hybride Finanzierungsinstrumente, 1996, S. 37 ff.; *Wittdorf*, Steuerinduzierte Finanzierungen, 2005, S. 12 ff.

254 Vgl. hierzu u. a. BVerfG, Urteil v. 27.6.1991, 2 BvR 1493/89, BVerfGE 84, S. 239; v. 22.6.1995, 2 BvL 37/91, BVerfGE 93, S. 121 ff.; v. 9.3.2004, 2 BvL 17/02, BVerfGE 110, S. 94. Vgl. auch *Tipke*, StuW 1988, S. 269 m. w. N.

255 Ausführlich zum Leistungsfähigkeitsprinzips für die ökonomische Literatur vgl. u. a. *Neumark*, Steuerpolitik, 1970, S. 69 f.; *Zimmermann/Henke/Broer*, Einführung Finanzwissenschaft, 2009, S. 110 ff., *Schneider*, Unternehmensbesteuerung, 1994, S. 20 ff. Für die steuer- und staatsrechtliche Literatur vgl. u. a. *Birk*, StuW 1983, S. 298; *Birk*, Leistungsfähigkeitsprinzip, 1983, S. 6 ff.; *Kraft*, Steuergerechtigkeit, 1991, S. 17; *Jachmann*, Steuergesetzgebung, 2000, S. 9 f.; *Mellinghoff*, Stbg 2005, S. 3; *Kirchhof*, StuW 1984, S. 297 ff.; *Vogel*, Grundfragen, 1985, S. 23 ff.; *Tipke*, JuS 1985, S. 347; *Kirchhof*, StuW 1985, S. 319; *Lang*, Bemessungsgrundlage, 1988, S. 97 ff.; *Tipke*, StuW 1988, S. 270; *Tipke*, FS Stoll, 1990, S. 239; *Weber-Grellet*, DStR 1998, S. 1344; *Herzig*, WPg 2000, S. 113; *Kirchhof*, StuW 2002, S. 185 f.; *Hey*, StuW 2005, S. 318; *Schaumburg/Schaumburg*, StuW 2005, S. 316; *Crezelius*, IStR 2002, S. 433; *Tipke*, FS Raupach, 2006, S. 192; *Tipke*, FS Lang, 2011, S. 3; *Wagner*, StuW 1992, S. 2; *Kirchhof*, StuW 2011, S. 365 ff.; *Glaser*, StuW 2012, S. 172; *Hey*, in: Tipke/Lang, Steuerrecht, 2015, S. 72; *Lang*, StuW 2013, S. 57; *Schaumburg/Schaumburg*, StuW 2013, S. 62. Auch das Bundesverfassungsgericht hat in seiner ständigen Rechtsprechung das Leistungsfähigkeitsprinzip zur Begründung seiner Urteile herangezogen, vgl. hierzu u. a. BVerfG, Urteil v. 9.2.1972, 1 BvL 16/69, BVerfGE 32, S. 339; v. 23.11.1976, 1 BvR 335/76, BVerfGE 43, S. 120; v. 3.11.1982, 1 BvR 620/78, BVerfGE 61, S. 343 f.; v. 22.2.1984, 1 BvL 10/80, BVerfGE 66, S. 222 ff.; v. 4.10.1984, 1 BvR 789/79, BVerfGE 67, S. 297; v. 17.10.1984, 1 BvR 527/80, BVerfGE 68, S. 152; v. 29.5.1990, 1 BvL 20/84, BVerfGE 82, S. 86; v. 26.1.1994, 1 BvL 12/86, BVerfGE 89, S. 352; v. 10.11.1998, 2 BvR 1220/93, BVerfGE 99, S. 268 ff.; v. 5.2.2002, 2 BvR 305/93, BVerfGE 105, S. 46; v. 6.3.2002, 2 BvL 17/99, BVerfGE 105, S. 126; v. 8.6.2004, 2 BvL 5/00, BVerfGE 110, S. 434; v. 21.6.2006, 2 BvL 2/99, BVerfGE 116, S. 180; v. 9.12.2008, 2 BvL 1/07, BVerfGE 122, S. 231; v. 6.7.2010, 2 BvL 13/09, BVerfGE 126, S. 278; v. 12.10.2010, 1 BvL 112/07, BVerfGE 127, S. 247 f. Der BFH verweist auf das Leistungsfähigkeitsprinzip u. a. in den Urteilen v. 6.7.1973, VI

Der Gleichheitsgrundsatz ist erfüllt, wenn gleiche Sachverhalte steuerlich gleich (horizontale Steuergerechtigkeit) und ungleiche Sachverhalte ungleich (vertikale Steuergerechtigkeit) behandelt werden.[256] Während die horizontale Steuergerechtigkeit Fragen der gerechten Ausgestaltung der Anknüpfungspunkte der Besteuerung und der Steuerbemessungsgrundlage nachgeht,[257] befasst sich die vertikale Steuergerechtigkeit mit Fragen der gerechten Verteilung der Steuerlasten auf die Steuerpflichtigen, also insbesondere mit Tariffragen.[258]

Anknüpfungspunkt leistungsfähigkeitsprinziporientierter Besteuerung ist die bereits erbrachte wirtschaftliche Leistung; eine Besteuerung potentiell künftiger oder auch vergangener Leistungsfähigkeit ist indes abzulehnen.[259] Dabei orientiert sich die Besteuerung an dem am Markt erwirtschafteten Ertrag, der als realisierter Reinvermögenszuwachs definiert werden kann und somit der geforderten Gleichmäßigkeit der Besteuerung zu genügen vermag.[260] Aus betriebswirtschaftlicher Sicht ist daher ein „Zuwachs an ökonomischem Bedürfnisbefriedigungspotential"[261] notwendig.[262] Eine Besteuerung noch nicht realisierter Wertzuwächse wäre demgegenüber zum einen nicht objektivierbar, zum anderen könnte es zu einer faktischen Substanzbesteuerung führen.[263]

R 253/69, BStBl. II 1973, S. 755 und v. 12.12.1990, I R 43/89, BStBl. II 1991, S. 427. Inwieweit das Leistungsfähigkeitsprinzip einen geeigneten Verteilungsmaßstab für die Besteuerung darstellt, ist in der Literatur jedoch umstritten. Stellvertretend als Befürworter *Kirchhof*, Besteuerung nach der Leistungsfähigkeit, 1988, S. 35 f. Kritisch u. a. *Elschen*, StuW 1991, S. 110 ff.; *Littmann*, FS Neumark, 1970, S. 113; *Arndt*, FS Mühl, 1981, S. 17 ff.; *Arndt*, NVwZ 1998, S. 787; *Wagner*, StuW 1992, S. 2 ff.; *Wagner*, Aspekte, 1998, S. 19 ff.; *Gassner/Lang*, Leistungsfähigkeitsprinzip, 2000, S. 117 ff.; *Wagner*, StuW 2010, S. 24 ff.; *Wagner*, StuW 2004, S. 248; *Hey*, Harmonisierung Unternehmensbesteuerung, 1997, S. 115.

256 Zur horizontalen und vertikalen Steuergerechtigkeit vgl. BVerfG, Urteil v. 24.6.1958, 2 BvF 1/57, BVerfGE 8, S. 58; v. 29.5.1990, 1 BvL 20/84, BVerfGE 82, S. 89; v. 4.12.2002, 2 BvR 400/98, BVerfGE 107, S. 27 ff.; v. 16.3.2005, 2 BvL 7/00, BVerfGE 112, S. 279; v. 21.6.2006, 2 BvL 2/99, BVerfGE 116, S. 180; v. 9.12.2008, 2 BvL 1/07, BVerfGE 122, S. 210 ff.; *Schneider*, Unternehmensbesteuerung, 1994, S. 22 f.; *Tipke*, Steuerrechtsordnung, 2003, S. 324 f.; *Weber-Grellet*, Verfassungsstaat, 2001, S. 29; *Birk/Desens/Tappe*, Steuerrecht, 2015, § 2, Rz. 191 ff.

257 Vgl. dazu *Birk*, Leistungsfähigkeitsprinzip, 1983, S. 165 f.; *Wosnitza/Treisch*, ZfB 1999, S. 352; *Schmiel*, ZSteu 2011, S. 120.

258 Vgl. *Haun*, Hybride Finanzierungsinstrumente, 1996, S. 35. Aufgrund der maßgeblichen politischen Beeinflussung sind die Fragen der vertikalen Steuergerechtigkeit weitgehend einer wissenschaftlich basierten Beantwortung entzogen und scheiden daher aus dem Betrachtungsfeld der Arbeit aus.

259 Bei der Besteuerung potentiell künftiger Leistungsfähigkeit würde es sich um eine Sollertragsbesteuerung handeln, vgl. *Schneider*, in: Smekal/Sendlhofer/Winner, Einkommen, 1999, S. 1, 6; *Birk*, Leistungsfähigkeitsprinzip, 1983, S. 167. Zu Ablehnung der Besteuerung vergangener Leistungsfähigkeit vgl. *Hey*, Rechtsproblem, 2002, S. 178.

260 Vgl. hierzu grundlegend *Kirchhof*, StuW 1985, S. 326 ff.; *Dahlke/Kahle*, FS Cesar, 2009, S. 233 f.; kritisch und m. w. N. *Reiß*, DStJG 1994, S. 6 ff.

261 *Siegel*, BFuP 2007, S. 632, der wiederum *Hundsdoerfer*, Abgrenzung, 2002, S. 80 zitiert.

262 Vgl. *Bareis*, in: Bareis et al., Grundrechtsschutz, 2001, S. 104 ff.

263 Vgl. *Dahlke/Kahle*, FS Cesar, 2009, S. 234. Zudem lässt sich dagegen einwenden, dass dem Steuerpflichtigen noch keine liquiden Mittel zur Zahlung der Steuer zur Verfügung stehen, vgl. *Siegel*, BFuP 2007, S. 632.

Als Indikator der steuerlichen Leistungsfähigkeit wird das in einer Periode am Markt erzielte Einkommen herangezogen.[264] Das Einkommen ist dabei allerdings „kein zu beobachtender Sachverhalt, sondern ein theoretischer Begriff".[265] Den „einen" wirtschaftswissenschaftlichen Einkommensbegriff gibt es jedoch nicht.[266] Vielmehr wird der Einkommensbegriff im Rahmen der dualistischen Einkünfteermittlung nach § 2 Abs. 2 EStG durch die Quellentheorie oder Reinvermögenszugangstheorie konkretisiert.[267]

2.2.3.2. Definition des Eigenkapitals in der Steuerbilanz

Das Steuerrecht geht von einer klaren dichotomen Teilung von Finanzierungsinstrumenten in Eigen- und Fremdfinanzierung aus, während in der Finanzierungsrealität aufgrund des Einsatzes von mezzaninen Finanzierungsinstrumenten zunehmend eine Vermischung von Eigen- und Fremdkapital beobachtet werden kann.[268] Die Notwendigkeit der klaren Zuordnung von Kapitalüberlassungsverhältnissen zum steuerlichen Eigen- und Fremdkapital wird erforderlich, da das deutsche Steuerrecht unterschiedliche steuerliche Rechtsfolgen mit zum Teil erheblichen steuerlichen Belastungsdivergenzen an die Eigen- bzw. Fremdkapitalfinanzierung knüpft. Deshalb ist aus steuerlicher Sicht die Eigen- von der Fremdkapitalfinanzierung eindeutig abzugrenzen.[269] Die Abgrenzung zwischen Eigen- und Fremdkapital hat im Rahmen der allgemeinen Prinzipien des deutschen Steuerrechts zu erfolgen. Aufgrund der fehlenden Steuerneutralität und den daraus resultierenden erheblichen steuerlichen Belastungsunterschieden von Eigen- und Fremdkapital sollten die steuerlichen Abgrenzungskriterien so ausgestaltet sein, dass sie der aus einzelwirtschaftlicher Sicht potentiell eröffneten Möglichkeit der Steuerarbitrage effektiv begegnen.[270] Hierzu bedarf es einer Abgrenzungsbestimmung, die sich an den Maßstäben des Postulats der horizontalen Steuergerechtigkeit orientiert.[271]

---

264 Eine Orientierung an andere Maßgrößen wie Vermögen oder Konsum würde zu völlig anderen Abgrenzungsfragen führen und werden daher nicht weiter verfolgt. Ausführlich hierzu vgl. *Kraft*, Steuergerechtigkeit, 1991, S. 41 ff.; *Hey*, in: Tipke/Lang, Steuerrecht, 2015, S. 74 ff. Zur Diskussion um Einkommens- vs. Konsumorientierung der Besteuerung vgl. *Rose*, Neuordnung, 1991, S. 14; *Musgrave*, Neuordnung, 1991, S. 40 ff.

265 *Schreiber*, Besteuerung der Unternehmen, 2012, S. 16.

266 Vgl. *Schneider*, FS Leffson, 1976, S. 105.

267 Vgl. *Kahle*, Rechnungslegung, 2002, S. 206; *Elicker*, DStZ 2005, S. 564; *Schreiber*, Besteuerung der Unternehmen, 2012, S. 16 f. Nach *Kahle* sollte sich das Steuerrecht zur Konkretisierung des Einkommensbegriffes im Idealfall entweder an der Theorie des Reinvermögenszugangs- oder des Reinvermögenszuwachses orientieren, jedenfalls aber nur nach einer von beiden, vgl. *Kahle*, Rechnungslegung, 2002, S. 206.

268 Vgl. *Elschen*, in: Gebhardt/Gerke/Steiner, Fremdfinanzierung, 1993, S. 586.

269 Vgl. *Briesemeister*, Hybride Finanzinstrumente, 2006, S. 111.

270 Vgl. *Elschen*, in: Gebhardt/Gerke/Steiner, Fremdfinanzierung, 1993, S. 588.

271 Vgl. *Briesemeister*, Hybride Finanzinstrumente, 2006, S. 67.

Das Steuerrecht kennt keine einheitliche Definition des steuerlichen Eigenkapitals und im Gegensatz zum HGB auch keine Regelungen zum steuerbilanziellen Eigenkapital. Vielmehr stellt das Steuerrecht auf den Begriff des Betriebsvermögens ab, welcher definiert ist als die auf Basis steuerrechtlicher Vorschriften ermittelte Differenzgröße zwischen den aktiven und passiven Wirtschaftsgütern eines Unternehmens.[272] Dennoch stellt das Handels- und Gesellschaftsrecht den Ausgangspunkt des steuerbilanziellen Eigenkapitals dar, sodass sich das Steuerrecht grundsätzlich an der gesellschaftsrechtlichen und handelsrechtlichen Einordnung eines Finanzierungsinstruments zu orientieren hat. Die steuerlichen Abgrenzungskriterien entwickeln sich daher aus den Abgrenzungskriterien dieser Rechtsgebiete heraus. Aufgrund des in § 5 Abs. 1 EStG geregelten Maßgeblichkeitsgrundsatzes[273] schlägt die handelsrechtliche Einordnung des Eigen- und Fremdkapitals auf die steuerliche Einordnung durch, soweit keine spezielle Vorschrift im Steuerrecht entgegensteht, welche die handels- und auch gesellschaftsrechtlichen Vorschriften punktuell verdrängen oder gegebenenfalls modifizieren.[274] Durch die vorhandene abweichende steuergesetzliche Bilanzierung kommt es zu einer Abweichung der Aktivierung und Passivierung in der Handels- und Steuerbilanz, welche somit die Höhe des Differenzbetrages beeinflussen und damit zu einem von der Handelsbilanz abweichenden steuerbilanziellen Eigenkapital führen.[275] Die kumulierten Abweichungen zwischen Handels- und Steuerbilanz werden sodann in einem steuerlichen Ausgleichsposten erfasst, der das zusätzliche steuerbilanzielle Eigenkapital darstellt.[276] Allerdings bietet die Maßgeblichkeit des handelsbilanziellen Eigenkapitalbegriffes für steuerliche Zwecke auch Anlass für Kritik. So macht sich das Steuerrecht

---

272 Vgl. *Winnefeld*, Bilanz-Handbuch, 2015, Rz. D 1666 f.; *Häuselmann*, in: Kessler/ Kröner/Köhler, Konzernsteuerrecht, 2008, § 10, Rz. 216.

273 Ausführlich zum Maßgeblichkeitsprinzip siehe *Kahle*, DB Beilage zu Heft 22 2014, S. 1 ff.; *Prinz*, in: Prinz/Kanzler, Maßgeblichkeit, 2014, S. 61 ff.; *Richter*, GmbHR 2010, S. 505 ff.; *Coenenberg/Haller/Schultze*, Jahresabschluss, 2014, S. 21 f.; *Federmann*, Bilanzierung, 2010, S. 240 ff.; *Stobbe*, Rechnungslegung, 1991, S. 1 ff.; *Vogt*, Maßgeblichkeit, 1991, S. 1 ff.; *Schmidt*, Maßgeblichkeitsprinzip und Einheitsbilanz, 1994, S. 1 ff.; *Herzig*, Steuerliche Gewinnermittlung, 2004, S. 5 ff. Zur Diskussion der Vor- und Nachteile des Maßgeblichkeitsprinzips siehe *Moxter*, BB 1997, S. 195 ff.; *Wagner*, DB 1998, S. 2073 ff.; *Weber-Grellet*, BB 1999, S. 2659 ff.; *Hennrichs*, DStJG 2001, S. 301 ff.; *Erle*, in: Kleindiek/Oehler, Maßgeblichkeitsprinzip, 2000, S. 177 ff. jeweils m. w. N.

274 Vgl. BFH, Urteil v. 5.2.1992, I R 127/90, DStR 1992, S. 497; v. 30.5.1990, I R 97/88, BStBl. II 1990, S. 875; *Goebel/Eilinghoff/Busenius*, DStZ 2010, S. 743. Auch die OFD Rheinland stellt fest, dass sich die steuerliche Behandlung von Genussrechten maßgeblich an der handelsbilanziellen Behandlung zu orientieren hat, vgl. OFD Rheinland, Verfügung v. 14.12.2011, KSt Nr. 56/2011, DStR 2012, S. 189. Zur Kritik an der OFD-Verfügung vgl. *Kroener/Momen*, DB 2012, S. 829; *Breuninger/Ernst*, GmbHR 2012, S. 496 ff.; *Lechner/Haisch*, Ubg 2012, S. 115 ff.; *Körner*, RdF 2012, S. 139 f. Anzumerken ist jedoch, dass nicht die handelsrechtlichen Wertansätze die Steuerbilanzwerte vorbestimmen, sondern sich die Maßgeblichkeit auf die GoB bezieht. Das steuerbilanzielle Eigenkapital errechnet sich als Saldo der steuerlich angesetzten und bewerteten Wirtschaftsgüter und Schulden. Vgl. *Hoffmann*, StuB 2015, S. 729.

275 Vgl. *Ley*, DStR 2013, S. 275.

276 Vgl. *Falterbaum et al.*, Buchführung und Bilanz, 2015, S. 383; *Ley*, DStR 2013, S. 275.

bei einer Übernahme des handelsbilanziellen Verständnisses zur Eigenkapitalabgrenzung zum einen abhängig von den Verlautbarungen des IDW[277] zum anderen stellen nicht alle handelsrechtlichen Folgen eine geeignete Grundlage für die steuerliche Behandlung dar.[278] Eine Umqualifizierung von handelsrechtlichem Eigenkapital in steuerliches Fremdkapital ist jedoch, solange das Maßgeblichkeitsprinzip die Grundlage für das Steuerbilanzrecht darstellt, ohne eine spezielle steuerliche Rechtsgrundlage nicht möglich.[279]

Bei ausländischer Rechnungslegung greift der Maßgeblichkeitsgrundsatz jedoch ins Leere. Dann besteht auch keine Abhängigkeit der steuerlichen Zuordnung zu Eigen- und Fremdkapital zur handelsrechtlichen Einstufung. Für solche Konstellationen hat der BFH für die Eigen- und Fremdkapitalabgrenzung eigene Kriterien entwickelt. Nach diesen handelt es sich z. B. bei Kapitalgesellschaften um Eigenkapital, wenn ein Gesellschafter einen einlagefähigen Vermögenswert zuführt und durch diese Zuführung haftendes Kapital entsteht. Haftendes Kapital entsteht dann, wenn es einer freien Kreditkündigung entzogen ist und bezüglich dessen Ansprüche in der Insolvenz der Gesellschaft nicht geltend gemacht werden kann. Ob diese Kriterien im Einzelfall erfüllt sind, ist wiederum zivilrechtlich zu beurteilen.[280] Ferner sind neben den allgemeinen zivilrechtlichen Merkmalen auch wirtschaftliche Merkmale zu berücksichtigen, wie z. B. die Beteiligung am Gewinn und am Liquidationserlös des Kapitalnehmers oder das Recht des Kapitalgebers auf Rückzahlung im Rahmen der Eigenkapitalabgrenzung.[281] Die steuerliche Abgrenzung von Eigen- und Fremdkapital muss daher nicht mit der handelsrechtlichen Differenzierung deckungsgleich sein.[282] Vielmehr kann es dazu kommen, dass ein Finanzierungsinstrument im handelsrechtlichen Jahresabschluss als Eigenkapital ausgewiesen wird, während es sich für steuerliche Zwecke um Fremdkapital handelt.[283]

---

277 Vgl. *Fischer/Lohbeck*, IStR 2012, S. 681 f.

278 Vgl. hierzu *Körner*, RdF 2012, S. 140.

279 Vgl. *Fischer/Lohbeck*, IStR 2012, S. 681.

280 Vgl. BFH, Urteil v. 30.05.1990, I R 97/88, BStBl. II 1990, S. 875 ff.

281 Vgl. *Jacob*, IWB 2000, S. 1529; *Jänisch/Moran/Waibl*, DB 2002, S. 2451; *Golland* et al., BB-Special 4 2005, S. 23.

282 Vgl. *Briesemeister*, Hybride Finanzinstrumente, 2006, S. 111 f.

283 Vgl. *Herzig*, IStR 2000, S. 483; *Lang* explizit zu § 8 Abs. 3 Satz 2 KStG, vgl. *Lang*, in: Dötsch et al., Körperschaftsteuer, 2013, § 8 KStG, Rz. 117.
Aufgrund der zunehmenden Abkehr vom Maßgeblichkeitsprinzip hat sich die Diskussion um ein eigenständiges Steuerbilanzrecht intensiviert. Diese Entkopplung vom Maßgeblichkeitsgrundsatz hätte auch eine eigenständige steuerliche Kapitalabgrenzung zur Folge. Begrüßend *Fischer/Lohbeck*, IStR 2012, S. 681 f. Dies wird auch von *Brown* vorgeschlagen. Nach diesem wäre Fremdkapital dann anzunehmen, wenn die überlassenen Mittel nicht dem Unternehmen gehören. Währenddessen stellen die Mittel, die eigene Ressourcen des Unternehmens sind, Eigenkapital dar. Besitzen folglich die Inhaber eines Finanzierungsinstrumentes einen Anspruch auf Rückzahlung (unabhängig von der Profitabilität des Schuldners), liegt Fremdkapital vor, denn diese Finanzierungsmittel gehören dann

2.2.4. Bilanzielles Eigenkapital im IFRS-Abschluss

2.2.4.1. Zwecke des IFRS-Abschlusses

Die bilanzielle Abgrenzung von Eigen- und Fremdkapital nach IAS/IFRS ist unter anderem vor dem Hintergrund der durch die Zwecksetzung des IFRS-Abschlusses gestellten Anforderungen zu beurteilen. Während die Zwecke der handelsrechtlichen Rechnungslegung aus zahlreichen Regelungen des HGB abgeleitet werden können, ist der Zweck der IFRS-Rechnungslegung konkret im sogenannten Framework geregelt. Die Zielsetzung eines IFRS-Abschlusses besteht in der Vermittlung entscheidungsnützlicher Informationen, deren Maßstab die Informationsbedürfnisse der Adressaten der IFRS-Rechnungslegung sind.[284] Zu diesen Adressaten zählen derzeitige und künftige Investoren, Gläubiger oder auch staatliche Einrichtungen. Aufgrund des weit gefassten Adressatenkreises ergibt sich analog zum handelsrechtlichen Abschluss die Problematik der divergierenden Informationsbedürfnisse verschiedener Adressaten, welche durch eine primäre Orientierung an den Kapitalgebern gelöst wird.[285] Denn die Kapitalgeber besitzen repräsentative Informationsbedürfnisse und die Entscheidungsnützlichkeit für die Kapitalgeber ist zudem nützlich für andere Adressaten.[286] Konkretisiert wird diese Entscheidungsnützlichkeit, indem auf die notwendige Bereitstellung von Informationen über die Vermögens-, Finanz- und Ertragslage des Unternehmens sowie deren Veränderung im Zeitablauf abgestellt wird.[287] Für die Erreichung des Abschlusszweckes sind ebenfalls die qualitativen Merkmale der Verständlichkeit, Relevanz, Verlässlichkeit und Vergleichbarkeit zu erfüllen. Mit diesen Informationen soll es den Adressaten des Abschlusses möglich sein, die Fähigkeit des Unternehmens beurteilen zu können, die erforderlichen finanziellen Mittel zur Zahlung künftiger Dividenden und Zinsen, zur Tilgung von Schulden und zur Rückerstattung geleisteter Einlagen zu erwirtschaften.[288] IFRS-Abschlüsse besitzen somit nur eine reine Informationsfunktion im Sinne der Vermittlung von Finanzinformationen; eine Zahlungsbemessungsfunktion haben IFRS-Abschlüsse

---

nicht zu den eigenen Ressourcen des Unternehmens, ausführlich hierzu *Brown*, CDFI, 2012, S. 40 m. w. N. Diese Ansicht lehnt sich stark an die Kapitalabgrenzung nach IFRS an und stellt die Finanzierungsfunktion bzw. die Dauerhaftigkeit des Kapitals in den Vordergrund.

284 Vgl. *Baetge/Kirsch/Thiele*, Bilanzen, 2014, S. 151.

285 Vgl. *Pellens* et al., Internationale Rechnungslegung, 2014, S. 88; *Baetge/Graupe/ Brüggemann*, DK 2009, S. 467; *Heuser*, in: Heuser/Theile, IFRS Handbuch, 2012, Rz. 7; *Baetge/Thiele*, FS Beisse, 1997, S. 17; *Baetge*, FS Leffson, 1976, S. 30.

286 Vgl. *Coenenberg/Haller/Schultze*, Jahresabschluss, 2014, S. 24; *Baetge/Graupe/Brüggemann*, DK 2009, S. 467; *Baetge/Kirsch/Thiele*, Bilanzen, 2014, S. 151.

287 Vgl. *Baetge/Graupe/Brüggemann*, DK 2009, S. 467; *Federmann*, Bilanzierung, 2010, S. 74.

288 Vgl. *Baetge/Kirsch/Thiele*, Bilanzen, 2014, S. 152.

hingegen nicht.[289] Die Gewinnermittlung ist ebenfalls kein eigentliches Ziel der Rechnungslegung, vielmehr ist diese Bestandteil der Informationsfunktion. Darüber hinaus spielen der Gläubigerschutz und die Steuerbemessungsfunktion keine Rolle nach IAS/IFRS.[290]

2.2.4.2. Definition des Eigenkapitals im IFRS-Abschluss

Anders als das HGB enthalten die IFRS im Framework (F 4.4 (c)) eine Legaldefinition des Eigenkapitalbegriffs. Nach dieser Legaldefinition ist Eigenkapital „der nach Abzug aller Schulden verbleibende Restbetrag der Vermögenswerte des Unternehmens." Das IFRS-Rahmenkonzept definiert Eigenkapital daher nicht eigenständig, sondern rechtsformunabhängig als Residualgröße, die verbleibt, wenn vom Vermögen alle Verbindlichkeiten (Verpflichtungen) abgezogen werden.[291] Die Definition liefert indes keine Kriterien für die Einordnung eines konkreten Bilanzpostens als Eigenkapital oder Schuld.[292] Für die Bestimmung des Eigenkapitals sind vielmehr die Definition des Schuldbegriffes und dessen Abgrenzung zum Eigenkapital sowie die Definition des Vermögenswertes erforderlich.[293] Das Framework definiert den Schuldbegriff als eine gegenwärtige Verpflichtung des Unternehmens, deren Erfüllung erwartungsgemäß mit einem Abfluss von wirtschaftlich nützlichen Ressourcen verbunden ist.[294] Diese Definition vermittelt jedoch allenfalls eine Grundidee einer finanziellen Verbindlichkeit nach IFRS. Eine konkrete Abgrenzung von Eigenkapital und Schulden ist dadurch nicht möglich.[295]

---

289 Vgl. *Coenenberg/Haller/Schultze*, Jahresabschluss, 2014, S. 24; *Heuser*, in: Heuser/Theile, IFRS Handbuch, 2012, Rz. 12.

290 Vgl. *Federmann*, Bilanzierung, 2010, S. 75; *Coenenberg/Haller/Schultze*, Jahresabschluss, 2014, S. 24. Allerdings spielt der IAS/IFRS-Abschluss seit der Unternehmensteuerreform 2008 bei konzernverbundenen Unternehmen aller Rechtsformen bei der sog. Zinsschranke (§§ 4h EStG, 8a KStG) eine steuerliche Rolle.

291 Vgl. *Clemens*, in: Driesch et al., Beck'sches IFRS-Handbuch, 2016, § 12, Rz. 5; *Kuhn/ Scharpf*, Financial Instruments, 2006, Rz. 335; *Pellens et al.*, Internationale Rechnungslegung, 2014, S. 495; *Wüstemann/Bischof/Wüstemann,* in: Wysocki et al., Handbuch des Jahresabschlusses, 2015, Abt. I/3, Rz. 250. Die Definition des Eigenkapitals nach IFRS entspricht somit der Eigenkapitaldefinition des § 246 Abs. 1 HGB, welche ebenfalls das Eigenkapital als Residualgröße konkretisiert, vgl. *Küting/Dürr*, DStR 2005, S. 942; *Wüstemann/Bischof*, ZHR 2011, S. 213.

292 Vgl. *Isert/Schaber*, KoR 2005, S. 300. Die Ausgangssituation ist somit durchaus vergleichbar mit der Situation nach HGB, vgl. *Hennrichs/Pöschke*, in: Wysocki et al., Handbuch des Jahresabschlusses, 2015, Abt. III/1, Rz. 25.

293 Vgl. *Isert/Schaber*, KoR 2005, S. 300; *Lüdenbach*, in: Lüdenbach/Hoffmann/Freiberg, IFRS-Kommentar, 2014, § 20, Rz. 5; *Mentz*, in: Eilers/Rödding/Schmalenbach, Unternehmensfinanzierung, 2008, G, Rz. 65. Problematisch an dieser Vorgehensweise ist jedoch, dass sie zirkulär ist, vgl. *Lüdenbach*, in: Lüdenbach/Hoffmann/Freiberg, IFRS-Kommentar, 2014, § 20, Rz. 5; *Isert/Schabert*, KoR 2005, S. 300; *Weidenhammer*, Eigenkapitalsituation, 2007, S. 31.

294 Vgl. F.49 (b); *Hachmeister*, Verbindlichkeiten, 2006, S. 3 ff. Die einzelnen Merkmale dieser Definition werden in F.60 – F.64 näher erläutert.

295 Vgl. *Hennrichs/Pöschke*, in: Wysocki et al., Handbuch des Jahresabschlusses, 2015, Abt. III/1, Rz. 26.

Deshalb werden die Begriffsbestimmungen der finanziellen Schuld- und Eigenkapitalinstrumente in IAS 32 konkretisiert. Die in IAS 32.2 definierte Zielsetzung besteht darin, aus Sicht des Emittenten eine Klassifikation von Finanzinstrumenten[296] in finanzielle Vermögenswerte, finanzielle Verbindlichkeiten und Eigenkapital zu regeln und überdies die Einordnung der damit verbundenen Ertragswirkungen, die Behandlung zusammengesetzter Finanzinstrumente, die Handhabung eigener Anteile sowie die Saldierung von finanziellen Vermögenswerten und Verbindlichkeiten zu klären.[297] Nach IAS 32.4 ist die Anwendung von IAS 32 branchenunabhängig und gilt ausnahmslos auch für nicht kapitalmarktorientierte, abhängige Konzernunternehmen.[298]

Nach der Definitionsnorm in IAS 32.11 wird ein Eigenkapitalinstrument als Vertrag definiert, der einen Residualanspruch an den Vermögenswerten eines Unternehmens nach Abzug aller dazu gehörigen Schulden begründet. IAS 32.15 fordert zur inhaltlichen Konkretisierung von F.49(c), dass der Emittent beim erstmaligen Ansatz eines Finanzierungsinstrumentes dieses oder dessen Bestandteile[299] entsprechend der wirtschaftlichen Substanz der vertraglichen Vereinbarung und den Begriffsbestimmungen für Finanzinstrumente als finanzielle Verbindlichkeit, als finanziellen Vermögenswert oder als Eigenkapitalinstrument zu klassifizieren hat.[300] Damit eine Klassifizierung als Eigenkapital zulässig ist, müssen die in IAS 32.16 genannten Kriterien kumulativ erfüllt sein.[301] Demnach ist ein Eigenkapitalinstrument nur dann gegeben, wenn das Finanzinstrument keine vertragliche Verpflichtung beinhaltet, flüssige Mittel oder andere Vermögenswerte an ein anderes Unternehmen abzugeben (IAS 32.16(a)(i)) oder finanzielle Vermögenswerte oder Verbindlichkeiten zu potentiell nachteiligen Bedingungen für den Emittenten mit einem anderen Unternehmen auszutauschen hat (IAS 32.16(A)(ii)).[302] Ob die aufgezeigten Kriterien erfüllt sind, ist nach der wirtschaftlichen Betrach-

---

296 IAS 32 verwendet nicht die Begriffe Eigen- und Fremdkapital, sondern spricht von Finanzierungsinstrumenten, die beim erstmaligen Ansatz entsprechend der wirtschaftlichen Substanz der Vereinbarung als Eigenkapitalinstrument oder als finanzieller Vermögenswert einzuordnen sind (IAS 32.15, IAS 32.18), vgl. *Petersen/Zwirner*, StuB 2008, S. 544. Kritisch zu den verwendeten Terminologien in IAS 32 u. a. *Prinz*, FR 2006, S. 569; *Bitz*, FS Schneeloch, 2007, S. 162; *Reuter*, Eigenkapitalausweis, 2008, S. 27.

297 Vgl. *Mentz*, in: Hennrichs/Kleindiek/Watrin, Bilanzrecht, 2014, IAS 32, Rz. 3.

298 Vgl. *Mentz*, in: Hennrichs/Kleindiek/Watrin, Bilanzrecht, 2014, IAS 32, Rz. 15.

299 Finanzinstrumente wie Wandel- und Optionsanleihen stellen zusammengesetzte Finanzinstrumente dar und enthalten sowohl Eigen- als auch Fremdkapitalkomponenten. Diese Komponenten sind nach IAS 32.28 im IFRS-Abschluss getrennt zu bilanzieren (split accounting), vgl. *Baetge/Haenelt*, ZGR 2008, S. 298.

300 Vgl. *Broser/Hoffjan/Strauch*, KoR 2004, S. 452; *Kraft*, ZGR 2008, S. 326.

301 Vgl. *Breker/Harrison/Schmidt*, KoR 2005, S. 469; *Kraft*, ZGR 2008, S. 327.

302 Vgl. *Clemens*, in: Driesch et al., Beck´sches IFRS-Handbuch, 2016, § 12, Rz. 5. Darüber hinaus kann eine Klassifizierung als Eigenkapital nur erfolgen, wenn auch die Negativabgrenzung nach IAS 32.16(b) erfüllt ist, vgl. *Zwirner/Reinholdt*, IRZ 2008, S. 327.

tungsweise (Substance over Form, IAS 32.18) zu beurteilen. Die rechtliche Ausgestaltung des Finanzinstruments ist hierbei ohne Bedeutung.[303] Im Gegensatz zum Framework normiert IAS 32 demnach konkrete Kriterien zur Eigen- und Fremdkapitalabgrenzung.[304] Das Prinzip in IAS 32 zur Eigen- und Fremdkapitalabgrenzung orientiert sich, basierend auf dem im IFRS-Rahmenkonzept genannten Residualcharakter, an dem Vorliegen einer Verpflichtung oder bedingten Verpflichtung zur Abgabe von Ressourcen.[305]

Das erste Abgrenzungskriterium stellt darauf ab, ob dem emittierenden Unternehmen eine (auch nur potentielle) Zahlungsverpflichtung erwächst oder erwachsen kann.[306] Eine Zahlungsverpflichtung des emittierenden Unternehmens liegt vor, wenn eine vertragliche Verpflichtung zur Rückzahlung besteht. Dies kann zum einen auf einer vertraglichen Festlegung eines Rückzahlungstermins, zum anderen auf einem Inhaberkündigungsrecht basieren.[307]

Darüber hinaus kommt es auf das Kriterium der Unentziehbarkeit einer Last aus Sicht des Unternehmens an.[308] Das Unternehmen kann sich demnach einer Zahlungsverpflichtung entziehen, wenn es die Auszahlung verhindern kann, oder die Auszahlung im freien Ermessen des Unternehmens steht.[309] Dabei ist nach IAS 32.15 auf eine wirtschaftliche Betrachtungsweise abzustellen. Indes ist das Zeitmoment (gegenwärtige oder erst künftige Belastung) irrelevant.[310] Ist die Zahlungsverpflichtung abhängig von einer Willensentscheidung eines Dritten, hat das Unternehmen nicht das unbedingte Recht, die Zahlung zu vermeiden, mit der Folge, dass das entsprechende Finanzinstrument als finanzielle Verbindlichkeit zu klassifizieren ist.[311] Wird die Zahlungsverpflichtung demgegenüber

---

303 Vgl. *Mentz*, in: Hennrichs/Kleindiek/Watrin, Bilanzrecht, 2014, IAS 32, Rz. 61; *Clemens*, in: Driesch et al., Beck´sches IFRS-Handbuch, 2016, § 12, Rz. 4.

304 Zur Bedeutung des Framework für die Auslegung der einzelnen Standards vgl. *Schöllhorn/Müller*, DStR 2004, S. 1623 ff.; *Schöllhorn/Müller*, DStR 2004, S. 1666 ff.; *Watrin*, in: Hennrichs/Kleindiek/Watrin, Bilanzrecht, 2014, Einführung, Rz. 31 ff.

305 Vgl. *Schmidt*, DStR 2006, S. 198; *Coenenberg/Haller/Schultze*, Jahresabschluss, 2014, S. 362 f.; *Bömelburg/Landgraf/Luce*, PiR 2008, S. 143; *Brüggemann/Lühn/Siegel*, KoR 2004, S. 390.

306 Vgl. *Kraft*, ZGR 2008, S. 329.

307 Vgl. *Kraft*, ZGR 2008, S. 328; *Rückle*, FS Baetge, 2007, S. 488. Ein mögliches Kündigungsrecht des emittierenden Unternehmens ist für die Klassifizierung irrelevant.

308 Vgl. *Hennrichs*, WPg 2009, S. 1067.

309 Vgl. IAS 32.19; *Baetge/Haenelt*, ZGR 2008, S. 299; *Hennrichs*, WPg 2009, S. 1066 f.

310 Vgl. *Hennrichs*, WPg 2009, S. 1067. Demnach sind nicht nur gegenwärtige Verpflichtungen, sondern auch solche, die dem Inhaber ein zukünftiges Recht einräumen, das Instrument gegen Zahlungsmittel oder andere Vermögenswerte zurückzugeben (sog. puttable instruments), als Fremdkapital zu klassifizieren, vgl. *Hachmeister*, Verbindlichkeiten, 2006, S. 18 f. Ob das Recht am Bilanzstichtag tatsächlich ausgeübt wurde oder wie wahrscheinlich die tatsächliche Ausübung ist, ist für eine Qualifikation als Fremdkapital irrelevant, vgl. hierzu *Hennrichs/Pöschke*, in: Wysocki et al., Handbuch des Jahresabschlusses, 2015, Abt. III/1, Rz. 135; *Weidenhammer*, PiR 2008, S. 213.

311 Vgl. *Hennrichs*, WPg 2009, S. 1067.

kollektiv beschlossen, ist das Kriterium der Zahlungsverpflichtung für die Klassifikation als Eigenkapital unschädlich,[312] denn bestimmen die Inhaber eines Finanzinstruments kollektiv in der Gesellschafterversammlung und nicht einzeln als Gesellschafter über die Zahlungsverpflichtung, ist es nach IAS 32 das Unternehmen, welches ihr Ermessen frei ausübt. Folglich können diese Finanzinstrumente als Eigenkapital qualifiziert werden.[313]

Im Ergebnis liegt im System der IFRS dann Eigenkapital vor, wenn das Unternehmen sich dauerhaft und einseitig jeglicher vertraglichen Zahlungsverpflichtung entziehen kann.[314] Die an das Eigenkapital nach IAS 32 gestellte Anforderung ist demnach, dass Kapitalgeber ihre Einlage nicht durch eine individuelle Erklärung (Kündigung) von der Gesellschaft zurückfordern können.[315] Vorrangig wird somit auf das Kriterium der Dauerhaftigkeit der Kapitalüberlassung abgestellt.[316] Damit wird die Kontinuitäts-/Arbeitsfunktion[317] des Kapitals in den Vordergrund gerückt.[318] Der Analyse der Laufzeitgestaltung sowie der Kündigungsmodalitäten von sowohl schuldrechtlichen als auch gesellschaftsrechtlichen Kapitalüberlassungen kommt somit eine hohe Bedeutung zu.[319] Besitzt ein Gesellschafter im Rahmen eines gesellschaftsrechtlichen Vertragsverhältnisses ein ordentliches, nicht ausschließbares Kündigungsrecht, ist die Gesellschaft beim Ausscheiden des Gesellschafters zur Kapitalrückzahlung verpflichtet. Dies hat zur Folge, dass nach IAS 32.18(b) Fremdkapital vorliegt.[320]

2.2.4.3. Vergleich der bilanziellen Eigenkapitaldefinition nach IFRS und nach HGB

Das HGB zieht für die Abgrenzung von Eigen- und Fremdkapital mehrere Kriterien heran, stellt aber vor allem auf die Verlustteilnahme ab. Deshalb unterscheidet sich der Eigenkapitalbegriff nach IFRS

---

312 Vgl. *Lüdenbach/Hoffmann*, BB 2004, S. 1044.

313 Vgl. *Baetge et al.*, DB 2006, S. 2133.

314 Vgl. *Förschle/Hoffmann*, in: Förschle et al., Beck´scher Bilanz-Kommentar, 2014, § 247 HGB, Rz. 165; *Pöschke*, CFL 2011, S. 196. Die beiden Merkmale Zahlungsverpflichtung des Unternehmens und Unentziehbarkeit in dem Sinne, dass die Zahlung nicht im Ermessen des Unternehmens steht, sind selbständig und gesondert zu prüfen. Vgl. *Hennrichs*, WPg 2009, S. 1067.

315 Vgl. *Baetge/Haenelt*, ZGR 2008, S. 299.

316 Vgl. *Hennrichs/Pöschke*, in: Wysocki et al., Handbuch des Jahresabschlusses, 2015, Abt. III/1, Rz. 32; *Förschle/Hoffmann*, in: Förschle et al., Beck´scher Bilanz-Kommentar, 2014, § 247 HGB, Rz. 165; *Clemens*, in: Driesch et al., Beck´sches IFRS-Handbuch, 2016, § 12, Rz. 10; *Zülch/Erdmann/Clark*, IRZ 2006, S. 228; *Mentz*, in: Hennrichs/Kleindiek/Watrin, Bilanzrecht, 2014, IAS 32, Rz. 53 ff.; *Breker, Harrison/Schmidt*, KoR 2005, S. 477.

317 Siehe Gliederungspunkt 2.1.4.

318 Vgl. *Rückle*, FS Baetge, 2007, S. 489.

319 Vgl. *Weidenhammer*, Eigenkapitalsituation, 2007, S. 36.

320 Vgl. *Lipp*, Stille Gesellschaft, 2014, S. 69. Dieser Grundsatz gilt nicht uneingeschränkt. IAS 32 enthält wenige Ausnahmen von diesem sehr engen Eigenkapitalverständnis. Diese Ausnahmen sind insbesondere für Personenhandelsgesellschaften von Bedeutung und werden in Gliederungspunkt 3.1.3. erläutert.

zwangsläufig materiell-inhaltlich von der Eigenkapitaldefinition des HGB.[321] Die Definition und Abgrenzung der Eigenkapitalinstrumente ist nach IFRS enger und formaler als nach HGB.[322]

Hierfür können verschiedene Ursachen ausgemacht werden. Das HGB versucht, das Eigenkapital über zwei Ansätze zu definieren; einerseits über das formelle Eigenkapital, das sich auf die gesellschaftsrechtliche Kapitalerhaltung stützt, und andererseits über das materielle Eigenkapital, das sich dem Begriff sowohl über teleologische Auslegung unter Rückbezug auf die betriebswirtschaftlichen Funktionen als auch den Rechten und Pflichten des Kapitalgebers nähert.

Im System der IFRS kann es keine formellen Eigenkapitalbestandteile geben, die nur aufgrund ihrer gesellschaftsrechtlichen Einordnung im Eigenkapital auszuweisen sind, da die IFRS keinen gesellschaftsrechtlichen Eigenkapitalbegriff kennen. Im Gegensatz zum deutschen HGB sind die IFRS nicht mit gesellschaftsrechtlichen Regelungen verwoben und zudem als reines rechtsformunabhängiges Rechnungslegungssystem konzipiert. Die einheitliche Rechnungslegung soll trotz bestehender unterschiedlicher Gesellschaftsrechte gewährleistet sein. Infolgedessen ist im IFRS-Abschluss stets zu prüfen, ob gesellschaftsrechtliche Eigenkapitalbestandteile die allgemeinen Voraussetzungen für einen Eigenkapitalausweis nach IFRS erfüllen.[323]

Nach IAS 32 wird eine Legaldefinition für den Eigenkapitalbegriff zur Verfügung gestellt, der durch Gesetzesauslegung zu spezifizieren ist. Somit grenzen die IFRS das Eigenkapital ausschließlich materiell ab. Im Rahmen dieser materiellen Abgrenzung resultieren aus den unterschiedlichen Zwecken des HGB- und IFRS-Abschlusses unterschiedliche Abgrenzungskriterien von Eigen- und Fremdkapital. Das HGB dient vor allem dem Gläubigerschutz durch die Beschränkung der Ausschüttung auf einen vorsichtig ermittelten Gewinn. Demzufolge basiert die Eigenkapitaldefinition maßgeblich auf der Haftungsfunktion, die durch die Kriterien der Verlustteilnahme und Nachrangigkeit konkretisiert wird.[324]

---

321 Vgl. *Pöschke*, CFL 2011, S. 196.

322 Vgl. *Petersen/Zwirner*, StuB 2008, S. 544.

323 Vgl. *Pöschke*, CFL 2011, S. 196. Nichtsdestotrotz spielen die jeweiligen gesellschaftsrechtlichen Regelungen für die Interpretation des Eigenkapitalbegriffes im IFRS-Abschluss eine wesentliche Rolle, vgl. *Scheffler*, Eigenkapital, 2006, S. 6. Zur Frage, ob ein formeller Eigenkapitalbegriff im IFRS-System aufgrund der Übernahme der IFRS in europäisches Recht angewendet werden kann vgl. *Hennrichs/Pöschke*, in: Wysocki et al., Handbuch des Jahresabschlusses, 2015, Abt. III/1, Rz. 39.

324 Dies ergibt sich auch aus dem Adressatenkreis der handelsrechtlichen Bilanz; Gläubiger sind an Informationen über das haftende Kapital interessiert, welches die Rückzahlung ihrer Ansprüche gewährt, vgl. *Coenenberg/Haller/Schultze*, Jahresabschluss, 2014, S. 16 ff.

Dagegen ist die generelle Zielsetzung der IFRS-Normen, den Adressaten des Jahresabschlusses die Prognose künftiger Zahlungsströme zu ermöglichen. Ein Kündigungsrecht, das bei Ausübung zum Abfluss von Zahlungsmitteln führt, hat vor dem Hintergrund dieser Zielsetzung eine große Bedeutung.[325] Abgrenzungskriterium ist demnach das Vorliegen einer Verpflichtung oder bedingten Verpflichtung zur Ressourcenabgabe. Darüber hinaus bezieht sich die Kapitalerhaltung nach IFRS nicht wie im HGB auf ein haftendes, sondern auf ein wirtschaftendes Kapital, das das Ziel der Shareholder-Value-Maximierung verfolgt.[326] Der Eigenkapitalwert ergibt sich hiernach aus dem Ertragswert des Unternehmens in Form von entziehbaren Zahlungsüberschüssen. Somit richtet sich das Informationsinteresse hauptsächlich auf das langfristig zur Verfügung stehende wirtschaftende Kapital, das eine langfristige Gewinnmaximierung ermöglicht. Deshalb wird die Kapitalabgrenzung nach IFRS von der Unentziehbarkeit bzw. Dauerhaftigkeit der Kapitalüberlassung und in der Konsequenz von der Kontinuitäts-/Arbeitsfunktion dominiert; die Haftungsfunktion spielt hingegen keine Rolle.[327] Nachrangigkeit in der Liquidation wird für die Klassifizierung eines Finanzinstruments daher nicht gefordert. Wird das Kriterium der unbefristeten Kapitalüberlassung in den Vordergrund gestellt, ist dies auch nachvollziehbar, da ein Unternehmen bei seiner Liquidation kein Kapital mehr benötigt. Aus Sicht der Gläubiger ist diese Regelung jedoch nachteilig.[328]

2.2.5. Bewertung des bilanziellen Eigenkapitals

Im Zusammenhang mit der Erörterung der Begriffe „Kapital“ und „ Vermögen“ wurde bereits aufgezeigt, dass die Bestimmung des Eigenkapitals eines Unternehmens im Spannungsfeld von Einzel- und Gesamtbewertung steht.[329]

Im Rahmen der Einzelbewertung wird zur Eigenkapitalmessung auf die einzelnen Güter des Unternehmens abgestellt. Die Ermittlung des Eigenkapitals erfolgt durch die Bestimmung der einzelnen

---

325 Vgl. *Breker/Harrison/Schmidt*, KoR 2005, S. 477.

326 Zum Shareholder-Value-Ansatz siehe *Wöhe/Döring*, Allgemeine BWL, 2013, S. 50.

327 Vgl. *Breker/Harrison/Schmidt*, KoR 2005, S. 477.

328 Ausführlich hierzu *Breker/Harrison/Schmidt*, KoR 2005, S. 477. Im internationalen Vergleich kann festgestellt werden, dass die handelsrechtliche Einstufung als Eigen- oder Fremdkapital überwiegend nicht als Ausgangspunkt für die steuerliche Qualifikation des Finanzierungsinstrumentes herangezogen wird. Es werden vielmehr unterschiedliche Wege bestritten. Einige Länder sehen enge oder weite eigene steuerliche Definitionen von Fremdkapital vor (Italien, Australien, Belgien, Südkorea). Andere Länder stellen auf eine generelle Gesamtwürdigung aller Umstände ab (USA, Norwegen). Ausführlich zur Einordnung von Eigen- und Fremdkapital in ausgewählten Ländern siehe *Schön, Wolfgang* (Hrsg.), Eigenkapital und Fremdkapital, München 2013; *IFA*, Cashier de droit fiscal international, Volume 97b, Rotterdam 2012; *Lipp*, Stille Gesellschaft, 2014, S. 69 ff. jeweils m. w. N.

329 Vgl. *Wüstemann/Bischof*, ZHR 2011, S. 212; *Moxter*, Eigenkapitalmessung, 1978, S. 83 und 87.

Güter und deren Bewertung. Anschließend wird durch Addition der Werte der einzelnen Güter ein Gesamtwert berechnet, von dem die Schulden des Unternehmens abgezogen werden. Vorteil der Einzelbewertung ist die Orientierung an konkreten, einzeln bestimmbaren Gütern mit der Folge, dass die Eigenkapitalmessung auf der „solide(n) Basis des Zählens, Messens und Wiegens“[330] beruht. Der Nachteil der Einzelbewertung ist, dass diejenigen Güter, die nicht einzeln bewertbar sind, auch nicht erfasst werden können.[331] Diese nicht erfassbaren Güter entstehen durch die Kombination einzeln erfassbarer Güter, die in einer Unternehmung zu einem Funktionsverbund zusammengefügt sind. Somit sind sie einer Einzelbewertung nicht zugänglich.[332]

Im Rahmen der Gesamtbewertung werden die erwarteten künftigen Einzahlungsüberschüsse der Eigenkapitalgeber auf den Bewertungsstichtag diskontiert (Ertragswertverfahren). Vorteil des Gesamtbewertungsverfahrens ist, dass auch die nicht erfassbaren Güter einer Unternehmung in die Ermittlung des Eigenkapitals einbezogen werden. Durch die Bewertung des Unternehmens als Ganzes werden auch diejenigen Güter berücksichtigt, die erst durch Kombination einzeln erfassbarer Güter entstehen.[333] Nachteil der Gesamtbewertung ist die mangelnde Objektivität des Gesamtwertes, da seine Ermittlung auf subjektiven Schätzungen der künftigen Zahlungen beruht.[334] Eine intersubjektive Nachprüfbarkeit ist nicht möglich, da die Ermittlung des Ertrages ausschließlich auf künftigen Zahlungen basiert und die Erläuterung der für die Schätzung der künftigen Zahlungen erforderlichen Annahmen nicht in dem Maße erfolgen kann, dass ein unabhängiger Dritter zu demselben Ergebnis käme wie der Bewerter.[335]

Wie bereits erwähnt, handelt es sich beim bilanziellen Eigenkapital um den verbleibenden Restbetrag aus der Differenz der Vermögensgegenstände und Schulden und somit um eine mathematische Rechengröße, die sich aus der Bewertung der Vermögensgegenstände und Schulden automatisch ergibt. Eigenkapital kann demnach nicht Gegenstand eigenständiger Bewertungsregeln sein.[336] Für die implizite Ermittlung des Eigenkapitals ist es somit notwendig, die Höhe des Vermögens und der

---

330 *Moxter*, Eigenkapitalmessung, 1978, S. 83.

331 Hierbei handelt es sich bspw. um Know-how der Mitarbeiter und des Managements, Organisation oder Stellung des Unternehmens am Absatzmarkt, welche im Geschäftswert aufgehen.

332 Vgl. *Thiele*, Eigenkapital, 1998, S. 63.

333 Vgl. *Thiele*, Eigenkapital, 1998, S. 64. Das durch Gesamtbewertung gemessene Eigenkapital beinhaltet somit auch den Geschäftswert eines Unternehmens, vgl. *Moxter*, Eigenkapitalmessung, 1978, 87 f.

334 Vgl. *Moxter*, ZfhF 1962, S. 629; *Hax*, ZfB 1964, S. 651. Die gleiche Problematik ergibt sich bei der für die mit dem Ertragswert korrespondierende Stromgröße des ökomischen Gewinns, vgl. *Baetge*, Objektivierung, 1970, S. 26.

335 Vgl. *Baetge*, Objektivierung, 1970, S. 26, dort aber bezogen auf die Ermittlung des ökonomischen Gewinns.

336 Vgl. hierzu *Schmalenbach*, Dynamische Bilanz, 1962, S. 72.

Schulden einer Unternehmung zu ermitteln. Hierzu hat der Bilanzierende zuerst darüber zu entscheiden, was als Vermögensgegenstand bzw. Schuld in der Bilanz angesetzt werden muss oder soll (Bilanzansatz dem Grunde nach). Daran anschließend muss er den in der Bilanz anzusetzenden Vermögensgegenständen und Schulden einen Wert zuweisen (Bilanzansatz der Höhe nach).[337] Den Ansatz dem Grunde und der Höhe nach regeln die Ansatz- und Bewertungskriterien der einzelnen Rechnungslegungssysteme, welche somit unmittelbar Einfluss auf die Höhe des Eigenkapitals als Residualgröße nehmen und die Art und Weise der Eigenkapitalermittlung festlegen.[338]

Aufgrund des handelsrechtlichen Grundsatzes der Einzelbewertung von Vermögenswerten und Schulden und den handelsrechtlichen Ansatz- und Bewertungsvorschriften weicht das nach den GoB und den übrigen handelsrechtlichen Rechnungslegungsvorschriften ermittelte handelsrechtliche Eigenkapital zum Teil erheblich von dem ökonomisch aussagefähigeren, durch Gesamtbewertung gemessenen effektiven Eigenkapital ab.[339] Folglich ist in der Handelsbilanz ein erheblicher Teil des effektiven Eigenkapitals nicht sichtbar.[340] Das handelsrechtliche Eigenkapital zeichnet sich demnach durch einen hohen Grad an Objektivierung aus und ist daher besonders nützlich für gesellschaftsrechtliche Zwecke, mit denen das deutsche Bilanzrecht eng verknüpft ist.[341] Die Typisierung geht jedoch zu Lasten der Relevanz des bilanziellen Eigenkapitals für die Schätzung des effektiven Eigenkapitals, wie es sich in einem Marktwert ausdrücken würde. Das effektive Eigenkapital stellt das Ergebnis einer Gesamtbewertung des Unternehmens unter Verwendung finanzwirtschaftlicher Methoden dar.[342] Diese Diskrepanz resultiert demnach aus der vom Gesetzgeber bezweckten Objektivierung[343] der Erfolgs- und Eigenkapitalermittlung, die mit Einschränkungen der Aussagefähigkeit des ermittelten Eigenkapitals verbunden sind.[344] Es besteht ein Zielkonflikt zwischen der ökonomi-

---

[337] Bei der Bewertung wird dem zu aktivierenden Vermögensgegenstand bzw. der zu passivierenden Schuld also jeweils ein Geldbetrag zugeordnet, vgl. *Federmann*, Bilanzierung, 2010, S. 403.

[338] Ausführlich zu den handelsrechtlichen Ansatz- und Bewertungsvorschriften vgl. *Baetge/ Kirsch/Thiele*, Bilanzen, 2014, S. 165 ff., 197 ff. Vertiefend zu den einzelnen Ansatz- und Bewertungsvorschriften nach IFRS vgl. *Coenenberg/Haller/Schultze*, Jahresabschluss, 2014, S. 86 ff., 108 ff., 123 ff.; *Theile*, in: Heuser/Theile, IFRS Handbuch, 2012, Rz. 300 ff., 400 ff.; *Pellens et al.*, Internationale Rechnungslegung, 2014, S. 109. Eine Übersicht über die Gemeinsamkeiten und Unterschiede des Ansatzes dem Grunde nach gemäß HGB, IFRS und EStG findet sich in *Federmann*, Bilanzierung, 2010, S. 393 ff. Eine Übersicht über die wesentlichen Abweichungen in der Bewertung nach HGB, EStG und IFRS stellen *Federmann*, Bilanzierung, 2010, S. 421 ff. und *Theile*, in: Heuser/Theile, IFRS Handbuch, 2012, Rz. 410 dar.

[339] Vgl. *Moxter*, Eigenkapitalmessung, 1978, S. 88; *Wüstemann/Bischof*, ZHR 2011, S. 212.

[340] Vgl. *Leffson*, Bilanzanalyse, 1994, S. 58; *Thiele*, Eigenkapital, 1998, S. 69.

[341] Vgl. *Fresl*, Bilanzrecht, 2000, S. 174; *Hennrichs*, WPg 2006, S. 1258.

[342] Vgl. *Wüstemann/Bischof*, ZHR 2011, S. 212.

[343] Im Sinne einer intersubjektiven Nachprüfbarkeit.

[344] Vgl. *Moxter*, Bilanzlehre Band I, 1984, S. 157; *Rückle/Klatte*, Eigenkapital, 1986, S. 119.

schen Brauchbarkeit und der Objektivität der Erfolgs- und Vermögensermittlung.[345] Die Messung des handelsrechtlichen Eigenkapitals ist daher mit systembedingten Einschränkungen der Aussagefähigkeit verbunden.[346]

Das Steuerrecht übernimmt aufgrund des Maßgeblichkeitsgrundsatzes die handelsrechtlichen Ansatz- und Bewertungsvorschriften des HGB. Allerdings werden diese handelsrechtlichen Vorschriften durchbrochen oder modifiziert, wenn ihnen eigenständige steuerrechtliche Vorschriften entgegenstehen.[347] Doch auch das steuerbilanziell gemessene Eigenkapital weicht stark vom effektiven Eigenkapital ab, da der aus den steuersystematischen Grundprinzipien resultierende Objektivitätsgedanke in der Steuerbilanz eine zentrale Rolle einnimmt.

Auch im Rahmen der Eigenkapitalbewertung nach IFRS besteht ein Spannungsverhältnis zwischen stark objektivierter Einzelbewertung und entscheidungserheblicher Gesamtbewertung, denn auf der einen Seite haben die IFRS das primäre Ziel, den Investoren entscheidungsnützliche Informationen zu liefern, auf der anderen Seite können sie im europäischen Recht nicht losgelöst vom System des Gesellschaftsrecht und damit des Interessenausgleichs stehen.[348] Dennoch orientieren sich die IFRS im Vergleich zum HGB und EStG stärker am effektiven Eigenkapital, da sie bspw. bei der Folgebewertung verstärkt die Fair Value-Bewertung in den Vordergrund rücken.

Der Bewertungsvorgang unterliegt demnach in den einzelnen Rechnungslegungssystemen einer Vielzahl von rechtlichen Reglementierungen, welchen oftmals keine einseitige Interessenorientierung zugrunde liegt, sondern vielmehr ein Kompromiss zwischen Realitätsnähe, Vorsicht, Objektivierbarkeit und Bewertungsaufwand. Daher ist der Ansatz der Höhe nach weder ein Wert an sich oder wirklicher Wert noch ein einer eindeutigen Präferenzordnung folgender Wert, sondern ein konventionsbestimmter Wertkompromiss. Statt einer ökonomisch sinnvollen Orientierung am zukünftigen zahlungsorientierten Zielerfüllungsbeitrag (Cashflow) oder am realistischen Marktwert hat jedoch der sich im Vergangenheitsbezug ausdrückende juristische Gedanke der Objektivierbarkeit Vorrang.[349] Dies ist

---

345 Ausführlich zu diesem Zielkonflikt siehe *Baetge*, Objektivierung, 1970, S. 167 ff.

346 Wesentliche Einschränkungen im Rahmen der handelsrechtlichen Kapitalmessung sind unter anderem der Einzelbewertungsgrundsatz, das Anschaffungs- oder Herstellungskostenprinzip oder das Imparitätsprinzip. Ausführlich hierzu *Thiele*, Eigenkapital, 1998, S. 70 m. w. N. Jedoch laufen auch die zahlreichen Wahlrechte einer eindeutigen Kapitalmessung zuwider. Vgl. hierzu *Hüls*, Früherkennung, 2002, S. 94 ff.

347 Vgl. *Baetge/Kirsch/Thiele*, Bilanzen, 2014, S. 189 f.

348 Vgl. *Wüstemann/Bischof*, ZHR 2011, S. 212.

349 Vgl. *Federmann*, Bilanzierung, 2010, S. 403.

der Fall, da die verschiedenen Rechnungslegungssysteme aufgrund ihrer unterschiedlichen Rechnungslegungszwecke eine mehr oder weniger einschneidende objektivierte, weitgehend ermessensfreie Bestimmung des Eigenkapitals erfordern. Je größer die Objektivierung wird, desto mehr droht die Ermittlung eines Bucheigenkapitals anstelle des Effektiveigenkapitals. Die eigentliche wirtschaftliche Kraft des Unternehmens wird somit überhöht oder verkürzt dargestellt. Das Grundproblem der Ermittlung von Eigenkapital besteht folglich darin, das für den jeweiligen Ermittlungszweck geltende Optimum an Objektivierung zu finden.[350]

---

350 Vgl. *Jacobi*, Eigenkapital, 1978, S. 82.

3. Gesellschafterkonten der Personenhandelsgesellschaft

3.1. Bilanzielles Eigenkapital der Personenhandelsgesellschaft nach HGB, Steuerrecht und IFRS

3.1.1. Eigenkapital im handelsrechtlichen Jahresabschluss

3.1.1.1. Vorbemerkung

Ausgangspunkt für die Eigenkapitalbetrachtung der Personenhandelsgesellschaft ist das bilanzielle Eigenkapital, welches den Saldo zwischen Vermögensgegenständen und Schulden ausweist. Trotz fehlender eigener Rechtspersönlichkeit können Personenhandelsgesellschaften aufgrund ihrer relativen Rechtsfähigkeit Eigentum erwerben.[351] Insoweit handelt es sich beim Gesellschaftsvermögen einer Personenhandelsgesellschaft um gemeinschaftliches Eigentum der Gesellschafter, das sog. Gesamthandsvermögen, welches vom Vermögen der Gesellschafter getrennt ist (§§ 718 BGB, 124 HGB).[352] Im Gegensatz zum Gemeinschaftsvermögen einer Bruchteilsgemeinschaft ist das Gesamthandsvermögen durch die gemeinschaftliche Berechtigung der Gesellschafter an den jeweiligen Vermögensgegenständen gekennzeichnet.[353] Der Gesellschafter einer Gesamthandsgesellschaft ist demnach nicht befugt, über das Gesamthandsvermögen alleine zu verfügen, auch nicht in Höhe seiner Beteiligungsquote (sog. gesamthänderische Bindung gem. den §§ 719 BGB, 105 Abs. 3 HGB).[354] In der Handelsbilanz werden demnach alle Vermögensgegenstände ausgewiesen, die der Personenhandelsgesellschaft zivilrechtlich und wirtschaftlich zuzurechnen sind. Da in der Handelsbilanz keine Untergliederung des Vermögens der Gesellschaft in Betriebs- und Privatvermögen erfolgt, ist es unerheblich, ob bzw. inwieweit die Vermögensgegenstände von der Gesellschaft betrieblich genutzt werden. Folglich werden demnach auch Vermögensgegenstände erfasst, die zwar zum Gesamthandsvermögen der Gesellschaft zählen, die aber von den Gesellschaftern nur für private Zwecke genutzt werden.[355] Hingegen sind Vermögensgegenstände, die zivilrechtlich nicht zum Gesamthandsvermö-

---

351 Vgl. *Grunewald*, Gesellschaftsrecht, 2008, S. 108; *Habersack*, in: Habersack/Schäfer, Das Recht der OHG, 2010, § 124 HGB, Rz. 2. Ausführlich zur Rechtsfähigkeit der Personengesellschaft vgl. *Palm*, Person im Ertragsteuerrecht, 2013, S. 317 ff.

352 Vgl. *Habersack*, in: Habersack/Schäfer, Das Recht der OHG, 2010, § 124 HGB, Rz. 7 m. w. N.

353 Vgl. *Habersack*, in: Habersack/Schäfer, Das Recht der OHG, 2010, § 124 HGB, Rz. 6; *Hueck*, Das Recht der OHG, 1971, S. 216; *Schneider/von Falkenhausen*, in: Gummert/ Weipert, Münchener Handbuch des Gesellschaftsrechts, 2014, § 61, Rz. 2 ff.; *Niehus/Wilke*, Personengesellschaften, 2015, S. 70.

354 Vgl. *Schneider/von Falkenhausen*, in: Gummert/Weipert, Münchener Handbuch des Gesellschaftsrechts, 2014, § 61, Rz. 2 ff.; *Hueck*, Das Recht der OHG, 1971, S. 218; *Kahle*, DStZ 2012, S. 66.

355 Vgl. *Ries/Schmidt*, in: Förschle et al., Beck´scher Bilanz-Kommentar, 2014, § 246 HGB, Rz. 63.

gen, aber zum Vermögen einzelner Gesellschafter zählen und dem Geschäftsbetrieb der Gesellschaft dienen, nicht in der Handelsbilanz der Gesellschaft zu erfassen.[356] Schulden, die Verpflichtungen der Gesamthand darstellen, sind in der Handelsbilanz der Personengesellschaft zu passivieren. Dies gilt selbst dann, wenn es an einer betrieblichen Veranlassung für das Darlehen fehlt oder wenn es sich um eine Verpflichtung der Gesellschaft gegenüber einem Gesellschafter handelt.[357]

Die Höhe des als bilanziellen Eigenkapitals auszuweisenden Saldos zwischen Aktiva und Schulden hängt bei Personenhandelsgesellschaften entscheidend von der Abgrenzung zwischen Gesellschafterkapital und schuldrechtlichen Gesellschafteransprüchen ab.[358] Denn Verbindlichkeiten der Gesellschaft gegenüber dem Gesellschafter verringern als Schulden diesen Saldo und Forderungen der Gesellschaft gegenüber dem Gesellschafter erhöhen selbigen. Daher kommt der Rechtsnatur der Gesellschafterkonten für die Höhe des Eigenkapitals einer Personengesellschaft besondere Bedeutung zu.[359]

Das Eigenkapital der Personenhandelsgesellschaft i. S. d. § 247 Abs. 1 HGB entsteht zunächst durch die Erbringung der Pflichteinlagen der Gesellschafter. Dieses Eigenkapital verändert sich durch nachträgliche Einlagen, Gewinne, Verluste und Entnahmen, die es im Laufe der Geschäftstätigkeit erhöhen oder vermindern. Personenhandelsgesellschaften verfügen demzufolge nicht über ein klar definiertes Festkapital.[360]

3.1.1.2. Handelsrechtlicher Kapitalanteil

3.1.1.2.1. Definition des Kapitalanteils

Das HGB erwähnt an verschiedenen Stellen den Kapitalanteil des Gesellschafters.[361] Eine gesetzliche Definition des Begriffs „Kapitalanteil“ existiert jedoch nicht. Das in der Bilanz ausgewiesene Kapital der Personenhandelsgesellschaft repräsentiert nicht das bilanzielle Kapital der Gesellschaft, sondern

---

356 Vgl. *Schneeloch*, Betriebswirtschaftliche Steuerlehre, 2012, S. 317; *Prinz*, FR 2010, S. 742.

357 Vgl. *Niehus/Wilke*, Personengesellschaften, 2015, S. 70; *Ries/Schmidt*, in: Förschle et al., Beck´scher Bilanz-Kommentar, 2016, § 246 HGB, Rz. 75.

358 Vgl. *Hennrichs/Pöschke*, in: Wysocki et al., Handbuch des Jahresabschlusses, 2015, Abt. III/1, Rz. 51.

359 Vgl. *Ley*, KÖSDI 2014, S. 18845.

360 Vgl. *Graf von Kanitz*, WPg 2003, S. 328. Das Kapital der Gesamthand hat keine Garantiefunktion zugunsten der Gesellschaftsgläubiger.

361 So bspw. in § 120 Abs. 2, § 121 Abs. 1 Satz 1 und Abs. 2, § 122 Abs. 1 und Abs. 2 und § 155 Abs. 1 für die OHG und in § 167 Abs. 2 und Abs. 3, § 168 Abs. 1 und § 169 Abs. 1 für die KG.

vielmehr das bilanzielle Kapital der Gesellschafter, da diese Träger der Gesellschaft sind.[362] Somit ist es erforderlich, das bilanzielle Kapital rechnerisch in Kapitalanteile der einzelnen Gesellschafter aufzugliedern, sodass jedem Gesellschafter ein Kapitalanteil zugewiesen werden kann.[363] Das Eigenkapital der Personenhandelsgesellschaft setzt sich folglich aus der Summe der Kapitalanteile der Gesellschafter zusammen.[364] Im Grunde bringt der Kapitalanteil zum Ausdruck, welches Kapital die einzelnen Gesellschafter der Gesellschaft überlassen haben, und gibt den gegenwärtigen Beteiligungsstand des Gesellschafters in der Buchführung und in der Bilanz der Gesellschaft entsprechend den Buchwerten an. Der Kapitalanteil stellt somit eine reine Rechnungs- oder Bilanzziffer dar.[365] Der Kapitalanteil ist keine unveränderliche Größe, da sich das Kapital der Gesellschaft und somit auch die einzelnen Kapitalanteile der Gesellschafter in dem Maße verändern, wie sich das Verhältnis von Aktiv- und Passivvermögen entwickelt. Errechnet wird der Kapitalanteil aus der Summe von Einlagen und Gewinnen, vermindert um Verluste und getätigte Entnahmen.[366]

Der Gesellschafter hat keinen schuldrechtlichen Anspruch gegen die Gesellschaft oder seine Mitgesellschafter auf die Auszahlung seines positiven Kapitalanteils (§ 122 Abs. 2 HGB). Somit kann auch keine Forderung des Gesellschafters bestehen. Der Gesellschafter hat lediglich Ansprüche auf den Gewinn und auf das Auseinandersetzungsguthaben, aber nicht das Recht auf eine jederzeitige Teilung des gesamthänderisch gebundenen Vermögens.[367] Ebenso wenig besteht ein künftiger oder bedingter Anspruch des Gesellschafters. Grund hierfür ist, dass ein zu einem gewissen Zeitpunkt festgestellter Kapitalanteil im Laufe der Zeit Veränderungen durch Gewinne, Verluste, Einlagen und Entnahmen unterworfen ist und keine Garantie auf einen zukünftigen Auseinandersetzungsanspruch besitzt.[368]

---

362 Vgl. *Scheffler*, Eigenkapital, 2006, S. 4.

363 Vgl. *von Falkenhausen/Schneider*, in: Gummert/Weipert, Münchener Handbuch des Gesellschaftsrechts, 2014, § 22, Rz. 5 m. w. N. Sowohl die persönlich als auch die beschränkt haftenden Gesellschafter haben jeweils nur einen Kapitalanteil. Erwirbt bspw. ein Kommanditist einen weiteren Kommanditanteil hinzu, wächst dieser Kapitalanteil automatisch dem bestehenden Kapitalanteil an.

364 Vgl. *Ehrike*, in: Ebenroth et al., HGB, 2014, § 120 HGB, Rz. 70; *Hoffmann*, in: Prinz/Hoffmann, Beck'sches Handbuch der Personengesellschaften, 2014, § 5, Rz. 72.

365 Vgl. BGH, Urteil v. 3.5.1999, II ZR 32/98, NJW 1999, S. 2438; *Hopt*, in: Baumbach/Hopt, Handelsgesetzbuch, 2014, § 120 HGB, Rz. 13; *Emmerich*, in: Heymann, Handelsgesetzbuch, 1996, § 120 HGB, Rz. 22; *Lamprecht*, Beteiligung an einer Personengesellschaft, 2002, S. 45; *Priester*, in: Schmidt, Handelsgesetzbuch, 2011, § 120 HGB, Rz. 84; *Schäfer*, in: Canaris/Habersack/Schäfer, HGB, 2009, § 120 HGB, Rz. 51.

366 Vgl. *Huber*, Vermögensanteil, Kapitalanteil und Gesellschaftsanteil, 1970, S. 175 f.

367 Vgl. *Huber*, Vermögensanteil, Kapitalanteil und Gesellschaftsanteil, 1970, S. 182; BGH, Urteil v. 3.5.1999, II ZR 32/98, NJW 1999, S. 2438; *Priester*, in: Schmidt, Handelsgesetzbuch, 2011, § 120 HGB, Rz. 87; *Hueck*, Das Recht der OHG, 1971, S. 229; *Hoffmann*, in: Prinz/Hoffmann, Beck´sches Handbuch der Personengesellschaften, 2014, § 5, Rz. 77.

368 Vgl. *Huber*, Vermögensanteil, Kapitalanteil und Gesellschaftsanteil, 1970, S. 182 f. Ist ein Auseinandersetzungsguthaben allerdings ermittelt, zeigt der ermittelte Betrag einen schuldrechtlichen Anspruch an.

Im Ergebnis repräsentiert der Kapitalanteil selbst kein subjektives Recht.[369] Vielmehr stellt er die Bemessungsgrundlage für die Ermittlung bestimmter Rechte des Gesellschafters dar und übernimmt die folgend erläuternden Funktionen.[370]

3.1.1.2.2. Funktionen des Kapitalanteils

Die Funktion des Kapitalanteils besteht zunächst darin, die Fortschreibung der geleisteten Einlage des Gesellschafters abzubilden. Darüber hinaus dient die Höhe des Kapitalanteils als Bemessungsgrundlage für die Vorabverzinsung (§§ 121, 168 HGB), das Entnahmerecht (§§ 122, 169 HGB), die Ermittlung des Auseinandersetzungsguthabens bei Abschluss der Liquidation (§ 155 Abs. 1 HGB) und für die Obergrenze der Verlustbeteiligung des Kommanditisten (§ 167 Abs. 3 HGB).

Nach § 121 Abs. 1 HGB und § 168 Abs. 1 HGB ist der Kapitalanteil von allen Gesellschaftern vorab aus dem Jahresgewinn mit 4 % zu verzinsen. Ist der Gewinn hierfür nicht ausreichend, ist ein entsprechend ermäßigter Prozentsatz zugrunde zu legen. Ein die einzelnen Gewinnanteile übersteigender Gewinn wird den Gesellschaftern einer OHG nach Köpfen zugerechnet (§ 121 Abs. 3 HGB). Für die Gesellschafter einer KG ist die Verteilung des übrigen Gewinns nach einem angemessenen Verhältnis der Anteile vorzunehmen (§ 168 Abs. 2 HGB). Unabhängig davon, ob die Gesellschaft im abgelaufenen Geschäftsjahr einen Gewinn erzielt hat, besitzt der persönlich haftende Gesellschafter ein Entnahmerecht in Höhe von 4 % seines für das letzte Geschäftsjahr festgestellten Kapitalanteils (§ 122 Abs. 1 HGB). Ebenso kann er die Auszahlung seines Jahresgewinnanteils verlangen, insoweit dieser den Betrag von 4 % seines Kapitalanteils übersteigt und soweit die Entnahme nicht zum offenbaren Schaden der Gesellschaft gereicht (§ 122 Abs. 1 HGB).[371] Wird kein Gewinn erzielt, kann der Gesellschafter seinen Kapitalanteil somit jährlich nur um 4 % vermindern.[372] Allerdings schränkt die Treuepflicht das Entnahmerecht des persönlich haftenden Gesellschafters ein. In deren Rahmen sind das Selbstfinanzierungsinteresse der Gesellschaft und die Entnahmeinteressen der Gesellschafter abzuwägen.[373] So kann im Falle einer nahezu illiquiden Gesellschaft das gesetzlich geregelte Entnah-

---

369 Vertiefend hierzu vgl. *Pauli*, Eigenkapital der Personengesellschaft, 1990, S. 32 ff.

370 Vgl. *Pauli*, Eigenkapital der Personengesellschaft, 1990, S. 33; *Hennrichs/Pöschke*, in: Wysocki et al., Handbuch des Jahresabschlusses, 2015, Abt. III/1, Rz. 53.

371 Dieses Entnahmerecht ist nach § 155 Abs. 2 Satz 3 HGB während der Liquidation der Gesellschaft jedoch ausgeschlossen.

372 Vgl. *Huber*, Vermögensanteil, Kapitalanteil und Gesellschaftsanteil, 1970, S. 180.

373 Vgl. BGH, Urteil v. 29.3.1996, II ZR 263/94, BGHZ 132, S. 263; *Bormann/Hellberg*, DB 1997, S. 2416; *Kahle*, DStZ 2010, S. 725.

merecht i. H. v. 4 % unzulässig sein.[374] Umgekehrt könnte ein Sonderbedarf ein außerordentliches Entnahmerecht für einen Gesellschafter begründen.[375] Werden die jeweilig zulässigen Entnahmen nicht bis zur Feststellung des nächsten Jahresabschlusses ausgeübt, erlischt das Entnahmerecht.[376] Die Entnahmeregelung nach § 122 HGB findet für den beschränkt haftenden Gesellschafter keine Anwendung (§ 169 Abs. 1 HGB). Dieser hat nur Anspruch auf den ihm zukommenden Gewinn. Ein darüber hinausgehendes gewinnunabhängiges Entnahmerecht steht ihm hingegen nicht zu. Im Rahmen der Liquidation ist das nach Berichtigung der Schulden verbleibende Vermögen nach dem Verhältnis der Kapitalanteile, wie sie sich aufgrund der Schlussbilanz ergeben, an die persönlich und beschränkt haftenden Gesellschafter zu verteilen (§§ 155 Abs. 1 HGB, 161 Abs. 2 HGB).[377]

Bemerkenswert ist, dass das Gesetz den Kapitalanteil nicht dazu bestimmt, einen Maßstab für das Verhältnis der Rechte und Pflichten der Gesellschafter untereinander zu definieren. Das Verhältnis der Kapitalanteile ist weder für die Stimmrechte noch für die Gewinnbeteiligung maßgeblich.[378] Somit bringt der Kapitalanteil auch nicht zum Ausdruck, in welchem Verhältnis der Gesellschafter an den offenen und stillen Rücklagen der Gesellschaft beteiligt ist.[379] Vielmehr richten sich das Stimmrecht und die Gewinnverteilung gem. § 119 Abs. 2 HGB und 121 Abs. 3 HGB nach Köpfen.[380] Der Kapitalanteil kann allerdings für den Umfang des dem Gesellschafter zukommenden Stimmrechts maßgebend sein, sofern der Gesellschaftsvertrag dies abweichend von § 709 Abs. 1 BGB, § 119 Abs. 2 HGB vorsieht.[381] Auch die Beteiligungsverhältnisse, Entnahmerechte und Gewinnanteile können aufgrund von Regelungen im Gesellschaftsvertrag unterschiedlich ausgestaltet werden. Dies ist zulässig, da es sich nach § 109 HGB bei den §§ 120 – 122 HGB um dispositives Recht handelt.[382]

3.1.1.2.3. Negativer Kapitalanteil

Der Kapitalanteil des Gesellschafters einer Personenhandelsgesellschaft kann durch Verluste oder Entnahmen negativ werden. Ein Absinken des Kapitalanteils auf Null zeigt an, dass die Einlage

---

374 Vgl. *K. Schmidt*, Gesellschaftsrecht, 2002, S. 1388.
375 Vgl. *Oppenländer*, DStR 1999, S. 939 m. w. N.
376 Vgl. *Huber*, ZGR 1988, S. 45.
377 Vgl. *Klunzinger*, Grundzüge des Gesellschaftsrechts, 2012, S. 126.
378 Vgl. *Huber*, Vermögensanteil, Kapitalanteil und Gesellschaftsanteil, 1970, S. 183.
379 Vgl. *Ley*, KÖSDI 1994, S. 9973; *Hoffmann*, in: Prinz/Hoffmann, Beck´sches Handbuch der Personengesellschaften, 2014, § 5, Rz. 75. A. A. *Freidank*, WPg 1994, S. 397.
380 Vgl. *Huber*, Vermögensanteil, Kapitalanteil und Gesellschaftsanteil, 1970, S. 183.
381 Vgl. *Schuck*, DStR 1994, S. 1352; *Rodewald*, GmbHR 1988, S. 521.
382 Vgl. *Hoffmann*, in: Prinz/Hoffmann, Beck´sches Handbuch der Personengesellschaften, 2014, § 5, Rz. 100.

verloren ist. Eventuell bestehende stille Reserven, die dieses Ergebnis heilen können, bleiben außer Betracht.[383] Die Rechtsfolgen, die an den negativen Kapitalanteil geknüpft sind, müssen nach persönlich haftenden und beschränkt haftenden Gesellschaftern differenziert werden.

Sofern nichts anderes vereinbart ist, muss der persönlich haftende Gesellschafter gem. § 707 BGB einen durch Verlustanteile negativ gewordenen Kapitalanteil während des Bestehens der Gesellschaft nicht ausgleichen.[384] Demzufolge stellt ein negativer Kapitalanteil auch keine Verbindlichkeit des Gesellschafters gegenüber der Gesamthand dar.[385] Der persönlich haftende Gesellschafter ist weiterhin zur Entnahme von Gewinnanteilen berechtigt, auch wenn sein Anteil negativ bleibt. Der negative Kapitalanteil kann durch künftige Gewinne wieder neutralisiert werden, weshalb es sich nicht um eine betagte Forderung handelt.[386] Im Rahmen der Liquidation begründet der negative Kapitalanteil für den unbeschränkt haftenden Gesellschafter gem. § 735 BGB jedoch eine Nachschusspflicht.[387] In gleicher Weise kommt dem negativen Kapitalanteil materielle Bedeutung zu, wenn ein persönlich haftender Gesellschafter infolge einer Kündigung aus der Personenhandelsgesellschaft ausscheidet und die Abschichtungsbilanz einen negativen Kapitalanteil des ausscheidenden Gesellschafters ausweist (§ 739 BGB).[388]

Der beschränkt haftende Gesellschafter ist bei einem durch Verlustanteil negativ gewordenen Kapitalanteil nicht zum Ausgleich verpflichtet. Der negative Kapitalanteil stellt daher ebenfalls keine fällige oder betagte Forderung der Gesellschaft gegen den Gesellschafter dar. Besteht im Zeitpunkt der Liquidation ein negativer Kapitalanteil, ist dieser vom Kommanditisten insoweit nicht auszugleichen; eine Nachschusspflicht existiert insoweit nicht (§ 167 Abs. 3 HGB). Ein negativ gewordener Kapitalanteil signalisiert dem Kommanditisten, dass die Gewinnentnahmesperre des § 169 Abs. 1 HGB eingreift. Ein Verstoß gegen diese Gewinnentnahmesperre bewirkt ein Wiederaufleben der Kommanditistenhaftung nach § 172 Abs. 4 Satz 2 HGB. Ist der Kapitalanteil durch Entnahmen des

---

383 Vgl. *Huber*, ZGR 1988, S. 4; *Kahle*, DStZ 2010, S. 725.

384 Vgl. *von Falkenhausen/Schneider*, in: Gummert/Weipert, Münchener Handbuch des Gesellschaftsrechts, 2014, § 22, Rz. 24; *Hennrichs/Pöschke*, in: Wysocki et al., Handbuch des Jahresabschlusses, 2015, Abt. III/1, Rz. 57; *Hoffmann*, in: Prinz/Hoffmann, Beck´sches Handbuch der Personengesellschaften, 2014, § 5, Rz. 77.

385 Vgl. *Huber*, Vermögensanteil, Kapitalanteil und Gesellschaftsanteil, 1970, S. 265; *Hueck*, Das Recht der OHG, 1971, S. 238.

386 Vgl. *Demuth*, KÖSDI 2013, S. 18381.

387 Vgl. *von Falkenhausen/Schneider*, in: Gummert/Weipert, Münchener Handbuch des Gesellschaftsrechts, 2014, § 22, Rz. 24 f.; *Priester*, in: Schmidt, Handelsgesetzbuch, 2011, § 120 HGB, Rz. 90.

388 Vgl. *Demuth*, KÖSDI 2013, S. 18381.

Kommanditisten negativ geworden, so lebt die Haftung des Kommanditisten gegenüber den Gesellschaftsgläubigern gem. § 172 Abs. 4 Satz 2 HGB ebenfalls wieder auf.[389] Zudem kann im Innenverhältnis ein Rückforderungsanspruch der Gesellschaft gegeben sein.[390] Allerdings ist der beschränkt haftende Gesellschafter dazu verpflichtet, den negativen Kapitalanteil vollumfänglich mit künftigen Gewinnen auszugleichen (§ 169 Abs. 1 Satz 2 HGB), d. h., es sind nicht nur Gewinne in Höhe der Pflichteinlage stehen zu lassen, sondern auch der die Pflichteinlage übersteigende Teil des negativen Kapitalanteils ist auszugleichen.[391]

Solange der Kapitalanteil negativ ist, haben der persönlich haftende und der beschränkt haftende Gesellschafter keinen Anspruch auf die Verzinsung i. H. v. 4 % des Kapitalanteils (§ 121 Abs. 1 HGB). Zudem ist der persönlich haftende Gesellschafter auch nicht berechtigt, sein in § 122 Abs. 1 HGB geregeltes Entnahmerecht i. H. v. 4 % des Kapitalanteils auszuüben.[392]

3.1.1.2.4. Abgrenzung des Kapitalanteils zum Gesellschaftsanteil und zum Vermögensanteil

Der Kapitalanteil ist vom Gesellschaftsanteil und vom Vermögensanteil abzugrenzen. Der Gesellschaftsanteil repräsentiert die Mitgliedschaft in der Personengesellschaft.[393] Er beinhaltet als Inbegriff der mitgliedschaftlichen Rechte die gesamte Beteiligung des Gesellschafters.[394] Somit umfasst der Gesellschaftsanteil sowohl die finanziellen Rechte (Vermögensrechte) als auch die nicht-finanziellen Rechte (Gestaltungs-, Einwirkungs- und Informationsrechte). Demgegenüber spiegelt der Vermögensanteil die vermögensmäßige Beteiligung des Gesellschafters an der Personengesellschaft wider. Er bezeichnet die Berechtigung des Gesellschafters am Vermögen der Personengesellschaft, also einen Teil der Mitgliedschaftsrechte, und stellt somit den wirtschaftlichen Wert der Beteiligung dar.[395] Der Vermögensanteil umfasst daher im Ergebnis nur die finanziellen Rechte. Wie oben aus-

---

389 Grundsätzlich hat der Kommanditist gem. § 169 Abs.1 HGB kein Entnahmerecht, sondern nur Anspruch auf Auszahlung des ihm zukommenden Gewinns. Daher kann ein negativer Kapitalanteil aufgrund von Entnahmen nur dann vorliegen, wenn der Kommanditist aufgrund gesellschaftsvertraglicher Vereinbarungen berechtigt ist, Entnahmen zu tätigen.

390 Vgl. *K. Schmidt*, in: Schmidt, Handelsgesetzbuch, 2012, §§ 171, 172 HGB, Rz. 62.

391 Vgl. auch BFH, Urteil v. 10.11.1980, GrS 1/79, BStBl. II 1981, S. 164 zur sog. Verlusthaftung mit künftigen Gewinnen.

392 Vgl. *von Falkenhausen/Schneider*, in: Gummert/Weipert, Münchener Handbuch des Gesellschaftsrechts, 2014, § 22, Rz. 24; *Hennrichs/Pöschke*, in: Wysocki et al., Handbuch des Jahresabschlusses, 2015, Abt. III/1, Rz. 57.

393 Vgl. *K. Schmidt*, Gesellschaftsrecht, 2002, S. 1380; *Emmerich*, in: Heymann, Handelsgesetzbuch, 1996, § 120 HGB, Rz. 23; *Hennrichs/Pöschke*, in: Wysocki et al., Handbuch des Jahresabschlusses, 2015, Abt. III/1, Rz. 52.

394 Vgl. *Huber*, Vermögensanteil, Kapitalanteil und Gesellschaftsanteil, 1970, S. 11; *Pauli*, Eigenkapital der Personengesellschaft, 1990, S. 36.

395 Vgl. *Huber*, Vermögensanteil, Kapitalanteil und Gesellschaftsanteil, 1970, S. 219; *von Falkenhausen/Schneider*, in:

geführt, lässt sich der Kapitalanteil als bilanzieller Anteil am Eigenkapital definieren, der auf den einzelnen Gesellschafter entfällt.[396] Somit ist der Kapitalanteil nur augenscheinlich dasselbe wie der Vermögensanteil; er soll zwar Aufschluss über den Vermögensanteil geben, bildet diesen aber nicht unmittelbar ab.[397] Während der Kapitalanteil den Wert der Mitgliedschaft zu Buchwerten abbildet, stellt der Vermögensanteil auf den Verkehrswert der Mitgliedschaft ab.

Es ist zwingend notwendig, dass jeder Gesellschafter einen Gesellschaftsanteil besitzt.[398] Grundsätzlich hat jeder Gesellschafter auch einen Vermögensanteil, da er eine Beteiligung und somit (zivilrechtlich) auch einen Vermögenswert bei der Gesellschaft hält. Allerdings ist dies nicht notwendig, da es auch Gesellschafter ohne Kapitalanteil geben kann.[399] Es kann auch – präziser – von einem Gesellschafter ohne Vermögensanteil (und demgemäß ohne Kapitalanteil) gesprochen werden.[400]

3.1.2. Eigenkapital in der Steuerbilanz

3.1.2.1. Betriebsvermögen der Personenhandelsgesellschaft

3.1.2.1.1. Betriebsvermögen der Gesamthand

Das steuerliche Betriebsvermögen der Personenhandelsgesellschaft besteht aus dem gemeinschaftlichen Eigentum der Gesellschaft, das sog. Gesamthandsvermögen, und dem Sonderbetriebsvermögen der einzelnen Gesellschafter.[401] Demzufolge haben Mitunternehmerschaften ein Gesamthandsvermögen, welches vom Vermögen der Gesellschafter getrennt ist.[402]

Gummert/Weipert, Münchener Handbuch des Gesellschaftsrechts, 2014, § 22, Rz. 6; *Hennrichs/Pöschke*, in: Wysocki et al., Handbuch des Jahresabschlusses, 2015, Abt. III/1, Rz. 52; *Priester*, in: Schmidt, Handelsgesetzbuch, 2011, § 120 HGB, Rz. 84.

396 Vgl. *Kahle*, DStZ 2010, S. 724.

397 Vgl. *K. Schmidt*, Gesellschaftsrecht, 2002, S. 1381.

398 Vgl. *K. Schmidt*, Gesellschaftsrecht, 2002, S. 1381.

399 Hauptanwendungsfall in der Praxis stellt diesbezüglich die Komplementär-GmbH bei der GmbH & Co KG dar, der oftmals kein Kapitalanteil zusteht. Dies hat allerdings keine Auswirkung auf deren Gesellschafterstellung und ihre unbeschränkte Haftung im Außenverhältnis. Der Beitrag (§§ 705, 706 BGB) einer Komplementär-GmbH wird vielmehr in der Haftungsübernahme und der Geschäftsführung gesehen, vgl. *Hennrichs/Pöschke*, in: Wysocki et al., Handbuch des Jahresabschlusses, 2015, Abt. III/1, Rz. 54 und 90; *Kahle*, DStZ 2010, S. 725; *Priester*, in: Schmidt, Handelsgesetzbuch, 2011, § 120 HGB, Rz. 84; *Carlé/Bauschatz*, FR 2002, S. 1158. Ebenfalls ist es möglich, dass ein Kommanditist keinen Kapitalanteil besitzt, vgl. hierzu *Hennrichs/Pöschke*, in: Wysocki et al., Handbuch des Jahresabschlusses, 2015, Abt. III/1, Rz. 90; *von Falkenhausen/Schneider*, in: Gummert/ Weipert, Münchener Handbuch des Gesellschaftsrechts, 2014, § 22, Rz. 10.

400 Vgl. *K. Schmidt*, Gesellschaftsrecht, 2002, S. 1381.

401 Vgl. BFH, Urteil v. 16.2.1996, I R 183/94, BStBl. II 1996, S. 342; v. 25.11.2009, I R 72/08, BStBl. II 2010, S. 471.

402 Vgl. *Kahle,* in: Prinz/Kanzler, Bilanzsteuerrecht, 2014, Rz. 1356. Zu diesem Gesamthandsvermögen gehören auch

Aufgrund des Maßgeblichkeitsprinzips nach § 5 Abs. 1 EStG umfasst das steuerlich notwendige Betriebsvermögen das handelsrechtliche Gesamthandsvermögen.[403] Das notwendige Betriebsvermögen enthält die Vermögensgegenstände und Schulden des Gesamthandsvermögens, die unmittelbar dem Betrieb der Gesellschaft dienen oder zu dienen bestimmt sind, nicht aber Vermögensgegenstände und Schulden, die zu einem Gesellschafter gehören.[404] Bei Vermögen, das handelsrechtlich nicht zum Gesamthandsvermögen gehört, handelt es sich nicht um steuerrechtliches Betriebsvermögen der Gesamthand.[405]

Da Personenhandelsgesellschaften analog zu Kapitalgesellschaften keine Privatsphäre haben, können diese auch weder Privatvermögen noch gewillkürtes Betriebsvermögen besitzen.[406] Aufgrund des Maßgeblichkeitsgrundsatzes (§ 5 Abs. 1 EStG) gehören Wirtschaftsgüter und Schulden des Gesamthandsvermögens, die dem Betrieb der Gesellschaft nicht unmittelbar dienen oder zu dienen bestimmt sind, solange zum notwendigen Betriebsvermögen der Personenhandelsgesellschaft, bis sie aus dem Gesamthandsvermögen ausgeschieden sind.[407]

Um aber zu verhindern, dass Verluste aus dem Privatvermögen eines Gesellschafters in den betrieblichen Bereich der Gesellschaft verlagert werden, wird nach der Finanzverwaltung,[408] der BFH-Rechtsprechung[409] und der h. M. in der Literatur[410] der Maßgeblichkeitsgrundsatz durchbrochen, wenn

---

Wirtschaftsgüter, die zwar nicht im bürgerlich-rechtlichen, aber im wirtschaftlichen Eigentum der Gesamthand stehen.

403 Vgl. BFH, Urteil v. 30.6.1987, VIII R 353/82, BStBl. II 1988, S. 418; *Wacker*, in: Schmidt, EStG, 2016, § 15 EStG, Rz. 481; *Hüttemann*, DStJG 2011, S. 299.

404 Vgl. BFH, Urteil v. 25.11.2004, IV R 7/03, BStBl. II 2005, S. 354.

405 Vgl. *Kahle*, in: Prinz/Kanzler, Bilanzsteuerrecht, 2014, Rz. 1359.

406 Vgl. BFH, Urteil v. 23.5.1991, IV R 94/90, BStBl. II 1991, S. 800. Demzufolge gibt es bis zur Grenze des notwendigen Privatvermögens im Gesamthandsvermögen nur Betriebsvermögen. Vgl. BFH, Urteil v. 20.5.1994, VIII B 115/93, BFH/NV 1995, S. 101; BFH, Beschluss v. 27.4.1990, X B 11/89, BFH/NV 1990, S. 769; *Hallerbach*, Personengesellschaft, 1999, S. 198; a. A. *Klinkmann*, BB 1998, S. 1234.

407 Vgl. *Grottel/Staudacher*, in: Förschle et al., Beck´scher Bilanz-Kommentar, 2016, § 247 HGB, Rz. 738. Vgl. ebenfalls R 4.2 Abs. 11 Satz 1 und 2 EStR.

408 Vgl. OFD Münster, Verfügung v. 18.12.1994, S 2241 - 79 St 11 - 31, DStR 1994, S. 582 f.

409 Vgl. BFH, Urteil v. 22.5.1975, IV R 193/71, BStBl. II 1975, S. 804; v. 12.9.1985, VIII R 336/82, BStBl. II 1985, S. 257; v. 30.6.1987, VIII R 353/82, BStBl. II 1988, S. 418; v. 6.2.1992, IV R 30/91, BStBl. II 1992, S. 653; v. 9.5.1996, IV R 64/93, BStBl. II 1996, S. 642.

410 Vgl. *Wacker*, in: Schmidt, EStG, 2016, § 15 EStG, Rz. 484 ff.; *Hüttemann*, DStJG 2011, S. 299; *Kempermann*, StuW 1992, S. 83 ff.; *Friedrich*, in: Prinz/Hoffmann, Beck'sches Handbuch der Personengesellschaften, 2014, § 6, Rz. 49; *Horschitz et al.*, Bilanzsteuerrecht und Buchführung, 2013, S. 608 f.; *Wolff-Diepenbrock*, StuW 1988, S. 376 f.

- für den Erwerb eines Wirtschaftsgutes ein betrieblicher Anlass fehlt[411] oder
- der Erwerb des Wirtschaftsgutes für die Gesellschaft nur Verluste bringen wird[412] oder
- das Wirtschaftsgut ausschließlich oder fast ausschließlich der privaten Lebensführung eines Gesellschafters dient.[413]

Eine ertragsteuerlich anzuerkennende Betriebsschuld liegt dann vor, wenn die in der Handelsbilanz ausgewiesene Verbindlichkeit betrieblich veranlasst ist.[414] Hierbei kommt es auf die tatsächliche Verwendung der Mittel an.[415]

3.1.2.1.2. Sonderbetriebsvermögen der Gesellschafter

Beim Sonderbetriebsvermögen handelt es sich ausschließlich um Wirtschaftsgüter, die im Eigentum eines, mehrerer oder aller Gesellschafter stehen und dem Gesellschaftszweck dienen. Ausgewiesen werden diese Wirtschaftsgüter in Sonderbilanzen.[416] Diese Sonderbilanzen sind Bestandteil der zweiten Stufe der Gewinnermittlung und unterliegen der Maßgeblichkeit nach § 5 Abs. 1 EStG.[417] Eine gesetzliche Regelung über das Sonderbetriebsvermögen existiert nicht. Vielmehr wird das Sonderbetriebsvermögen aus dem Begriff des Betriebsvermögens in §§ 4 Abs. 1, 5 Abs. 1 EStG abgeleitet.[418]

Unterschieden wird zwischen notwendigem und gewillkürtem Sonderbetriebsvermögen. Hierbei zählen Wirtschaftsgüter, die zivilrechtlich oder nur wirtschaftlich im Eigentum eines Mitunternehmers stehen, zum notwendigen Sonderbetriebsvermögen, sofern sie dem Betrieb der Gesellschaft unmittelbar dienen bzw. objektiv erkennbar zum unmittelbaren Einsatz im Betrieb der Gesellschaft selbst bestimmt sind (notwendiges Sonderbetriebsvermögen I)[419] oder unmittelbar zur Begründung oder

---

411 Vgl. bspw. BFH, Urteil v. 29.7.1997, VIII R 57/94, BStBl. II 1998, S. 652; v. 9.5.1966, IV R 64/93, BStBl. II 1996, S. 642.

412 Vgl. BFH, Urteil v. 19.7.1984, IV R 207/83, BStBl. II 1985, S. 6; v. 22.5.1975, IV R 193/71, BStBl. II 1975, S. 804.

413 Vgl. BFH, Urteil v. 6.6.1973, I R 194/71, BStBl. II 1973, S. 705; v. 30.6.1987, VIII R 353/82, BStBl. II 1988, S. 418; v. 23.11.2000, IV R 82/99, BStBl. II 2001, S. 232; *Ruban*, FS Klein, 1994, S. 796. Vertiefend hierzu mit Beispielen siehe *Kahle*, in: Prinz/Kanzler, Bilanzsteuerrecht, 2014, Rz. 1362 ff.

414 Vgl. BFH, Urteil v. 19.2.1991, VIII R 422/83, BStBl. II 1991, S. 765. Vertiefend hierzu Gliederungspunkt 4.3.2.2.

415 Vgl. BFH, Beschluss v. 4.7.1990, GrS 2-3/88, BStBl. II 1990, S. 817; *Wacker*, in: Schmidt, EStG, 2016, § 15 EStG, Rz. 486.

416 Ausführlich zu Sonderbilanzen der Personengesellschaft vgl. *Kahle*, FR 2012, S. 109 ff. m. w. N.

417 Vgl. BFH, Urteil v. 31.10.2000, VIII R 85/94, BStBl. II 2001, S. 185; *Wacker*, in: Schmidt, EStG, 2016, § 15 EStG, Rz. 475; *Kahle*, in: Prinz/Kanzler, Bilanzsteuerrecht, 2014, Rz. 1451. Allerdings ohne Maßgeblichkeit eines konkreten Handelsbilanz-Ansatzes, vgl. BFH, Urteil v. 21.1.1992, VIII R 72/87, BStBl. II 1992, S. 958; im Einzelnen *Reiß*, in: Kirchhof, EStG, 2016, § 15 EStG, Rz. 237.

418 Vgl. *Wacker*, in: Schmidt, EStG, 2016, § 15 EStG, Rz. 506; *Prinz*, DB 2010, S. 972.

419 Vgl. z. B. BFH, Urteil v. 18.12.2001, VIII R 27/00, BStBl. II 2002, S. 733; v. 7.12.2000, III R 35/98, BStBl. II 2001, S. 316; v. 13.10.1998, VIII R 46/95, BStBl. II 1999, S. 357; v. 2.12.1982, IV R 72/79, BStBl. II 1983, S. 215.

Stärkung der Beteiligung des Mitunternehmers an der Gesellschaft eingesetzt werden sollen (notwendiges Sonderbetriebsvermögen II).[420] Im Fall des notwendigen Sonderbetriebsvermögens ist die Zuordnung von Wirtschaftsgütern zum Sonderbetriebsvermögen zwingend. Demgegenüber liegt die Zuordnung von Wirtschaftsgütern zum Sonderbetriebsvermögen beim sog. gewillkürtem Sonderbetriebsvermögen im Ermessen des Mitunternehmers. Beim Mitunternehmer kann unter den gleichen Voraussetzungen, nach denen auch ein Einzelunternehmer gewillkürtes Betriebsvermögen bilden kann, gewillkürtes Sonderbetriebsvermögen entstehen.[421] Bei gewillkürtem Sonderbetriebsvermögen handelt es sich um Wirtschaftsgüter, die sowohl objektiv geeignet als auch subjektiv dazu bestimmt sind, den Betrieb der Gesellschaft zu fördern (gewillkürtes Sonderbetriebsvermögen I) oder der Beteiligung des Gesellschafters zu dienen (gewillkürtes Sonderbetriebsvermögen II).[422]

3.1.2.2. Steuerlicher Kapitalanteil

Der steuerliche Kapitalanteil lässt sich im Ausgangspunkt über den Maßgeblichkeitsgrundsatz des § 5 Abs. 1 EStG aus dem Kapitalanteil der Handelsbilanz ableiten. Wird der Maßgeblichkeitsgrundsatz aufgrund unterschiedlicher Ansatz- und Bewertungsvorschriften durchbrochen oder eingeschränkt, weicht die Steuerbilanz von der Handelsbilanz ab. Diese Abweichungen schlagen sich automatisch in der Entwicklung des Eigenkapitals nieder, da sie unmittelbaren Einfluss auf die Höhe des Gesamthandsvermögens haben.[423] Im Rahmen der steuerlichen Gewinnermittlung werden sie demnach dem steuerlichen Kapitalanteil der Gesellschafter anteilig zugewiesen.

Abweichungen gegenüber der Handelsbilanz können sich jedoch auch bezogen auf nur einzelne Gesellschafter ergeben, und zwar dann, wenn die Umstände zur Bildung von Ergänzungsbilanzen vorliegen.[424] Ergänzungsbilanzen weisen für die einzelnen Mitunternehmer weder ganz noch anteilig Wirtschaftsgüter der Personengesellschaft aus. Vielmehr handelt es sich um Korrekturwerte hinsicht-

---

420 Vgl. BFH, Urteil v. 24.9.1976, I R 149/74, BStBl. II 1977, S. 69; v. 13.4.1988, I R 300/83, BStBl. II 1988, S. 667; v. 23.1.2001, VIII R 12/99, BStBl. II 2001, S. 825. Im Einzelnen zu Unterscheidung und Umfang des notwendigen Sonderbetriebsvermögens I und II vgl. *Kahle*, in: Prinz/Kanzler, Bilanzsteuerrecht, 2014, Rz. 1468 ff.

421 Vgl. *Kahle*, in: Prinz/Kanzler, Bilanzsteuerrecht, 2014, Rz. 1496.

422 Im Einzelnen zu den Tatbeständen „objektiv geeignet" und „subjektive Bestimmtheit" vgl. *Kahle*, in: Prinz/Kanzler, Bilanzsteuerrecht, 2014, Rz. 1497 ff.

423 Vgl. *Kersten/Feldgen*, FR 2013, S. 200. Vgl. zu wesentlichen systematischen Abweichungen zwischen Handels- und Steuerbilanz *Hoffmann*, in: Prinz/Hoffmann, Beck´sches Handbuch der Personengesellschaften, 2014, § 5, Rz. 37. Zu den Auswirkungen von steuerfreien Einnahmen und nicht abziehbaren Betriebsausgaben auf das steuerliche Eigenkapital vgl. *Niehus/Wilke*, Personengesellschaften, 2015, S. 334 f.; *Steger*, NWB 2011, S. 3372 ff.

424 Ausführlich zu Ergänzungsbilanzen siehe *Kahle*, FR 2013, S. 873 ff.

lich der in der Gesamthandsbilanz ausgewiesenen Wirtschaftsgüter.[425] Demnach bilden Ergänzungsbilanzen „eine bloße Wertkorrekturbilanz“[426] und spiegeln das Mehr- oder Minderkapital des betreffenden Mitunternehmers wider. Als Teil der Steuerbilanz gehört die Ergänzungsbilanz zu der ersten Stufe der Gewinnermittlung und unterliegt dem Maßgeblichkeitsgrundsatz des § 5 Abs. 1 EStG.[427] Von einer positiven Ergänzungsbilanz wird gesprochen, wenn auf der Aktivseite Mehrwerte von Wirtschaftsgütern des Gesamthandsvermögens auszuweisen sind, während die Passivseite das Mehrkapital des jeweiligen Gesellschafters erfasst. Entsprechend liegt eine negative Ergänzungsbilanz vor, wenn auf der Aktivseite das Minderkapital und auf der Passivseite die Minderwerte von Wirtschaftsgütern des Gesamthandsvermögens ausgewiesen werden.[428] Demnach gehört das Eigenkapital des Mitunternehmers gemäß seiner Ergänzungsbilanz zum steuerlichen Kapitalanteil des Gesellschafters.[429] Die Werte in der Ergänzungsbilanz sind folglich auch Wertkorrekturen zum Kapitalanteil. Der Buchwert eines Wirtschaftsgutes setzt sich aus dem Buchwert laut Steuerbilanz zuzüglich dem Buchwert aus der Ergänzungsbilanz zusammen.[430] Ergänzungsbilanzen setzen für den betreffenden Gesellschafter eine Wertdiskrepanz zwischen seinem Kapitalanteil aus der Gesellschaftsbilanz und seinem tatsächlichen steuerlichen Eigenkapital bezogen auf die Wirtschaftsgüter des Gesellschaftsvermögens voraus.[431]

Im Ergebnis besteht der steuerliche Kapitalanteil der einzelnen Gesellschafter neben dem handelsrechtlichen Kapitalanteil, der ggf. aufgrund Durchbrechungen und Einschränkungen des Maßgeblichkeitsgrundsatzes steuerlich modifiziert werden muss, aus dem Mehr- oder Minderkapital der Ergänzungsbilanzen der einzelnen Gesellschafter. Der steuerliche Kapitalanteil umfasst jedoch nicht das Sonderbetriebsvermögen des Mitunternehmers. In der Sonderbilanz werden die im Rahmen des § 15 Abs. 1 Satz 1 Nr. 2 EStG erfassten Rechtsbeziehungen zwischen Personengesellschaft und

---

425 Vgl. BFH, Urteil v. 28.9.1995, IV R 57/94, BStBl. II 1996, S. 68; *Wacker*, in: Schmidt, EStG, 2016, § 15 EStG, Rz. 460; *Groh*, StuW 1995, S. 386 f.; *Tiede*, in: Herrmann/ Heuer/Raupach, EStG/KStG, § 15 EStG, Rz. 500 (Februar 2016); *Prinz/Thiel*, FR 1992, S. 193; *Regniet*, Ergänzungsbilanzen bei der Personengesellschaft, 1990, S. 16, 22; *Rödder*, DB 1992, S. 955; *Schoor*, StBp 2006, S. 212; *Lehmann*, Betriebsvermögens und Sonderbetriebsvermögen, 1988, S. 134.

426 *Rödder*, DB 1992, S. 955 mit Verweis auf *Dreissig*, StbJb 1990/1991, S. 255.

427 Vgl. *Kahle*, in: Prinz/Kanzler, Bilanzsteuerrecht, 2014, Rz. 1399.

428 Vgl. *Kahle*, in: Prinz/Kanzler, Bilanzsteuerrecht, 2014, Rz. 1400. Bezüglich der Anlässe für die Aufstellung von Ergänzungsbilanzen vgl. *Kahle*, in: Prinz/Kanzler, Bilanzsteuerrecht, 2014, Rz. 1409.

429 Vgl. *Prinz*, in: Prinz/Hoffmann, Beck´sches Handbuch der Personengesellschaften, 2014, § 7, Rz. 13; *Wacker*, in: Schmidt, EStG, 2016, § 15a EStG, Rz. 83; BFH, Urteil v. 28.3.2000, VIII R 28/98, BStBl. II 2000, S. 347; v. 15.5.2008, IV R 46/05, BStBl. II 2008, S. 812; *Kahle*, FR 2010, S. 773.

430 Vgl. BFH, Urteil v. 28.3.2000, VIII R 28/98, BStBl. II 2000, S. 347.

431 Vgl. *Niehus/Wilke*, Personengesellschaften, 2015, S. 95 f.

Mitunternehmer korrespondierend zur steuerlichen Gesamthandsbilanz bilanziert („Additive Gewinnermittlung mit korrespondierender Bilanzierung").[432] Im Fall der Gewährung eines Darlehens durch den Mitunternehmer an die Personengesellschaft heben sich in der steuerlichen Gesamtbilanz daher die Darlehensverpflichtung in der Gesamthandsbilanz und die Forderung in der Sonderbilanz des Gesellschafters gegenseitig auf.[433] Im Ergebnis wandelt sich in der Gesamtbilanz der Mitunternehmerschaft die in der Steuerbilanz stehende Verbindlichkeit der Gesellschaft gegenüber dem Mitunternehmer durch die korrespondierende Forderung in der Sonderbilanz zu Eigenkapital.[434] Demzufolge werden sämtliche Eigen- und Gesellschafterdarlehensmittel einheitlich als Eigenkapital behandelt.[435] Liegen Vergütungen i. S. d. § 15 Abs. 1 Satz 1 Nr. 2 EStG vor, sind diese steuerlich jedoch in die Gewinnermittlung der Gesellschaft und die Ermittlung des Gewinnanteils des Gesellschafters einzubeziehen. Diese schuldrechtlichen Vereinbarungen sind sowohl in der Handels- als auch in der Steuerbilanz zutreffend darzustellen. Der Kapitalanteil in der Gesamthandsbilanz wird dadurch allerdings nicht berührt.

Zusammenfassend kann festgehalten werden, dass vom steuerlichen Eigenkapital gesprochen werden kann, wenn neben der Summe der steuerlichen Kapitalanteile das Kapital aus den jeweiligen Sonderbilanzen der Gesellschafter miteinbezogen wird.[436] Zu beachten ist allerdings, dass dieses steuerliche Eigenkapital nicht einheitlich für alle steuerlichen Normen maßgebend ist. Je nach Zweck der steuerlichen Regelungen stellen diese entweder auf den steuerlichen Kapitalanteil oder auf das steuerliche Eigenkapital ab.

---

432 Vgl. BFH, Urteil v. 16.12.1992, I R 105/91, BStBl. II 1993, S. 792; v. 12.12.1995, VIII R 59/62, BStBl. II 1996, S. 219; v. 2.12.1997, VIII R 15/96, BStBl. II 2008, S. 174; v. 28.3.2000, VIII R 13/99, BStBl. II 2000, S. 612; *Wacker*, in: Schmidt, EStG, 2016, § 15 EStG, Rz. 404; *Gschwendtner*, DStZ 1998, S. 777; *Raupach*, DStZ 1992, S. 697 f. Für eine „reine additive Gewinnermittlung", d. h. Geltung der allgemeinen Ansatz- und Bewertungsregeln in der Sonderbilanz, plädieren demgegenüber: *Knobbe-Keuk*, Bilanz- und Unternehmenssteuerrecht, 1993, S. 479 ff.; *Kusterer*, DStR 1993, S. 1209; *Söffing*, BB 1999, S. 96 ff. Zu einem Überblick über weitere Ansichten im Schrifttum siehe *Wacker*, in: Schmidt, EStG, 2016, § 15 EStG, Rz. 405.

433 Vgl. BFH, Urteil v. 12.12.1996, IV R 77/93, BStBl. II 1998, S. 180; v. 5.6.2003, IV R 36/02, BStBl. II 2003, S. 871.

434 Vgl. BFH, Urteil v. 24.1.2008, IV R 37/06, BStBl. II 2011, S. 617; *Groh*, DB 2007, S. 2279; *Warnke*, EStB 2005, S. 188; *Horschitz et al.*, Bilanzsteuerrecht und Buchführung, 2013, S. 606; a. A. *Hoffmann*, GmbHR 2005, S. 974.

435 Vgl. *Prinz*, in: Prinz/Hoffmann, Beck´sches Handbuch der Personengesellschaften, 2014, § 7, Rz. 13.

436 Vgl. *Goebel/Eilinghoff/Busenius*, DStZ 2010, S. 744. Demnach unterscheidet sich das steuerliche Kapital vom zivilrechtlichen Eigenkapital. Das Zivilrecht unterscheidet aufgrund der Trennung von Gesellschaftereigenkapital- und Gesellschafterfremdkapitalkonten zwischen Kapital der Personengesellschaft und Kapital des Gesellschafters, wohingegen im Steuerrecht die Gesellschafterfremdkapitalkonten zum Kapital der Personengesellschaft zählen, vgl. *Gocke/Rogall*, FS Schaumburg, 2009, S. 350. Die Einbeziehung von stillen Reserven oder gar die Bezugnahme auf ein Ertragswertkapitalkonto (zum Begriff vgl. *Bareis*, StuW 1986, S. 121) widersprechen dem Realisationsprinzip und sind somit kein Bestandteil des steuerlichen Eigenkapital, da künftige Zahlungsüberschüsse oder stille Reserven zum heutigen Zeitpunkt gerade noch kein realisiertes, versteuertes und entnahmefähiges Eigenkapital darstellen.

3.1.3. Eigenkapital im IFRS-Abschluss

In einer Personenhandelsgesellschaft steht jedem einzelnen Gesellschafter gemäß § 723 Abs. 1 BGB i. V. m. §§ 105 Abs. 3, 161 Abs. 2 HGB ein ordentliches, vertraglich nicht abdingbares gesetzliches Kündigungsrecht zu.[437] Der Gesellschafter hat dieses ordentliche Kündigungsrecht unter Einhaltung einer Frist von sechs Monaten auf das Ende eines Geschäftsjahres auszuüben (§ 132 HGB). Im Falle einer Kündigung scheidet ein Gesellschafter nach der (dispositiven) Vorschrift des § 131 Abs. 3 Satz 1 Nr. 3 HGB aus der Personenhandelsgesellschaft aus, wobei sein Gesellschaftsanteil den verbleibenden Gesellschaftern gegen Zahlung einer Abfindung zuwächst (§ 738 BGB i. V. m. §§ 105 Abs. 3, 161 Abs. 2 HGB).[438] Der ausscheidende Gesellschafter hat Anspruch auf Abfindung in Höhe dessen, was ihm im Fall einer Liquidation der Gesellschaft zustünde. Somit hat der Gesetzgeber das Ausscheiden und das Abfinden eines Gesellschafters rechtstechnisch als Teilliquidation der Gesellschaft ausgestaltet.[439]

Aufgrund dieses gesetzlichen Kündigungsrechts und der daraus resultierenden (potentiellen) Rückzahlungsverpflichtung für die Gesellschaft, sind die Gesellschaftereinlagen einer Personenhandelsgesellschaft nach IAS 32 (rev. 2003) als sog. kündbare Instrumente[440] zu beurteilen.[441] Das hat zur Folge, dass die Kapitalanteile von Personenhandelsgesellschaften nach IAS 32.11, .16, .18(b) und .19(b) grundsätzlich nicht als Eigenkapital zu klassifizieren sind, sondern finanzielle Verbindlichkeiten der Gesellschaft darstellen.[442] Somit wurde im IAS 32 (rev. 2003) die gesellschaftsrechtliche Kapitalerhaltung und die damit verbundene Haftungsfunktion des Eigenkapitals durch eine wirtschaftliche Kapitalerhaltung und die damit verbundene Langfristigkeit bzw. Kontinuitäts-/ Arbeitsfunktion verdrängt.

---

437 Vgl. *Schäfer*, in: Canaris/Habersack/Schäfer, HGB, 2009, § 132 HGB, Rz. 1. Dieses Kündigungsrecht kann nicht auf Dauer oder auf unbestimmte Zeit ausgeschlossen werden (§ 723 Abs. 1 Satz 1, Abs. 3 BGB i. V. m. § 132 HGB), vgl. *Huber*, GS Knobbe-Keuk, 1997, S. 206.

438 Vgl. *K. Schmidt*, Gesellschaftsrecht, 2002, S. 1457; *Hennrichs*, WPg 2006, S. 1254; *Baetge/Haenelt*, ZGR 2008, S. 299; *Bömelburg/Landgraf/Luce*, PiR 2008, S. 143.

439 Vgl. *Masuch*, in: Sudhoff, Personengesellschaften, 2005, § 20, Rz. 3; *K. Schmidt*, Gesellschaftsrecht, 2002, S. 1474.

440 Vgl. auch IAS 32.18(b), wo „partnerships" als ein Beispiel für puttable instruments ausdrücklich erwähnt werden. Diese puttable instruments umfassen sowohl Kündigungsrechte eines Gesellschafters, die auf einem aktiven Handeln beruhen, als auch Ereignisse, die automatisch das Ausscheiden des Gesellschafters aus der Gesellschaft zur Folge haben (bspw. Tod eines Gesellschafters unter Abfindung der Erben), vgl. *Schmidt*, BB 2008, S. 435; *Petersen/Zwirner*, DStR 2008, S. 1063.

441 Vgl. *Hennrichs*, WPg 2006, S. 1253 ff.; *Pöschke*, Eigenkapital mittelständischer Gesellschaften nach IAS/IFRS, 2009, S. 48 ff.; *Schubert*, WM 2006, S. 1033 ff.; *Bömelburg/Landgraf/Luce*, PiR 2008, S. 143; *Hennrichs*, WPg 2009, S. 1067.

442 Vgl. *Bömelburg/Landgraf/Luce*, PiR 2008, S. 143; *Hennrichs*, WPg 2009, S. 1067.

Aufgrund der starken Kritik[443] an der Vorgehensweise des IAS 32 (rev. 2003) führte der IASB im Februar 2008 den überarbeiteten IAS 32 (rev. 2008) ein, der u. a. Sonderregelungen[444] für puttable instruments enthält, nach denen Gesellschaftereinlagen unter bestimmten Voraussetzungen ausnahmsweise doch als Eigenkapital klassifiziert werden können.[445] Ziel ist es, die Finanzberichterstattung über solche Finanzinstrumente, die zwar per Definition als finanzielle Verbindlichkeit einzustufen sind, die aber ein Residualinteresse am Nettovermögen des Unternehmens repräsentieren, zu verbessern und diese Finanzinstrumente als Eigenkapital zu qualifizieren.[446] Nach IAS 32.11 sind puttable instruments demnach unter den kumulativ zu erfüllenden Kriterien des IAS 32.16A und IAS 32.16B ausnahmsweise als Eigenkapital zu klassifizieren.[447] Diese Kriterien sind:[448]

- Dem Inhaber steht im Fall der Liquidation ein beteiligungsproportionaler Anspruch auf das Liquidationsergebnis zu (IAS 32.16A(a)).
- Das Finanzierungsinstrument ist bezüglich des Anspruches auf den Liquidationserlös gegenüber allen anderen Finanzinstrumenten nachrangig (IAS 32.16A(b)).
- Alle Finanzierungsinstrumente in dieser nachrangigsten Klasse haben eine identische Ausstattung (IAS 32.16A(c).
- Das Finanzinstrument enthält keine weiteren, über die potentiellen Abfindungsverpflichtungen hinausgehenden Zahlungsverpflichtungen (IAS 32.16A(d)).
- Der über die gesamte Lebensdauer des Finanzierungsinstruments erwartete Zahlungsstrom aus dem Finanzinstrument muss substanziell auf dem Jahresergebnis, den Änderungen des

---

443 Ausführlich zur Kritik an der Einordnung von Gesellschaftereinlagen nach IAS 32 (rev. 2003) *Breker/Harrison/Schmidt*, KoR 2005, S. 471 f.; *Hennrichs*, WPg 2006, S. 1253 ff.; *Hennrichs*, ZHR 2006, S. 504 ff.; *Hoffmann/Lüdenbach*, DB 2005, S. 404 ff.; *Lüdenbach/Hoffmann*, BB 2004, S. 1042 ff.; *Mentz*, DStR 2007, S. 453 ff.; *Prinz*, FR 2006, S. 566; *Scheffler*, Eigenkapital, 2006, S. 48; *Schubert*, WM 2006, S. 1033; *Hennrichs/Pöschke*, in: Wysocki et al., Handbuch des Jahresabschlusses, 2015, Abt. III/1, Rz. 133 ff.; *Baetge et al.*, DB 2006, S. 2133 ff.; *Hoffmann/Lüdenbach*, DB 2006, S. 1797 ff.; *Rammert/Meurer*, PiR 2006, S. 1 ff.; *Barckow/Schmidt*, WPg 2006, S. 950 ff.; *Pawelzik*, BBK 2007, S. 381 ff.; *Hennrichs et al.*, KoR 2007, S. 61 ff.; *Meurer*, Abgrenzung, 2010, S. 255 ff.; *Kampmann*, KoR 2007, S. 185 ff.; *Balz/Ilina*, BB 2005, S. 2759; *Spanier/Weller*, BB 2004, S. 2235; *Coenenberg/Berger/Joest*, FS Baetge, 2007, S. 144.

444 Die Sonderregelungen sind als kurz- bis mittelfristige Übergangsregelungen gedacht. Ziel war dabei ausschließlich die Korrektur der Vorschriften für Instrumente mit Kündigungsrechten und Instrumente, aus denen im Liquidationsfall eine Zahlungspflicht resultiert. Im Rahmen eines gemeinsamen Projekts des IASB und des FASB wird allerdings die grundlegende Überarbeitung der Regelungen zur Abgrenzung von Eigen- und Fremdkapital verfolgt, vgl. hierzu, *Wüstemann/Bischof*, ZHR 2011, S. 240 f.

445 Vgl. *Hennrichs/Pöschke*, in: Wysocki et al., Handbuch des Jahresabschlusses, 2015, Abt. III/1, Rz. 29.

446 Vgl. *Hennrichs*, WPg 2009, S. 1068.

447 Vgl. hierzu *Baetge/Haenelt*, ZGR 2008, S. 297 ff.

448 Nachfolgend werden die Kriterien nur kursorisch genannt. Eine Ausführliche Erläuterung und Bewertung dieser Kriterien erfolgt in Gliederungspunkt 3.3.3.

Buchwerts oder des Nettovermögens oder der Änderung des Unternehmenswerts basieren (IAS 32.16A(e)).

- Keine Ausgabe weiterer Finanzinstrumente oder Verträge, die ebenfalls auf dem Jahresergebnis bzw. der Änderung des Nettovermögens basieren (IAS 32.16B).

IAS 32 (rev. 2008) rückt somit vor allem die Beziehung zwischen dem Emittenten und dem Inhaber des Finanzinstrumentes in den Vordergrund (ownership approach) und stellt weniger auf das Kriterium eines potentiellen Zahlungsmittelabflusses für das Unternehmen ab (settlement approach).[449] Die neuen Abgrenzungskriterien gelten neben den schon geltenden Abgrenzungsprinzipien, sodass IAS 32 (rev. 2008) demnach nicht zu einer Änderung der schon geltenden Abgrenzungsprinzipien führt.[450] Vielmehr werden die konzeptionellen Defizite des IAS 32 durch die Einführung der Sonderregelungen durch kasuistische Ausnahmetatbestände bewusst umgangen.[451] Im Ergebnis werden somit zwei Kategorien von Eigenkapitalinstrumenten im IFRS-Abschluss ausgewiesen:[452] Zum einen vom Inhaber nicht kündbare Finanzinstrumente, deren Vergütung im freien Ermessen des Emittenten steht (IAS 32.16-19; perpetual instruments), und zum anderen vom Inhaber kündbare Finanzinstrumente, die jedoch kumulativ die Kriterien in IAS 32.16A und IAS 32.16B erfüllen (ownership instruments).[453] Aufgrund dieser rein kasuistischen Ausnahmen vom konzeptionellen Abgrenzungskonzept des Rahmenkonzeptes können keinerlei pauschale Aussagen über die Klassifizierung von Gesellschafteranteilen getroffen werden.[454] Auf Finanzinstrumente, die schon nach der Regelung des IAS 32 (rev. 2003) als Eigenkapital ausgewiesen werden konnten, haben die Ausnahmetatbestände nach IAS 32 (rev. 2008) allerdings keine Bedeutung. Eine Umqualifizierung von bisherigem Eigenkapital in Fremdkapital ist ebenso ausgeschlossen.[455]

---

449 Vgl. *Baetge/Haenelt*, ZGR 2008, S. 302.

450 Vgl. *Schildbach*, BFuP 2006, S. 338; *Bömelburg/Landgraf/Luce*, PiR 2008, S. 144. Es werden also allein zusätzliche Möglichkeiten des Eigenkapitalausweises geschaffen.

451 Vgl. *Janssen*, Rechnungslegung im Mittelstand, 2009, S. 215; *Baetge/Haenelt*, ZGR 2008, S. 308.

452 Vgl. *Baetge et al.*, DB 2006, S. 2134; *Baetge/Haenelt*, ZGR 2008, S. 303; *Baetge/Winkeljohann/Haenelt*, DB 2008, S. 1519. War der grundsätzliche Ansatz von IAS 32 noch eindeutig ein dichotomes Modell, könnte die Erweiterung durch IAS 32 (rev. 2008) auch als Dreiklassengliederung betrachtet werden, ausführlich hierzu *Kampmann*, KoR 2007, S. 185 ff.

453 In diesem Zusammenhang wird auch von gewillkürtem Eigenkapital gesprochen, vgl. *Schmidt*, BB 2008, S. 435.

454 Vgl. *Bömelburg/Landgraf/Luce*, PiR 2008, S. 148.

455 Vgl. *Hennrichs*, WPg 2009, S. 1068; *Bömelburg/Landgraf/Luce*, PiR 2008, S. 144.

3.2. Abbildung des Eigenkapitals in der Buchführung

3.2.1. Vorbemerkung

Für die Abbildung des Kapitalanteils ist die Führung eines Kapitalkontos in der Buchführung der Gesellschaft erforderlich. Ferner unterteilt die gesellschaftsvertragliche Praxis dieses Kapitalkonto in mehrere Unterkonten und nimmt somit eine Aufgliederung des Kapitalkontos in der Buchführung vor, ohne dass solch eine Vereinbarung zwingend erfolgen müsse. Hierbei sollten die einzelnen Unterkonten möglichst so gebildet werden, dass es sich entweder um klares Eigen- oder um klares Fremdkapital handelt. Mischkonten sollten also vermieden werden.[456] Die Unterkonten des Kapitalkontos stellen Zweckschöpfungen dar,[457] denn die Aufspaltung des Kapitalkontos in mehrere Unterkonten hat rein buchhalterischen Charakter. Gesellschaftsrechtlich hat jeder Personengesellschafter nur einen Kapitalanteil, der auf seinem Kapitalkonto dargestellt wird.[458] Über die einzelnen Unterkonten des Kapitalkontos der Gesellschafter werden zum einen die Abrechnung zwischen den Gesellschaftern und der Gesellschaft und zum anderen die Abrechnung zwischen den Gesellschaftern untereinander abgebildet.[459] Vom Gesellschafter erbrachte Einlagen und auf ihn entfallende Gewinnanteile werden auf der Habenseite, von ihm getätigte Entnahmen und auf ihn entfallende Verluste werden auf der Sollseite der Unterkonten verbucht. Je nachdem, welches Kontenmodell dem Gesellschaftsvertrag zugrunde liegt, variiert die Anzahl der Unterkonten zum Kapitalkonto. Die Summe der Salden der einzelnen Unterkonten eines Gesellschafters ist am Ende des Geschäftsjahrs mit dem Kapitalanteil des Gesellschafters identisch. Somit sind die Unterkonten eines Gesellschafters in der Buchführung der Gesellschaft das Gegenstück zum Kapitalanteil, welcher in der Bilanz der Gesellschaft als Bestandteil des Kapitals aufgeführt ist.

Neben diesen Unterkonten des Eigenkapitals sind zudem Fremdkapitalkonten zu führen, auf denen alle nicht das Eigenkapital betreffenden Vorgänge zwischen der Gesamthand und den Gesellschaftern zu verbuchen sind.[460] Das betrifft u. a. Verbindlichkeiten der Gesellschaft aus Drittgeschäften mit dem Gesellschafter.

---

456 Vgl. *Wälzholz*, DStR 2011, S. 1816.

457 Vgl. *Röhrig/Doege*, DStR 2006, S. 490.

458 Vgl. *Hennrichs/Pöschke*, in: Wysocki et al., Handbuch des Jahresabschlusses, 2015, Abt. III/1, Rz. 66; *Graf von Kanitz*, WPg 2003, S. 329; *Schulte*, in: Sudhoff, Personengesellschaften, 2005, § 6, Rz. 1; *Hopt*, in: Baumbach/Hopt, Handelsgesetzbuch, 2014, § 120, Rz. 19.

459 Vgl. *Huber*, Vermögensanteil, Kapitalanteil und Gesellschaftsanteil, 1970, S. 177.

460 Vgl. *Hopt*, in: Baumbach/Hopt, Handelsgesetzbuch, 2014, § 120, Rz. 20.

Zusammenfassend kann festgehalten werden, dass unabhängig von der Ausgestaltung der Kontenführung im Gesellschaftsvertrag die für die Gesellschafter zu führenden Konten lediglich den Zweck haben, die Rechtsstellung der Gesellschafter in der Gesellschaft rechnungsmäßig zu erfassen und ziffernmäßig darzustellen. Nicht zweckorientierte Kontenführung bewirkt somit ein Informationsdefizit.[461] Wie die Ausgestaltung der Kontenführung zu erfolgen hat, regeln die beteiligten Gesellschafter im Gesellschaftsvertrag.

Das steuerliche Kapitalkonto eines Mitunternehmers stellt im Ausgangspunkt das handelsrechtliche Kapitalkonto in der Handelsbilanz dar. Infolge der Ausübung von steuerlichen Ansatz- und Bewertungswahlrechten können sich allerdings Unterschiede in der Höhe des Eigenkapitals der Gesellschaft und der Gesellschafterkonten ergeben. Die Struktur und die Rechtsnatur der steuerlichen Gesellschafterkonten werden dadurch jedoch nicht berührt. Demgegenüber stellen Sonderbilanzen des Mitunternehmers reine Steuerbilanzen dar, welche nicht aus der Handelsbilanz abgeleitet sind. Diese Sonderbilanzen weisen positives und negatives Vermögen der einzelnen Mitunternehmer und somit kein Vermögen der Gesamthand aus. Das in der Sonderbilanz ausgewiesene Eigenkapital ist eine rein steuerliche Größe und daher nicht nach gesellschaftsrechtlichen oder handelsrechtlichen Grundsätzen aufzugliedern.

3.2.2. Gesellschafterkonten nach dem Regelstatut des HGB

3.2.2.1. Persönlich haftender Gesellschafter

Für den Gesellschafter in der OHG und den Komplementär in der KG ist nach dem gesetzlichen Leitbild ein einziges variables Kapitalkonto zu führen. Hierauf werden alle Einlagen, Gewinne, Verluste und Entnahmen verbucht.[462] Hiervon geht auch die grundlegende gesetzliche Vorschrift über den Kapitalanteil für den Gesellschafter der OHG und den Komplementär der KG aus (§ 120 Abs. 2 HGB).[463] Nach dem gesetzlichen Leitbild ist der Kapitalanteil des persönlich haftenden Gesellschafters somit grundsätzlich variabel, da dieser bei jeder Bilanzaufstellung durch Zu- oder Abrech-

---

461 Vgl. *Röhrig/Doege*, DStR 2006, S. 490. Zudem sollte die Kapitalkontenstruktur bei der GmbH & Co. KG den zwingenden Vorgaben des § 264c HGB entsprechen, da die Eigenkapitalgliederung der GmbH & Co. KG durch die §§ 264a und 264c HGB vorgegeben ist, vgl. *Wälzholz*, DStR 2011, S. 1816. Ebenso *Scherff/Willeke*, die darauf hinweisen, dass die gesellschaftsvertraglichen Regelungen zur Vermeidung von Widersprüchen in Anlehnung an § 264c HGB im Gesellschaftsvertrag geregelt werden sollten, vgl. *Scherff/Willeke*, BBK 2004, S. 740 f.

462 Vgl. *Baetge/Kirsch/Thiele*, Bilanzen, 2014, S. 531; *Pöschke*, Eigenkapital mittelständischer Gesellschaften nach IAS/IFRS, 2009, S. 19; *ADS*, Rechnungslegung und Prüfung der Unternehmen, 1998, § 247 HGB, Rz. 59.

463 Vgl. *Kahle*, DStZ 2010, S. 724. Zur Diskussion der Verbuchung von stehengelassenen Gewinnen vgl.

nung der entstandenen Gewinne, Verluste und Entnahmen in der abgelaufenen Bilanzperiode neu festgesetzt wird (§ 161 Abs. 2, § 120 Abs. 2 HGB).[464]

3.2.2.2. Beschränkt haftender Gesellschafter

Nach den gesetzlichen Bestimmungen sind für den Kommanditisten zwei Konten zu führen.[465] Gem. § 167 Abs. 1 HGB i. V. m. § 120 Abs. 2 HGB erfolgt die Verbuchung der Einlage, die der Gesellschaftsvertrag für den Kommanditisten vorsieht (Pflichteinlage), auf einem Einlagekonto bzw. Kapitalkonto I.[466] Auch beim Kommanditisten handelt es sich um einen beweglichen Kapitalanteil. Allerdings ist dieser durch § 167 Abs. 2 HGB nach oben hin begrenzt. Wenn der Habensaldo auf dem Kapitalkonto I den Betrag der Pflichteinlage erreicht, werden weitere Gewinnanteile dem Kapitalkonto I nicht mehr zugeschrieben und der Kapitalanteil ist starr.[467] Somit ist das „Kapitalkonto des Kommanditisten mit Erfüllung seiner Einlage nach oben blockiert".[468] Für den Fall, dass der Kommanditist seine Pflichteinlage nicht sofort leisten kann, werden dem Kapitalkonto I Gewinne nur solange zugeschrieben, bis die Pflichteinlage erreicht ist.[469]

Ist die vereinbarte Einlage auf dem Kapitalkonto I erbracht, werden entstehende Gewinnanteile einem Kapitalkonto II[470] bzw. Darlehenskonto gutgeschrieben, sofern der Kommanditist keine sofortige Entnahme dieser Gewinnanteile tätigt.[471] § 169 Abs. 1 Satz 2 Halbsatz 1 HGB begründet für den Kommanditisten den Anspruch auf Auszahlung des auf ihn entfallenden Jahresgewinns. Dies bedeutet, dass der Kommanditist im Grundsatz ohne Einhalten einer Kündigungsfrist und ohne Rücksicht auf die Interessen der Gesellschaft jederzeit seine stehengelassenen Gewinne abrufen kann.[472] Das auf den Gewinnanteil des letzten Jahres beschränkte Entnahmerecht gem. § 122 Abs. 1 HGB gilt

---

Hennrichs/Pöschke, in: Wysocki et al., Handbuch des Jahresabschlusses, 2015, Abt. III/1, Rz. 59 ff.

464 Vgl. *Huber*, Vermögensanteil, Kapitalanteil und Gesellschaftsanteil, 1970, S. 179.

465 Abweichend *Mellwig,* der das Kapitalkonto des Kommanditisten in ein Konto für die Pflichteinlage, ein Konto für ausstehende Einlagen und ein Verlustvortragskonto aufspaltet, vgl. *Mellwig*, BB 1979, S. 1413. Allerdings beachtet *Mellwig* hier nicht, dass die Kontenführung gesetzlich geregelt ist und Abweichungen nur bei vertraglicher Vereinbarung möglich sind, vgl. *Huber*, ZGR 1988, S. 7.

466 Vgl. *Kahle*, DStZ 2010, S. 725.

467 Vgl. *Huber*, ZGR 1988, S. 7.

468 *Wiedemann*, Gesellschaftsrecht, 2004, S. 367.

469 Vgl. *Kahle*, DStZ 2010, S. 725.

470 Dieses Kapitalkonto II muss unterschieden werden von dem in der Vertragspraxis üblichen Kapitalkonto II. Vgl. BFH, Urteil v. 16.10.2008, IV R 98/06, BStBl. II 2009, S. 272.

471 Vgl. *Huber*, GS Knobbe-Keuk, 1997, S. 203; *Hennrichs/Pöschke*, in: Wysocki et al., Handbuch des Jahresabschlusses, 2015, Abt. III/1, Rz. 92.

472 Vgl. *Huber*, ZGR 1988, S. 8; *Rodewald*, GmbHR 1998, S. 523.

demnach nicht für den Kommanditisten (§ 169 Abs. 1 S. 1 HGB).[473] Allerdings darf nach § 122 Abs. 1 HGB das Auszahlungsverlangen des Kommanditisten nicht zum offenen Schaden der Gesellschaft gereichen.[474]

Verlustanteile des Kommanditisten werden ausschließlich zu Lasten des Kapitalkontos I verbucht.[475] Ein vorhandenes Guthaben auf dem Darlehenskonto ist mit späteren Verlusten nicht zu verrechnen, da der Kommanditist nach § 169 Abs. 2 HGB nicht dazu verpflichtet ist, den bezogenen Gewinn wegen späterer Verluste zurückzuzahlen. Ist der Gewinn aufgrund der Bilanz ermittelt und dem Kommanditisten auf dem Darlehenskonto gutgeschrieben, wird davon ausgegangen, dass der Gewinn auch bezogen ist.[476] Auf eine effektive Abhebung kommt es nicht an.[477] Die Verlustbuchung bewirkt also, dass der Kapitalanteil des Kommanditisten unter den Bestand der vereinbarten Einlage sinkt; das Kapitalkonto wird also wieder bewegt.[478] Dies hat zur Folge, dass dem Kommanditisten zugeteilte Gewinnanteile gem. § 120 Abs. 2 HGB dem Kapitalkonto I zugeschrieben werden müssen, bis der Stand der Pflichteinlage wieder erreicht ist. Solange der Saldo des Kapitalkontos I unter der Pflichteinlage liegt, unterliegt der Kommanditist dem Entnahmeverbot der laufenden Gewinne (§ 169 Abs. 1 Satz 2 Halbsatz 2 1. Fall HGB).[479]

Durch die Verbuchung von Verlustanteilen auf dem Kapitalkonto I kann der Kapitalanteil auch negativ werden. Dem steht § 167 Abs. 3 HGB nicht entgegen, wonach der Kommanditist nur am Verlust bis zur Höhe seiner Pflichteinlage teilnimmt, denn damit wird im Falle der Auflösung der Gesellschaft oder des Ausscheidens eine Nachschusspflicht gem. § 735 BGB vermieden. Das Risiko des Kommanditisten soll sich demnach nur auf die vereinbarte Einlage beschränken. Ein Ausgleichsverbot früherer Verluste mit künftigen Gewinnen ist damit nicht gemeint. Vielmehr führt § 169 Abs. 1 Satz 2 Halbsatz 2 1. Fall HGB und die darin geregelte Ausschüttungssperre, von laufenden Gewinnen beim Vorliegen eines durch Verluste geminderten Kapitalkontos I, diesen erforderlichen internen Ausgleich herbei.

---

473 Vgl. *Huber*, ZGR 1988, S. 8; *Lüdemann*, in: Herrmann/Heuer/Raupach, EStG/KStG, § 15a EStG, Rz. 88 (Februar 2016).

474 Vgl. zur Diskussion *Schön*, FS Beisse, 1997, S. 480. Nach *Huber* setzt hingegen nur die Treuepflicht dem Auszahlungsverlangen eine schwerbestimmbare Grenze, vgl. *Huber*, ZGR 1988, S. 8.

475 Vgl. *Kahle*, DStZ 2010, S. 726; *Grunewald*, in: Schmidt, Handelsgesetzbuch, 2012, § 167 HGB, Rz. 16.

476 Vgl. *Huber*, ZGR 1988, S. 8.

477 Vgl. *Hoffmann*, in: Prinz/Hoffmann, Beck´sches Handbuch der Personengesellschaften, 2014, § 5, Rz. 83.

478 Vgl. *Huber*, ZGR 1988, S. 9.

479 Vgl. *Huber*, ZGR 1988, S. 9. Dieses Entnahmeverbot betrifft nicht das Entnahmerecht des Guthabens auf dem Darlehenskonto.

3.2.3. Gesellschafterkonten in der gesellschaftsvertraglichen Praxis

3.2.3.1. Unzweckmäßigkeit der gesetzlichen Bestimmungen

In der Praxis sind vom Gesetz abweichende gesellschaftsvertragliche Vereinbarungen über die Führung von Gesellschafterkonten der Regelfall.[480] Hierbei wird das gesetzlich vorgeschriebene einheitliche Kapitalkonto für den persönlich haftenden Gesellschafter in getrennte Kapitalkonten aufgeteilt. Zudem erfolgt die Trennung der Konten des beschränkt haftenden Gesellschafters anders, als im Gesetz vorgesehen.[481] Ein Grund für die gesellschaftsvertraglichen Regelungen ist der veränderliche Kapitalanteil im gesetzlichen Ein-Konten-Modell. Dieses fungiert nicht als Maßstab für die Rechte der Gesellschafter.[482] Eine Kopplung der Stimm- und Gewinnbezugsrechte an veränderliche Kapitalanteile ist weder sinnvoll noch praktikabel, da dies jährlich zu anderen Mehrheitsverhältnissen führen würde.[483] Um dies zu vermeiden, ist ein fester Kapitalschlüssel zu bilden, der als Maßstab für die Gewinn- und Verlustbeteiligung, die Beteiligung an den stillen Reserven und am Firmenwert, die Verteilung der Stimmrechte in der Gesellschafterversammlung und der Nachschusspflichten, die Beteiligung am Auseinandersetzungsguthaben sowie alle sonstigen Rechte und Pflichten herangezogen wird. Hierzu wird das gesetzliche Kapitalkonto in einen festen und einen variablen Teil aufgespalten.[484] Aus dem Verhältnis der auf dem festen Kapitalkonto ausgewiesenen Nennbeträge zueinander ergibt sich die Beteiligungsquote der Gesellschafter. Somit ist die Höhe des Festkapitals nahezu frei wählbar, da sie für die Beteiligungsquoten unbedeutend ist.[485]

Die gesetzliche Regelung führt zudem dazu, dass keine differenzierten Entnahmeklauseln verwirklicht werden können, da das gesetzliche Ein-Konten-Modell des persönlich und beschränkt haftenden Gesellschafters entnahmefähige und nicht entnahmefähige Guthaben vereinigt.[486] Aufgrund der gesetzlich geregelten Vorabverzinsung (§ 121 Abs. 1 HGB) und Entnahmebefugnis (§ 122 Abs. 2

480 Vgl. *Huber*, ZGR 1988, S. 42; *Grottel/Staudacher*, in: Förschle et al., Beck´scher Bilanz-Kommentar, 2016, § 247 HGB, Rz. 709; *Frystatzki*, EStB 2006, S. 343; *Werner*, NWB 2012, S. 1524.

481 Vgl. *Huber*, ZGR 1988, S. 42 f.

482 Vgl. *Huber*, ZGR 1988, S. 43.

483 Vgl. *Plassmann*, BB 1978, S. 413; *Hennrichs/Pöschke*, in: Wysocki et al., Handbuch des Jahresabschlusses, 2015, Abt. III/1, Rz. 63. Dieses Problem verstärkt sich noch, wenn die Kapitalanteile der Gesellschafter negativ werden, da diese dann als Verteilungsschlüssel gänzlich ungeeignet sind, vgl. *Huber*, ZGR 1988, S. 43.

484 Vgl. *Huber*, ZGR 1988, S. 43.

485 Vgl. *Carlé/Bauschatz*, FR 2002, S. 1158. Allerdings kann die Höhe des Festkapitals informatorischen Charakter haben, wenn es die Pflichteinlagen der Gesellschafter abbildet. Wobei sich auch hier die Rechtsfolgen wie bspw. die Haftung der Gesellschafter nicht aus dem Buchführungswerk, sondern aus dem Gesellschaftsvertrag bzw. aus dem Gesetz ergeben, vgl. *Röhrig/Doege*, DStR 2006, S. 490.

486 Vgl. *Huber*, ZGR 1988, S. 45.

HGB) kann ein Guthaben auf dem Kapitalkonto daher teilweise entnommen werden und teilweise nicht. Wie oben bereits dargestellt, stehen Guthaben auf dem zweiten Konto zur Verfügung des Kommanditisten. Sehen die gesellschaftsvertraglichen Vereinbarungen nun aber Entnahmebeschränkungen vor, hat dies bei Anwendung des gesetzlichen Kontenmodells zur Konsequenz, dass auch auf diesem zweiten Konto entnahmefähige und nicht entnahmefähige Guthaben verbucht werden. Aus Gründen der Klarheit sind daher diese Konten in entnahmefähige und nicht entnahmefähige Konten zu trennen.[487] Abschließend ist festzuhalten, dass die gesetzlichen Kontenmodelle eine eindeutige Abgrenzung von Eigen- und Fremdkapital erschweren.[488]

Durch die eben aufgeführten Gründe haben sich in der Praxis abweichende Kontenmodelle entwickelt, welche nachfolgend erläutert werden. Da allerdings die kautelarjuristische Praxis vielgestaltig ist, gehen die Kapitalkontenbezeichnungen oft durcheinander.[489]

3.2.3.2. Zwei-Konten-Modell

Die Aufteilung des Kapitalanteils in ein festes und ein variables Kapitalkonto hat einen rein technischen Charakter. Da das Kapitalkonto I in seiner Höhe starr ist, um die Beteiligungsverhältnisse zu repräsentieren, muss die Elastizität des Kapitalanteils über das Kapitalkonto II herbeigeführt werden.

Die Einrichtung des Kapitalkontos I dient dem Zweck, die Beteiligung der Gesellschafter am Gesamtvermögen der Gesellschaft zu bestimmen. Das Kapitalkonto II und auch die im weiteren Verlauf genannten Konten dienen wiederum nur der internen Abrechnung zwischen den einzelnen Gesellschaftern.[490] Auf dem festen Kapitalkonto I wird demnach die im Innenverhältnis vereinbarte Pflichteinlage im Haben verbucht. Zu beachten ist, dass auch eine nicht erbrachte Pflichteinlage auf dem Kapitalkonto I im Haben verbucht werden muss; die korrespondierende Gegenbuchung erfolgt auf dem Kapitalkonto II im Soll. Bei vollständiger Leistung der Pflichteinlage wird dann das Debet auf dem Kapitalkonto II beseitigt.[491] Die Beteiligungsquote eines Gesellschafters am Gesellschaftsvermögen ergibt sich aus dem Verhältnis seines Kapitalkontos I zur Gesamtsumme der Kapitalkonten

---

487 Vgl. *Huber*, ZGR 1988, S. 46.

488 Vgl. *Oppenländer*, DStR 1999, S. 940.

489 Vgl. *Prinz*, StuB 2009, S. 130.

490 Vgl. *Strahl*, in: Strahl/Demuth, Personengesellschaften, 2013, S. 32.

491 Vgl. *Lüdemann*, in: Herrmann/Heuer/Raupach, EStG/KStG, § 15a EStG, Rz. 88 (Februar 2016); *von Beckerath*, in: Kirchhof/Söhn/Mellinghoff, EStG, § 15a EStG, Rz. B 153 (Juni 2009); *K. Schmidt*, Gesellschaftsrecht, 2002, S. 1385.

I zueinander.[492] Eine Änderung der Beteiligungsquoten ist nur durch die Änderung des Gesellschaftsvertrages möglich.[493] Neben dem Ausweis der Beteiligungsquote hat das Kapitalkonto I indes keine eigenständige Bedeutung.[494] Selbst die auf dem Kapitalkonto I ausgewiesene Einlagepflicht der Gesellschafter kann unvollständig sein, wenn Gesellschafter neben der Einlage auf dem Kapitalkonto I noch weitere Einlagen schulden. Zivilrechtlich kommt es für die Außenhaftung der Kommanditisten auch nicht auf die auf dem Kapitalkonto I ausgewiesene Einlage, sondern auf die im Handelsregister eingetragene Hafteinlage an (§ 172 Abs. 1 HGB). Damit wird deutlich, dass es sich beim Kapitalkonto I um eine nahezu frei wählbare Größe handelt, deren Bedeutung sich aus dem Verhältnis der einzelnen Nennbeträge zueinander und nicht aus den darauf ausgewiesenen Nennbeträgen ergibt.[495] Ferner ist es für eine im Innenverhältnis nicht am Gesamthandsvermögen der KG beteiligte GmbH-Komplementärin nicht notwendig, ein Kapitalkonto I zu führen.[496]

Bezüglich der Bewertung der zu erbringenden Einlage im Hinblick auf den hierfür durch entsprechende Festlegung des Kapitalkontos I zu gewährenden Anteil an der Gesellschaft sind die Gesellschafter weitgehend frei.[497] Zudem ist es möglich, nur einen Teil der zu erbringenden Einlage für den Anteil an der Gesellschaft zu verwenden (Kapitalkonto I) und im Übrigen dem Kapitalkonto II, dem gesamthänderisch gebundenen Rücklagenkonto oder auch dem Darlehenskonto des einlegenden Gesellschafters gutzuschreiben.[498]

Auf dem Kapitalkonto II[499] werden Gewinne, Verluste, Einlagen und Entnahmen erfasst.[500] Die Gewinnanteile des Gesellschafters sowie die sonstigen Einlagen werden im Haben erfasst.[501] Die dem

---

492 Vgl. *Huber*, Vermögensanteil, Kapitalanteil und Gesellschaftsanteil, 1970, S. 262; *Huber* ZGR 1988, S. 49; *Kübler*, DB 1972, S. 943; *Kahle*, DStZ 2010, S. 727.

493 Vgl. *Oppenländer*, DStR 1999, S. 940; *Carlé/Bauschatz*, FR 2002, S. 1156; *Gocke/Rogall*, FS Schaumburg, 2009, S. 346.

494 Vgl. *Carlé/Bauschatz*, FR 2002, S. 1157.

495 Vgl. *Carlé/Bauschatz*, FR 2002, S. 1157; *Strahl*, in: Strahl/Demuth, Personengesellschaften, 2013, S. 32.

496 Vgl. *Strahl*, in: Strahl/Demuth, Personengesellschaften, 2013, S. 33.

497 Vgl. *Huber*, Vermögensanteil, Kapitalanteil und Gesellschaftsanteil, 1970, S. 209.

498 Vgl. *Strahl*, in: Strahl/Demuth, Personengesellschaften, 2013, S. 33. Weicht jedoch die für die Einlage gewährte Beteiligung unter Berücksichtigung der Gutschriften auf den übrigen Konten stark vom wahren Wert der Beteiligung ab, können womöglich Schenkungen vorliegen, vgl. hierzu BFH, Urteil v. 20.12.2000, II R 42/99, BStBl. II 2001, S. 454; *Bauschatz*, BeSt 2001, S. 10.

499 In der Praxis werden oftmals unterschiedliche Bezeichnungen für das Kapitalkonto II verwendet. U. a. „Sonderkonto", „variables Konto", „Darlehenskonto" oder „Personalkonto", vgl. *Huber*, ZGR 1988, S. 47 f.; *Ley* KÖSDI 1994, S. 9974.

500 Vgl. *Ley*, KÖSDI 1994, S. 9974; *Wendt*, Stbg 2010, S. 148; *Hennrichs/Pöschke*, in: Wysocki et al., Handbuch des Jahresabschlusses, 2015, Abt. III/1, Rz. 58.

501 Vgl. *Ley*, KÖSDI 1994, S. 9974.

Gesellschafter zugewiesenen Verlustanteile, Entnahmen sowie die noch nicht geleisteten Einlagen werden im Soll festgehalten.[502]

Bei Anwendung des Zwei-Konten-Modells ergibt sich beim Kommanditisten das Problem der Haftungserweiterung, denn entgegen § 167 Abs. 2 HGB werden im Ergebnis freiwillig stehengelassene Gewinne früherer Jahre mit Verlusten verrechnet.[503] Die stehengelassenen Gewinne stellen demnach Haftkapital dar.[504] Das Zwei-Konten-Modell nähert somit die Haftungsstruktur des Kommanditisten stark an die eines Komplementärs an und ist daher für den Kommanditisten nicht geeignet.[505] Jedoch auch für den Komplementär ist das Zwei-Konten-Modell aufgrund der unterschiedslosen Erfassung aller Finanzierungsvorgänge auf dem beweglichen Kapitalkonto II nicht geeignet, denn die notwendige Differenzierung zwischen Eigen- und Fremdkapitalbereich von Gesellschaft und Gesellschafter ist dadurch nicht möglich.[506] Zudem ist im Zwei-Konten-Modell nicht erkennbar, ob ein aktivischer Saldo des Kapitalkontos II durch Entnahmen oder Verluste entstanden ist. Relevant ist diese Frage vor allem beim Ausscheiden eines Kommanditisten, da im Rahmen einer Vorschusszahlung erfolgte Entnahmen vom Kommanditisten erstatten werden müssen, Verluste hingegen nicht.[507]

3.2.3.3. Drei-Konten-Modell

Im Drei-Konten-Modell erfolgt eine Aufgliederung des Kapitalkontos II. Neben dem Kapitalkonto II wird ein Darlehenskonto[508] eingerichtet. Die vereinbarte Pflichteinlage wird weiterhin auf dem Kapitalkonto I erfasst. Die Verlustanteile und die nicht entnahmefähigen Gewinnanteile (Rücklagen) werden auf dem verschlankten Kapitalkonto II verbucht.[509] Das Kapitalkonto I und das Kapitalkonto II weisen zusammen den jeweils aktuellen Stand der Einlage des Gesellschafters aus.[510] Das neu eingerichtete Darlehenskonto weist im Haben die entnahmefähigen Gewinnanteile und die sonstigen

---

502 Vgl. *Huber*, ZGR 1988, S. 47, 49; *Carlé/Bauschatz*, FR 2002, S. 1156.

503 Vgl. *Oppenländer*, DStR 1999, S. 941; *Rodewald*, GmbHR 1998, S. 524; *Carlé/Bauschatz*, FR 2002, S. 1156; *Wüllenkemper*, BB 1991, S. 1910; *Ley*, KÖSDI 1994, S. 9974; *Frystatzki*, EStB 2006, S. 343; *Lüdemann*, in: Herrmann/Heuer/Raupach, EStG/KStG, § 15a EStG, Rz. 88 (Februar 2016); *Dötsch*, FS Spindler, 2011, S. 598.

504 Vgl. *Leitzen*, ZNotP 2009, S. 257.

505 Vgl. *Werner*, NWB 2012, S. 1525.

506 Vgl. *Rodewald*, GmbHR 1998, S. 524.

507 Vgl. *Kahle*, DStZ 2010, S. 728.

508 In der Praxis wird dieses Konto u. a. auch als „Kapitalkonto III", „Privatkonto", „Verrechnungskonto" bezeichnet. Vgl. *Huber*, ZGR 1988, S. 73; *Huber*, GS Knobbe-Keuk, 1997, S. 203, 295.

509 Vgl. *Huber*, ZGR 1988, S. 73; *Rodewald*, GmbHR 1998, S. 525; *Carlé/Bauschatz*, FR 2002, S. 1156; *Ley*, DStR 2003, S. 958; *Wendt*, Stbg 2010, S. 148; *Ihrig*, in: Reichert, GmbH & Co. KG, 2015, § 21, Rz. 42.

510 Vgl. *Wüllenkemper*, BB 1991, S. 1910; *Dötsch*, FS Spindler, 2011, S. 608.

Einlagen aus. Im Soll werden die (berechtigten und unberechtigten) Entnahmen erfasst.[511] Zudem werden über das Darlehenskonto die schuldrechtlichen Vertragsbeziehungen wie bspw. Dienst-, Miet- oder Darlehensverträge zwischen der Gesellschaft und dem Gesellschafter abgebildet.[512]

Im Gegensatz zum Zwei-Konten-Modell wird im Drei-Konten-Modell zwischen nicht entnahmefähigen und entnahmefähigen Gewinnanteilen unterschieden.[513] Dadurch wird die im Zwei-Konten-Modell nachteilige Verrechnung stehen gelassener Gewinne eines Kommanditisten durch später anfallende Verluste vermieden.[514] Die nicht entnahmefähigen Gewinne werden faktisch wie Einlagen behandelt.[515] Zudem hat die getrennte Erfassung der Entnahmen (und somit auch der Vorschüsse) und der Verluste auf verschiedenen Konten im Drei-Konten-Modell den Vorteil, dass beim Ausscheiden des Kommanditisten bei Vorliegen von aktivischen Salden ersichtlich ist, ob haftungsrelevante Entnahmen i. S. d. § 172 Abs. 4 HGB vorliegen und die Salden ausgeglichen werden müssen.[516] Allerdings lässt sich durch das Drei-Konten-Modell die in § 169 Abs. 1 Satz 2 Halbsatz 2 HGB vorgesehene Verlustverrechnungssystematik für den Kommanditisten nicht erreichen, da Verluste neben künftigen Gewinnen auch mit stehen gelassenen Gewinnen verrechnet werden.[517]

Bei der Anwendung gesellschaftsvertraglicher Regelungen zu den Gesellschafterkonten im Drei-Konten-Modell ist zu beachten, dass der Sprachgebrauch in der Vertragspraxis nicht einheitlich ist. Die Vertragspraxis, wonach auf den Gesellschafterdarlehenskonten neben den entnahmefähigen Gewinnanteilen sonstige Einlagen und Entnahmen zu buchen sind, umschreibt den tatsächlichen Sachverhalt nicht immer zutreffend. Ein Zweck der Einrichtung von Gesellschafterdarlehenskonten ist die Abwicklung des Geldverkehrs zwischen Gesellschafter und Gesellschaft. Die Belastung eines passi-

---

511 Vgl. *Kahle*, DStZ 2010, S. 728. Bedauerlicherweise wird im Zusammenhang mit dem Darlehenskonto in der Praxis üblicherweise von Entnahmefähigkeit gesprochen. Allerdings liegt eine Entnahme nur vor, wenn ein Vermögensabgang zu Lasten des Gesellschaftervermögens und somit des Kapitalanteils erfolgt. Vielmehr handelt es sich um Zahlungsvorgänge, die sich als Abgang (Tilgung) oder Zugang (Begründung) bei einem Schuldposten darstellen, vgl. *Bolk*, Bilanzierung und Besteuerung, 2015, S. 31 f.

512 Vgl. *Knobbe-Keuk*, StbJb 1993/1994, S. 170; *Oppenländer*, DStR 1999, S. 941; *Ley*, KÖSDI 1994, S. 9975.

513 Vgl. *Wüllenkemper*, BB 1991, S. 1910; *Ley*, KÖSDI 1994, S. 9975; *von Beckerath*, in: Kirchhof/Söhn/Mellinghoff, EStG, § 15a EStG, Rz. B 424 (Juni 2009); *Lüdemann*, in: Herrmann/Heuer/Raupach, EStG/KStG, §15a EStG, Rz. 88 (Februar 2016). Hierbei definiert der Gesellschaftsvertrag bzw. die Gesellschafterversammlung, was unter nicht-entnahmefähigen Gewinnen zu verstehen ist.

514 Vgl. *Huber*, ZGR 1988, S. 86; *Ley*, KÖSDI 1994, S. 9976; *Kempermann*, DStR 2008, S. 1920; *Kempermann*, FR 2009, S. 583.

515 Vgl. BMF, Schreiben v. 30.5.1997, IV B 2 - S 2241a-51/93 II, BStBl. I 1997, S. 627; *Leitzen*, ZNotP 2009, S. 257.

516 Vgl. *Huber*, JbFStR 1988/1989, S. 310; *Wüllenkemper*, BB 1991, S. 1910; *von Beckerath*, in: Kirchhof/Söhn/Mellinghoff, EStG, §15a EStG, Rz. B 424 (Juni 2009); *Frystatzki*, EStB 2006, S. 343.

517 Vgl. *Kahle*, DStZ 2010, S. 729.

vischen Gesellschafterdarlehenskontos mit „Entnahmen" stellt eine Gegenleistung des Gesellschafters für eine Leistung der Gesellschaft dar, die nicht als Entnahme aus der Gesellschaft qualifiziert werden kann. Es handelt sich vielmehr um eine Bezahlung durch den Gesellschafter als um die Belastung einer Entnahme. Im Fall einer Gutschrift auf dem Gesellschafterdarlehenskonto handelt es sich daher nicht um eine Einlage, sondern um die Erhöhung der Verbindlichkeit der Gesellschaft gegenüber dem Gesellschafter.[518] Die Termini Einlage und Entnahme sind im Zusammenhang mit dem Gesellschafterdarlehenskonto unscharf, werden in der Praxis dennoch häufig verwendet.[519]

3.2.3.4. Vier-Konten-Modell

Im Drei-Konten-Modell wird das durch Verluste verbrauchte bzw. reduzierte Kapital der Gesellschaft nur mit dem stehen gelassenen bzw. noch zu thesaurierenden Gewinn verrechnet. Daher erfolgt die Wiederherstellung des Eigenkapitals in diesem Fall nur sukzessive durch künftige Gewinnthesaurierungen. Oftmals sind Gesellschaft und Gesellschafter aber daran interessiert, das bisherige Eigenkapital nach Verlusten möglichst schnell mit Mitteln der Gesellschaft wiederherzustellen. Diese schnelle Verlustverrechnung wird im Vier-Konten-Modell erreicht, da hiernach sämtliche zukünftigen Gewinne bis zum Ausgleich des Verlustes stehen zu lassen sind.[520]

Zu diesem Zweck kommt es im Rahmen des Vier-Konten-Modells zu einer weiteren Entflechtung des Kapitalkontos II. Zu den drei Konten des Drei-Konten-Modells wird ein Verlustvortragskonto eingerichtet. Der nicht entnahmefähige Gewinnanteil des Gesellschafters wird auf dem Kapitalkonto II erfasst, während auf dem Darlehenskonto die entnahmefähigen Gewinnanteile, sonstigen Einlagen und Entnahmen verbucht werden.[521] Somit bezweckt das Kapitalkonto II im Vier-Konten-Modell die Dokumentation der unentziehbaren Gewinnanteile der Gesellschafter.[522] Der Vorteil der Führung von Verlustvortragskonten besteht in erster Linie darin, dass es nicht zu einer Verrechnung von Verlustanteilen mit auf dem Kapitalkonto II stehen gelassenen Gewinnen kommt.[523] Beim Kommanditisten

---

518 Vgl. *Ley*, DStR 2009, S. 615.

519 *Ley* und *Huber* führen dies auf im Gesellschaftsvertrag geregelte Verfügungsbeschränkungen von Darlehenskonten zurück, die über die Anordnung einer für Darlehen üblichen Kündigungsfrist hinausgehen. Vgl. *Ley*, DStR 2009, S. 615; *Huber*, ZGR 1988, S. 81. Steuerrechtlich kann insoweit allerdings eine Einlage oder Entnahme in bzw. aus dem Sonderbetriebsvermögen des Gesellschafters bei der Personenhandelsgesellschaft vorliegen. Diese Überlegungen sind auch auf das Darlehenskonto im Vier-Konten-Modell übertragbar.

520 Auch im Drei-Konten-Modell ist eine solche schnelle Verlustverrechnung möglich. Allerdings wird hierzu ein Gesellschafterbeschluss benötigt, vgl. *Ley*, KÖSDI 2014, S. 18848.

521 Vgl. *Kahle*, DStZ 2010, S. 729.

522 Vgl. *Carlé/Bauschatz*, FR 2002, S. 1157.

523 Vgl. *Ley*, KÖSDI 1994, S. 9976; *Huber*, ZGR 1988, S. 86; *Rodewald*, GmbHR 1998, S. 526.

ist es zur Vermeidung der Haftung nach § 172 Abs. 4 HGB erforderlich, einen bestehenden Saldo auf dem Verlustvortragskonto solange mit künftigen Gewinnen aus der Beteiligung zu verrechnen, bis das Verlustvortragskonto ausgeglichen ist. Erst danach ist es möglich, Gewinnanteile wieder auf dem Kapitalkonto II bzw. auf dem Darlehenskonto zu erfassen.[524] Somit werden Verluste nur mit künftigen Gewinnanteilen des Gesellschafters verrechnet, was der in § 169 Abs. 1 Satz 2 Halbsatz 2 HGB vorgesehenen Verlustverrechnungs-Systematik entspricht.[525] Durch die Einrichtung des Verlustvortragskontos lässt sich feststellen, ob ein negatives Kapitalkonto durch Verlustzuweisung oder durch haftungsbegründende Entnahmen entstanden ist.[526] Im Falle des Ausscheidens eines Kommanditisten oder der Auflösung der Gesellschaft ist der Saldo auf seinem Verlustvortragskonto nicht auszugleichen. Es ist vielmehr für die vollständige Leistung der Einlage des Kommanditisten maßgeblich, dass die auf dem Kapitalkonto I ausgewiesene Einlage des Kommanditisten in voller Höhe erbracht wurde und diese nicht durch Entnahmen oder durch Rückzahlungen an den Kommanditisten gemindert ist.[527]

Da unbeschränkt haftende Gesellschafter im Fall des Ausscheidens oder der Auflösung der Gesellschaft einen Verlustanteil, der ihre Einlage übersteigt, nach §§ 735, 738, 739 BGB und §§ 161 Abs. 2, 105 Abs. 3 HGB ausgleichen müssen, ist die Führung eines Verlustvortragskontos und somit die Anwendung des Vier-Konten-Modells aus rein haftungsrechtlicher Sicht nicht notwendig.[528] Um jedoch eine einheitliche Kontenführung zu gewährleisten, kann es für die KG sinnvoll sein, auch für den Komplementär ein Verlustvortragskonto zu führen.[529]

---

524 Vgl. *Carlé/Bauschatz*, FR 2002, S. 1156; *Rodewald*, GmbHR 1998, S. 526; *Ley* KÖSDI 1994, S. 9976; *Gocke/Rogall*, FS Schaumburg, 2009, S. 347.

525 Vgl. BFH, Urteil v. 16.10.2008, IV R 98/06, BStBl. II 2009, S. 272, mit Verweis auf *Huber*, ZGR 1988, S. 86; *Wüllenkemper*, BB 1991, S. 1910; *Ley*, KÖSDI 1994, S. 9976. Vgl. ebenfalls *Oppenländer*, DStR 1999, S. 942; *Kempermann*, DStR 2008, S. 1920; *Rodewald*, GmbHR 1988, S. 526; *Altendorf*, GmbH-StB 2009, S. 103.

526 Vgl. *Wälzholz*, DStR 2011, S. 1819.

527 Vgl. *Rux*, in: Wagner/Rux, GmbH & Co. KG, 2009, Rz. 359. Für den Fall, dass der Gesellschaftsvertrag die Regelung enthält, dass beim Ausscheiden eines Gesellschafters oder bei Auflösung der Gesellschaft der Bestand auf dem Verlustvortragskonto mit dem Kapitalkonto II oder mit dem Darlehenskonto zu verrechnen ist, führt dies im Ergebnis zu einer Nachschusspflicht, die über die Grenzen des § 169 Abs. 2 HGB hinausgeht, vgl. *Strahl*, in: Strahl/Demuth, Personengesellschaften, 2013, S. 31; *Gocke/Rogall*, FS Schaumburg, 2009, S. 347.

528 Vgl. *Huber*, ZGR 1988, S. 88; *Wüllenkemper*, BB 1991, S. 1911; *Oppenländer*, DStR 1999, S. 942; *Gocke/Rogall*, FS Schaumburg, 2009, S. 347; *Strahl*, in: Strahl/Demuth, Personengesellschaften, 2013, S. 31; *Frystatzki*, EStB 2006, S. 343.

529 Vgl. *Strahl*, in: Strahl/Demuth, Personengesellschaften, 2013, S. 31; *Carlé/Bauschatz*, FR 2002, S. 1157. In der Praxis werden auch Fünf-Konten-Modelle geführt. In diesen Fällen wird das Darlehenskonto in laufende und sofort fällige Gesellschafterverbindlichkeiten einerseits und langfristige Gesellschafterdarlehen andererseits unterteilt. Der Unterschied der beiden Darlehenskonten besteht in der Überlassungsdauer und in der Verzinsung der Beträge, vgl. *Ley*. DStR 2013, S. 273.

3.2.3.5. Rücklagenkonto

Oftmals wird anstelle des Kapitalkontos II oder zusätzlich zu diesem[530] ein sog. gesamthänderisch gebundenes Rücklagenkonto geführt.[531] Die Bildung einer gesamthänderisch gebundenen Rücklage ist nur zulässig, wenn der Gesellschaftsvertrag eine hinreichende Ermächtigung enthält oder ein entsprechender Gesellschafterbeschluss vorliegt.[532] Die auf dem Rücklagenkonto eingestellten Einlagen oder Gewinnanteile sind nicht entnahmefähig, da das gesamthänderisch gebundene Rücklagenkonto ein Unterkonto des Kapitalkontos I darstellt. Somit kann die Rücklage nur durch einen besonderen Beschluss der Gesellschafter vorzeitig aufgelöst werden.[533] Im Gegensatz zum festen Kapitalkonto I hat das Rücklagenkonto aber keine Bedeutung für die Haftung[534] und die Beteiligungsquote.[535]

Sinn und Zweck des Rücklagenkontos ist die dauerhafte Stärkung des Eigenkapitals der Gesellschaft durch Entnahmebeschränkungen, ohne dass es hierfür einer formellen Erhöhung des Festkapitals der Gesellschaft bedarf.[536] Zudem wird das gesamthänderisch gebundene Rücklagenkonto bei der Ermittlung des Abfindungsguthabens der Gesellschaft miteinbezogen.[537] Das Rücklagenkonto hat somit neben der Liquiditätserhaltung auch den Zweck, spätere Verluste auszugleichen.[538] Dies hat zur Konsequenz, dass spätestens zum Zeitpunkt des Ausscheidens des Gesellschafters oder der Liquidation der Gesellschaft ein Bestand auf dem Verlustvortragskonto vor der Ermittlung des Abfindungsguthabens mit dem anteiligen Rücklagenkonto zu verrechnen ist, auch wenn hierzu eine ausdrücklich bestimmte Vereinbarung im Gesellschaftsvertrag nicht existiert. Insoweit kommt es bei Kommanditisten in Höhe ihres Anteils an diesem Rücklagenkonto zu einer Erweiterung ihrer Verlustbeteiligung der Gesellschaft.

---

530 Dann handelt es sich um ein weiteres Fünf-Konten-Modell, vgl. *Wälzholz*, DStR 2011, S. 1817.

531 Vgl. *Kahle*, DStZ 2010, S. 730; *Röhrig/Doege*, DStR 2006, S. 490. Kritisch zum Begriff der „gesamthänderischen Gebundenheit" siehe *Huber*, ZGR 1988, S. 88; *Reiß*, DB 2005, S. 360.

532 Vgl. BGH, Urteil v. 29.3.1996, II ZR 263/94, BGHZ 132, S. 263; *Hennrichs*, WPg 2009, S. 1070; *Werner*, NWB 2012, S. 1526. Ein Gesellschafterbeschluss ist wirksam, wenn dieser im Gesellschaftsvertrag definiert ist oder dieser einstimmig gefasst wird, vgl. *Huber*, GS Knobbe-Keuk, 1997, S. 207.

533 Vgl. *Huber*, GS Knobbe-Keuk, 1997, S. 212.

534 Für die Haftung ist nach § 171 Abs. 1, 2 HGB nur die im Handelsregister eingetragene Einlage maßgeblich.

535 Vgl. *Huber*, GS Knobbe-Keuk, 1997, S. 216; *Oppenländer*, DStR 1999, S. 942.

536 Vgl. *Röhrig/Doege*, DStR 2006, S. 490; *Carlé/Bauschatz*, FR 2002, S. 1157; *Hoffmann*, in: Prinz/Hoffmann, Beck´sches Handbuch der Personengesellschaften, 2014, § 5, Rz. 112; *Hennrichs/Pöschke*, in: Wysocki et al., Handbuch des Jahresabschlusses, 2015, Abt. III/1, Rz. 82.

537 Vgl. *Huber*, GS Knobbe-Keuk, 1997, S. 216; *Rodewald*, GmbHR 1998, S. 527; *Carlé/Bauschatz*, FR 2002, S. 1160.

538 Vgl. *Rodewald*, GmbHR 1998, S. 527; *Hoffmann*, in: Prinz/Hoffmann, Beck´sches Handbuch der Personengesellschaften, 2014, § 5, Rz. 112.

Die Ausgestaltung des Rücklagenkontos ergibt sich im Einzelfall wiederrum aus den zugrunde liegenden gesellschaftsrechtlichen Vereinbarungen. Für die Rücklage kann ein Konto geführt werden, an dem die einzelnen Gesellschafter entsprechend nach Maßstab eines festgelegten Verteilungsschlüssels (bspw. das Verhältnis der Zuführungen oder das Verhältnis der Kapitalkonten I) beteiligt sind. Das Rücklagenkonto ist den Gesellschaftern zur Ermittlung der Kapitalanteile entsprechend dem gewählten Aufteilungsmaßstab zuzurechnen.[539] Somit stellt das gesamthänderisch gebundene Rücklagenkonto als Teil des Kapitals das tatsächlich gesamthänderisch gebundene Aktivvermögen und die Schulden der Gesellschaft dar und ist daher als bloße Rechengröße zur Entnahmebeschränkung zu verstehen.[540] Denkbar ist aber auch, dass für jeden Gesellschafter ein gesondertes Rücklagenkonto geführt wird, für dieses aber im Übrigen dieselben gesellschaftsvertraglichen Beschränkungen gelten wie für ein gesamthänderisch gebundenes Rücklagenkonto und das sich deshalb von den sonstigen Kapitalkonten nur durch die eingeschränkte Entnahmefähigkeit unterscheidet.[541] Voraussetzung für die Einordnung als gesamthänderisch gebundene Rücklage ist jedoch, dass für diese Konten alle Bewegungen nur in Quote erfolgen und der Gesellschafter auch nur in Quote darüber verfügen kann.[542]

Zudem ist eine disquotale Rücklagenbildung und -zurechnung möglich, bei der einzelne Gesellschafter höhere Beträge in die Rücklage einstellen als andere. Diese Variante wäre vorteilhaft, wenn nicht alle Gesellschafter in gleichem Maße zur Bildung bereit oder fähig sind, die Rücklagenbildung aber aus finanzpolitischen Gründen erforderlich ist. Begründet wird diese Auffassung damit, dass eine Rücklage lediglich erfordert, dass ihre Bildung und Auflösung besonderer gesellschaftsrechtlicher Maßnahmen bedarf.[543] Gegen die disquotale Rücklagenbildung spricht die Auffassung, dass der Charakter der gesamthänderisch gebundenen Rücklage auf die gesamthänderische Bindung abstellt.[544] Allerdings liegt eben erst dann gesamthänderische Bindung vor, wenn der abgebildete

---

539 Vgl. *Röhrig/Doege*, DStR 2006, S. 491. Sog. freischwebendes, keinem Gesellschafter zurechenbares Kapital kann es bei der Personengesellschaft nicht geben. Vgl. *Reiß*, DB 2005, S. 360. Gl. A. *Tiede*, StuB 2011, S. 614.

540 Vgl. *Röhrig/Doege*, DStR 2006, S. 491.

541 Vgl. *Oppenländer*, DStR 1999, S. 942; *Huber*, GS Knobbe-Keuk, 1997, S. 203; *Carlé/Bauschatz*, FR 2002, S. 1157; *Strahl*, in: Strahl/Demuth, Personengesellschaften, 2013, S. 32; *Horn*, BuW 2001, S. 625; *Tiede*, StuB 2011, S. 611. A. A. wohl *Scherff/Willeke* für die die individuelle Bildung von Rücklagen möglich ist, diese allerdings keine gesamthänderische Rücklage darstellen und somit mit dem Kapitalanteil auszuweisen sind, vgl. *Scherff/Willeke*, BBK 2004, S. 743.

542 Vgl. *Ley*, KÖSDI 2015, S. 19321; analog FG Hamburg, Urteil v. 10.10.2012, 2 K 171/11, DStRE 2013, S. 969 für den umgekehrten Fall, dass nur ein Gesellschafterdarlehenskonto für alle Gesellschafter geführt wird, bei dem aber die Abbuchungen individualisierbar sind.

543 Vgl. *Röhrig/Doege*, DStR 2006, S. 491.

544 Vgl. *Wälzholz*, DStR 2011, S. 1861; *Zimmermann*, in: Hesselmann/Tillmann/Mueller-Thuns, Handbuch der GmbH

Vermögenswert der Gesamthand selbst, also im wirtschaftlichen Ergebnis den Gesellschaftern anteilig entsprechend ihrer Beteiligung am Gesellschaftsvermögen zusteht. Da das Kapitalkonto I die Beteiligungshöhe des Gesellschafters an dem gesamthänderisch gebundenen Vermögen abbildet, ist die aus dem Kapitalkonto I resultierende Beteiligungshöhe auch für die Wertteilhabe am Rücklagenkonto heranzuziehen. Somit handelt es sich um einen „Etikettenschwindel"[545], wenn die Gegenbuchung einer Gesellschaftereinlage auf dem gesamthänderisch gebundenen Rücklagenkonto gutgeschrieben wird, der Wertzuwachs der Einlage aber ausschließlich dem einlegenden Gesellschafter zusteht. Das gesellschafterspezifische, disquotal gebildete Rücklagenkonto stellt somit vielmehr ein variables Kapitalkonto II dar.[546]

3.3. Passivische Gesellschafterkonten der Personenhandelsgesellschaft

3.3.1. Vorbemerkung

Die Personenhandelsgesellschaft verfügt über keine fest definierte und aus der Bilanz vollständig ersichtliche Haftungsmasse in Form von Festkapital, dessen Aufbringung gesichert und welches zugleich der kurzfristigen Verfügung der Gesellschafter entzogen wäre.[547] Die Gesellschafter sind vielmehr berechtigt, jederzeit Mittel zu Lasten des Eigenkapitals zu entnehmen, sofern gesellschaftsrechtliche Vereinbarungen dem nicht entgegenstehen.[548] Daher knüpft die Haftungskonzeption bei Personenhandelsgesellschaften vielmehr an die persönliche Haftung der Gesellschafter an.

Aus der Zugehörigkeit von Vermögensgegenständen zur Haftungsmasse kann deshalb für die Bestimmung des bilanziellen Eigenkapitals nichts gewonnen werden.[549] Auch die grundlegende Vorschrift des § 120 Abs. 2 HGB gibt selbst keine Auskunft darüber, welche Rechtsnatur die auf dem variablen Kapitalkonto ausgewiesenen Bestände haben.[550] Vielmehr muss die Abgrenzung von Eigen- und Fremdkapital auf die im Rahmen des Finanzierungsverhältnisses gewährten Rechte und Pflichten abstellen.[551] Hierzu ist es erforderlich, die konkreten Merkmale herauszuarbeiten, die den

---

& Co. KG, 2009, § 8, Rz. 94.

545 *Wälzholz*, DStR 2011, S. 1861.

546 Vgl. *Wälzholz*, DStR 2011, S. 1861; *Ley*, KÖSDI 2015, S. 19326.

547 Vgl. *Graf von Kanitz*, WPg 2003, S. 328.

548 § 122 Abs. 1 HGB beschränkt Gewinnentnahmen lediglich dann, wenn diese „zum offenbaren Schaden der Gesellschaft" gereichen.

549 Vgl. *Graf von Kanitz*, WPg 2003, S. 329.

550 Vgl. *ADS*, Rechnungslegung und Prüfung der Unternehmen, 1998, § 247 HGB, Rz. 59.

551 Vgl. *Breuninger/Prinz*, DStR 2006, S. 1346; *Brüggemann/Lühn/Siegel*, KoR 2004, S. 347; *Küting/Reuter*, in: Küting/Pfitzer/Weber, Handbuch der Rechnungslegung, § 272 HGB, Rz. 191 (Mai 2015); *Priester*, DB 1991, S.

gesetzlichen Eigenkapitalposten gemeinsam sind und diese prägen.[552] Allerdings sind sich die Literaturmeinungen bezüglich des maßgeblichen Abgrenzungskriteriums nicht einig. Die verschiedenen Eigenkapitaldefinitionen beruhen zudem nicht auf einem einzigen Merkmal, sondern stützen sich auf mehrere Merkmale.

3.3.2. Handels- und steuerrechtliche Kriterien zur Eigen- und Fremdkapitalabgrenzung

3.3.2.1. Zivilrechtliche Rechtsnatur und Kontenbezeichnung

Die Feststellung der zivilrechtlichen Rechtsnatur der jeweiligen Gesellschafterkonten erfolgt aus der Analyse des Gesellschaftsvertrages. Handelt es sich bei den Zu- und Abgängen auf den Konten um gesellschaftsrechtliche Vorgänge, liegt Eigenkapital vor. Handelt es sich hingegen um schuldrechtliche Vorgänge, stellen die Konten Schulden oder Forderungen dar.[553] Die so festgestellte Rechtsnatur der Konten ist für jeden Gesellschafter verbindlich.[554] Somit ist die unterschiedliche Einordnung von Zahlungsvorgängen, die auf ein und demselben Konto verbucht werden, regelmäßig nicht möglich.[555] In Zweifelsfällen muss die Rechtsnatur der Gesellschafterkonten im Wege der Auslegung des Gesellschaftsvertrages unter Berücksichtigung der von den Gesellschaftern bestimmten zivilrechtlichen Folgen bestimmt werden.[556]

1918; *K. Schmidt*, FS Goerdeler, 1987, S. 489 ff.; *Thiele*, Eigenkapital, 1998, S. 93; *Wiedemann*, FS Beusch, 1993, S. 896. Implizit z. B. *Schweitzer/Volpert*, BB 1994, S. 823 f.; *ADS*, Rechnungslegung und Prüfung der Unternehmen, 1998, § 246 HGB, Rz. 80 ff.

552 Vgl. *Müller*, FS Budde, 1995, S. 448 f.; *Schweitzer/Volpert*, BB 1994, S. 823 f.; *Thiele*, Eigenkapital, 1998, S. 93 ff.; *Sieker*, Eigenkapital, 1991, S. 24 ff.; *Wiedemann*, FS Beusch, 1993, S. 896 ff.

553 Vgl. BFH, Urteil v. 15.5.2008, IV R 46/05, BStBl. II 2008, S. 812; v. 26.6.2007, IV R 29/06, BStBl. II 2008, S. 103; v. 7.4.2005, IV R 24/03, BStBl. II 2005, S. 598; v. 5.6.2002, I R 81/00, BStBl. II 2004, S. 344; v. 27.6.1996, IV R 80/95, BStBl. II 1997, S. 36; v. 3.11.1993, II R 96/91, BStBl. II 1994, S. 88; v. 3.2.1988, I R 394/83, BStBl. II 1988, S. 551; v. 17.12.1980, II R 36/79, BStBl. II 1981, S. 325; OFD Hannover, Verfügung v. 7.2.2008, S 2241a - 96 - StO 222/221, DB 2008, S. 1350; *Demuth*, KÖSDI 2008, S. 16179; *Carlé*, KÖSDI 1985, S. 6096; *Kübler*, DB 1972, S. 943; *Strahl*, KÖSDI 2009, S. 16531. Um eine schuldrechtliche Forderung des Gesellschafters gegen die Personenhandelsgesellschaft handelt es sich, wenn der Gesellschafter insoweit einen unentziehbaren, nur nach den §§ 362 bis 397 BGB erlöschenden Anspruch gegen die Gesellschaft haben soll. Dieser Anspruch muss in der Insolvenz der Gesellschaft wie die Forderung eines Dritten geltend gemacht werden können und ist vor der eigentlichen Auseinandersetzung zu erfüllen; er darf demnach nicht einen Teil des Auseinandersetzungsguthabens des Gesellschafter darstellen, vgl. BFH, Urteil v. 26.6.2007, IV R 29/06, BStBl. II 2008, S. 105.

554 Vgl. *Kahle*, DStZ 2010, S. 722.

555 Vgl. BGH, Urteil v. 23.2.1978, II ZR 145/76, NJW 1978, S. 1053; zustimmend *Wüllenkemper*, BB 1991, S. 1911; *Hennrichs/Pöschke*, in: Wysocki et al., Handbuch des Jahresabschlusses, 2015, Abt. III/1, Rz. 69; *Hopt*, in: Baumbach/Hopt, Handelsgesetzbuch, 2014, § 120 HGB, Rz. 20. A. A. hingegen BFH, Urteil v. 22.7.1987, I R 74/85, BStBl. II 1987, S. 826; v. 3.2.1988, I R 394/83, BStBl. II 1988, S. 553.

556 Vgl. BFH, Urteil v. 15.5.2008, IV R 46/05, BStBl. II 2008, S. 814.

Die Kontenbezeichnung ist für die Abgrenzung der einzelnen Gesellschafterkonten irrelevant und hat somit auch keinen Einfluss auf deren Rechtsnatur (falsa demonstratio non nocet).[557] Auch die Bezeichnung des ganzen Kontensystems (z. B. als Drei-Konten-Modell) ist für die Rechtsnatur der einzelnen Konten letztlich nicht maßgeblich.[558] Die Kontenbezeichnung kann allenfalls ein schwaches Indiz dafür sein, welchen Zweck die Gesellschafter dem Konto beimessen wollten.[559] Die Änderung der Kapitalkontenstruktur ist demnach nur durch eine Änderung des Gesellschaftsvertrages möglich.[560]

Der Rechtscharakter der Konten wird auch nicht durch Fehlbuchungen verändert. Sofern Buchungen jedoch in jahrelanger Übung entgegen den gesellschaftsvertraglichen Regelungen erfolgen, besteht die Vermutung für die konkludente Änderung des Gesellschaftsvertrages.[561] Die Vereinbarung eines Schriftformerfordernisses für Vertragsänderungen steht dem nicht entgegen.[562] Liegen keine oder unklare vertragliche Regelungen zu den die Gesellschafterkonten betreffenden Vorgängen vor und fehlt ein ausdrücklicher Gesellschafterbeschluss, kann die Behandlung eines Sachverhaltes in der Buchführung im Rahmen einer Gesamtwürdigung ein Indiz für das von den Parteien gewollte sein.[563]

Im Ergebnis muss die Rechtsnatur des Gesellschafterkontos unabhängig von der Bezeichnung im Einzelfall durch Auslegung des Gesellschaftsvertrages ermittelt werden.[564]

3.3.2.2. Verlustteilnahme

Das Kriterium der laufenden Verlustverrechnung bedeutet, dass die vom Unternehmen erwirtschafteten Verluste den Rückzahlungsanspruch des Kapitalgebers vermindern, und ist Ausfluss der

---

557 Vgl. BGH, Urteil v. 14.5.1952, II R 40/51, NJW 1952, S. 875; BFH, Urteil v. 15.5.2008, IV R 46/05, BStBl. II 2008, S. 812; v. 27.6.1996, IV R 80/95, BStBl. II 1997, S. 36; *Plassmann*, BB 1978, S. 413; *Salje*, DB 1978, S. 1115; *Carlé*, KÖSDI 1985, S. 6096; *Hollatz*, DStR 1994, S. 1675; *Rodewald*, BB 1997, S. 764; *Ley*, KÖSDI 1994, S. 9978; *Heißenberg*, KÖSDI 2001, S. 12950.

558 Vgl. *Pohl*, NWB 2008, S. 3919.

559 Vgl. *Salje*, DB 1978, S. 1115; BGH, Urteil v. 12.3.2013, II ZR 73/11, DB 2013, S. 1406.

560 Vgl. OFD Hannover, Verfügung v. 7.2.2008, S 2241a - 96 - StO 222/221, DB 2008, S. 1351.

561 Vgl. BGH, Urteil v. 19.12.1977, II ZR 10/76, WM 1978, S. 300; *Carlé/Bauschatz*, FR 2002, S. 1158. Nach OFD Hannover, Verfügung v. 7.2.2008, S 2241a - 96 - StO 222/221, DB 2008, S. 1351 erfolgt dies nur in absoluten Ausnahmefällen.

562 Vgl. BGH, Urteil v. 5.2.1968, II ZR 85/67, BGHZ 49, S. 366. Eine andere Würdigung ergibt sich jedoch im Rahmen von Publikumspersonengesellschaften. Eine jahrelange Übung führt hier nicht zu einer tatsächlichen Vermutung für eine Änderung des Gesellschaftsvertrages. Es liegt vielmehr ein starkes Indiz dafür vor, dass lediglich mehrfach gleichlautende Einzelfallentscheidungen getroffen wurden, vgl. BGH, Urteil v. 5.2.1990, II ZR 94/89, NJW 1990, S. 2684; *Strahl*, in: Strahl/Demuth, Personengesellschaften, 2013, S. 34.

563 Vgl. *Röhrig/Doege*, DStR 2006, S. 491; FG Düsseldorf, Urteil v. 23.11.2000, 10 K 3784 - 96 F, EFG 2001, S. 204.

564 Vgl. BFH, Urteil v. 3.2.1988, I R 394/83, BStBl. II 1988, S. 553; v. 3.11.1993, II R 96/91, BStBl. II 1994, S. 88.

Verlustausgleichsfunktion des Eigenkapitals. Die Teilnahme am Verlust ist für die Qualifizierung der Kapitalüberlassung als Eigenkapital von entscheidender Bedeutung.[565] Nimmt das überlassene Kapital solange am Verlust der Gesellschaft teil, wie es auch der Gesellschaft überlassen ist, handelt es sich um Eigenkapital. Eigenkapital setzt demnach Verlustbeteiligung voraus und besitzt Verlustdeckungspotential. Diese Eigenschaft haben alle Posten, die dem Gesetz nach als Eigenkapital im formellen Sinne auszuweisen sind.[566]

Die Verlustverrechnung wird bilanziell durch eine unmittelbare Verrechnung zum Ausdruck gebracht.[567] Die Kürzung ist bei bestimmten Gesellschafterkonten vorzunehmen, die letztlich hierdurch als Kapitalkonto definiert werden. Der Gesellschafter erlangt gerade keinen unentziehbaren Anspruch gegen die Gesellschaft.[568] In diesem Fall sind stehen gelassene Gewinne mit Einlagen gleichzusetzen. Dem Gesellschafter später zugewiesene Verlustanteile mindern somit seinen Kapitalanteil.[569] Durch die Verbuchung von Verlusten der Gesellschaft unterliegt das Konto zudem der gesamthänderischen Bindung und der Gesellschafter nimmt mit seinem Guthaben an den Risiken des Unternehmens teil.[570] Existieren für einen Gesellschafter mehrere Kapitalkonten, sind diese als Unterkonten eines einheitlichen Kontos mit Eigenkapitalcharakter aufzufassen, zu dessen Ermittlung eine Saldierung der einzelnen Kontostände vorzunehmen ist.[571]

Um das Gesellschafterkonto als Eigenkapitalkonto qualifizieren zu können, ist es notwendig, dass die Verlustverrechnung im Gesellschaftsvertrag geregelt ist.[572] Liegen lediglich Gesellschafterbe-

---

565 Vgl. *IDW*, RS HFA 7, Tz. 13; *ADS*, Rechnungslegung und Prüfung der Unternehmen, 1998, § 247 HGB, Rz. 60; BFH, Urteil v. 15.5.2008, IV R 46/05, BStBl. II 2008, S. 812; v. 4.12.2006, VIII B 61/06, BFH/NV 2007, S. 451 f.; *Ballwieser*, in: Schmidt/Ebke, Handelsgesetzbuch, 2013, § 246 HGB, Rz. 81; *Schweitzer/Volpert*, BB 1994, S. 821; *Wiedemann*, FS Beusch, 1993, S. 897 f.; *Huber*, Vermögensanteil, Kapitalanteil und Gesellschaftsanteil, 1970, S. 248 f.; *Herrmann*, WPg 1994, S. 501. *Sieker* lehnt das Merkmal der Verlustverrechnung für die Eigenkapitalabgrenzung bei Personenhandelsgesellschaften hingegen ab, vgl. *Sieker*, Eigenkapital, 1991, S. 29 ff.

566 Vgl. *Hennrichs/Pöschke*, in: Wysocki et al., Handbuch des Jahresabschlusses, 2015, Abt. III/1, Rz. 20.

567 Vgl. *Bitter/Grashoff*, DB 2000, S. 835; *Kusterer/Kirnberger/Fleischmann*, DStR 2000, S. 609.

568 Vgl. BFH, Urteil v. 15.5.2008, IV R 46/05, BStBl. II 2008, S. 812; v. 26.6.2007, IV R 29/06, BStBl. II 2008, S. 105; v. 7.4.2005, IV R 24/03, BStBl. II 2005, S. 598; v. 4.5.2000, IV R 16/99, BStBl. II 2001, S. 171; v. 3.11.1993, II R 96/91, BStBl. II 1994, S. 88; v. 17.12.1980, II R 36/79, BStBl. II 1981, S. 325; BMF, Schreiben v. 30.5.1997, IV B 2 - S 2241a-51/93 II, BStBl. I 1997, S. 628; *Hoffmann,* in: Prinz/Hoffmann, Beck´sches Handbuch der Personengesellschaften, 2014, § 5, Rz. 68; *Huber*, Vermögensanteil, Kapitalanteil und Gesellschaftsanteil, 1970, S. 248; *Wüllenkemper*, BB 1991, S. 1909; *Korn*, KÖSDI 1994, S. 9909; *Kübler*, DB 1972, S. 943; *Rodewald*, BB 1997, S. 764; *Ley*, KÖSDI 2009, S. 16679; *Strahl*, KÖSDI 2009, S. 16531; *Wacker*, in: Schmidt, EStG, 2016, § 15a EStG, Rz. 87; *von Beckerath*, in: Kirchhof, EStG, 2016, § 15a EStG, Rz. 14; *Pohl*, NWB 2008, S. 3918; *Dötsch*, FS Spindler, 2011, S. 601.

569 Vgl. BFH, Urteil v. 28.3.2000, VIII R 28/98, BStBl. II 2000, S. 347.

570 Vgl. BFH, Urteil v. 7.4.2005, IV R 24/03, BStBl. II 2005, S. 598.

571 Vgl. *Schopp*, BB 1987, S. 584.

572 Vgl. *Strahl*, KÖSDI 2009, S. 16531; *Strahl*, in: Strahl/Demuth, Personengesellschaften, 2013, S. 37; *Demuth*, in:

schlüsse vor, nach denen die Verrechnung etwaiger Jahresfehlbeträge mit Gesellschafterdarlehenskonten angeordnet wird, führt dies nicht dazu, dass es sich bei den entsprechenden Gesellschafterkonten um Eigenkapitalkonten handelt, denn eine konkludente Änderung des Gesellschaftsvertrages ist in diesem Fall nicht erkennbar.[573] Enthält der Gesellschaftsvertrag keine eindeutigen Regelungen zur Verlustverbuchung, hängt die Einordnung der Konten von der tatsächlichen Durchführung der Verlustverbuchung ab.[574] Unter gewissen Umständen kann eine einmalige Verlustverrechnung daher den Kapitalkontencharakter eines Gesellschafterkontos begründen, wenn es sich dabei um eine tatsächliche betriebliche Übung handelt.[575] Um daher auch in dieser Hinsicht Rechtssicherheit zu schaffen, empfiehlt sich in der Praxis eine eindeutige Dokumentation im Gesellschaftsvertrag, welche Gesellschafterkonten Verlustdeckungspotential ausweisen sollen und damit als Eigenkapital zu behandeln sind.[576]

Zudem ist eine Verlustverrechnung nicht mit dem Begriff des Darlehens vereinbar, denn wesentliches Merkmal eines Darlehens ist die vereinbarte Rückzahlung des gesamten überlassenen Kaptalbetrags. Wird dieser Kapitalbetrag nun mit Verlusten verrechnet, ist die Rückzahlung auf den noch nicht verrechneten Betrag begrenzt.[577]

3.3.2.3. Nachrangigkeit

Das Kriterium der Nachrangigkeit resultiert aus der Haftungsfunktion des Eigenkapitals.[578] Das überlassene Eigenkapital ist Teil des Gesamthandsvermögens und steht den Gläubigern als Haftungsmasse zur Verfügung. Unter der Nachrangigkeit des überlassenen Kapitals wird verstanden, dass ein

---

21. KÖSDI-Spezialseminar, 2015, D, Rz. 1.

573 Vgl. BFH, Urteil v. 15.5.2008, IV R 46/05, BStBl. II 2008, S. 812; v. 4.5.2000, IV R 16/99, BStBl. II 2001, S. 171; *Pohl*, NWB 2008, S. 3918; *Strahl*, KÖSDI 2009, S. 16531; FG Köln, Urteil v. 23.6.2005, 10 K 2325/04, DStRE 2005, S. 1190; *Scharfenberg*, SJ 2009, S. 30 f.

574 Vgl. BFH, Urteil v. 4.5.2000, IV R 16/99, BStBl. II 2001, S. 171; BMF, Schreiben v. 30.5.1997, IV B 2 - S 2241a-51/93 II, BStBl. I 1997, S. 627; OFD Hannover, Verfügung v. 7.2.2008, S 2241a - 96 - StO 222/221, DB 2008, S. 1350. Allein die Verrechnungsmöglichkeit reicht demnach nicht aus, vgl. *Wälzholz*, DStR 2011, S. 1817.

575 So BFH, Urteil v. 3.11.1993, II R 96/91, BStBl. II 1994, S. 88; *Scharfenberg*, SJ 2009, S. 30.

576 Zudem empfiehlt sich eine klare Vereinbarung bezüglich der Verlustverrechnung, um das Streitpotential der Gesellschafter zu minimieren. Gerade im Fall des Ausscheidens eines Gesellschafters wird dieser ohne eine derartige Vereinbarung die Auszahlung seiner Guthaben auf den entsprechenden Konten verlangen, ohne dass eventuell bestehende Verlustvorträge auf anderen Konten mindernd zu berücksichtigen sind. Aus Sicht der verbleibenden Gesellschafter wird hingegen immer eine Saldierung der Auszahlungsansprüche mit Verlustvorträgen angestrebt, um nicht nur der erhöhten Verlustbeteiligung zu entkommen, sondern auch den einhergehenden Liquiditätsabfluss zu reduzieren.

577 Vgl. BFH, Urteil v. 27.6.1996, IV R 80/95, BStBl. II 1997, S. 36; v. 4.5.2000, IV R 16/99, BStBl. II 2001, S. 173; v. 26.6.2007, IV R 29/06, BStBl. II 2008, S. 105; v. 15.5.2008, IV R 46/05, BStBl. II 2008, S. 814; BMF, Schreiben v. 30.5.1997, IV B 2 - S 2241a-51/93 II, BStBl. I 1997, S. 627; *Wacker*, in: Schmidt, EStG, 2016, § 15a EStG, Rz. 87; *Ley*, DStR 2009, S. 614.

578 Vgl. *Schluck-Amend/Krispenz*, BB 2012, S. 1848; *ADS*, Rechnungslegung und Prüfung der Unternehmen, 1998,

Rückzahlungsanspruch der Kapitalgeber im Liquidations- oder Insolvenzfall[579] erst dann geltend gemacht werden kann, wenn die Rückzahlungsansprüche aller Fremdkapitalgeber vollständig befriedigt oder hinreichend gesichert worden sind.[580] Durch eine vertragliche Vereinbarung eines Rangrücktritts kann eine Nachrangigkeit hergestellt werden. Dies führt dazu, dass eine entsprechende Befriedigungsreihenfolge der Rückzahlungsansprüche gewährleistet wird.[581]

Scheidet ein Gesellschafter aus der Personenhandelsgesellschaft aus oder wird die Gesellschaft liquidiert, steht dem ausscheidenden Gesellschafter nach § 738 Abs. 2 BGB ein Abfindungsguthaben zu. Bei den Konten, die in die Berechnung des Abfindungsguthabens mit einbezogen werden, handelt es sich daher um Kapitalkonten.[582] Bei der Ermittlung des Abfindungsguthabens kommt es zum Einbezug von positiven mit negativen Gesellschafterkonten. Im Ergebnis handelt es sich hierbei wiederum um eine Art der Verlustverrechnung, allerdings nicht um die laufende Verlustverrechnung, sondern um die Verrechnung von endgültigen, dem Gesellschafter zuzurechnenden Verlusten. Der Gesellschafter nimmt mit seinen nicht entnommenen Gewinnanteilen an der letztmaligen Verlustverrechnung teil. Durch diese Verlustverrechnung im Rahmen der Beendigung der Gesellschaft oder des Ausscheidens des Gesellschafters aus der Gesellschaft werden die Ansprüche der restbetragsberechtigten Eigenkapitalgeber erst nach der Befriedigung aller festbetragsberechtigten Gesellschaftsgläubiger bedient. Es kommt somit die gesamthänderische Bindung des überlassenen Kapitals zum Ausdruck.[583]

---

§ 247 HGB, Rz. 60.

579 Die Frage, ob die Insolvenzforderung als einfache Insolvenzforderung nach § 38 InsO oder als nachrangige Insolvenzforderung nach § 39 InsO zu definieren ist, wird hier nicht weiter erörtert. Ausführlich hierzu vgl. *Schluck-Amend/Krispenz*, BB 2012, S. 1848 f., für welche die nachrangige Insolvenzforderung nach § 39 InsO anzuwenden ist.

580 Vgl. *Thiele*, Eigenkapital, 1998, S. 81; *IDW*, HFA 1/1994, WPg 1994, S. 420; *Schmidt*, FS Goerdeler, 1987, S. 491; *Lutter*, DB 1993, S. 2444; *Küting/Kessler*, BB 1994, S. 2104; *Emmerich/Naumann*, WPg 1994, S. 678; *Küting/Kessler/Harth*, BB Beilage zu Heft 8 1996, S. 6; *Wengel*, DStR 2001, S. 1319; *Kuhn/Schaber/Eichhorn*, BB 2004, S. 316; *Häuselmann*, BB 2007, S. 933; *Haase*, StuB 2009, S. 496; *Große*, DStR 2010, S. 1398; *Vöcking*, Stbg 2013, S. 315; *Ballwieser*, in: Schmidt/Ebke, Handelsgesetzbuch, 2013, § 246 HGB, Rz. 81; *Brüggemann/Lühn/Siegel*, KoR 2004, S. 348; *Küting/Reuter*, in: Küting/Pfitzer/Weber, Handbuch der Rechnungslegung, § 272 HGB, Rz. 192 (Mai 2015); *Scheffler*, Eigenkapital, 2006, S. 25; *Schweitzer/Volpert*, BB 1994, S. 823 f.; *Sieker*, Eigenkapital, 1991, S. 24 ff.

581 Vgl. *Reusch*, BB 1989, S. 2359 f.

582 Vgl. BFH, Urteil v. 15.5.2008, IV R 46/05, BStBl. II 2008, S. 812; v. 27.6.1996, IV R 80/95, BStBl. II 1997, S. 36; FG Düsseldorf, Urteil v. 11.2.2004, 7 K 5737/01, EFG 2004, S. 989; *Kempermann*, DStR 2008, S. 1920; *Rodewald*, BB 1997, S. 764; *Rödel*, INF 2007, S. 457; *Strahl*, KÖSDI 2009, S. 16531; *Hoffmann*, in: Prinz/Hoffmann, Beck´sches Handbuch der Personengesellschaften, 2014, § 5, Rz. 68.

583 Vgl. *Kölpin*, StuB 2005, S. 845. Entscheidend ist, dass das entsprechende Gesellschafterkonto in die Ermittlung des Abfindungsguthabens eingeht. Wird das Gesellschafterkonto nur mit einen etwaigen Abfindungsguthaben verrechnet, reicht dies für die Qualifikation als Eigenkapitalkonto nicht aus, vgl. *Rätke*, BBK 2007, S. 562; *Dötsch*, FS

3.3.2.4. Einlagen und Entnahmen

Das HGB versteht unter Entnahmen jede Art von Vermögenszuwendungen an den Gesellschafter in seiner Eigenschaft als Gesellschafter; nicht darunter fallen folglich Auszahlungen aus schuldrechtlichen Drittgeschäften.[584] Für den Begriff der Einlage existiert im HGB keine unmittelbare Definition; § 121 Abs. 2 HGB spricht jedoch von Leistungen, die im Laufe des Jahres auf den Kapitalanteil geleistet werden.[585] Steuerrechtlich sind Entnahmen alle Wirtschaftsgüter, die der Steuerpflichtige dem Betrieb für sich, für seinen Haushalt oder für andere betriebsfremde Zwecke im Laufe des Wirtschaftsjahres entnommen hat (§ 4 Abs. 1 Satz 2 EStG). Einlagen sind alle Wirtschaftsgüter, die der Steuerpflichtige dem Betrieb im Laufe des Wirtschaftsjahres zugeführt hat (§ 4 Abs. 1 Satz 8 EStG). Sowohl Entnahmen als auch Einlagen wirken sich auf den Gewinn nicht aus (§ 4 Abs. 1 Satz 1 EStG).

Bei Einlagen und Entnahmen handelt es sich demnach um Vorgänge, die gesellschaftsrechtlich veranlasst sind, während die Gewährung eines Darlehens schuldrechtlichen Charakter besitzt. Werden auf einem Darlehenskonto nun Einlagen und Entnahmen erfasst, hat dies zur Folge, dass es zu einer „Eigenkapital-Infizierung des Darlehenskontos“[586] kommt und das entsprechende Konto Eigenkapital ausweist.[587] Die Eigenkapital-Infizierung infolge der Verbuchung von Einlagen und Entnahmen bezieht sich nach der Rechtsprechung aber nur auf das Kapitalkonto II im Zwei-Konten-Modell, da beim Drei- und Vier-Konten-Modell auf den dort geführten Gesellschafterdarlehenskonten explizit sonstige Entnahmen und Einlagen erfasst werden.[588] Zudem muss die Rechtsnatur der Einlagen und Entnahmen auch zweifelsfrei gesellschaftsrechtlicher Natur sein. Liegen nach Auslegung des Gesellschaftsvertrages tatsächlich schuldrechtliche Vereinbarungen vor und wurden die Vorgänge nur fälschlicherweise als Entnahmen und Einlagen bezeichnet, handelt es sich weiterhin

---

Spindler, 2011, S. 602; *Grützner*, in: Lange/Bilitewski/Götz, Personengesellschaften im Steuerrecht, 2015, Rz. 1573.

584 Vgl. *Hopt*, in: Baumbach/Hopt, Handelsgesetzbuch, 2014, § 122 HGB, Rz. 1; *Ehrike*, in: Ebenroth et al., HGB, 2014, § 122 HGB, Rz. 4.

585 Vgl. *Wolf*, StuB 2014, S. 145.

586 *Rödel*, INF 2007, S. 457.

587 Vgl. BFH, Urteil v. 5.6.2002, I R 81/00, BStBl. II 2004, S. 344; v. 26.6.2007, IV R 29/06, BStBl. II 2008, S. 105; v. 4.5.2000, IV R 16/99, BStBl. II 2001, S. 171; v. 27.6.1996, IV R 80/95, BStBl. 1997, S. 36; v. 3.2.1988, I R 394/83, BStBl. II 1988, S. 551.

588 Vgl. BFH, Urteil v. 16.10.2008, IV R 98/06, BStBl. II 2009, S. 272 unter Hinweis auf BFH, Urteil v. 5.6.2002, I R 81/00, BStBl. II 2004, S. 344; v. 4.5.2000, IV R 16/99, BStBl. II 2001, S. 171; v. 27.6.1996, IV R 80/95, BStBl. II 1997, S. 36; v. 3.2.1988, I R 394/83, BStBl. II 1988, S. 551. Nach *Dötsch* hätte der BFH besser daran getan, dieses Kriterium ganz fallen zu lassen, da es für die hier zu erörternde Abgrenzungsfrage nicht weiterhilft, vgl. *Dötsch*, FS Spindler, 2011, S. 605. Ebenso *Pohl*, NWB 2008, S. 3920.

um ein Darlehenskonto.[589] Ob eine Entnahme vorliegt, ist also lediglich eine Folge der Einordnung des betreffenden Gesellschafterkontos als Eigenkapitalkonto und kann nicht zugleich eine Voraussetzung oder ein Indiz für diese Einordnung sein.[590]

Weiterhin ist zu untersuchen, wie sich Entnahmebeschränkungen auf die Qualifizierung des Gesellschafterkontos auswirken. Der Sinn und Zweck von Entnahmebeschränkungen besteht darin, der Gesellschaft die Möglichkeit zu geben, aus Gewinnen Rücklagen zu bilden.[591] Wenn demzufolge das Eigenkapital gestärkt werden soll, müssen die Gesellschafterkonten, auf denen eine Entnahmebeschränkung besteht, in der Konsequenz Eigenkapital darstellen.[592] Daher gilt die Vereinbarung einer Entnahmebeschränkung als Indiz für die Qualifikation als Eigenkapitalkonto,[593] denn der Charakter eines Darlehenskontos ist, dass die Gesellschafter ihre Guthaben im Fälligkeitszeitpunkt jederzeit abziehen können. Eine Entnahmebeschränkung passt daher nicht zum Wesen eines Darlehens. Ist eine Entnahme nur durch einen Gesellschafterbeschluss möglich, zeigt dies ebenfalls, dass die Guthaben nicht in der alleinigen Disposition der einzelnen Gesellschafter stehen, sondern noch gesamthänderisch gebunden sind. Folglich kann ein Forderungsrecht nicht vorliegen, wenn es von einer Mehrheitsentscheidung abhängt, ob ein Guthaben überhaupt ausbezahlt werden darf.[594]

Allerdings lässt sich m. E. bei Vorliegen einer Entnahmebeschränkung nicht generell auf ein Gesellschafterkapitalkonto schließen, denn auch im gesetzlichen Kontenmodell sind grundsätzlich Entnahmen vom Kapitalkonto möglich (§§ 120 Abs. 2, 122 Abs. 1, 161 Abs. 2 HGB).[595] Zudem kann der Gesellschafter die Auszahlung des Guthabens immer dadurch erreichen, dass er seine Gesellschafterstellung zum nächst zulässigen Termin kündigt. Auch stehen Entnahmen der Einordnung des Rück-

---

589 Vgl. BFH, Urteil v. 5.6.2002, I R 81/00, INF 2002, S. 703; *Rödel*, INF 2007, S. 459. In diesem Fall liegt allerdings eine (steuerrechtliche) Entnahme aus dem Sonderbetriebsvermögen des entnehmenden Gesellschafter vor, vgl. *Ley*, DStR 2009, S. 615; *Altendorf*, GmbHR 2009, S. 103.

590 Vgl. *Dötsch*, FS Spindler, 2011, S. 605.

591 Vgl. *Hennrichs/Pöschke*, in: Wysocki et al., Handbuch des Jahresabschlusses, 2015, Abt. III/1, Rz. 63; *Huber*, ZGR 1988, S. 44.

592 Vgl. *Huber*, ZGR 1988, S. 44.

593 Vgl. OFD Hannover, Verfügung v. 7.2.2008, S 2241a - 96 - StO 222/221, DB 2008, S. 1350; *Strahl*, KÖSDI 2009, S. 16532. Wann ein beschränktes Entnahmerecht vorliegt, lässt der BFH in seinem Urteil vom 15.5.2008 offen. Es soll ausreichend sein, „dass der Gesellschafter nicht eigenständig über den Bestand eines Kontos unmittelbar oder mittelbar disponieren kann", *Pohl*, NWB 2008, S. 3918. Bei einer Ein-Personen-GmbH & Co. KG ist ein beschränktes Entnahmerecht somit nur schwer vorstellbar, vgl. *Pohl*, NWB 2008, S. 3918.

594 Vgl. *Rödel*, INF 2007, S. 459.

595 So auch *Pohl*, NWB 2008, S. 3918. Auch für *Kempermann* gehört es gerade zum Wesen von Gewinnen, die auf Kapitalkonten verbucht werden, dass sie zumindest teilweise entnommen werden können, vgl. *Kempermann*, DStR 2008, S. 1920.

lagenkontos im Zwei-Konten-Modell nicht entgegen.[596] Die zwingende Notwendigkeit eines Entnahmeverbots für die Einordnung eines Gesellschafterkontos als Eigenkapital lässt sich auch nicht unter Hinweis auf § 15a EStG rechtfertigen, denn nach dieser Regelung sind Entnahmen zu Lasten des Gesellschafterkapitals erkennbar zulässig.[597] Im Ergebnis stellen Entnahmebeschränkungen lediglich Fälligkeitsvereinbarungen dar. Da aber auch die Fälligkeit eines Darlehens bis zur Liquidation der Gesellschaft hinausgeschoben werden kann, sind Entnahmebeschränkungen als Abgrenzungskriterium von Eigen- und Fremdkapital nicht relevant.[598]

Unberechtigte Entnahmen haben ebenfalls keine Indizwirkung für ein Kapitalkonto, da diese ein Forderungsrecht der Gesellschaft gegen den Gesellschafter entstehen lassen.[599] Die Problematik besteht hier aber vielmehr in der falschen Verwendung des Terminus Entnahme. Bei unzulässigen Entnahmen handelt es sich wirtschaftlich nicht um eine Entnahme, sondern um die Auszahlung eines Darlehens (wenn das Gesellschafterkonto dadurch aktivisch wird) oder um die Auszahlung einer Forderung des Gesellschafters. Dieser wirtschaftliche Sachverhalt darf dann auch nur auf den entsprechenden Gesellschafterkonten abgebildet werden.

3.3.2.5. Dauerhaftigkeit der Mittelüberlassung

Das Kriterium der Dauerhaftigkeit der Mittelüberlassung liegt vor, wenn das Kapital für einen längerfristigen Zeitraum überlassen wird, währenddessen keine Partei die Rückzahlung verlangen kann.[600] Somit ist das Kriterium Ausfluss der Kontinuitätsfunktion und wird von einem Teil des Schrifttums als notwendiges Eigenkapitalmerkmal angesehen.[601] Die Konkretisierung dieses Merkmales wird in der Literatur allerdings nicht einheitlich vorgenommen. So ist das Kriterium der Dauerhaftigkeit bspw. nur dann erfüllt, wenn das Eigenkapital nicht durch eine einseitige Kündigung des Kapitalgebers entzogen werden kann.[602] Bei einer bestehenden Kündigungsmöglichkeit seitens

---

596 Vgl. *Ley*, KÖSDI 2014, S. 18846.

597 Vgl. Ley, KÖSDI 2014, S. 18846 f.

598 Vgl. BGH, Urteil v. 23.2.1978, II ZR 145/76, NJW 1978, S. 1053; *Ley*, KÖSDI 1994, S. 997; *Huber*, ZGR 1988, S. 82; *Pohl*, NWB 2008, S. 3918.

599 Vgl. *Rödel*, INF 2007, S. 457.

600 Vgl. *IDW*, HFA 1/1994, WPg 1994, S. 420. In der Literatur werden für dieses Kriterium unterschiedliche Terminologien verwendet. So verwenden die HFA-Stellungnahme und *Schubert* den Begriff „Längerfristigkeit“, vgl. *IDW*, HFA 1/1994, WPg 1994, S. 420; *Schubert*, in: Förschle et al., Beck´scher Bilanz-Kommentar, 2016, § 247 HGB, Rz. 228. *Baetge/Brüggemann* sprechen hingegen von der „Nachhaltigkeit“, vgl. *Baetge/Brüggemann*, DB 2005, S. 2147. *Emde* benutzt den Begriff „Dauerhaftigkeit“, vgl. *Emde*, Genußschein, 1987, S. 19 f.

601 Vgl. *Thiele*, Eigenkapital, 1998, S. 81; *Herrmann*, WPg 1994, S. 501; *Küting/Reuter*, in: Küting/Pfitzer/Weber, Handbuch der Rechnungslegung, § 272 HGB, Rz. 192 (Mai 2015); *Wiedemann*, FS Beusch, 1993, S. 896 f.

602 Vgl. *K. Schmidt*, JZ 1984, S. 772; *K. Schmidt*, FS Goerdeler, 1987, S. 491; *K. Schmidt*, Gesellschaftsrecht, 2002, S.

des Kapitalgebers fordert das Schrifttum eine Mindestkündigungsfrist von zwei Jahren.[603] Daneben findet sich auch die Meinung, dass das Kriterium erfüllt ist, wenn das Kapital „für einen längerfristigen Zeitraum“[604] überlassen wird. Was unter einem längerfristigen Zeitraum zu verstehen ist, wird in der Literatur jedoch sehr unterschiedlich ausgelegt.[605] Ferner wird die Auffassung vertreten, dass es als Eigenkapitalmerkmal ausreichen soll, wenn das Kapital nur in einem formellen Kapitalherabsetzungsverfahren oder mit der Auflösung der Mitgliedschaft des Gesellschafters zurückgezahlt werden darf.[606]

Im Grundsatz kann es sich im Rahmen von Personenhandelsgesellschaften beim Kriterium der Dauerhaftigkeit um kein notwendiges Abgrenzungskriterium handeln, da nahezu keine Kapitalüberlassung von Dauer ist.[607] Durch die Kündigungsmöglichkeit des Gesellschafter gem. § 723 Abs. 1 BGB i. V. m. §§ 105 Abs. 3 HGB, 161 Abs. 2 HGB ist ein Abzug des überlassenen Kapitals auch mit der Mindestvorlaufzeit gem. § 132 HGB von sechs Monaten bzw. mit einer entsprechenden Regelung im Gesellschaftsvertrag jederzeit möglich. Ebenso sind die Gesellschafter einer Personengesellschaft grundsätzlich befugt, Mittel zu Lasten des Eigenkapitals zu entnehmen.

3.3.2.6. Verzinsung

Im Rahmen der Einordnung von Gesellschafterkonten bei Personenhandelsgesellschaften deutet die gewinnunabhängige Verzinsung auf das Vorliegen eines Darlehenskontos hin.[608] Zwar ist die

---

418.

603 Vgl. *Küting/Reuter*, in: Küting/Pfitzer/Weber, Handbuch der Rechnungslegung, § 272 HGB, Rz. 194 ff. (Mai 2015).

604 Vgl. *IDW*, HFA 1/1994, WPg 1994, S. 420.

605 *Emmerich/Naumann* gehen von einer Laufzeit zwischen 15 und 25 Jahren aus, vgl. *Emmerich/Naumann*, WPg 1994, S. 683. *Müller/Reinke* nehmen Bezug zum BGH-Urteil v. 5.10.1992 (II ZR 172/91, BGHZ 119, S. 305) und fordern eine Laufzeit von 20 Jahren, vgl. *Müller/Reinke*, WPg 1995, S. 571. *Schubert/Waubke* fordern hingegen eine Mindestlaufzeit von fünf Jahren mit zweijähriger Kündigungsfrist, vgl. *Schubert/Waubke*, in: Förschle et al., Beck´scher Bilanz-Kommentar, 2016, § 266 HGB, Rz. 191. Für *Wengel* ist bereits eine Laufzeit von fünf bis zehn Jahren ausreichend, vgl. *Wengel*, DStR 2000, S. 397; *Wengel*, DStR 2001, S. 1319 ff. Andere Autoren sprechen sich für eine unbefristete Kapitalüberlassung aus, so bspw. *Thiele*, Eigenkapital, 1998, S. 140; *Brüggemann/Lühn/ Siegel*, KoR 2004, S. 349; *Baetge/Brüggemann*, DB 2005, S. 2148.

606 Vgl. *Wiedemann*, FS Beusch, 1993, S. 897.

607 Vgl. *Bundessteuerberaterkammer*, DStR 2006, S. 668; *Graf von Kanitz*, WPg 2003, S. 329; *Hennrichs/Pöschke*, in: Wysocki et al., Handbuch des Jahresabschlusses, 2015, Abt. III/1, Rz. 20; *Lutter*, DB 1993, S. 2444; *Schweitzer/Volpert*, BB 1994, S. 824 f.; *Müller*, FS Budde, 1995, S. 457; a. A. *Baetge/Kirsch/Thiele, Bilanzen*, 2014, S. 532 f.; *Röhrig/Doege*, DStR 2006, S. 491; *K. Schmidt*, FS Goerdeler, 1987, S. 491; *Lipp*, Stille Gesellschaft, 2014, S. 62; *Eichfelder*, Ubg 2013, S. 179. Die Gegenauffassung zieht die Gläubigerschutzfunktion heran. Um diese zu gewährleisten, ist eine bestimmte Mindestüberlassungsdauer sicherzustellen. Allerdings tritt die Gläubigerschutzfunktion im Rahmen von Gesellschaftern einer Personenhandelsgesellschaft aufgrund derer unbeschränkter Haftung m. E. in den Hintergrund.

608 Vgl. BFH, Urteil v. 15.5.2008, IV R 46/05, BStBl. II 2008, S. 812; BGH, Urteil v. 21.5.1952, II ZR 114/51, DB 1952, S. 486; OFD Hannover, Verfügung v. 7.2.2008, S 2241a - 96 - StO 222/221, DB 2008, S. 1350; *Wiedemann*,

gewinnunabhängige Verzinsung ein Indiz für das Vorliegen von Fremdkapital, allerdings sieht der BFH hierin keine zwingende Schlussfolgerung, denn es handelt sich insoweit um ein betriebswirtschaftliches und nicht um ein aus rechtlicher Sicht begriffsnotwendiges Kriterium.[609] Fehlt hingegen eine Verzinsung, ist dies ein Indiz für den Eigenkapitalcharakter eines Kontos.[610] Ferner lässt sich vom Vorliegen einer gewinnabhängigen Verzinsung nicht zwangsläufig auf ein Gesellschafterdarlehenskonto schließen. Demnach ist sie für die Einordnung als Eigenkapital nicht abträglich, denn auch das Gesetz sieht in § 168 Abs. 1 HGB i. V. m. § 121 Abs. 1 HGB explizit die gewinnabhängige Verzinsung des Kapitalanteils vor.[611]

Im Ergebnis dürfte die Verzinslichkeit eines Kontos für dessen Einordnung als Kapital- oder Darlehenskonto unmaßgeblich sein,[612] da handelsrechtlich sowohl die Verzinsung von Fremdkapital (§ 111 HGB) als auch die Verzinsung von Eigenkapital gleichermaßen typisch und üblich ist.[613]

3.3.2.7. Sonstige Kriterien

Weitere Kriterien für die Abgrenzung zwischen Kapital- und Gesellschafterdarlehenskonto könnten Regelungen über das Stellen von Sicherheiten, Treffen von Tilgungsvereinbarungen und Festlegen von Höchstbeträgen sein.[614]

Durch diese Kriterien sollen insbesondere die Besonderheiten des Einzelfalles Berücksichtigung finden.[615] Beim Vorliegen dieser Vereinbarungen könnte dies im Einzelfall daher für die Qualifikation als Gesellschafterdarlehenskonto sprechen.[616] Liegen diese Vereinbarungen hingegen nicht vor,

---

FS Beusch, 1993, S. 898; *Strahl*, in: Strahl/Demuth, Personengesellschaften, 2013, S. 38.

609 Vgl. BFH, Urteil v. 15.5.2008, IV R 46/05, BStBl. II 2008, S. 812 mit Verweis auf *K. Schmidt*, Gesellschaftsrecht, 2002, S. 515; *Michalski/de Vries*, NZG 1999, S. 183. So auch *Wälzholz*, DStR 2011, S. 1817.

610 Vgl. BFH, Urteil v. 15.5.2008, I R 46/05, BStBl. II 2008, S. 812; v. 9.12.1996, II ZR 341/95, DStR 1997, S. 505; BGH, Urteil v. 9.12.1996, II ZR 341/95, DStR 1997, S. 505; *Strahl*, in: Strahl/Demuth, Personengesellschaften, 2013, S. 38.

611 Vgl. BFH, Urteil v. 15.5.2008, IV R 46/05, BStBl. II 2008, S. 812; v. 22.8.1990, I R 119/86, BStBl. II 1991, S. 418; *Ballwieser*, in: Schmidt/Ebke, Handelsgesetzbuch, 2013, § 247 HGB, Rz. 64.

612 Vgl. BFH, Urteil v. 3.2.1988, I R 394/83, BStBl. II 1983, S. 553; v. 27.6.1996, IV R 80/95, BStBl. 1997, S. 36; FG Köln, Urteil v. 23.6.2005, 10 K 2325/04, DStRE 2005, S. 1190; FG Hessen, Urteil v. 17.6.2004, 11 K 2330/02, EFG 2007, S. 171; *Rätke*, BBK 2007, S. 562; *Wüllenkemper*, BB 1991, S. 1909; *Rodewald*, BB 1997, S. 764; *Ley*, DStR 2009, S. 614; *Carlé/Bauschatz*, FR 2002, S. 1159; *Hoffmann*, in: Prinz/Hoffmann, Beck´sches Handbuch der Personengesellschaften, 2014, § 5, Rz. 68; *Gocke/Rogall*, FS Schaumburg, 2009, S. 348; *Wälzholz*, DStR 2011, S. 1816. A. A. *Röhrig/Doege*, die in der Gewinnabhängigkeit der laufenden Vermögensausschüttungen Eigenkapital und bei fester Zinsvereinbarung Fremdkapital annehmen, vgl. *Röhrig/Doege*, DStR 2006, 491, die sich auf *K. Schmidt*, FS Goerdeler, 1987, S. 491 beziehen.

613 Vgl. *Ley*, DStR 2009, S. 614, mit Verweis auf BFH, Urteil v. 27.6.1996, IV R 80/95, BStBl. II 1997, S. 36.

614 Vgl. BFH, Urteil v. 27.6.1999, IV R 80/95, BStBl. II 1997, S. 36.

615 Vgl. *Rödel*, INF 2007, S. 457; ähnlich *Pohl*, NWB 2008, S. 3920.

616 Vgl. BFH, Urteil v. 4.5.2000, IV R 16/99, BStBl. II 2001, S. 171.

ist allerdings nicht zwingend vom Kapitalkontencharakter auszugehen, wenn das Guthaben auf dem Gesellschafterkonto jederzeit entnahmefähig ist.[617] Ferner kommt es für die Einordnung als Darlehenskonto bezüglich der fortlaufenden Tilgung oder der Verzinsung nicht auf die Fremdüblichkeit an.[618]

Ferner werden die Mitwirkungs-, Kontroll- und Informationsrechte in der Literatur lediglich als definitorische Elemente des Eigenkapitals genannt.[619] Ansonsten bleiben diese als Eigenkapitalmerkmal fast immer unberücksichtigt.[620]

3.3.2.8. Würdigung der handels- und steuerrechtlichen Abgrenzungskriterien

Im Rahmen der handelsrechtlichen Kapitalabgrenzung wird in der Praxis auf die vom Hauptfachausschuss herausgegebene Stellungnahme des IDW vom 6.2.2012[621] abgestellt. Im Ergebnis werden nach IDW RS HFA 7 die bereitgestellten Mittel nur dann als Eigenkapital qualifiziert, wenn

- künftige Verluste mit diesen Mitteln bis zur vollen Höhe – auch mit Wirkung gegenüber den Gesellschaftsgläubigern – zu verrechnen sind (Grundsatz der vollen Verlustteilnahme) und wenn
- im Fall der Insolvenz der Gesellschaft eine Insolvenzforderung nicht geltend gemacht werden kann oder im Fall einer Liquidation der Gesellschaft Ansprüche erst nach der Befriedigung aller Gesellschaftsgläubiger mit dem sonstigen Eigenkapital auszugleichen ist (Grundsatz der Nachrangigkeit).[622]

Keine notwendigen Kriterien für die Eigenkapitalqualifikation stellen bei Personenhandelsgesellschaften die Dauerhaftigkeit der Mittelüberlassung und die Entnahmemöglichkeiten der Gesellschafter dar, da die Gesellschafter jederzeit eine Entnahme zulasten des Eigenkapitals beschließen können.[623] Allerdings kann eine Daueranlageabsicht der zur Verfügung gestellten Mittel möglicherweise

---

617 Vgl. BFH, Urteil v. 16.10.2008, IV R 98/06, BStBl. II 2009, S. 272; anders noch die Vorinstanz FG Hamburg, Urteil v. 20.10.2006, 7 K 151/04, EFG 2007, S. 405. Ebenfalls a. A. OFD Hannover, Verfügung v. 7.2.2008, S 2241a - 96 - StO 222/221, DB 2008, S. 1350.

618 Vgl. BFH, Urteil v. 24.1.2008, IV R 66/05, BFH/NV 2008, S. 1301.

619 Vgl. *Vormbaum*, Finanzierung, 1995, S. 37; *Herrmann*, WPg 1994, S. 501.

620 Vgl. *Thiele*, Eigenkapital, 1998, S. 84.

621 *IDW*, RS HFA 7, WPg-Supplement 2012, S. 73 ff.

622 Vgl. *IDW*, RS HFA 7, Rz. 13.

623 Vgl. *IDW*, RS HFA 7, Rz. 14. Hierzu abweichend *IDW*, HFA 1/1994, WPg 1994, S. 419 ff.

ein erstes Indiz für einen Eigenkapitalcharakter sein.[624] Auch die Vornahme einer Verzinsung stellt im Rahmen der handelsrechtlichen Kapitalabgrenzung kein erforderliches Kriterium dar.[625] Die vom IDW geforderten Kriterien bilden somit die Haftungsfunktion des Eigenkapitals zutreffend ab.[626]

Diese Abgrenzungssystematik gilt aufgrund des Maßgeblichkeitsprinzips grundsätzlich auch für die steuerliche Abgrenzung von Eigen- und Fremdkapital. Allerdings übernimmt das Steuerrecht die handelsrechtliche Sichtweise nicht komplett, sondern orientiert sich an der aus der Rechtsprechung des BFH[627] entwickelten steuerlichen Abgrenzungssystematik, die wie folgt dargestellt werden kann.

Das Kernkriterium für den Eigenkapitalcharakter eines Gesellschafterkontos ist demnach die Verlustverrechnung. Im Gegensatz zur handelsrechtlichen Einordnung i. S. d. IDW gilt dies auch dann, wenn dem Gesellschafterkonto nicht die laufenden Verluste belastet werden, das Konto im Fall des Ausscheidens oder der Beendigung der Gesellschaft aber in die Ermittlung des Auseinandersetzungsguthabens mit einbezogen wird.[628] Die laufende Verlustverrechnung ist für die Qualifikation eines Gesellschafterkontos als Eigenkapitalkonto also lediglich hinreichend, aber nicht notwendig.[629] Gleiches gilt für das Kriterium der Nachrangigkeit. Liegt der Sonderfall des Gesellschafters ohne Verlustbeteiligung vor, nimmt das Gesellschafterkonto nicht am laufenden Verlust, aber an der Berechnung des Abfindungsguthabens teil. Da im Zuge dieser Schlussberechnung das entsprechende Gesellschafterkonto an der Verlustverrechnung teilnimmt, handelt es sich also gar nicht um einen Gesellschafter ohne Verlustbeteiligung, sondern nur um eine aufgeschobene Verlustbeteiligung. Das Gesellschafterkonto stellt in diesem Fall wie bereits dargestellt Eigenkapital dar.[630] Anders verhält es sich, wenn das Gesellschafterkonto nicht am laufenden Verlust teilnimmt und der Gesellschafter im

---

624 Vgl. *Graf von Kanitz*, WPg 2003, S. 329; *Herrmann*, WPg 1994, S. 501; *Scherff/Willeke*, BBK 2004, S. 740.

625 Vgl. *Hoffmann*, in: Prinz/Hoffmann, Beck'sches Handbuch der Personengesellschaften, 2014, § 5, Rz. 68; *Graf von Kanitz*, WPg 2003, S. 329; *Scherff/Willeke*, BBK 2004, S. 740.

626 Vgl. *Schluck-Amend/Krispenz*, BB 2012, S. 1847; *ADS*, Rechnungslegung und Prüfung der Unternehmen, 1998, § 247 HGB, Rz. 60.

627 Vgl. BFH, Urteil v. 16.10.2008, IV R 98/06, BStBl. II 2009, S. 272; v. 3.12.1980, II R 66/77, BStBl. II 1981, S. 280; v. 3.11.1992, II R 94/80, BStBl. II 1983, S. 240; v. 26.6.2007, IV R 29/06, BStBl. II 2008, S. 103; v. 24.1.2008, IV R 37/06, BStBl. II 2011, S. 617; v. 24.8.2008, IV R 66/05, BFH/NV 2008, S. 1302; v. 15.5.2008, IV R 46/05, BStBl. II 2008, S. 812. Der BFH hat sich in einigen Urteilen auch explizit zum Handelsrecht geäußert.

628 Für *Wälzholz* ist es jedoch handels- und insolvenzrechtlich zweifelhaft, ob die bloße Verrechnung mit einem negativen Kapitalkonto bei Liquidation und Ausscheiden zur Einstufung als Eigenkapital ausreicht, ohne dies allerdings näher zu begründen, vgl. *Wälzholz*, DStR 2011, S. 1817.

629 Vgl. BFH, Urteil v. 15.5.2008, IV R 46/05, BStBl. II 2008, S. 812; v. 7.4.2005, IV R 24/03, BStBl. II 2005, S. 598; *Kahle*, DStZ 2010, S. 723; *Dötsch*, FS Spindler, 2011, S. 602; *Kempermann*, S:R 2008, S. 289. A. A. FG Baden-Württemberg, Urteil v. 8.4.2003, 11 K 225/00, EFG 2003, S. 996.

630 Vgl. *Hennrichs/Pöschke*, in: Wysocki et al., Handbuch des Jahresabschlusses, 2015, Abt. III/1, Rz. 22.

Falle der Liquidation oder der Insolvenz seine Einlage außerhalb der Auseinandersetzungsrechnung oder vor den übrigen Gesellschaftern geltend machen kann. In diesem Fall ist die Verlustbeteiligung nicht nur aufgeschoben, sondern auch aufgehoben. Folglich handelt es sich um ein Darlehenskonto.[631] Ferner kann im Einzelfall vereinbart sein, dass einzelne Gesellschafterkonten nur am laufenden Verlust teilnehmen sollen, bei der Ermittlung des Abfindungsguthabens aber nicht teilnehmen. Solche Gesellschafterkonten besitzen dennoch Eigenkapitalcharakter, da der Bevorrechtigte nichts erhält, wenn die Beträge auf den entsprechenden Konten durch laufende Verluste aufgezehrt worden sind.[632] Die Beträge auf den Konten haben im Ergebnis Haftcharakter und stellen einen Haftungsverbund dar.[633] Während der Dauer der Gesellschaft müssen sie bilanziell als Eigenkapital abgebildet werden.[634] Das Kriterium der laufenden Verlustverrechnung wiegt damit schwerer als das Kriterium der Nachrangigkeit, sodass das Kriterium der Nachrangigkeit nicht als allein entscheidendes Merkmal angesehen werden kann.

Fraglich ist allerdings, ob die bei der Ermittlung des Abfindungsguthabens implizite Verlustverrechnung durch ein Entnahmeverbot abgesichert werden müsste. Der BFH hat in seinem Urteil vom 7.4.2005 für ein vom Kommanditisten der KG gewährtes sog. Finanzplandarlehen entschieden, dass dieses Finanzplandarlehen sein Kapitalkonto erhöhe, wenn es den vertraglichen Bestimmungen zufolge im Fall des Ausscheidens oder der Liquidation der Gesellschaft mit einem bestehenden negativen Kapitalkonto verrechnet werde und wenn es – als zusätzliches Erfordernis – während des Bestehens der Gesellschaft vom Kommanditisten nicht gekündigt werden dürfe.[635] Demzufolge könnte auf den ersten Blick hergeleitet werden, dass die Einordnung eines Gesellschafterkontos, mit dessen Guthaben die Verlustanteile nicht laufend, sondern nur bei Berechnung des Abfindungs- oder Auseinandersetzungsguthabens des Gesellschafters verrechnet werden, als Eigenkapitalkonto zusätzlich das Verbot aller Entnahmen von diesem Konto voraussetze. Im BFH-Urteil vom 15.5.2008 wird für die Einordnung als Kapitalkonto allerdings kein vollständiges Entnahmeverbot für stehen gelassene Gewinne gefordert.[636] Die Unschädlichkeit beschränkter Entnahmen begründet der BFH mit folgender Erwägung: Im Gegensatz zum BFH-Urteil vom 7.4.2005 handelte es sich nicht um ein Finanz-

---

631 Vgl. *Hennrichs/Pöschke*, in: Wysocki et al., Handbuch des Jahresabschlusses, 2015, Abt. III/1, Rz. 22.

632 So auch *Hennrichs/Pöschke*, in: Wysocki et al., Handbuch des Jahresabschlusses, 2015, Abt. III/1, Rz. 21.

633 Vgl. *Gocke/Rogall*, FS Schaumburg, 2009, S. 348.

634 Vgl. *Hennrichs/Pöschke*, in: Wysocki et al., Handbuch des Jahresabschlusses, 2015, Abt. III/1, Rz. 21; *Knobbe-Keuk*, ZIP 1983, S. 129 f.; *Schön*, ZGR 1990, S. 229.

635 Vgl. BFH, Urteil v. 7.4.2005, IV R 24/03, BStBl. II 2005, S. 598.

636 Vgl. BFH, Urteil v. 15.5.2008, IV R 46/05, BStBl. II 2008, S. 814. Im Streitfall ging es um das Darlehenskonto im

plandarlehen, sondern um ein „Darlehenskonto“, welches durch Anteile am Gesellschaftsgewinn gespeist worden sei. Nach § 120 Abs. 2 HGB gehören diese Gewinnanteile zum Kapitalanteil des Gesellschafters. Aus den gesetzlichen Regelungen zum Entnahmerecht der Gesellschafter (§§ 122, 167 Abs. 2 HGB) lasse sich zudem entnehmen, dass es zum Wesen der Gewinnanteile gehöre, teilweise entnommen zu werden.[637]

Daher stellt das Kriterium der Entnahmefähigkeit von Guthaben bei der Abgrenzung von Eigen- und Fremdkapital kein Kernkriterium dar, sondern kann allenfalls ergänzend für die Einordnung von Gesellschafterkonten herangezogen werden. Der Umstand, dass der Gesellschafter nicht sofort über sein Guthaben verfügen kann, spricht nicht ohne Weiteres gegen dessen Fremdkapitalcharakter, da auch Gesellschafterdarlehen mit Kündigungsbeschränkungen versehen sein können, die in ihrem wirtschaftlichen Gehalt Entnahmebeschränkungen beim Eigenkapital gleichstehen.[638]

Hingegen muss die Auswirkung einer unbeschränkten Entnahmeberechtigung auf die Einordnung eines Gesellschafterkontos genauer analysiert werden, denn es ist nicht geklärt, ob eine unbeschränkte Entnahmeberechtigung der Einordnung eines Gesellschafterkontos als Kapitalkonto entgegensteht. Dies hat der BFH ausdrücklich offengelassen.[639]

Auf der einen Seite kann argumentiert werden, dass ein Gesellschafterkonto bei unbeschränkter Entnahmemöglichkeit und bestehender Verlustverrechnung kein Eigenkapital der Gesellschaft darstellen kann,[640] denn der Gesellschafter ist insofern in der Lage, durch rechtzeitiges Abziehen seines Guthabens dessen Verrechnung mit den ihm zugewiesenen Verlustanteilen zu vermeiden. Die Haftung des Gesellschafters bestünde infolgedessen nur auf dem Papier; ferner verringert sich durch rechtzeitige Entnahmen de facto das Verlustverrechnungspotential für den Gesellschafter.[641] Dann entfällt allerdings auch der entscheidende Grund dafür, weshalb ein solches „Darlehenskonto“ über-

---

Vier-Konten-Modell, auf dem die Verlustanteile des Kommanditisten zwar nicht laufend belastet wurden, das aber beim Ausscheiden des Kommanditisten oder bei Beendigung der KG in die Ermittlung des Abfindungsguthabens einzubeziehen war. Für dieses lag kein vollständiges Entnahmeverbot vor, da es den Gesellschaftern gestattet war, Zinsen und Beträge zur Begleichung von Steuerzahlungen zu entnehmen, die ihren Ursprung in der Tätigkeit der KG hatten.

637 Vgl. BFH, Urteil v. 15.5.2008, IV R 46/05, BStBl. II 2008, S. 814.

638 Vgl. *Strahl*, in: Strahl/Demuth, Personengesellschaften, 2013, S. 38.

639 Vgl. BFH, Urteil v. 15.5.2008, IV R 46/05, BStBl. II 2008, S. 812; Strahl, KÖSDI 2009, S. 16532; *Pohl*, NWB 2008, S. 3918; *Strahl*, in: Strahl/Demuth, Personengesellschaften, 2013, S. 38. Auch die Finanzverwaltung problematisiert dies in ihrem Schreiben v. 11.7.2011 (IV C 6 - S 2178/09/10001, BStBl. I 2011, S. 713) nicht.

640 So auch *Kempermann*, FR 2008, S. 1113; *Pohl*, NWB 2008, S. 3915; *Scharfenberg*, SJ 2008, S. 22; *Dötsch*, FS Spindler, 2011, S. 604; *Heuermann*, in: Blümich, EStG/KStG/GewStG, § 15a EStG, Rz. 39 (Oktober 2015).

641 Vgl. *Heuermann*, in: Blümich, EStG/KStG/GewStG, § 15a EStG, Rz. 39 (Oktober 2015).

haupt als Kapitalkonto qualifiziert werden kann. Im Rahmen dieser Argumentation wird indirekt auf die Verknüpfung der Merkmale Nachrangigkeit und Dauerhaftigkeit zurückgegriffen. Das Merkmal Nachrangigkeit der Rückzahlungsansprüche resultiert aus der Haftungsfunktion. Um die Haftungsfunktion zu gewährleisten, muss allerdings neben dem Merkmal der Nachrangigkeit auch das Merkmal der Dauerhaftigkeit hinzutreten, denn wenn es einem Eigenkapitalgeber möglich wäre, sein überlassenes Kapital beliebig zurückzufordern, könnte er sich dadurch faktisch der Haftung entziehen.[642]

Meines Erachtens ist das alles entscheidende Merkmal allerdings die Verlustverrechnung,[643] denn letztendlich kann es auf die Entnahmemöglichkeiten nicht ankommen, da sich der Haftungsumfang des persönlich haftenden Gesellschafters auch auf sein nicht bilanzierungsfähiges Privatvermögen bezieht. Zudem ist der persönlich haftende Gesellschafter bei Ausscheiden oder Liquidation verpflichtet, einen negativen Kapitalanteil auszugleichen.[644] Demnach werden die zuvor entnommenen Beträge wieder mittelbar zur Verlustverrechnung herangezogen.[645] Um im Zweifelsfall eine Einordnung als Darlehenskonto zu vermeiden, sollte eine unbeschränkte Entnahmemöglichkeit jedoch vermieden werden. Über die Standardentnahmen (Zinsen, Steuern) hinausgehende Entnahmen sollten zudem von einem Gesellschafterbeschluss abhängig gemacht werden.[646]

Das Kriterium der Verzinslichkeit eines Gesellschafterkontos ist für die Kapitalabgrenzung von nachrangiger Bedeutung.[647] Zudem kommt es für die Bestimmung des Rechtscharakters eines passiven Gesellschafterkontos nicht auf dessen Bezeichnung an.

Die Ausführungen zu den einzelnen Kriterien besitzen aber keine Allgemeingültigkeit. Steht die Rechtsnatur eines Kontos nicht bereits durch das Kernkriterium der Verlustverrechnung fest, haben die übrigen Kriterien eine Indizwirkung und besitzen somit bedeutenden Einfluss auf die Rechtsnatur des einzuordnenden Kontos.[648] Unterliegt ein Gesellschafterkonto jedoch der laufenden oder einma-

---

642 Vgl. *Thiele*, Eigenkapital, 1998, S. 55; *Schneider*, DB 1987, S. 187; *Schneider*, Investition, 1992, S. 50 f.

643 So auch *Demuth*, für den auch dann Eigenkapital vorliegt, wenn der Gesellschafter eine unbeschränkte Entnahmeberechtigung besitzt. Für ihn ist die Verlustverrechnung das unter allen Umständen maßgebende Abgrenzungskriterium und prägendes Merkmal für die Annahme von materiellem Eigenkapital, vgl. *Demuth*, KÖSDI 2008, S. 16181.

644 Vgl. hierzu Gliederungspunkt 3.1.1.2.3.

645 Anders verhält es sich beim beschränkt haftenden Gesellschafter, den im Fall des Ausscheidens oder der Liquidation grundsätzlich keine Nachschusspflicht trifft (vgl. hierzu Gliederungspunkt 3.1.1.2.3.). Da sich der beschränkt haftende Gesellschafter somit endgültig der Haftung entzieht, sprechen gute Gründe für die Fremdkapitalqualifikation des betreffenden Gesellschafterkontos.

646 Vgl. *Scharfenberg*, SJ 2008, S. 22.

647 Vgl. *Dötsch*, FS Spindler, 2011, S. 605; *Goebel/Eilinghoff/Busenius*, DStZ 2010, S. 744 f.

648 Vgl. *Pohl*, NWB 2008, S. 3919.

ligen Verlustverrechnung, so sind die übrigen Kriterien für die Qualifikation als Eigenkapital unbedeutend. Daher sind für die Kapitalabgrenzung neben der Auslegung des Gesellschaftsvertrages auch die Besonderheiten des Einzelfalles und die tatsächliche Durchführung relevant.[649]

3.3.3. Kriterien zur Eigen- und Fremdkapitalabgrenzung nach IFRS

3.3.3.1. Vorbemerkung

Wie in Gliederungspunkt 3.1.3. bereits angedeutet, können die nach IAS 32.11 einzuordnenden puttable instruments ausnahmsweise als Eigenkapital klassifiziert werden, wenn diese die Kriterien des IAS 32.16A und IAS 32.16B kumulativ erfüllen.[650] Diese Kriterien werden im Folgenden dargestellt.

Anzumerken ist, dass bei Annahme der Gesellschafterdarlehenskonten als Teil der kündbaren Anteile diese ebenfalls bei der Prüfung der Kriterien nach IAS 32.16A(a) ff. berücksichtigt werden müssten. Allerdings ist nach IAS 32.AG16F ff. für Abreden zwischen Gesellschafter und Gesellschaft, die neben dem Gesellschaftsverhältnis bestehen, eine separate Betrachtung zwingend notwendig, soweit diese auch mit einem Nichtgesellschafter zu annähernd fremdüblichen Konditionen möglich wären. Ist dies der Fall, sind die Darlehenskonten als separate Finanzinstrumente zu betrachten.[651]

3.3.3.2. Beteiligungsproportionaler Anspruch bei Liquidation

Der Inhaber der kündbaren Instrumente muss einen beteiligungsproportionalen Anspruch auf das Nettovermögen im Falle der Liquidation haben.[652] Das Nettovermögen ergibt sich nach Abzug aller Ansprüche auf das Vermögen, der Beteiligungsanteil eines Gesellschafters aus der Anzahl an gleich großen Anteilen am Nettoliquidationserlös (IAS 32.16A(a)). Untersucht wird insbesondere der Anteil am Liquidationserlös bezüglich der Vermittlung eines Residualanspruchs.[653] Da der Standard nur auf das Netto-„Vermögen“ (net assets) verweist, stellt er ausschließlich auf die Verteilung im Fall eines positiven Netto-Vermögens ab. Fallkonstellationen mit negativem Nettovermögen werden demnach nicht erfasst.[654]

---

649 Vgl. zur Frage, inwieweit die Bilanzfeststellung für die Rechtsnatur von Gesellschafterkonten maßgeblich sein könnte, vgl. *Ley*, KÖSDI 2014, S. 18900 f.

650 Vgl. hierzu *Baetge/Haenelt*, ZGR 2008, S. 297 ff.

651 Vgl. *Lüdenbach*, PiR 2010, S. 116; *Weidenhammer*, PiR 2008, S. 215.

652 Vgl. *Weidenhammer*, PiR 2008, S. 215; *Petersen/Zwirner*, StuB 2008, S. 545.

653 Vgl. *Pöschke*, Eigenkapital mittelständischer Gesellschaften nach IAS/IFRS, 2009, S. 222.

654 Vgl. *Lüdenbach*, PiR 2010, S. 116; *Hennrichs*, WPg 2009, S. 1068; *Bömelburg/Landgraf/ Luce*, PiR 2008, S. 144

Da nach dem gesetzlichen Modell jedem Gesellschafter einer Personenhandelsgesellschaft ein Anteil am Liquidationserlös zusteht (§ 155 Abs. 1 HGB), ist das Kriterium bei deutschen Personenhandelsgesellschaften in der Regel erfüllt.[655] Für die Verteilung des Nettovermögens in der Liquidation sind die Verhältnisse der Kapitalanteile maßgeblich, wie sie sich in der Schlussbilanz darstellen.[656] Allerdings können nach §§ 156 und 158 HGB im Gesellschaftsvertrag abweichende Verteilungsquoten in der Liquidation vereinbart werden. Mangels Beteiligungsproportionalität führt dies zur Nichterfüllung der Voraussetzung des IAS 32.16A(a) und somit zur Klassifizierung der Gesellschafteranteile als Fremdkapital.[657] Die Tatsache, dass der Kommanditist einer KG im Fall eines negativen Vermögens nicht persönlich haftet, wenn er seine Einlage erbracht und nicht zurückerhalten hat, der Komplementär hingegen in diesem Falle persönlich haftet, ist für die Bedingung lit. (a) nicht relevant.[658] Darüber hinaus ist es unschädlich, wenn die Komplementär-GmbH einer GmbH & Co. KG weder an Ausschüttungen, an Abfindungen, an Stimmrechten, noch am Liquidationserlös teilnimmt und einen festen Kapitalanteil von null hat.[659]

3.3.3.3. Nachrangigste Klasse von Finanzinstrumenten

Aus dem Kriterium „beteiligungsproportionaler Anspruch bei Liquidation" lässt sich implizit die zwingende Nachrangigkeit eines Eigenkapitalinstrumentes ableiten. Dieses Kriterium wird in IAS 32.16A(b) nochmals separat gefordert. Die kündbaren Instrumente müssen demnach im Falle der Liquidation erst nach allen anderen Finanzinstrumenten bedient werden und die nachrangigste Klasse der Finanzinstrumente im Unternehmen darstellen. Zu beachten ist, dass die Zugehörigkeit zu der

---

f.; *Schmidt*, BB 2008, S. 435.

655 Vgl. *Schmidt*, BB 2008, S. 435; *Petersen/Zwirner*, StuB 2008, S. 544; *Hennrichs*, WPg 2009, S. 1068; *Hennrichs/Pöschke*, in: Wysocki et al., Handbuch des Jahresabschlusses, 2015, Abt. III/1, Rz. 151.

656 Vgl. *Mentz*, in: Hennrichs/Kleindiek/Watrin, Bilanzrecht, 2014, IAS 32, Rz. 169. Hierbei ergibt der feste Kapitalanteil in Relation zur Summe aller Anteile den Multiplikationsfaktor des IAS 32.16A(a)(ii), vgl. *Priester*, in: Schmidt, Handelsgesetzbuch, 2011, § 120 HGB, Rz. 84.

657 Vgl. *Bömelburg/Landgraf/Luce*, PiR 2008, S. 145; *Hennrichs*, WPg 2009, S. 1069.

658 Vgl. *Hennrichs et al.*, KoR 2007, S. 67; *Hennrichs*, WPg 2009, S. 1069; *Mentz*, in: Hennrichs/Kleindiek/Watrin, Bilanzrecht, 2014, IAS 32, Rz. 171; *Pöschke*, Eigenkapital mittelständischer Gesellschaften nach IAS/IFRS, 2009, S. 222; *Weidenhammer*, PiR 2008, S. 215; *Baetge/Haenelt*, ZGR 2008, S. 306; *Baetge/Winkeljohann/Haenelt*, DB 2008, S. 1520; *Schmidt*, BB 2008, S. 435; *Lüdenbach*, PiR 2010, S. 116. Allerdings ist für die Klassifizierung der Gesellschaftereinlage eines Kommanditisten erforderlich, dass dieser seine Einlage geleistet und nicht zurückerhalten hat, vgl. *Hennrichs*, WPg 2009, S. 1069.

659 Vgl. *Mentz*, in: Hennrichs/Kleindiek/Watrin, Bilanzrecht, 2014, IAS 32, Rz. 169. Eine gesonderte Vergütung für die Haftungsübernahme ist insoweit unschädlich, als sie dem Fremdvergleich standhält, vgl. *Schmidt*, BB 2008, S. 435; *Zwirner/Reinholdt*, IRZ 2008, S. 326. Begründet wird dies durch die Spaltung des Gesamtrechtsverhältnisses in zwei Finanzierungsinstrumente; den Gesellschaftsanteil einerseits und die Vergütung der Komplementärin als separates Finanzierungsinstrument andererseits, vgl. *Mentz*, in: Hennrichs/Kleindiek/Watrin, Bilanzrecht, 2014, IAS 32, Rz. 170.

nachrangigsten Klasse nicht erst durch eine Wandlung begründet wird. Die Nachrangigkeit muss vielmehr bereits bei unterstellter Liquidation im Zeitpunkt der Klassifizierung gegeben sein.[660] Der Standardsetter will dadurch erreichen, dass die als Eigenkapital zu klassifizierenden Finanzinstrumente auch den Residualanspruch auf das Vermögen darstellen.[661] In der Regel erfüllen Gesellschaftsanteile an Personenhandelsgesellschaften diese Bedingungen, denn im Rahmen der Schlussverteilung werden nach §§ 149, 155 Abs. 1 HGB die Gesellschafter einer Personenhandelsgesellschaft erst nach allen Gläubigern bedient; dies gilt nach § 161 Abs. 2 HGB auch für die Kommanditisten.[662] Vermittelt der Gesellschaftsanteil indes ein Vorrecht bei der Verteilung des Liquidationserlöses, gehört er nicht der nachrangigsten Klasse an und kann somit auch nicht im Eigenkapital ausgewiesen werden (IAS 32.AG14C).[663] Allerdings wird nur der Gesellschaftsanteil, der das Vorabrecht vermittelt, im Fremdkapital ausgewiesen. Die Anteile der anderen Gesellschafter bleiben unberührt.[664]

Die unterschiedlichen Regelungen zur Haftung im Rahmen von Kommanditgesellschaften führen nicht dazu, dass die Kommanditanteile als Fremdkapital qualifiziert werden.[665] Zwar könnte man die Einlage des Komplementärs als nachrangigste Kapitalform ansehen, da er als persönlich haftender Gesellschafter in der Liquidation auch die nach Inanspruchnahme der Kommanditisten verbleibenden Ansprüche gegen die Gesellschaft ausgleichen müsste. Allerdings sind die Kommanditisten deshalb nicht besser gestellt, da ihnen im Fall der Liquidation keine Ansprüche gegen die Gesellschaft zustehen und somit wie gefordert zuerst alle anderen Finanzinstrumente bedient werden.[666]

Hat die Gesellschaft bereits andere Finanzinstrumente emittiert, die ebenfalls als Eigenkapital klassifiziert werden (z. B. unkündbare Genussrechte), steht dies einer Einordnung der kündbaren Instrumente in die nachrangigste Klasse nicht entgegen.[667]

---

660 Vgl. IAS 32.AG14B. *Schmidt* spricht in diesem Zusammenhang von einer „hypothetischen Liquidation" (*Schmidt*, BB 2008, S. 435), *Hennrichs* von einer „als-ob-Betrachtung" (*Hennrichs*, WPg 2009, S. 1069).

661 Vgl. IAS 32BC58.

662 Vgl. *Baetge/Winkeljohann/Haenelt*, DB 2008, S. 1519; *Schmidt*, BB 2008, S. 435; *Weidenhammer*, PiR 2008, S. 215; *Hennrichs*, WPg 2009, S. 1069; *Pöschke*, Eigenkapital mittelständischer Gesellschaften nach IAS/IFRS, 2009, S. 222 f.

663 Vgl. *Bömelburg/Landgraf/Luce*, PiR 2008, S. 145; *Mentz*, in: Hennrichs/Kleindiek/Watrin, Bilanzrecht, 2014, IAS 32, Rz. 172; *Blaum*, in: Vater et al., IFRS Änderungskommentar, 2009, Amendments to IAS 32, Rz. 23.

664 Vgl. *Blaum*, in: Vater et al., IFRS Änderungskommentar, 2009, Amendments to IAS 32, Rz. 27; *Hennrichs*, WPg 2009, S. 1069; unklar bei *Bömelburg/Landgraf/Luce*, PiR 2008, S. 145.

665 Vgl. *Löw/Antonakopulos*, KoR 2008, S. 261; *Schmidt*, BB 2008, S. 436; *Mentz*, DStR 2007, S. 453.

666 Vgl. *Bömelburg/Landgraf/Luce*, PiR 2008, S. 145.

667 Vgl. *Blaum*, in: Vater et al., IFRS Änderungskommentar, 2009, Amendments to IAS 32, Rz. 28; *Hennrichs/Pöschke*,

3.3.3.4. Gleiche Merkmale in der nachrangigsten Klasse von Finanzierungsinstrumenten

IAS 32.16A(c) fordert, dass die Ausstattungsmerkmale eines kündbaren Finanzinstruments innerhalb der nachrangigsten Klasse gleich sein müssen. Neben der Kündbarkeit aller Instrumente gehört dazu auch die Berechnungsmethode des Rücknahmepreises bei Rückgabe der Instrumente an die Personenhandelsgesellschaft.[668] Hierbei ist zu beachten, dass IAS 32.16A(c) auf die gleichen Merkmale hinsichtlich der vermögensrechtlichen Stellung der Gesellschafter abstellt.[669] Sinn und Zweck von IAS 32.16A ist es, dass durch die Voraussetzungen sichergestellt werden soll, dass die aus dem kündbaren Instrument folgenden Ansprüche insgesamt residualen Charakter haben.[670] Das Kriterium bezieht sich ausschließlich auf finanzielle Gestaltungsmerkmale und nur auf die mit der Gesellschafterstellung verbundenen Rechte und Pflichten; eine Verknüpfung der Geschäftsführungsbefugnisse oder ähnliche Rechte mit der Gesellschafterstellung ist irrelevant.[671] Zusätzliche vertragliche Abreden zwischen dem Gesellschafter und der Gesellschaft sind gem. IAS 32.AG14F nicht zu berücksichtigen, soweit sie zu marktüblichen Konditionen abgeschlossen werden.[672] Solche Zusatzabreden stehen einer Klassifikation als Eigenkapital der Gesellschafteranteile nicht entgegen.[673]

Die gesetzlich auf der Gesellschafterstellung begründeten schuld- und organisationsrechtlichen Unterschiede in der Haftungsstruktur (§ 161 Abs. 1 HGB), Gesellschaftsführungsbefugnisse (§§ 114, 115 i. V. m. §§ 161 Abs. 2, 164 HGB) und den Informationsrechten (§§ 118, 166 HGB) von Komplementären und Kommanditisten sind unerheblich.[674] Auch das gewinnunabhängige Kapitalentnahmerecht des Komplementärs (§ 122 Abs. 1 HGB), das nach § 169 Abs. 1 Satz 1 HGB nicht für den

---

in: Wysocki et al., Handbuch des Jahresabschlusses, 2015, Abt. III/1, Rz. 153; a. A. *Löw/Antonakopoulos*, KoR 2008, S. 270. Werden hingegen zu einem späteren Zeitpunkt weitere Finanzinstrumente emittiert, ist nach IAS 32.AG14B eine Prüfung der sich daraus ergebenden Konsequenzen auf die Nachrangigkeit der kündbaren Instrumente vorzunehmen, vgl. *Bömelburg/Landgraf/Luce*, PiR 2008, S. 145.

668 Vgl. *Zwirner/Reinholdt*, IRZ 2008, S. 326 f.

669 Vgl. *Baetge/Winkeljohann/Haenelt*, DB 2008, S. 1519 f.; *Bömelburg/Landgraf/Luce*, PiR 2008, S. 145 f.; *Schmidt*, BB 2008, S. 436; *Hennrichs*, WPg 2009, S. 1069; *Mentz*, in: Hennrichs/Kleindiek/Watrin, Bilanzrecht, 2014, IAS 32, Rz. 174; *Pöschke*, Eigenkapital mittelständischer Gesellschaften nach IAS/IFRS, 2009, S. 224; *Lüdenbach*, PiR 2010, S. 117.

670 Vgl. *Weidenhammer*, PiR 2008, S. 216; *Petersen/Zwirner*, DStR 2008, S. 546; *Mentz*, in: Hennrichs/Kleindiek/Watrin, Bilanzrecht, 2014, IAS 32, Rz. 173.

671 Vgl. *Pöschke*, Eigenkapital mittelständischer Gesellschaften nach IAS/IFRS, 2009, S. 224; *Baetge/Haenelt*, ZGR 2008, S. 306 f.

672 Vgl. *Pöschke*, Eigenkapital mittelständischer Gesellschaften nach IAS/IFRS, 2009, S. 223.

673 Vgl. *Baetge/Winkeljohann/Haenelt*, DB 2008, S. 1520; *Bömelburg/Landgraf/Luce*, PiR 2008, S. 145; *Pöschke*, Eigenkapital mittelständischer Gesellschaften nach IAS/IFRS, 2009, S. 223.

674 Vgl. *Mentz*, in: Hennrichs/Kleindiek/Watrin, Bilanzrecht, 2014, IAS 32, Rz. 174; *Hennrichs*, WPg 2009, S. 1069; *Blaum*, in: Vater et al., IFRS Änderungskommentar, 2009, Amendments to IAS 32, Rz. 29; *Bömelburg/Landgraf/Luce*, PiR 2008, S. 145 f. Dies bestätigt auch IAS 32.AG14G für den Fall, dass ein general

Kommanditist gilt, stellt keine Verletzung des IAS 32.16A(c) dar. Es wird vielmehr als Vergütung des Komplementärs für dessen Arbeitseinsatz interpretiert.[675] Aufgrund des alleinigen Abstellens auf die vermögensrechtliche Stellung der Gesellschafter sind unterschiedliche Stimmrechte unschädlich. Dies gilt sowohl im Fall einer beteiligungsproportionalen als auch bei einer disproportionalen Stimmrechtsverteilung.[676] Maßgebend für die Frage, ob die Finanzinstrumente hinsichtlich ihrer finanziellen Art identisch sind, ist im Übrigen die relative Gleichheit. Auf die absolute Gleichheit kommt es demnach nicht an. Absolut ungleiche, aber beteiligungsproportionale Vermögensrechte sind daher nicht schädlich.[677]

3.3.3.5. Keine sonstige Zahlungsverpflichtung

Nach IAS 32.16A(d) dürfen die kündbaren Finanzinstrumente außer dem Anspruch des Inhabers bei Kündigung keine weiteren Zahlungsansprüche gegen die Gesellschaft begründen. Die ratio legis des Kriteriums liegt darin, den Gesellschaftsanteil in seine einzelnen Bestandteile zu separieren und bezüglich darin enthaltener Zahlungsverpflichtungen zu analysieren.[678] Kann sich die Gesellschaft diesen Zahlungsverpflichtungen nicht sanktionsfrei entziehen, ist der gesamte Gesellschaftsanteil im Fremdkapital auszuweisen. Eine Abtrennung und gesonderte Bilanzierung solcher Zahlungsverpflichtungen bzw. der sie begründeten Rechte im Sinne eines zusammengesetzten Finanzinstruments kommt nicht in Betracht.[679] Schuld- und organisationsrechtliche Zahlungsansprüche, welche nicht unmittelbar mit der Inhaberstellung verknüpft sind, sind allerdings davon zu trennen. So wird der Gesellschafteranteil nicht deswegen als Fremdkapital klassifiziert, wenn der Gesellschafter gleichzeitig in einem Arbeitsverhältnis mit der Gesellschaft steht und hierfür eine Vergütung erhält.[680] Die

---

partner einer limited partnership eine besondere guarantee übernimmt, für die er eine besondere Vergütung erhält, vertiefend hierzu vgl. *Pöschke*, Eigenkapital mittelständischer Gesellschaften nach IAS/IFRS, 2009, S. 223.

675 Vgl. *Mentz*, in: Hennrichs/Kleindiek/Watrin, Bilanzrecht, 2014, IAS 32, Rz. 179.

676 Vgl. *Hennrichs*, WPg 2009, S. 1069; *Pöschke*, Eigenkapital mittelständischer Gesellschaften nach IAS/IFRS, 2009, S. 224. Differenzierend *Mentz*, in: Hennrichs/Kleindiek/Watrin, Bilanzrecht, 2014, IAS 32, Rz. 175. A. A. *Bömelburg/Landgraf/Luce*, PiR 2008, S. 146.

677 Vgl. *Hennrichs*, WPg 2009, S. 1069. Weist die Gesellschaft im Eigenkapital noch weitere Finanzinstrumente aus, kann das dazu führen, dass diese nicht die in IAS 32.16A(c) geforderten identischen Ausstattungsmerkmale aufweisen. Demzufolge müssten die Gesellschaftereinlagen als Fremdkapital klassifiziert werden. Vertiefend zu dieser Problematik und zu möglichen Lösungsansätzen siehe *Weidenhammer*, PiR 2008, S. 216; *Hennrichs/Pöschke*, in: Wysocki et al., Handbuch des Jahresabschlusses, 2015, Abt. III/1, Rz. 158; *Pöschke*, Eigenkapital mittelständischer Gesellschaften nach IAS/IFRS, 2009, S. 225; *Baetge/Winkeljohann/Haenelt*, DB 2008, S. 1519; *Schmidt*, BB 2008, S. 438; *Löw/Antonakopoulos*, KoR 2008, S. 270; *Knorr*, S:R 2008, S. 91.

678 Vgl. *Hennrichs*, WPg 2009, S. 1071 ff.

679 Vgl. *Blaum*, in: Vater et al., IFRS Änderungskommentar, 2009, Amendments to IAS 32, Rz. 32.

680 Vgl. *Bömelburg/Landgraf/Luce*, PiR 2008, S. 146.

Höhe der Vergütung muss allerdings so vereinbart sein, wie es zwischen fremden Dritten üblich wäre.[681]

Problematisch erscheinen auf den ersten Blick die Verzinsung der Kapitalanteile der Gesellschafter einer Personenhandelsgesellschaft (§121 Abs. 1 HGB, § 168 HGB), die Entnahmerechte der persönlich haftenden Gesellschafter (§ 122 HGB, § 161 Abs. 2 HGB) und die Gewinnauszahlungsansprüche der Kommanditisten (§ 169 HGB), wenn darin eine weitere Verpflichtung i. S. v. IAS 32.16A(d) und somit eine Klassifizierung als Fremdkapital begründet gesehen werden kann.[682] Sinn und Zweck von IAS 32.16A(d) ist es, dass eine neben einer put-back-Option existierende schädliche Verpflichtung, nicht zur Klassifizierung als Eigenkapital führen soll. Demnach ist es entscheidend, ob die Entnahme- und Gewinnrechte der Gesellschafter Verbindlichkeiten darstellen, die, wenn es das Kündigungsrecht nicht gebe, die Einordnung als finanzielle Verbindlichkeit zur Folge hätten. Dazu müssten die aus den genannten Vorschriften resultierenden Zahlungsverpflichtungen nach dem Grundkonzept des IAS 32 eine unentziehbare Last darstellen. Es müssten also künftige Zahlungsverpflichtungen vorliegen, die von Umständen abhängig sind, die die Personenhandelsgesellschaft nicht verhindern kann. Eine solche unentziehbare Zahlungsverpflichtung begründen die Entnahme- und Gewinnrechte der Personengesellschafter aber gerade nicht,[683] denn die Zahlungsverpflichtung der Personenhandelsgesellschaft steht letztlich unter dem Vorbehalt der Gewinnverwendungsentscheidung durch die Gesellschafter.[684] Ferner würde eine andere Auffassung zu Wertungswidersprüchen führen, denn der Abfindungsanspruch bei Kündigung durch einen Gesellschafter ist durch eine Anteilsbewertung im Rahmen des Ertragswertverfahrens zu bestimmen. Dazu wird auf die künftig aus dem Anteil entnahmefähigen Gewinnanteile abgestellt. Der Barwert aller zukünftigen Gewinnansprüche dürfte deshalb dem gemeinen Wert des Unternehmens entsprechen. In der Konsequenz sind daher der Abfindungsanspruch und die laufenden Gewinnansprüche während der Dauer der Beteiligung äquivalent. Die unterschiedliche Behandlung des Abfindungsanspruches als Eigenkapital und der laufenden Gewinnansprüche als Fremdkapital wäre nicht einleuchtend.[685] Im Ergebnis führen die Entnahme- und

---

681 Vgl. IAS 32.AG14I.

682 So sehen es u. a. *Bömelburg/Landgraf/Luce*, PiR 2008, S. 146; *Schmidt*, BB 2008, S. 436, die allerdings darauf hinweisen, dass durch die Dispositivität der genannten Vorschriften unliebsame Konsequenzen in der Praxis regelbar wären.

683 Vertiefend hierzu *Hennrichs*, WPg 2009, S. 1071 ff.

684 Vgl. *Hennrichs*, WPg 2009, S. 1071; *Mentz*, in: Hennrichs/Kleindiek/Watrin, Bilanzrecht, 2014, IAS 32, Rz. 179 ff.; *Pöschke*, Eigenkapital mittelständischer Gesellschaften nach IAS/IFRS, 2009, S. 225 f.

685 Vgl. *Hennrichs*, WPg 2009, S. 1073.

Gewinnrechte der Gesellschafter nicht dazu, dass das Finanzierungsinstrument als Fremdkapital zu klassifizieren ist.[686]

3.3.3.6. Substanzielle Ableitung der erwarteten Total-Cash-Flows aus der Unternehmensentwicklung

Weitere Voraussetzung für einen Eigenkapitalausweis von kündbaren Instrumenten nach IAS 32.16A(e) ist, dass der Zahlungsstrom des Finanzinstruments über die gesamte Laufzeit substanziell auf dem Jahresergebnis, der Änderung des Buchwerts des Nettovermögens oder der Änderung des Unternehmenswerts basieren muss. Sinn und Zweck dieser Voraussetzung ist es, dass nur solche kündbaren Finanzinstrumente als Eigenkapital qualifiziert werden, die an der ökonomischen Entwicklung des Unternehmens partizipieren. Somit ist für die Beurteilung eine Zukunftsprognose erforderlich.[687] Diese Voraussetzung ergibt sich auch implizit aus den vorangegangen Abgrenzungskriterien, denn wenn der Inhaber eines kündbaren Finanzinstruments nur einen beteiligungsabhängigen Anspruch auf das Nettovermögen haben darf und ihm weitere Zahlungsansprüche nicht zustehen, so müssen die Zahlungen an den Inhaber entweder von der buchhalterischen (Jahresergebnis, Veränderung des Buchwerts) oder der wirtschaftlichen (fair value) Unternehmensentwicklung abhängen.[688]

Die Bedingung ist bei Anteilen an Personenhandelsgesellschaften in der Regel erfüllt, denn der Gesamt-Cash-Flow einer Beteiligung an einer Personenhandelsgesellschaft setzt sich aus den laufenden Gewinnbezugsrechten (§§ 120 ff., 161 Abs. 2, 167 ff. HGB), der Beteiligung am Restvermögen bei Liquidation (§§ 155, 161 Abs. 2 HGB) und der Abfindung im Falle der Kündigung (§ 738 BGB) zusammen. Darüber hinaus sind diese Zahlungen regelmäßig an das Jahresergebnis, die Veränderung des Nettobuchwerts oder des Unternehmenswerts geknüpft.[689]

Die in der Praxis häufig vorgesehenen Abfindungsbeschränkungen, die etwa Klauseln beinhalten, nach denen die Abfindung auf Buchwerte oder einen Wert zwischen Buchwert und Zeitwert

---

686 Vgl. *Mentz*, in: Hennrichs/Kleindiek/Watrin, Bilanzrecht, 2014, IAS 32, Rz. 177 ff.; *Hennrichs/Pöschke*, in: Wysocki et al., Handbuch des Jahresabschlusses, 2015, Abt. III/1, Rz. 159 ff.; *Lüdenbach*, PiR 2010, S. 117; *Hennrichs et al.*, KoR 2007, S. 67 f.; *Weidenhammer*, PiR 2008, S. 217. A. A. *Baetge/Winkeljohann/Haenelt*, DB 2008, S. 1519; *Blaum*, in: Vater et al., IFRS Änderungskommentar, 2009, Amendments to IAS 32, Rz. 31 f.; *Bömelburg/Landgraf/Luce*, PiR 2008, S. 146; *Lüdenbach/Freiberg*, BB 2008, S. 2788; wohl auch *Schmidt*, BB 2008, S. 436. *Rückle* betrachtet hingegen nur die gewinnunabhängigen Entnahmerechte als schädlich, vgl. *Rückle*, IRZ 2008, S. 230.

687 Vgl. *Hennrichs*, WPg 2009, S. 1073.

688 Vgl. *Bömelburg/Landgraf/Luce*, PiR 2008, S. 146. Ob Gewinne ausgeschüttet oder thesauriert werden, ist unerheblich.

689 Vgl. *Hennrichs*, WPg 2009, S. 1073; *Mentz*, in: Hennrichs/Kleindiek/Watrin, Bilanzrecht, 2014, IAS 32, Rz. 184 ff.

beschränkt ist, sind für die Erfüllung der Voraussetzungen des IAS 32.16A(e) nicht schädlich.[690] Zum einen ist die Voraussetzung nicht für jeden einzelnen Zahlungsstrom isoliert zu betrachten, sondern für den über die Lebensdauer des Instruments insgesamt erwarteten Zahlungsstrom. Zum anderen sind die Bezugsgrößen, auf denen der Gesamtzahlungsstrom des Instruments substanziell basieren muss, in IAS 32.16A(e) alternativ genannt. Es ist demnach ausreichend, wenn der Totalzahlungsstrom des Instruments substanziell entweder auf dem Jahresergebnis, der Nettobuchwertveränderung oder der Veränderung des Unternehmenswerts basiert. Dadurch können Defizite eines Zahlungsstroms durch Effekte eines anderen Zahlungsstroms ausgeglichen werden.[691]

Basiert der Zahlungsstrom substanziell auf der buchhalterischen Entwicklung, ist diese nach IAS 32.AG14E zu ermitteln. Allerdings ist diese Regelung nicht dahin zu verstehen, dass die konkrete Berechnung eines Abfindungsanspruches zwingend nach IFRS erfolgen müsste.[692] Bei langfristiger Betrachtung werden sich die Zahlungsströme auf Grundlage eines HGB- und eines IFRS-Abschlusses entsprechen, da beide Rechnungslegungssysteme auf dem Prinzip der Pagatorik basieren. Danach müssen die Ansätze zu identischen Zahlungsströmen führen; lediglich die Verteilung über die Perioden unterscheidet sich im HGB- und im IFRS-Abschluss.[693] Bei der Betrachtung über die gesamte Lebensdauer eines Instruments gewährleistet somit im Ergebnis auch die Orientierung an HGB-Werten, dass die Gesellschafter an der Entwicklung des Unternehmenswertes teilhaben.[694]

3.3.3.7. Keine weiteren Finanzinstrumente

Zusätzlich zu den Kriterien in IAS 32.16A enthält IAS 32.16B eine Rückausnahme im Sinne einer Missbrauchsvorschrift. Hiernach darf das Unternehmen keine anderen Finanzinstrumente ausgeben oder keine anderen Verträge abgeschlossen haben, deren gesamte Zahlung im Wesentlichen auf entweder der buchhalterischen oder ökonomischen Leistung der Gesellschaft basieren und folglich den Residualerlös der kündbaren Instrumente im Wesentlichen begrenzen oder fixieren. Ziel des IAS 32.16B ist es, den Residualcharakter der Gesellschafteranteile sicherzustellen und die Eigenkapital-

---

690 Vgl. *Baetge/Haenelt*, ZGR 2008, S. 305; *Hennrichs et al.*, KoR 2007, S. 65; *Bömelburg/Landgraf/Luce*, PiR 2008, S. 146; *Lüdenbach*, PiR 2010, S. 117.

691 Vgl. *Hennrichs*, WPg 2009, S. 1073. Weitere Einzelheiten bei *Pöschke*, Eigenkapital mittelständischer Gesellschaften nach IAS/IFRS, 2009, S. 227 ff.

692 So aber offenbar *Bömelburg/Landgraf/Luce*, PiR 2008, S. 146; *Baetge/Haenelt*, ZGR 2008, S. 305 f.; *Baetge/Winkeljohann/Haenelt*, DB 2008, S. 1520; *Lüdenbach*, PiR 2010, S. 117.

693 Vgl. *Hennrichs*, WPg 2009, S. 1074.

694 Vgl. *Mentz*, in: Hennrichs/Kleindiek/Watrin, Bilanzrecht, 2014, IAS 32, Rz. 187; *Pöschke*, Eigenkapital mittelständischer Gesellschaften nach IAS/IFRS, 2009, S. 227; *Hennrichs*, WPg 2009, S. 1074.

klassifizierung nur zu erlauben, solange keine Finanzierungsinstrumente oder Verträge vorliegen, die diesen bereits abschöpfen.[695] Zu beachten ist, dass sich IAS 32.16B neben Finanzinstrumenten auch auf Verträge bezieht.[696] Demgegenüber sind geschäftsübliche, nicht-finanzielle Verträge mit den Inhabern des kündbaren Instruments sowie Verträge mit fremden Dritten zu jeweils fremdüblichen Konditionen unschädlich.[697] Liegen unübliche Vertragsgestaltungen vor, können diese für die Klassifizierung der Gesellschaftsanteile als Eigenkapital schädlich sein.[698]

3.3.3.8. Würdigung der Abgrenzungskriterien nach IFRS

Einzelne Aspekte werden in den unterschiedlichen Kriterien durchaus konträr diskutiert.[699] Die unterschiedlichen Meinungen resultieren aus der Tatsache, dass sich bei einer Verbindung der beiden Rechtskreise „nationales Gesellschaftsrecht“ und „IFRS“ Unstimmigkeiten ergeben, denn Personenhandelsgesellschaften, die ihr Eigenkapital maßgeblich über gesellschaftsrechtliche Regelungen ableiten, sollen nach einem Rechnungslegungssystem bilanzieren, welches gesellschaftsrechtliche Betrachtungen per se ausschließt.[700]

Im Sinne einer materiellen Eigenkapitalabgrenzung wird über das Abprüfen der Kriterien aus IAS 32.16A und IAS 32.16B der Residualcharakter des kündbaren Instruments „Gesellschafteranteil“ erprobt. Es ist erkennbar, dass die jeweiligen Kriterien sich auf die klassischen Eigenkapitalfunktionen zurückführen lassen. Die Haftungsfunktion spiegelt sich in dem Kriterium „Nachrangigkeit“ nach IAS 32.16A(b) und dem damit einhergehenden Kriterium „identische Ausstattungsmerkmale“ nach IAS 32.16A(c) wider, denn wenn die Gesellschafter einer Personenhandelsgesellschaft durch die

---

695 Vgl. *Blaum*, in: Vater et al., IFRS Änderungskommentar, 2009, Amendments to IAS 32, Rz. 38; *Bömelburg/Landgraf/Luce*, PiR 2008, S. 147.

696 Infolgedessen wären auch alle allgemeinen Verträge der Gesellschaft (bspw. Kauf-, Werk-, Dienst- oder Mietverträge) auf das Kriterium des IAS 32.16B zu untersuchen, vgl. *Mentz*, in: Hennrichs/Kleindiek/Watrin, Bilanzrecht, 2014, IAS 32, Rz. 193.

697 Vgl. *Blaum*, in: Vater et al., IFRS Änderungskommentar, 2009, Amendments to IAS 32, Rz. 39; *Mentz*, in: Hennrichs/Kleindiek/Watrin, Bilanzrecht, 2014, IAS 32, Rz. 193.

698 Vgl. *Petersen/Zwirner*, DStR 2008, S. 1066; *Blaum*, in: Vater et al., IFRS Änderungskommentar, 2009, Amendments to IAS 32, Rz. 39. Insbesondere müssen schuldrechtliche Gesellschafterdarlehen gesondert betrachtet werden. Diesbezüglich können bspw. Darlehensforderungen mit qualifiziertem Rangrücktritt (ausführlich hierzu *Hoffmann*, PiR 2009, S. 182 ff.) oder die Beeinflussung des cashflows durch die Verzinsung (ausführlich hierzu *Mentz*, in: Hennrichs/Kleindiek/Watrin, Bilanzrecht, 2014, IAS 32, Rz. 195) zu einer Fremdkapitalqualifizierung der Gesellschafteranteile führen.

699 Bspw. die Problematik, welche Rechnungslegung für die Ermittlung der buchhalterischen Leistung im Rahmen des Kriteriums „substanzielle Ableitung der erwarteten Total-Cash-Flows aus der Unternehmensentwicklung“ angewendet werden soll, oder die Problematik bezüglich der Entnahme- und Gewinnbezugsrechte der Gesellschafter im Rahmen des Kriteriums „keine sonstige Zahlungsverpflichtung“.

700 Vgl. *Pöschke*, Eigenkapital mittelständischer Gesellschaften nach IAS/IFRS, 2009, S. 15 f.

Ausgestaltung ihrer Gesellschaftsanteile nachrangig nach Gläubigern bei Liquidation oder Insolvenz bedient werden, haftet das Eigenkapital für die Schulden der Gesellschaft. Die Verlustausgleichsfunktion findet sich im Kriterium „keine sonstigen Zahlungsverpflichtungen" nach IAS 32.16A(d) wieder. Verluste werden durch das Eigenkapital nur abgefangen, wenn keine sonstigen Zahlungsverpflichtungen aus den Gesellschaftsanteilen selbst gedeckt werden müssen. Die Gewinnbeteiligungsfunktion, als Ausgleich für die übernommene Verlustausgleichsfunktion, wird durch die Kriterien „beteiligungsproportionaler Anteil am Nettovermögen" (IAS 32.16A(a) und „substanzielle Ableitung der erwarteten Total-Cash-Flows aus der Unternehmensentwicklung" (IAS 32.16A(e)) abgeprüft. Darüber hinaus wird die Kontinuitäts-/Arbeitsfunktion durch das Grundprinzip der Kapitalabgrenzung nach IAS 32.11, .16 und .19 und die daraus resultierende Dauerhaftigkeit bzw. Langfristigkeit der Kapitalüberlassung umgesetzt.

Als Ergebnis wird deutlich, dass der momentane ownership/settlement approach des IASB eine mehrdimensionale Kapitalabgrenzung liefert.[701] Allerdings werden dem Ansatz konzeptionelle Schwächen vorgeworfen, wodurch er konstruiert wirke und ein gewillkürtes Eigenkapital erzeuge.[702] Die maßgebliche Schwäche des IAS 32 (rev. 2008) liegt darin, dass die Kapitalabgrenzung allein durch die Langfristigkeit der Kapitalüberlassung beherrscht wird. Die anderen Eigenkapitalfunktionen werden nur rudimentär in den Ausnahmetatbeständen des IAS 32.16A und IAS 32.16B behandelt.

3.3.4. Einordnung von passivischen Gesellschafterkonten anhand der aufgezeigten Abgrenzungskriterien

3.3.4.1. Gesetzliches Leitbild

3.3.4.1.1. Kapitalkonto I

Aufgrund der Verlustverbuchung und der Berücksichtigung im Rahmen der Abfindungsberechnung stellt das Kapitalkonto I im gesetzlichen Leitbild stets ein Eigenkapitalkonto dar.[703]

---

701 Vgl. *Petersen/Zwirner*, StuB 2008, S. 545.
702 Vgl. *Bömelburg/Landgraf*, Accounting 2008, S. 15; *Baetge/Haenelt*, ZGR 2008, S. 304; *Schmidt*, BB 2008, S. 435.
703 Vgl. *Wüllenkemper*, BB 1991, S. 1909.

3.3.4.1.2. Kapitalkonto II

Aus Sicht der Gesellschaft handelt es sich beim Kapitalkonto II bzw. Darlehenskonto um ein Fremdkapitalkonto.[704] Es handelt sich also nicht um Eigenkapital i. S. d. § 264c Abs. 2 Satz 1 HGB.[705] In Höhe des Guthabens auf dem Darlehenskonto besitzt der Kommanditist eine jederzeit fällige Forderung gegenüber der Gesellschaft.[706] Spätestens bei Liquidation der Gesellschaft oder beim Ausscheiden des Gesellschafters ist diese Forderung zu begleichen.[707] Dies gilt unabhängig davon, ob eine Entnahmebeschränkung vorliegt.[708] Entnahmebeschränkungen ändern nicht den Forderungscharakter des Guthabens auf dem Darlehenskonto; sie heben nur die Fälligkeit des Auszahlungsanspruches des Guthabens auf.[709]

3.3.4.2. Gesellschaftsvertragliche Praxis

3.3.4.2.1. Kapitalkonto I

Das Kapitalkonto I ist als Eigenkapitalkonto zu qualifizieren, da es spätestens bei der Liquidation der Gesellschaft oder beim Ausscheiden des Gesellschafters zur Verlustverrechnung kommt.[710] Aufgrund der Verrechnung des Kapitalkontos I mit dem Kapitalkonto II, von dem die laufenden Verluste abzuschreiben sind, unterliegt das Kapitalkonto I im Fall der Beendigung der Gesellschaft oder des Ausscheidens aus der Gesellschaft im Zwei-Konten-Modell mittelbar einer Verlustverrechnung.[711]

---

[704] Vgl. *Wendt*, Stbg 2010, S. 148; *Müller*, in: Baetge/Kirsch/Thiele, Bilanzrecht, § 247 HGB, Rz. 223 (Oktober 2015); *Graf von Kanitz*, WPg 2003, S. 333; *Ley*, KÖSDI 2002, S. 13461.

[705] Vgl. *Kindler*, in: Koller et al., HGB, 2015, § 167 HGB, Rz. 2; *Zimmermann*, in: Hesselmann/Tillmann/Mueller-Thuns, Handbuch der GmbH & Co. KG, 2009, § 8, Rz. 101; *Wüllenkemper*, BB 1991, S. 1909; *Ley*, KÖSDI 1994, S. 9973; BFH, Urteil v. 3.12.1980, II R 66/77, BStBl. II 1981, S. 280; v. 3.11.1982, II R 94/80, BStBl. II 1983, S. 240.

[706] Vgl. *Huber*, GS Knobbe-Keuk, 1997, S. 204; *Rodewald*, GmbHR 1998, S. 524; *Schmidt/Hoffmann*, in: Förschle et al., Beck´scher Bilanz-Kommentar, 2016, § 264c HGB, Rz. 50; *Wendt*, Stbg 2010, S. 148.

[707] Vgl. *Wüllenkemper*, BB 1991, S. 1909.

[708] Vgl. BFH, Urteil v. 16.10.2008, IV R 98/06, BStBl. II 2009, S. 272 unter Hinweis auf *Huber*, Vermögensanteil, Kapitalanteil und Gesellschaftsanteil, 1970, S. 255 f.; v. 3.12.1980, II R 66/77, BStBl. II 1981, S. 280; v. 3.11.1982, II R 94/80, BStBl. II 1983, S. 240; *Ley*, KÖSDI 1994, S. 9973; *Wüllenkemper*, BB 1991, S. 1909; *Leitzen*, ZNotP 2009, S. 257.

[709] Vgl. BFH, Urteil v. 3.12.1980, II R 66/77, BStBl. II 1981, S. 280; v. 3.11.1982, II R 94/80, BStBl. II 1983, S. 240; *Huber*, Vermögensanteil, Kapitalanteil und Gesellschaftsanteil, 1970, S. 255 f.; *Wüllenkemper*, BB 1991, S. 1909; *Ley*, KÖSDI 1994, S. 9973; *Lüdemann*, in: Herrmann/Heuer/Raupach, EStG/KStG, § 15a EStG, Rz. 88 (Februar 2016).

[710] Vgl. OFD Hannover, Verfügung v. 7.2.2008, S 2241a - 96 - StO 222/221, DB 2008, S. 1351; *Huber*, ZGR 1988, S. 65; *Ley*, DStR 2009, S. 615; *Frystatzki*, EStB 2006, S. 343.

[711] Vgl. *Ley*, KÖSDI 2014, S. 18847. Im IFRS-Abschluss wird für die Eigenkapitalprüfung auf das Finanzinstrument

3.3.4.2.2. Verlustvortragskonto

Beim Verlustvortragskonto im Vier-Konten-Modell handelt es sich um ein Unterkonto zu Kapitalkonto I.[712] Da Verluste nicht dazu geeignet sind, eine jederzeit fällige Forderung der Gesellschaft gegenüber den Gesellschaftern zu begründen, ist das Verlustverrechnungskonto stets als (negatives) Kapitalkonto zu qualifizieren.[713]

3.3.4.2.3. Kapitalkonto II

Im Zwei-Konten-Modell stellt das Kapitalkonto II aufgrund der im Gesellschaftsvertrag vorgesehenen Verlustverrechnung Eigenkapital der Gesellschaft dar.[714] Es kommt zu einer Vermischung von Eigen- und Fremd-kapital und somit zu einer „′eigenkapitalbezogenen Infizierung′ des Gesamtkontos".[715] Eine Aufteilung des Kapitalkontos II in einen Eigen- und einen Fremdkapitalanteil erfolgt nicht, sodass das Kapitalkonto II insgesamt als Eigenkapital der Gesellschaft anzusehen ist.[716]

Auch im Drei-Konten-Modell dient das Kapitalkonto II der Verlustverrechnung und stellt somit Eigenkapital der Gesellschaft dar.[717]

Die Rechtsnatur des Kapitalkontos II im Vier-Konten-Modell ist abhängig von der konkreten Ausgestaltung der Gesellschafterkonten im Gesellschaftsvertrag.[718]

„Gesellschaftsanteil" abgestellt. In diesem gehen die verschiedenen buchhalterischen Gesellschafterkonten auf. Vertiefend hierzu vgl. *Weidenhammer*, Eigenkapitalsituation, 2007, S. 63 m. w. N. Im Rahmen der Überprüfung der Abgrenzungskriterien des IAS 32.16A(a) ff. werden die einzelnen Gesellschafterkonten demnach zusammengefasst als Gesellschaftsanteil berücksichtigt.

712 Allgemein gilt: Wird ein bestehendes Konto aufgegliedert, ohne dass das neue „Unterkonto" eine neue Funktion erhält, folgt die Rechtsnatur des Unterkontos derjenigen des Hauptkontos, vgl. *Ley*, KÖSDI 1994, S. 9974; *Hennrichs/Pöschke*, in: Wysocki et al., Handbuch des Jahresabschlusses, 2015, Abt. III/1, Rz. 66.

713 Vgl. BFH, Urteil v. 16.10.2008, IV R 98/06, BStBl. II 2009, S. 272; OFD Hannover, Verfügung v. 7.2.2008, S 2241a - 96 - StO 222/221, DB 2008, S. 1351; *Hoffmann*, StuB 2009, S. 407; *Preißer/von Rönn*, Die KG und die GmbH & Co KG, 2013, S. 178; *Frystatzki*, EStB 2006, S. 344; *Ley*, DStR 2003, S. 95.

714 Vgl. BFH, Urteil v. 14.5.1991, VIII R 31/88, BStBl. II 1992, S. 167; v. 3.11.1993, II R 96/91, BStBl. II 1994, S. 88; v. 16.10.2008, IV R 98/06, BStBl. II 2009, S. 272; *Kübler*, DB 1972, S. 944; *Huber*, JbFStR 1988/1989, S. 309; *Jestädt*, DStR 1992, S. 416; *Wendt*, Stbg 2010, S. 148; *Frystatzki*, EStB 2006, S. 344; *Kempermann*, DStR 2008, S. 1919; *Ley*, KÖSDI 1994, S. 9978.

715 *Rodewald*, GmbHR 1998, S. 524.

716 Vgl. *Ley*, KÖSDI 1994, S. 9975; *Rodewald*, GmbHR 1998, S. 524; *Huber*, ZGR 1988, S. 70.

717 Vgl. BFH, Urteil v. 16.10.2008, IV R 98/06, BStBl. II 2009, S. 272; *Ley*, StbJb 2003/2004, S. 139; *Altendorf*, GmbH-StB 2009, S. 103; *von Beckerath*, in: Kirchhof, EStG, 2016, § 15a EStG, Rz. 14; *Frystatzki*, EStB 2006, S. 343.

718 Vgl. *Ley*, DStR 2009, S. 616; *Ley*, StbJb 2003/2004, S. 139; *Gocke/Rogall*, FS Schaumburg, 2009, S. 348.

- Aufgrund der fehlenden Verlustverrechnungsfunktion stellt das Kapitalkonto II regelmäßig ein Forderungskonto des Gesellschafters gegenüber der Gesellschaft dar.[719] Dies ist der Fall, da das auf dem Kapitalkonto II ausgewiesene Guthaben gerade nicht mit zukünftigen Verlusten verrechnet werden soll, sondern einen dem Gesellschafter unentziehbar zustehenden Anspruch ausweist.[720] Etwaige, für das Kapitalkonto II geltende Entnahmebeschränkungen ändern an diesem Ergebnis nichts.[721]
- Wird das Verlustvortragskonto nach den gesellschaftsvertraglichen Vereinbarungen als Unterkonto zu Kapitalkonto I und Kapitalkonto II geführt und kommt es dadurch auf dem Kapitalkonto II zu einer mittelbaren Verrechnung mit laufenden Verlusten, handelt es sich beim Kapitalkonto II um ein Gesellschafterkapitalkonto.[722]
- Zudem handelt es sich beim Kapitalkonto II um ein Gesellschafterkapitalkonto, wenn es nach dem Gesellschaftsvertrag als gesamthänderisch gebundenes Rücklagenkonto zur Verfügung steht und somit bezweckt, spätere Verluste abzudecken.[723]

Hat der Kommanditist seine vollständige Einlageverpflichtung erbracht, ist seine Haftung gem. § 171 Abs. 1 Halbsatz 2 HGB ausgeschlossen. Für die haftungsbefreiende Einlage ist es lediglich erforderlich, dass die auf dem Kapitalkonto I ausgewiesene Einlage vollständig erbracht und nicht durch Entnahmen oder Rückzahlungen an den Kommanditist gemindert wurde.[724] Somit hat der Kommanditist einen bei seinem Ausscheiden aus der Gesellschaft oder bei Auflösung der Gesellschaft bestehenden Saldo auf dem Verlustvortragskonto nicht auszugleichen.[725] Sieht der Gesellschaftsvertrag eine zur

---

719 Vgl. BFH, Urteil v. 16.10.2008, IV R 98/06, BStBl. II 2009, S. 272; *Huber*, ZGR 1988, S. 88; *Ley*, KÖSDI 1994, S. 9976; *Ley*, DStR 2009, S. 616; *Rodewald*, GmbH 1998, S. 526; *Wüllenkemper*, BB 1991, S. 1911; *Carlé/Bauschatz*, FR 2002, S. 1159; *von Beckerath*, in: Kirchhof, EStG, 2016, § 15a EStG, Rz. 14. Stellt dieses handels- und steuerrechtlich als Fremdkapital zu qualifizierendes „Kapitalkonto II" im IFRS-Abschluss ein separates Finanzinstrument dar, ist es im Rahmen der Kriterienprüfung nach IAS 32.16A(a) ff. nicht zu berücksichtigen. Da es im Liquidations- oder Ausscheidungsfall nicht in die Ermittlung des Abfindungsguthabens mit einbezogen wird und demnach nicht zur nachrangigsten Klasse der Finanzinstrumente gehört, stellt es auch im IFRS-Abschluss Fremdkapital dar.

720 Vgl. *Huber*, ZGR 1988, S. 88; *von Falkenhausen/Schneider*, in: Gummert/Weipert, Münchener Handbuch des Gesellschaftsrechts, 2014, § 22, Rz. 49; *Ley*, KÖSDI 1994, S. 9976; *Rodewald*, GmbHR 1998, S. 526; *Strahl*, in: Strahl/Demuth, Personengesellschaft, 2013, S. 35.

721 Vgl. *Huber*, ZGR 1988, S. 88. Vorteil dieser Einordnung ist, dass die Regelung des § 169 Abs. 2 HGB gewährleitet ist. Ebenfalls ändert sich die Einordnung des Kapitalkontos II als Fremdkapitalkonto nicht, wenn die Gesellschafter im Gesellschaftsvertrag das Kapitalkonto II explizit dem Eigenkapital zuordnen, ohne dieses jedoch auch als solches auszugestalten, vgl. *Scharfenberg*, SJ 2009, S. 30.

722 Allerdings haftet ein Kommanditist in diesem Fall abweichend von der gesellschaftsrechtlichen Grundregel nicht nur mit seiner Einlage für Verluste, sondern auch mit seinen stehengelassenen Gewinnen.

723 Vgl. BFH, Urteil v. 16.10.2008, IV R 98/06, BStBl. II 2009, S. 272, mit Verweis auf *Huber*, GS Knobbe-Keuk, 1997, S. 216; *Wüllenkemper*, BB 1991, S. 1911; *Carlé/Bauschatz*, FR 2002, S. 1159; *Ley*, DStR 2003, S. 958.

724 Vgl. *Carlé/Bauschatz*, FR 2002, S. 1156.

725 Vgl. *Kahle*, DStZ 2010, S. 730.

gesetzlichen Haftungssystematik abweichende Regelung vor und verrechnet im Fall des Ausscheidens eines Kommanditisten oder der Auflösung der Gesellschaft einen positiven Bestand auf dem Kapitalkonto II mit einem Bestand auf dem Verlustvortragskonto, kommt es zu einer den § 169 Abs. 2 HGB widersprechenden Nachschusspflicht des Kommanditisten. Dieser Einbezug des Kapitalkontos II in die Ermittlung des Abfindungsguthabens hat zur Folge, dass das Kapitalkonto II als Eigenkapitalkonto zu qualifizieren ist.[726] Um eine nicht gewollte Einordnung des Kapitalkontos II zu vermeiden, sollte im Gesellschaftsvertrag klar geregelt werden, ob das Verlustvortragskonto im Falle der Liquidation der Gesellschaft oder beim Ausscheiden des Gesellschafters mit dem Kapitalkonto II zu verrechnen ist, oder ob ein Guthaben auf dem Kapitalkonto II jederzeit unsaldiert entnommen werden kann.[727]

Das Kapitalkonto II stellt im Ergebnis je nach Ausgestaltung der gesellschaftsrechtlichen Regelungen Eigen- oder Fremdkapital dar. Die Rechtsnatur dieses Kontos ist demnach gestaltbar.

3.3.4.2.4. Darlehenskonto

Das Darlehenskonto stellt sowohl im Drei- als auch im Vier-Konten-Modell eine unentziehbare Forderung des Gesellschafters gegenüber der Gesamthand dar und ist somit als Gesellschafterdarlehenskonto zu qualifizieren.[728] Der unentziehbare Forderungsanspruch ergibt sich schon daraus, dass der Gesellschafter beim Ausscheiden aus der Gesellschaft das Guthaben auf seinem Darlehenskonto verlangen kann. Dies ist unabhängig davon der Fall, ob die Summe des Kapitalkontos I und des Kapitalkontos II negativ ist, oder ob beim Kommanditisten die Hafteinlage nicht erreicht ist, denn beim Ausscheiden werden nur das Kapitalkonto I und das Kapitalkonto II miteinander verrechnet. Eine Verrechnung mit dem Darlehenskonto findet in der Regel nicht statt.[729] Auch im Rahmen des Darlehenskontos gilt, dass Entnahmebeschränkungen die Rechtsnatur nicht ändern, da diese lediglich Fälligkeitsvereinbarungen darstellen.[730]

---

726 Vgl. BFH, Urteil v. 15.5.2008, IV R 46/05, BStBl. II 2008, S. 812; *Carlé/Bauschatz*, FR 2002, S. 1159; *von Beckerath*, in: Kirchhof, EStG, 2016, § 15a EStG, Rz. 14; *Strahl*, in: Strahl/Demuth, Personengesellschaften, 2013, S. 35.

727 So auch *Frystatzki*, EStB 2006, S. 344.

728 Vgl. BFH, Urteil v. 16.10.2008, IV R 98/06, BStBl. II 2009, S. 272; *Huber*, ZGR 1988, S. 85; *Carlé/Bauschatz*, FR 2002, S. 1159; *Jestädt*, DStR 1992, S. 416; *Baumhoff*, StbJb 1993/1994, S. 284; *Ley*, KÖSDI 1994, S. 9975; *Kempermann*, DStR 2008, S. 1920.

729 Vgl. *Huber*, ZGR 1988, S. 75; *Rodewald*, GmbHR 1998, S. 526.

730 Vgl. BGH, Urteil v. 23.2.1978, II ZR 145/76, NJW 1978, S. 1053; *Ley*, KÖSDI 1994, S. 9975.

Sehen die gesellschaftsvertraglichen Regelungen allerdings vor, das Darlehenskonto bei der Berechnung des Abfindungsguthabens zu berücksichtigen, ist es nicht mehr als Gesellschafterdarlehenskonto, sondern als Eigenkapitalkonto zu qualifizieren.[731] Denn hierbei kommt es faktisch zu einer abschließenden Verrechnung eines positiven Bestands des Darlehenskontos mit Verlusten der Gesellschaft.[732]

3.3.4.2.5. Rücklagenkonto

Das gesamthänderisch gebundene Rücklagenkonto hat den Zweck, durch Einbehaltung von Gewinnen oder durch Zuführung von Kapital etwaige Bilanzverluste abzudecken. Zudem stellt es ein Unterkonto des Kapitalkontos I dar und ist bei der Ermittlung des Abfindungsguthabens der Gesellschafter mit einzubeziehen. Aufgrund der möglichen Verlustbeteiligung stellt es somit Eigenkapital dar.[733] Die Tatsache, dass das Gesellschaftskapital nur vorübergehend verstärkt wird, ohne dass sich die Haftungssituation nachhaltig verbessert, ändert nichts an der Betrachtungsweise.[734] Bei Führung eines gesamthänderisch gebundenen Rücklagenkontos anstelle des Kapitalkontos II stellt dieses Eigenkapital dar, da die darauf gebuchten Gewinne regelmäßig gegen Verluste verrechnet werden. Bei einem neben dem Kapitalkonto II geführten gesamthänderisch gebundenen Rücklagenkonto liegt stets Eigenkapital vor.[735]

Das gesellschafterspezifische Rücklagenkonto stellt hingegen eine Forderung des Gesellschafters gegen die Gesellschaft und somit Fremdkapital dar, wenn es nicht einer künftigen Verlustverrechnung unterliegt und es im Rahmen eines Ausscheidens oder einer Liquidation nicht bei der Ermittlung des Abfindungsguthabens berücksichtigt wird. Unterliegt das persönliche Rücklagenkonto jedoch denselben Beschränkungen wie ein gesamthänderisch gebundenes Rücklagenkonto, entspricht die

---

731 Vgl. BFH, Urteil v. 15.5.2008, IV R 46/05, BStBl. II 2008, S. 812; *Pohl*, NWB 2008, S. 3918; *Huber*, ZGR 1988, S. 88; *Carlé/Bauschatz*, FR 2002, S. 1153; *Ley*, DStR 2003, S. 957.

732 Wird das Darlehenskonto für Zwecke der IFRS-Bilanzierung als eigenständiges Finanzinstrument klassifiziert, stellt es aufgrund des Vorrangs in der Liquidation und aufgrund des damit einhergehenden Verstoßes gegen die Merkmale „beteiligungsproportionale Teilhabe am Liquidationserlös", „Nachrangigste Klasse" und „Identität der Ausstattungsmerkmale" Fremdkapital der Gesellschaft dar.

733 Vgl. *Rodewald*, GmbHR 1998, S. 527; *Ihrig*, in: Reichert, GmbH & Co. KG, 2015, § 21, Rz. 60. Für diese Einordnung spricht ebenfalls die Tatsache, dass das Rücklagenkonto nach § 264c Abs. 2 Satz 8 HGB unter dem Posten Eigenkapital auszuweisen ist.

734 Vgl. BMF, Schreiben v. 24.11.1993, IV B 2 - S 2241a - 51/93, BStBl. I 1993, S. 934.

735 Vgl. *Frystatzki*, EStB 2006, S. 344. Dann handelt es sich beim Kapitalkonto II regelmäßig um ein Forderungskonto.

Einordnung derjenigen des gesamthänderisch gebundenen Rücklagenkontos.[736] Eine im Einzelfall bezogene Auslegung des Gesellschaftsvertrags ist damit zwingend erforderlich.[737]

Die Finanzverwaltung erkennt allerdings nur ein solches Konto als gesamthänderisch gebundenes Rücklagenkonto und damit als Eigenkapitalkonto an, welches sich im Falle der Auseinandersetzung entsprechend der Beteiligung der Gesellschafter dem Grunde nach auf die Gesellschafter verteilt.[738] Damit wird ein personifiziert geführtes Rücklagenkonto nicht anerkannt. Bei diesem geht die Finanzverwaltung von einem Darlehenskonto aus.[739]

3.4. Aktivische Gesellschafterkonten der Personenhandelsgesellschaft

3.4.1. Vorbemerkung

Sowohl gesellschaftsrechtlich als auch steuerrechtlich ist es von Bedeutung, ob es sich bei Gesellschafterkonten, die einen aktivischen Saldo aufweisen, um eine Forderung oder um negatives Kapital handelt. Materielle Bedeutung erlangt die Einordnung von aktivischen Gesellschafterkonten insbesondere bei der Behandlung von Zinszahlungen oder Zinsverrechnungen für die überzogenen Beträge. Zudem muss bspw. die Frage geklärt werden, ob Sollbuchungen Entnahmen i. S. d. §§ 4 Abs. 4a, 34a und 15a EStG darstellen. Ferner ist insbesondere mit Blick auf das Insolvenzrecht eine richtige Beurteilung notwendig, da ein falscher Ausweis als Forderung statt eines negativen Eigenkapitals zu einem zu hohen Eigenkapitalausweis und damit unter Umständen zu einem verspäteten Insolvenzantrag führen kann. Dies könnte strafrechtliche Konsequenzen nach § 15a Abs. 4 InsO für den Gesellschafter nach sich ziehen.

Ein negativer Saldo auf einem Gesellschafterkonto kann sowohl durch die Belastung des betreffenden Kontos mit Verlustanteilen des Gesellschafters als auch dadurch entstehen, dass dem Konto die Entnahmen des Gesellschafters verbucht werden. Die Einordnung des zu beurteilenden Kontos ist unproblematisch, wenn der negative Saldo ausschließlich aufgrund von Verlustverbuchungen entstanden ist. Eine Rückzahlungsverpflichtung und somit eine schuldrechtliche Forderung der Gesellschaft gegenüber dem Gesellschafter besteht für diese negativen Salden nicht.[740] Der BGH hat

---

736 So *Strahl*, in: Strahl/Demuth, Personengesellschaften, 2013, S. 32.
737 Vgl. *Wälzholz*, DStR 2011, S. 1861.
738 Vgl. BMF, Schreiben v. 11.7.2011, IV C 6 - S 2178/09/10001, BStBl. I 2011, S. 713.
739 Vgl. *Strahl*, in: Strahl/Demuth, Personengesellschaften, 2013, S. 39 f.
740 Auch im IFRS-Abschluss liegt in diesem Fall keine auszuweisende Forderung vor. Für einen Forderungsausweis

solch einen Anspruch mit Urteil vom 27.9.1982 verneint.[741] Verluste können allerdings eine Rückzahlungsverpflichtung begründen, wenn dies im Rahmen des Gesellschaftsvertrags vereinbart wurde.[742]

Problematisch und umstritten ist hingegen die Einordnung der zu beurteilenden Konten, deren aktiver Saldo ausschließlich oder jedenfalls teilweise auf Entnahmen zurückzuführen ist. Eine Möglichkeit für die Einordnung solcher aktivischen Gesellschafterkonten wäre die Heranziehung des Kriteriums „Rückzahlungsanspruch" der entnommen Beträge. Ist der Gesellschafter demnach zur Rückzahlung der entnommenen Beträge verpflichtet, besitzt die Gesellschaft einen schuldrechtlichen Anspruch gegenüber dem Gesellschafter mit der Folge, dass es sich bei den entnommenen Beträgen um Forderungen handelt. Ein solcher Rückzahlungsanspruch der Gesellschaft kann sich sowohl aus einer schuldrechtlichen Vereinbarung (z. B. Darlehensvertrag) oder einer Regelung im Gesellschaftsvertrag ergeben. Liegt hingegen keine Rückzahlungsverpflichtung vor, handelt es sich um eine Kapitalminderung mit entsprechender Gegenbuchung auf einem Eigenkapitalkonto. Eine weitere Möglichkeit zur Einordnung aktivischer Gesellschafterkonten wäre die Orientierung an der passivischen Rechtsnatur der Konten.[743] Demnach wären die Beurteilungskriterien für die passivische Einordnung mittelbar maßgebend für die aktivische Einordnung.

Im Folgenden wird untersucht, wann ein gesellschaftsrechtlicher und steuerrechtlicher Rückzahlungsanspruch des Gesellschafters aufgrund von Entnahmen begründet wird. Anschließend wird die

---

muss ein vertragliches Recht bestehen, in Zukunft flüssige Mittel oder andere Vermögenswerte zu erhalten (IAS 32.11). Aufgrund der fehlenden Nachschusspflicht des Gesellschafters, liegt dieses Recht der Gesellschaft aber nicht vor, vgl. *Hoffmann/Lüdenbach*, DB 2005, S. 407; *Weidenhammer*, Eigenkapitalsituation, 2007, S. 61.

741 Vgl. BGH, Urteil v. 27.9.1982, II ZR 241/81, DB 1982, S. 2562. Im Urteilsfall lag ein modifiziertes Zwei-Konten-Modell vor. Die festen Kapitalanteile der Kommanditisten und Komplementäre waren auf einem Kapitalkonto I zu führen. Gewinne und Verluste sowie Entnahmen und Einlagen wurden auf dem „Privatkonto" verbucht. Der Kläger war der Ansicht, dass die Kommanditisten das infolge der Verlustverbuchung negativ gewordene Privatkonto auszugleichen haben. Der BGH stützte seine Entscheidung auf § 707 BGB, wonach der Gesellschafter nicht zur Ergänzung einer durch Verlust verminderten Einlage verpflichtet ist. Zudem kann noch § 167 Abs. 3 HGB für die Prüfung eines Ausgleichsanspruches herangezogen werden. Bei Vorliegen einer Ausgleichsverpflichtung für den Kommanditisten in unbeschränkter Höhe wäre die Beschränkung seiner Haftung im Außenverhältnis durch die konträre Regelung im Innenverhältnis nämlich gänzlich um ihren Sinn gebracht. Sinn und Zweck der im Gesellschaftsvertrag geregelten Verlustverbuchung ist vielmehr die Möglichkeit, frühere Gewinne mit späteren Verlusten zu verrechnen. Darüber hinaus bleibt die Regelung des § 167 Abs. 3 HGB unberührt, im Ergebnis auch *Huber*, ZGR 1988, S. 59.

742 Vgl. *Graf von Kanitz*, WPg 2003, S. 335; *Ley*, KÖSDI 1994, S. 9972; *Hoffmann*, DStR 2000, S. 840.

743 Davon ging die bisherige Rechtsprechung aus, vgl. BFH, Urteil v. 4.5.2000, IV R 16/99, BStBl. II 2001, S. 171; v. 27.6.1996, IV R 80/95, BStBl. II 1997, S. 36. Diese Auffassung wurde jedoch im Zuge des BFH, Urteils v. 16.10.2008 (IV R 98/06, BStBl. II, S. 272) modifiziert.

Einordnung der aktivischen Konten nach geltender Rechtslage dargestellt, bevor eine kritische Würdigung dieser Einordnung das Teilkapitel beschließt.

3.4.2. Allgemeine Einordnungssystematik aktivischer Gesellschafterkonten im Gesellschafts- und Steuerrecht

3.4.2.1. Gesellschaftsrechtliche Einordnung von aktivischen Gesellschafterkonten

Gesellschaftsrechtlich besteht Einigkeit darüber, dass ein aktivisches Gesellschafterkonto, das durch unzulässige Entnahmen entsteht, eine schuldrechtliche Forderung der Gesellschaft gegenüber dem Gesellschafter begründet.[744] Zivilrechtlich hat dieser Rückforderungsanspruch seine Grundlage in § 812 BGB.[745]

Hingegen ist bei der Beurteilung einer gesellschaftsrechtlich zulässigen Entnahme unklar, ob hierbei ein Rückforderungsanspruch der Gesellschaft gegen den Gesellschafter entsteht. Für die Beurteilung der Zulässigkeit muss auf die gesellschaftsrechtliche Zulässigkeit der Entnahmen abgestellt werden.[746] Zum Teil wird die Auffassung vertreten, dass durch zulässige Entnahmen keine Ansprüche der Gesamthand gegen den entnehmenden Gesellschafter entstehen, auch wenn das Konto aktivisch wird.[747] Es handelt sich vielmehr um Gewinnvorschüsse, die nur aufgrund einer ausdrücklichen

---

744 Vgl. *Huber*, ZGR 1988, S. 59, 76; *Ley*, DStR 2003, S. 961; *Ley*, DStR 2009, S. 613; *Steger*, NWB 2013, S. 1003; *Lüdemann*, in: Herrmann/Heuer/Raupach, EStG/KStG, § 15a EStG, Rz. 88 (Februar 2016); *von Falkenhausen/Schneider*, in: Gummert/Weipert, Münchener Handbuch des Gesellschaftsrechts, 2014, § 22, Rz. 76; *Fischer*, DB Beilage zu Heft 4 2015, S. 2 f.; *Wagner*, DStR 2008, S. 567; *Graf von Kanitz*, WPg 2003, S. 335; *Hoffmann*, DStR 2000, S. 840; *Hennrichs/Pöschke*, in: Wysocki et al., Handbuch des Jahresabschlusses, 2015, Abt. III/1, Rz. 89; *Hoffmann/Schmidt*, in: Förschle et al., Beck´scher Bilanz-Kommentar, 2016, § 247 HGB, Rz. 178. Dies hat zur Folge, dass der Gesellschafter im Rahmen eines Insolvenzverfahrens das gewährte Darlehen wieder an die Gesellschaft zurückzuzahlen hat, vgl. *Wälzholz*, DStR 2011, S. 1863.

745 Vgl. *Ley*, DStR 2003, S. 959; *Wagner*, DStR 2008, S. 567. Unzulässige Entnahmen liegen auch bei zulässigen zweckgebundenen Entnahmen vor, wenn die spätere tatsächliche Verwendung nicht dem Entnahmezweck entspricht, so *Scherff/Willeke*, die im Fall von Steuervorauszahlungen der Gesellschafter und einem sich später ergebenden niedrigeren Gewinn der Gesellschaft, als zur Berechnung der Vorauszahlung veranschlagt, einen Anspruch der Gesellschaft auf Rückzahlung sehen, vgl. *Scherff/Willeke*, BBK 2004, S. 747. Ebenfalls hierzu BGH, Urteil v. 29.5.1967, VII ZR 66/65, BGHZ 48, S. 74. Vertiefend zur Thematik (unzulässige) Steuerentnahmen vgl. *Ley*, KÖSDI 2014, S. 18891 ff.; *Fischer*, DB Beilage zu Heft 4 2015, S. 1 ff. Ferner können bei der GmbH & Co. KG gesetzliche Ansprüche der Gesamthand entstehen und somit unzulässige Entnahmen vorliegen, wenn durch Entnahmen gleichzeitig das Stammkapital der persönlich haftenden GmbH angegriffen werden würde. Der gesetzliche Anspruch begründet sich aus den §§ 30, 31 GmbHG, vgl. hierzu *IDW*, RS HFA 7, Rz. 53; *Scherff/Willeke*, BBK 2004, S. 747. Dies wäre der Fall, wenn infolge der Entnahme eine Haftung der GmbH als Komplementär konkret drohen würde und auf Ebene der GmbH kein ausreichendes freies Vermögen zur Deckung zur Verfügung steht.

746 Vgl. *Ley*, KÖSDI 2014, S. 18849.

747 Vgl. *IDW*, RS HFA 7 Rz. 53; *Huber*, ZGR 1988, S. 59, 76; *Wagner*, DStR 2008, S. 565 f.; *Ley*, DStR 2003, S. 961;

Vereinbarung zwischen der Gesellschaft und dem Gesellschafter möglich sind.[748] Begründen oder Erhöhung zulässige Entnahmen ein aktivisches Gesellschafterkonten, ist der entstehende Negativsaldo mit künftigen Gewinnen zu verrechnen.[749] Der nächste Auszahlungsanspruch wird daher mit seinem Entstehen von vornherein um den vorgeschossenen Betrag gemindert.[750] Da es somit an einer konkreten Rückzahlungsverpflichtung fehlt, kann es sich im Falle von zulässigen Entnahmen nicht um Forderungen handeln. Es liegt vielmehr eine Kapitalminderung vor.[751] Wird die Gesellschaft jedoch beendet oder scheidet der Kommanditist aus dieser aus, ohne das bis dahin ein zur Deckung des Vorschusses ausreichender Gewinn erzielt worden ist, muss der Kommanditist den Vorschuss aus ungerechtfertigter Bereicherung gem. § 812 BGB zurückzahlen.[752]

Diese Ansicht wird durch die Rechtsprechung des BGH gestützt, nach der zulässige Entnahmen nur dann einen Rückforderungsanspruch begründen, wenn sich dieser aus einer klaren gesellschaftsvertraglichen Regelung ergibt.[753] Zwar hat der Gesellschafter grundsätzlich nur Anspruch auf Auszahlung des Gewinns, eine Liquiditätsausschüttung (um die es im Urteilsfall ging) ist aber entgegen § 169 Abs. 1 HGB aufgrund einer Ermächtigung im Gesellschaftsvertrag möglich.[754] Der BGH entschied, dass eine solche Liquiditätsausschüttung ohne eine explizite Regelung im Gesellschaftsvertrag bezüglich einer Rückzahlungsverpflichtung keinen Rückforderungsanspruch begründet.[755] Ferner führt auch ein im Gesellschaftsvertrag verwendeter Passus „Verbuchung auf dem Darlehenskonto"

Ley, KÖSDI 2014, S. 18849; *Wolf*, StuB 2014, S. 147; *Hennrichs/Pöschke*, in: Wysocki et al., Handbuch des Jahresabschlusses, 2015, Abt. III/1, Rz. 89. Eine Haftung kann insoweit nur im Außenverhältnis zu den Gesellschaftsgläubigern entstehen, wenn eine Einlagerückgewähr nach § 172 Abs. 4 HGB vorliegt. Diese Haftung im Außenverhältnis begründet aber keine Ansprüche der Gesellschaft auf Rückgewähr der zulässigen Entnahme gegen den entnehmenden Gesellschafter.

748 Vgl. *Paul/Richter*, DB 2010, S. 2155; *Hoffmann*, in: Prinz/Hoffmann, Beck´sches Handbuch der Personengesellschaften, 2014, § 5, Rz. 81; *Huber*, ZGR 1988, S. 41; *Lüdemann*, in: Herrmann/Heuer/Raupach, EStG/KStG, § 15a EStG, Rz. 88 (Februar 2016); *Ihrig*, in: Reichert, GmbH & Co. KG, 2015, § 21, Rz. 39.

749 Vgl. *Huber*, ZGR 1988, S. 59, 76; *Wagner*, DStR 2008, S. 565 f.; *Ley*, DStR 2003, S. 961; *Ley*, KÖSDI 2014, S. 18849.

750 Vgl. *Priester*, DStR 2013, S. 1788.

751 Vgl. *Ley*, KÖSDI 2002, S. 13461; *Lüdemann*, in: Herrmann/Heuer/Raupach, EStG/KStG, § 15a EStG, Rz. 88 (Februar 2016).

752 Vgl. *Huber*, ZGR 1988, S. 58 f.; *Ley*, DStR 2003, S. 962; *Ley*, DStR 2009, S. 617; *Ley*, KÖSDI 1994, S. 9973.

753 Vgl. BGH, Urteil v. 12.3.2013, II ZR 73/11, DB 2013, S. 1406 m. Anm. *Stumpf*, BB 2013, S. 1809 ff. A. A. *Priester*, DStR 2013, S. 1790 f. Im Urteilsfall schüttete eine Publikumskommanditgesellschaft gem. entsprechender gesellschaftsvertraglicher Regelungen Liquidität gegen Erhöhung eines aktivischen Bestandes des Darlehenskonto aus. Vertiefend und kritisch zum Urteil siehe *Priester*, DStR 2013, S. 1786 ff.; *Stumpf*, BB 2013, S. 1809 ff.

754 So schon BGH, Urteil v. 5.4.1979, II ZR 98/76, WM 1979, S. 803.

755 Vgl. BGH, Urteil v. 12.3.2013, II ZR 73/11, DB 2013, S. 1406. Demnach gewährt auch ein die Rückforderung legitimierender Gesellschafterbeschluss der Gesellschaft keinen Rückforderungsanspruch, wenn dies eine jenseits des Gesellschaftsvertrags geschaffene Nachschusspflicht begründet und der Gesellschafter dieser nicht zugestimmt hat, vgl. *Stumpf*, BB 2013, S. 1812.

zu keinem Rückforderungsanspruch der Gesellschaft gegenüber dem Gesellschafter. Der Begriff des Darlehenskontos besagt schließlich nicht zwingend, dass auf diesem Konto nur Darlehensverbindlichkeiten des Kommanditisten gebucht werden, zumal das HGB auch keine Regelungen zur Führung und Bezeichnung von Gesellschafterkonten enthält.[756] Allerdings bezog sich der Urteilsfall auf eine Anleger-Fonds-Kommanditgesellschaft (Publikumsgesellschaft). Im Urteilsfall verwies der BGH zudem auf seine ständige Rechtsprechung, wonach Gesellschaftsverträgen bei Publikumsgesellschaften einer ähnlichen Inhaltskontrolle und Auslegung wie Allgemeine Geschäftsbeziehungen zu unterziehen sind,[757] sodass bei der Auslegung des Gesellschaftsvertrags „Anlegerschutzgesichtspunkte" eine erhebliche Rolle gespielt haben. Deshalb kann bezweifelt werden, dass diese Grundsätze auch auf mittelständisch geprägte Personengesellschaften unmittelbar übertragbar sind.[758]

Nach der in der handelsrechtlichen Literatur vertretenen Gegenauffassung handelt es sich bei einem durch zulässige Entnahmen aktivisch gewordenen Gesellschafterkonto stets um eine Forderung der Gesellschaft gegen den Gesellschafter.[759] Die entnommenen Beträge sind daher vom Kommanditisten in entsprechenden Fällen wieder an die Gesellschaft zurückzuzahlen. Diese Auffassung stützt sich auf die Argumentation, dass die Verpflichtung des Gesellschafters zum Ausgleich eines durch Entnahmen verursachten Debetsaldos nicht aus dem Bereicherungsrecht, das die Gesellschaft in unbilliger Weise mit dem Risiko des Wegfalls der Bereicherung (§ 818 Abs. 3 BGB) belasten würde, herzuleiten ist, sondern vielmehr aus dem Zweck des Vorschusses zu folgern ist.[760] Der Vorschuss wird regelmäßig auf den Gewinn des laufenden Geschäftsjahres gewährt. Die Rückzahlungsverpflichtung sei dementsprechend solange gestundet, wie das Ergebnis des laufenden Geschäftsjahres noch nicht festgestellt worden ist. Nach der Ergebnisfeststellung ist der Vorschuss durch den angefallenen Gewinn abgedeckt oder muss zurückgezahlt werden, wenn das Ergebnis des laufenden Geschäftsjahres zur Abdeckung der Zahlung nicht ausreicht.[761]

---

756 Diese Ansicht wird im gesellschaftsrechtlichen Schrifttum allerdings stark kritisiert. Hierzu *Priester*, der die im Gesellschaftsvertrag niedergeschriebene Formulierung „Verbuchung auf dem Darlehenskonto" für hinreichend deutlich hält, um einen Rückzahlungsanspruch zu begründen, vgl. *Priester*, DStR 2013, S. 1788.

757 Vgl. hierzu BGH, Urteil v. 27.11.2000, II ZR 218/00, BB 2001, S. 278; v. 23.4.2012, II ZR 75/10, DB 2012, S. 1679.

758 Vgl. hierzu *Priester*, DStR 2013, S. 1789; *Demuth*, in: 21. KÖSDI-Spezialseminar, 2015, D, Rz. 9; *Stumpf*, BB 2013, S. 1812.

759 Vgl. *von Falkenhausen/Schneider*, in: Gummert/Weipert, Münchener Handbuch des Gesellschaftsrechts, 2014, § 22, Rz. 76.

760 Vgl. *Dötsch*, FS Spindler, 2011, S. 612.

761 Vgl. *von Falkenhausen/Schneider*, in: Gummert/Weipert, Münchener Handbuch des Gesellschaftsrechts, 2014, § 22, Rz. 76; *Wälzholz*, DStR 2011, S. 1863; *Weipert*, in: Ebenroth et al., HGB, 2014, § 169 HGB, Rz. 23; *Dötsch*, FS

Das Vorliegen von zulässigen und unzulässigen Entnahmen wird letztlich durch die im Innenverhältnis vereinbarten Entnahmerechte definiert. Empfehlenswert wäre es daher, dass der Gesellschaftsvertrag diesbezüglich entsprechende Vorgaben enthält.[762] Werden die gesellschaftsvertraglichen Regelungen dahin verstanden, dass zulässige Entnahmen im Falle einer unzureichenden Deckung auf einem Gesellschafterkonto einen Rückforderungsanspruch begründen, ist eine Differenzierung in unzulässige und zulässige Entnahmen nicht notwendig. In beiden Fällen würde dann bilanziell eine Forderung der Gesellschaft gegenüber dem Gesellschafter ausgewiesen werden.[763] Allerdings müsste zur Prüfung eines solchen Rückforderungsanspruches eine Auslegung des Gesellschaftsvertrages erfolgen. Um Unsicherheiten in der Auslegung zu vermeiden, ist es daher empfehlenswert, eindeutige Regelungen zum Rückzahlungsanspruch im Gesellschaftsvertrag festzulegen. Ferner sollten Vereinbarungen aufgenommen werden, unter welchen Voraussetzungen der Rückzahlungsanspruch geltend zu machen ist.[764]

3.4.2.2. Steuerrechtliche Einordnung von aktivischen Gesellschafterkonten

Steuerrechtlich wird die Einordnung eines aufgrund von Entnahmen aktivisch gewordenen Gesellschafterkontos wie folgt vorgenommen: Bei einem im passivischen Zustand der Verlustverrechnung zugänglichen Eigenkapitalkonto sollte es sich im aktivischen Zustand um einen negativen Kapitalausweis und somit um Entnahmen handeln. Dies gilt unabhängig, ob die Gesellschafterkonten in einem Zwei-, Drei- oder Vier-Konten-Modell aufgebaut sind.[765] Handelt es sich hingegen im passivischen Zustand um materielles Fremdkapital, wird analog zur gesellschaftsrechtlichen h. M. zwischen zulässiger und unzulässiger Entnahme unterschieden.[766]

Unzulässige Entnahmen liegen nach Auffassung des BFH vor, wenn die Entnahmevereinbarungen im Gesellschaftsvertrag nicht explizit geregelt sind.[767] Selbst ein einstimmiger Gesellschafterbe-

---

Spindler, 2011, S. 612. Allerdings wird dieser Ansicht entgegengehalten, dass gesellschaftsrechtlich keine Regelung erkennbar ist, dass ein zulässiger Vorschuss auf einen künftigen Gewinn durch den Gewinn des laufenden Jahres abgedeckt werden muss. Reicht der Gewinn des laufenden Jahres nicht zur Abdeckung des Vorschusses aus, wandelt sich dieser nicht mit Ablauf des Jahres automatisch in eine Forderung um, so *Huber*, ZGR 1988, S. 59; in diesem Sinne auch *Ley*, DStR 2009, S. 617; *Wagner*, DStR 2008, S. 565.

762 Vgl. *Priester*, DStR 2013, S. 1788; *Ley*, KÖSDI 2014, S. 18852; *Scherff/Willeke*, BBK 2004, S. 747.

763 Vgl. *Ley*, KÖSDI 2014, S. 18852.

764 Vgl. *Priester*, DStR 2013, S. 1786; *Ley*, KÖSDI 2014, S. 18852.

765 Vgl. BFH, Urteil v. 16.10.2008, IV R 98/06, BStBl. II 2009, S. 272.

766 Die OFD Münster ist der Auffassung, dass eine Überziehung des Darlehenskontos ein Unterkonto des Kapitalkontos darstellt, wenn eine schriftliche Darlehensvereinbarung nicht vorliegt, vgl. OFD Münster, Verfügung v. 18.2.1994, S - 2241 - 79 - St 11 - 31, DStR 1994, S. 582; zu Recht a. A. *Bitz*, DStR 1994, S. 1221 m. w. N.

767 Vgl. BFH, Urteil v. 16.10.2008, IV R 98/06, BStBl. II 2009, S. 272. Im Urteilsfall beruhte die Auskehrung der

schluss reicht nicht aus, solange dem Beschluss nicht die Absicht zur Vertragsänderung entnommen werden kann. Analog liegen nach Meinung des BFH zulässige Entnahmen vor, wenn sie ihre Grundlage im Gesellschaftsvertrag haben. Diese Auffassung des BFH ist zu eng, da es für die Annahme einer zulässigen Entnahme darauf ankommt, ob sie gesellschaftsrechtlich zulässig ist. Gesellschaftsrechtlich zulässige Entnahmen setzten aber nicht notwendigerweise eine Regelung im Gesellschaftsvertrag voraus, sondern können auch durch Gesellschafterbeschlüsse gedeckt sein.[768] In der Regel bedarf es für eine zulässige Entnahme eines einstimmigen Gesellschafterbeschlusses.[769] Da es sich allerdings um dispositives Recht handelt, kann der Gesellschaftsvertrag für eine zulässige Entnahme eine abweichende Beschlussquote vorsehen. Eine unzulässige Entnahme kann daher nur dann vorliegen, wenn der Gesellschafterbeschluss nicht einstimmig erfolgt und keine abweichende Beschlussquote im Gesellschaftsvertrag geregelt ist.[770] Zudem können Gesellschaftsverträge aufgrund der geltenden Formfreiheit durch übereinstimmenden Willen der Gesellschafter durch konkludentes Verhalten jederzeit abgeändert werden.[771] Ein Verstoß gegen den Gesellschaftsvertrag kann somit aufgrund eines einstimmig oder mit der erforderlichen Mehrheit gefassten Gesellschafterbeschlusses nicht vorliegen; vielmehr erfolgt eine Abänderung des Gesellschaftsvertrages.[772] Im Ergebnis kann eine unzulässige Entnahme nur vorliegen, wenn sie gesellschaftsrechtlich unzulässig ist.[773] Eine zulässige Entnahme setzt daher nicht notwendigerweise eine Regelung im Gesellschaftsvertrag voraus. Vielmehr reicht auch ein wirksamer Gesellschafterbeschluss aus.[774]

Der BFH hat für den Fall einer gesellschaftsrechtlich unzulässigen Entnahme entschieden, dass die Gesellschaft für entnommene Beträge ein (schuldrechtliches) Forderungsrecht gegenüber dem Ge-

---

Liquidität auf einem Gesellschafterbeschluss. Der Gesellschaftsvertrag sah nur Steuerentnahmen vor. Ebenfalls gehen *Scherff/Willeke* von einer unzulässigen Entnahme aus, wenn diese nicht auf Basis einer gesellschaftsvertraglichen Abrede erfolgte, vgl. *Scherff/Willeke*, BBK 2004, S. 746 f.

768 So auch *Huber*, ZGR 1988, S. 58; *Wagner*, DStR 2008, S. 565; *Ley*, DStR 2009, S. 617; *Demuth*, KÖSDI 2013, S. 18382 f.; *Bolk*, Bilanzierung und Besteuerung, 2015, S. 35.

769 Vgl. *Huber*, ZGR 1988, S. 77.

770 Vgl. *Ley*, DStR 2009, S. 617.

771 Vgl. *Wertenbruch*, in: Ebenroth et al., HGB, 2014, § 105 HGB, Rz. 65; *Wertenbruch*, NZG 2005, S. 666. Ist im Gesellschaftsvertrag hingegen eine Schriftformklausel enthalten, ist eine konkludente Änderung nicht möglich, vgl. hierzu *Wertenbruch*, NZG 2005, S. 666.

772 Vgl. *Wertenbruch*, NZG 2005, S. 666. Selbst wenn insoweit nicht von einer dauerhaften Abänderung des Gesellschaftsvertrages ausgegangen werden soll, wäre dennoch die Annahme eines gesellschaftsvertragsdurchbrechenden Gesellschafterbeschlusses im Einzelfall denkbar. Vgl. hierzu *Leitzen*, ZNotP 2009, S. 259; BGH, Urteil v. 21.1.1982, NJW 1982, S. 2066; v. 5.2.1990, II ZR 94/89, NJW 1990, S. 2684.

773 Vgl. *Ley*, KÖSDI 2014, S. 18853; BGH, Urteil v. 12.3.2013, ZR 73/11, DB 2013, S. 1406.

774 Vgl. *Huber*, ZGR 1988, S. 76; *Hennrichs/Pöschke*, in: Wysocki et al., Handbuch des Jahresabschlusses, 2015, Abt. III/1, Rz. 76; *Wagner*, DStR 2008, S. 565; *Ley*, KÖSDI 2014, S. 18853; *Demuth*, in: 21. KÖSDI-Spezialseminar, 2015, D, Rz. 9.

sellschafter besitzt.[775] Die Qualifikation als Forderung sagt aber nichts darüber aus, ob es sich bei der Forderung um ertragsteuerliches Betriebsvermögen handelt. Ertragsteuerlich kann es sich um eine Entnahme in das gesamthänderisch gebundene Privatvermögen und folglich um ein negatives Kapitalkonto handeln, wenn die Forderung nicht betrieblich veranlasst ist.[776] Für die Beurteilung der betrieblichen Veranlassung kommt dem Fremdvergleich lediglich eine indizielle Wirkung zu.[777] Vielmehr ist die betriebliche Veranlassung anhand der Gesamtumstände und unter dem Gesichtspunkt des gewillkürten Betriebsvermögens zu prüfen.[778] Demnach ist im Regelfall von einer betrieblichen Veranlassung der Darlehensforderung und damit von einer Forderung und nicht von einer Entnahme auszugehen.[779]

Explizit offen gelassen hat der BFH die Frage, unter welchen Voraussetzungen aufgrund zulässiger Entnahmen bewirkte aktivische Gesellschafterkonten als betriebliche Forderungen bzw. als Entnahmen zu qualifizieren sind.[780] Problematisch ist zudem, dass bereits in der gesellschaftsrechtlichen Literaturmeinung keine eindeutige Einordnung der aufgrund von zulässigen Entnahmen negativ gewordenen Gesellschafterkonten erfolgt,[781] denn nach dem in § 5 Abs. 1 EStG kodifizierten Maßgeblichkeitsprinzip kommt der Ausweis einer Forderung nur in Betracht, wenn in der Handelsbilanz eine Forderung auszuweisen ist.[782] Das FG Berlin-Brandenburg hat in einer gesellschaftsvertraglich zulässigen Liquiditätsausschüttung grundsätzlich eine Entnahme auf den Kapitalanteil gesehen. Im Urteilsfall war allerdings auch keine Rückzahlungsverpflichtung vereinbart.[783] Das FG Hamburg hingegen hat bei einer gesellschaftsvertraglich zulässigen Auskehrung von Liquidität keine Verminderung des Kapitalkontos und somit eine Forderung angenommen, da im Gesellschaftsvertrag für diesen Fall eine Forderung gegen die Gesellschafter ausdrücklich vorgesehen war. Demnach wurde in die-

---

775 Vgl. BFH, Urteil v. 16.10.2008, IV R 98/06, BStBl. II 2009, S. 272.

776 Vgl. BFH, Urteil v. 9.5.1996, IV R 64/93, BStBl. II 1996, S. 642; *Demuth*, in: 21. KÖSDI-Spezialseminar, 2015, D, Rz. 11; *Lüdemann*, in: Herrmann/Heuer/Raupach, EStG/KStG, § 15a EStG, Rz. 90 (Februar 2016).

777 Vgl. BFH, Urteil v. 16.10.2014, IV R 15/11, BStBl. II 2015, S. 267. Die Finanzverwaltung fordert hingegen die Beurteilung der betrieblichen Veranlassung anhand des Fremdvergleichs, vgl. OFD Münster, Verfügung v. 4.12.2009, S 2241 -79 - St 12-33.

778 Vgl. BFH, Urteil v. 16.10.2014, IV R 15/11, BStBl. II 2015, S. 267.

779 Vertiefend hierzu *Demuth*, in: 21. KÖSDI-Spezialseminar, 2015, D, Rz. 11 f. Dasselbe gilt, wenn das Gesellschafterkonto aufgrund einer schuldrechtlichen Vereinbarung aktivisch wurde.

780 Vgl. BFH, Urteil v. 16.10.2008, IV R 98/06, BStBl. II 2009, S. 272.

781 Vgl. hierzu Gliederungspunkt 3.4.2.1.

782 Vgl. *Demuth*, in: 21. KÖSDI-Spezialseminar, 2015, D, Rz. 13.

783 Vgl. FG Berlin-Brandenburg, Urteil v. 3.4.2012, 6 K 6267/05 B, DStRE 2013, S. 69 (Revision IV R 19/12).

sem Fall eine Rückzahlungsverpflichtung vereinbart.[784] Die beiden FG-Urteile entsprechen somit der Vorgehensweise des BGH-Urteils vom 12.3.2013.[785]

Im Ergebnis lässt sich die steuerrechtliche Einordnung von aktivischen Gesellschafterkonten wie folgt zusammenfassen: Handelt es sich beim betroffenen Gesellschafterkonto im passiven Zustand um Eigenkapital, dient dessen Rechtsnatur auch für die Qualifikation im aktivischen Zustand. Liegt im passiven Zustand hingegen Fremdkapital vor, muss in einem ersten Schritt unterschieden werden, ob für die entnommenen Beträge ein Rückforderungsanspruch und damit eine Forderung der Gesellschaft gegenüber dem Gesellschafter besteht.[786] Wird ein Rückforderungsanspruch bejaht, ist in einem zweiten Schritt zu prüfen, ob eine betriebliche Veranlassung für die entnommenen Beträge besteht. Liegt eine solche vor, handelt es sich beim aktivischen Gesellschafterkonto um eine Forderung. Ansonsten wird von einer Entnahme in das gesamthänderisch gebundene Privatvermögen und folglich von einem negativen Kapitalkonto ausgegangen.

3.4.3. Spezifische Einordnung von ausgewählten aktivischen Gesellschafterkonten

3.4.3.1. Kapitalkonto II

Das Kapitalkonto II kann aufgrund von Verlustbuchungen im Zwei- und Drei-Konten-Modell unmittelbar negativ werden.[787] Wie bereits erwähnt, besteht bei einem durch Verluste aktivisch gewordenen Kapitalkonto II keine Ausgleichspflicht der Gesellschafter.[788] Danach ist ein aktivisches Kapitalkonto II sowohl im Zwei- als auch im Drei-Konten-Modell als negatives Kapitalkonto zu qualifizieren.[789]

Im Gegensatz zum Drei- und Vier-Konten-Modell kann das Kapitalkonto II im Zwei-Konten-Modell auch durch Entnahmen negativ werden oder Entnahmen können ein negatives Gesellschafterkonto erhöhen. Gesellschaftsrechtlich wird die Auffassung vertreten, dass für die Bestimmung der Rechtsnatur eines durch Entnahmen aktivisch gewordenen Kapitalkontos II im Zwei-Konten-Modell

---

784 Vgl. FG Hamburg, Urteil v. 10.10.2012, 2 K 171/11, DStRE 2013, S. 969.

785 Vgl. BGH, Urteil v. 12.3.2013, II ZR 73/11, DB 2013, S. 1406.

786 Unstreitig bei unzulässigen Entnahmen; noch nicht abschließend geklärt bei zulässigen Entnahmen.

787 Im Vier-Konten-Modell kann nur ein mittelbarer negativer Saldo entstehen und zwar dann, wenn das Verlustverrechnungskonto als Unterkonto zu Kapitalkonto I und Kapitalkonto II geführt wird. Ist dies nicht der Fall und wird das Kapitalkonto II auch nicht als gesamthänderisch gebundene Rücklage definiert, stellt es wie bereits erläutert ein Darlehenskonto dar. Dann ist ein negativer Saldo des Kapitalkontos II aufgrund Verlustverbuchung nicht möglich.

788 Vgl. BGH, Urteil v. 27.9.1982, II ZR 241/81, DB 1982, S. 2562.

789 Vgl. *Ley*, DStR 2003, S. 959; *Huber*, ZGR 1988, S. 58 f., 74 ff.; *Dötsch*, FS Spindler, 2011, S. 610. Dies gilt bei entsprechender Konstellation auch für das Vier-Konten-Modell.

nach der Entnahmeberechtigung und folglich nach der Rückzahlungsverpflichtung zu differenzieren ist.

Wird das Kapitalkonto II aufgrund unzulässiger Entnahmen aktivisch, handelt es sich um eine Forderung der Gesellschaft gegenüber dem Gesellschafter und somit um Fremdkapital, da eine ungerechtfertigte Bereicherung des Gesellschafters nach § 812 BGB vorliegt.[790] Mit jeder Entnahme entsteht daher ein unmittelbar zu aktivierender Rückzahlungsanspruch der unzulässig entnommenen Beträge gegen den Gesellschafter.[791] In diesem Fall wird das Kapitalkonto II in ein Darlehenskonto umqualifiziert.[792]

Im Rahmen von zulässigen Entnahmen muss weiterhin unterschieden werden, ob eine Rückzahlungsverpflichtung vereinbart wurde oder nicht. Entsteht das negative Kapitalkonto II aufgrund von zulässigen Entnahmen ohne vereinbarte Rückzahlungsverpflichtung, ist hierin ein Vorschuss zu sehen, den die Gesellschaft auf künftige Gewinne zahlt.[793] Die Pflicht zum Ausgleich des Sollsaldos besteht während des Bestehens der Gesellschaft nicht. Vielmehr erfolgt eine Verrechnung des Debets mit künftigen Gewinnen.[794] In der Konsequenz ist ein negatives Kapitalkonto II mangels Rückzahlungs- und Ausgleichsverpflichtung weiterhin als (negatives) Kapitalkonto zu qualifizieren.[795]

Die Rechtslage ändert sich allerdings mit dem Ausscheiden des persönlich haftenden Gesellschafters oder der Beendigung/Liquidation der Gesellschaft. In diesen Fällen ist in einem ersten Schritt das negative Kapitalkonto II mit dem Kapitalkonto I zu saldieren. Ergibt sich nach der Verrechnung insgesamt ein Sollsaldo, ist der persönlich haftende Gesellschafter gem. § 105 Abs. 3 HGB i. V. m. § 735 BGB und § 739 BGB zum Ausgleich verpflichtet (sog. Fehlbetragshaftung).[796] Mit Entstehung dieser

---

790 Vgl. *Huber*, Vermögensanteil, Kapitalanteil und Gesellschaftsanteil, 1970, S. 253; *Huber*, ZGR 1998, S. 59; *Hennrichs/Pöschke*, in: Wysocki et al., Handbuch des Jahresabschlusses, 2015, Abt. III/1, Rz. 76; *Ley*, DStR 2003, S. 961.

791 Vgl. *Wälzholz*, DStR 2011, S. 1864.

792 Vgl. *Ley*, DStR 2003, S. 959 und wohl im Umkehrschluss *Huber*, ZGR 1988, S. 59, da er eine Forderung nur in den Fällen einer zulässigen Entnahme verneint.

793 Vgl. *Ley*, KÖSDI 2014, S. 18849. Im Fall von zulässigen Entnahmen mit Rückzahlungsverpflichtung gestaltet sich der Sachverhalt analog zu den unzulässigen Entnahmen.

794 Vgl. *Huber*, ZGR 1988, S. 59.

795 Vgl. *Ley*, DStR 2003, S. 959; *Huber*, ZGR 1988, S. 59; *Ley*, KÖSDI 2014, S. 18849; i. d. S. auch *Wagner*, DStR 2008, S. 565 f. Die Entstehung des aktivischen Kapitalkontos II hat zur Folge, dass der Saldo aus Kapitalkonto I und Kapitalkonto II unter die Pflichteinlage fällt. Somit kommt es für den Kommanditisten zum Wiederaufleben seiner Haftung gem. § 172 Abs. 4 HGB. Vgl. *Wälzholz*, DStR 2011, S. 1863. Allerdings beschränkt sich die Haftung nach § 172 Abs. 4 HGB auf die Haftsumme.

796 Vgl. *Priester*, in: Schmidt, Handelsgesetzbuch, 2011, § 120 HGB, Rz. 90.

Ansprüche ist das negative Kapitalkonto grundsätzlich in ein Forderungskonto umzuqualifizieren.[797] Im Fall des Ausscheidens oder der Beendigung/Liquidation trifft den Kommanditist gem. § 167 Abs. 3 HGB keine Ausgleichspflicht, soweit das negative Kapitalkonto II durch Verluste entstanden ist. Vielmehr ist der Negativsaldo auf die Komplementäre und auf die Kommanditisten mit einem positiven Kapitalanteil zu verteilen.[798] Eine Ausgleichspflicht besteht jedoch, wenn das Kapitalkonto II durch zulässige Entnahmen ohne Rückzahlungsverpflichtung negativ geworden ist. Eine Ausgleichverpflichtung begründet sich hier nach § 812 BGB, soweit nichts anderes vereinbart wurde,[799] denn mit der Auflösung der Gesellschaft oder deren Insolvenz entfallen die Gewinnerwartungen und somit auch der Rechtsgrund der Entnahmen. Bei Bestehen einer Ausgleichverpflichtung ist wie im Falle der persönlich haftenden Gesellschafter ein negatives Kapitalkonto als Forderungskonto auszuweisen.[800] Wird der Auffassung gefolgt, dass jedwede Entnahme unabhängig von deren Zulässigkeit einen Rückforderungsanspruch begründet, wenn diese ein negatives Gesellschafterkonto begründet oder erhöht, handelt es sich beim negativen Kapitalkonto II stets um ein Forderungskonto.

Steuerrechtlich wird hingegen nicht zwischen zulässiger und unzulässiger Entnahme unterschieden. Vielmehr bleibt das negative Kapitalkonto II unabhängig von der gesellschaftsrechtlichen Entnahmeberechtigung ein Kapitalkonto.[801] Der BFH leitet die Rechtsnatur des negativen Kapitalkontos II aus den für passivische Gesellschafterkonten geltenden Beurteilungskriterien ab. Folglich ist für die Rechtsnatur des aktivischen Kapitalkontos II die Rechtsnatur des passivischen Kapitalkontos II maßgebend.[802] Das Kapitalkonto II dient im Zwei-Konten-Modell auch der Verlustverrechnung. Deshalb kann es sich nach Meinung des BFH nicht um ein Darlehenskonto handeln. Ein negativer Saldo ändert daran nichts. Ein durch Entnahmen negativ gewordenes Kapitalkonto II im Zwei-Konten-Modell ist demnach stets als Gesellschafterkapitalkonto zu qualifizieren.[803] In diesem Fall schlägt die gesellschaftsrechtliche Beurteilung nicht auf die steuerliche Rechtsnatur durch. Im Drei-Konten-Modell

---

797 Hierbei muss das negative Kapitalkonto II nicht zwingend mit dem entstehenden Forderungskonto übereinstimmen, denn im Fall der Liquidation können stille Reserven oder ein realisierbarer Firmenwert zu einem geringeren Forderungskonto im Vergleich zum negativen Kapitalkonto führen. Ebenfalls kann vereinbart sein, dass im Falle des Ausscheidens das negative Kapitalkonto auf die verbleibenden Gesellschafter übergeht. Das negative Kapitalkonto bleibt aufgrund fehlender Ausgleichspflicht dann bestehen, vgl. *Ley*, KÖSDI 2014, S. 18892.

798 Vgl. *Weipert*, in: Ebenroth et al., HGB, 2014, § 167 HGB, Rz. 12.

799 Vgl. *Wertenbruch*, NZG 2013, S. 1322; *Huber*, ZGR 1988, S. 41, 77; *Ley*, DStR 2003, S. 959; *Wälzholz*, DStR 2011, S. 1863.

800 Vgl. *Ley*, KÖSDI 2014, S. 18892.

801 Vgl. BFH, Urteil v. 16.10.2008, IV R 98/06, BStBl. II 2009, S. 272.

802 Vgl. BFH, Urteil v. 27.6.1996, IV R 80/95, BStBl. II 1997, S. 36. So auch BFH, Urteil v. 16.10.2008, IV R 98/06, BStBl. II 2009, S. 272; *Wüllenkemper*, BB 1991, S. 1910; *Ley*, DStR 2009, S. 616.

803 So auch *Huber*, ZGR 1988, S. 70 f.; *Ley*, KÖSDI 1994, S. 9974; *Carlé/Bauschatz*, FR 2002, S. 1159.

stellt das Kapitalkonto II aufgrund der Verlustverbuchung stets Eigenkapital dar. Demnach ist ein aktivisches Kapitalkonto II ebenfalls als Gesellschafterkapitalkonto einzuordnen. Im Vier-Konten-Modell ist bezüglich der Einordnung zu differenzieren. Wird das Verlustvortragskonto als Unterkonto zum Kapitalkonto II geführt, ist das Kapitalkonto II als gesamthänderisch gebundenes Rücklagenkonto ausgestaltet oder wird es im Rahmen des Abfindungsguthabens berücksichtigt, verkörpert das passivische Kapitalkonto II einen gesellschaftsrechtlichen Anspruch. Dann ist diese passivische Einordnung maßgebend für die Qualifizierung des aktiven Kapitalkontos II. Erfolgt auf dem Kapitalkonto II hingegen keine mittelbare Verlustverbuchung und handelt es sich auch nicht um ein gesamthänderisch gebundenes Rücklagenkonto, stellt dies passivisch ein Gesellschafterdarlehenskonto dar. Bezüglich der Einordnung ist dann analog zur gesellschaftsrechtlichen Einordnung zu verfahren.

Zusammenfassend kann festgehalten werden, dass es dann zu einer differenzierenden Einordnung im Gesellschafts- und Steuerrecht kommt, wenn das Kapitalkonto II im passiven Zustand als Eigenkapitalkonto qualifiziert wird und die Gesellschaft für die entnommenen Beträge einen Rückzahlungsanspruch und somit eine schuldrechtliche Forderung gegenüber dem Gesellschafter besitz.[804] Liegt hingegen kein Rückzahlungsanspruch der Gesellschaft vor, erfolgt eine übereinstimmende Einordnung im Gesellschafts- und Steuerrecht.[805] Allerdings unterscheidet sich in beiden Fällen die gesellschafts- und steuerrechtliche Einordnungssystematik insoweit, dass das Gesellschaftsrecht die Einordnung an die Rückzahlungsverpflichtung knüpft, wohingegen das Steuerrecht auf die passive Rechtsnatur des Gesellschafterkontos abstellt.

3.4.3.2. Darlehenskonto

Aufgrund der Tatsache, dass auf dem Darlehenskonto keine Verluste verbucht werden, kann dieses im Drei- und Vier-Konten-Modell nur durch Entnahmen oder Auszahlungen einen aktivischen Saldo aufweisen. Für die gesellschaftsrechtliche Einordnung ist hier wieder zwischen den einzelnen Entnahmevarianten – unzulässige oder zulässige mit oder ohne Rückzahlungsverpflichtung – zu unter-

---

804 Vgl. BFH, Urteil v. 16.10.2008, IV R 98/06, BStBl. II 2009, S. 272; *Ley*, StbJb 2003/2004, S. 141; *Ley*, DStR 2003, S. 959; *von Beckerath*, in: Kirchhof/Söhn/Mellinghoff, EStG, § 15a EStG, Rz. B 423 (Juni 2009). Hierbei kann es je nach Auffassung, wann ein Rückzahlungsanspruch vorliegt, gesellschaftsrechtlich ebenfalls zu Unterschieden kommen.

805 Auch bei einem aufgrund ausschließlicher Verlustverbuchung negativ gewordenen Kapitalkonto II kommt es gesellschaftsrechtlich und steuerrechtlich zur gleichen Einordnung, da aufgrund der fehlenden Ausgleichsverpflichtung stets negatives Kapital vorliegt.

scheiden. Gesellschaftsrechtlich unzulässige Entnahmen begründen einen Rückforderungsanspruch der Gesellschaft gegenüber dem Gesellschafter nach § 812 BGB und sind als Forderung zu bilanzieren. Eine Verbuchung auf dem Gesellschafterdarlehenskonto, welches dadurch aktivisch wird, ist daher zutreffend.[806] Dies gilt auch für zulässige Entnahmen mit einer vereinbarten Rückzahlungsverpflichtung. Liegen hingegen zulässige Entnahmen ohne Rückzahlungsvereinbarung vor, ist die Entnahme gegen Kapital zu buchen. Bei solchen Entnahmen handelt es sich um Gewinnvorschüsse, die mit künftigen Gewinnen zu verrechnen sind und nicht um Forderungen.[807] Wird der gesellschaftsrechtlichen Gegenauffassung gefolgt, begründen Überentnahmen stets einen Rückforderungsanspruch der Gesellschaft gegenüber dem entnehmenden Gesellschafter.

Handelt es sich wie beim Darlehenskonto im passiven Zustand um ein Fremdkapitalkonto, orientiert sich das Steuerrecht bei der Einordnung des Darlehenskontos an der gesellschaftsrechtlichen Einordnungssystematik und folglich an der Begründung eines Rückzahlungsanspruches. Wie bereits erwähnt, hat der BFH für den Fall einer gesellschaftsrechtlichen unzulässigen Entnahme entschieden, dass die Gesellschaft für entnommene Beträge ein (schuldrechtliches) Forderungsrecht gegenüber dem Gesellschafter besitzt, welches gegen die Einordnung des aktivischen Darlehenskontos als Kapitalkonto spricht.[808] Vereinbarungen über die Verzinsung, die Gestellung von Sicherheiten und die Tilgungsmodalitäten für die Einordnung des aktivischen Darlehenskontos sind für den BFH unerheblich.[809] Im Einzelfall sind solche Regelungen zwar ein Indiz für den Darlehenscharakter eines Gesellschafterkontos,[810] allerdings kann aufgrund des Fehlens solcher Bestimmungen nicht auf das Vorliegen eines Gesellschafterkapitalkontos geschlossen werden.[811] Ebenso irrelevant für die steuer-

---

806 Vgl. *Ley*, KÖSDI 2014, S. 18851; *Huber*, ZGR 1988, S. 59, 76; *Ley*, DStR 2003, S. 961; *Hennrichs/Pöschke*, in: Wysocki et al., Handbuch des Jahresabschlusses, 2015, Abt. III/1, Rz. 76; *Ley*, KÖSDI 2014, S. 18895.

807 Vgl. *Ley*, KÖSDI 2014, S. 18851; *Huber*, ZGR 1988, S. 76; *Wagner*, DStR 2008, S. 565 f.; *Ley*, DStR 2003, S. 961; *Ley*, DStR 2009, S. 617. Der Gesellschafter einer Personenhandelsgesellschaft kann demnach faktisch im Drei- und Vier-Konten-Modell durch gesellschaftsrechtliche Bestimmungen den Eigen- und Fremdkapitalcharakter eines Darlehenskontos bestimmen.

808 Vgl. BFH, Urteil v. 16.10.2008, IV R 98/06, BStBl. II 2009, S. 272; *Kempermann*, FR 2009, S. 583; *von Beckerath*, in: Kirchhof, EStG, 2016, § 15a EStG, Rz. 14; *Prinz*, S:R 2009, S. 45.

809 Vgl. BFH, Urteil v. 16.10.2008, IV 98/06, BStBl. II 2009, S. 272; *Kempermann*, FR 2009, S. 583; *Kahle*, DStZ 2010, S. 730; *Ley*, DStR 2009, S. 617; *Engelberth*, NWB 2011, S. 1823. So auch schon im Ergebnis *Wüllenkemper*, BB 1991, S. 1908. Der für Darlehen aufgrund besonderer Vereinbarung zwischen Gesellschaft und Gesellschafter geltende Grundsatz des Fremdvergleichs ist nach Auffassung des BFH nicht ohne weiteres auf aktivische Gesellschafterdarlehenskonten übertragbar. Allerdings ist im Fall einer zinslosen oder zinsverbilligten Darlehensgewährung stets der Ansatz einer Nutzungsentnahme zu prüfen.

810 So BFH, Urteil v. 4.5.2000, IV R 16/99, BStBl. II 2001, S. 171.

811 Vgl. BFH, Urteil v. 16.10.2008, IV R 98/06, BStBl. II 2009, S. 272; entgegen OFD Hannover, Verfügung v. 7.2.2008, S 2241a - 96 - StO 222/221, DB 2008, S. 1350.

liche Einordnung ist die Behandlung des Darlehenskontos als positives oder negatives Sonderbetriebsvermögen auf der zweiten Stufe der Gewinnermittlung.[812]

Die ursprüngliche steuerrechtliche Einordnungssystematik eines aktivischen Darlehenskontos, die auf die für die Beurteilung passiver Gesellschafterkonten maßgebenden Kriterien abstellte,[813] ist nach dem BFH-Urteil vom 16.10.2008 demnach nicht mehr maßgebend. Handelt es sich aufgrund einer gesellschaftsvertraglich vorgesehenen Verlustverrechnung beim Darlehenskonto um ein Eigenkapitalkonto, können die Grundsätze für die aktivische Einordnung eines im passiven Zustand als Fremdkapital einzuordnenden Darlehenskonto allerdings nicht übernommen werden. Vielmehr sind die Einordnungsgrundsätze eines aktivischen Kapitalkontos II im Zwei-Konten-Modell anzuwenden. Dies bedeutet, dass steuerlich das aktivische Darlehenskonto, das im passiven Zustand als Eigenkapital zu qualifizieren ist, seine Rechtsnatur bei einem Saldenwechsel beibehält.[814] Im Ergebnis bestimmt die passivische Rechtsnatur des Gesellschafterkontos dann auch die aktivische Rechtsnatur des Darlehenskontos.[815]

3.4.4. Würdigung der gesellschafts- und steuerrechtlichen Einordnungssystematik

Beruht der negative Saldo eines Gesellschafterkontos ausschließlich auf Verlustanteilen des Gesellschafters, ist die Einordnung unproblematisch. Da Gesellschafterkonten, auf denen eine Verlustverrechnung stattfindet, stets Eigenkapital darstellen, bildet der negative Saldo ebenfalls einen Bestandteil des Kapitalkontos und repräsentiert demnach negatives Eigenkapital. Wurde der Debetsaldo auf einem Gesellschafterkonto hingegen durch Entnahmen hervorgerufen, ist die Einordnung weitaus komplexer.

---

812 Vgl. *Prinz*, S:R 2009, S. 45.

813 Vgl. BFH, Urteil v. 4.5.2000, IV R 16/99, BStBl. II 2001, S. 171. So auch schon *Bitz*, DStR 1994, S. 1221; *Wüllenkemper*, BB 1991, S. 1908; *Bordewin*, StbJb 1992/1993, S. 177; *Wälzholz*, DStR 2011, S. 1863. Das Darlehenskonto im Drei- und Vier-Konten-Modell hat schuldrechtlichen Charakter. Somit hätte unabhängig von der Entnahmeart ein aktivisches Darlehenskonto zur Annahme einer Forderung geführt, da die Einordnung der passivischen Konten auf die Aktivseite durchschlägt. Anzumerken ist jedoch, dass es sich im Urteilsfall um ein atypisch ausgestaltetes Vier-Konten-Modell handelte. Hierbei war das Darlehenskonto in die Ermittlung des Abfindungsguthabens einzubeziehen und daher einer Verlustverrechnung zugänglich. Folglich handelte es sich faktisch um ein Eigenkapitalkonto.

814 Vgl. *Steger*, NWB 2013, S. 1005 f.

815 Vgl. BFH, Urteil v. 16.10.2008, IV R 98/06, BStBl. II 2009, S. 272. Beim atypischen Darlehenskonto handelt es sich um einen Teil des aufgespalteten Kapitalkontos II des Zwei-Konten-Modells. Demnach kann die Aufspaltung des Kapitalkontos II in mehrere Unterkonten nicht zu einem anderen steuerlichen Ergebnis führen als bei einem zusammengefassten Kapitalkonto II im Zwei-Konten-Modell, vgl. *Steger*, NWB 2013, S. 1005.

Diesbezüglich ist die Einordnungssystematik, dass sich der Charakter eines aktivischen Gesellschafterkontos nach der Rechtsnatur des passivischen Kontos bestimmt, kritisch zu sehen. Zwar kann der möglichen Begründung, dass ein passivisches Gesellschafterkonto seinen Charakter als Eigenkapital- oder Darlehenskonto nicht dadurch verliert, dass es aktivisch wird,[816] grundsätzlich gefolgt werden. Allerdings müssen m. E. alle durch Entnahmen negativ gewordenen Gesellschafterkonten, unabhängig von der Ausgestaltung des Kontenmodells und ungeachtet der passivischen Einordnung, nach einheitlichen Maßstäben und Kriterien beurteilt werden.[817] Auch in der zivilrechtlichen Literatur ist dieser Ansatz umstritten. Vielmehr differenziert die herrschende Meinung in der Literatur für die Einordnung von aktivischen Gesellschafterkonten zwischen zulässigen und unzulässigen Entnahmen. Wird dieser Auffassung gefolgt, kommt es allerdings zu Problemen bei der Bebuchung der entsprechenden Gesellschafterkonten.

Im Zwei-Konten-Modell stellt das Kapitalkonto II ein Eigenkapitalkonto dar. Eine Verbuchung von unzulässigen Entnahmen oder von zulässigen Entnahmen, die einen Rückforderungsanspruch begründen und die dazu führen, dass das Kapitalkonto II aktivisch wird, hat im Gesellschaftsrecht die Konsequenz, dass das Kapitalkonto II aufgrund des schuldrechtlichen Charakters der Entnahmen als Forderungskonto einzuordnen wäre. Das gilt jedoch nicht für die steuerrechtliche Einordnung des Kapitalkontos II im Zwei-Konten-Modell, da die aktivische Einordnung unabhängig von einem etwaigen Rückforderungsanspruch der getätigten Entnahme der passivischen Einordnung folgt.

Demgegenüber stellt das Darlehenskonto im Drei- und Vier-Konten-Modell ein Fremdkapitalkonto dar. Wird dieses durch die Verbuchung von zulässigen Entnahmen ohne Rückzahlungsverpflichtung aktivisch, kommt es sowohl gesellschaftsrechtlich als auch steuerrechtlich zu einer Einordnung als Eigenkapitalkonto.[818] Im Ergebnis kommt es in den eben aufgezeigten Fällen zu einer Umqualifizierung der ursprünglichen Rechtsnatur der jeweiligen Gesellschafterkonten.

Deshalb stellt sich die Frage, ob sich die Rechtsnatur eines passivischen Gesellschafterkontos dadurch ändern kann, wenn es durch Entnahmen aktivisch wird. Zur Beantwortung dieser Frage muss allerdings die vorangestellte Frage beantwortet werden, ob die zu buchenden Beträge des zugrunde

---

816 Vgl. BFH, Urteil v. 27.6.1996, IV R 80/95, BStBl. II 1997, S. 36; v. 4.5.2000, IV R 16/99, BStBl. II 2001, S. 171; *Wälzholz*, DStR 2011, S. 1863; *Bitz*, DStR 1994, S. 1221.

817 Vgl. *Dötsch*, FS Spindler, 2011, S. 613.

818 Die gleiche Rechtsfolge ergibt sich bei einem durch zulässige Entnahmen ohne Rückzahlungsverpflichtung aktivisch gewordenen Kapitalkonto II nach dem gesetzlichen Leitbild. Auch dieses stellt ein Darlehenskonto dar.

liegenden Geschäftsvorfalls das Kapital mindern oder eine Verbindlichkeit bzw. Forderung begründen oder erhöhen. Denn nur die Rechtsnatur des zugrunde liegenden und abzubildenden Geschäftsvorfalls bestimmt, auf welchem Gesellschafterkonto dieser verbucht werden muss.[819] Es ist demnach nicht möglich, dass die reine Buchungstechnik über den Rechtscharakter der verbuchten Beträge entscheidet. Vielmehr muss die Buchung umgekehrt dem Rechtscharakter des Geschäftsvorfalls entsprechen. Somit bleibt ein Betrag, der der Sache nach zum Eigenkapital der Gesellschaft zählt, formal fälschlicherweise aber auf einem Fremdkapitalkonto verbucht wurde, auch weiterhin Eigenkapital, wie analog Fremdkapital nicht durch eine Falschbuchung auf einem Kapitalkonto zu Eigenkapital wird,[820] denn solche Fehlbuchungen können nicht die Rechtsnatur der verbuchten Beträge ändern.[821] Im Ergebnis kann sich die Rechtsnatur eines passiven Gesellschafterkontos also nicht dadurch ändern, dass dieses durch Entnahmen aktivisch wird. Vielmehr hat die Verbuchung von Entnahmen auf den Gesellschafterkonten zu erfolgen, die dieselbe Rechtsnatur wie die zu verbuchenden Beträge haben. Diese Vorgehensweise sollte schon aus Gründen der Klarheit zugrunde gelegt werden.[822] Werden Vorgänge dennoch auf einem falschen Gesellschafterkonto verbucht, handelt es sich um Fehlbuchungen, die rückgängig zu machen sind.[823]

Diese Auffassung hat zur Folge, dass unzulässige Entnahmen und zulässige Entnahmen mit Rückzahlungsvereinbarung, welche als Forderungen zu qualifizieren sind, bei Vorliegen des Zwei-Konten-Modells nicht dem Kapitalkonto II belastet werden können, wenn dieses dadurch aktivisch werden sollte.[824] In dieser Konstellation würde im Zwei-Konten-Modell kein Gesellschafterkonto zur Verfügung stehen, auf welches diese Forderungen gebucht werden könnten, denn ein Darlehenskonto, auf welches die unzulässigen oder zulässigen Entnahmen mit Rückzahlungsverpflichtung verbucht werden müssten, existiert im Zwei-Konten-Modell nicht. Das Zwei-Konten-Modell ist im Rahmen von Entnahmen, die einen Rückforderungsanspruch und einen aktivischen Saldo begründen, daher nicht anwendbar.[825]

---

819 So auch *Ley*, KÖSDI 2014, S. 18849; *Ley*, DStR 2013, S. 274.

820 Vgl. *Hennrichs/Pöschke*, in: Wysocki et al., Handbuch des Jahresabschlusses, 2015, Abt. III/1, Rz. 69.

821 Vgl. *Hennrichs/Pöschke*, in: Wysocki et al., Handbuch des Jahresabschlusses, 2015, Abt. III/1, Rz. 69; ebenfalls bereits *Plassmann*, BB 1978, S. 413.

822 Vgl. *Priester*, in: Schmidt, Handelsgesetzbuch, 2011, § 122 HGB, Rz. 44; *Hennrichs/ Pöschke*, in: Wysocki et al., Handbuch des Jahresabschlusses, 2015, Abt. III/1, Rz. 76.

823 Vgl. *Hennrichs/Pöschke*, in: Wysocki et al., Handbuch des Jahresabschlusses, 2015, Abt. III/1, Rz. 89.

824 Vgl. *Ley*, KÖSDI 2014, S. 18850.

825 Erfolgt dennoch die Verbuchung von Entnahmen mit Rückforderungsanspruch auf dem Kapitalkonto II und reali-

Im Drei- und Vier-Konten-Modell sind Entnahmen ausschließlich dem Darlehenskonto zu belasten. Allerdings wäre eine Verbuchung von zulässigen Entnahmen auf einem Gesellschafterdarlehenskonto nur zulässig, wenn die Parteien einen Rückforderungsanspruch vereinbart haben,[826] denn eine zulässige Entnahme ohne Rückzahlungsanspruch stellt eine Kapitalminderung dar, die auf einem Eigenkapitalkonto des Gesellschafters verbucht werden müsste. Im Ergebnis sind das Drei- und Vier-Konten-Modell für solche Fälle nicht geeignet. Würde man dennoch alle Entnahmen unabhängig davon, ob sie einen Rückforderungsanspruch begründen oder nicht, auf dem Darlehenskonto verbuchen, wäre es nicht ersichtlich, ob der negative Saldo aufgrund von schuldrechtlichen Forderungen oder aufgrund einer Eigenkapitalminderung entstanden ist. In diesem Fall müsste das Darlehenskonto aufgesplittet werden. Der auf den zulässigen Entnahmen beruhende Teil würde demnach den Kapitalanteil mindern und der auf die unzulässigen Entnahmen zurückzuführende Teil würde eine Forderung der Gesellschaft gegen den Gesellschafter repräsentieren.[827] Das Verbot gemischter Konten verbietet jedoch eine solche Vorgehensweise,[828] denn die gebuchten Beträge müssen insgesamt dem Eigen- oder Fremdkapital zugeordnet werden, da das Eigenkapital und die Schulden getrennt auszuweisen sind (§ 247 Abs. 1 HGB).[829] In der Literatur wird daher vorgeschlagen, analog zum Verlustverrechnungskonto ein Entnahmeverrechnungskonto einzurichten, auf dem zulässige Entnahmen ohne Rückforderungsanspruch zu verbuchen sind.[830] Gewinngutschriften und Einlagen wären dann vorrangig diesem Entnahmeverrechnungskonto gutzuschreiben.[831]

Ferner bringt die unterschiedliche Rechtsnatur von zulässigen und unzulässigen Entnahmen das Problem mit sich, dass es in der Praxis unklar sein dürfte, wann die Voraussetzungen eines Gewinnvorschusses vorliegen und es sich deshalb um eine Kapitalminderung handelt. So kann bspw.

---

siert die Gesellschaft gleichzeitig Verluste, kommt es zu einer Vermischung von Eigen- und Fremdkapitalbestandteilen. Hier kann es nur sehr schwer nachvollziehbar sein, welcher Teil des entstehenden negativen Kapitalkontos II aufgrund der Verbuchung von Verlusten und welcher Teil aufgrund von Entnahmebuchungen entstanden ist.

[826] Vgl. *Ley*, KÖSDI 2014, S. 18851.

[827] Für eine Aufteilung spricht sich *Dötsch* aus, vgl. *Dötsch*, FS Spindler, 2011, S. 615. A. A. *Wüllenkemper*, BB 1991, S. 1911 m. w. N.

[828] Vgl. *Ley*, KÖSDI 2014, S. 18851; *Ley*, KÖSDI 2014, S. 18899.

[829] Vgl. BGH, Urteil v. 23.2.1978, II ZR 145/76, NJW 1978, S. 1053; *Hopt*, in: Baumbach/Hopt, Handelsgesetzbuch, 2014, § 120 HGB, Rz. 20. A. A. wohl *Oppenländer*, DStR 1999, S. 942 und *Leitzen*, ZNotP 2009, S. 259. Ebenfalls a. A. *Behlau*, SJ 2009, S. 23, welcher der Meinung ist, dass Zahlungsvorgänge auf ein und demselben Konto unterschiedlichen Rechtsgründen zugeordnet werden können. Dies würde m. E. jedoch der Übersicht und Klarheit der Kontenmodelle widersprechen.

[830] Vgl. *Ley*, KÖSDI 2014, S. 18851; *Ley*, KÖSDI 2014, S. 18899, *Scherff/Willeke*, BBK 2004, S. 747, deren Ansicht m. E zu folgen ist.

[831] Vgl. *Ley*, KÖSDI 2014, S. 18851. Übersteigt der Saldo des Entnahmekontos die Bestände von Kapitalkonto I und Kapitalkonto II, müsste der übersteigende Betrag als nicht durch Vermögenseinlagen gedeckte Entnahmen aktivisch in der Bilanz ausgewiesen werden. Zum Ausweis vgl. Gliederungspunkt 3.5.

die Frage aufkommen, wie sich ein vergleichsweise geringer laufender Gewinn oder gar ein über eine längere Zeit zu erwartender laufender Verlust zu einer Liquiditätsausschüttung in Millionenhöhe verhält.[832]

Aufgrund der eben aufgeführten Problembereiche, aber auch aufgrund der nachfolgend aufgezeigten Gründe hat die Qualifikation eines aktivischen Gesellschafterkontos m. E. nicht nach der Auffassung der herrschenden Meinung zu erfolgen.[833] Vielmehr ist der zivilrechtlichen Mindermeinung zuzustimmen, die jede Auszahlung an einen Gesellschafter, die zu einem aktivischen Gesellschafterkonto führt, im handels- und steuerbilanziellen Sinne als schuldrechtliche Forderung der Personenhandelsgesellschaft gegenüber dem Gesellschafter qualifiziert.[834] Die Ansicht, dass es sich bei einer zulässigen Entnahme um einen Vorschuss auf die erst künftig entstehenden Gewinnanteile des Gesellschafters handelt, kann nicht geteilt werden. Auch die Auffassung, dass diese Auszahlung nach dem Zweck des Vorschusses keinen sofortigen Rückzahlungsanspruch der Gesellschaft begründet, sondern deren Fälligkeit bis zur Feststellung des Jahresabschlusses für das laufende Geschäftsjahr[835] oder in Ausnahmefällen auch für einen weiterreichenden Zeitraum hinausgeschoben ist, ändert daran nichts, denn der Darlehens- oder Forderungscharakter eines Gesellschafterkontos kann nicht allein dadurch in Frage gestellt werden, dass die Begleichung der Forderungen für längere Zeit ausgeschlossen ist.[836] Die Begleichung der Auszahlung mit künftig entstehenden Gewinnanteilen stellt vielmehr eine Verrechnung im Wege der Aufrechnung (§§ 387 ff. BGB) dar.[837] Im Ergebnis handelt es sich bei der Rückführung eines durch zulässige Entnahmen aktivisch gewordenen Darlehenskonto nur um eine Gewinnverwendung.[838] Der eingenommene Standpunkt hat zur Folge, dass sich die oben aufgeführten Probleme im Rahmen der differenzierenden Lösung auflösen. Eine Kapitalminderung ist demzufolge nur noch durch die Verbuchung von Verlusten möglich.

---

832 Vgl. *Dötsch*, FS Spindler, 2011, S. 614 f.

833 Gl. A. *Dötsch*, FS Spindler, 2011, S. 613; *Steger*, NWB 2013, S. 1004; *Heuermann*, in: Blümich, EStG/KStG/GewStG, § 15a EStG, Rz. 40 (Oktober 2015).

834 Vgl. *von Falkenhausen/Schneider*, in: Gummert/Weipert, Münchener Handbuch des Gesellschaftsrechts, 2014, § 22, Rz. 76; *Wälzholz*, DStR 2011, S. 1863; *Weipert*, in: Ebenroth et al., HGB, 2014, § 169 HGB, Rz. 23; *Dötsch*, FS Spindler, 2011, S. 613; *Steger*, NWB 2013, S. 1004; *Heuermann*, in: Blümich, EStG/KStG/GewStG, § 15a EStG, Rz. 40 (Oktober 2015).

835 Die Stundung der Rückzahlungsverpflichtung des Gesellschafters bis zu diesem Zeitpunkt wird regelmäßig dem Willen der Gesellschaft und der Gesellschafter und deren Interessenlage entsprechen, vgl. *von Falkenhausen/Schneider*, in: Gummert/Weipert, Münchener Handbuch des Gesellschaftsrechts, 2014, § 22, Rz. 76.

836 Vgl. hierzu Gliederungspunkt 3.3.2.4.

837 Vgl. *Dötsch*, FS Spindler, 2011, S. 614.

838 Vgl. *Steger*, NWB 2013, S. 1004.

3.5. Bilanzieller Ausweis des Eigenkapitals

3.5.1. Ausweis in der Handelsbilanz

Auch für den Ausweis des Eigenkapitals ist eine Eigen- und Fremdkapitalabgrenzung der jeweiligen Gesellschafterkonten notwendig.[839] Handelt es sich bei den entsprechenden Konten um Fremdkapital, ist ein Ausweis in der Nähe zum Eigenkapital nicht zulässig.[840]

Für die den Kapitalgesellschaften gleichgestellten Personenhandelsgesellschaften richtet sich der Ausweis der passivischen und aktivischen Gesellschafterkonten nach § 264c Abs. 2 HGB.[841] Bedingt ist dieser spezielle Ausweis durch die für Personenhandelsgesellschaften geltenden abweichenden Regelungen zur Haftung, Kapitalaufbringung und -verwendung des Eigenkapitals.[842] Nach Ansicht im bilanzrechtlichen Schrifttum soll die Gliederungssystematik des § 264c Abs. 2 HGB auch für die gesetzestypische OHG oder KG gelten.[843] Zur Begründung wird darauf verwiesen, dass es sich bei den in § 264c Abs. 1 bis 3 HGB getroffenen Regelungen um Grundsätze ordnungsgemäßer Buchführung handelt, an denen sich auch Personenhandelsgesellschaften orientieren können, die nicht von § 264a HGB erfasst werden.[844]

In der Buchführung werden die Gesellschafterkonten mit Ausnahme des gesamthänderisch gebundenen Rücklagenkontos grundsätzlich individuell geführt.[845] Demnach werden der Kapitalanteil, die individuellen Rücklagen und die Darlehenskonten für jeden einzelnen Gesellschafter auf separaten Konten verbucht. Die Gesellschafterkonten stimmen nicht mit den Eigenkapitalposten der Handelsbilanz überein und müssen daher den entsprechenden Bilanzposten zugeordnet werden.[846]

---

839 Vgl. *Scherff/Willeke*, BBK 2004, S. 740.

840 Vgl. *Herrmann*, WPg 2001, S. 275.

841 Vgl. *Künkele/Zwirner*, StuB Beilage zu Heft 7 2015, S. 3; *Ley*, KÖSDI 2015, S. 19321.

842 Vgl. *Künkele/Zwirner*, StuB Beilage zu Heft 7 2015, S. 3.

843 Vgl. *Ley*, KÖSDI 2015, S. 19321; *Ley*, KÖSDI 2014, S. 18845; *ADS*, Rechnungslegung und Prüfung der Unternehmen, 1998, § 247 HGB, Rz. 62; *Bundessteuerberaterkammer*, DStR 2006, S. 668; *Hoffmann/Schmidt*, in: Förschle et al., Beck´scher Bilanz-Kommentar, 2016, § 247 HGB, Rz. 150, § 264c HGB, Rz. 1; *Graf von Kanitz*, WPg 2003, S. 331; *Freidank*, WPg 1994, S. 399. Die strengeren Regelungen des § 264c Abs. 2 Sätze 2 ff. HGB zum Verlustausweis gelten allerdings nur für die den Kapitalgesellschaften gleichgestellten Personenhandelsgesellschaften, vgl. *Ley*, KÖSDI 2014, S. 18897; *IDW*, RS HFA 7, Rz. 43.

844 Vgl. *Ley*, KÖSDI 2015, S. 19321; *Ley*, DStR 2013, S. 272. Vertiefend und differenzierend hierzu *Sieker*, FS Westermann, 2008, S. 1527.

845 Vgl. *Ley*, KÖSDI 2014, S. 18898.

846 Vgl. *Ley*, KÖSDI 2015, S. 19323.

Grundsätzlich sind die handelsrechtlichen Vorgaben zum Eigenkapitalausweis jedoch geeignet, das Zwei-, Drei- und Vier-Konten-Modell abzubilden.[847]

Gesellschafterkonten der Personenhandelsgesellschaft sind daher in der Handelsbilanz wie folgt auszuweisen:

Bilanzposten der Gesellschafter in der Handelsbilanz	
Eigenkapital	
Aktiva	Passiva
(5) Eingeforderte ausstehende Pflichteinlage der Gesellschafter (6) Nicht durch Vermögenseinlage gedeckter Verlustanteil der Gesellschafter (7) Nicht durch Vermögenseinlage gedeckte Entnahmen der Gesellschafter	(1) Kapitalanteile der Gesellschafter (2) Ausstehende Pflichteinlagen (3) Gewinnvortrag/Verlustvortrag (3) Jahresüberschuss/-fehlbetrag (4) Rücklagen
Schuldrechtliche Ansprüche	
Aktiva	Passiva
(8) Forderungen gegenüber Gesellschafter	(8) Verbindlichkeiten gegenüber Gesellschafter

Abbildung 3: Bilanzposten der Gesellschafter in der Handelsbilanz

Zu (1): Unter den Posten Kapitalanteile werden die verschiedenen Eigenkapitalkonten der persönlich haftenden und beschränkt haftenden Gesellschafter geführt.[848] Bei den verschiedenen Gesellschafterkonten-Modellen ergibt sich der Kapitalanteil eines jeden Gesellschafters aus der Saldierung der für ihn geführten Eigenkapitalkonten.[849] Bei Ausweis der Kapitalanteile ist zwischen den Kapitalanteilen

---

847 Vgl. *Ley*, DStR 2009, S. 619; *Ley*, KÖSDI 2014, S. 18897.

848 Die verschiedene Eigenkapitalkonten sind demnach als Unterkonten des Kapitalanteils zu verstehen und in der Vorspalte der Bilanz entsprechend § 265 Abs. 5 HGB darzustellen, vgl. *Scherff/Willeke*, BBK 2004, S. 740.

849 Vgl. *Huber*, ZGR 1988, S. 71. Damit beinhaltet der Kapitalanteil im Zwei-, Drei- und Vier-Konten-Modell das Kapitalkonto I und das Kapitalkonto II, soweit es sich hierbei nicht um ein gesamthänderisch gebundenes Rückla-

der persönlich haftenden Gesellschafter und denen der Kommanditisten zu differenzieren.[850] Es besteht ein Wahlrecht, ob die Kapitalanteile der persönlich und beschränkt haftenden Gesellschafter gesellschaftergruppenbezogen oder gesellschafterindividuell ausgewiesen werden.[851]

Zu (2): Die Pflichteinlage bzw. der Kapitalanteil ist stets in voller Höhe auszuweisen.[852] Haben die Gesellschafter weniger als die vereinbarte Pflichteinlage eingezahlt und ist diese nicht eingefordert, sind diese ausstehenden Pflichteinlagen nach § 272 Abs. 1 HGB offen vom Kapitalanteil getrennt nach Gesellschaftergruppen abzusetzen.[853]

Zu (3): Die Gewinne eines Gesellschafters sind diesem am Schluss des Geschäftsjahres seinem Kapitalanteil gutzuschreiben (§§ 120 Abs. 2, 161 Abs. 2 i. V. m. 120 Abs. 2 HGB).[854] Grundsätzlich wird die Handelsbilanz einer Personenhandelsgesellschaft nach vollständiger Ergebnisverwendung erstellt, wenn der Gesellschaftsvertrag die Ergebnisverwendung nicht ganz oder teilweise der Gesellschafterversammlung unterstellt.[855] Wird das Ergebnis vollständig verwendet, d. h., erfolgt eine Gutschrift bzw. Belastung auf den Kapitalkonten respektive auf den Rücklagenkonten, entfällt ein Ausweis eines Gewinn-/ Verlustvortrags und eines Jahresüberschusses bzw.-fehlbetrages.[856] Behalten

---

genkonto oder ein Darlehenskonto handelt. Auch das Verlustvortragskonto stellt ein Unterkonto des gesamten Kapitalanteils dar und ist somit mit diesem auszuweisen. Eine gesetzliche Ausweispflicht besteht für das Verlustvortragskonto demnach nicht, auch wenn dieses aufgrund von gesellschaftsrechtlichen Regelungen getrennt zu buchen ist, vgl. *Scherff/Willeke*, BBK 2004, S. 741.

850 Vgl. *Künkele/Zwirner/König*, StuB 2014, S. 3 ff. Hierbei sind bei den Kapitalanteilen der Kommanditisten nach dem Gesetzeswortlaut die Regelungen der persönlich haftenden Gesellschafter analog anzuwenden, vgl. *Kusterer/Kirnberger/Fleischmann*, DStR 2000, S. 608; *Künkele/Zwirner*, StuB Beilage zu Heft 7 2015, S. 4.

851 Vgl. *Kusterer/Kirnberger/Fleischmann*, DStR 2000, S. 609; *Graf von Kanitz*, WPg 2003, S. 331; *Hoffmann*, DStR 2000, S. 838 f.; *Wiechmann*, WPg 1999, S. 921; *Theile*, BB 2000, S. 557; *Ley*, KÖSDI 2015, S. 19322. Sofern die Personenhandelsgesellschaft den Vorschriften des § 264a HGB unterliegt, ist ein zusammengefasster Ausweis der Kapitalanteile der Kommanditisten mit denen der Komplementäre nicht möglich, vgl. *Künkele/ Zwirner*, StuB Beilage zu Heft 7 2015, S. 4; *Bingel/Weidenhammer*, DStR 2006, S. 677.

852 Die bilanzielle Behandlung ausstehender Einlagen ist umstritten, vgl. ausführlich hierzu *Hennrichs/Pöschke*, in: Wysocki et al., Handbuch des Jahresabschlusses, 2015, Abt. III/1, Rz. 77 m. w. N.

853 Vgl. *Freidank*, WPg 1994, S. 399; *Bingel/Weidenhammer*, DStR 2006, S. 677; *Scherff/Willke*, BBK 2004, S. 740; *IDW*, RS HFA 7, Rz. 34; *Ley*, KÖSDI 2015, S. 19322.

854 Nach § 167 Abs. 2 HGB gilt dies für den Kommanditisten nur bis zum Betrag seiner bedungenen Einlage. Darüber hinausgehende Gewinnanteile des Kommanditisten sind am Abschlussstichtag entnahmefähig und daher als Fremdkapital auszuweisen, vgl. *IDW*, RS HFA 7, Tz. 36; *Theile*, BB 2000, S. 558; a. A. *Hoffmann*, in: Prinz/Hoffmann, Beck'sches Handbuch der Personengesellschaften, 2014, § 5, Rz. 284.

855 Vgl. *IDW*, RS HFA 7, Rz. 37. Ausführlich zur Gewinnverwendung bei Personenhandelsgesellschaften vgl. *Hennrichs/Pöschke*, in: Wysocki et al., Handbuch des Jahresabschlusses, 2015, Abt. III/1, Rz. 80 f., 105 ff. sowie 128; *Künkele/Zwirner/König*, StuB 2014, S. 7 ff.; *Zwirner/Künkele*, BC 2012, S. 418 ff.; *Scherff/Willeke*, BBK 2004, S. 745 f.

856 Vgl. *Hennrichs/Pöschke*, in: Wysocki et al., Handbuch des Jahresabschlusses, 2015, Abt. III/1, Rz. 80; *Kusterer/Kirnberger/Fleischmann*, DStR 2000, S. 609; *Scherff/Willeke*, BBK 2004, S. 745; *Bitter/Grashoff*, DB 2000, S. 835; *Wiechmann*, WPg 1999, S. 921; *Graf von Kanitz*, WPg 2003, S. 333 f.; *Bingel/Weidenhammer*, DStR 2006, S. 678; *Ley*, DStR 2009, S. 619; *Ley*, KÖSDI 2015, S. 19322; *Ley*, DStR 2013, S. 272; *Künkele/Zwirner*, StuB

sich die Gesellschafter im Gesellschaftsvertrag allerdings die Disposition über den Jahresüberschuss ausdrücklich vor, kommt es zu einem Ausweis des unverteilten Jahresüberschusses.[857] Bei teilweise ausstehender Verwendung des Jahresüberschusses durch die Gesellschafterversammlung ist ein Bilanzgewinn auszuweisen.[858] Ein Gewinnvortrag wird nur dann ausgewiesen, wenn keine Verteilung des Gewinns auf den Gesellschafter bzw. keine Einstellung in die Rücklagen beschlossen wird.[859]

Zu (4): Unter dem Posten Rücklagen sind nur die Beträge auszuweisen, die aufgrund von gesellschaftsrechtlichen Vereinbarungen zu bilden sind (§ 264c Abs. 2 Satz 8 HGB). Demnach handelt es sich hierbei um den gesonderten Ausweis des gesamthänderisch gebundenen Rücklagenkontos.[860] Eine Differenzierung des Rücklagenpostens in eine Gewinn- und eine Kapitalrücklage erfolgt bei Personenhandelsgesellschaften nicht.[861] Die Rücklagen müssen zudem nicht den einzelnen Gesellschafter bzw. Gesellschaftergruppen zugeordnet werden.[862] Demnach ist beim bilanziellen Ausweis der Rücklagen die Gesellschaftssicht maßgebend.[863] Wird für jeden einzelnen Gesellschafter ein einzelnes Rücklagenkonto geführt, stellt sich die Frage, ob diese nicht automatisch Unterkonto des Kapitalanteils darstellen und damit mit diesem ausgewiesen werden müssen. Zur Klärung der Frage muss auf die gesellschaftsvertraglichen Regelungen abgestellt werden.[864]

Beilage zu Heft 7 2015, S. 6. A. A. *Theile*, BB 2000, S. 558; *Wilhelm*, ZHR 1995, S. 475; *Hoffmann*, DStR 2000, S. 842. *Bitter/Grashoff* gehen bezüglich der Ausweisregelung zum Verlustvortrag und Jahresfehlbetrag nach § 264c Abs. 2 HGB im Ergebnis von einem redaktionellen Versehen des Gesetzgebers aus, vgl. *Bitter/Grashoff*, DB 2000, S. 835.

857 Vgl. *Hennrichs/Pöschke*, in: Wysocki et al., Handbuch des Jahresabschlusses, 2015, Abt. III/1, Rz. 81, 105; *Graf von Kanitz*, WPg 2003, S. 334; *Theile*, BB 2000, S. 558. Ausführlich zur Entstehung und Verbuchung eines Gewinnvortrages vgl. *Decker/Weitz*, BB 2015, S. 556.

858 Vgl. *Graf von Kanitz*, WPg 2003, S. 334; *Hoffmann*, DStR 2000, S. 842 f.; *Bingel/Weidenhammer*, DStR 2006, S. 679.

859 Vgl. *Künkele/Zwirner*, StuB Beilage zu Heft 7 2015, S. 6. Nach h. M. ist dies nur möglich, wenn der Gesellschaftsvertrag eine zu den Kapitalgesellschaften analoge Verteilungskompetenz bezüglich der Verwendung stehen gelassener Gewinne enthält. Es bedarf somit einer entsprechenden Beschlussfassung der Gesellschafter, vgl. *Graf von Kanitz*, WPg 2003, S. 334; *Kusterer/Kirnberger/Fleischmann*, DStR 2000, S. 609 f.; *Bitter/Grashoff*, DB 2000, S. 835 f.; *Theile*, BB 2000, S. 558; *Bingel/Weidenhammer*, DStR 2006, S. 679. *Hoffmann* sieht den Ausweis des Gewinnvortrags hingegen generell als zulässig an, *Hoffmann*, DStR 2000, S. 843. *Wiechmann* lehnt einen Ausweis des Gewinnvortrags prinzipiell ab, *Wiechmann*, WPg 1999, S. 916.

860 Vgl. *IDW*, RS HFA 7, Rz. 46; *Freidank*, WPg 1994, S. 401; *Wiechmann*, WPg 1999, S. 921. Hier nicht auszuweisen sind gesellschafterindividuelle Kapitalkonten II oder (Sonder-) Rücklagen, vgl. *Ley*, KÖSDI 2015, S. 19327.

861 Vgl. *IDW*, RS HFA 7, Rz. 46; *Graf von Kanitz*, WPg 2003, S. 332; *Ley*, KÖSDI 2014, S. 18898; *Scherff/Willeke*, BBK 2004, S. 743; *Künkele/Zwirner*, StuB Beilage zu Heft 7 2015, S. 6.

862 Vgl. *Graf von Kanitz*, WPg 2003, S. 333; *Bingel/Weidenhammer*, DStR 2006, S. 678; *Hoffmann*, DStR 2000, S. 839.

863 Vgl. *Hoffmann*, DStR 2000, S. 839, *Bingel/Weidenhammer*, DStR 2006, S. 648.

864 Vgl. *IDW*, RS HFA 7, Rz. 45; *Schmidt/Hoffmann*, in: Förschle et al., Beck´scher Bilanz-Kommentar, 2016, § 264c

Zu (5): Die eingeforderte ausstehende Pflichteinlage ist auf der Aktivseite unter den Forderungen gesondert auszuweisen und entsprechend zu bezeichnen.[865]

Zu (6): Der auf einen Gesellschafter entfallende Verlustanteil ist nach § 264c Abs. 2 Satz 3 und 6 HGB von dessen Kapitalanteil abzuschreiben. Allerdings ist ein negatives Jahresergebnis zuerst mit den Rücklagen zu verrechnen, bevor die einzelnen Kapitalkonten der Gesellschafter belastet werden.[866] Sind die kumulierten Verluste höher als der Kapitalanteil des Gesellschafters und besteht keine Einzahlungsverpflichtung, ist der übersteigende Betrag als nicht durch Vermögenseinlage gedeckter Verlustanteil auf der Aktivseite der Bilanz auszuweisen.[867] Anzumerken ist, dass bei Anwendung des gesellschaftergruppenbezogenen Ausweises in Verlustfällen ein Saldierungsverbot besteht, sodass der positive Kapitalanteil eines Gesellschafters nicht mit dem negativen Kapitalanteil eines anderen Gesellschafters der gleichen Gruppe verrechnet werden darf. Demnach sind auf der Passivseite die positiven Kapitalanteile auszuweisen, während die negativen Kapitalanteile aktivisch in der Bilanz auszuweisen sind.[868] Ist der persönlich haftende oder der beschränkt haftende Gesellschafter aufgrund gesellschaftsrechtlicher Abreden zum Ausgleich des negativen Kapitals verpflichtet, muss eine mit Eintritt des Verlustes entstandene Forderung als gesonderter Posten „Einzahlungsverpflichtung persönlich haftender Gesellschafter" unter den Forderungen ausgewiesen werden.[869]

Zu (7): Neben der Verlustverbuchung kann das Kapital auch durch Entnahmen negativ werden.[870] § 264c Abs. 2 HGB sieht zwar den Ausweis „Nicht durch Vermögenseinlage gedeckte Entnahmen der Gesellschafter" nicht vor,[871] nach Ansicht des IDW ist die die Kapitaleinlage übersteigende Ent-

---

HGB, Rz. 32; *Scherff/Willeke*, BBK 2004, S. 743 f. *Hoffmann* rechnet hingegen auch die gesamthänderisch gebundene Rücklage zum Kapitalanteil, da auch diese Teil des Eigenkapitals ist, vgl. *Hoffmann*, StuB 2009, S. 408.

865 Vgl. *Künkele/Zwirner*, StuB Beilage zu Heft 7 2015, S. 4; *Bingel/Weidenhammer*, DStR 2006, S. 677.

866 Vgl. *Graf von Kanitz*, WPg 2003, S. 333.

867 Dieser negative Kapitalanteil hat demnach faktisch den Charakter eines Verlustvortrages, vgl. *Huber*, ZGR 1988, S. 4; *Kahle*, DStZ 2010, S. 725.

868 Vgl. *Graf von Kanitz*, WPg 2003, S. 331; *Wiechmann*, WPg 1999, S. 921; *Theile*, BB 2000, S. 557; *Ley*, DStR 2009, S. 618 f.; *Ley*, KÖSDI 2015, S. 19322; *Künkele/Zwirner*, StuB Beilage zu Heft 7 2015, S. 4; *Bingel/Weidenhammer*, DStR 2006, S. 677; a. A. *Hoffmann*, DStR 2000, S. 840 f.; *Bitter/Grashoff*, DB 2000, S. 835. Dies soll für die gesetzestypische OHG bzw. KG jedoch nicht gelten, vgl. Freidank, WPg 1994, S. 399; *ADS*, Rechnungslegung und Prüfung der Unternehmen, 1998, § 247 HGB, Rz. 62. A. A. *Sieker*, FS Westermann, 2008, S. 1527 ff.; *Sieker*, ZIP 2007, S. 850; *Pauli*, Eigenkapital der Personengesellschaft, 1990, S. 91 f.

869 Vgl. *Kusterer/Kirnberger/Fleischmann*, DStR 2000, S. 608; *Scherff/Willeke*, BBK 2004, S. 741; *Künkele/Zwirner*, StuB Beilage zu Heft 7 2015, S. 4; *Ley*, KÖSDI 2015, S. 19322.

870 Entnahmen mindern im Regelfall direkt die dem entnehmenden Gesellschafter zugeordneten Kapitalkonten. Eine vorrangige Verrechnung mit dem gesamthänderisch gebundenen Rücklagenkonto ist im Gegensatz zur Verlustverrechnung nicht möglich, vgl. *Hennrichs/ Pöschke*, in: Wysocki et al., Handbuch des Jahresabschlusses, 2015, Abt. III/1, Rz. 86; *Graf von Kanitz*, WPg 2003, S. 333.

871 Vgl. *Ley*, KÖSDI 2015, S. 19322.

nahme jedoch unter diesem Posten aktivisch in der Bilanz auszuweisen.[872] Dieser Posten kann allerdings nur dann ausgewiesen werden, wenn der aufgrund von Entnahmen entstandene Debetsaldo des entsprechenden Kontos negatives Kapital darstellt.[873] Dies ist dann der Fall, wenn die Gesellschaft bezüglich der vom Gesellschafter getätigten Entnahme keinen konkreten Rückforderungsanspruch gegenüber diesem besitzt.[874] Liegt ein Rückforderungsanspruch der Gesellschaft gegenüber dem Gesellschafter vor, ist dieser als Forderung gegenüber dem Gesellschafter auszuweisen.[875] Entscheidend für den bilanziellen Ausweis ist demnach die materiell-rechtliche Einordnung der Entnahme. Die Verbuchung der Entnahme auf dem Kapitalkonto II oder dem Darlehenskonto ändert an deren Ausweis nichts.[876]

Wird ein Gesellschafterkapitalkonto aufgrund von Entnahmen und Verlustanteilen negativ, sind zunächst die Entnahmen zu berücksichtigen. Etwaige, am Bilanzstichtag realisierte Verluste sind zeitlich danach zu buchen.[877] Infolge dessen kommt es zum Ausweis von zwei verschiedenen aktiven Posten. Zum einen „Nicht durch Vermögenseinlage gedeckte Entnahmen der Gesellschafter“ und zum anderen „Nicht durch Vermögenseinlage gedeckter Verlustanteil der Gesellschafter“.[878]

Zu (8): § 264c Abs. 1 HGB sieht vor, dass Ausleihungen, Forderungen oder Verbindlichkeiten als solche gegenüber den Gesellschaftern auszuweisen oder im Anhang anzugeben sind. Gem. § 264c

---

872 Vgl. *IDW*, RS HFA 7, Rz. 52.

873 Vgl. *Wolf*, StuB 2014, S. 147; *Hoffmann/Schmidt*, in: Förschle et al., Beck´scher Bilanz-Kommentar, 2014, § 264c HGB, Rz. 43.

874 Im Drei- und Vier-Konten-Modell stellt sich allerdings die Frage, wie der aktivische Saldo eines Darlehenskontos auszuweisen ist, wenn noch ein positives Kapitalkonto II existiert. Bei einem aktivisch gewordenen Kapitalkonto II im Zwei-Konten-Modell ist dieser Ausweis jedoch möglich, vgl. *Ley*, DStR 2009, S. 617.

875 So im Ergebnis auch *Ley*, KÖSDI 2015, S. 19323; *Ley*, KÖSDI 2014, S. 18844; *Ley*, KÖSDI 2014, S. 18899; *Künkele/Zwirner*, StuB Beilage zu Heft 7 2015, S. 4; *Hennrichs/Pöschke*, in: Wysocki et al., Handbuch des Jahresabschlusses, 2015, Abt. III/1, Rz. 87 und 108.

876 Vgl. *Hennrichs/Pöschke*, in: Wysocki et al., Handbuch des Jahresabschlusses, 2015, Abt. III/1, Rz. 87.

877 Vgl. *IDW*, RS HFA 7, Rz. 41.

878 Vgl. *Ley*, KÖSDI 2014, S. 18900; *Graf von Kanitz*, WPg 2003, S. 335 f.; *Scherff/Willeke*, BBK 2004, S. 746; *Bingel/Weidenhammer*, DStR 2006, S. 677. Für eine Zusammenfassung beider Posten in einen Aktivposten mit der Bezeichnung „Nicht durch Einlagen gedeckter Verlustanteil und Entnahmen der Gesellschafter“ plädieren *Schmidt/Hoffmann*, in: Förschle et al., Beck´scher Bilanz-Kommentar, 2016, § 264c HGB, Rz. 26; *Künkele/Zwirner*, StuB 2013, S. 10; *Hennrichs/Pöschke*, in: Wysocki et al., Handbuch des Jahresabschlusses, 2015, Abt. III/1, Rz. 87. Dieser Ansicht ist aufgrund der unterschiedlichen Konsequenzen zumindest für den Kommanditisten nicht zu folgen. Denn bei der Liquidation/Beendigung der Gesellschaft wandelt sich das negative Kapital in einen Rückforderungsanspruch, soweit dieses durch Entnahmen entstanden ist, vgl. *Ley*, KÖSDI 2014, S. 18900; *Ley*, KÖSDI 2014, S. 18851.

Abs.2 Satz 7 HGB sind Forderungen gegenüber dem Gesellschafter jedoch nur dann auszuweisen, wenn eine Einzahlungsverpflichtung besteht.[879]

3.5.2. Ausweis in der Steuerbilanz

Aufgrund des Maßgeblichkeitsgrundsatzes nach § 5 Abs. 1 EStG ist das handelsbilanzielle Kapital auch in die Steuerbilanz zu übernehmen.[880] Bilanzielle Abweichungen zwischen Handels- und Steuerbilanz führen zu einem gegenüber dem handelsbilanziellen Kapital veränderten steuerbilanziellen Mehr- oder Minderkapital.[881] Dieses Mehr-/Minderkapital setzt sich aus dem steuerlichen Mehr/-Mindervermögen zum Ende des letzten bzw. zu Beginn des laufenden Geschäftsjahres und dem steuerlichen Mehr-/Minderergebnis des laufenden Geschäftsjahres zusammen und sollte in einem steuerlichen Ausgleichsposten ausgewiesen werden, der begrifflich besser als steuerliches Mehr-/Minderkapital bezeichnet werden sollte.[882] Bei diesem Posten handelt es sich um steuerliches Eigenkapital, das den Gesellschaftern grundsätzlich entsprechend ihrer handelsrechtlichen Beteiligungsquoten zusteht.[883]

Eine Verbuchung des steuerlichen Mehr-/Minderergebnisses auf dem Gesellschafterdarlehenskonto ist abzulehnen, da ansonsten die in der Steuerbilanz auszuweisenden Gesellschafterverbindlichkeiten von den in der Handelsbilanz ausgewiesenen Verbindlichkeiten um den Saldo der steuerlichen Mehr-/ Minderergebnisse der einzelnen Jahre abweichen. Bei der Erfassung auf dem Gesellschafterdarlehenskonto würde es demnach zu einem Verstoß gegen das Maßgeblichkeitsprinzip nach § 5 Abs. 1 EStG kommen, da die in der Handelsbilanz ausgewiesenen Gesellschafterverbindlichkeiten aufgrund

---

879 Wird ein Gesellschafterkonto, welches zweifelsfrei als Fremdkapitalkonto eingeordnet werden muss, fälschlicherweise im Eigenkapital ausgewiesen, führt dies dazu, dass der Jahresabschluss entgegen § 264 Abs. 1 Satz 2 HGB kein den tatsächlichen Verhältnissen entsprechendes Bild der Vermögenslage der Gesellschaft vermittelt. Bei einer prüfungspflichtigen Personenhandelsgesellschaft kann dies u. U. zur Einschränkung oder Versagung des Bestätigungsvermerks führen, vgl. *Scharfenberg*, SJ 2009, S. 31 f.

880 Die Taxonomie der E-Bilanz knüpft ebenfalls aufgrund der Maßgeblichkeit an den handelsbilanziellen Ausweis an. Der Ausweis der Gesellschafterkonten in der E-Bilanz wird hier jedoch nicht erörtert. Ausführlich hierzu: *Ley*, KÖSDI 2015, S. 19317 ff.; *Ley*, KÖSDI 2015, S. 19353 ff.; *Graf Kerssenbrock/Kirch*, Stbg 2013, S. 385 ff.; *Schäperclaus/Hülshoff*, DB 2014, S. 2781 ff.; *Adrian/Fey/Hahn*, DStR 2014, S. 2522 ff.; *Ley*, KÖSDI 2012, S. 17889 ff.

881 Vgl. *Ley*, KÖSDI 2015, S. 19323.

882 Vgl. *Ley*, DStR 2013, S. 271. Nach Meinung der Finanzverwaltung ist dieser Ausweis nur für die übergeleitete Steuerbilanz zugelassen. In der gebuchten Steuerbilanz ist das steuerbilanzielle Mehr-/Minderkapital gerade nicht neben den handelsrechtlichen Positionen als Ausgleichsposten auszuweisen. Vielmehr ist das steuerliche Mehr- oder Mindervermögen des Vorjahres als Gewinn- bzw. Verlustvortrag auszuweisen; das steuerliche Mehr-/Minderergebnis hingegen als Teil des Jahresüberschusses. Ausführlich zur Kritik an der Vorgehensweise der Finanzverwaltung vgl. *Ley*, KÖSDI 2015, S. 19324 f.

883 Vgl. *Ley*, KÖSDI 2015, S. 19325.

der Maßgeblichkeit und mangels abweichender steuerlicher Vorschriften in die Steuerbilanz zu übernehmen sind.[884]

3.5.3. Ausweis im IFRS-Abschluss

Der Ausweis des Eigenkapitals ist in den IFRS nur sehr rudimentär geregelt.[885] So sind das gezeichnete Kapital und die Rücklagen getrennt von den übrigen Bilanzposten auszuweisen (IAS 1.54 (r)). Zudem folgt aus IAS 1.77, dass das gezeichnete Kapital, die Kapitalrücklage und die übrigen Rücklagen entweder in der Bilanz oder im Anhang getrennt auszuweisen sind.[886] Allerdings ordnet IAS 1 kein festes Gliederungsschema an. Nach IAS 1.57 können Posten hinzugefügt und die verwendeten Bezeichnungen und die Reihenfolge geändert werden, wenn dies dazu dient, Informationen zu liefern, die für das Verständnis der Finanzlage des Unternehmens relevant sind.[887] Da Personenhandelsgesellschaften kein gezeichnetes Kapital besitzen, sind diese nach IAS 1.80 dazu verpflichtet, Informationen anzugeben, die denen in IAS 1.79 (a) gleichwertig sind.[888] Um die Übersichtlichkeit und Vergleichbarkeit zu erhöhen, ist es im Ergebnis zu empfehlen, die handelsrechtliche Gliederungssystematik des Eigenkapitals für den Ausweis der Gesellschafterkonten im IFRS-Abschluss zu übernehmen.[889]

---

884 Vgl. *Ley*, KÖSDI 2015, S. 19324. Des Weiteren würde die Buchung auf dem Gesellschafterdarlehenskonto zu einem unzutreffenden Kapitalkonto i. S. d. § 15a EStG führen, da das Gesellschafterdarlehenskonto kein Bestandteil des steuerlichen Kapitals der Gesamthand, sondern des Sonderkapitals darstellt, vgl. ausführlich hierzu Gliederungspunkt 4.1.

885 Vgl. *Coenenberg/Haller/Schultze*, Jahresabschluss, 2014, S. 364.

886 Vgl. *Hennrichs/Pöschke*, in: Wysocki et al., Handbuch des Jahresabschlusses, 2015, Abt. III/1, Rz. 183. Hierbei sind für jede Klasse von Anteilen die nach IAS 1.79 nötigen Angaben zusätzlich entweder in der Bilanz oder im Anhang zu machen.

887 Vgl. *Hennrichs/Pöschke*, in: Wysocki et al., Handbuch des Jahresabschlusses, 2015, Abt. III/1, Rz. 183; *Coenenberg/Haller/Schultze*, Jahresabschluss, 2014, S. 364.

888 Darüber hinaus sind alle Bewegungen in jeder Eigenkapitalkategorie sowie die Rechte, Vorzugsrechte und Beschränkungen jeder Eigenkapitalkategorie anzuzeigen, vgl. *Hennrichs/ Pöschke*, in: Wysocki et al., Handbuch des Jahresabschlusses, 2015, Abt. III/1, Rz. 184.

889 Vgl. *Hennrichs/Pöschke*, in: Wysocki et al., Handbuch des Jahresabschlusses, 2015, Abt. III/1, Rz. 184.

4. Bedeutung der Gesellschafterkontenabgrenzung in ausgewählten ertragsteuerlichen Normen

4.1. Bedeutung der Gesellschafterkonten im Rahmen des § 15a EStG

4.1.1. Zielsetzung und Funktionsweise des § 15a EStG

Der Kommanditist haftet im Außenverhältnis in Höhe der im Handelsregister eingetragenen Haftsumme (§§ 171 Abs. 1, 172 Abs. 1 HGB).[890] Sobald die Einlage geleistet ist, ist seine Außenhaftung ausgeschlossen. Die Außenhaftung lebt jedoch wieder auf, wenn das Kapitalkonto des Kommanditisten aufgrund von Entnahmen unter die Pflichteinlage abgesunken ist oder wenn dem Kommanditist seine Einlage zurückbezahlt wurde. In diesen Fällen gilt die Einlage als nicht geleistet (§ 172 Abs. 4 HGB). Eine überschießende Außenhaftung liegt hingegen vor, wenn die im Innenverhältnis vereinbarte Pflichteinlage geringer ist als die im Handelsregister eingetragene Hafteinlage.[891] In diesem Fall ist die eingetragene Hafteinlage maßgebend für den Haftungsumfang des Kommanditisten.

Mit der Regelung des § 15a EStG will der Gesetzgeber die handelsrechtliche Haftungssystematik auch steuerrechtlich nachvollziehen, um eine gerechte Besteuerung nach der wirtschaftlichen Leistungsfähigkeit sicherzustellen. Den Kommanditisten trifft regelmäßig keine Nachschusspflicht, wenn sein Kapitalkonto durch ihm zugewiesene Verluste negativ wird. Eine tatsächliche wirtschaftliche Belastung des Kommanditisten tritt erst dann ein, wenn spätere Gewinne nicht an ihn ausgeschüttet werden, sondern dazu verwendet werden, um sein negatives Kapitalkonto aufzufüllen. Ansonsten ist das tatsächliche Haftungsrisiko des Kommanditisten grundsätzlich auf den Verlust seiner Einlage beschränkt.[892] Die gesetzgeberische Zielsetzung des § 15a EStG geht demnach dahin, die steuerliche Anerkennung von Verlusten der begrenzten handelsrechtlichen Haftungslage des Kommanditisten anzupassen.[893]

Nach der in § 15a Abs. 1 Satz 1 EStG enthaltenen Grundregel darf ein Kommanditist den ihn zuzurechnenden Verlustanteil nicht mit anderen positiven Einkünften ausgleichen, soweit dadurch

---

890 Ausführlich zur Haftung des Kommanditisten im Gesellschaftsrecht vgl. *Peters*, RNotZ 2002, S. 425 ff.

891 Zur Abgrenzung der Begriffe, Hafteinlage, Pflichteinlage und geleistete Einlage vgl. *Niehus/ Wilke*, Personengesellschaften, 2015, S. 332 f.

892 Vgl. *Sahrmann*, DStR 2012, S. 1109.

893 Vgl. BFH, Urteil v. 23.1.2001, VIII R 30/99, BStBl. II 2001, S. 621.

ein negatives Kapitalkonto entsteht oder sich ein solches erhöht.[894] Die Regelung gilt nur für Verluste im Gesamthandsvermögen; Verluste aus dem Sonderbetriebsvermögen bleiben uneingeschränkt ausgleichsfähig.[895] Liegt eine über die vereinbarte und geleistete Pflichteinlage hinausgehende Außenhaftung eines Kommanditisten vor, können Verlustanteile, die zu einem negativen Kapitalkonto führen oder ein solches erhöhen, bis zur Höhe der erweiterten Haftung mit anderen positiven Einkünften ausgeglichen oder abgezogen werden (§ 15a Abs. 1 Sätze 2 und 3 EStG).[896] Dies ist insofern folgerichtig, da der Kommanditist im Falle der überschießenden Außenhaftung auch tatsächlich für die Verluste haftet und damit wirtschaftlich und rechtlich belastet ist.[897] Im Ergebnis ist ein Verlustausgleich und Verlustabzug des Kommanditisten nur bis zur Höhe seiner geleisteten Einlage bzw. der im Handelsregister eingetragenen Haftsumme zulässig.

Nach § 15a Abs. 2 Satz 1 EStG mindern die nach § 15a Abs. 1 Satz 1 EStG nicht ausgleichsfähigen Verluste die Gewinnanteile, die dem Kommanditisten in späteren Jahren aus der Gesellschaft zugerechnet werden. Die Norm verschiebt also das steuerliche Wirksamwerden der Verluste bis zu dem Zeitpunkt, zu welchem dem Kommanditisten spätere Gewinne zugewiesen werden. Da diese Gewinne zum Ausgleich des negativen Kapitalkontos verwendet werden müssen, ergibt sich für den Kommanditisten erst dann eine wirtschaftliche Belastung aus den zugewiesenen Verlustanteilen, die zu dem negativen Kapitalkonto geführt haben. Die Verlustverrechnungsmöglichkeit ist zeitlich unbegrenzt.[898] Der persönliche Anwendungsbereich des § 15a EStG erstreckt sich auf Kommanditisten i. S. d. §§ 161 ff. HGB. Die Vorschriften gelten also für alle Kommanditgesellschaften.[899]

---

894 Zur Anwendung des § 15a EStG bei doppelstöckigen Personengesellschaften vgl. *Dörfler/Zerbe*, DStR 2012, S. 1212; *Zerbe/Hafner*, DStR 2015, S. 1292.

895 Ausführlich zu den einzelnen Bestandteilen des Verlustanteils i. S. d. § 15a EStG vgl. bspw. *Micker*, in: Söffing, GmbH & Co. KG, 2013, S. 472 f.

896 Vgl. BFH, Urteil v. 18.12.2003, IV B 201/03, BStBl. II 2004, S. 231.

897 Vorausgesetzt wird allerdings, dass der Gesellschafter im Handelsregister eingetragen ist, dass das Bestehen der Haftung nachgewiesen wird und dass eine Vermögensminderung aufgrund der Haftung nicht durch Vertrag ausgeschlossen oder nach Art und Weise des Geschäftsbetriebs unwahrscheinlich ist (§ 15a Abs. 1 Satz 3 EStG). Vertiefend zu den Voraussetzungen, vgl. bspw. *Micker*, in: Söffing, GmbH & Co. KG, 2013, S. 483 ff.

898 Vgl. *Micker*, in: Söffing, GmbH & Co. KG, 2013, S. 492.

899 Vgl. BFH, Urteil v. 9.5.1996, IV R 75/93, BStBl. II 1996, S. 474; v. 13.11.1997, IV B 119/96, BStBl. II 1998, S. 109. Nach § 15a Abs. 5 Nr. 3 EStG gilt die Regelung des § 15a EStG auch für Gesellschafter einer ausländischen Personengesellschaft, wenn diese als Mitunternehmerschaft anzusehen ist. Dabei ist es irrelevant, ob es sich um einen unbeschränkt oder beschränkt steuerpflichtigen Gesellschafter handelt. Vgl. hierzu ausführlich *Weßling*, BB 2011, S. 1823 ff. Erzielt eine inländische Personengesellschaft hingegen Verluste aus einer ausländischen Betriebsstätte, unterliegen diese Verluste direkt § 15a Abs. 1 EStG, vgl. *Frey*, in: Wassermeyer/Richter/Schnittker, Personengesellschaft im Internationalen Steuerrecht, 2015, Kapitel 18, Rz. 18.20.

4.1.2. Kapitalkonto i. S. d. § 15a EStG

4.1.2.1. Begriff des Kapitalkontos

Die Auslegung des Begriffs „Kapitalkonto" entscheidet darüber, ob und in welcher Höhe Verluste nach den allgemeinen Vorschriften ausgleich- und abziehbar sind oder erst in späteren Jahren verrechnet werden können. Das Kapitalkonto nimmt daher im Tatbestand des § 15a EStG die zentrale Rolle ein. Nach ständiger Rechtsprechung des BFH[900] ist unter dem Kapitalkonto nach § 15a EStG nicht etwa das in der Gesamtbilanz der Mitunternehmerschaft auszuweisende Kapitalkonto des Kommanditisten zu verstehen, sondern nur das in der steuerlichen Gesamthandsbilanz der Gesellschaft ausgewiesene Kapitalkonto zuzüglich eines etwaigen Mehr- oder Minderkapitals aus einer für den Kommanditisten zu führenden Ergänzungsbilanz.[901] Demnach ist die Höhe des handelsrechtlichen Kapitalkontos unmaßgeblich.[902]

Das im Sonderbetriebsvermögen ausgewiesene Eigenkapital ist hingegen nicht in das Kapitalkonto i. S. d. § 15a EStG einzubeziehen.[903] Folglich fließt das Gesellschafterdarlehenskonto nicht in das Kapitalkonto des Kommanditisten i. S. von § 15a EStG ein.[904] Bei gleichbleibendem Haftungsumfang

---

900 Vgl. BFH, Urteil v. 15.5.2008, IV R 46/05, BStBl. II 2008, S. 812; v. 18.12.2003, IV B 201/03, BStBl. II 2004, S. 231; v. 1.6.1989, IV R 19/88, BStBl. II 1989, S. 1018; v. 14.5.1991, VIII R 31/88, BStBl. II 1992, S. 167; v. 13.10.1998, VIII R 78/97, BStBl. II 1999, S. 163.

901 Es ist unstrittig, dass das in der Ergänzungsbilanz ausgewiesene Mehr- oder Minderkapital bei der Ermittlung des Kapitalkontos i. S. d. § 15a EStG berücksichtigt werden muss, da der Gesellschafter mit diesem Kapital für die Verbindlichkeiten der Gesellschaft haftet, vgl. BFH, Urteil v. 30.3.1993, VIII R 63/91, BStBl. II 1993, S. 709; *Niehus/Wilke*, Personengesellschaften, 2015, S. 327 f.; *Baldi*, in: Frotscher/Geurts, EStG, § 15a EStG, Rz. 157 (Juli 2009); *Grützner*, in: Lange/Bilitewski/Götz, Personengesellschaften im Steuerrecht, 2015, Rz. 1586; *Kahle*, FR 2010, S. 773 f. Zum Kapitalkonto i. S. v. § 15a EStG bei doppelstöckigen Personengesellschaften vgl. *Seibold*, DStR 1998, S. 438 ff.; *Ley*, KÖSDI 2003, S. 13573 ff.; *Gocke/Rogall*, FS Schaumburg, 2009, S. 355.

902 Vgl. *Kahle*, FR 2010, S. 774; *Schützeberg*, WPg 1993, S. 649.

903 Vgl. BFH, Urteil v. 14.5.1991, VIII R 31/88, BStBl. II 1992, S. 167; v. 15.5.2008, IV R 46/05, BStBl. II 2008, S. 814; BMF, Schreiben v. 30.5.1997, IV B 2 - S 2241a-51/93 II, BStBl. I 1997, S. 627; *Mai*, in: Reichert, GmbH & Co. KG, 2015, § 7, Rz. 12; *van Lishaut*, FR 1994, S. 274 f.; *Knobbe-Keuk*, StbJb 1993/1994, 169 f.; *Lüdemann*, Verluste bei beschränkter Haftung, 1998, S. 120 ff.; *Wacker*, in: Schmidt, EStG, 2016, § 15a EStG, Rz. 83; *Korn*, in: Korn et al., EStG, § 15a EStG, Rz. 26 (April 2016); *Bitz*, in: Littmann/Bitz/ Pung, Einkommensteuerrecht, § 15a EStG, Rz. 19 (Dezember 2014); *Ruban*, FS Klein, 1994, S. 783 f.; *Röhrig/Doege*, DStR 2006, S. 489; *Lüdemann*, in: Herrmann/Heuer/Raupach, EStG/KStG, § 15a EStG, Rz. 82 (Februar 2016); kritisch dazu *Bordewin*, DStR 1994, S. 676; BMF, Schreiben v. 20.2.1992, IV B - S 2241a-8/92, BStBl. I 1992, S. 123. Zur Rechtsentwicklung der unterschiedlich maßgebenden Bezugsgrößen und deren Auslegung vgl. *Lüdemann*, in: Herrmann/Heuer/Raupach, EStG/KStG, § 15a EStG, Rz. 82, 85 (Februar 2016) m. w. N. Ebenfalls nicht berücksichtigt wird das steuerliche Privatvermögen der KG, vgl. hierzu *Wacker*, in: Schmidt, EStG, 2016, § 15a EStG, Rz. 153; *Grützner*, in: Lange/ Bilitewski/Götz, Personengesellschaften im Steuerrecht, 2015, Rz. 1591.

904 Vgl. *Dötsch*, FS Spindler, 2011, S. 596. Fehlt es allerdings an einer betrieblichen Veranlassung, liegt eine Entnahme der Darlehensvaluta vor. In der Folge wird das Kapitalkonto i. S. d. § 15a EStG gemindert, vgl. *Wacker*, in: Schmidt, EStG, 2016, § 15a EStG, Rz. 86. Zur betrieblichen Veranlassung von Gesellschafterdarlehen vgl. Gliederungspunkt 4.3.2.2.

bewirkt die Bildung von Sonderbetriebsvermögen somit keine Veränderung des Verlustausgleichspotentials des Kommanditisten.[905] Diese Handhabung steht in Übereinstimmung mit der Zielsetzung des § 15a EStG, das Verlustausgleichsvolumen des Kommanditisten an seinem handelsrechtlichen Haftungsumfang zu orientieren,[906] denn der Kommanditist haftet mit seinem positiven Sonderbetriebsvermögen nicht für die Verluste der Gesellschaft. Zudem widerspräche es der Zielsetzung des § 15a EStG, wenn eine tatsächlich getragene wirtschaftliche Belastung des Kommanditisten unberücksichtigt bliebe, indem ein in der steuerlichen Gesamthandsbilanz der Gesellschaft ausgewiesenes positives Kapitalkonto des Kommanditisten mit seinem negativen Sonderbetriebsvermögen verrechnet werden würde.[907] Infolge der Nichtberücksichtigung des Sonderbetriebsvermögens des Kommanditisten verschlechtert sich die Möglichkeit des Verlustausgleichs, wenn positives Sonderbetriebsvermögen vorhanden ist, umgekehrt verbessert sie sich, wenn negatives Sonderbetriebsvermögen vorliegt.[908]

Der Kapitalanteil und daher auch das Kapitalkonto spiegeln nur den gegenwärtigen Stand der Beteiligung des Gesellschafters in der Buchführung und in der Bilanz der Gesellschaft entsprechend den Buchwerten der Gesellschaft wider.[909] Daher ist das Kapitalkonto auch nur mit dem Buchwert zu berücksichtigen.[910] Stille Reserven können ein Ausgleichsvolumen erst dann erhöhen, wenn sie realisiert und auf dem Kapitalkonto verbucht worden sind.[911]

Nach § 15a Abs. 1 Satz 2 EStG ist auf die Haftung des Kommanditisten zum Schluss des Wirtschaftsjahres abzustellen.[912] Daraus folgt, dass für den Stand des Kapitalkontos jeweils der Bilanzstichtag

---

905 Vgl. *Kahle*, FR 2010, S. 774. So erhöht ein Darlehen des Gesellschafters an die Gesellschaft (Sonderbetriebsvermögen I) nicht das Kapitalkonto i. S. d. § 15a EStG und kann demzufolge auch nicht das Entstehen oder Erhöhen eines negatives Kapitalkontos des Kommanditisten verhindern, vgl. BFH, Urteil v. 14.5.1991, VIII R 31/88, BStBl. II 1992, S. 167; v. 13.10.1998, VIII R 78/97, BStBl. II 1999, S. 163; BMF, Schreiben v. 30.5.1997, IV B 2 - S 2241a-51/93 II, BStBl. I 1997, S. 627.

906 Vgl. BFH, Urteil v. 14.5.1991, VIII R 31/88, BStBl. II 1992, S. 172; v. 30.3.1993, VIII R 63/91, BStBl. II 1993, S. 706; *Jacobs*, Unternehmensbesteuerung und Rechtsform, 2015, S. 282 f.; *von Beckerath*, in: Kirchhof, EStG, 2016, § 15a EStG, Rz. 13; *Groh*, DB 1990, S. 14 f.

907 Vgl. BFH, Urteil v. 14.5.1991, VIII R 31/88, BStBl. II 1992, S. 167; v. 28.3.2000, VIII R 28/98, BStBl. II 2000, S. 347; vgl. auch die Beispiele bei *Groh*, DB 1990, S. 15 und *Knobbe-Keuk*, StuW 1981, S. 99.

908 Vgl. *Wacker*, in: Schmidt, EStG, 2016, § 15a EStG, Rz. 83.

909 Vgl. BGH, Urteil v. 3.5.1999, II ZR 32/98, NJW 1999, S. 2438; *Hopt*, in: Baumbach/Hopt, Handelsgesetzbuch, 2014, § 120 HGB, Rz. 13; *Emmerich*, in: Heymann, Handelsgesetzbuch, 1996, § 120 HGB, Rz. 22; *Lamprecht*, Beteiligung an einer Personengesellschaft, 2002, S. 45; *Priester*, in: Schmidt, Handelsgesetzbuch, 2011, § 120 HGB, Rz. 84.

910 Vgl. BFH, Urteil v. 9.5.1996, IV R 75/93, BStBl. II 1996, S. 474.

911 Vgl. *Baldi*, in: Frotscher/Geurts, EStG, § 15a EStG, Rz. 147 (Juli 2009).

912 Vgl. BFH, Urteil v. 18.4.2000, VIII R 11/98, BStBl. II 2001, S. 166.

eines Wirtschaftsjahres, für das dem Gesellschafter ein Verlustanteil zugerechnet wird, maßgebend ist (sog. stichtagsbezogener Kapitalkontenvergleich).[913] Zwischenstände des Kapitalkontos im Laufe des Wirtschaftsjahres sind demnach irrelevant.[914] Zudem sind Einlagen und Entnahmen des gesamten Zeitraumes mit einzubeziehen.[915]

Im Rahmen von steuerfreien Einkünften ist für Zwecke des § 15a EStG ein einheitliches Kapitalkonto zugrunde zu legen, da es steuerfreie Einkünfte im Handelsrecht nicht gibt. Diese steuerfreien Einkünfte erhöhen in vollem Umfang das für § 15a EStG maßgebende Kapitalkonto.[916] Fallen im laufenden Wirtschaftsjahr steuerfreie Betriebseinnahmen an, sind diese grundsätzlich wie Einlagen zu behandeln. Darüber hinaus mindern nicht abziehbare Betriebsausgaben das Kapitalkonto i. S. d. § 15a EStG.[917] Derartige Betriebseinnahmen und Betriebsausgaben stellen einen Teil des handelsrechtlichen Betriebsergebnisses dar und berühren somit weder die Hafteinlage noch die damit zusammenhängende Außenhaftung des Kommanditisten, sondern allein sein Kapitalkonto.

4.1.2.2. Einbezug der einzelnen Gesellschafterkonten

Die Ausgestaltung der Gesellschafterkonten einer Personenhandelsgesellschaft und folglich die Einordnung eines Gesellschafterkontos als Eigen- oder Fremdkapital hat unmittelbaren Einfluss auf das Verlustverrechnungsvolumen des § 15a Abs. 1 Satz 1 EStG. Die Zielsetzung des § 15a EStG gebietet schon im Grundsatz, dass die handelsrechtliche Beurteilung darüber, welche Gesellschafterkonten als Eigenkapital zu qualifizieren sind und welche den Charakter eines Forderungs- und Schuldkontos zukommt, mit derjenigen im Rahmen des § 15a EStG übereinstimmen sollten.[918] Maßgebendes handelsrechtliches Zuordnungskriterium ist die Verlustverrechnung. Zielsetzung des § 15a EStG ist die steuerliche Anerkennung von Verlusten in dem Umfang, in dem der Verlust eine wirtschaftliche Belastung für den Kommanditisten darstellt. Somit ist die Verlustverrechnung auch im Rahmen des § 15a EStG das entscheidende Qualifizierungskriterium, denn nur wenn und soweit der Habensaldo

---

913 Vgl. BFH, Urteil v. 18.4.2000, VIII R 11/98, BStBl. II 2001, S. 166; v. 3.12.2002, IX R 24/00, BFH/NV 2003, S. 894; *Uelner/Dankmeyer*, DStZ 1981, S. 17; *Wacker*, FS Röhricht, 2005, S. 1082; *Mai*, in: Reichert, GmbH & Co. KG, 2015, § 7, Rz. 21.

914 Vgl. *von Beckerath*, in: Kirchhof/Söhn/Mellinghoff, EStG, § 15a EStG, Rz. B 171 (Juni 2009).

915 Vgl. *Baldi*, in: Frotscher/Geurts, EStG, § 15a EStG, Rz. 163 (Juli 2009).

916 Vgl. *Wacker*, in: Schmidt, EStG, 2016, § 15a EStG, Rz. 86; *Gunsenheimer*, SteuD 2010, S. 307.

917 Vgl. *Wacker*, in: Schmidt, EStG, 2016, § 15a EStG, Rz. 86. Ausführlich zu der Behandlung von steuerfreien Einkünften und nicht abzugsfähigen Betriebsausgaben im Rahmen des Kapitalkontos i. S. d. § 15a EStG vgl. *Steger*, NWB 2011, S. 3372 ff.; OFD Frankfurt/Main, Verfügung v. 1.9.2015, S 2241aA – 11 St 213, BeckVerw 317997.

918 Vgl. *Wacker*, in: Schmidt, EStG, 2016, § 15a EStG, Rz. 30; *Dötsch*, FS Spindler, 2011, S. 600.

eines Gesellschafterkontos mit eintretenden Verlusten der Gesellschaft verrechnet wird, trägt der Kommanditist eine wirtschaftliche Belastung, indem er tatsächlich eingesetztes Kapital verliert. Somit folgt die Qualifizierung eines passivischen Gesellschafterkontos i. S. d. § 15a EStG der handelsrechtlichen Qualifizierung.[919]

Werden in der Gesamthandsbilanz für den Kommanditisten mehrere Konten geführt, sind als Kapitalkonten i. S. d. § 15a EStG nur solche zu qualifizieren, auf denen Eigenkapital ausgewiesen wird. Im empfohlenen Vier-Konten-Modell umfasst das Kapitalkonto i. S. d. § 15a EStG lediglich das Kapitalkonto I, das Verlustvortragskonto und das Kapitalkonto II. Wird das Kapitalkonto II als gesamthänderisch gebundene Rücklage geführt, wird der darauf stehende Habensaldo den einzelnen Gesellschaftern anteilig zugerechnet und daher bei der Ermittlung der Kapitalkonten i. S. d. § 15a EStG den Kommanditisten anteilig zugerechnet. Auf dem Darlehenskonto werden schuldrechtliche Beziehungen zwischen dem Gesellschafter und der Gesellschaft dargestellt. Folglich handelt es sich beim Darlehenskonto um positives oder negatives Sonderbetriebsvermögen. Aufgrund des Einbezugs zum Sonderbetriebsvermögen des Kommanditisten gehört es demnach nicht zum steuerlichen Kapitalkonto nach § 15a EStG.[920] In § 15a EStG in Bezug auf das Gesellschafterdarlehenskonto wird demnach die zivilrechtliche Betrachtungsweise zugrunde legt. Das Gesellschafterdarlehenskonto stellt im Gegensatz zur steuerlichen Betrachtungsweise, die dieses als Eigenkapital der Gesellschaft ansieht, der zivilrechtlichen Betrachtungsweise entsprechend Eigenkapital des Kommanditisten dar.[921]

Zusammenfassend kann festgehalten werden, dass zur maximalen Verlustverrechnung die Gesellschafterkonten so gestaltet werden sollten, dass sich aus ihnen ein möglichst hohes Verlustausgleichsvolumen ergibt. Demnach liegt das Hauptaugenmerk auf der Generierung von möglichst vielen Eigenkapitalkonten.

§ 15a Abs. 5 Nr. 3 EStG regelt, dass § 15a EStG auch für ausländische Personengesellschaften anzuwenden ist, wenn eine ausländische Gesellschaft nach dem Typenvergleich[922] für Zwecke des deut-

---

919 Vgl. *Lüdemann*, in: Herrmann/Heuer/Raupach, EStG/KStG, § 15a EStG, Rz. 89 (Februar 2016).

920 Somit ist eine Trennung des Sonderbetriebs- vom Gesamthandsvermögensbereich notwendig. Hierzu müssen die bei der Personenhandelsgesellschaft geführten Gesellschafterkonten jeweils einem dieser Vermögensbereiche zugeordnet werden. Ausgangspunkt für die Trennung der Vermögensbereiche ist die handelsrechtliche Zuordnung der Gesellschafterkonten, vgl. *Haas*, DStZ 1992, S. 655; *Schmidt*, DStZ 1992, S. 702.

921 Vgl. *Gocke/Rogall*, FS Schaumburg, 2009, S. 356.

922 Ausführlich zum Rechtstypenvergleich siehe *Schnittker*, in: Wassermeyer/Richter/Schnittker, Personengesellschaft

schen Steuerrechts als Personengesellschaft zu qualifizieren ist und die Haftungseinlage des betreffenden Gesellschafters der eines Kommanditisten entspricht. Allerdings regelt § 15a Abs. 5 Nr. 3 EStG nicht, wie das negative Kapitalkonto zu bestimmen ist. Diesbezüglich sind die für deutsche Personengesellschaften maßgeblichen Grundsätze heranzuziehen.[923] Folglich hat eine Prüfung der ausländischen Gesellschafterkotenstruktur anhand der für das deutsche Steuerrecht geltenden Kriterien zu erfolgen, ob es sich um Eigenkapital- oder Fremdkapitalkonten handelt oder ob etwa Sonderbetriebsvermögen vorliegt.[924] In der Praxis ist es für Zwecke des § 15a EStG deshalb zu empfehlen, diese Konten entsprechend den Konten einer deutschen Personengesellschaft zu strukturieren.[925]

4.1.2.3. Maßgeblichkeit der tatsächlich geleisteten Einlage

Das Kapitalkonto des Kommanditisten als pagatorische Größe wird bestimmt durch seine geleistete Einlage, anfallende Verluste, stehen gelassene Gewinne und Entnahmen. Dass auch § 15a Abs. 1 Satz 1 EStG von diesem Verständnis ausgeht, ergibt sich aus § 15a Abs. 1 Satz 2, der eine Außenhaftung nur berücksichtigt, soweit sie die geleistete Einlage übersteigt.[926]

Die Rechtsprechung[927] und die herrschender Lehre[928] gehen davon aus, dass das Kapitalkonto i. S. v. § 15a EStG durch die bis zum Bilanzstichtag tatsächlich geleistete Einlage und nicht etwa durch die vertraglich vereinbarte bedungene Pflichteinlage oder die Hafteinlage bestimmt wird.[929] Irrelevant

im Internationalen Steuerrecht, 2015, Kapitel 3

923 Vgl. *Frey*, in: Wassermeyer/Richter/Schnittker, Personengesellschaft im Internationalen Steuerrecht, 2015, Kapitel 18, Rz. 18.24 m. w. N.

924 Vgl. *Frey*, in: Wassermeyer/Richter/Schnittker, Personengesellschaft im Internationalen Steuerrecht, 2015, Kapitel 18, Rz. 18.27. Bei der Bestimmung des Sonderbetriebsvermögens ist auch bei ausländischen Gesellschaften auf die allgemeinen zu § 15 Abs. 1 Satz 1 Nr. 2 Satz 1 EStG entwickelten Kriterien anzustellen, vgl. *Wacker*, in: Schmidt, EStG, 2016, § 15 EStG, Rz. 173.

925 Vgl. *Frey*, in: Wassermeyer/Richter/Schnittker, Personengesellschaft im Internationalen Steuerrecht, 2015, Kapitel 18, Rz. 18.27.

926 Vgl. *Lüdemann*, in: Herrmann/Heuer/Raupach, EStG/KStG, § 15a EStG, Rz. 87 (Februar 2016).

927 Vgl. BFH, Urteil v. 19.5.1987, VIII B 104/85, BStBl. II 1988, S. 10; v. 11.12.1990, VIII R 8/87, BStBl. II 1992, S. 232; v. 14.5.1991, VIII R 31/88, BStBl. II 1992, S. 167; v. 16.12.1997, VIII R 76/93, BFH/NV 1998, S. 576; v. 3.12.2002, IX R 24/00, BFH/NV 2003, S. 894; v. 27.3.2007, IV B 149/05, BFH/NV 2007, S. 1502; v. 16.10.2007, VIII R 21/06, BStBl. II 2008, S. 126.

928 Vgl. *Bordewin*, DStR 1994, S. 673; *Wacker*, in: Schmidt, EStG, 2016, § 15a EStG, Rz. 81, 96; *Döllerer*, DStR 1981, S. 21; *Heuermann*, in: Blümich, EStG/KStG/GewStG, § 15a EStG, Rz. 45 (Oktober 2015); *Lüdemann*, in: Herrmann/Heuer/Raupach, EStG/KStG, § 15a EStG, Rz. 86 (Februar 2016). Nach der Gegenansicht in der Literatur sollte auf die vertraglich bedungene Einlage für die Bestimmung des Kapitalkontos abgestellt werden, vgl. *Knobbe-Keuk*, Bilanz- und Unternehmenssteuerrecht, 1993, S. 490; *Knobbe-Keuk*, StuW 1981, S. 101; *Lempenau*, StuW 1981, S. 240; *Jakob*, BB 1988, S. 1431. Zur Diskussion vgl. *Lüdemann*, in: Herrmann/Heuer/Raupach, EStG/KStG, § 15a EStG, Rz. 87 (Februar 2016).

929 Zur Abgrenzung der geleisteten Pflichteinlage zur noch ausstehenden Pflichteinlage und zur überschießenden Außenhaftung vgl. *Lüdemann*, in: Herrmann/Heuer/Raupach, EStG/KStG, § 15a EStG, Rz. 87 (Februar 2016).

hingegen ist, ob die geleistete Einlage eigen- oder fremdfinanziert wurde.[930] Eine geleistete Einlage, die die Pflichteinlage übersteigt, führt nur dann zu einem höheren Verlustausgleich, wenn die Voraussetzungen des § 15a Abs. 1 Satz 2 und 3 EStG erfüllt sind.[931]

Die Beurteilung, ob eine Einlage geleistet wurde, erfolgt nach handelsrechtlichen Grundsätzen.[932] Demnach gilt eine Kommanditisteneinlage als geleistet, wenn sie bis zum Abschluss des Wirtschaftsjahres der Gesellschaft als Teil des Gesamthandsvermögens der KG tatsächlich zur Verfügung steht (sog. Kapitalaufbringungsprinzip).[933] Es muss dem Gesellschaftsvermögen von außen etwas zugeflossen sein, was den bilanziellen Unternehmenswert mehrt, also die Aktiva der Gesellschaft erhöht oder die Passiva mindert und so Einfluss auf das Kapitalkonto nimmt.[934] Durch die Einlage muss bei der Gesellschaft frei verfügbares Eigenkapital entstanden sein. Demzufolge darf eine rückständige Einlage auch dann nicht berücksichtigt werden, wenn die Gesellschaft den Einlageanspruch gegen den Kommanditisten aktiviert und auf der Passivseite den angeforderten Betrag bereits dem Kapitalkonto gutgeschrieben hat.[935] Beim Kommanditisten muss gleichzeitig eine wirtschaftliche Belastung eingetreten[936] und seine bestehende Einlageverpflichtung frei geworden sein.[937] Für den Zeitpunkt der Leistung einer Einlage ist die zivilrechtliche Wirksamkeit maßgebend.[938]

---

930 Vgl. BFH, Urteil v. 14.5.1991, VIII R 31/88, BStBl. II 1992, S. 167; *Wacker*, in: Schmidt, EStG, 2016, § 15a EStG, Rz. 94; *Heuermann*, in: Blümich, EStG/KStG/GewStG, § 15a EStG, Rz. 45 (Oktober 2015).

931 Vgl. *Kahle*, FR 2010, S. 778.

932 Vgl. BFH, Urteil v. 29.8.1996, VIII B 44/96, NJW 1997, S. 1527; v. 11.10.2007, IV R 38/05, BStBl. II 2009, S. 135. *Wacker* zufolge muss eine Einlage in dem Sinne tatsächlich geleistet werden, „dass sie geeignet ist, im Verhältnis zu den Gesellschaftsgläubigern haftungsbefreiende Wirkung zu entfalten", *Wacker*, JbFfSt 2006/2007, S. 338. Ebenfalls *Wacker*, in: Schmidt, EStG, 2016, § 15a EStG, Rz. 81.

933 Vgl. BFH, Urteil v. 3.12.2002, IX R 24/00, BFH/NV 2003, S. 894; v. 18.12.2003, IV B 201/03, BStBl. II 2004, S. 231.

934 Vgl. BFH, Urteil v. 29.8.1996, VIII B 44/96, DB 1997, S. 655; v. 10.7.2001, VIII R 45/98, BStBl. II 2002, S. 339; v. 7.8.2002, VIII B 90/02, BFH/NV 2002, S. 1577; v. 3.12.2002, IX R 24/00, BFH/NV 2003, S. 894; v. 18.12.2003, IV B 201/03, BStBl. II 2004, S. 231; FG München, Urteil v. 4.3.2010, 5 K 3989/07, EFG 2010, S. 1207.

935 Vgl. BFH, Urteil v. 3.12.2002, IX R 24/0, BFH/NV 2003, S. 894; *Kahle*, FR 2010, S. 778; *Micker*, in: Söffing, GmbH & Co. KG, 2013, S. 477.

936 Vgl. BFH, Urteil v. 18.12.2003, IV B 201/03, BStBl. II 2004, S. 231.

937 Vgl. BFH, Urteil v. 28.3.2000, VIII R 28/98, BStBl. II 2000, S. 347; *Jahndorf/Reis*, FR 2007, S. 425; *Kempermann*, DStR 2000, S. 771. Eine im Innenverhältnis bestehende Einlageverpflichtung (sog. ausstehende Einlage des Kommanditisten) ist nicht ausreichend. Zudem ist der gleichzeitige Abfluss aus dem Vermögen des Kommanditisten nicht notwendig, vgl. BFH, Urteil v. 29.8.1996, VIII B 44/96, NJW 1997, S. 1527; v. 18.12.2003, IV B 201/03, BStBl. II 2004, S. 231; v. 7.10.2004, IV R 50/02, BFH/NV 2005, S. 533; *Kempermann*, DStR 2008, S. 1919.

938 Vgl. BFH, Urteil v. 14.5.1991, VIII R 31/88, BStBl. II 1992, S. 167. Soweit die Einlage in Sachleistungen besteht, gelten die oben aufgeführten Grundsätze entsprechend. Bei Sacheinlagen ist der objektive Zeitwert (§ 9 BewG) maßgebend.

Das Verlustausgleichsvolumen kann bis zum Bilanzstichtag durch zusätzliche Einlagen erhöht werden.[939] Einlagen, die im Jahr der Verlustentstehung getätigt werden, werden als zeitkongruente Einlagen bezeichnet. Sie haben zur Folge, dass bis zu ihrer Höhe ein im Einlagejahr entstehender Verlust trotz eines negativen Kapitalkontos ausgleichfähig ist,[940] denn § 15a Abs. 1 Satz 1 EStG untersagt einen Verlustausgleich nur, soweit ein negatives Kapitalkonto entsteht oder sich erhöht.[941]

Konnte der Kommanditist aufgrund der im Handelsregister eingetragenen Haftsumme bereits zuvor Verluste ausgleichen, ohne eine entsprechende Einlage geleistet zu haben (§ 15a Abs. 1 Satz 2 und 3 EStG), gilt das zuvor Gesagte nicht grundsätzlich, denn durch die tatsächliche Leistung der Einlage wird lediglich die Außenhaftung beendet; ein erneutes Verlustausgleichspotential entsteht hingegen nicht.[942] Die Beendigung der Außenhaftung durch die tatsächlich geleistete Einlage ist allerdings nicht zwingend. Der Gesellschafter, der zusätzlich zu der im Handelsregister eingetragenen, aber nicht voll eingezahlten Hafteinlage eine Sacheinlage leistet, kann durch eine negative Tilgungsbestimmung dafür sorgen, dass die Einlage nicht mit der Haftsumme verrechnet wird.[943] Eine Haftungsbefreiung gem. § 171 Abs. 1 HGB tritt insoweit nicht ein. Es wird vielmehr im Umfang des Einlagewertes die Entstehung oder die Erhöhung eines negativen Kapitalkontos verhindert und in gleicher Höhe neues Verlustausgleichspotential nach § 15a Abs. 1 Satz 1 EStG geschaffen.[944]

Leistet der Kommanditist bis zum Bilanzstichtag eine Einlage, wird dadurch keine nachträgliche Ausgleichsmöglichkeit für frühere Verlustanteile geschaffen. Zusätzliche Einlagen, die der Gesellschafter in einem der Verlustentstehung nachfolgenden Wirtschaftsjahr leistet (sog. nachträgliche Einlagen), führen nicht dazu, dass ein für ein früheres Wirtschaftsjahr festgestellter verrechenbarer Verlust

---

939 Vgl. BFH, Urteil v. 14.10.2003, VIII R 32/01, BStBl. II 2004, S. 359.

940 Vgl. BFH, Urteil v. 14.12.1995, IV R 106/94, BStBl. II 1996, S. 226; *Wacker*, in: Schmidt, EStG, 2016, § 15a EStG, Rz. 82.

941 Vgl. *Kahle*, FR 2010, S. 779.

942 Vgl. *Niehus/Wilke*, Personengesellschaften, 2015, S. 336 f.

943 Vgl. *Kahle*, FR 2010, S. 779. Hierbei sollte vor dem Hintergrund der fortbestehenden Außenhaftung allerdings der steuerliche Vorteil mit den handelsrechtlichen Nachteilen abgewogen werden, vgl. *Kersten/Feldgen*, FR 2013, S. 203. Ausführlich zur Thematik der negativen Tilgungsbestimmung i. R. d. § 15a EStG, vgl. *Wacker*, DStR 2009, S. 403 ff.; *Engelberth*, NWB 2011, S. 1821; *Hüttemann/Meyer*, DB 2009, S. 1613 ff.; *Wendt*, Stbg 2009, S. 1 ff. Zur negativen Tilgungsbestimmung im Zivilrecht vgl. BGH, Urteil v. 14.7.1972, V ZR 176/70, NJW 1972, S. 1750; v. 10.10.1984, VII ZR 244/83, BGHZ 92, S. 280. Das gleiche gilt für Bareinlagen, vgl. BFH, Urteil v. 16.10.2008, IV R 98/06, FR 2009, S. 579; *Kempermann*, DStR 2009, S. 212; *Prinz*, StuB 2009, S. 130.

944 Vgl. BFH, Urteil v. 11.10.2007, IV R 38/05, BStBl. II 2009, S. 135; *Wendt*, Stbg 2009, S. 4 f.; *Kempermann*, DStR 2008, S. 1918; *Ley*, KÖSDI 2008, S. 16217; *Staats*, BB 2008, S. 656. Kritisch *Hüttemann/Mayer*, DB 2009, S. 1613 ff.

in einen ausgleichs- bzw. abzugsfähigen Verlust umgewandelt wird (§ 15a Abs. 1a EStG).[945] Darüber hinaus führen nachträgliche Einlagen nicht mehr zu einer Ausgleichs- oder Abzugsfähigkeit des dem Gesellschafter zuzurechnenden Anteils am Verlust eines zukünftigen Wirtschaftsjahres, soweit durch den Verlust ein negatives Kapitalkonto entsteht oder sich erhöht.[946]

Der Kommanditist kann seine bedungene Einlage je nach gesellschaftsvertraglicher Vereinbarung auch durch die Übernahme eines Verlustes der Gesellschaft erbringen.[947] Die Einlageverpflichtung kann dann als Erhöhung der bisherigen geschuldeten Einlage geschuldet sein oder als Sacheinlage an die Stelle einer anderen Einlageverpflichtung treten. In beiden Fällen stellt allerdings die bloße Erklärung der Verlustübernahme noch keine tatsächliche Leistung der Einlage dar, die zu einer Erhöhung des Kapitalkontos i. S. d. § 15a EStG führt.[948] Für die Anerkennung der Verlustübernahme als Einlage muss der Kommanditist tatsächlich wirtschaftlich belastet sein.[949] Es greift demnach der Grundsatz, dass die wirtschaftliche Belastung bei einem zur Verlustübernahme Verpflichteten und damit die Erhöhung seines Kapitalkontos erst eintritt, wenn auf die Forderung geleistet wird. Dies ist der Fall, wenn die Forderung geltend gemacht wird oder der Verpflichtete ernsthaft mit ihrer Geltendmachung rechnen muss. Dem Gesellschaftsvermögen muss etwas von außen zugeflossen sein, was den bilanziellen Unternehmenswert mehrt und das Kapitalkonto beeinflusst. Davon ist auszugehen, wenn die Forderung an einen Gesellschaftsgläubiger abgetreten wird,[950] nicht aber, solange die

---

945 Diese Rechtsauffassung galt bereits vor der Einführung des § 15a Abs.1a EStG durch das JStG 2009, vgl. BFH, Urteil v. 14.12.1995, IV R 106/94, BStBl. II 1996, S. 226; *Wacker*, in: Schmidt, EStG, 2016, § 15a EStG, Rz. 180. § 15a Abs. 1a EStG gilt für Einlagen, die nach dem 24.12.2008 erbracht worden sind (§ 52 Abs. 33 Satz 6 EStG). Jedoch regelt § 15a Abs. 2 Satz 2 EStG, dass nachträgliche Einlagen i. S. d. § 15a Abs. 1a EStG bei Veräußerung oder Aufgabe des Mitunternehmeranteils bzw. Betriebsveräußerung zu ausgleichs- oder abzugsfähigen Verlusten führen können.

946 Vgl. *Kahle*, FR 2010, S. 779. Damit hat der Gesetzgeber die ursprüngliche Auffassung der Finanzverwaltung (BMF, Schreiben v. 14.4.2004, IV A - S 2241a-10/04, BStBl. I 2004, S. 463) festgeschrieben. Die Regelung des § 15a Abs. 1a EStG wird in der Literatur massiv kritisiert. Es wird der Vorwurf der Verfassungswidrigkeit erhoben, da die Norm zu eklatanten Ungleichbehandlungen von vorgezogenen und zeitkongruenten Einlagen führt, vgl. hierzu ausführlich *Sahrmann*, DStR 2012, S. 1110 ff.; *Heuermann*, NZG 2009, S. 324 f.; *Nacke*, DB 2008, S. 1398 f.; *Niehus/Wilke*, Personengesellschaften, 2015, S. 336 f.; *Wacker*, in: Schmidt, EStG, 2016, § 15a EStG, Rz. 184 m. w. N.

947 Vgl. BFH, Urteil v. 18.12.2003, VI B 201/03, BStBl. II 2004, S. 231; *Kempermann*, FR 2008, S. 369; *Heuermann*, in: Blümich, EStG/KStG/GewStG, § 15a EStG, Rz. 46 (Oktober 2015).

948 Vgl. BFH, Urteil v. 7.8.2002, VIII B 90/02, BFH/NV 2002, S. 1577; v. 18.12.2003, VI B 201/03, BStBl. II 2004, S. 231; v. 7.10.2004, IV R 50/02, BFH/NV 2005, S. 533; *Kempermann*, DStR 2008, S. 1919; *Kahle*, FR 2010, S. 778; *Niehus/Wilke*, Personengesellschaften, 2015, S. 333.

949 Vgl. BFH, Urteil v. 18.12.2003, IV B 201/03, BStBl. II 2004, S. 231; *Kempermann*, DStR 2004, S. 1517; *Wacker*, JbFfSt 2006/2007, S. 337. Folglich reicht eine bloße buchmäßige Verlustübernahme für eine Erhöhung des Verlustausgleichsvolumen nicht aus, vgl. BFH, Urteil v. 19.10.2007, VI B 157/06, BFH/NV 2008, S. 211; *von Beckerath*, in: Kirchhof, EStG, 2016, § 15a EStG, Rz. 16; *Kahle*, FR 2010, S. 778; *Kempermann*, DStR 2008, S. 1919; *Ley*, KÖSDI 2009, S. 16535; a. A. *Jahndorf/Reis*, FR 2007, S. 426.

950 Vgl. *Kahle*, FR 2010, S. 778.

Forderung nur im Innenverhältnis zwischen Gesellschaft und Gesellschafter besteht und nicht geltend gemacht wird, denn dann träfe den übernehmenden Kommanditisten noch keine wirtschaftliche Belastung.[951]

Die Übernahme von Bürgschaften gilt erst als tatsächliche Einlage, „wenn der Bürge die Schuld erfüllt und auf seine Regressansprüche gegen die KG verzichtet oder hiermit gegen deren Ansprüche aufrechnet."[952] Andernfalls reicht die Übernahme zur Begründung einer Einlage nicht aus, auch dann nicht, wenn sie zivilrechtlich als eigenkapitalersetzend zu qualifizieren ist.[953]

Eine Einlage liegt auch dann vor, wenn der Gesellschafter eine Forderung, die er gegenüber einem Dritten besitzt, an die Gesellschaft abtritt. Hierbei handelt es sich um eine Sacheinlage. Durch die Abtretung dieser Forderung leistet der Gesellschafter eine Einlage und gleicht dadurch ein negatives Kapitalkonto i. S. d. § 15a EStG aus.[954]

Bei der Ermittlung der Höhe des Kapitalkontos i. S. d. §15a EStG gilt als Einlage auch, wenn der Gesellschafter eine gegenüber der Gesellschaft bestehende Schuld übernimmt und die Gesellschaft dadurch endgültig von ihrer Schuld befreit wird.[955] Eine spätere Genehmigung der Schuldübernahme durch den Gläubiger wirkt steuerlich nicht auf den Zeitpunkt der Verpflichtung zurück.[956] Zudem liegt in Höhe des Tilgungsbetrags eine Einlage vor, wenn aufgrund der Haftung eines Kommanditisten eine Verbindlichkeit der Gesellschaft getilgt wird.[957]

4.1.3. Besonderheiten bezüglich des Gesellschafterdarlehenskontos

4.1.3.1. Umwandlung des Darlehenskontos in Eigenkapital und Verzicht auf das Darlehenskonto

Zu einer Erhöhung des Kapitalkontos nach § 15a EStG kommt es auch dann, wenn der Kommanditist die auf seinem Darlehenskonto erfassten Beträge auf ein Kapitalkonto umbucht. Dadurch wird ein

---

951 Vgl. BFH, Urteil v. 18.12.2003, IV B 201/03, BStBl. II 2004, S. 231.
952 *Wacker*, JbFfSt 2006/2007, S. 339 m. w. N.
953 Vgl. BFH, Urteil v. 1.10.2002, IV B 91/01, BFH/NV 2003, S. 304; v. 13.11.1997, VI B 119/96, BStBl. II 1998, S. 109; *Wacker*, JbFfSt 2006/2007, S. 338.
954 Vgl. BFH, Urteil v. 29.8.1996, VIII B 44/96, NJW 1997, S. 1527.
955 Vgl. BFH, Urteil v. 16.10.2007, VIII R 21/06, BStBl. II 2008, S. 126.
956 Vgl. BFH, Urteil v. 7.8.2002, VIII B 90/02, BFH/NV 2002, S. 1577; v. 18.12.2003, IV B 201/03, BStBl. II 2004, S. 231; bestätigt durch BFH, Urteil v. 7.10.2004, IV R 50/02, BFH/NV 2005, S. 533.
957 Vgl. *Hallerbach*, in: Söffing, GmbH & Co. KG, 2013, S. 248.

Darlehensanspruch des Kommanditisten in handelsrechtliches Eigenkapital umgewandelt.[958] Nach Auffassung der Finanzverwaltung müssen für die Anerkennung dieser Verlustausgleichserhöhung folgende Voraussetzungen erfüllt sein:[959]

- Die entsprechenden Gesellschafterbeschlüsse müssen vor dem Bilanzstichtag gefasst sein.
- Die in Eigenkapital umzuwandelnden Darlehensmittel müssen der Gesellschaft tatsächlich zur Verfügung gestellt worden sein.
- Die Darlehensforderung muss zum Zeitpunkt der Umwandlung in Eigenkapital werthaltig sein.

Verzichtet ein Gesellschafter auf sein Darlehenskonto, liegt ebenfalls eine Einlage vor. Die bloße Verzichtserklärung dürfte hierbei allerdings nicht ausreichend sein. Vielmehr sind eine zivilrechtlich wirksame Erklärung und deren buchmäßige Umsetzung zwingend notwendig. In Höhe des Nennwerts des bei der KG passivierten weggefallenen Darlehenskontos erhöht sich das Gesellschaftsvermögen der Gesellschaft. Im selben Umfang erhöht sich auch das Kapitalkonto des Kommanditisten.[960]

4.1.3.2. Aktivisches Darlehenskonto

Wird die Summe der Kapitalkonten (also der Kapitalanteil) des Kommanditisten negativ, ist das Verlustausgleichsvolumen des § 15a Abs. 1 Satz 1 EStG aufgebraucht und weitere Verluste sind nur nach § 15a Abs. 2 EStG verrechenbar. Ein Darlehenskonto kann dagegen nur aktivisch werden, wenn der Gesellschafter Überentnahmen tätigt. Je nach Auffassung kommt es bei der rechtlichen Einordnung von Überentnahmen zu unterschiedlichen Rechtsfolgen.

Wird der h. M. gefolgt, die in einer zulässigen Überentnahme einen Gewinnvorschuss und in einer unzulässigen Überentnahme ein Rückforderungsrecht der Gesellschaft gegenüber dem Gesellschafter

---

958 Vgl. *Kahle*, FR 2010, S. 779; FG Niedersachsen, Urteil v. 3.12.2014, 4 K 299/13, BB 2015, S. 690 (Revision unter Az. IV R 7/15 anhängig).

959 Vgl. OFD Hannover, Verfügung v. 14.5.2007, S 2241 - 79 - StO 221/StO 222, DStR 2007, S. 1124; OFD Koblenz, Verfügung v. 15.1.2007, S 2241aA - St 31 1, DB 2007, S. 547.

960 Vgl. grundlegend BFH, Urteil v. 9.6.1997, GrS 1/94, BStBl. II 1998, S. 307; *Lüdemann*, in: Herrmann/Heuer/Raupach, EStG/KStG, § 15a EStG, Rz. 92 (Februar 2016); *Heuermann*, in: Blümich, EStG/KStG/GewStG, § 15a EStG, Rz. 41 (Oktober 2015); *Mundry*, DB 1993, S. 1745; *Pyszka*, BB 1998, S. 1557; *Kahle*, FR 2010, S. 779; a. A. *van Lishaut*, FR 1994, S. 279; *Farnschläder/Kahl*, DB 1998, S. 793; *Heißenberg*, KÖSDI 2001, S. 12948.

sieht, gilt Folgendes: Aufgrund der Differenzierung bildet der Debetsaldo auf einem Gesellschafterkonto im Fall der zulässigen Überziehung einen Bestandteil des Kapitalkontos i. S. von § 15a EStG ab, und zwar unabhängig davon, welche Rechtsnatur dem nämlichen Konto in seinem passivischen Stadium zukam. Beruht der Debetsaldo des Gesellschafterkontos hingegen auf einer unzulässigen Überziehung, stellt er eine das Kapitalkonto des Kommanditisten i. S. von § 15a EStG nicht tangierende Forderung der Personenhandelsgesellschaft gegen den Kommanditisten dar. Im Rahmen dieser Auffassung besteht die Möglichkeit, dass Sollbestände des Darlehenskontos vorliegen, die sowohl auf zulässigen als auch auf unzulässigen Entnahmen beruhen. Aufgrund des unterschiedlichen Einbezugs zum Kapitalkonto ist in solchen Fällen eine Aufteilung der Sollbestände unumgänglich.[961] Um diesbezüglich in der Praxis Probleme zu vermeiden, ist eine angepasste Buchungstechnik von Entnahmen erforderlich.[962] Wird hingegen der hier vertretenen Auffassung gefolgt, dass Entnahmen, die zu einem aktivischen Stand eines Gesellschafterkontos führen, unabhängig von der Zulässigkeit der Entnahme einen Rückforderungsanspruch begründen, stellt ein durch Überentnahmen aktivisch gewordenes Darlehenskonto eine Forderung der Personengesellschaft gegen den Gesellschafter dar, die aufgrund des Einbezugs zum Sonderbetriebsvermögen nicht in den Umfang des Kapitalkontos i. S. von § 15a EStG einzubeziehen ist.

Bei dem Ergebnis, dass ein aufgrund von Entnahmen aktivisch gewordenes Gesellschafterkonto in das Kapitalkonto i. S. d. § 15a EStG einbezogen werden muss, ist darüber hinaus § 15a Abs. 3 EStG zu beachten. § 15a Abs. 3 EStG regelt den Fall, dass die nach Abs. 1 für die Höhe des Verlustausgleichs maßgebenden Faktoren (Einlage und Außenhaftung) nach dem Bilanzstichtag durch Einlageminderung oder Haftungsminderung reduziert werden. Soweit durch Entnahmen ein negatives Kapitalkonto entsteht, wird dem Kommanditisten in dieser Höhe ein Gewinn zugerechnet (fiktive Gewinnzurechnung). Der durch Einlageminderung zuzurechnende Gewinn darf nicht höher sein als die Summe der Verluste, die im Wirtschaftsjahr der Einlageminderung und in den vorangegangenen zehn Wirtschaftsjahren ausgleichs- oder abzugsfähig waren (§ 15a Abs. 3 Satz 2 EStG). Die fiktive Gewinnzurechnung unterbleibt, wenn durch die Entnahme eine erweiterte Außenhaftung nach § 15a Abs. 1 Satz 2 EStG entsteht oder sich erhöht. Im Gegenzug zur Gewinnzurechnung werden dem

961 So auch *Dötsch*, FS Spindler, 2011, S. 615 in Bezug auf die Verlust- und Entnahmebuchung auf dem Kapitalkonto II im Zwei-Konten-Modell. Beim Kapitalkonto II im Zwei-Konten-Modell verstärkt sich das Problem sogar noch, da ein aktivischer Sollsaldo sowohl auf Verlusten als auch auf zulässigen und unzulässigen Entnahmen beruhen kann. Demnach ist in solchen Fällen eine Dreiteilung des Sollbestandes vorzunehmen.

962 Vgl. hierzu ausführlich Gliederungspunkt 3.4.4.

Gesellschafter in Höhe der Zurechnung verrechenbare Verluste gutgeschrieben, welche später mit Gewinnen aus der betreffenden Gesellschaft verrechnet werden können.[963]

4.1.3.3. Eigenkapitalersetzende Gesellschafterdarlehen und Gesellschafterdarlehen mit Rangrücktritt

Gewährte ein Kommanditist seiner GmbH & Co. KG zu einem Zeitpunkt ein Darlehen, in dem ihr die Gesellschafter als ordentliche Kaufleute Eigenkapital zugeführt hätten und in dem die Gesellschaft nicht mehr kreditwürdig war und von dritter Seite keinen Kredit zu marktüblichen Konditionen erhalten hätte (sog. Stehenlassen in der Krise), so stellte dieses Darlehen handelsrechtlich Fremdkapital dar (§ 172a HGB a. F.).[964] Folge dieser eigenkapitalersetzenden Funktion war, dass das Darlehen den Gläubigern zivilrechtlich als nachrangige Haftungsmasse zur Verfügung stand. Der Gesellschafteranspruch auf Rückgewähr des Darlehens war demnach im Insolvenz- oder Vergleichsverfahren nachrangig und das Darlehen verlor seinen Forderungscharakter. Eigenkapitalersetzende Darlehen verkörpern somit Fremdkapital, das nur zeitweise (vorübergehend) eine Eigenkapitalfunktion übernimmt, die es wieder verliert, wenn sich die Gesellschaft nachhaltig erholt und so ihre Kreditwürdigkeit zurückgewinnt.[965] Deswegen waren solche Darlehen in der Handels- und Steuerbilanz auf der Passivseite ungeachtet ihrer Eigenkapitalfunktion als echtes Fremdkapital auszuweisen.[966] Ein in der Krise stehen gelassenes Darlehenskonto erfährt demnach auch keine Umwandlung in ein bilanzielles und materielles Kapitalkonto des Gesellschafters.[967] Es kommt daher nicht zu einer Umqualifizierung von Sonderbetriebsvermögen des Gesellschafters in Eigenkapital der Gesellschaft.[968] Diese Rechtsfolgen werden auch nicht durch die Abschaffung des Eigenkapitalersatzrechts durch das MoMiG v. 23.10.2008[969] geändert.

---

963 Im Falle der Haftungsminderung gelten nach § 15a Abs. 3 Satz 3 EStG die gleichen Rechtsfolgen wie im Falle der Einlageminderung nach § 15a Abs. 3 Satz 2 EStG.

964 Vgl. BFH, Urteil v. 5.2.1992, I R 127/90, BStBl. II 1992, S. 532; *Döllerer*, FS Forster, 1992, S. 200; *Fleck*, FS Döllerer, 1988, S. 109; *Fleck*, GmbHR 1989, S. 313; *Groh*, BB 1993, S. 188; *Haas*, DStZ 1992, S. 660; *Hemmelrath*, DStR 1991, S. 626; *Kamprad*, GmbHR 1985, S. 352; *Mayer*, BB 1990, S. 1943; *Priester*, DB 1991, S. 1923; *Thiel*, GmbHR 1992, S. 20; *Wassermeyer*, ZGR 1992, S. 639.

965 Vgl. *Micker*, in: Söffing, GmbH & Co. KG, 2013, S. 475.

966 Vgl. *Priester*, DB 1991, S. 1917; BFH, Urteil v. 5.2.1992, I R 127/90, BStBl. II 1992, S. 532; v. 5.2.1992, I R 79/89, BFH/NV 1992, S. 629; v. 30.3.1993, IV R 57/91, BStBl. II 1993, S. 502; FG Münster, Urteil v. 1.9.2009, 1 K 3384/06 F, EFG 2010, S. 52.

967 Vgl. *Wacker*, BB 1999, S. 33; kritisch hierzu *Kurth/Delhaes*, DB 2000, S. 2577.

968 Vgl. *Altmeppen*, NJW 2008, S. 3601 ff.; *Lüdemann*, in: Herrmann/Heuer/Raupach, EStG/KStG, § 15a EStG, Rz. 91 (Februar 2016).

969 BGBl. I 2008, S. 2026. Durch die Aufhebung des § 172a HGB ab dem 1.11.2008 gibt es keine kapitalersetzenden

Werden Gesellschafterdarlehen zivilrechtlich als eigenkapitalersetzend angesehen, führen sie nach der Rechtsprechung des BFH[970] infolge ihrer nur vorübergehenden Eigenkapitalfunktion und der Beschränkung der kapitalersetzenden Wirkung auf die Gläubiger der Gesellschaft wie in der Handelsbilanz[971] nicht zu einer Qualifikation als Eigenkapital der Gesellschaft und erhöhen somit nicht das Kapitalkonto des Kommanditisten i. S. d. § 15a EStG.[972] Demnach zählen gesetzlich nachrangige Gesellschafterdarlehen (§ 39 Abs. 1 Nr. 5, Abs. 4, Abs. 5 InsO, § 135 InsO) nicht zum Kapitalkonto i. S. d. § 15a EStG.[973]

Dieser Auffassung ist entgegengehalten worden, dass der untersagte Einbezug dieser eigenkapitalersetzenden Darlehen in das Kapitalkonto i. S. d. § 15a EStG nicht mit dem Regelungszweck des § 15a EStG vereinbar sei.[974] Die daraufhin in der Literatur[975] für eigenkapitalersetzende Darlehen vorgeschlagene Durchbrechung des Grundsatzes, dass das positive Sonderbetriebsvermögen nicht in das Kapitalkonto i. S. d. § 15a EStG einzubeziehen ist, ist jedoch nicht zu folgen, denn es kommt darauf an, ob der Kommanditist im Verlustentstehungsjahr mit seiner stehen gelassenen Darlehensforderung eine wirtschaftliche Belastung erfährt und in welchem Vermögensbereich diese eintritt. Der Forderung nach der Trennung der Vermögensbereiche des Gesellschafters im Rahmen des § 15a EStG ist weiterhin zu folgen.[976]

Im Rahmen von eigenkapitalersetzenden Darlehen entsteht dem Kommanditisten ein Verlust allerdings nur im Sonderbetriebsvermögen und nicht im Gesellschaftsvermögen. Die unentziehbare Forderung gegen die Gesellschaft, die beim Kommanditisten positives Sonderbetriebsvermögen darstellt, bleibt auch weiterhin bestehen, wenn der Kommanditist ein Guthaben auf einem passivi-

---

Finanzierungshilfen mehr. Vielmehr wird mit der Eröffnung des Insolvenzverfahrens ein gesetzlicher Rangrücktritt für Darlehen von Kommanditisten angeordnet, die zu mehr als 10 % am Haftkapital einer KG beteiligt sind, die weder eine natürliche Person noch eine Gesellschaft als persönlich haftenden Gesellschafter haben, bei denen ein persönlich haftender Gesellschafter eine natürliche Person ist, vgl. § 19 Abs. 2 Satz 2, § 39 Abs. 1 Nr. 5, Abs. 4 und 5, § 44a InsO.

970 Vgl. BFH, Urteil v. 28.3.2000, VIII R 28/98, BStBl. II 2000, S. 347.

971 Vgl. BGH, Urteil v. 8.1.2001, II ZR 88/99, BGHZ 146, S. 264.

972 Vgl. *Lüdemann*, in: Herrmann/Heuer/Raupach, EStG/KStG, § 15a EStG, Rz. 91 (Februar 2016); *Kahle*, FR 2010, S. 780; *Mai*, in: Reichert, GmbH & Co. KG, 2015, § 7, Rz. 15; BMF, Schreiben v. 30.5.1997, IV B 2 - S 2241a-51/93 II, BStBl. I 1997, S. 627, Tz. 6.

973 Vgl. *Hein/Suchan/Geeb*, DStR 2008, S. 2290; *Wacker*, in: Schmidt, EStG, 2016, § 15a EStG, Rz. 88.

974 Vgl. *Schmidt*, in: Schmidt, EStG, 1997, § 15a EStG, Rz. 89; mittlerweile a. A. *Wacker*, in: Schmidt, EStG, 2016, § 15a EStG, Rz. 88; für die Behandlung als Eigenkapital auch *Schneider*, DB 1991, S. 1867.

975 Vgl. bspw. *Meilicke*, DB 1992, S. 1802; *Kolbeck*, DB 1992, S. 2056; *Prinz/Thiel*, DStR 1994, S. 345; *Bordewin*, DStR 1994, S. 676; *Korn*, KÖSDI 1994, S. 9910.

976 Vgl. *Lüdemann*, in: Herrmann/Heuer/Raupach, EStG/KStG, § 15a EStG, Rz. 91 (Februar 2016).

schen Gesellschafterkonto in der Krise stehen lässt. Eine Verlustverrechnung auf dem Darlehenskonto findet ebenfalls nicht statt. Die Qualifizierung als eigenkapitalersetzend bewirkt nur, dass der Kommanditist die vorrangige Befriedigung der Gläubiger der Gesellschafter dulden muss. Im Ergebnis wird daher nur die Fälligkeit des Darlehens verschoben.[977]

Darlehen mit einem vereinbarten Rangrücktritt sind in der Handels- und Steuerbilanz ebenfalls als Fremdkapital auszuweisen[978] und werden somit nicht in das Kapitalkonto i. S. d. § 15a EStG einbezogen,[979] denn ein Rangrücktritt führt nicht zu einer Auflösung der zugrunde liegenden Verbindlichkeit.[980] Vielmehr werden die gewährten Fremdmittel vertraglich dem haftenden Kapital gleichgestellt, ohne dass der Gesellschafter auf seine Forderung verzichtet. Erst wenn die Mittel der Gesellschaft nicht mehr ausreichen, auch das Gesellschafterdarlehen zurückzuzahlen, kommt es zum Verlust desselben im Sonderbetriebsvermögen.[981] Dies gilt auch für den qualifizierten Rangrücktritt.[982] Eigenkapitalersetzende Gesellschafterdarlehen und Gesellschafterdarlehen mit einer Rangrücktrittsvereinbarung können demnach nur Eigenkapital darstellen, wenn sie der Verlustverrechnung zugänglich sind.[983]

4.1.3.4. Finanzplandarlehen

Bei Finanzplandarlehen handelt es sich regelmäßig um bei Gründung der Gesellschaft neben der vertragsgemäßen Bareinlage verpflichtend zu gewährende Darlehen (sog. gesplittete Einlage), die

---

977 Vgl. *Lüdemann*, in: Herrmann/Heuer/Raupach, EStG/KStG, § 15a EStG, Rz. 91 (Februar 2016). Erholt sich die wirtschaftliche Situation der Gesellschaft und kommt diese aus der Krise, verliert das Darlehen seine eigenkapitalersetzende Funktion und der Gesellschafter kann die sofortige Auszahlung verlangen. Kommt es aufgrund der Krise zu einer Beendigung oder Aufgabe der Gesellschaft, wirkt sich der Darlehensverlust als Verlust im Sonderbetriebsvermögen des Gesellschafters in voller Höhe aus. Dies entspricht auch der tatsächlichen wirtschaftlichen Belastung, vgl. *Lüdemann*, in: Herrmann/Heuer/Raupach, EStG/KStG, § 15a EStG, Rz. 91 (Februar 2016).

978 Vgl. BFH, Urteil v. 30.3.1993, IV R 57/91, BStBl. II 1993, S. 502; v. 10.11.2005, IV R 13/04, BStBl. II 2006, S. 618; *Döllerer*, FS Forster, 1992, S. 204; *Fleck*, FS Döllerer, 1988, S. 118 ff.; *Groh*, BB 1993, S. 1882; *Knobbe-Keuk*, StuW 1991, S. 308; *Mathiak*, DStR 1990, S. 261; *Priester*, DB 1991, S. 1917.

979 Vgl. BFH, Urteil v. 20.10.2004, I R 11/03, BStBl. II 2005, S. 581; *Baldi*, in: Frotscher/Geurts, EStG, § 15a EStG, Rz. 146 (Juli 2009); *Mai*, in: Reichert, GmbH & Co. KG, 2015, § 7, Rz. 17; *Preißer/von Rönn*, Die KG und die GmbH & Co KG, 2013, S. 178; *Mundry*, DB 1993, S. 1745; *Schützeberg*, WPg 1993, S. 652.

980 Vgl. BMF, Schreiben v. 8.9.2006, IV B 2 - S 2133-10/06, BStBl. I 2006, S. 497.

981 Vgl. *Lüdemann*, in: Herrmann/Heuer/Raupach, EStG/KStG, § 15a EStG, Rz 91 (Februar 2016); a. A. *Knobbe-Keuk*, StbJb 1991/1992, S. 376.

982 Vgl. BFH, Urteil v. 10.11.2005, IV R 13/04, BStBl. II 2006, S. 618; BGH, Urteil v. 8.1.2001, II ZR 88/99, BGHZ 146, S. 264. Diese Auffassung gilt jedoch nicht, wenn die Verbindlichkeit nur mit künftigen Gewinnen oder Liquidationsüberschüssen zu tilgen ist, vgl. BFH, Urteil v. 30.11.2011, I R 100/10, BStBl. II 2012, S. 332; *Fuhrmann*, KÖSDI 2012, S. 17977.

983 Vgl. *Wacker*, JbFfSt 2006/2007, S. 343; *Dötsch*, FS Spindler, 2011, S. 616.

planmäßig in die Finanzierung der Gesellschaft einbezogen werden und zumindest nach Einschätzung der Gesellschafter für die Verwirklichung der gesellschaftsvertraglichen Ziele unentbehrlich sind.[984] Diese Darlehen stellen formal Fremdkapital dar, gehören jedoch nach der Rechtsprechung des BGH zur Haftungsmasse einer KG, die deren Gläubigern zur Verfügung stehen muss, wenn sie aufgrund eindeutiger Abrede vom Gesellschafter während des Bestehens der Gesellschaft nicht einseitig gekündigt werden können und bei Ausscheiden des Gesellschafters bzw. der Beendigung der Gesellschaft mit einem negativen Kapitalkonto zu verrechnen sind.[985] Unter diesen Voraussetzungen werden diese Darlehen als Teil des Kapitalkontos i. S. d. § 15a EStG angesehen (Finanzplandarlehen im engeren Sinne).[986] Infolge der späteren Verrechnung des Darlehens mit einem eventuell bestehenden negativen Kapitalkonto haftet der Kommanditist mit diesen Beträgen und ist daher auch wirtschaftlich belastet.[987] Allerdings ist eine eindeutige Abrede über die Verrechnung der Valuta mit den eingetretenen Verlusten notwendig.[988] Ein schlichter Hinweis darauf, dass die Gesellschaft auf das Darlehen angewiesen sei, ist für die Qualifikation des Darlehens als materielles Eigenkapital nicht ausreichend.[989] Es wird nicht gefordert, dass das Darlehen nicht bereits durch laufende Verluste gemindert und dass bis zum Ausscheiden des Gesellschafters ein gesondertes Verlustvortragskonto geführt wird.[990] Die Behandlung des Finanzplandarlehens in der Handelsbilanz ist nicht maßgebend.[991] Vielmehr ist es steuerrechtlich unerheblich, ob das Finanzplandarlehen bei der Personengesellschaft zu passivieren und im Sonderbetriebsvermögen I des Kommanditisten als Forderung zu

---

[984] Vgl. *Niehus/Wilke*, Personengesellschaften, 2015, S. 330; *Kahle*, FR 2010, S. 780; *Höck*, Stbg 2006, S. 263.

[985] Vgl. BGH, Urteil v. 21.3.1988, II ZR 238/87, BGHZ 104, S. 33; gl. A. *Mai*, in: Reichert, GmbH & Co. KG, 2015, § 7, Rz. 17; *Sieker*, Eigenkapital, 1991, S. 28; *Buciek*, Stbg 2000, S. 109; BMF, Schreiben v. 21.10.2010, IV C 6 - S 2244/08/10001, BStBl. I 2010, S. 832; *Wacker*, in: Schmidt, EStG, 2016, § 15a EStG, Rz. 91; *Niehus/Wilke*, Personengesellschaften, 2015, S. 330; *Höck*, Stbg 2006, S. 263; *Kahle*, FR 2010, S. 780; *Schmidt*, GmbHR 2009, S. 1012. Diese Auffassung gilt auch nach Inkrafttreten des MoMiG, vgl. *Wacker*, in: Schmidt, EStG, 2016, § 15a EStG, Rz. 91; *K. Schmidt*, GmbHR 2009, S. 1009; BMF, Schreiben v. 21.10.2010, IV C 6 - S 2244/08/10001, BStBl. I 2010, S. 832.

[986] Vgl. BFH, Urteil v. 7.4.2005, IV R 24/03, BStBl. II 2005, S. 598; OFD Koblenz, Verfügung v. 15.1.2007, S 2241 aA - St 31 1, DB 2007, S. 546. Zustimmend *Wacker*, in: Schmidt, EStG, 2016, § 15a EStG, Rz. 91; *Schulze-Osterloh*, BB 2005, S. 1848; *Kölpin*, StuB 2005, S. 843 ff.; *Mundry*, Darlehen und stille Einlagen im Recht der Kommanditgesellschaft, 1992, S. 128; *Haas*, DStZ 1992, S. 655; *Korn*, KÖSDI 1994, S. 9911; *Ruban*, FS Klein, 1994, S. 787; *Kempermann*, FR 2005, S. 986; *Bitz*, GmbHR 2005, S. 1064; a. A. *Crezelius*, JbFfSt 1999/2000, S. 395 ff.; *Sieger/Aleth*, GmbHR 2000, S. 462. Diese Voraussetzungen sind in jedem Einzelfall zu prüfen, vgl. BFH, Urteil v. 7.4.2005, IV R 24/03, BStBl. II 2005, S. 598. Zu einer Erhöhung des Kapitalkontos i. S. d. § 15a EStG kommt es unter den genannten Voraussetzungen jedoch erst dann, wenn die Valuta der Gesellschaft zufließt, vgl. *Wacker*, JbFfSt 2006/2007, S. 345.

[987] Vgl. BFH, Urteil v. 7.4.2005, IV R 24/03, BStBl. II 2005, S. 598.

[988] Vgl. BFH, Urteil v. 16.8.2005, IV B 198/04, BFH/NV 2006, S. 47; *Kempermann*, FR 2005, S. 998; kritisch *Höck*, Stbg 2006, S. 261.

[989] Vgl. *Wacker*, JbFfSt 2006/2007, S. 343 f.

[990] Vgl. *Wacker*, in: Schmidt, EStG, 2016, § 15a EStG, Rz. 91.

[991] Vgl. BFH, Urteil v. 7.4.2005, IV R 24/03, BStBl. II 2005, S. 598; *Wacker*, JbFfSt 2006/2007, S. 344. Zur Diskussion

aktivieren ist.[992] Ebenso ist es für die Annahme des Finanzplandarlehens als materielles Eigenkapital nicht relevant, ob die Haftsumme im Handelsregister erhöht wird oder ob das Darlehen eine Beteiligung an den stillen Reserven vermittelt.[993] Wird das Darlehen gewinnunabhängig verzinst, wird dadurch der Eigenkapitalcharakter ebenfalls nicht in Frage gestellt.[994]

Wird ein kündbares Gesellschafterdarlehen und somit Fremdkapital in ein Finanzplandarlehen im engeren Sinne umgewandelt, stellt dies eine Einlage i. S. v. § 15a EStG dar.[995] Wird hingegen ein bereits bestehendes Finanzplandarlehen im engeren Sinne auf ein formales Eigenkapitalkonto umgebucht, führt dies nicht zur Erhöhung des Kapitalkontos i. S. d. § 15a EStG, da es sich um eine bloße Eigenkapitalumbuchung handelt.[996] Analog vermindert die Rückzahlung des Finanzplandarlehens oder eine Umwandlung in ein kündbares Gesellschafterdarlehen das Kapitalkonto i. S. d. § 15a EStG. Hierbei handelt es sich um eine Entnahme i. S. v. § 15a Abs. 3 EStG.[997]

4.2. Bedeutung der Gesellschafterkonten im Rahmen von Übertragungen von einzelnen Wirtschaftsgütern und Sachgesamtheiten

4.2.1. Zivilrechtliche Übertragungsvorgänge

Unabhängig davon, ob einzelne Wirtschaftsgüter oder ob Sachgesamtheiten (Betrieb, Teilbetrieb, Mitunternehmeranteil) übertragen werden, erfolgt die Übertragung jeweils auf Grundlage von unterschiedlichen zivilrechtlichen Vorgängen. Im Rahmen der unterschiedlichen Übertragungsvorgänge kommt es maßgeblich darauf an, ob das der Übertragung zugrunde liegende Rechtsgeschäft einen entgeltlichen oder unentgeltlichen Charakter besitzt. Für die Gestaltungsberatung ist diese Einordnung des Übertragungsvorganges bedeutsam, da sich je nach schuldrechtlichem Hintergrund eine

---

um den Ausweis in der Handelsbilanz vgl. etwa *Sieger/Aleth*, GmbHR 2000, S. 469; für einen Ausweis des Finanzplandarlehens als Verbindlichkeit in der Handelsbilanz: *Ruban*, in: FS Klein, 1994, S. 787; *Pyszka*, BB 1999, S. 667.

992 Vgl. *Wacker*, in: Schmid, EStG, 2016, § 15a EStG, Rz. 91; *Buciek*, DStZ 2000, S. 569.

993 Vgl. *Wacker*, in: Schmidt, EStG, 2016, § 15a EStG, Rz. 91.

994 Vgl. BFH, Urteil v. 15.5.2008, IV R 46/05, BStBl. II 2008, S. 812; *Kempermann*, DStR 2008, S. 1919; *Bitz*, GmbHR 2008, S. 1001. Der BFH hat im Urteil v. 7.4.2005 (IV R 24/03, BStBl. II 2005, S. 598) explizit offen gelassen, ob für die Einordnung als materielles Eigenkapital zusätzlich die Unverzinslichkeit der Darlehensgewährung verlangt werden muss. Vgl. hierzu *Buciek*, Stbg 2000, S. 111 ff. m. w. N.

995 Vgl. *Wacker*, in: Schmidt, EStG, 2016, § 15a EStG, Rz. 91; *Wacker*, JbFfSt 2006/2007, S. 347; *Kahle*, FR 2010, S. 781.

996 Vgl. *Wacker*, in: Schmidt, EStG, 2016, § 15a EStG, Rz. 91; *Wacker*, JbFfSt 2006/2007, S. 345; *Heuermann*, in: Blümich, EStG/KStG/GewStG, § 15a EStG, Rz. 46b (Oktober 2015).

997 Vgl. *Wacker*, in: Schmidt, EStG, 2016, § 15a EStG, Rz. 91; *Heuermann*, in: Blümich, EStG/KStG/GewStG, § 15a EStG, Rz. 46b (Oktober 2015).

Vielzahl von unterschiedlichen steuerlichen Reflexwirkungen ergeben.[998] Zudem nimmt die Beurteilung des Übertragungsvorganges Einfluss auf die anzuwendende Abschreibungsmethode und somit letztlich auf die steuerliche Vorteilhaftigkeit der realisierten Einbringungsstrategie.[999]

Eine entgeltliche Übertragung liegt vor, wenn dem Gesellschafter explizit eine Gegenleistung in Form von Geld einschließlich der Übernahme von Verbindlichkeiten oder durch eine Sachleistung (Tausch/tauschähnlicher Umsatz) erbracht wird.[1000] Der Übertragungsvorgang gegen Entgelt wie unter fremden Dritten ist nach allgemeinen Grundsätzen zu beurteilen.[1001] Auf Ebene des Einbringenden stellt der Vorgang eine entgeltliche Veräußerung dar, auf Ebene der aufnehmenden Gesellschaft liegt ein normales Anschaffungsgeschäft vor, sodass das übertragene Wirtschaftsgut bei Zugang erfolgsneutral mit den Anschaffungskosten zu bilanzieren ist.[1002] Entgeltliche Übertragungen sind nicht nur solche gegen ein angemessenes Entgelt, sondern auch gegen ein überhöhtes oder zu geringes Entgelt. Im letztgenannten Fall wird von Teilentgeltlichkeit gesprochen.[1003]

Bei Übertragungsvorgängen gegen Gewährung von Gesellschaftsrechten handelt es sich in vollem Umfang um tauschähnliche Rechtsgeschäfte.[1004] Obwohl im Rahmen des Übertragungsvorganges Eigenkapital der Personengesellschaft entsteht, werden diese Übertragungen demnach als eine besondere Form von entgeltlichen Vorgängen behandelt.[1005] Bei einer Übertragung gegen Minderung von Gesellschaftsrechten handelt es sich ebenfalls um ein entgeltliches Rechtsgeschäft.[1006] Im zivil-

---

998 Bspw. ist die Qualifizierung des Transfers als Entnahme bzw. Einlage bedeutsam für die Anwendung von § 4 Abs. 4a EStG oder § 15a EStG, vgl. *Strahl*, KÖSDI 2012, S. 18057.

999 Vgl. *Kraft*, NWB 2016, S. 996.

1000 Vgl. *Reiß*, DB 2005, S. 359; *Wendt*, FR 2002, S. 58.

1001 Vgl. *Bolk*, Bilanzierung und Besteuerung, 2015, S. 183.

1002 Vgl. z. B. BFH, Urteil v. 3.5.1993, GrS 3/92, BStBl. II 1993, S. 616. Ebenfalls *Reiß*, DB 2005, S. 358; *Siegmund/Ungemach*, NWB 2011, S. 2859; *Kraft*, NWB 2016, S. 1000. Dies gilt handels- und steuerrechtlich gleichermaßen, vgl. *Bolk*, Bilanzierung und Besteuerung, 2015, S. 183.

1003 Vgl. *Wendt*, FR 2002, S. 58 f.; *Wißborn*, NWB 2011, S. 2695. Teilentgeltliche Übertragungsvorgänge lassen sich typischerweise bei Vermögensübertragungen zwischen Angehörigen vorfinden, vgl. *Geissler*, FR 2014, S. 151. Bei Vermögensübertragungen zwischen fremden Dritten hingegen wird das Vorliegen eines vollentgeltlichen Geschäfts (widerlegbar) vermutet, vgl. BFH, Urteil v. 31.5.1972, I R 49/69, BStBl. II 1972, S. 696; BMF, Schreiben v. 11.3.2010, IV C 3 - S 2221/09/10004, BStBl. I 2010, S. 227.

1004 Vgl. BFH, Urteil v. 15.7.1976, I R 17/74, BStBl. II 1976, S. 748; v. 19.10.1998, VIII R 69/95, BStBl. II 2000, S. 230; v. 24.1.2008, IV R 37/06, BStBl. II 2011, S. 617 m. Anm. *Wacker*, HFR 2008, S. 692; BMF, Schreiben v. 29.3.2000, IV C 6 - S 2178-4/00, BStBl. 2000, S. 462, Rz. II.1.a); v. 8.12.2011, IV C 6 - S 2241/10/10002, BStBl. I 2011, S. 1279. Der Tauschgedanke wird dadurch begründet, dass der Gesellschafter als Gegenleistung für die Übertragung des Sachwerts den Gesellschaftsanteil erhält. Die Gesellschaft gibt hingegen die Einlageforderung gegen den Empfang des Sachwerts hin, vgl. *Tiede*, StuB 2011, S. 610. Kritisch hierzu *Reiß*, DB 2005, S. 358; *Röhrig/Doege*, DStR 2006, S. 495 f.; *Hoffmann*, GmbHR 2008, S. 551 ff.

1005 Vgl. *Wendt*, Stbg 2010, S. 149.

1006 So jedenfalls noch BMF, Schreiben v. 29.3.2000, IV C 6 - S 2178 4/00, BStBl. I 2000, S. 462, welches jedoch nach BMF-Schreiben v. 9.4.2013 (IV A 2 - O 2000/12/10001, BStBl. I 2013, S. 522) für Übertragungsvorgänge nach

rechtlichen Sinne ist unter dem Begriff der Gesellschaftsrechte allgemein der Gesellschaftsanteil im Ganzen zu verstehen.[1007] Dieser umfasst „als der Inbegriff der mitgliedschaftlichen Rechte die gesamte Beteiligung des Gesellschafters“[1008]. Diese mitgliedschaftlichen Rechte können sowohl in Vermögens- als auch in Verwaltungsrechte eingeteilt werden. Die Vermögensrechte umfassen das Gewinnbezugs-, das Entnahmerecht und den Anspruch auf das Auseinandersetzungsguthaben des Gesellschafters. Demgegenüber lassen sich die Verwaltungsrechte in Gestaltungs-, Einwirkungs- und Informationsrechte unterteilen.[1009]

Das Steuerrecht definiert nicht, was unter einer Gewährung von Gesellschaftsrechten zu verstehen ist. Die h. M. in der Literatur qualifiziert jedoch das Gewinnbezugs-, das Entnahmerecht und den Auseinandersetzungsanspruch als maßgebliche Gesellschaftsrechte. Die bloße Gewährung von Stimmrechten, welche aus den Einwirkungsrechten resultieren, stellt hingegen keine Gegenleistung im Sinne einer Gewährung von Gesellschaftsrechten dar, da Stimmrechte allein keine vermögensmäßige Beteiligung an der Personengesellschaft vermitteln.[1010] Zudem muss die Einräumung oder Erweiterung eines Mitunternehmeranteils vorliegen und sich dadurch der Kapitalanteil des Einbringenden bei der aufnehmenden Gesellschaft erhöhen.[1011] Maßgeblich ist dabei auf den handelsrechtlichen Kapitalanteil abzustellen.[1012]

---

dem 31.12.2011 nicht mehr anzuwenden ist. Das BMF-Schreiben v. 11.7.2011 (IV C 6 - S 2178/09/10001, BStBl. I 2011, S. 713) geht auf diese Rechtsfrage nicht mehr ein. Gl. A. *Kulosa*, in: Schmidt, EStG, 2016, § 6 EStG, Rz. 698; a. A. *Brandenberg*, FR 2000, S. 1186; *Reiß*, in: Kirchhof, EStG, 2016, § 15 EStG, Rz. 387; *Bolk*, Bilanzierung und Besteuerung, 2015, S. 193.

1007 Vgl. *Niehus/Wilke*, in: Herrmann/Heuer/Raupach, EStG/KStG, § 6 EStG, Rz. 1559 (Februar 2016).

1008 *K. Schmidt*, Gesellschaftsrecht, 2002, S. 1380.

1009 Die Systematisierung entspricht weitgehend *Franke/Hax*, Finanzwirtschaft, 2009, S. 43 ff. Vertiefend hierzu *Thiele*, Eigenkapital, 1998, S. 21 ff.; *Briesemeister*, Hybride Finanzinstrumente, 2006, S. 72 ff.

1010 Vgl. BMF, Schreiben v. 11.7.2011, IV C 6 - S 2178/09/10001, BStBl. I 2011, S. 713, Rz. I.1; v. 29.3.2000, IV C 6 - S 2178 - 4/00, BStBl. I 2000, S. 462, Rz. II.1.a) mit Verweis auf BMF, Schreiben v. 20.12.1977, IV B - S 2241-231/77, BStBl. I 1978, S. 8, Rz. 24; *Strahl*, in: Strahl/Demuth, Personengesellschaften, 2013, S. 39; *Autenrieth*, NWB 2001, S. 4291; *Röhrig*, EStB 2008, S. 217; *Janßen*, NWB 2009, S. 3424; *Niehus/Wilke*, Herrmann/ Heuer/Raupach, EStG/KStG, § 6 EStG, Rz. 1559 (September 2015); *Wendt*, FR 2002, S. 59; *Reiß*, DB 2005, S. 359. Es wird ersichtlich, dass nur auf die Vermögensrechte abgestellt wird. Kritisch hierzu *Weidmann*, der zu Recht darauf verweist, dass die Mitgliedschaft des Gesellschafters neben den Vermögensrechten auch die Verwaltungsrechte mitumfasst, *Weidmann*, FR 2012, S. 211.

1011 Vgl. BFH, Urteil v. 11.12.2001, VIII R 58/98, BStBl. II 2002, S. 420; v. 24.1.2008, IV R 37/06, BStBl. II 2008, S. 617; v. 24.1.2008, IV R 66/05, BFH/NV 2008, S. 1301; BMF, Schreiben v. 11.7.2011, IV C 6 - S 2178/09/10001, BStBl. I 2011, S. 713, Rz. I. Gegebenenfalls setzt eine Übertragung gegen Gewährung von Gesellschaftsrechten eine gesellschaftsrechtliche Vereinbarung und eventuell auch eine Eintragung ins Handelsregister voraus, vgl. *Hallerbach*, in: Söffing, GmbH & Co. KG, 2013, S. 264.

1012 Vgl. *Janßen*, NWB 2009, S. 3423; *Röhrig*, EStB 2008, S. 217; *Reiß*, DB 2005, S. 359.

Von den entgeltlichen Rechtsgeschäften sind solche Übertragungen abzugrenzen, die als unentgeltliche Rechtsgeschäfte anzusehen sind. Bei einem unentgeltlichen Übertragungsvorgang ist keine Gegenleistung vereinbart worden, d. h., es werden keine Gesellschaftsrechte oder sonstigen Gegenleistungen gewährt.[1013] Die Gesellschafterstellung bleibt also grundsätzlich unberührt.

Vor diesem Hintergrund ist die Gesellschafterkontenabgrenzung der Personenhandelsgesellschaft dann von Bedeutung, wenn die Konten als Gegenleistung im Rahmen eines Übertragungsvorganges angesprochen werden, da die Verbuchung maßgebend für die Qualifikation des Übertragungsvorgangs ist.[1014] In einem ersten Schritt ist zu prüfen, ob das entsprechende Gesellschafterkonto Eigen- oder Fremdkapital darstellt. Handelt es sich beim einzuordnenden Gesellschafterkonto um ein Darlehenskonto, ist stets ein entgeltliches Rechtsgeschäft anzunehmen. Liegt hingegen ein Gesellschaftereigenkapitalkonto vor, ist in einem zweiten Schritt zu differenzieren, ob eine Gutschrift auf diesem Konto Gesellschaftsrechte vermittelt oder nicht, denn nur wenn das Gesellschafterkonto Gesellschaftsrechte gewährt, handelt es sich um den Spezialfall eines entgeltlichen Vorgangs.[1015] Vermittelt das Kapitalkonto keine Gesellschaftsrechte, liegt ein unentgeltlicher Übertragungsvorgang vor, da es an einer konkreten Gegenleistung fehlt. Im Ergebnis wird die Qualifikation zwischen unentgeltlicher Einlage und Veräußerung von bloßen Buchungstechniken abhängig gemacht.[1016]

Im Folgenden werden die entsprechenden Gesellschafterkonten dahingehend analysiert, ob diese bei einer Gut- bzw. Lastschrift im Rahmen eines Übertragungsvorganges einen unentgeltlichen oder einen entgeltlichen Rechtscharakter vermitteln (4.2.2.). Die daraus entwickelten Grundsätze werden sodann einheitlich auf die unterschiedlichen Übertragungsvorgänge angewendet und die daraus resultierenden Rechtsfolgen skizziert (4.2.3.).[1017]

1013 Vgl. BMF, Schreiben v. 29.3.2000, IV C 6 - S 2178 - 4/00, BStBl. I 2000, S. 462, Rz. II.1.b); v. 26.11.2004, IV B 2 - S 2178 - 2/04, BStBl. I 2004, S. 1190, Rz. 2.a); v. 11.7.2011, IV C 6 - S 2178/09/10001, BStBl. I 2011, S. 713. Im Folgenden wird hier von der unentgeltlichen Übertragung gesprochen, weil eine konkrete Gegenleistung letztlich nicht vereinbart ist. Es sollte aber beachtet werden, dass sich der übertragende Gesellschafter auch ohne Gewährung von Gesellschaftsrechten tatsächlich nicht „entreichert", weil eine Gutschrift auf einem entsprechenden Kapitalkonto des Übertragenden oder aller Gesellschafter erfolgt. Vgl. van *Lishaut*, DB 2000 S. 1785.

1014 Vgl. *Wendt*, Stbg 2010, S. 148; BMF, Schreiben v. 8.12.2011, IV C - S 2241/10/10002, BStBl. I 2011, S. 1279, Rz. 16.

1015 Vgl. BFH, Urteil v. 19.10.1998, VIII R 69/95, BStBl. II 2000, S. 230; v. 24.1.2008, IV R 37/06, BStBl. II 2011, S. 617 m. Anm. *Wacker*, HFR 2008, S. 692.

1016 Vgl. *Reiß*, DB 2005, S. 358.

1017 Nach Auffassung der Finanzverwaltung sind die Ausführungen des BMF-Schreibens v. 11.7.2011 (IV C 6 - S 2178/09/10001, BStBl. I 2011, S. 713) zur Übertragung von Wirtschaftsgütern des Privatvermögens in das Gesamthandsvermögen einer Personengesellschaft auch für die Auslegung des § 6 Abs. 5 EStG anzuwenden, vgl. BMF,

4.2.2. Allgemeine Qualifikation der Gegenbuchung auf den Gesellschafterkonten

4.2.2.1. Qualifikation bei ausschließlicher Gegenbuchung

4.2.2.1.1. Kapitalkonto I

In der kautelarjuristischen Praxis spiegelt sich der Maßstab für die Gewinnbeteiligung und Stimmrechte im Kapitalkonto I des Gesellschafters wider. Das Kapitalkonto I bestimmt demnach maßgeblich die Gesellschaftsrechte des Gesellschafters.[1018] Erfolgt nun die Gegenbuchung ausschließlich auf dem Kapitalkonto I, wird von einer Übertragung gegen Gewährung von Gesellschaftsrechten ausgegangen, da eine Gutschrift auf diesem Konto eine Verstärkung der relevanten Gesellschaftsrechte erkennen lässt.[1019] Irrelevant ist dabei, ob es sich gesellschaftsrechtlich um ein Zwei-, Drei- oder Vier-Konten-Modell handelt.

Selbst wenn der Einbringende bereits an der Gesellschaft beteiligt ist, ist bei Erhöhung eines Kapitalkontos I ein entgeltlicher Vorgang anzunehmen, denn die Erhöhung einer bestehenden Beteiligung durch Sacheinlage ist bezüglich des Charakters als Veräußerungsgeschäft nicht anders zu beurteilen als die Anteilsübernahme durch einen bisher nicht beteiligten Mitunternehmer.[1020] In diesem Fall wird aufgrund des Beschlusses über die Erhöhung des Gesellschafterkapitals und die Übernahme der erhöhten Beteiligung durch den Gesellschafter eine Einlageforderung der Gesellschaft begründet, die die Gesellschaft gegen den einzubringenden Sachgegenstand hingibt. Dies gilt auch, wenn der Einbringende schon vor der Einbringung sämtliche Anteile an der Personengesellschaft gehalten hat,[1021]

Schreiben v. 8.12.2011, IV C - S 2241/10/10002, BStBl. I 2011, S. 1279 Rz. 13; *Huber/Liebernickel*, Ubg 2009, S. 846; *Strahl*, KÖSDI 2012, S. 18057. Zudem sind die Grundsätze auch auf die Regelung des § 24 UmwStG anwendbar, vgl. *Wißborn*, NWB 2011, S. 2698 f.

1018 Vgl. BFH, Urteil v. 19.10.1998, VIII R 69/95, BStBl. II 2000, S. 230; v. 24.1.2008, IV R 37/06, BStBl. II 2011, S. 617.

1019 Vgl. BFH, Urteil v. 24.1.2008, IV R 37/06, BStBl. II 2011, S. 617 unter Hinweis auf BFH, Urteil v. 15.7.1976, I R 17/74, BStBl. II 1976, S. 748; BMF, Schreiben v. 29.3.2000, IV C 2 - S 2178-4/00, BStBl. I 2000, S. 462; v. 11.7.2011, IV C - S 2178/09/10001, BStBl. I 2011, S. 713, Rz. I.1; *Siegmund/Ungemach*, NWB 2011, S. 2860; *Ley*, StbJb 2003/2004, S. 146; *Kölpin*, StuB 2009, S. 682; *Wendt*, FR 2008, S. 915 f.; *Ley*, KÖSDI 2009, S. 16681; *Mutscher*, DStR 2009, S. 1626; *Röhrig*, EStB 2008, S. 217; *Neu/Stamm*, DStR 2005, S. 141; *Wendt*, Stbg 2010, S. 150; *Hallerbach*, in: Söffing, GmbH & Co. KG, 2013, S. 265; *Niehus/Wilke*, Herrmann/Heuer/Raupach, EStG/KStG, § 6 EStG, Rz. 1559 (September 2015); *Huber/Liebernickel*, Ubg 2009, S. 845; *Mutscher*, in: Frotscher/Maas, KStG/ GewStG/UmwStG, § 24 UmwStG, Rz. 74 (November 2013); *Mayer*, DStR 2003, S. 1553; *Werner*, NWB 2012, S. 1530; *Kraft*, NWB 2016, S. 1000; *Schoor*, BBK 2016, S. 290.

1020 Vgl. BFH, Urteil v. 17.7.2008, I R 77/06, BStBl. II 2009, S. 464.

1021 Vgl. BFH, Urteil v. 17.7.2008, I R 77/06, BStBl. II 2009, S. 464; *Weidmann*, FR 2012, S. 209; *Rätke*, StuB 2016, S. 289; kritisch *Wacker*, HFR 2008, S. 692. Ebenfalls a. A. FG Niedersachsen, Urteil v. 22.1.2014, 3 K 314/13, EFG 2014, S. 900. Das FG Niedersachen bezieht sich auf Übertragungsvorgänge auf eine Einmann-GmbH & Co. KG und ist der Auffassung, dass hier die Annahme eines tauschähnlichen Vorgangs von vornherein ausgeschlossen ist, denn auch die Gewährung einer nominal erhöhten Beteiligung gilt als entgeltlicher Vorgang.[1022] Somit kommt es auf den relativen Anteil an den Gesellschaftsrechten nicht an.[1023]

Erfolgt bei Übertragungsvorgängen die Gutschrift ausschließlich auf dem Kapitalkonto I und wird ausdrücklich ein den Teilwert unterschreitender Wertansatz gewählt, liegt in Höhe der Differenz zum Teilwert ein unentgeltlicher Vorgang vor, wenn der Differenzbetrag zum Teilwert als Ertrag gebucht wird.[1024]

Übertragungen gegen Minderung des Kapitalkontos I stellen Übertragungen gegen Minderung von Gesellschaftsrechten und somit analog zum Fall der Gutschrift auf dem Kapitalkonto I tauschähnliche bzw. entgeltliche Übertragungen dar.[1025]

4.2.2.1.2. Kapitalkonto II

Strukturell liegt das als Eigenkapital zu qualifizierende Kapitalkonto II zwischen dem Gesellschaftsrechte vermittelnden Kapitalkonto I und dem gesamthänderisch gebundenen Rücklagenkonto.[1026]

Die Finanzverwaltung und Teile der Literatur vertreten die Auffassung, dass die ausschließliche Buchung auf dem Kapitalkonto II eine Gewährung von Gesellschaftsrechten symbolisiert.[1027] Auch

---

da die Gewährung von „weiteren“ Gesellschaftsrechten nicht in Betracht kommen kann. Im Urteilsfall ging es allerdings um ein Kapitalkonto II, welches nach gesellschaftsvertraglichen Vereinbarungen Gesellschaftsrechte vermitteln sollte. Dem FG Niedersachen widersprechend FG München, Urteil v. 18.12.2012, 13 K 875/10, DStRE 2014, S. 21 (rkr.).

1022 Vgl. BFH, Urteil v. 17.7.2008, I R 77/06, BStBl. II 2009, S. 464.

1023 Vgl. *Wendt*, Stbg 2010, S. 150, der daraus folgert, „dass auch die Einbringung eines Wirtschaftsguts durch alle am Vermögen beteiligten Gesellschafter auf dem Kapitalkonto I als entgeltliches Geschäft zu beurteilen ist, obwohl sich relativ die Anteile am Vermögen der Gesellschaft nicht verändern.“ *Wendt*, Stbg 2010, S. 150. Gl. A. *Weidmann*, FR 2012, S. 209.

1024 Vgl. BMF, Schreiben v. 11.7.2011, IV C - S 2178/09/10001, BStBl. I 2011, S. 713, Rz. II.2.d). Die Ertragsbuchung ist sodann außerbilanziell zu neutralisieren (§ 4 Abs. 1 Satz 1 EStG). Da die bewusste Einbringung unterhalb des Teilwertes einen Ausnahmefall darstellt, wird dieser im Folgenden nicht weiter betrachtet. Erfolgt die Buchung des Differenzbetrages hingegen auf dem Rücklagenkonto, handelt es sich um einen Mischfall, der zu einem voll entgeltlichen Übertragungsvorgang führt, da die Gutschrift auf dem Rücklagenkonto als Annex zur Gutschrift auf dem Kapitalkonto I angesehen wird, vgl. ausführlich hierzu Gliederungspunkt 4.2.2.2.1. Allerdings erfolgt auch im Fall der Ertragsbuchung analog zur gleichzeitigen Gutschrift auf einem Rücklagenkonto eine reflexartige Erhöhung des Beteiligungswerts für den Gesellschafter. Kritisch zur unterschiedlichen Behandlung *Siegmund/Ungemach*, NWB 2011, S. 2863.

1025 Vgl. BMF, Schreiben v. 20.12.1977, IV B 2 - S 2241-231/77, BStBl. I 1978, S. 8, Rz. 25; v. 29.3.2000, IV C 2 - S 2178 - 4/00, BStBl. I 2000, S. 462; *Mutscher*, in: Frotscher/Geurts, EStG, § 6 EStG, Rz. 516 (Juli 2015); *Ley*, KÖSDI 2009, S. 16684; *Kulosa*, in: Schmidt, EStG, 2016, § 6 EStG, Rz. 698. Ob die vom BFH aufgestellten Grundsätze mit umgekehrten Vorzeichen jedoch bei der Ausbringung von Wirtschaftsgütern gelten, hatte der BFH bislang noch nicht zu entscheiden, vgl. *Bolk*, Bilanzierung und Besteuerung, 2015, S. 192.

1026 Vgl. *Demuth*, in: 21. KÖSDI-Spezialseminar, 2015, D, Rz. 5.

1027 Vgl. BMF, Schreiben v. 11.7.2011, IV C 6 - S 2178/09/10001, BStBl. I 2011, S. 713, Rz. I.2; v. 11.11.2011, IV C 2

wenn das Kapitalkonto des Gesellschafters aufgrund gesellschaftsvertraglicher Vereinbarungen in mehrere Unterkonten aufgeteilt wird, bleibt es gleichwohl ein einheitliches Kapitalkonto, sodass die ausschließliche Buchung auf dem Kapitalkonto II als Unterkonto des einheitlichen Kapitalkontos regelmäßig zu einer Gewährung von Gesellschaftsrechten und mithin zu einem tauschähnlichen Geschäft führt.[1028] Die Argumentation basiert auf dem Gedanken, dass das Kapitalkonto II zwar weder einen quotalen Anteil am Gesellschaftsvermögen noch zusätzliche Stimmrechte verschafft, es infolge der Erhöhung des Kapitalkontos II allerdings zu einer veränderten Beteiligung des Liquidationserlöses bzw. zu einer veränderten Verteilung des Auseinandersetzungsguthabens kommt. Dieser erhöhte Anspruch des Auseinandersetzungsguthabens gehört im Rahmen der Vermögensrechte zum Mitgliedschaftsrecht des Gesellschafters, sodass im Ergebnis Gesellschaftsrechte vermittelt werden.[1029] Für die Annahme der Gewährung von Gesellschaftsrechten spielt es auch keine Rolle, dass sich unter den Gesellschaftern keine Änderungen bzgl. der relativen Vermögensbeteiligung ergeben. Vielmehr soll die absolute Erhöhung der vermögensmäßigen Beteiligung eines Gesellschafters am Gesamthandsvermögen der Personengesellschaft ausreichen, um Entgeltlichkeit anzunehmen.[1030]

Dieser Sichtweise tritt der BFH entgegen.[1031] Dieser und andere Teile der Literatur vertreten die Auffassung, dass die ausschließliche Gutschrift auf dem Kapitalkonto II keine Gesellschaftsrechte gewährt und somit mangels Gegenleistung zu einem unentgeltlichen Vorgang führt.[1032] Vor dem Hin-

---

- S 1976-b/08/10001, BStBl. I 2011, S. 1314, Rz. 24.07; *Wendt*, Stbg 2010, S. 151; *Wendt*, FR 2008, S. 916; *Siegmund/Ungemach*, DStZ 2008, S. 764; *Bolk*, Bilanzierung und Besteuerung, 2015, S. 186; *Zimmermann et al.*, Personengesellschaften im Steuerrecht, 2013, B, Rz. 70; *Schütz*, SteuK 2011, S. 357; *Werner*, NWB 2012, S. 1531; *Rätke*, StuB 2016, S. 289.

1028 Vgl. BMF, Schreiben v. 11.7.2011, IV C 6 - S 2178/09/10001, BStBl. I 2011, S. 713, Rz. I.2; v. 11.11.2011, IV C 2 - S 1976-b/08/10001, BStBl. I 2011, S. 1314, Rz. 24.07.

1029 Vgl. *Niehus/Wilke*, in: Herrmann/Heuer/Raupach, EStG/KStG, § 6 EStG, Rz. 1559 (Februar 2016); *Schulze zur Wiesche*, DStZ 2002, S. 742; *Carlé/Bauschatz*, FR 2002, S. 1162; *Crezelius*, DB 2004, S. 401; *Zimmermann et al.*, Personengesellschaften im Steuerrecht, 2013, B, Rz. 370. Etwas anderes kann jedoch gelten, wenn das Kapitalkonto II aufgrund gesellschaftsvertraglicher Vereinbarungen im Fall des Ausscheidens oder der Liquidation nicht unmittelbar zu einem Auszahlungsanspruch des Gesellschafters führt, vgl. *Wälzholz*, DStR 2011, S. 1864 f.

1030 Vgl. *Wendt*, Stbg 2010, S. 151; *Zimmermann* et al., Personengesellschaften im Steuerrecht, 2013, B, Rz. 370.

1031 Vgl. BFH, Urteil v. 29.7.2015, IV R 15/14, BFH/NV 2016, S. 453; v. 4.2.2016, IV R 46/12, DStR 2016, S. 662. Kritisch hierzu *Otto*, BB 2016, S. 497.

1032 Vgl. BFH, Urteil v. 29.7.2015, IV R 15/14, BFH/NV 2016, S. 453; v. 4.2.2016, IV R 46/12, DStR 2016, S. 662; *Wacker*, NWB 2008, S. 3096; *Wacker*, HFR 2008, S. 692 f.; *Ley*, KÖSDI 2009, S. 16683; *Mayer*, DStR 2003, S. 1553; *Patt*, in: Dötsch et al., UmwStR, 2012, § 24 UmwStG, Rz. 57. Ebenfalls *Weidmann*, FR 2012, S. 205, der aber zugleich auf die Unsicherheit dieser Sichtweise hinweist. Zudem zweifelnd *van Lishaut*, DB 2000, S. 1786; *Kemper/Konold*, DStR 2000, S. 2121; *Herrmann/Neufang*, DB 2000, S. 2602; *Mitsch/Grüter*, INF 2000, S. 652; *Neumayer/Obser*, EStB 2009, S. 446; *Kraft*, NWB 2016, S. 1002. Auch das FG Niedersachsen und das FG München zweifeln an, dass eine ausschließliche Gutschrift auf dem Kapitalkonto II für sich genommen ausreicht, um Gesellschafterrechte zu vermitteln, wenn hierzu gesellschaftsvertragliche Regelungen fehlen. Vielmehr ist die Gewährung

tergrund, dass sich die Höhe der Gesellschaftsrechte nach dem Verhältnis der Kapitalkonten I zueinander richtet, ist für die Beteiligungshöhe des Gesellschafters die verhältnismäßige Beteiligung am Gesellschaftsvermögen und die absolute Höhe des Kapitalkontos I maßgebend. Daher können im Regelfall auch nur die absoluten oder relativen Veränderungen der Kapitalkonten I Gesellschaftsrechte vermitteln, denn mit der Erfassung der Gegenleistung für die Einbringung auf dem Kapitalkonto II ändert sich die relative und absolute Beteiligungshöhe des Gesellschafters nicht.[1033] Die Auffassung, dass ein Übertragungsvorgang gegen Gutschrift auf dem Kapitalkonto II eine Beteiligung am Liquidationserlös vermittelt, ist zwar korrekt, die Beteiligung am Liquidationserlös richtet sich jedoch nach dem Verhältnis der Kapitalkonten I der Gesellschafter zueinander. Im Rahmen dessen werden grundsätzlich die Bestände der Kapitalkonten I und II abgegolten.[1034]

Für die Qualifikation des Übertragungsvorgangs als tauschähnlichen Vorgang ist es erforderlich, dass die im Rahmen des Übertragungsvorgangs gewährten Gesellschaftsrechte eine Gegenleistung darstellen. Die Gutschrift auf dem Kapitalkonto II verschafft zweifelsfrei weder einen quotalen Anteil am Gesamthandsvermögen noch zusätzliche Stimmrechte.[1035] Vielmehr werden dem Gesellschafter durch die Gutschrift auf dem Kapitalkonto II gewisse Entnahmerechte und ein erhöhter Anspruch auf das Auseinandersetzungsguthaben vermittelt. Folglich muss für die Frage, ob das Kapitalkonto II Gesellschaftsrechte gewährt, festgestellt werden, ob und inwieweit das Entnahmerecht und der Anspruch auf das Auseinandersetzungsguthaben eine Entgeltposition darstellen.[1036]

Dass ein Entnahmerecht eine Entgeltposition symbolisiert, ist nur schwer zu vertreten.[1037] Dies wird besonders am Beispiel der Geldeinlage deutlich, denn im Gegensatz zu einer Bareinlage ändert sich bei einer Sacheinlage die Art des Entnahmeanspruchs von einem Anspruch auf Herausgabe der konkreten Sache zu einem rein monetären Anspruch. Im Rahmen einer Bareinlage erhält der Übertragende nach Einlage ins Betriebsvermögen allerdings nichts anderes als das, was ihm vorher bereits

von Gesellschafterrechten nur anzuerkennen, wenn nach der gesellschaftsrechtlichen Ausgestaltung das Kapitalkonto II tatsächlich Gesellschaftsrechte vermittelt, die sich auf die Gewinnverteilung, die Auseinandersetzungsansprüche oder Entnahmerechte auswirken. Vgl. FG Niedersachsen, Urteil v. 22.1.2014, 3 K 314/13, EFG 2014, S. 900; FG München, Urteil v. 6.11.2012, 13 K 943/09, EFG 2013, S. 421(Revision anhängig unter Az. IV R 46/12).

1033 Vgl. *Ley*, KÖSDI 2009, S. 16683; *Wacker*, HFR 2008, S. 693.

1034 Vgl. Ley, KÖSDI 2009, S. 16683, die auf das BGH-Urteil v. 11.5.2009 (II ZR 210/08, DStR 2009, S. 1655) verweist.

1035 Vgl. *Wacker*, NWB 2008, S. 3096; *Ley*, KÖSDI 2009, S. 16683; *Wacker*, HFR 2008, S. 692; *Herrmann/Neufang*, BB 2000, S. 2602; van Lishaut, DB 2000, S. 1786; *Düll/Fuhrmann/ Eberhard*, DStR 2001, S. 1716; *Kemper/Konold*, DStR 2000, S. 2121; *Mitsch/Grüter*, INF 2000, S. 652; *Franz/Winkler/Polatzky*, BB Beilage zu Heft 1 2011, S. 22.

1036 Vgl. *Weidmann*, FR 2012, S. 211.

1037 Zumindest zweifelnd *Mutscher*, in: Frotscher/Maas, KStG/GewStG/UmwStG, § 24 UmwStG, Rz. 75 (November 2013).

zustand (wenn auch im Privatvermögen), sofern keine Gewinnverteilungs- und Stimmrechte gewährt werden.[1038] Eine Veräußerung oder ein tauschähnliches Rechtsgeschäft kann aber nur vorliegen, wenn der Veräußernde etwas anderes erhält als das, was ihm schon vor der Übertragung gehörte.[1039]

Auch der absolut gestiegene künftige Anspruch auf das Auseinandersetzungsguthaben stellt keine Entgeltposition dar, da dieser Anspruch während der Existenz der Gesellschaft wirtschaftlich noch nicht besteht. Vielmehr konkretisiert sich der Anspruch als individuelle Rechtsposition des Gesellschafters erst bei Auflösung der Gesellschaft oder beim Ausscheiden des Gesellschafters.[1040] Zudem ist der Anspruch auf ein etwaiges Auseinandersetzungsguthaben im Zeitpunkt der Übertragung nicht bezifferbar und nur als potentiell vorhandene Chance anzusehen. Dieser kann sich jedoch schnell entwerten, wenn das Gesellschaftsvermögen durch Verluste gemindert wird.[1041]

Im Ergebnis stellen weder das Entnahmerecht noch die vermögensmäßige Beteiligung am Gesellschaftsvermögen in Form eines erhöhten Auseinandersetzungsanspruches eine Gegenleistung dar, sodass für die weitere Untersuchung festgehalten werden kann, dass die Gutschrift auf dem Kapitalkonto II keine maßgeblichen Gesellschaftsrechte repräsentiert. Übertragungsvorgänge gegen Gutschrift auf dem Kapitalkonto II stellen demnach unentgeltliche Vorgänge und somit Einlagen dar.[1042]

4.2.2.1.3. Rücklagenkonto

Die Diskussion über die Behandlung der ausschließlichen Gutschrift auf dem gesamthänderisch gebundenen Rücklagenkonto findet ebenfalls kontrovers statt.[1043] Nach Auffassung der Finanzverwaltung und der h. M. in der Literatur liegt kein tauschähnlicher Vorgang, sondern eine unentgeltliche Übertragung vor, wenn die Gegenbuchung ausschließlich auf einem gesamthänderisch gebundenen

---

1038 Vgl. *Weidmann*, FR 2012, S. 211; *Patt*, in: Dötsch et al., UmwStR, 2012, § 24 UmwStG, Rz. 57.

1039 Vgl. BFH, Urteil v. 22.9.1987, IX R 15/84, BStBl. II 1988, S. 250; vertiefend zur möglichen Entgeltposition eines Entnahmerechts vgl. *Weidmann*, FR 2012, S. 211.

1040 Vgl. *Wacker*, HFR 2008, S. 693. Vertiefend hierzu *Weidmann*, FR 2012, S. 211 f. m. w. N.

1041 Vgl. *Weidmann*, FR 2012, S. 212. Ebenfalls *Wendt*, Stbg 2010, S. 151. A. A. *Kempermann*, FR 2002, S. 1058.

1042 Übertragungsvorgänge gegen Minderung des Kapitalkontos II stellen demnach unentgeltliche Vorgänge und somit Entnahmen dar, vgl. *Ley*, KÖSDI 2009, S. 16684. Im Ergebnis ebenso *Bolk* und *Reiß*, die allerdings das Kapitalkonto II als Gesellschaftsrechte gewährend qualifizieren. Sie vertreten aber dennoch die Meinung, dass die Übertragung gegen Minderung des Kapitalkontos II nur dann als entgeltlicher Vorgang zu beurteilen ist, wenn Wirtschaftsgüter aus dem Gesamthandsvermögen der Personengesellschaft im Wege der Sachabfindung auf den Gesellschafter übertragen werden, da nicht jede Minderung des Kapitalanteils eine Minderung der Gesellschaftsrechte bedeutet, vgl. *Bolk*, Bilanzierung und Besteuerung, 2015, S. 193; *Reiß*, in: Kirchhof, EStG, 2016, § 15 EStG, Rz. 387.

1043 Der BFH hatte die Frage der entgeltlichen oder unentgeltlichen Behandlung einer ausschließlichen Gegenbuchung auf dem gesamthänderischen Rücklagenkonto im Urteil vom 24.1.2008 ebenfalls offen gelassen und bis jetzt noch nicht zu entscheiden.

Rücklagenkonto erfolgt, an dem alle Gesellschafter entsprechend ihrer Beteiligungsquote partizipieren.[1044] Denn die aufgrund der Übertragung des Wirtschaftsguts eintretende Erhöhung des Gesellschaftsvermögens erhöht weder die Stimm- noch die Gewinnbezugsrechte des Einbringenden und auch das Auseinandersetzungsguthaben steigt nicht um den (gesamten) Wert des eingebrachten Wirtschaftsguts an.[1045] Vielmehr werde der Auseinandersetzungsanspruch aller Gesellschafter entsprechend ihrer Beteiligung gleichmäßig erhöht. Der Mehrwert fließt daher, wie bei der Buchung auf einem Ertragskonto, in das gesamthänderisch gebundene Vermögen ein, sodass es an einer Gegenleistung fehlt.[1046] Im Ergebnis erlangt der übertragende Gesellschafter demnach keine individuelle Rechtsposition, die nur ihn bereichert.[1047]

Die Gegenmeinung in der Literatur hält dieser Auffassung entgegen, dass die Nichtgewährung von Gesellschaftsrechten nicht damit begründet werden kann, dass dem Gesellschafter keine ausschließlich ihn bereichernde Rechtsposition eingeräumt wird, und sieht die ausschließliche Gutschrift auf dem gesamthänderisch gebundenen Rücklagenkonto hingegen als die Einbringung gegen Gewährung von Gesellschaftsrechten an.[1048] Denn es kann nicht darauf ankommen, ob die Gutschrift dem

---

1044 Vgl. BMF, Schreiben v. 11.7.2011, IV C 6 - S 2178/09/10001, BStBl. I 2011, S. 713, Rz. II.2.b); *Wißborn*, NWB 2011, S. 2695 f.; *Schneider/Oepen*, FR 2009, S. 660 f.; *Patt*, in: Dötsch et al., UmwStR, 2012, § 24 UmwStG, Rz. 57; *Prinz*, StuB 2008, S. 390; *Mutscher*, DStR 2009, S. 1628; *Bolk*, Bilanzierung und Besteuerung, 2015, S. 188; *Siegmund/Ungemach*, NWB 2009, S. 2310; *Niehus/Wilke*, Personengesellschaften, 2015, S. 204; *Ley*, KÖSDI 2009, S. 16683; *Brandenberg*, FR 2000, S. 1185; *Düll/Fuhrmann/ Eberhard*, DStR 2000, S. 1716; *van Lishaut*, DB 2000, S. 1786; *Reiß*, DB 2005, S. 361; *Huber/Liebernickel*, Ubg 2009, S. 846. Zudem wird vorausgesetzt, dass es sich nicht nur um eine reine buchhalterische Maßnahme handelt, sondern dass die Berechtigung zur Passivierung dieser Rückklage auch gesellschaftsrechtlich in einem Gesellschaftsvertrag oder Gesellschafterbeschluss geregelt ist, vgl. *Bolk*, Bilanzierung und Besteuerung, 2015, S. 188.

1045 Vgl. *Korn/Strahl*, in: Korn et al., EStG, § 6 EStG, Rz. 496.2 (April 2016).

1046 Vgl. BMF, Schreiben v. 11.7.2011, IV C 6 - S 2178/09/10001, BStBl. I 2011, S. 713, Rz. II.2.b). Bei der handelsrechtlichen Erfassung der Übertragung als Ertrag liegt nämlich keine Gewährung von Gesellschaftsrechten vor. Dieser handelsrechtliche Ertrag stellt steuerlich eine Einlage des Gesellschafters in seine Gesellschaft dar, der über die Ergebnisverteilung auf die Gesellschafterkonten fließt, auf denen üblicherweise Ergebnisanteile gutgeschrieben werden. Vgl. BMF, Schreiben v. 8.12.2011, IV C 6 - S 2178/10/1002, BStBl. I 2011, S. 1279, Rz. 14; v. 11.7.2011, IV C 6 - S 2178/09/10001, BStBl. I 2011, S. 713, Rz. II.2.b); *Ley*, KÖSDI 2009, S. 16684. Auch wenn der gewählte Wertansatz neben dem einlegenden Gesellschafter auch den Mitgesellschaftern als entnahmefähig zugutekommt, wenn die Gewinnanteile entnehmbar sind, wird darin keine entgeltliche Übertragung gesehen.

1047 Vgl. BMF, Schreiben v. 26.11.2004, IV B 2 - S 2178-2/04, BStBl. I 2004, S. 1190; *Ley*, KÖSDI 2009, S. 16683; *Brönner*, Die Besteuerung der Gesellschaften, 2007, S. 143; *Röhrig*, EStB 2008, S. 217. Wird für den Gesellschafter hingegen ein individuelles Rücklagenkonto geführt, erfolgt die Übertragung auf eigene Rechnung des Einbringenden. Eine vermögensmäßige Beteiligung der anderen Gesellschafter findet somit nicht statt. In diesem Fall erlangt der einbringende Gesellschafter eine individuelle Rechtsposition, sodass die ausschließliche Buchung auf einem individuellen Rücklagenkonto des Gesellschafters als entgeltlich gegen Gewährung von Gesellschaftsrechten qualifiziert werden müsste, vgl. *Wendt*, Stbg 2010, S. 151. So auch BMF, Schreiben v. 11.7.2011, IV C 6 - S 2178/09/ 10001, BStBl. I 2011, S. 713, Rz. II.2.b). Kritisch hierzu *Korn/Strahl*, in: Korn et al., EStG, § 6 EStG, Rz. 496.2 (April 2016); *Strahl*, StbJb 2000/2001, S. 156; *Strahl*, KÖSDI 2006, S. 15200; *Neumayer/Obser*, EStB 2009, S. 446; *Röhrig/Doege*, DStR 2006, S. 495.

1048 Vgl. *Wendt*, FR 2008, S. 915 f.; *Wendt*, Stbg 2010, S. 151; *Wendt*, FR 2002; S. 59; *Hoffmann*, StuB 2009, S. 708;

Einbringenden oder mit seinem Willen anderen Gesellschaftern gutgeschrieben wird, da weder eine inhaltliche Beziehung noch ein rechtlicher Zusammenhang zwischen der steuerlichen Einlage in das Betriebsvermögen einer Personengesellschaft und dem Umstand besteht, dass der Übertragende seinen Mitunternehmern unentgeltlich einen Vermögenswert zukommen lässt.[1049] Würde der Wert des übertragenen Wirtschaftsguts sofort den individuellen Kapitalkonten I der Gesellschafter gutgeschrieben werden, würde zweifelsfrei eine Gewährung von Gesellschaftsrechten vorliegen. Nichts anderes kann dann aber bei der Vereinbarung einer Verbuchung auf dem Rücklagenkonto gelten.[1050] Zudem wird die Gewährung von Gesellschaftsrechten damit begründet, dass das Rücklagenkonto wie auch das Kapitalkonto II stets Bestandteil des Eigenkapitals der Gesellschaft und somit Bestandteil der Beteiligung des Gesellschafters am Gesellschaftsvermögen ist.[1051]

Allerdings muss auch bei der Gutschrift auf einem Rücklagenkonto darauf abgestellt werden, ob die im Rahmen des Übertragungsvorganges gewährten Rechte eine Gegenleistung darstellen. Hierbei wird analog wie bei den Ausführungen zum Kapitalkonto II das Ergebnis erreicht, dass weder der Anspruch auf das Auseinandersetzungsguthaben noch ein (beschränktes) Entnahmerecht eine Gegenleistung begründet und somit die Gutschrift auf einem Rücklagenkonto als unentgeltlich anzusehen ist. Dieses Ergebnis ergibt auch vor dem Hintergrund einer Einmann-Personengesellschaft Sinn, da es in deren Rahmen wirtschaftlich keinen Unterschied macht, ob die Gegenbuchung auf dem Kapitalkonto II oder dem gesamthänderisch gebundenen Rücklagenkonto vorgenommen wird.[1052]

Tiede, StuB 2011, S. 613; *Autenrieth*, NWB 2001, S. 4291; *Reiß*, BB 2000, S. 1973; *Geissler*, in: Herrmann/Heuer/Raupach, EStG/KStG, § 16 EStG, Rz. 105 (Februar 2016). Im Ergebnis ebenso *Röhrig*, EStB 2008, S. 218.

1049 Vgl. *Tiede*, StuB 2011, S. 614.

1050 Vgl. *Reiß*, DB 2005, S. 361; *Tiede*, StuB 2011, S. 614.

1051 Vgl. *Wendt*, FR 2008, S. 915 f. Bemerkenswert ist, dass die Finanzverwaltung die Gutschrift auf einem Kapitalkonto II als Gesellschaftsrechte gewährend und die Gutschrift auf einem Rücklagenkonto hingegen als unentgeltlichen Vorgang qualifiziert. Begründet wurde die Qualifikation des Kapitalkontos II u. a. damit, dass es sich bei diesem um ein Unterkonto des einheitlichen Kapitalkontos handelt. Da es sich beim Rücklagenkonto jedoch ebenfalls um ein Kapitalunterkonto des einheitlichen Kapitalkontos handelt und sich bei einer Verbuchung des Übertragungswerts darauf auch das Eigenkapital der Gesellschaft buchmäßig erhöht, kann im Grundsatz nichts anderes gelten, vgl. *Reiß*, DB 2005, S. 359; *Röhrig*, EStB 2008, S. 218. Eine unterschiedliche Einordnung der beiden Konten kann jedoch aufgrund der unterschiedlichen Ausgestaltung der vermittelten Rechte geboten sein. Das Rücklagenkonto unterscheidet sich diesbezüglich vom Kapitalkonto II jedoch nur hinsichtlich der fehlenden individuellen Entnahmerechte der Gesellschafter. Da das Kapitalkonto II aber ebenfalls Entnahmebeschränkungen unterliegen kann, können diese nicht maßgebend dafür sein, dass es zu einer unterschiedlichen Einordnung der beiden Gesellschafterkonten kommt, vgl. *Reiß*, DB 2005, S. 360; *Tiede*, StuB 2011, S. 614; *Wacker*, NWB 2008, S. 3096; *Wacker*, HFR 2008, S. 693; *Mutscher*, DStR 2009, S. 1628; *Röhrig*, EStB 2008, S. 218; *Schneider/Oepen*, FR 2009, S. 661; *Siegmund/Ungemach*, DStZ 2008, S. 762; *Siegmund/Ungemach*, NWB 2009, S. 2308; *Strahl*, KÖSDI 2009, S. 16538; *Ley*, KÖSDI 2009, S. 16683; *Düll/Fuhrmann/ Eberhard*, DStR 2000, S. 1716; *van Lishaut*, DB 2000, S. 1786.

1052 So auch *Tiede*, StuB 2011, S. 614.

Übertragungsvorgänge gegen Gutschrift auf dem Rücklagenkonto stellen somit einen unentgeltlichen Vorgang dar und sind als Einlagen zu qualifizieren.[1053]

4.2.2.1.4. Darlehenskonto

Übertragungen gegen ausschließliche Gutschrift auf einem Gesellschafterdarlehenskonto werden als entgeltliche Übertragungen qualifiziert, da die Gegenbuchung auf dem Darlehenskonto eine Gegenleistung darstellt.[1054] Dies gilt auch dann, wenn der Darlehensanspruch einem Fremdvergleich nicht standhält, weil das Darlehen ungesichert ist und/oder kein fremdvergleichbarer Zins vereinbart wurde.[1055] Soweit das Entgelt jedoch unangemessen hoch ist, liegt eine Entnahme vor.[1056] Übertragungen, die gegen Belastung eines Gesellschafterdarlehenskontos erfolgen, sind ebenfalls als entgeltliche Übertragungen zu qualifizieren.[1057]

4.2.2.1.5. Zwischenergebnis

Nach Auffassung des Verfassers verkompliziert sich die Diskussion bezüglich der Frage, ob das Kapitalkonto II oder das Rücklagenkonto Gesellschaftsrechte gewährt, dadurch, dass für die Gewährung von Gesellschaftsrechten auf die Erhöhung des Kapitalanteils abgestellt wird.[1058] Dabei ist maßgeblich auf das handelsrechtliche Kapitalkonto abzustellen, wonach sich die Gesellschaftsrechte in der Regel nach dem handelsrechtlichen Kapitalanteil des Gesellschafters richten.[1059] Hierbei wird jedoch verkannt, dass nur im gesetzlichen Leitbild des HGB die erforderlichen Vermögens- und Verwaltungsrechte an den Kapitalanteil geknüpft sind. Dort existiert auch nur ein Kapitalkonto, welches

---

[1053] Übertragungsvorgänge gegen Minderung des Rücklagenkontos stellen ebenfalls einen unentgeltlichen Vorgang dar und sind als Entnahmen zu qualifizieren, vgl. ebenfalls *Ley*, KÖSDI 2009, S. 16684.

[1054] Vgl. BFH, Urteil v. 24.1.2008, IV R 37/06, BStBl. II 2011, S. 617; BMF, Schreiben v. 11.7.2011, IV C - S 2178/09/10001, BStBl. I 2011, S. 713, Rz. I.2; v. 8.12.2011, IV C 6 S 2241/10/10002, BStBl. I 2011, S. 1279; *Siegmund/Ungemach*, NWB 2011, S. 2861; *Ley*, KÖSDI 2009, S. 16684; *Wendt*, Stbg 2010, S. 150; *Röhrig/Doege*, DStR 2006, S. 494; *Bolk*, Bilanzierung und Besteuerung, 2015, S. 184. Gleiches gilt auch bei eigenkapitalersetzenden Darlehen, vgl. BFH, Urteil v. 28.3.2000, VIII R 41/98, BStBl. II 2000, S. 339 und beim Kapitalkonto II, wenn dieses kein Eigenkapitalkonto darstellt, vgl. BMF, Schreiben v. 11.7.2011, IV C 6 - S 2178/09/10001, BStBl. I 2011, S. 713; *Crezelius*, DB 2004, S. 400 f.; *Niehus/Wilke*, Herrmann/Heuer/Raupach, EStG/KStG, § 6 EStG, Rz. 1559 (September 2015); *Neu/Stamm*, DStR 2005, S. 148; *Röhrig*, EStB 2008, S. 217.

[1055] Vgl. BFH, Urteil v. 24.1.2008, IV R 66/05, BFH/NV 2008, S. 1301. Denn der als Gegenleistung für die Einbringung der Wirtschaftsgüter zivilrechtlich eingeräumte Darlehensanspruch ist als Entgelt zu werten, vgl. BFH, Urteil v. 24.1.2008, IV R 66/05, BFH/NV 2008, S. 1301 unter Hinweis auf BFH, Urteil v. 5.6.2002, I R 81/00, BStBl. II 2004, S. 344.

[1056] Vgl. *Korn/Strahl*, in: Korn et al., EStG, § 6 EStG, Rz. 498 (April 2016).

[1057] Vgl. *Ley*, KÖSDI 2009, S. 16684; *Crezelius*, DB 2004, S. 401.

[1058] So BMF, Schreiben v. 11.7.2011, IV C 6 - S 2178/09/10001, BStBl. I 2011, S. 713, Rz. I.

[1059] Vgl. *Janßen*, NWB 2009, S. 3423; *Röhrig*, EStB 2008, S. 217; *Reiß*, DB 2005, S. 359.

identisch mit dem Kapitalanteil ist. In der Praxis ist es jedoch üblich, dass neben dem Kapitalkonto I noch weitere Gesellschafterkonten für den Gesellschafter geführt werden. Das Kapitalkonto I ist dann neben den weiteren Kapitalkonten ein Unterbestandteil des Kapitalanteils, über das allerdings die erforderlichen Gesellschaftsrechte (Gewinnbezugs-, Entnahme- und Stimmrechte) vermittelt werden. Der Kapitalanteil an sich vermittelt diese Rechte nur noch indirekt. Daher kann bei Anwendung eines Mehrkonten-Modells auch nur die (teilweise) Gutschrift auf dem Kapitalkonto I Gesellschaftsrechte gewähren. Das Kapitalkonto II und das Rücklagenkonto gewähren im Ergebnis somit keine Gesellschaftsrechte.

Eine ganz andere Problematik würde sich ergeben, wenn sowohl das Kapitalkonto II als auch das Rücklagenkonto als Gesellschaftsrechte gewährende Konten angesehen würden, denn dann wäre im Rahmen von Übertragungen von Wirtschaftsgütern des Privatvermögens in das Gesamthandsvermögen einer Personengesellschaft eine unmittelbare steuerneutrale verdeckte Einlage nicht mehr möglich. Dies wäre jedoch in Bezug auf die Rechtsformneutralität von Personenunternehmen (Einzelunternehmen auf der einen Seite, Personengesellschaften auf der anderen Seite) abzulehnen.[1060] Eine Differenzierung zwischen Kapitalkonten, die Gesellschaftsrechte im engeren Sinne ausweisen, und solchen, die freie Rücklagen darstellen, wären dann ebenfalls ohne Bedeutung. Maßgebend wäre demnach allein die Tatsache, ob das Gesellschafterkonto ein Fremd- oder ein Eigenkapitalkonto darstellt.[1061]

4.2.2.2. Qualifikation bei gesplitteter Gegenbuchung

4.2.2.2.1. Kapitalkonto I und Kapitalkonto II oder Rücklagenkonto

Erfolgt die Gutschrift auf einem Kapitalkonto I und einem als Eigenkapital zu qualifizierenden Kapitalkonto II oder einem gesamthänderisch gebundenen Rücklagenkonto, handelt es sich bei dem Übertragungsvorgang um eine einheitliche Einbringung gegen Gewährung von Gesellschaftsrechten und damit um eine vollentgeltliche Veräußerung.[1062] Begründet wird diese Auffassung mit der

---

1060 Vgl. *Siegmund/Ungemach*, NWB 2009, S. 2310; *Huber/Liebernickel*, Ubg 2009, S. 846. Eine steuerneutrale Einbringung von Wirtschaftsgütern des Privatvermögens wäre nur noch über den Umweg des Sonderbetriebsvermögens des Gesellschafters denkbar, vgl. im Einzelnen *Siegmund/Ungemach*, NWB 2009, S. 2311; *Tiede*, StuB 2011, S. 614. Vor diesem Hintergrund fordert *Tiede* die Abkehr von der Auffassung, dass die Gewährung von Gesellschaftsrechten einen tauschähnlichen Vorgang darstellt, vgl. *Tiede*, StuB 2011, S. 614 f. Ebenfalls *Wendt*, Stbg 2010, S. 151; *Hoffmann*, GmbHR 2008, S. 551 ff; ebenfalls kritisch *Bode*, NWB 2016, S. 465.

1061 Vgl. *Schulze zur Wiesche*, DStZ 2002, S. 742; *Carlé/Bauschatz*, FR 2002, S. 1162; *Crezelius*, DB 2004, S. 400.

1062 Vgl. BFH, Urteil v. 24.1.2008, IV R 37/06, BStBl. II 2011, S. 617; v. 17.7.2008, I R 77/06, BStBl. II 2009, S. 464;

schuldrechtlichen Einheitlichkeit der Einlagevereinbarung.[1063] Bei einer Sacheinlage wird die Leistung des gesamten ungeteilten Gegenstands geschuldet, sodass sich der Tauschvorgang auf den Gesamtwert des zu übertragenden Wirtschaftsguts bezieht. Somit erfolgt die Zuführung zur Kapitalrücklage in einem engen sachlichen und zeitlichen Zusammenhang – nämlich geregelt in einer Sacheinlageverpflichtung – mit der Gewährung der neuen Gesellschaftsrechte. Aufgrund dieses Zusammenhangs hätte auch die Gutschrift auf dem Rücklagenkonto Entgeltcharakter.[1064] Folglich knüpft die Entgeltlichkeit des Vorgangs nicht speziell an die Verbuchung auf dem Rücklagenkonto oder dem Kapitalkonto II an, sondern wird vielmehr an der Verbuchung auf dem Kapitalkonto I festgemacht. Die Gutschrift auf dem Kapitalkonto II oder dem Rücklagenkonto wird als Annex zur Gutschrift auf dem Kapitalkonto I gesehen.[1065] Auch vor diesem Hintergrund wird klar, dass die Gegenbuchung auf dem Kapitalkonto II oder dem Rücklagenkonto keine eigenständige Gewährung von Gesellschaftsrechten begründet.[1066]

Ley, StbJb 2003/2004, S. 148; *Wendt*, FR 2008, S. 915 f.; *Prinz*, StuB 2008, S. 388; *Patt*, in: Dötsch et al., UmwStR, 2012, § 24 UmwStG, Rz. 5; *Levedag*, DStR 2010, S. 251; *Strahl*, KÖSDI 2015, S. 19492; *Weidmann*, FR 2012, S. 212; *Kraft*, NWB 2016, S. 1000; vgl. hierzu auch das parallele Urteil des BFH v. 25.4.2006, (VIII R 52/04, BStBl. II 2006, S. 847) zu § 24 UmwStG. Nach früherer Auffassung der Finanzverwaltung war für die teilweise Verbuchung auf dem Kapitalkonto I und dem gesamthänderisch gebundenen Rücklagenkonto die Trennungstheorie anzuwenden, vgl. BMF, Schreiben v. 29.3.2000, IV C 2 - S 2178-4/00, BStBl. I 2000, S. 462, Rz. II.1.c); v. 26.11.2004, IV B 2 - S 2178/2/04, BStBl. I 2004, S. 1190. Das BMF hat sich nunmehr der Auffassung des BFH angeschlossen und ordnet diesen Fall in vollem Umfang als entgeltlichen Übertragungsvorgang ein, vgl. BMF, Schreiben v. 11.7.2011, IV C 6 - S 2178/09/10001, BStBl. I 2011, S. 713, Rz. II.2.a). Im Ergebnis nunmehr auch BMF, Schreiben v. 11.11.2011, IV C 2 - S 1978-b/08/10001, BStBl. I 2011, S. 1314, Rz. 24.07.

1063 Zudem stellt der BFH im Urteilsfall auf die strukturelle Gleichwertigkeit der Einbringung von betrieblichen Sachgesamtheiten gegen Gewährung von Gesellschaftsrechten (§ 24 UmwStG) und der Einbringung von Wirtschaftsgütern des Privatvermögens gegen Gewährung von Gesellschaftsrechten ab. Kritisch hierzu *Weidmann*, FR 2012, S. 211.

1064 Vgl. BFH, Urteil v. 24.4.2007, I R 35/05, BStBl. II 2008, S. 253; v. 24.1.2008, IV R 37/06, BStBl. II 2011, S. 617. Kritisch hierzu *Mutscher*, DStR 2009, S. 1625; *Weidmann*, FR 2012, S. 210; *Patt*, in: Dötsch et al., UmwStR, 2012, § 24 UmwStG, Rz. 5.

1065 Vgl. BFH, Urteil v. 17.7.2008, I R 77/06, BStBl. II 2009, S. 464. In den Urteilsfällen ging es jeweils um den Gründungsvorgang einer Personengesellschaft. Für diesen Gründungsfall ist es charakteristisch, dass noch keine Altbeteiligung besteht, die sich reflexartig erhöhen kann. Vielmehr bewirkt die Rücklagenzuführung ungeachtet der nominalen Aufteilung auf Kapitalkonto I und Rücklagenkonto immer eine Wertsteigerung der neu gewährten Gesellschaftsrechte. Anders als im Gründungsfall kann es im Fall einer Kapitalerhöhung jedoch zu einer reflexartigen Wertsteigerung der Altbeteiligung kommen. Nach Meinung der Finanzverwaltung und der h. M. in der Literatur stellt diese reflexartige Wertsteigerung einer „Altbeteiligung" allerdings keine Gegenleistung dar, vgl. BMF, Schreiben v. 26.11.2004, IV B 2 - S 2178-2/04, BStBl. I 2004, S. 1190; v. 11.7.2011, IV C 6 - S 2178/09/10001, BStBl. I 2011, S. 713, Rz. II.2.b); *Brandenberg*, FR 2000, S. 1185; *Düll/Fuhrmann/Eberhard*, DStR 2000, S. 1716; *van Lishaut*, DB 2000, S. 1786. Für Kapitalerhöhungsfälle zweifelnd *Mutscher*, DStR 2009, S. 1629; *Ley/Brandenberg*, Ubg 2010, S. 769.

1066 Dies hat der BFH in seinem Urteil v. 17.7.2008 (I R 77/06, BStBl. II 2009, S. 464) zwar nicht explizit geregelt. Hätte der BFH jedoch eine andere Auffassung, müsste er nicht mit der schuldrechtlichen Einheitlichkeit der Einlageforderung sowie der Parallelwertung der Sachverhalte zu § 24 UmwStG argumentieren, sondern hätte explizit auf die Theorie des tauschähnlichen Umsatzes verweisen können, vgl. *Weidmann*, FR 2012, S. 2010.

Dieses Ergebnis ist auch unter wirtschaftlichen Gesichtspunkten nachvollziehbar, da im Rahmen einer fremdüblichen Sacheinlage der Gesellschafter diese nur tätigt, wenn er eine wertadäquate Gegenleistung erhält. Ob diese sich in der Gewährung von neuen Gesellschaftsrechten oder in der reflexartigen Wertsteigerung seiner Beteiligung widerspiegelt, ist aus wirtschaftlicher Sicht irrelevant.[1067] Jedoch auch bei Bestehen stiller Reserven im bisherigen Betriebsvermögen und/oder bereits gebildeten gesamthänderisch gebundenen Rücklagen wird der einbringende Gesellschafter zur Erbringung einer wertmäßig höheren Einlage verpflichtet werden, als es der Gutschrift auf dem Kapitalkonto I des Gesellschafters entspricht. Dieser einem Aufgeld bei einer Überpari-Emission von Anteilen an Kapitalgesellschaften entsprechende Teil des Werts des übertragenen Wirtschaftsguts wird hierbei regelmäßig auf ein gesamthänderisch gebundenes Rücklagenkonto gebucht werden, ist aber Bestandteil der vom einbringenden Gesellschafter im Austausch gegen die Verschaffung der Beteiligungsrechte geschuldeten Leistung und somit auch Gegenstand des tauschähnlichen Einbringungsvorgangs.[1068]

Im Ergebnis ist es für den insgesamt entgeltlichen Charakter der Einbringung demnach nicht relevant, ob der Differenzbetrag bei der empfangenen Gesellschaft auf einem gesamthänderisch gebundenen Rücklagenkonto oder auf einem Kapitalkonto II des einbringenden Gesellschafters gebucht wird und ob diese Gegenbuchung für sich betrachtet als Gewährung von Gesellschaftsrechten betrachtet werden muss.[1069] Wird dieser Auffassung gefolgt, ist auch im Fall der Minderung von Gesellschaftsrechten ein voll entgeltlicher Übertragungsvorgang gegeben, wenn die Gegenleistung vom Kapitalkonto I und daneben vom Kapitalkonto II und/oder vom Rücklagenkonto abgeschrieben wird.[1070]

4.2.2.2.2. Kapitalkonto I und Darlehenskonto

Im Allgemeinen liegt ein Mischentgelt vor, wenn die Gegenleistung für die Übertragung des Übertragungsgegenstandes in Form von Gesellschaftsrechten und einer Gutschrift auf einem Gesellschafterdarlehenskonto erbracht wird.[1071] Anders als bei der teilweisen Verbuchung auf dem Kapitalkonto

---

[1067] Vgl. *Mutscher*, DStR 2009, S. 1627.

[1068] Vgl. BFH, Urteil v. 17.7.2008, I R 77/06, BStBl. II 2009, S. 464; FG Münster, Urteil v. 2.4.2009, 8 K 2403/05 F, EFG 2009, S. 1423; *Ley*, KÖSDI 2009, S. 16682; *Niehus/Wilke*, Personengesellschaften, 2015, S. 204.

[1069] Vgl. BFH, Urteil v. 17.7.2008, I R 77/06, BStBl. II 2009, S. 464. Liegt allerdings eine freiwillige Zuzahlung in das Eigenkapital vor, die nicht im Zusammenhang mit einer Gründung oder Kapitalerhöhung steht, handelt es sich dabei um eine unentgeltliche Leistung und demnach um eine Einlage. In diesem Fall wäre der Vorgang in eine entgeltliche und eine unentgeltliche Übertragung aufzuteilen. Vgl. *Ley*, KÖSDI 2009, S. 16682.

[1070] So jedenfalls *Mutscher*, in: Frotscher/Geurts, EStG, § 6 EStG, Rz. 516 (Juli 2015).

[1071] Vgl. *Ley*, KÖSDI 2009, S. 16686.

I und dem Kapitalkonto II bzw. Rücklagenkonto stellt dieser Vorgang keinen einheitlichen Vorgang dar. Vielmehr ist er in zwei entgeltliche Vorgänge (Gewährung von Gesellschaftsrechten und Begründung einer Forderung) aufzuteilen.[1072]

4.2.2.2.3. Kapitalkonto II und Rücklagenkonto

Vor dem Hintergrund, dass weder das Kapitalkonto II noch das Rücklagenkonto Gesellschaftsrechte gewähren, ist bei der teilweisen Gutschrift auf dem Kapitalkonto II und dem Rücklagenkonto mangels konkreter Gegenleistung konsequenterweise von einem unentgeltlichen Übertragungsvorgang auszugehen.[1073] Im Falle der Übertragung von Wirtschaftsgütern aus dem Gesamthandsvermögen einer Personengesellschaft auf den Gesellschafter bei teilweiser Lastschrift auf dem Kapitalkonto II und dem Rücklagenkonto gilt dies analog.

4.2.2.2.4. Kapitalkonto II oder Rücklagenkonto und Darlehenskonto

Geht man von der Annahme aus, dass das Rücklagenkonto und das Kapitalkonto II keine Gesellschaftsrechte gewähren und erfolgt die Übertragung gegen Erhöhung dieser Konten und der Einräumung einer Verbindlichkeit gegenüber dem einbringenden Gesellschafter, ist der Vorgang in einen unentgeltlichen und einen entgeltlichen Vorgang aufzusplitten.[1074] Im Falle der Ausbringung von Übertragungsgegenständen aus dem Gesamthandsvermögen einer Personengesellschaft auf den Gesellschafter bei teilweiser Lastschrift auf dem Kapitalkonto II bzw. dem Rücklagenkonto und dem Darlehenskonto gilt dies analog.

1072 Im Falle der Ausbringung von Wirtschaftsgütern aus dem Gesamthandsvermögen einer Personengesellschaft auf den Gesellschafter gegen Lastschrift auf dem Kapitalkonto I und dem Darlehenskonto gilt dies analog.

1073 So auch *Weidmann*, FR 2012, S. 212 f. Der BFH hatte diesen Fall noch nicht zu entscheiden. Wird hingegen die Auffassung vertreten, dass das Kapitalkonto II Gesellschaftsrechte gewährt, das Rücklagenkonto hingegen nicht, führt eine teilweise Gegenbuchung auf dem Kapitalkonto II und dem gesamthänderisch gebundenen Rücklagenkonto zu einem voll entgeltlichen Übertragungsvorgang, vgl. BMF, Schreiben v. 11.7.2011, IV C 6 - S 2178/09/ 10001, BStBl. I 2011, S. 713, Rz. II.2.a); *Wißborn*, NWB 2011, S. 2696; *Tiede*, StuB 2011, S. 612. In diesem Fall werden die Grundsätze des BFH zur teilweisen Gutschrift auf dem Kapitalkonto I und dem Rücklagenkonto analog herangezogen.

1074 Vgl. *Röhrig*, EStB 2008, S. 219; *Ley*, KÖSDI 2009, S. 16686. Würde man der Auffassung der Finanzverwaltung folgen, dass das Kapitalkonto II ein Gesellschafterkonto darstellt, welches Gesellschaftsrechte gewährt, liegt eine Gegenleistung vor, sodass die teilweise Verbuchung auf den entsprechenden Konten einen voll entgeltlichen Vorgang darstellen müsste, so auch *Tiede*, StuB 2011, S. 612.

4.2.3. Rechtsfolgen im Rahmen der Übertragung von einzelnen Wirtschaftsgütern und Sachgesamtheiten

4.2.3.1. Rechtsfolgen bei ausschließlicher Gegenbuchung

4.2.3.1.1. Kapitalkonto I

Die ausschließliche Gutschrift auf dem Kapitalkonto I im Rahmen eines Übertragungsvorganges vermittelt Gesellschaftsrechte. Überträgt ein Mitunternehmer einzelne Wirtschaftsgüter aus seinem eigenen Betriebsvermögen oder aus einem Sonderbetriebsvermögen in das Gesamthandsvermögen der Mitunternehmerschaft, stellt die Gegenbuchung auf dem Kapitalkonto I demnach ein entgeltliches Rechtsgeschäft dar.[1075] Eine Gewinnrealisierung unterbleibt in solchen Fällen jedoch, da nach § 6 Abs. 5 Satz 3 EStG die Bewertung zwingend mit dem Buchwert zu erfolgen hat, der bei zutreffender Bilanzierung und Bewertung im abgebenden Betriebsvermögen für das Wirtschaftsgut anzusetzen war.[1076] Die Personengesellschaft ist an diesen Wert gebunden und hat ihn im Wege der Einzelrechtsnachfolge fortzuführen.[1077]

Wird ein einzelnes Wirtschaftsgut aus dem Gesamthandsvermögen der Mitunternehmerschaft in ein Betriebsvermögen oder ein Sonderbetriebsvermögen des Mitunternehmers übertragen und erfolgt die Gegenbuchung auf dem Kapitalkonto I, ist von einer Minderung von Gesellschaftsrechten auszugehen. Auch diese Ausbringung ist nach § 6 Abs. 5 Satz 3 EStG zwingend erfolgsneutral zum Buchwert zu vollziehen.[1078]

1075 Vgl. BFH, Urteil v. 24.1.2008, IV R 37/06, BStBl. II 2011, S. 617; BMF, Schreiben v. 11.7.2011, IV C 6 - S 2178/09/10001, BStBl. I 2011, S. 713, Rz. I.

1076 § 6 Abs. 6 Satz 1 greift demnach nicht (§ 6 Abs. 6 Satz 4 EStG). Auch bei einer disquotalen Gewährung von Gesellschaftsrechten, soweit sich also die Kapitalkonten I der anderen Gesellschafter erhöhen und keine Gegenleistung an den einbringenden Gesellschafter geleistet wird, erfolgt eine Buchwertfortführung nach § 6 Abs. 5 Satz 3 EStG, vgl. *Korn/ Strahl*, in: Korn et al., EStG, § 6 EStG, Rz. 501 (April 2016). Zur Grunderwerbsteuer vgl. §§ 5 Abs. 2 und 8 Abs. 2 Nr. 2 GrEStG. Vertiefend zu den Regelungen des § 6 Abs. 5 EStG im Allgemeinen vgl. *Mutscher*, in: Frotscher/Geurts, EStG, § 6 EStG, Rz. 515 ff. (Juli 2015); *Korn/Strahl*, in: Korn et al., EStG, § 6 EStG, Rz. 493 ff. (April 2016).

1077 Vgl. *Bolk*, Bilanzierung und Besteuerung, 2015, S. 188; *Crezelius*, DB 2004, S. 397. Der Einbringende kann durch Ansatz des Verkehrswertes in der Handelsbilanz dennoch die stillen Reserven des Wirtschaftsgutes ohne Ertragsteuerbelastung ausweisen. Die Buchwertfortführung wird steuerlich dann über das Aufstellen einer negativen Ergänzungsbilanz gewahrt, vgl. *Korn/Strahl*, in: Korn et al., EStG, § 6 EStG, Rz. 497.1 (April 2016).

1078 Vgl. *Ley*, KÖSDI 2009, S. 16689. Hierbei handelt es sich um eine Sachwertabfindung, wenn auf den ausscheidenden Gesellschafter einer fortbestehenden Personengesellschaft Einzelwirtschaftsgüter übertragen werden, auf die die Regelung des § 6 Abs. 5 Satz 3 EStG anwendbar ist. Eine Realteilung liegt in diesem Fall nicht vor, vgl. *Kulosa*, in: Schmidt, EStG, 2016, § 6 EStG, Rz. 694; *Wacker*, in: Schmidt, EStG, 2016, § 16 EStG, Rz. 524. Erfolgt die Übertragung eines Einzelwirtschaftsguts jedoch aus einer in diesem Zusammenhang aufgelösten Personengesellschaft,

Wird ein einzelnes Wirtschaftsgut aus dem Gesamthandsvermögen der Mitunternehmerschaft in ein ausländisches Betriebsvermögen des Gesellschafters übertragen und erfolgt die Gegenbuchung auf dem Kapitalkonto I, ist es fraglich, ob die Buchwertverknüpfung des § 6 Abs. 5 Satz 3 EStG greift. Voraussetzung für die Buchwertfortführung ist, dass die Besteuerung der stillen Reserven sichergestellt ist (§ 6 Abs. 5 Satz 1 EStG). Nach § 4 Abs. 1 Satz 4 EStG, auf den § 6 Abs. 5 Satz 1 Halbsatz 2 EStG verweist, liegt ein Ausschluss oder eine Beschränkung des deutschen Besteuerungsrechts vor, wenn das übertragene Wirtschaftsgut bisher einer inländischen Betriebsstätte zuzuordnen war und zukünftig einer ausländischen Betriebsstätte zuzuordnen ist. Für den angesprochenen Übertragungsvorgang liegt dieser Fall demnach vor.[1079] Im Rahmen der Übertragung eines Wirtschaftsguts aus einem inländischen Gesamthandsvermögen in ein ausländisches Betriebsvermögens des Gesellschafters ist demnach der Fremdvergleichspreis anzusetzen.[1080]

Überträgt ein beschränkt steuerpflichtiger Gesellschafter ein einzelnes Wirtschaftsgut aus seinem ausländischen Betriebsvermögen in das Gesamthandsvermögen seiner inländischen Personengesellschaft und erfolgt die Gegenbuchung auf dem Kapitalkonto I, ist die Frage nach der Gewinnrealisierung nach ausländischem Recht zu beantworten. Das übertragene Wirtschaftsgut ist bei der inländischen Mitunternehmerschaft mit dem gemeinen Wert anzusetzen, wenn durch die Übertragung das Besteuerungsrecht Deutschlands an dem Wirtschaftsgut begründet wird (§ 4 Abs. 1 Satz 8 Halbsatz 2 EStG). Ist der Gesellschafter in einem DBA-Staat ansässig, wird durch die Übertragung ein deutsches Besteuerungsrecht begründet. Ist der Gesellschafter hingegen in einem Nicht-DBA-Staat ansässig, kommt § 4 Abs. 1 Satz 8 Halbsatz 2 EStG nicht zur Anwendung und die inländische Mitunternehmerschaft hat den Buchwert des übertragenen Wirtschaftsguts fortzusetzen.[1081]

Übertragungsvorgänge eines einzelnen Wirtschaftsguts aus dem Privatvermögen des Gesellschafters in das Gesamthandsvermögen einer Personengesellschaft gegen Gutschrift auf dem Kapitalkonto I

---

soll die Beurteilung nach den sog. Realteilungsgrundsätzen nach § 16 Abs. 3 Satz 2 EStG erfolgen, vgl. *Schulze zur Wiesche*, DStZ 2002, S. 741; *Rogall/Stangl*, FR 2006, S. 346; *Ley*, FS Korn, 2005, S. 340 ff. Zur technischen Erfassung des Übertragungsvorganges vgl. *Neu/Stamm*, DStR 2005, S. 142.

1079 Vgl. *Ditz*, in: Wassermeyer/Richter/Schnittker, Personengesellschaft im Internationalen Steuerrecht, 2015, Kapitel 12, Rz. 12.35. Der Anwendungsbereich des § 4 Abs. 1 Satz 4 EStG ist allerdings umstritten, vgl. hierzu u. a. *Girlich/Philipp*, Ubg 2012, S. 157; *Richter/ Heyd*, Ubg 2011, S. 174 ff.; *Musil*, FR 2011, S. 550.

1080 Vgl. ausführlich hierzu *Ditz*, in: Wassermeyer/Richter/Schnittker, Personengesellschaft im Internationalen Steuerrecht, 2015, Kapitel 12, Rz. 12.35, 12.36. Die Ausführungen gelten auch für den Fall, dass es sich bei dem Übertragungsvorgang um ein unentgeltliches Rechtsgeschäft handelt.

1081 Vgl. hierzu *Ditz*, in: Wassermeyer/Richter/Schnittker, Personengesellschaft im Internationalen Steuerrecht, 2015, Kapitel 12, Rz. 12.37. Die Ausführungen gelten ebenfalls, wenn der Übertragungsvorgang als unentgeltlich eingestuft wird.

sind in Ermangelung einer § 6 Abs. 5 Satz 3 EStG vergleichbaren Ausnahmeregelung als tauschähnliche Vorgänge erfolgswirksam.[1082] Somit liegen in Höhe der Differenz zwischen der gewährten Gutschrift auf dem Kapitalkonto I einerseits und den gegebenenfalls um Abschreibungen geminderten Anschaffungskosten oder Herstellungskosten andererseits Veräußerungsgewinne vor.[1083] Entgeltliche Übertragungen eines Wirtschaftsguts aus dem Privatvermögen sind jedoch nur dann von steuerlicher Bedeutung, wenn es sich

- um ein privates Veräußerungsgeschäft i. S. d. § 23 EStG,
- um eine Veräußerung von Anteilen an einer Kapitalgesellschaft i. S. d. § 17 EStG und § 20 Abs. 2 EStG oder
- um die Veräußerung von Anteilen i. S. d. § 22 UmwStG

handelt.[1084] Auf Ebene der Personengesellschaft handelt es sich um einen Anschaffungsvorgang, bei dem die Anschaffungskosten die AfA-Bemessungsgrundlage nach § 7 EStG bestimmt.[1085] Die für Einlagen geltende Regelung des § 6 Abs. 1 Nr. 5 EStG findet keine Anwendung.[1086]

Im Fall der Übertragung von Wirtschaftsgütern aus einer Personengesellschaft in das Privatvermögen des Gesellschafters gegen Minderung des Kapitalkontos I handelt es sich um zwei Veräußerungen, die zu einem laufenden Gewinn führen.[1087] Zum einen liegt eine erfolgswirksame entgeltliche Übertragung von der Personengesellschaft auf den Gesellschafter vor,[1088] zum anderen handelt es sich um

---

[1082] Vgl. BFH, Urteil v. 24.1.2008, IV R 66/05, BFH/NV 2008, S. 1301; v. 24.1.2008, IV R 37/06, BStBl. II 2011, S. 617; *Ley*, KÖSDI 2009, S. 16690.

[1083] Vgl. *Ley*, KÖSDI 2009, S. 16690.

[1084] Vgl. *Bolk*, Bilanzierung und Besteuerung, 2015, S. 184.

[1085] Vgl. *Reiß*, DB 2005, S. 359; *Ley*, KÖSDI 2009, S. 16690. Eine Kürzung der AfA-Bemessungsgrundlage nach § 7 Abs. 1 Satz 5 EStG ist bei angeschafften Wirtschaftsgütern nicht vorzunehmen, da diese Norm nur eingelegte Wirtschaftsgüter betrifft, vgl. BFH, Urteil v. 24.1.2008, IV R 37/06, BStBl. II 2011, S. 617. Die ausschließliche Gutschrift auf dem Kapitalkonto I führt bei Step-up-Gestaltungen zur steuerfreien Hebung von stillen Reserven und kann daher als Gestaltung zur Generierung zusätzlicher AfA-Bemessungsgrundlage genutzt werden, vgl. *Strahl*, KÖSDI 2009, S. 16531; *Röhrig*, EStB 2008, S. 219; *Huber/Liebernickel*, Ubg 2009, S. 847; *Paus*, EStB 2012, S. 70. Dieser Step-up wird allerdings nur um den Preis der Schaffung steuerverstrickten Betriebsvermögens erreicht, vgl. *Huber/Liebernickel*, Ubg 2009, S. 847. Auch bei einer möglichen Verlustnutzung nach § 17 EStG ist eine entgeltliche Übertragung von Vorteil, da sich zum einen Verluste realisieren lassen und zum anderen der Zeitpunkt der Veräußerung steuerbar ist, vgl. ausführlich hierzu *Röhrig*, EStB 2008, S. 219 f.; *Huber/Liebernickel*, Ubg 2009, S. 847. Zudem lässt sich durch Fremdfinanzierung der entgeltlichen Veräußerung Eigenkapital im Bereich des steuerlichen Privatvermögens schaffen, mit dem die Finanzierung oder der steuerliche Schuldzinsenabzug optimiert werden kann. Auf Ebene der Personengesellschaft stellen die Schuldzinsen grundsätzlich Betriebsausgaben dar, vgl. *Korn/Strahl*, in: Korn et al., EStG, § 6 EStG, Rz. 498.3 (April 2016).

[1086] Vgl. BMF, Schreiben v. 29.3.2000, IV C 2 - S 2178-4/00, BStBl. I 2000, S. 462, Rz. II.1.a); v. 11.7.2011, IV C 6 - S 2178/09/10001, BStBl. I 2011, S. 713, Rz. II.2.a).

[1087] Vgl. *Wacker*, in: Schmidt, EStG, 2016, § 16 EStG, Rz. 521; *Dietel*, DStR 2009, S. 1353.

[1088] Ausführlich hierzu *Wacker*, in: Schmidt, EStG, 2016, § 16 EStG, Rz. 521.

den Verkauf eines Gesellschaftsanteils.[1089] Vermindern sich die Gesellschaftsrechte aufgrund der Übertragung auf null, liegt ein Ausscheiden aus einer Personengesellschaft gegen Sachabfindung in das Privatvermögen und damit eine Veräußerung des Mitunternehmeranteils vor.[1090]

Erfolgt die Übertragung einer Sachgesamtheit auf eine Personengesellschaft gegen Gutschrift auf dem Kapitalkonto I, werden ebenfalls Gesellschaftsrechte vermittelt, sodass im Grunde eine gewinnrealisierende Veräußerung vorliegt. Auf diese Übertragungsvorgänge ist § 24 UmwStG anwendbar.[1091] Nach § 24 Abs. 2 Satz 1 UmwStG ist das übertragene Betriebsvermögen grundsätzlich mit dem gemeinen Wert anzusetzen, wenn der Einbringende Mitunternehmer der Personengesellschaft wird. Nach Satz 2 ist auf Antrag aber auch der Ansatz des Buchwerts oder eines Zwischenwerts möglich, soweit das Recht der Besteuerung durch Deutschland nicht ausgeschlossen oder beschränkt wird. Maßgebend für die Einbringung nach § 24 UmwStG ist die Einräumung einer Mitunternehmerstellung.[1092] Eine Mitunternehmerstellung liegt vor, wenn dem Einbringenden als Gegenleistung neue Gesellschaftsrechte gewährt werden.[1093] Davon ist wiederum auszugehen, wenn die Gutschrift für die Einbringung auf einem Gesellschafterkonto erfolgt, das für die Beteiligung an der Gesellschaft maßgebend ist. Bilanziell zeigt sich die Mitunternehmerstellung demnach daran, dass das eingebrachte Betriebsvermögen dem Kapitalkonto I des Gesellschafters gutgeschrieben wird, da dieses nach dem Gesellschaftsvertrag maßgeblich für die Beteiligung am Gewinn und Verlust, das Abfindungsguthaben und die Stimmrechte ist.[1094] Es ist nicht erforderlich, dass die Gegenleistung für die Sacheinlage

---

1089 Vgl. *Ley*, KÖSDI 2009, S. 16692.

1090 Vgl. ausführlich hierzu *Ley*, KÖSDI 2009, S. 16692 m. w. N.

1091 Auf diese Einbringungsvorgänge ist § 6 Abs. 3 EStG mangels Unentgeltlichkeit und § 6 Abs. 5 EStG mangels Übertragung einzelner Wirtschaftsgüter nicht anwendbar, vgl. *Wacker*, in: Schmidt, EStG, 2016, § 16 EStG, Rz. 413. § 24 UmwStG steht jedoch in einem Konkurrenzverhältnis zu § 16 EStG, geht diesem aber als lex specialis vor, vgl. *Rasche*, in: Rödder/Herlinghaus/van Lishaut, UmwStG, 2013, § 24 UmwStG, Rz. 13; *Patt*, in: Dötsch et al., UmwStR, 2012, § 24 UmwStG, Rz. 108. Eine Einbringung nach § 24 UmwStG ist auch dann möglich, wenn das eingebrachte Betriebsvermögen negativ ist. Das als Gegenleistung gewährte Kapital wird in diesem Falle als ausstehende Einlage gebucht, vgl. *Fuhrmann*, in: Widmann/Mayer, UmwG/UmwStG, § 24 UmwStG, Rz. 384 (August 2013).

1092 Der Einbringende wird Mitunternehmer, wenn er Gesellschafter an der Personengesellschaft wird oder eine wirtschaftlich vergleichbare Stellung an der Mitunternehmerschaft erhält und er infolgedessen sowohl Mitunternehmerrisiko trägt als auch Mitunternehmerinitiative entwickeln kann. Ausführlich zu den Begriffen Mitunternehmerrisiko und -initiative vgl. *Patt*, in: Dötsch et al., UmwStR, 2012, § 20 UmwStG, Rz. 121 f.

1093 Nach *Patt* ist die Verwaltungsregelung zur Gewährung von Gesellschaftsrechten im Fall der Übertragung von Einzelwirtschaftsgütern des Privatvermögens nicht ohne weiteres auf den Tatbestand des § 24 UmwStG übertragbar, ohne dies jedoch näher zu begründen, vgl. *Patt*, in: Dötsch et al., UmwStR, 2012, § 24 UmwStG, Rz. 107.

1094 Vgl. *Patt*, in: Dötsch, UmwStR, 2012, § 24 UmwStG, Rz. 108; *Mutscher*, in: Frotscher/Maas, KStG/GewStG/UmwStG, § 24 UmwStG, Rz. 74 (November 2013); *Rasche*, in: Rödder/ Herlinghaus/van Lishaut, UmwStG, 2013, § 24 UmwStG, Rz. 61; *Schmitt*, in: Schmitt/Hörtnagl/Stratz, UmwG/UmwStG, 2013, § 24 UmwStG, Rz. 131 und 135; *Ley*, KÖSDI 1999, S. 12162.

ausschließlich in der Gewährung von Gesellschaftsrechten besteht.[1095] Ebenfalls liegt eine Einräumung einer Mitunternehmerstellung vor, wenn der Einbringende bereits Mitunternehmer ist und nur eine Erhöhung seiner Gesellschaftsrechte erfolgt.[1096] Erfolgt im Gegenzug der Einbringung keine Beteiligung am Vermögen der Mitunternehmerschaft, so wird i. d. R. auch keine Mitunternehmerstellung begründet. Dies ist bspw. der Fall, wenn für den Einbringenden kein Kapitalkonto in der Gesamthandsbilanz geführt oder der Einbringungsvorgang ausschließlich in der Sonderbilanz erfasst wird. In diesen Fällen ist § 24 UmwStG nicht anwendbar.[1097]

Die Übertragung einer Sachgesamtheit von der Personengesellschaft auf einen oder mehrere Gesellschafter gegen Minderung des Kapitalkontos I (Ausbringung) führt als tauschähnlicher Vorgang grundsätzlich zu zwei Vorgängen.[1098] Eine analoge Anwendung von § 24 UmwStG scheidet aus, da diese Vorschrift nur den umgekehrten Fall der Einbringung regelt.[1099] Zudem ist die Ausbringung ausdrücklich und abschließend in § 16 Abs. 3 Sätze 2 ff. EStG (Realteilung) geregelt, sodass für die Anwendung des § 24 UmwStG kein Raum mehr besteht.[1100] Die Übertragung von Sachgesamtheiten aus einer Personengesellschaft gegen Lastschrift auf dem Kapitalkonto I erfolgt somit nach § 16 Abs. 3 Sätze 2 ff. EStG zwingend zum Buchwert.[1101]

1095 Vgl. BFH, Urteil v. 26.1.1994, III R 39/91, BStBl. II 1994, S. 458; v. 21.6.1994, VIII R 5/92, BStBl. II 1994, S. 856; *Strahl*, FR 2010, S. 759; *Schmitt*, in: Schmitt/Hörtnagl/Stratz, UmwG/UmwStG, 2013, § 24 UmwStG, Rz. 116; *Patt*, in: Dötsch et al., UmwStR, 2012, § 24 UmwStG, Rz. 107; *Crezelius*, DB 2004, S. 398; *Strahl*, in: Carlé et al., Umwandlungen, 2012, S. 147; *Schlößer/Schley*, in: Haritz/Menner, Umwandlungssteuergesetz, 2015, § 24 UmwStG, Rz. 76; *Mutscher*, in: Frotscher/Maas, KStG/GewStG/UmwStG, § 24 UmwStG, Rz. 70 (November 2013).

1096 So bereits schon BFH, Urteil v. 15.7.1976, I R 17/74, BStBl. II 1976, S. 748; v. 11.12.2001, VIII R 58/98, BStBl. II 2002, S. 420; v. 25.4.2006, VII R 52/04, BStBl. II 2006, S. 847. Ebenfalls *Schlößer/Schley*, in: Haritz/Menner, Umwandlungssteuergesetz, 2015, § 24 UmwStG, Rz. 75; *Schmitt*, in: Schmitt/Hörtnagl/Stratz, UmwG/UmwStG, 2013, § 24 UmwStG, Rz. 116 f.; *Ley*, KÖSDI 2010, S. 16815; *Patt*, in: Dötsch et al., UmwStR, 2012, § 24 UmwStG, Rz. 5; *Ohde*, in: Haase/Hruschka, UmwStG, 2012, § 24 UmwStG, Rz. 38; *Rasche*, in: Rödder/Herlinghaus/van Lishaut, UmwStG, 2013, § 24 UmwStG, Rz. 61; *Fuhrmann*, in: Widmann/Mayer, UmwG/UmwStG, § 24 UmwStG, Rz. 376 (August 2013). Dies ist rechtssystematisch auch zutreffend, da es bei einer Personenhandelsgesellschaft nur eine einheitliche Beteiligung und nicht mehrere Geschäftsanteile gibt, vgl. *Crezelius*, DB 2004, S. 398. § 24 UmwStG soll selbst dann Anwendung finden, wenn der Einbringende bereits zuvor zu 100 % an der aufnehmenden Gesellschaft beteiligt war, vgl. FG München, Urteil v. 18.12.2012, 13 K 875/10, DStRE 2014, S. 21 (rkr.).

1097 Vgl. *Ohde*, in: Haase/Hruschka, UmwStG, 2012, § 24 UmwStG, Rz. 40; *Patt*, in: Dötsch et al., UmwStR, 2012, § 24 UmwStG, Rz. 44; *Schmitt*, in: Schmitt/Hörtnagl/Stratz, UmwG/UmwStG, 2013, § 24 UmwStG, Rz. 25.

1098 Vertiefend hierzu *Ley*, KÖSDI 2010, S. 16818; *Ley*, KÖSDI 2009, S. 16684 f.

1099 Vgl. *Patt*, in: Dötsch et al., UmwStR, 2012, § 24 UmwStG, Rz. 83; *Rasche*, in: Rödder/ Herlinghaus/van Lishaut, UmwStG, 2013, § 24 UmwStG, Rz. 11; a. A. *Hageböke*, Ubg 2009, S. 108.

1100 Vgl. *Wacker*, in: Schmidt, EStG, 2016, § 16 EStG, Rz. 532; *Rasche*, in: Rödder/ Herlinghaus/van Lishaut, UmwStG, 2013, § 24 UmwStG, Rz. 17; a. A. *Wendt*, FS Lang, 2011, S. 713 m. w. N. Zur Rechtslage vor Anwendbarkeit des § 16 Abs. 3 Sätze 2 ff. EStG vgl. BMF, Schreiben v. 25.3.1998, IV B 7 - S 1978-21/98, BStBl. I 1998, S. 268, Rz. 24.18. Diese Rz. ist im BMF-Schreiben v. 11.11.2011 (IV C 2 - S 1978-b/08/10001, BStBl. I 2011, S. 1314) nicht mehr enthalten, vgl. *Kai*, GmbHR 2012, S. 167.

1101 Unklar war, ob die Realteilungsgrundsätze auch anwendbar sind, wenn die Personengesellschaft weiterhin besteht,

4.2.3.1.2. Kapitalkonto II

Nach der hier vertretenen Auffassung handelt es sich bei der Gutschrift auf dem Kapitalkonto II um ein unentgeltliches Rechtsgeschäft, da dem einlegenden Gesellschafter keine Gesellschaftsrechte gewährt werden.[1102] Die Gegenmeinung geht hingegen von einer Gewährung von Gesellschaftsrechten und somit von einem entgeltlichen Vorgang aus.[1103]

Im Rahmen von Übertragungen von einzelnen Wirtschaftsgütern aus einem Betriebsvermögen oder Sonderbetriebsvermögen eines Mitunternehmers in das Gesamthandsvermögen einer Mitunternehmerschaft ist die Einordnung des Übertragungsvorganges als gegen Gewährung von Gesellschaftsrechten oder unentgeltlich ohnehin ohne materielle Bedeutung. § 6 Abs. 5 Satz 3 EStG schreibt bei Vorliegen eines unentgeltlichen Rechtsgeschäfts ebenfalls zwingend die Buchwertfortführung vor.[1104] Das unentgeltlich übertragene Wirtschaftsgut ist demnach weder nach § 6 Abs. 1 Nr. 5 EStG mit dem Teilwert zu bewerten noch ist § 6 Abs. 6 EStG anzuwenden. Übertragungen gegen Minderung des Kapitalkontos II stellen unentgeltliche Übertragungen dar und erfolgen demnach grundsätzlich erfolgsneutral zum Buchwert (§ 6 Abs. 5 Satz 3 Nr. 1 und 2 EStG).[1105]

Werden einzelne Wirtschaftsgüter des Privatvermögens in das Betriebsvermögen einer Personengesellschaft übertragen, stellt der Vorgang eine verdeckte Einlage i. S. d. § 4 Abs. 1 Satz 8 EStG dar.[1106]

---

vgl. hierzu *Wacker*, in: Schmidt, EStG, 2016, § 16 EStG, Rz. 536; *Ley*, KÖSDI 2010, S. 16817. Der BFH hat jedoch nunmehr entschieden, dass eine gewinnneutrale Realteilung einer Personengesellschaft auch beim Ausscheiden eines Gesellschafters vorliegt, wenn sie von den verbleibenden Gesellschaftern fortgesetzt wird, vgl. BFH, Urteil v. 17.9.2015, III R 49/13, BFH/NV 2016, S. 624.

1102 So auch BFH, Urteil v. 29.7.2015, IV R 15/14, BFH/NV 2016, S. 453; v. 4.2.2016, IV R 46/12, DStR 2016, S. 662; *Wacker*, NWB 2008, S. 3096; *Wacker*, HFR 2008, S. 692 f.; *Ley*, KÖSDI 2009, S. 16683; *Weidmann*, FR 2012, S. 205; *Kraft*, NWB 2016, S. 1002.

1103 So bspw. BMF, Schreiben v. 11.7.2011, IV C 6 - S 2178/09/10001, BStBl. I 2011, S. 713, Rz. I.2; v. 11.11.2011, IV C 2 - S 1978-b/08/10001, BStBl. I 2011, S. 1314, Rz. 24.07; *Wendt*, Stbg 2010, S. 151; *Wendt*, FR 2008, S. 916; *Siegmund/Ungemach*, DStZ 2008, S. 764; *Bolk*, Bilanzierung und Besteuerung, 2015, S. 186. Vorteil dieser Auffassung wäre, dass schenkungsteuerliche Auswirkungen vermieden werden könnten, vgl. *Korn/Strahl*, in: Korn et al., EStG, § 6 EStG, Rz. 497.1 (April 2016); *Rätke*, StuB 2016, S. 291.

1104 Vgl. Ley, KÖSDI 2009, S. 16685; *Hallerbach*, in: Söffing, GmbH & Co. KG, 2013, S. 265; *Bolk*, Bilanzierung und Besteuerung, 2015, S. 199. Zudem ist anzumerken, dass sich die Übertragung von Wirtschaftsgütern aus dem Sonderbetriebsvermögen einer Mitunternehmerschaft in ihr Gesamthandsvermögen oder umgekehrt innerhalb des steuerlichen Betriebsvermögens der Mitunternehmerschaft vollzieht. Für diesen Fall ist eine unentgeltliche Übertragung auch ohne § 6 Abs. 5 Satz 3 Nr. 2 EStG geboten, da diese Regelung nur deklaratorische Bedeutung hat, vgl. hierzu BFH, Urteil v. 19.9.2012, IV R 11/12, BFH/NV 2012, S. 1880; *Korn/Strahl*, in: Korn et al., EStG, § 6 EStG, Rz. 500.2 (April 2016); kritisch *Wacker*, NWB 2013, S. 3383.

1105 Vgl. *Ley*, KÖSDI 2009, S. 16689. Zur bilanziellen Abbildung des Übertragungsvorgangs siehe *Neu/Stamm*, DStR 2005, S. 141 ff.

1106 So auch *Ley*, KÖSDI 2009, S. 16691. Vorteil dieser Einordnung ist, dass dem Bedürfnis in der Praxis für personifizierte unentgeltliche Einlagen in das Gesamthandsvermögen einer Mitunternehmerschaft entsprochen wird, ohne

Eine Einlage ist nach § 6 Abs. 1 Nr. 5 EStG grundsätzlich mit dem Teilwert zu bewerten. Der einbringende Gesellschafter realisiert zum Zeitpunkt der Einlage demnach grundsätzlich keinen steuerpflichtigen Gewinn.[1107] Abweichend hiervon sind höchstens die Anschaffungs-/Herstellungskosten anzusetzen, wenn

- zwischen der Einlage und der Anschaffung oder Herstellung des Wirtschaftsguts nicht mehr als drei Jahre liegen (§ 6 Abs. 1 Nr. 5 Buchst. a EStG),
- es sich um eine Beteiligung i. S. d. § 17 EStG oder um ein Wirtschaftsgut des § 20 Abs. 2 EStG handelt (§ 6 Abs. 1 Nr. 5 Buchst. b und c EStG).

Bei einer verdeckten Einlage kann es zu Folgen auf der Ebene der Gesellschaft kommen, wenn es sich im Privatvermögen des Gesellschafters um ein abnutzbares Wirtschaftsgut handelte, das zur Erzielung von außerbetrieblichen Einkünften eingesetzt worden ist. Dann kann sich nach § 7 Abs. 1 Satz 5 EStG eine Minderung des AfA-Volumens ergeben.[1108] Erfolgt eine Übertragung aus dem Vermögen der Gesellschaft in das Privatvermögen des Gesellschafters gegen Minderung des Kapitalkontos II, liegt eine Entnahme vor, die mit dem Teilwert zu bewerten ist.[1109]

Wird im Rahmen der Übertragung einer Sachgesamtheit in das Betriebsvermögen einer Personengesellschaft das Kapitalkonto II angesprochen, welches weder Stimmrechte noch Gewinnbezugsrechte gewährt, ist der Anwendungsbereich des § 24 Abs.1 UmwStG nicht eröffnet, da es an einer in Ge-

---

dass hierdurch schenkungssteuerliche Reflexe ausgelöst werden, vgl. *Strahl*, KÖSDI 2015, S. 19493. A. A. jedoch u. a. BMF, Schreiben v. 11.7.2011, IV C 6 - S 2178/09/10001, BStBl. I 2011, S. 713, Rz. II.1. und II.2.b); v. 29.3.2000, IV C 2 - S 2178-4/00, BStBl. I 2000, S. 462, Rz. II.1.b); *Siegmund/Ungemach*, NWB 2011, S. 2861; *Wendt*, Stbg 2010, S. 151, welche die Auffassung vertreten, dass das Kapitalkonto II Gesellschaftsrechte gewährt. Demnach wäre der Vorgang wie bei der Gutschrift auf dem Kapitalkonto I zu behandeln.

1107 Vgl. *Bolk*, Bilanzierung und Besteuerung, 2015, S. 188. Die verdeckte Einlage ist demnach von Vorteil, wenn das übertragene Wirtschaftsgut steuerverstrickt ist, da eine steuerwirksame Einbringung vermieden wird, vgl. *Mutscher*, in: Frotscher/Geurts, EStG, § 6 EStG, Rz. 413 (Juli 2015); *Korn/Strahl*, in: Korn et al., EStG, § 6 EStG, Rz. 498.3 (April 2016). Zudem kann die Vornahme einer Sacheinlage zur Vermeidung nur verrechenbarer Verluste i. S. d. § 15a Abs. 2 EStG durch Zuführung von Kapital vor dem Ende des Wirtschaftsjahres genutzt werden, vgl. *Strahl*, KÖSDI 2012, S. 18060.

1108 Vgl. ausführlich hierzu *Wendt*, Stbg 2010, S. 148; *Siegle*, SteuD 2011, S. 471 ff.; *Hilbertz*, NWB 2011, S. 108 ff.; *Levedag*, DStR 2010, S. 249 ff.; *Schoor*, BBK 2011, S. 115 ff.; *Strahl*, FR 2010, S. 756.

1109 Vgl. *Heinicke*, in: Schmidt, EStG, 2016, § 4 EStG, Rz. 360. Der BFH plädiert hierbei dafür, dass der Entnahmegewinn allen Gesellschaftern entsprechend ihren Beteiligungsquoten zuzurechnen ist, wenn dem Entnehmenden die stillen Reserven geschenkt wurden, vgl. BFH, Urteil v. 28.9.1995, IV R 39/94, BStBl. II 1996, S. 276; so auch *Wacker*, in: Schmidt, EStG, 2016, § 15 EStG, Rz. 446. *Ley* stellt in diesem Zusammenhang auf die zwischen den Gesellschaftern getroffenen Vereinbarungen ab, die sich aus dem Gesellschaftsvertrag oder einem Beschluss bezogen auf die konkrete Übertragung ergeben können, vgl. *Ley*, KÖSDI 2009, S. 16693; ebenfalls *Hellwig*, FS Döllerer, 1988, S. 205.

sellschaftsrechten bestehenden Gegenleistung mangelt.[1110] Eine Aufdeckung von stillen Reserven kann dennoch vermieden werden, da es sich mangels Entgelt um eine Einlage einer betrieblichen Sachgesamtheit in eine Personengesellschaft handelt, sodass § 6 Abs. 3 EStG Anwendung findet.[1111] Bei Übertragungen gegen Minderung des Kapitalkontos II handelt es sich um unentgeltliche Ausbringungen, welche gem. § 6 Abs. 3 EStG zu behandeln sind.[1112]

4.2.3.1.3. Rücklagenkonto

Eine unentgeltliche Übertragung liegt nach Auffassung der h. M. vor, wenn die Gegenbuchung ausschließlich auf dem gesamthänderisch gebundenen Rücklagenkonto vollzogen wird.[1113] Für die steuerliche Behandlung von Übertragungsvorgängen einzelner Wirtschaftsgüter aus dem Betriebsvermögen oder aus dem Privatvermögen eines Gesellschafters kann auf die Ausführungen zum Kapitalkonto II verwiesen werden. Allerdings dürfte die Gutschrift auf einem gesamthänderisch gebundenen Rücklagenkonto bei einer Mehrpersonengesellschaft grundsätzlich der Ausnahmefall sein, da dadurch eine Bereicherung der anderen Gesellschafter einhergeht und in der Folge eine Schenkung nach § 7 ErbStG vorliegt.[1114]

Im Rahmen von Übertragungen von Sachgesamtheiten in das Betriebsvermögen einer Personengesellschaft vermittelt die ausschließliche Gegenbuchung auf dem Rücklagenkonto keine

---

1110 Vgl. *Patt*, in: Dötsch et al., UmwStR, 2012, § 24 UmwStG, Rz. 109; *Ley*, KÖSDI 2009, S. 16683; BFH, Urteil v. 5.6.2002, I R 81/00, BStBl. II 2004, S. 344; BFH, Urteil v. 29.7.2015, IV R 15/14, BFH/NV 2016, S. 453; v. 4.2.2016, IV R 46/12, DStR 2016, S. 662; FG Niedersachsen, Urteil v. 22.1.2014, 3 K 314/13, EFG 2014, S. 900; FG München, Urteil v. 6.11.2012, 13 K 943/09, EFG 2013, S. 421. A. A. *Crezelius*, DB 2004, S. 398; *Wißborn*, NWB 2011, S. 2698; *Röhrig/Doege*, DStR 2006, S. 499; *Fuhrmann*, in: Widmann/Mayer, UmwG/UmwStG, § 24 UmwStG, Rz. 388 (August 2013); BMF, Schreiben v. 11.11.2011, IV C 2 - S 1978-b/08/10001, BStBl. I 2011, S. 1314, Rz. 24.07; *Schlößer/Schley*, in: Haritz/Menner, Umwandlungssteuergesetz, 2015, § 24 UmwStG, Rz. 77, die davon ausgehen, dass die durch die ausschließliche Buchung auf dem Kapitalkonto II erhöhte gesellschaftsrechtliche Vermögensbeteiligung ein Gesellschaftsrecht darstellt und § 24 UmwStG somit zur Anwendung kommt. Wird dieser Auffassung gefolgt, kann auf die vorbeschriebenen Rechtsfolgen zum Kapitalkonto I verwiesen werden. Zur Frage, ob ein negatives Kapitalkonto eines zu übertragenen Mitunternehmeranteils ein sonstiges Entgelt darstellt, vgl. Gliederungspunkt 4.4.1.2.2.

1111 Vgl. *Demuth*, in: 21. KÖSDI-Spezialseminar, 2015, D, Rz. 7; *Ley*, KÖSDI 2010, S. 16815.

1112 Vgl. *Ley*, KÖSDI 2010, S. 16819; *Hageböke*, Ubg 2009, S. 108.

1113 Vgl. BMF, Schreiben v. 8.12.2011, IV C 6 - S 2241/10/10002, BStBl. I 2011, S. 1279, Rz. 14, 15 unter Hinweis auf BMF, Schreiben v. 11.7.2011, IV C 6 - S 2241/09/10001, BStBl. I 2011, S. 713; v. 29.3.2000, IV C 2 - S 2178-4/00, BStBl. I 2000, S. 462; *Wißborn*, NWB 2011, S. 2695 f.; *Schneider/Oepen*, FR 2009, S. 660 f.; *Prinz*, StuB 2008, S. 390; *Mutschler*, DStR 2009, S. 1628; *Bolk*, Bilanzierung und Besteuerung, 2015, S. 188.

1114 Vgl. *Strahl*, KÖSDI 2012, S. 18061. Ebenso *Bolk*, der zur Vermeidung der Problematik dazu rät, dass auch die anderen Gesellschafter der Beteiligungsquote entsprechende Beiträge leisten, vgl. *Bolk*, Bilanzierung und Besteuerung, 2015, S. 189. Eine Folge der Schenkung wäre, dass die zugrunde liegende Vereinbarung u. U. der notariellen Beurkundung bedarf, vgl. § 518 Abs. 1 BGB; BGH, Urteil v. 24.9.1952, II ZR 136/51, BGHZ 7, S. 179; *Werner*, NWB 2012, S. 1532. Ausführlich zur Problematik vgl. *Mutscher*, DStR 2009, S. 1628.

Gesellschaftsrechte.[1115] Somit liegt nach h. M. kein begünstigter Sachverhalt nach § 24 UmwStG vor.[1116] In Teilen der Literatur wird für diesen Fall die Auffassung vertreten, dass eine Buchwertfortführung aufgrund einer analogen Anwendung des § 6 Abs. 3 EStG möglich bzw. sogar zwingend sei.[1117] Die Mitunternehmerschaft, in deren Betriebsvermögen die Einlage erfolgt, ist in diesem Fall als Rechtsnachfolgerin i. S. d. § 6 Abs. 3 Satz 3 EStG anzusehen.[1118] Im Übrigen kommt es zu den gleichen Rechtsfolgen wie bei der ausschließlichen Verbuchung auf dem Kapitalkonto II.

4.2.3.1.4. Darlehenskonto

Bei der Übertragung von Einzelwirtschaftsgütern des Betriebsvermögens gegen Gutschrift auf einem Gesellschafterdarlehenskonto wie unter fremden Dritten liegt eine entgeltliche Veräußerung vor.[1119] Die Buchwertfortführung des § 6 Abs. 5 EStG ist nicht möglich. Vielmehr kommt es zur Aufdeckung von stillen Reserven, die grundsätzlich erfolgswirksam zu erfassen ist.[1120] Erfolgt die Übertragung aus dem Gesamthandsvermögen der Personengesellschaft in ein Betriebsvermögen des Gesellschafters und wird als Gegenleistung das Gesellschafterdarlehenskonto belastet, liegt eine entgeltliche und erfolgswirksame Übertragung vor.[1121] Übersteigt hingegen das Entgelt den fremdüblichen Betrag, stellt der Mehrbetrag eine Entnahme bzw. Einlage dar, die nicht zur Gewinnrealisierung führt.[1122]

1115 Vgl. *Patt*, in: Dötsch et al., UmwStR, 2012, § 24 UmwStG, Rz. 109; *Mutscher*, in: Frotscher/ Maas, KStG/GewStG/UmwStG, § 24 UmwStG, Rz. 76 (November 2013); *Ohde*, in: Haase/Hruschka, UmwStG, 2012, § 24 UmwStG, Rz. 40. A. A. *Röhrig/Doege*, DStR 2006, S. 499; *Geissler*, in: Herrmann/Heuer/Raupach, EStG/KStG, § 16 EStG, Rz. 105 (Februar 2016); *Schlößer/Schley*, in: Haritz/Menner, Umwandlungssteuergesetz, 2015, § 24 UmwStG, Rz. 77.

1116 Vgl. *Crezelius*, DB 2004, S. 398; *Fuhrmann*, in: Widmann/Mayer, UmwG/UmwStG, § 24 UmwStG, Rz. 388 (August 2013).

1117 Vgl. *Patt*, in: Dötsch et al., UmwStR, 2012, § 24 UmwStG, Rz. 41; *Mutscher*, in: Frotscher/Maas, KStG/GewStG/UmwStG, § 24 UmwStG, Rz. 76 (November 2013); *Rapp*, in: Littmann/Bitz/Pust, Einkommensteuerrecht, § 16 EStG, Rz. 18c (Dezember 2014).

1118 Vgl. *Patt*, in: Dötsch et al., UmwStR, 2012, § 24 UmwStG, Rz. 41. Diese Beurteilung entspricht auch dem Grundgedanke der Regelung in § 6 Abs. 5 Satz 3 EStG.

1119 So u. a. bereits BFH, Urteil v. 11.12.2001, VIII R 58/98, BStBl. II 2002, S. 420; v. 21.6.2012, IV R 1/08, BFH/NV 2012, S. 1536; BMF, Schreiben v. 3.3.2005, IV B 2 - S 2241/14/05, BStBl. I 2005, S. 458, Rz. 17. Ebenfalls stellvertretend für viele *Kulosa*, in: Schmidt, EStG, 2016, § 6 EStG, Rz. 696; *Ley*, KÖSDI 2009, S. 16686; *Bolk*, Bilanzierung und Besteuerung, 2015, S. 184; *Korn/Strahl*, in: Korn et al., EStG, § 6 EStG, Rz. 498 (April 2016) m. w. N.

1120 Die Gutschrift auf dem Darlehenskonto eignet sich demnach, wenn die Realisierung stiller Reserven angestrebt wird. Durch entgeltliche Übertragung von Grundstücken und Anteilen an Kapitalgesellschaften kann zudem die Übertragbarkeit der stillen Reserven nach § 6b EStG erreicht werden, wenn die übrigen Voraussetzungen dafür vorliegen, vgl. *Korn/Strahl*, in: Korn et al., EStG, § 6 EStG, Rz. 498 (April 2016); *Bolk*, Bilanzierung und Besteuerung, 2015, S. 185.

1121 So auch *Ley*, KÖSDI 2009, S. 16689.

1122 Vgl. BFH, Urteil v. 11.12.2001, VIII R 58/98, BStBl. II 2002, S. 420. Erfolgt die entgeltliche Übertragung an einen im Ausland ansässigen Gesellschafter sind zudem die Regelungen des § 1 AStG zu beachten, vgl. hierzu *Ditz*, in: Wassermeyer/Richter/Schnittker, Personengesellschaft im Internationalen Steuerrecht, 2015, Kapitel 12, Rz.

Die Übertragung eines zum Privatvermögen des Gesellschafters gehörenden Wirtschaftsguts in das Gesamthandsvermögen einer Personengesellschaft gegen Gutschrift auf dem Gesellschafterdarlehenskonto stellt ebenfalls einen entgeltlichen Übertragungsvorgang dar und unterliegt demnach den normalen Besteuerungsregeln. Der Vorgang ist einkommensteuerpflichtig, wenn die Übertragung einen Besteuerungstatbestand erfüllt.[1123] Hierbei sind dieselben Rechtsfolgen wie im Fall der Gutschrift auf dem Kapitalkonto I maßgebend.[1124] Bei Belastung eines Gesellschafterdarlehenskontos liegt eine erfolgswirksame entgeltliche Übertragung vor.

Bei Übertragungen von betrieblichen Sachgesamtheiten gegen die ausschließliche Gutschrift auf einem Gesellschafterdarlehenskonto liegen gewinnrealisierende Veräußerungen i. S. der §§ 16, 34 EStG vor.[1125]Aus Sicht der Gesellschaft stellt dies eine Einbringung gegen Fremdkapital dar.[1126] Eine Anwendung des § 24 UmwStG scheidet demnach aus steuersystematischen Gründen aus.[1127] Eine Übertragung von Sacheinheiten gegen Belastung des Darlehenskontos stellt eine Veräußerung eines Betriebes, Teilbetriebs oder Mitunternehmeranteils i. S. d. §§ 16, 34 EStG dar. Aus Sicht des übernehmenden Gesellschafters liegt ein Anschaffungsgeschäft einer betrieblichen Einheit vor. Auf Ebene der Personengesellschaft entsteht in Höhe der Differenz zwischen der Belastung auf dem Darlehenskonto (Veräußerungspreis) und dem buchmäßigen Eigenkapital der Sachgesamtheit ein Veräußerungsgewinn, der den Gesellschaftern entsprechend ihrer Beteiligungsquoten zuzurechnen ist.[1128]

12.40.

1123 Vgl. *Ley*, KÖSDI 2009, S. 16692.

1124 Es besteht jedoch die Gefahr, dass die Finanzverwaltung das Veräußerungs- und Anschaffungsgeschäft nicht anerkennt, wenn die Gesellschaft bei wirtschaftlicher Betrachtung den vereinbarten Kaufpreis nicht trägt. Der Vorgang wäre dann in einen unentgeltlichen Einlagevorgang umzudeuten, vgl. BFH, Urteil v. 14.2.2008, VI R 61/05, BFH/NV 2008, S. 1460 (zur vergleichbaren Problematik im Rahmen des § 6b EStG); FG München, Urteil v. 6.11.2012, 13 K 943/09, EFG 2013, S. 421 (Revision anhängig unter AZ. IV R 46/12). Vertiefend hierzu *Demuth*, in: 21. KÖSDI-Spezialseminar, 2015, D, Rz. 44.

1125 Vgl. *Ley*, KÖSDI 2010, S. 16816; *Patt*, in: Dötsch et al., UmwStR, 2012, § 24 UmwStG, Rz. 59.

1126 Vgl. *Crezelius*, DB 2004, S. 398.

1127 Vgl. *Schlößer/Schley*, in: Haritz/Menner, Umwandlungssteuergesetz, 2015, § 24 UmwStG, Rz. 77; *Fuhrmann*, in: Widmann/Mayer, UmwG/UmwStG, § 24 UmwStG, Rz. 384 (August 2013); *Mutscher*, in: Frotscher/Maas, KStG/GewStG/UmwStG, § 24 UmwStG, Rz. 77 (November 2013); *Patt*, in: Dötsch et al., UmwStR, 2012, § 24 UmwStG, Rz. 59; BFH, Urteil v. 25.4.2006, VIII R 52/04, BStBl. II 2006, S. 847; *Rasche*, in: Rödder/Herlinghaus/van Lishaut, UmwStG, 2013, § 24 UmwStG, Rz. 62. Denn wenn das UmwStG das unternehmerische Engagement in anderer Form begünstigen will, dann muss vorausgesetzt werden, dass dem Vermögensbereich der aufnehmenden Gesellschaft zumindest teilweise Eigenkapital zugeführt wird. Gewährt die Gesellschaft als Gegenleistung für die Einbringung ausschließlich Fremdkapital, ist hingegen nicht von einer Fortführung des unternehmerischen Engagements zu sprechen. Vielmehr steht der Gesellschafter der aufnehmenden Gesellschaft wie ein Gläubiger gegenüber, vgl. *Crezelius*, DB 2004, S. 398.

1128 Vgl. *Ley*, KÖSDI 2010, S. 16819.

4.2.3.2. Rechtsfolgen bei gesplitteter Gegenbuchung

4.2.3.2.1. Kapitalkonto I und Kapitalkonto II oder Rücklagenkonto

Übertragungsvorgänge gegen Gewährung von Gesellschaftsrechten liegen ebenfalls vor, wenn die Übertragung gegen Gutschrift auf dem Kapitalkonto I erfolgt und daneben eine Buchung auf dem als Eigenkapital zu qualifizierenden Kapitalkonto II oder auf einem gesamthänderisch gebundenen Rücklagenkonto vorgenommen wird.[1129] Werden nun einzelne Wirtschaftsgüter des Betriebsvermögens eines Gesellschafters in das Gesamthandsvermögen einer Personengesellschaft in dieser Form übertragen, ist demnach nach § 6 Abs. 5 Satz 3 EStG zwingend der Buchwert anzusetzen, da letztlich nur Gesellschaftsrechte gewährt werden.[1130] Die vorbeschriebenen Rechtsfolgen ergeben sich auch im umgekehrten Fall der Übertragung eines Wirtschaftsguts aus dem Betriebsvermögen einer Personengesellschaft in ein Betriebsvermögen eines Gesellschafters.

Bei Übertragungen von einzelnen Wirtschaftsgütern aus dem Privatvermögen eines Gesellschafters gegen gesplittete Gutschrift auf dem Kapitalkonto I und dem Kapitalkonto II oder dem Rücklagenkonto handelt es sich um eine vollentgeltliche Veräußerung.[1131] Es kommt hierbei zu denselben Rechtsfolgen wie bei der ausschließlichen Verbuchung auf dem Kapitalkonto I. Im Fall der teilweisen Minderung des Kapitalkontos I und des Kapitalkonto II bzw. dem Rücklagenkonto stellt der gesamte Vorgang eine Minderung von Gesellschaftsrechten dar und ist somit als voll entgeltliche Veräußerung zu qualifizieren.

Wird ein Betrieb, Teilbetrieb oder ein Mitunternehmeranteil eingebracht und erfolgt die Gutschrift hierfür neben dem Kapitalkonto I auf dem variablen Kapitalkonto II, kann dies ebenfalls steuerneutral zu Buchwerten nach § 24 Abs. 1 UmwStG vollzogen werden.[1132]

[1129] Vgl. BFH, Urteil v. 24.1.2008, IV R 37/06, BStBl. II 2011, S. 617; BMF, Schreiben v. 20.5.2009, IV C 6 - S 2134/07/10005, BStBl. I 2009, S. 671; *Ley*, KÖSDI 2009, S. 16685.

[1130] Erfolgt die Zuzahlung auf das Kapitalkonto II oder das Rücklagenkonto jedoch auf freiwilliger Basis, ist die Gutschrift entsprechend der Teilleistungen zum Teilwert in einen entgeltlichen Teil (Gewährung von Gesellschaftsrechten) und einen unentgeltlichen Teil aufzuteilen. Da § 6 Abs. 5 Satz 3 EStG jedoch sowohl Vorgänge gegen Gewährung von Gesellschaftsrechten als auch unentgeltliche Vorgänge erfasst, hat auch diese Übertragung zwingend zum Buchwert zu erfolgen.

[1131] Vgl. u. a. BFH, Urteil v. 24.1.2008, IV R 37/06, BStBl. II 2011, S. 617; *Wendt*, FR 2008, S. 915 f.; *Strahl*, KÖSDI 2015, S. 19492; *Weidmann*, FR 2012, S. 212; BMF, Schreiben v. 11.7.2011, IV C 6 - S- 2178/09/10001, BStBl. I 2011, S. 713, Rz. II.2.a).

[1132] Vgl. *Ettinger/Schmitz*, DStR 2009, S. 1248; *Patt*, in: Dötsch et al., UmwStR, 2012, § 24 UmwStG, Rz. 109; *Ley*, KÖSDI 1999, S. 12162; *Ley*, KÖSDI 2010, S. 16814; BMF, Schreiben v. 11.11.2011, IV C 2 - S 1978-b/08/10001,

4.2.3.2.2. Kapitalkonto I und Darlehenskonto

Wird der Wert des übertragenden Wirtschaftsguts teilweise gegen das Kapitalkonto I und teilweise gegen das Darlehenskonto gebucht (Mischentgelt), handelt es sich insgesamt um einen entgeltlichen Vorgang. Im Rahmen von Übertragungsvorgängen einzelner Wirtschaftsgüter aus dem Betriebsvermögen ist die Gutschrift auf einem Gesellschafterkonto mit gesellschaftsrechtlichem Fremdkapitalcharakter insoweit ein schädliches Teilentgelt, welches die Buchwertfortführung nach § 6 Abs. 5 Satz 3 EStG ausschießt.[1133] Der Teil des Entgelts, welcher in der Gewährung von Gesellschafsrechten besteht, ist durch § 6 Abs. 5 EStG privilegiert.[1134] Die Berechnung des Veräußerungsgewinns erfolgt im Rahmen der strengen Trennungstheorie mit Aufteilung des Buchwerts. Danach führen Teilentgelte im Verhältnis zwischen Teilentgelt und Verkehrswert des Wirtschaftsguts zur Realisierung vorhandener stiller Reserven.[1135] Eine entstehende Gewinnrealisierung kann nicht durch eine Ergänzungsbilanz neutralisiert werden.[1136]

Werden einzelne Wirtschaftsgüter des Privatvermögens in das Betriebsvermögen der Personengesellschaft übertragen, können die vorbeschriebenen Ausführungen zu den Rechtsfolgen bei der ausschließlichen Verbuchung auf dem Kapitalkonto I oder dem Darlehenskonto analog angewendet werden.[1137]

Im Rahmen von Übertragungen von Sachgesamtheiten ist ein Mischentgelt grundsätzlich aufzuteilen.[1138] Allerdings hat der BFH in seinem Urteil vom 18.9.2013[1139] entschieden, dass die Gewährung

---

BStBl. I 2011, S. 1314, Rz. 24.07; *Schmitt*, in: Schmitt/Hörtnagl/Stratz, UmwG/UmwStG, 2013, § 24 UmwStG, Rz. 116; *Rasche*, in: Rödder/Herlinghaus/van Lishaut, 2013, § 24 UmwStG, Rz. 61; *Mutscher*, in: Frotscher/Maas, KStG/GewStG/UmwStG, § 24 UmwStG, Rz. 76 (November 2013).

1133 Vgl. z. B. BMF, Schreiben v. 11.7.2011, IV C 6 - S 2178/09/10001, BStBl. I 2011, S. 713, Rz. I.2; OFD, Karlsruhe, Verfügung v. 20.6.2006, S 2241/27 - St 111, BeckVerw 150365; *van Lishaut*, DB 2001, S. 1520.

1134 Vgl. *Kulosa*, in: Schmidt, EStG, 2016, § 6 EStG, Rz. 697.

1135 Vgl. BMF, Schreiben v. 8.12.2011, IV C 6 - S 2241/10/10002, BStBl. I 2011, S. 1279, Rz. 15; v. 12.9.2013, IV C 6 - S 2241/10/10002, BStBl. I 2013, S. 1164; *Niehus/Wilke*, FR 2005, S. 1012; *Heuermann*, DB 2013, S. 1328; *Vees*, DStR 2013, S. 681; *Dornheim*, DStZ 2013, S. 397; *Jäschke*, GmbHR 2012, S. 603. Der BFH hat die von der Finanzverwaltung vertretene Betrachtungsweise im Fall des Mischentgelts bestätigt, vgl. bereits BFH, Urteil v. 11.12.1997, IV R 28/97, BFH/NV 1998, S. 836. Kritisch *Ley*, KÖSDI 2009, S. 16686 ff.; *Wendt*, DB 2013, S. 839.

1136 Vgl. *Kulosa*, in: Schmidt, EStG, 2016, § 6 EStG, Rz. 697. Dies gilt spiegelbildlich bei Übertragungen von Einzelwirtschaftsgütern aus dem Gesamthandsvermögen der Personengesellschaft in das Betriebsvermögen des Gesellschafters, vgl. *Kulosa*, in: Schmidt, EStG, 2016, § 6 EStG, Rz. 698.

1137 Im Fall der Ausbringung ist ebenfalls analog zu verfahren.

1138 Vgl. BMF, Schreiben v. 11.11.2011, IV C 2 - S 1978-b/08/10001, BStBl. I 2011, Rz. 24.07. Eine Schuldübernahme ist hingegen unschädlich, wenn es sich nur um Schulden des eingebrachten Betriebs handelt, vgl. *Reiß*, in: Kirchhof, EStG, 2016, § 16 EStG, Rz. 122 und 262.

1139 Vgl. BFH, Urteil v. 18.9.2013, IV R 42/10, BFH/NV 2013, S. 2006 m. Anm. *Mische*, BB 2013, S. 2866 ff.

eines Mischentgelts (Gutschrift auf dem Kapitalkonto I und dem Darlehenskonto) bei einer Einbringung einer Sachgesamtheit nicht zur Aufdeckung der stillen Reserven führt, soweit die Summe aus dem Nominalbetrag der Gutschrift auf dem Kapitalkonto I des Einbringenden und dem gemeinen Wert der eingeräumten Darlehensforderung den steuerlichen Buchwert der eingebrachten Sachgesamtheit nicht übersteigt (Einheitstheorie).[1140] Der Gesetzgeber hat die Rechtsprechung des BFH im Rahmen des Steueränderungsgesetzes 2015 vom 2.11.2015[1141] jedoch korrigiert und die Trennungstheorie in § 24 UmwStG festgeschrieben. Gleichzeitig wurde eine Unschädlichkeitsgrenze in § 24 Abs. 2 Satz 2 Nr. 2 UmwStG eingefügt. So ist ein Buchwertansatz nur möglich, soweit der gemeine Wert von sonstigen Gegenleistungen, die neben den neuen Gesellschaftsanteilen gewährt werden, nicht mehr beträgt als 25 % des Buchwerts des eingebrachten Betriebsvermögens oder 500.000 EUR, höchstens jedoch der Buchwert des eingebrachten Betriebsvermögens. Übersteigt die Gutschrift auf dem Kapitalkonto I und die als entgeltliche Veräußerung anzusehende anteilige Gutschrift auf dem Darlehenskonto den Buchwert der Sachgesamtheit, ist der Einbringungsvorgang aufzuteilen. In Höhe der Gewährung von Gesellschaftsrechten liegt eine Einbringung nach § 24 UmwStG vor, sodass unter den weiteren Voraussetzungen insoweit eine Buchwertfortführung beantragt werden kann.[1142] Der Gewinn des entgeltlichen Teils ist hingegen in Anlehnung an die Einheitstheorie nach § 16 Abs. 2 EStG zu ermitteln.[1143]

4.2.3.2.3. Kapitalkonto II und Rücklagenkonto

Bei der teilweisen Gutschrift auf dem Kapitalkonto II und dem Rücklagenkonto liegt mangels konkreter Gegenleistung ein insgesamt unentgeltlicher Übertragungsvorgang vor.[1144] Demzufolge ist bei

---

1140 Die Rechtsprechung bestätigend *Geissler*, FR 2014, S. 152; *Rosenberg/Placke*, DB 2013, S. 2821; *Schlößer/Schley*, in: Haritz/Menner, Umwandlungssteuergesetz, 2015, § 24 UmwStG, Rz. 43a; *Fuhrmann*, in: Widmann/Mayer, UmwG/UmwStG, § 24 UmwStG, Rz. 583, 526 f. (Dezember 2013); *Fuhrmann*, NZG 2014, S. 137; *Strahl*, in: Carlé et al., Umwandlungen, 2012, S. 149; *Strahl*, Ubg 2013, S. 762; *Reiß*, in: Kirchhof, EStG, 2016, § 16 EStG, Rz. 35a. A. A. BMF, Schreiben v. 11.11.2011, IV C 2 - S 1978-b/08/10001, BStBl. I 2011, Rz. 24.07; *Patt*, GmbH-StB 2011, S. 308 f.; *Wüllenkemper*, EFG 2011, S. 495; *Dornheim*, FR 2013, S. 1027 f., welche die strikte Trennungstheorie zugrunde legen. Die Einheitstheorie gilt jedoch nicht, wenn der Einbringende eine Zuzahlung ins Privatvermögen erhält, vgl. BFH, Urteil v. 18.9.2013, IV R 42/10, BFH/NV 2013, S. 2006; BMF, Schreiben v. 11.11.2011, IV C 2 - S 1978-b/08/10001, BStBl. I 2011, Rz. 24.08 ff.; *Geissler*, FR 2014, S. 158. Kritisch hierzu *Schlößer/Schley*, in: Haritz/Menner, Umwandlungssteuergesetz, 2015, § 24 UmwStG, Rz. 43b; *Patt*, GmbH-StB 2011, S. 304.

1141 BGBl. I 2015, S. 1834.

1142 Vgl. *Patt*, in: Dötsch et al., UmwStR, 2012, § 24 UmwStG, Rz. 60.

1143 Zu diesem Fall musste der BFH in seinem Urteil v. 18.9.2013 (X R 42/10, BFH/NV 2013, S. 2006) keine Stellung beziehen. Für diese Vorgehensweise sprechen sich jedoch u. a. *Rosenberg/Placke*, DB 2013, S. 2823; *Fuhrmann*, in: Widmann/Mayer, UmwG/UmwStG, § 24 UmwStG, Rz. 529 (Dezember 2013); *Geissler*, FR 2014, S. 157 f. aus. A. A. *Rasche*, in: Rödder/Herlinghaus/van Lishaut, UmwStG, 2013, § 24 UmwStG, Rz. 62 f.

1144 So auch *Weidmann*, FR 2012, S. 212 f.; *Ley*, KÖSDI 2010, S. 16815.

Übertragungen von Einzelwirtschaftsgütern des Betriebsvermögens die Buchwertfortführung des § 6 Abs. 5 Satz 3 EStG anwendbar.[1145] Im Falle der Übertragung von Wirtschaftsgütern aus dem Gesamthandsvermögen einer Personengesellschaft auf den Gesellschafter bei teilweiser Lastschrift auf dem Kapitalkonto II und dem Rücklagenkonto gilt dies analog.

Im Rahmen von Übertragungsvorgängen von Einzelwirtschaftsgütern des Privatvermögens ist hingegen von einer verdeckten Einlage auszugehen.[1146] Im Falle der Ausbringung von Übertragungsgegenständen aus dem Gesamthandsvermögen einer Personengesellschaft in das Privatvermögen des Gesellschafters bei teilweiser Lastschrift auf dem Kapitalkonto II und dem Rücklagenkonto handelt es sich um einen Entnahmevorgang.

Werden Sachgesamtheiten in das Betriebsvermögen einer Personengesellschaft übertragen, kann auf die Ausführungen zum Kapitalkonto II bzw. Rücklagenkonto verwiesen werden.

4.2.3.2.4. Kapitalkonto II oder Rücklagenkonto und Darlehenskonto

Erfolgt die Übertragung von Einzelwirtschaftsgütern des Betriebsvermögens gegen Erhöhung des Kapitalkontos II bzw. des Rücklagenkontos und gegen Gutschrift auf dem Darlehenskonto, handelt es sich um einen teilentgeltlichen Vorgang, der in einen unentgeltlichen Einlagevorgang und einen entgeltlichen Einbringungsvorgang aufzusplitten ist.[1147] Strittig ist, wie in diesem Fall die Berechnung des Gewinns zu erfolgen hat.[1148] Die Rechtsprechung und Teile der Literatur sprechen sich für die Anwendung der modifizierten Trennungstheorie aus.[1149] Nach dieser ist eine teilentgeltliche

---

1145 Wird hingegen die Auffassung vertreten, dass das Kapitalkonto II Gesellschaftsrechte gewährt, das Rücklagenkonto hingegen nicht, sind in diesem Fall die Grundsätze des BFH zur teilweisen Gutschrift auf dem Kapitalkonto I und dem Rücklagenkonto analog anzuwenden. Da es sich hierbei um die einheitliche Gewährung von Gesellschaftsrechten handelt, kommt es jedoch zu keiner Änderung der Rechtsfolge, da § 6 Abs. 5 Satz 3 EStG auch für diesen Fall anwendbar ist.

1146 Wird allerdings der Auffassung gefolgt, dass das Kapitalkonto II Gesellschaftsrechte gewährt, das Rücklagenkonto hingegen nicht, führt der Vorgang zu einer Veräußerung, vgl. BMF, Schreiben v. 11.7.2011, IV C 6 - S 2178/09/10001, BStBl. I 2011, S. 713, Rz. II.2.a); *Wißborn*, NWB 2011, S. 2696; *Tiede*, StuB 2011, S. 612. In diesem Fall werden die Grundsätze des BFH zur teilweisen Gutschrift auf dem Kapitalkonto I und dem Rücklagenkonto analog herangezogen.

1147 Vgl. *Röhrig*, EStB 2008, S. 219. Stellt das Kapitalkonto II ein Gesellschafterkonto dar, welches Gesellschaftsrechte gewährt, kann auf die Ausführungen in Gliederungspunkt 4.2.3.2.2. verwiesen werden.

1148 Zur Einheits- und Trennungstheorie sowie Bedenken gegen die Trennungstheorie allgemein und besonders im Anwendungsbereich des § 6 Abs. 5 Satz 3 EStG vgl. *Korn/Strahl*, in: Korn et al., EStG, § 6 EStG, Rz. 107 ff. (April 2016) m. w. N.

1149 Vgl. BFH, Urteil v. 21.6.2012, IV R 1/08, BFH/NV 2012, S. 1536; v. 19.9.2012, IV R 11/12, BFH/NV 2012, S. 1880; *Korn/Strahl*, in: Korn et al., EStG, § 6 EStG, Rz. 496.1 (April 2016); *Teschke/Sundheimer/Tholen*, Ubg 2014, S. 414; *Graw*, FR 2015, S. 260; *Demuth*, EStB 2014, S. 373; *Reiß*, in: Kirchhof, EStG, 2016, § 15 EStG, Rz. 376a; *Strahl*, FR 2014, S. 763. Ausführlich zu den Urteilen vgl. u. a. *Gossert/Liepert/Sahm*, DStZ 2013, S. 243 ff.;

Übertragung in einen unentgeltlichen Teil und einen entgeltlichen Teil zu zerlegen.[1150] Dabei bemisst sich der Umfang der Entgeltlichkeit nach dem Verhältnis des Kaufpreises zum Verkehrswert des übertragenen Wirtschaftsguts. In einem anschließenden Rechenschritt wird sodann der Buchwert dem entgeltlichen Teil zugerechnet. Aufgrund der vollen Zuordnung des Buchwerts zum entgeltlichen Teil kommt es bei der modifizierten Trennungstheorie nur zur Aufdeckung von stillen Reserven, wenn das Entgelt den Buchwert überschreitet.[1151] Der unentgeltliche Teil ist nach § 6 Abs. 5 Satz 3 EStG zum Buchwert zu übertragen. Hinsichtlich des entgeltlichen Teils der Übertragung liegt eine Veräußerung des Wirtschaftsguts vor. Die Finanzverwaltung und insbesondere Autoren aus deren Reihen sind hingegen für die Anwendung der strikten Trennungstheorie.[1152] Aufgrund des Festhaltens der Finanzverwaltung an der strikten Trennungstheorie sind Steuergestaltungen im Anwendungsbereich der Trennungstheorie derzeit risikobehaftet und sollten vermieden werden.[1153]

Erfolgt die Gutschrift für die Übertragung von Einzelwirtschaftsgütern des Privatvermögens teilweise auf dem Kapitalkonto II oder dem Rücklagenkonto und teilweise auf dem Darlehenskonto, ist der Vorgang in eine verdeckte Einlage und eine entgeltliche Veräußerung aufzuteilen.[1154]

Werden Sachgesamtheiten gegen die teilweise Buchung auf dem Kapitalkonto II oder Rücklagenkonto und dem Darlehenskonto übertragen, erfolgt keine Aufspaltung des Vorgangs in einen entgeltlichen und einen unentgeltlichen Bestandteil. Vielmehr ist die Einheitstheorie anzuwenden.[1155]

Dornheim, DStZ 2013, S. 397 ff.; *Mitschke*, FR 2013, S. 314 ff.; *Stein/Stein*, FR 2013, S. 156 ff.; *Strahl*, FR 2013, S. 322 ff.; *Mitschke*, FR 2013, S. 648 ff.; *Schlößer/Schley*, in: Haritz/Menner, Umwandlungssteuergesetz, 2015, § 24 UmwStG, Rz. 45.

1150 Vgl. *Gossert/Liepert/Sahm*, DStZ 2013, S. 243.

1151 Vgl. *Dornheim*, DStZ 2013, S. 397; *Gossert/Liepert/Sahm*, DStZ 2013, S. 243.

1152 Vgl. BMF, Schreiben v. 12.9.2013, IV C 6 - S 2241/10/10002, BStBl. I 2013, S. 1164, Rz. II.1.a) (Nichtanwendungsschreiben); v. 8.12.2011, IV C 6 - S 2241/10/10002, BStBl. I 2011, S. 1279, Rz. 15; v. 11.7.2011, IV C 6 - S 2178/09/10001, BStBl. I 2011, S. 713 (zur Einbringung von Privatvermögen); v. 3.3.2005, IV B 2 - S 2241-14/05, BStBl. I 2005, S. 458, Rz. 17 (zu § 6 Abs. 3 EStG); v. 7.6.2001, IV A 6 - S 2241-52/10, BStBl. I 2001, S. 367; *Dornheim*, FR 2014, S. 869; *Dornheim*, FR 2013, S. 1022; *Brandenberg*, DB 2013, S. 17; *Mitschke*, FR 2013, S. 314; *Vees*, DStR 2013, S. 681; *Kulosa*, in: Schmidt, EStG, 2016, § 6 EStG, Rz. 697.

1153 Vgl. *Korn/Strahl*, in: Korn et al., EStG, § 6 EStG, Rz. 498.2 (April 2016). Ausführlich zum Meinungsstand *Schulze*, in: Widmann/Mayer, UmwG/UmwStG, Anhang 16, Rz. 417 ff., (September 2014); *Kulosa*, in: Schmidt, EStG, 2016, § 6 EStG, Rz. 697. Der X. Senat hat in einem Beschluss die Finanzverwaltung zum Verfahrensbeitritt aufgefordert, vgl. BFH, Beschluss v. 19.3.2014, X R 28/12, BStBl. II 2014, S. 629. Mit Beschluss v. 27.10.2015 hat der X. Senat des BFH diese Rechtsfrage dem Großen Senat zur Entscheidung vorgelegt, vgl. BFH, Beschluss v. 27.10.2015, X R 28/12, DStR 2015, S. 2834.

1154 Die Anwendung der strikten Trennungstheorie ist hier unbestritten. Die neueren Urteile des BFH haben hieran nichts geändert, vgl. *Kulosa*, in: Schmidt, EStG, 2016, § 6 EStG, Rz. 697; *Schlößer/Schley*, in: Haritz/Menner, Umwandlungssteuergesetz, § 24 UmwStG, Rz. 45. A. A. *Strahl*, FR 2013, S. 326; *Demuth*, EStB 2012, S. 459. Wird das Kapitalkonto II als Gesellschaftsrechte gewährend eingestuft, sind die Ausführungen in Gliederungspunkt 4.2.3.2.2. maßgebend. Im Fall der Ausbringung ist analog zu verfahren.

1155 Vgl. BFH, Urteil v. 22.9.1994, IV R 61/93, BStBl. II 1995, S. 367; v. 10.7.1986, IV R 12/81, BStBl. II 1986, S. 811;

Danach ist zu differenzieren, ob die erhaltene Gegenleistung den Buchwert der Sachgesamtheit übersteigt oder nicht.[1156] Übersteigt die Gutschrift auf dem Darlehenskonto den Buchwert der übertragenen Sacheinheit, liegt ein einheitlicher Rechtsvorgang vor, der unter § 16 Abs. 1 und 2 EStG zu subsumieren ist.[1157] Für den Fall, dass die Gutschrift auf dem Darlehenskonto den Buchwert der übertragenen Sachgesamtheit nicht übersteigt, handelt es sich um eine insgesamt unentgeltliche Übertragung nach § 6 Abs. 3 EStG.[1158]

4.3. Bedeutung der Gesellschafterkonten im Rahmen von Darlehensgewährungen innerhalb der Personengesellschaft und deren Auswirkung auf die Abzugsfähigkeit von Zinsen als Betriebsausgaben

4.3.1. Vorbemerkung

Aufgrund der rechtlichen Verselbständigung der Personengesellschaft werden schuldrechtliche Vertragsbeziehungen im Allgemeinen und Darlehensgewährungen im Besonderen zwischen einer Personengesellschaft und ihren Gesellschaftern zivilrechtlich anerkannt.[1159] Dies gilt auch im Steuerrecht, wenn das zugrunde liegende Rechtsgeschäft betrieblich veranlasst ist. Eine Darlehensforderung liegt vor, wenn dem Darlehensgläubiger zivilrechtlich ein Zahlungsanspruch gegen den Darlehensschuldner zusteht. Dabei ist es steuerlich unbeachtlich, ob die Darlehensgewährung in einen separaten schuldrechtlichen Vertrag gekleidet ist oder aber i. R. d. Gesellschaftsvertrags vereinbart wurde,[1160] denn es ist allgemein anerkannt, dass schuldrechtliche Vereinbarungen auch im Gesellschaftsvertrag getroffen werden können.[1161] Die Darlehensgewährungen werden buchhalterisch grundsätzlich auf dem Darlehenskonto des Gesellschafters erfasst.[1162]

Liegt ein passives Darlehenskonto vor, handelt es sich um eine Darlehensgewährung des Gesellschafters an die Personengesellschaft und somit um Fremdkapital in der Gesamthandsbilanz. Das

BMF, Schreiben v. 13.1.1993, IV B 3 - S 2190-37/92, BStBl. I 1993, S. 80.

1156 Anzuwenden ist demnach die Einheitstheorie, vgl. hierzu bereits BFH, Urteil v. 10.7.1986, IV R 12/81, BStBl. II 1986, S. 811; v. 16.12.1992, XI R 34/92, BStBl. II 1993, S. 436; BMF, Schreiben v. 13.1.1993, IV B 3 - S 2190-37/92, BStBl. I 1993, S. 80 zuletzt geändert durch BMF, Schreiben v. 26.2.2007, IV C 3 - S 2190-18/06, BStBl. I 2007, S. 269.

1157 Vgl. *Gossert/Liepert/Sahm*, DStZ 2013, S. 243.

1158 So auch für den allgemeinen Fall der teilentgeltlichen Übertragung von Sachgesamtheiten vgl. *Geissler*, FR 2014, S. 155 f. Im Fall der Ausbringung ist analog zu verfahren.

1159 Vgl. *Ulmer/Schäfer*, in: Säcker et al., Münchener Kommentar zum BGB, 2013, § 705 BGB, Rz. 187, 202.

1160 Vgl. *Steger*, NWB 2013, S. 1004; *Demuth*, KÖSDI 2008, S. 16177.

1161 Vgl. BFH, Urteil v. 13.10.1998, VIII R 4/98, BStBl. II 1999, S. 284.

1162 Vgl. *Hopt*, in: Baumbach/Hopt, Handelsgesetzbuch, 2014, § 120 HGB, Rz. 20.

Darlehenskonto kann hierbei Bestände aufweisen, die ihren Ursprung im Gesellschaftsvertrag haben, indem bspw. dort geregelt wurde, dass bestimmte Gewinnanteile des Gesellschafters darauf verbucht werden sollen.[1163] Es können jedoch auch Bestände auf dem Darlehenskonto ausgewiesen werden, die auf einem extra hierfür geschlossenen schuldrechtlichen Darlehensvertrag basieren. Im Gegensatz hierzu kann aber auch die Personengesellschaft dem Gesellschafter ein Darlehen gewähren. In diesem Fall liegt ein aktivisches Darlehenskonto vor. Zum einen ist dies wiederum aufgrund eines schuldrechtlichen Darlehensvertrages zwischen der Gesellschaft und dem Gesellschafter möglich, zum anderen können aktivische Darlehenskonten entstehen, wenn der Gesellschafter Entnahmen tätigt, die über den positiven Bestand des Darlehenskontos hinausgehen.[1164]

Darüber hinaus ist die Gesellschafterkontenabgrenzung für die steuerliche Behandlung der Verzinsung der Gesellschafterkonten von Bedeutung. Die Verzinsung von Eigen- und Fremdkapitalkonten des Gesellschafters hat ertragsteuerlich grundsätzlich keine unterschiedlichen Folgen, denn die Eigenkapitalverzinsung ist als Gewinnverwendung zu beurteilen, sodass die Zinsen den ertragsteuerlichen Gewinn nicht beeinflussen. Demgegenüber sind Zinsen auf Fremdkapital zwar in einem ersten Schritt Betriebsausgaben, allerdings wird die Gewinnminderung dadurch kompensiert, dass die Zinsen nach § 15 Abs. 1 Satz 1 Nr. 2 EStG als Sondervergütungen dem Gewinn hinzugerechnet werden.[1165] Schuldzinsen, die für eine Darlehensüberlassung der Personenhandelsgesellschaft an den Gesellschafter zu zahlen sind, sind nur dann als Betriebsausgaben abzugsfähig, wenn sie durch eine betriebliche Einkunftsquelle, also betrieblich veranlasst sind.[1166] Ist eine solche Zuordnung nicht möglich, liegen grundsätzlich nicht abziehbare, privat veranlasste Schuldzinsen vor.[1167] Für die Zuordnung kommt es allein darauf an, für welche Einkunftsquelle die Darlehensmittel tatsächlich verwendet worden sind.[1168] Unerheblich für die Abzugsfähigkeit als Betriebsausgabe ist es, ob das Gesellschafterkonto des Gesellschafters negativ oder positiv ist.[1169]

1163 Im Zeitpunkt der Umbuchung der Gewinnanteile auf das Darlehenskonto kommt es hierbei zur Umqualifizierung von Eigen- in Fremdkapital.

1164 Vgl. hierzu Gliederungspunkt 3.4.

1165 Vgl. *Wendt*, Stbg 2010, S. 145. Es können sich jedoch Reflexwirkungen für die §§ 4 Abs. 4a, 4h, 15a und § 34a EStG ergeben. Vgl. hierzu *Ley*, KÖSDI 2008, S. 16215; *Demuth*, KÖSDI 2008, S. 16178.

1166 Vgl. BFH, Urteil v. 5.3.1991, VIII R 93/84, BStBl. II 1991, S. 516.

1167 Vgl. BMF, Schreiben v. 17.11.2005, IV B 2 - S 2144-50/05, BStBl. I 2005, Rz. 2 und 3 mit Rechtsprechungshinweisen.

1168 Vgl. BFH, Urteil v. 21.9.2005, X R 46/04, BStBl. II 2006, S. 125; v. 19.3.1981, IV R 169/80, BStBl. II 1983, S. 721; v. 12.9.1985, VIII R 336/82, BStBl. II 1986, S. 255; v. 4.7.1990, GrS 2-3/88, BStBl. II 1990, S. 817; v. 5.3. 1991, VIII R 93/84, BStBl. II, S. 516; v. 8.11.1990, VI R 127/86, BStBl. II 1991, S. 505.

1169 Vgl. BFH, Urteil v. 15.3.1991, III R 121/86, BFH/NV 1991, S 809.

Im Folgenden werden zuerst die Rechtsfolgen und die Einordnung von Darlehensüberlassungen innerhalb der Personengesellschaft beleuchtet, bevor auf die speziellen Regelungen zum eingeschränkten Betriebsausgabenabzug von Schuldzinsen nach §§ 4 Abs. 4a und 4h EStG eingegangen wird.

4.3.2. Darlehensgewährungen innerhalb der Personengesellschaft

4.3.2.1. Darlehensgewährung des Gesellschafters an die Personengesellschaft

Tritt der Gesellschafter seiner Personengesellschaft als Fremdkapitalgeber gegenüber und gewährt er ihr ein Darlehen, ist dieses auf einem Darlehenskonto zu erfassen. Diese Forderung ist in seinem Sonderbetriebsvermögen zu aktivieren.[1170] Auf einen Fremdvergleich kommt es hierbei nicht an, sodass dies auch bei zinsloser und fremdunüblicher Darlehensgewährung der Fall ist.[1171] Auf Ebene der Personengesellschaft stellt das Darlehenskonto eine Verbindlichkeit und somit Fremdkapital dar.[1172] In der Sonderbilanz des Gesellschafters wird die korrespondierende Forderung allerdings als steuerliches Eigenkapital qualifiziert und stellt somit in der Gesamtbilanz der Mitunternehmerschaft Eigenkapital dar.[1173]

Erfolgt die Darlehensgewährung unverzinslich, schließt der Eigenkapitalcharakter der Forderung das Abzinsungsgebot des § 6 Abs. 1 Nr. 3 EStG aus.[1174] Es wird demnach auf das steuerrechtliche Eigenkapital abgestellt. Die zivilrechtliche Betrachtungsweise tritt hier zurück.[1175] Die Zinszahlungen an den Gesellschafter stellen auf Ebene der Gesellschaft Betriebsausgaben dar. Der Gesellschafter erzielt

---

1170 Dies gilt nicht, wenn es sich um eine Forderung aus Lieferung und Leistungen eines eigenbetrieblich tätigen Mitunternehmers handelt, vgl. *Wacker*, in: Schmidt, EStG, 2016, § 15 EStG, Rz. 549; BFH, Urteil v. 26.3.1987, IV R 65/85, BStBl. II 1987, S. 564 m. w. N. Kritisch *Ley*, KÖSDI 2002, S. 13459.

1171 Vgl. BFH, Urteil v. 1.3.2005, VIII R 5/03, BFH/NV 2005, S. 1523; v. 24.1.2008, IV R 66/05, BFH/NV 2008, S. 1301; *Steger*, NWB 2013, S. 999; *Wacker*, in: Schmidt, EStG, 2016, § 15 EStG, Rz. 540; *Neumann*, GmbHR 1997, S. 621.

1172 Vgl. *Wacker*, in: Schmidt, EStG, 2016, § 15 EStG, Rz. 540. Zur Einordnung von eigenkapitalersetzenden Darlehen oder Finanzplankredite vgl. Gliederungspunkt 4.1.3.3. und 4.1.3.4.

1173 Vgl. BFH, Urteil v. 24.1.2008, IV R 37/06, BStBl. II 2011, S. 617; *Wacker*, in: Schmidt, EStG, 2016, § 15 EStG, Rz. 540; *Demuth*, KÖSDI 2008, S. 16178.

1174 Vgl. BFH, Urteil v. 24.1.2008, IV R 37/06, BStBl. II 2011, S. 617; *Wendt*, Stbg 2010, S. 146; *Steger*, NWB 2013, S. 999; *Demuth*, KÖSDI 2008, S. 16182; *Groh*, DB 2007, S. 2279; *Wacker*, in: Schmidt, EStG, 2016, § 15 EStG, Rz. 540; *Warnecke*, EStB 2005, S. 188. Eine Abzinsung kommt erst in Betracht, wenn das Gesellschafterdarlehen bspw. durch Stehenlassen bei Aufgabe oder Veräußerung des Mitunternehmeranteils oder bei Veräußerung der Darlehensforderung zu einem „echten" Drittdarlehen und demnach zu Fremdkapital wird, vgl. *Gocke/Rogall*, FS Schaumburg, 2009, S. 352. Für eine korrespondierende Abzinsung in Gesellschaft- und Sonderbilanz vgl. *Hoffmann*, GmbHR 2005, S. 972. Unklar BMF, Schreiben v. 26.2.2005, IV B 2 - S 2175-7/05, BStBl. I 2005, S. 699, Rz. 23.

1175 Vgl. *Gocke/Rogall*, FS Schaumburg, 2009, S. 353.

nach § 20 Abs. 8 EStG i. V. m. § 15 Abs. 1 Satz 1 Nr. 2 EStG gewerbliche Sonderbetriebseinnahmen, die auf der zweiten Stufe der Gewinnermittlung dem Gesamtgewinn der Personengesellschaft wieder zugerechnet werden.[1176] Refinanziert die Personengesellschaft die Tilgungs- und Zinszahlungen für das Darlehenskonto ihrerseits mit einem Darlehen, stellt dieses Refinanzierungsdarlehen eine Betriebsschuld dar. Bei den zugrunde liegenden Zinszahlungen handelt es sich um Betriebsausgaben.[1177]

Der Gesellschafter kann die Eigenkapitalquote der Gesellschaft erhöhen, indem er auf seine Forderung gegenüber der Gesellschaft verzichtet.[1178] Wie sich der Verzicht auf die Kapitalkonten des Gesellschafters auswirkt, wird maßgeblich davon beeinflusst, mit welchem Wert die Forderung im Zeitpunkt des Verzichts zu bewerten ist.[1179] Eine Wertminderung der Forderung und somit eine Teilwertabschreibung könnte dann in Betracht kommen, wenn sich die wirtschaftliche Lage der Personengesellschaft verschlechtert und die Forderung dadurch notleidend wird. Allerdings entspricht eine Teilwertabschreibung der Forderung nicht der Rechtsprechung des BFH, da dieser die Geltung des Imparitätsprinzips zwischen Gesellschaft und Gesellschafter für die Dauer der Gesellschafterstellung negiert.[1180] Aufgrund des Grundsatzes der korrespondierenden Bilanzierung kommt eine Teilwertabschreibung wegen eintretender Wertminderungen deshalb nicht in Betracht.[1181] Die Forderung des Gesellschafters ist in seiner Sonderbilanz deshalb immer in Höhe des Nennwerts zu aktivieren; entsprechend hat die Personengesellschaft in der Gesamthandsbilanz die Verbindlichkeit in gleicher Höhe auszuweisen.[1182]

Verzichtet der Gesellschafter aufgrund gesellschaftsrechtlicher Veranlassung auf seine Forderung gegen die Personengesellschaft, erfolgt keine Aufteilung in einen werthaltigen und nicht werthaltigen

---

1176 Vgl. *Ley*, KÖSDI 2002, S. 13459; *Wacker*, in: Schmidt, EStG, 2016, § 15 EStG, Rz. 544; *Demuth*, KÖSDI 2008, S. 16182. Demgegenüber stellt die Verzinsung eines Kapitalkontos einen Teil der Gewinnverteilungsabrede dar, vgl. BFH, Urteil v. 23.1.2001, VIII R 30/99, BStBl. II 2001, S. 621; *Wacker*, in: Schmidt, EStG, 2016, § 15 EStG, Rz. 632.

1177 Vgl. *Wacker*, in: Schmidt, EStG, 2016, § 15 EStG, Rz. 541. Wird durch das Refinanzierungsdarlehen jedoch die Rückzahlung von Eigenkapital finanziert, stellen die Refinanzierungskosten Entnahmen dar, vgl. ebenfalls BFH, Urteil v. 5.3.1991, VIII R 93/84, BStBl. II 1991, S. 516. Kritisch hierzu *Bordewin*, StbJb 1992/1993, S. 171.

1178 Vgl. *Wendt*, Stbg 2010, S. 146.

1179 Vgl. *Wendt*, Stbg 2010, S. 146.

1180 Vgl. BFH, Urteil v. 26.9.1996, IV R 105/94, BStBl. II 1997, S. 277; v. 5.6.2003, IV R 36/02, BStBl. II 2003, S. 871.

1181 Vgl. *Steger*, NWB 2013, S. 999; *Wendt*, Stbg 2010, S. 146. Wertminderungen wirken sich demnach erst im Rahmen der Ermittlung des Aufgabe- oder Veräußerungsgewinns aus, vgl. *Demuth*, KÖSDI 2008, S. 16178; *Wacker*, in: Schmidt, EStG, 2016, § 15 EStG, Rz. 544. Im Schrifttum werden jedoch auch andere Auffassung vertreten, vgl. zum Meinungsstand *Wacker*, in: Schmidt, EStG, 2016, § 15 EStG, Rz. 546 m. w. N.

1182 Vgl. *Wendt*, Stbg 2010, S. 146.

Teil. Vielmehr ist der Verzicht auf die Forderung analog der Übertragung eines Einzelwirtschaftsguts zum Buchwert nach § 6 Abs. 5 Satz 3 EStG aus dem Sonderbetriebsvermögen des Gesellschafters in das Gesamthandsvermögen der Gesellschaft mit daran anschließendem Untergang der Forderung durch Konfusion zu behandeln.[1183] Demnach erhöht sich erfolgsneutral das Eigenkapital in der Gesamthandsbilanz in Höhe des Nennwerts und das Eigenkapital in der Sonderbilanz vermindert sich entsprechend.[1184] Buchungstechnisch wird in der Gesamthandsbilanz das Darlehenskonto des verzichtenden Gesellschafters auf dessen Kapitalkonto umgebucht. Demnach kommt die Kapitalerhöhung allein dem verzichtenden Gesellschafter zu.[1185]

Ein ausländischer Gesellschafter ist mit seinem Anteil an der inländischen Personenhandelsgesellschaft in Deutschland beschränkt steuerpflichtig (Inbound-Fall), wenn er nach § 49 Abs. 1 Nr. 2 Buchstabe a EStG eine Betriebsstätte im Inland begründet und somit ein inländisches Anknüpfungsmerkmal vorliegt.[1186] Überlässt ein ausländischer Gesellschafter einer inländischen Personengesellschaft ein Darlehen, sind die von der Personengesellschaft gezahlten Zinsen nach deutschem Recht (§ 15 Abs. 1 Satz 1 Nr. 2, ggf. i. V. m. § 49 Abs. 1 Nr. 2 EStG) grundsätzlich Teil des Gesamtgewinns der Mitunternehmerschaft.[1187]

Allerding kann das deutsche Besteuerungsrecht aufgrund eines DBA eingeschränkt werden. In diesem Zusammenhang ist die Frage zu beantworten, ob Deutschland als Anwenderstaat die Zinszahlungen an den ausländischen Gesellschafter als Unternehmensgewinne i. S. d. Art. 7 OECD-MA qualifizieren darf oder ob die Rechtsfolgen des Art. 11 OECD-MA Berücksichtigung finden.[1188] Die

---

1183 Vgl. *Prinz*, in: Prinz/Hoffmann, Beck`sches Handbuch der Personengesellschaften, 2014, § 7, Rz. 129.

1184 Vgl. *Wendt*, Stbg 2010, S. 146; *Wacker*, in: Schmidt, EStG, 2016, § 15 EStG, Rz. 550; *Demuth*, KÖSDI 2008, S. 16177. Eine Gewinnauswirkung unterbleibt deshalb, da sich das Darlehenskonto in der Gesamtbilanz der Personengesellschaft vor dem Verzicht wie Eigenkapital ausgewirkt hat, nach der Verzichtserklärung ist es „echtes" Eigenkapital, vgl. *Wendt*, Stbg 2010, S. 146. Verzichtet der Gesellschafter hingegen aus eigenbetrieblichem Interesse auf die Forderung, werden die vom BFH entwickelten Grundsätze zum Forderungsverzicht eines Gesellschafters einer Kapitalgesellschaft (BFH, Urteil v. 9.6.1997, GrS 1/94 VIII R 57/94, BStBl. II 1998, S. 307) analog angewendet, so *Wacker*, in: Schmidt, 2016, § 15 EStG, Rz. 550. Der werthaltige Teil der Forderung stellt auf Ebene der Personengesellschaft eine Einlage und auf Ebene des Gesellschafters eine Entnahme dar. In Höhe des nicht mehr werthaltigen Teils ist auf Ebene der Personengesellschaft ein Ertrag und auf Ebene des Gesellschafters ein abzugsfähiger Aufwand anzunehmen, vgl. *Pyszka*, BB 1998, S. 1557; a. A. *Erhardt*, DStR 2012, S. 1636 m. w. N. Zum Diskussionsstand, wem der Ertrag auf Ebene der Personengesellschaft zuzurechnen ist, vgl. *Fuhrmann*, KÖSDI 2012, S. 17980 f.

1185 Vgl. *Wacker*, in: Schmidt, EStG, 2016, § 15 EStG, Rz. 550; a. A. *Ley*, KÖSDI 2005, S. 14815; *Paus*, FR 2001, S. 113.

1186 Vgl. *Weggenmann*, in: Wassermeyer/Richter/Schnittker, Personengesellschaft im Internationalen Steuerrecht, 2015, Kapitel 6, Rz. 6.86.

1187 Vgl. *Wacker*, in: Schmidt, EStG, 2016, § 15 EStG, Rz. 565.

1188 Vgl. *Kempermann*, in: Wassermeyer/Richter/Schnittker, Personengesellschaft im Internationalen Steuerrecht, 2015,

Beantwortung dieser Frage ist eng an die Klärung der Vorfrage geknüpft, ob es sich bei den Zahlungen um ein Entgelt für die Überlassung von Fremdkapital oder um ein Gewinnvorab für die Überlassung von Eigenkapital handelt.[1189] Aus zivilrechtlicher Sicht stellt das Darlehenskonto Fremdkapital dar. Allerdings wird es im Rahmen der zweistufigen Gewinnermittlung als Eigenkapital des Gesellschafters in dessen Sonderbilanz qualifiziert und stellt im Rahmen der Gesamtbilanz steuerliches Eigenkapital dar. Dementsprechend werden im Rahmen der Ermittlung des Gesamtgewinns die darauf gezahlten Vergütungen auf Ebene der Gesellschaft als Aufwand und auf Ebene des Gesellschafters als Sonderbetriebseinnahmen qualifiziert. Aus steuerrechtlicher Sicht stellt das Darlehenskonto damit Eigenkapital und die darauf gezahlten Zinsen ein Gewinnvorab dar.[1190] Gegen eine Subsumtion der Sondervergütung unter Art. 7 OECD-MA spricht jedoch, dass auch das Steuerrecht selbst in bestimmten Normen auf das zivilrechtliche Eigenkapital abstellt. So stellt das Darlehenskonto bspw. kein Kapitalkonto i. S. d. § 15a EStG dar.[1191] Auch der BFH qualifiziert die Zinszahlungen der Mitunternehmerschaft als Entgelt für die Überlassung von Fremdkapital und subsumiert diese unter Art. 11 OECD-MA.[1192]

Darüber hinaus ist anzumerken, dass die zum Dotationskapital von inländischen Betriebsstätten und ausländischem Stammhaus entwickelten Grundsätze nicht auf das Verhältnis zwischen Gesellschaft und Gesellschafter anzuwenden sind (§ 1 Abs. 5 Satz 7 AStG).[1193] Dem ist zuzustimmen, da der

---

Kapitel 2, Rz. 2.66.

1189 Vgl. *Kempermann*, in: Wassermeyer/Richter/Schnittker, Personengesellschaft im Internationalen Steuerrecht, 2015, Kapitel 2, Rz. 2.66.

1190 Vgl. *Kempermann*, in: Wassermeyer/Richter/Schnittker, Personengesellschaft im Internationalen Steuerrecht, 2015, Kapitel 2, Rz. 2.66.

1191 Ausführlich hierzu vgl. Gliederungspunkt 4.1.

1192 Vgl. u. a. BFH, Urteil v. 27.2.1991, I R 15/89, BStBl. II 1991, S. 444; v. 17.10.2007, I R 5/06, BStBl. 2009, S. 356; v. 8.9.2010, I R 74/09, BStBl. II 2014, S. 788. Demgegenüber gehören für die Finanzverwaltung die Sondervergütungen zu den Unternehmensgewinnen, vgl. BMF, Schreiben v. 26.9.2014, IV B - S 1300/09/10003, BStBl. I 2014, S. 1258; v. 24.12.1999, IV B 4 - S 1300-111/99, BStBl. I 1999, S. 1076. Gl. A. *Wolff* in: Wassermeyer, Art. 7, DBA-USA, Rz. 98 (Mai 2009); *Prokisch*, in: Vogel/Lehner, DBA, 2015, Art. 1, OECD-MA, Rz. 43; *Hemmelrath*, in: Vogel/Lehner, DBA, 2015, Art. 7, OECD-MA, Rz. 58. Die Finanzverwaltung hat versucht, ihre Auffassung durch § 50d Abs. 10 EStG per Gesetz durchzusetzen. Nach Meinung des BFH und der einhelligen Meinung im Schrifttum ist ihr dies jedoch misslungen, vgl. BFH, Urteil v. 8.9.2010, I R 74/09, BStBl. II 2014, S. 788; v. 7.12.2011, I R 5/11, BFH/NV 2012, S. 556; *Schmidt*, DStR 2010, S. 2436; *Häck*, IStR 2011, S. 71; *Wassermeyer*, IStR 2011, S. 89; *Gosch*, in: Kirchhof, 2016, § 50d EStG, Rz. 44. A. A. *Kammeter*, IStR 2011, S. 35; *Mitschke*, FR 2011, S. 182. Die Rechtslage ist demnach momentan unübersichtlich und unsicher. Ausführlich zur Rechtssprechungshistorie und den einzelnen Auffassungen des BFH und der Finanzverwaltung vgl. *Kempermann*, in: Wassermeyer/Richter/Schnittker, Personengesellschaft im Internationalen Steuerrecht, 2015, Kapitel 2, Rz. 2.67 ff.; *Weggenmann*, in: Wassermeyer/Richter/Schnittker, Personengesellschaft im Internationalen Steuerrecht, 2015, Kapitel 6, Rz. 6.99 ff.

1193 Nach diesen Grundsätzen muss eine inländische Betriebsstätte notwendiges Eigenkapital zur Erfüllung ihrer Funktion besitzen, auf das das ausländische Stammhaus keine Zinsen verlangen darf, vgl. § 1 Abs. 5 Satz 3 Nr. 4 AStG;

Gesellschafter und die Personengesellschaft nicht im Verhältnis von Betriebsstätte und Stammhaus zueinander stehen.[1194] Vielmehr obliegt es dem Gesellschafter, in welcher Höhe er die Mitunternehmerschaft mit Eigen- und Fremdkapital ausstattet.[1195]

4.3.2.2. Darlehensgewährung der Gesellschaft an den Gesellschafter

Gewährt eine Personengesellschaft dem Gesellschafter ein Darlehen, ist der Rückzahlungsanspruch aufgrund des Vollständigkeitsgebots gem. § 246 Abs. 1 HGB als Vermögensgegenstand in der Handelsbilanz auszuweisen und die darauf entfallenden Zinsen gewinnerhöhend als Ertrag zu vereinnahmen.[1196] Aufgrund des Maßgeblichkeitsprinzips nach § 5 Abs. 1 EStG gilt dies grundsätzlich auch für die Steuerbilanz. Die Darlehensgewährung kann zum einen auf einem schuldrechtlichen Vertrag und zum anderen auf Entnahmen beruhen, die einen negativen Saldo des Darlehenskontos entstehen lassen.

Zinsen, die der Gesellschafter für das Darlehen bezahlt, stellen Betriebseinnahmen der Personengesellschaft dar.[1197] Auf Ebene des Gesellschafters sind die Zinszahlungen nicht automatisch als Sonderbetriebsausgaben zu qualifizieren. Dies ist nur der Fall, wenn das Darlehen aufgrund des Verwendungszwecks der Darlehensmittel zum passiven Sonderbetriebsvermögen gehört. Darüber hinaus ist der Zweck für die Inanspruchnahme des Darlehens zu prüfen. Je nach Verwendungszweck können Betriebsausgaben, Werbungskosten oder steuerlich nicht relevante Privatausgaben (§ 12 Nr. 1 EStG) vorliegen.[1198]

BFH, Urteil v. 27.7.1965, I 110/63 S, BStBl. III 1966, S. 24. Ist die Eigenkapitalausstattung der inländischen Betriebsstätte nicht ausreichend, werden Darlehensgewährungen, die die Betriebsstätte vom ausländischen Stammhaus erhält, in Eigenkapital umgewandelt. Wie die Angemessenheit des Dotationskapitals zu ermitteln ist, regelt die Betriebsstättengewinnaufteilungsverordnung v. 13.10.2014, BGBl. I 2014, S. 1603.

[1194] Vgl. *Kempermann*, in: Wassermeyer/Richter/Schnittker, Personengesellschaft im Internationalen Steuerrecht, 2015, Kapitel 2, Rz. 2.84.

[1195] Vgl. *Löwenstein/Heinsen*, IStR 2007, S. 301; *Wassermeyer*, FS Ruppe, 2007, S. 692. Zur Frage, ob das Sonderbetriebsvermögen des ausländischen Gesellschafters der inländischen Betriebsstätte der Personengesellschaft zuzuordnen ist, vgl. *Kempermann*, in: Wassermeyer/ Richter/Schnittker, Personengesellschaft im Internationalen Steuerrecht, 2015, Kapitel 2, Rz. 2.86.

[1196] Vgl. *Bordewin*, StbJb 1992/1993, S. 173; BFH, Urteil v. 16.10.2014, IV R 15/11, BStBl. II 2015, S. 267.

[1197] Vgl. BFH, Urteil v. 9.5.1996, IV R 64/93, BStBl. II 1996, S. 642; OFD Münster, Verfügung v. 18.2.1994, S - 2241 - 79 - St 11 - 31, DStR 1994, S. 582; *Döllerer*, DStZ 1983, S. 179; *Bitz*, DStR 1994, S. 1221; *Ley*, StbJb 2003/2004, S. 136; *Neu*, BB 1995, S. 1579; *Ley*, KÖSDI 2002, S. 13459.

[1198] Vgl. BFH, Urteil v. 28.10.1999, VIII R 42/98, BStBl. II 2000, S. 390; OFD Münster, Verfügung v. 18.2.1994, S - 2241 - 79 - St 11 - 31, DStR 1994, S. 582; *Ley*, StbJb 2003/2004, S. 136; *Bolk*, Bilanzierung und Besteuerung, 2015, S. 37; *Kempermann*, FR 2000, S. 610.

Refinanziert die Personenhandelsgesellschaft die Auszahlung an den Gesellschafter ihrerseits mit einem Darlehen, stellen die hierfür gezahlten Schuldzinsen ebenfalls abzugsfähige Betriebsausgaben i. S. d. § 4 Abs. 4 EStG dar. Dies gilt aber nur bei der Auszahlung reiner Gesellschafterdarlehenskonten, nicht bei der Finanzierung von Auszahlungen aus einem Kapitalkonto.[1199] Refinanziert der Gesellschafter die Zins- und Tilgungszahlungen, stellen die zugrunde liegenden Refinanzierungskosten je nach Verwendungszweck (Sonder-) Betriebsausgaben, Werbungskosten oder steuerlich nicht relevante Privatausgaben dar.

Für den Fall, dass das Darlehen notleidend wird, ist auf Ebene der Gesamthandsbilanz eine Teilwertabschreibung des Darlehens möglich.[1200] Jedoch ist aufgrund des Grundsatzes der korrespondierenden Bilanzierung eine Teilwertabschreibung nicht möglich, wenn die Darlehensschuld bei dem Gesellschafter zum Sonderbetriebsvermögen gehört.[1201]

Diese Grundsätze gelten allerdings nur, wenn die Darlehensgewährung dem Betrieb der Personengesellschaft dient.[1202] Dies ist dann der Fall, wenn die Darlehensgewährung betrieblich veranlasst ist. Der Darlehenszweck ist hierbei unerheblich. Teile des Schrifttums gehen von einer betrieblichen Veranlassung aus, wenn die Darlehensgewährung zu marktüblichen Konditionen erfolgt (Fremdvergleichsprüfung).[1203] Nach aktueller Rechtsprechung kommt dem Fremdvergleich im Rahmen der Prüfung der betrieblichen Veranlassung allerdings nur eine indizielle Wirkung zu.[1204] Demzufolge

---

1199 Vgl. BFH, Urteil v. 26.6.2007, IV R 29/06, BStBl. II 2008, S. 103.

1200 Vgl. *Bitz*, DStR 1994, S. 1221.

1201 Vgl. OFD Münster, Verfügung v. 18.2.1994, S - 2241 - 79 - St 11 - 31, DStR 1994, S. 582. Zudem ist eine Teilwertabschreibung ausgeschlossen, wenn der Forderung ein Guthaben des Gesellschafters nach § 738 Abs. 1 Satz 2 BGB gegenübersteht, gegen das im Auseinandersetzungsfall aufgerechnet werden könnte. Darüber hinaus müssen die üblichen Schritte zur Durchsetzung der Forderung ausgeschöpft werden, vgl. OFD Münster, Verfügung v. 18.2.1994, S - 2241 - 79 - St 11 - 31, DStR 1994, S. 582.

1202 Vgl. *Lüdenbach*, StuB 2015, S. 227. Die Regelung des § 15 Abs. 1 Nr. 2 EStG ist weder direkt noch entsprechend anwendbar, vgl. *Bolk*, Bilanzierung und Besteuerung, 2015, S. 35.

1203 Vgl. *Reiß*, in: Kirchhof, EStG, 2016, § 15 EStG, Rz. 280; OFD Münster, Verfügung v. 18.2.1994, S - 2241 - 79 - St 11 - 31, DStR 1994, S. 582; FG Nürnberg, Urteil v. 28.1.2010, 4 K 612/2007, StBW 2010, S. 438; ebenfalls so noch BFH, Urteil v. 28.10.1999, VIII R 42/98, BStBl. II 2000, S. 390. Marktüblichkeit liegt vor, wenn Regelungen über die Tilgung und Besicherung vorliegen und das Darlehen einer angemessenen Verzinsung unterliegt, vgl. BMF, Schreiben v. 23.12.2010, IV C 6 - S 2144/07, BStBl. I 2011, S. 37. Die Besicherung eines Darlehens hat für die Marktüblichkeit keine allein entscheidende Bedeutung, vgl. *Bolk*, Bilanzierung und Besteuerung, 2015, S. 36. Eine Verzinsung der Höhe nach ist dann nicht angemessen, wenn die Gesellschaft die an den Gesellschafter ausgezahlten Beträge zur Tilgung von eigener, höher verzinsten Verbindlichkeiten verwenden hätte können, vgl. OFD Münster, Verfügung v. 4.12.2009, S 2241 - 79 - St 12 – 33, BeckVerw 232699.

1204 Vgl. BFH, Urteil v. 16.10.2014, IV R 15/11, BStBl. II 2015, S. 267. Vertiefend zum Urteil vgl. *Pohl*, StuB 2015, S. 330 ff.; *Lüdenbach*, StuB 2015, S. 227 ff. Durch dieses Urteil wurde der bisherigen Rechtsprechung eine Absage erteilt, die bei einer Darlehensgewährung aufgrund einer schuldrechtlichen Vereinbarung den Fremdvergleich zur Prüfung der betrieblichen Veranlassung heranzog, vgl. ausführlich zur bisherigen Rechtsprechung und zur Auslegung des BFH-Urteils vom 16.10.2014 *Demuth*, in: 21. KÖSDI-Spezialseminar, 2015, D, Rz. 9 ff.

sind Darlehensgewährungen, die einen Fremdvergleichstest nicht standhalten, auch weiterhin dem steuerlichen Betriebsvermögen zuzurechnen, wenn eine nicht unwesentliche betriebliche Veranlassung vorliegt. Dies ist anhand einer Gesamtwürdigung der Umstände des konkreten Einzelfalles zu beurteilen.[1205] Eine betriebliche Veranlassung liegt bereits dann vor, wenn die Darlehensforderung dazu bestimmt ist, den Betrieb zu fördern.[1206]

Liegt keine betriebliche Veranlassung vor, gehört die Darlehensgewährung zivilrechtlich zwar zum Gesellschaftsvermögen, sodass die Darlehensforderung in der Handelsbilanz der Personengesellschaft zu aktivieren ist (§ 246 Abs. 1 HGB). Steuerrechtlich handelt es sich hingegen nicht um Betriebsvermögen der Personengesellschaft i. S. d. § 4 Abs. 1 EStG.[1207] Der Abfluss der Darlehensmittel an den Gesellschafter ist als Entnahme aus dem Betriebsvermögen der Personengesellschaft in das gesamthänderisch gebundene Privatvermögen zu beurteilen.[1208] Die Entnahme ist allen Gesellschaftern nach Maßgabe ihrer Beteiligung zuzurechnen, da ihnen der Darlehensbetrag spätestens im Fall der Liquidation anteilig zurückfließt, und mindert somit die Kapitalanteile aller Gesellschafter.[1209] Zahlungen zur Tilgung des Darlehens stellen demnach korrespondierend anteilig Einlagen aller Gesellschafter dar.[1210]

Bei fehlender betrieblicher Veranlassung ist eine Teilwertabschreibung nach § 6 Abs. 1 Nr. 2 EStG nicht möglich, da die Darlehensforderung kein steuerliches Betriebsvermögen mehr darstellt.[1211] Zudem stellen die Zinszahlungen des Gesellschafters keine betrieblich veranlassten Zinserträge der

---

1205 Vgl. BFH, Urteil v. 9.5.1996, IV R 64/93, BStBl. II 1996, S. 642; OFD Münster, Verfügung v. 18.2.1994, S - 2241 - 79 - St 11 - 31, DStR 1994, S. 582.

1206 Vgl. ausführlich hierzu *Demuth*, in: 21. KÖSDI-Spezialseminar, 2015, D, Rz. 10 ff.; *Schimmele*, GmbH-StB 2015, S. 58.

1207 Vgl. BFH, Urteil v. 19.7.1984, IV R 207/83, BStBl. II 1985, S. 6; kritisch hierzu *Bordewin*, StbJb 1992/1993, S. 173 f.

1208 Vgl. BFH, Urteil v. 9.5.1996, IV R 64/93, BStBl. II 1996, S. 642; v. 16.10.2014, IV R 15/11, BStBl. II 2015, S. 267.

1209 Vgl. BFH, Urteil v. 16.10.2014, IV R 15/11, BStBl. II 2015, S. 267; OFD Münster, Verfügung v. 18.2.1994, S - 2241 - 79 - St 11 - 31, DStR 1994, S. 582; *Bitz*, DStR 1994, S. 1221; *Bolk*, Bilanzierung und Besteuerung, 2015, S. 36; *Steger*, NWB 2013, S. 999. Kritisch *Lüdemann*, in: Herrmann/Heuer/Raupach, EStG/KStG, § 15a EStG, Rz. 90 (Februar 2016). Dies gilt nach *Demuth* nur, sofern der Gesellschaftsvertrag oder eine andere zwischen den Gesellschaftern getroffene und steuerlich anzuerkennende Absprache keine abweichende Regelung trifft, vgl. *Demuth*, in: 21. KÖSDI-Spezialseminar, 2015, D, Rz. 8. Schenkungssteuerliche Folgen sind ggf. gesondert zu prüfen.

1210 Die Qualifikation der Zahlungsvorgänge in Entnahmen bzw. Einlagen hat u. a. Konsequenzen für die Ausgleichs- und Abzugsfähigkeit von Verlusten nach § 15a EStG. Ebenfalls können negative Konsequenzen auf die eventuelle Höhe eines Aufgabe- oder Veräußerungsgewinns nach § 16 EStG entstehen. Vgl. *Pohl*, StuB 2015, S. 332; BFH, Urteil v. 16.10.2014, IV R 15/11, BStBl. II 2015, S. 267; *Ley*, KÖSDI 2008, S. 16215; *Lüdenbach*, StuB 2015, S. 227. Darüber hinaus können sich Folgewirkungen für die §§ 4 Abs. 4a, 4h und § 34a EStG ergeben. Vgl. hierzu *Ley*, KÖSDI 2008, S. 16215; *Demuth*, KÖSDI 2008, S. 16178.

1211 Vgl. *Steger*, NWB 2013, S. 999.

Gesellschaft dar. Vielmehr handelt es sich um Einlagen aller Gesellschafter.[1212] Refinanziert die Personengesellschaft das Darlehen, ist dieses Refinanzierungsdarlehen ebenfalls aus dem steuerlichen Betriebsvermögen zu entnehmen, da dieses privat veranlasst ist.[1213] Die zugrunde liegenden Refinanzierungskosten stellen Entnahmen dar.[1214]

4.3.3. Bedeutung der Gesellschafterkontenabgrenzung im Rahmen des § 4 Absatz 4a EStG

4.3.3.1. Grundstruktur des § 4 Abs. 4a EStG

Nach der Rechtsprechung des BFH ist der Gesellschafter frei in seiner Entscheidung, ob und in welcher Höhe er sein Unternehmen mit Eigen- oder Fremdkapital ausstattet, soweit sich die unternehmerische Finanzierung in den gesellschaftsrechtlich vorgegebenen Grenzen der Kapitalaufbringung, Kapitalerhaltung und etwaiger Haftungserfordernisse bewegt (Gebot der Finanzierungsfreiheit).[1215] Die Entscheidung zum überwiegenden Einsatz von Fremdkapital stellt keinen Gestaltungsmissbrauch dar, sodass die zugrunde liegenden Zinsaufwendungen steuerwirksam als Betriebsausgabe abzugsfähig sind.[1216] Aufgrund der Finanzierungsfreiheit müssen Substitutionen von Eigen- in Fremdkapital steuerlich akzeptiert werden. Allerdings muss davon abgewichen werden, wenn kein Eigenkapital mehr vorhanden ist.[1217]

Vor diesem Hintergrund soll die Regelung des § 4 Abs. 4a EStG eine Verlagerung des Finanzierungskostenabzugs für Privataufwendungen in den betrieblichen Bereich verhindern.[1218] Sie baut im

---

1212 Vgl. *Korn*, KÖSDI 1994, S. 9911; *Bolk*, Bilanzierung und Besteuerung, 2015, S. 36; OFD Münster, Verfügung v. 18.2.1994, S - 2241 - 79 - St 11 - 31, DStR 1994, S. 582. *Bordewin* geht allerdings von einer Einlage des die Zinsen zahlenden Gesellschafters aus, vgl. *Bordewin*, StbJb 1992/1993, S. 178. *Wüllenkemper* sieht diese hingegen als Gewinnverteilungsabrede an, vgl. *Wüllenkemper*, BB 1991, S. 1908. Beide Aussagen laufen materiell auf das Gleiche hinaus. Der Gewinnanteil des Gesellschafters wird gemindert und sein Kapitalkonto erhöht sich entsprechend, vgl. hierzu *Lüdemann*, in: Herrmann/Heuer/ Raupach, EStG/KStG, § 15a EStG, Rz. 90 (Februar 2016); *Ley*, KÖSDI 1994, S. 9979.

1213 Vgl. *Steger*, NWB 2013, S. 999.

1214 Vgl. OFD Münster, Verfügung v. 18.2.1994, S - 2241 - 79 - St 11 - 31, DStR 1994, S. 582; *Bolk*, Bilanzierung und Besteuerung, 2015, S. 36; *Bitz*, DStR 1994, S. 1221; *Mücke*, DStR 1994, S. 199; *Demuth*, KÖSDI 2008, S. 16179.

1215 Vgl. BFH, Urteil v. 5.2.1992, I R 127/90, BStBl. II 1992, S. 532. Das Urteil bezog sich zwar speziell auf die Gesellschafter-Fremdfinanzierung einer Kapitalgesellschaft, die Überlegungen gelten aber rechtsformübergreifend, vgl. *Prinz*, in: Prinz/Hoffmann, Beck´sches Handbuch der Personengesellschaften, 2014, § 7, Rz. 21. Ausführlich zum Gebot der Finanzierungsfreiheit vgl. *Prinz*, FR 2009, S. 593 ff.; *Prinz*, FS Herzig, 2010, S. 147 ff.

1216 Vgl. *Prinz*, in: Prinz/Hoffmann, Beck´sches Handbuch der Personengesellschaften, 2014, § 7, Rz. 22.

1217 Vgl. *Elser/Neininger*, DB 2000, S. 994.

1218 Vgl. *Prinz*, in: Prinz/Hoffmann, Beck`sches Handbuch der Personengesellschaften, 2014, § 7, Rz. 36. Die Regelung des § 4 Abs. 4a EStG ist nach h. M. verfassungskonform, vgl. hierzu ausführlich *Micker*, in: Söffing, GmbH & Co. KG, 2013, S. 412 ff.; *Schallmoser*, in: Herrmann/Heuer/Raupach, EStG/KStG, § 4 EStG, Rz. 1037 ff. (Februar 2016).

Grundsatz auf der betrieblichen Veranlassung und der tatsächlichen Verwendung der Darlehensvaluta auf.[1219] Aus dem systematischen Zusammenhang ergibt sich deshalb, dass nur betrieblich veranlasste Schuldzinsen Gegenstand der Regelung sind. Privat veranlasste Schuldzinsen sind von vornherein nicht als Betriebsausgabe abzugsfähig und unterliegen nicht den Regelungen des § 4 Abs. 4a EStG (sog. zweistufige Prüfung).[1220] Zur Zielerreichung schränkt § 4 Abs. 4a EStG den Betriebsausgabenabzug von betrieblich veranlassten Schuldzinsen typisierend ein, wenn sog. Überentnahmen vorliegen.[1221] Der Schuldzinsenabzug wird davon abhängig gemacht, dass die Entnahmen aus aufgelaufenen Gewinnen und Einlagen gedeckt sind. Ist dies nicht der Fall, wird eine private Veranlassung der angefallenen Schuldzinsen fingiert. Zur Vermeidung einer konkreten Berechnung der nicht abzugsfähigen Schuldzinsen ermittelt § 4 Abs. 4a Satz 3 EStG den fingierten privat veranlassten Teil der Schuldzinsen typisierend mit 6 % der Überentnahme eines Wirtschaftsjahres zuzüglich der Überentnahmen und abzüglich der Unterentnahmen vorangegangener Wirtschaftsjahre.[1222] Diese nicht abzugsfähigen Schuldzinsen werden dem Gewinn der Personengesellschaft sodann außerbilanziell hinzugerechnet.

4.3.3.2. Maßgebliches Kapitalkonto i. S. d. § 4 Abs. 4a EStG

Bei der Prüfung der Abzugsbeschränkung fiktiv privat veranlasster Schuldzinsen ist die Einordnung der Gesellschafterkonten als Eigen- oder Fremdkapital deshalb von erheblicher Bedeutung, da sich die Abgrenzung dieser Schuldzinsen im Ergebnis am Stand des Eigenkapitals zu orientieren hat.[1223] Daher stellt sich die Frage nach dem maßgeblichen Kapitalkonto.

1219 Vgl. BFH, Urteil v. 21.9.2005, X R 46/04, BStBl. II 2006, S. 125; v. 21.9.2005, X R 47/03, BStBl. II 2006, S. 504; v. 21.6.2006, XI R 14/05, BFH/NV 2006, S. 1832; v. 7.3.2006, X R 44/04, BStBl. II 2006, S. 588; v. 18.10.2006, XI R 41/02, BFH/NV 2007, S. 416. Vgl. grundlegend zu § 4 Abs. 4a EStG *Heinicke*, in: Schmidt, EStG, 2016, § 4 EStG, Rz. 522 ff. m. w. N. Wegen einer Bestandsaufnahme vgl. *Dremel*, Ubg 2010, S. 705 ff.; *Weber-Grellet*, DB 2012, S. 1889.

1220 Vgl. BFH, Urteil v. 21.9.2005, X R 46/04, BStBl. II 2006, S. 125. Von § 4 Abs. 4a EStG ebenfalls nicht erfasst werden betrieblich veranlasste Schuldzinsen, die für Darlehen zur Finanzierung von Anschaffungs- oder Herstellungskosten von Wirtschaftsgütern des Anlagevermögens aufgewendet worden sind. Dabei ist es nicht erforderlich, dass hierzu ein gesondertes Darlehen aufgenommen wird, vgl. BMF, Schreiben v. 18.2.2013, IV C 6 - S 2144/07/1001, BStBl. I 2013, S. 197.

1221 Eine Überentnahme definiert § 4 Abs. 4a Satz 2 EStG als den Betrag, um den die Entnahmen die Summe aus dem Gewinn und den Einlagen des Wirtschaftsjahrs übersteigen. Bei der Ermittlung der Überentnahmen ist vom Gewinn ohne Berücksichtigung der nicht abziehbaren Schuldzinsen auszugehen (§ 4 Abs. 4a Satz 3 Teilsatz 2 EStG).

1222 Ist der hieraus resultierende Betrag höher als die im betreffenden Wirtschaftsjahr angefallenen und um den Sockelbetrag i. H. v. 2.050 EUR verminderten Schuldzinsen, ist nur der geringere Betrag als nicht abziehbare Schuldzinsen zu behandeln (§ 4 Abs. 4a Satz 4 EStG). Zur Thematik des Einbezuges von Über- und Unterentnahmen der Wirtschaftsjahre, die vor 1999 geendet haben, vgl. *Micker*, in: Söffing, GmbH & Co. KG, 2013, S. 410 f; *Korn*, in: Korn et al., EStG, § 4 EStG, Rz. 837 ff. (April 2016) m. w. N.

1223 Vgl. *Elser/Neininger*, DB 2000, S. 995.

Im Rahmen des § 4 Abs. 4a EStG wird auf das ertragsteuerliche Kapitalkontenverständnis abgestellt.[1224] Dieses zieht neben dem Gesamtkapital der Mitunternehmerschaft auch das Sonderbetriebsvermögen in die Betrachtung mit ein. Die Einbeziehung von stillen Reserven oder gar die Bezugnahme auf ein Ertragswertkapitalkonto[1225] widersprechen dem Realisationsprinzip. Künftige Zahlungsüberschüsse oder stille Reserven stellen zum heutigen Zeitpunkt gerade noch kein realisiertes, versteuertes und entnahmefähiges Eigenkapital dar. Entnimmt der Gesellschafter den Gegenwert der stillen Reserven und liegt kein Eigenkapital mehr vor, muss die Entnahme durch betriebliche Kredite finanziert werden. An dieser Entnahme von Fremdkapital ändert auch die Tatsache nichts, dass das Fremdkapital durch die stillen Reserven bei späterer Realisation ausgeglichen wird. Gewinnerwartungen sind erst dann entnahmefähig, wenn sie sich am Markt bestätigt haben. Erst dann ist die Heilung einer schädlichen Entnahme durch neu entstandene Gewinne möglich.[1226]

Für die Anwendung des § 4 Abs. 4a EStG kommt es maßgebend auf den Saldo der Über- und Unterentnahmen am Ende des jeweiligen Wirtschaftsjahres an. Demnach kann aus dem Stand des steuerlichen Eigenkapitals bzw. des Kapitalkontos zu Beginn des Wirtschaftsjahres die Auswirkung der Vorjahre auf den Schuldzinsenabzug abgeleitet werden.[1227] Bei einem positiven Kapitalkonto liegt in zusammenfassender Betrachtung der Vorjahre insgesamt keine Überentnahme vor, da der positive Kapitalkontenstand die entsprechenden Unterentnahmen der Vorjahre widerspiegelt. Analog repräsentiert ein aktivisch gewordenes Kapitalkonto kumulierte Überentnahmen der Vorjahre. Wird das ertragsteuerliche Kapitalkonto aktivisch, wird ein weiterer Mittelentzug auf betrieblicher Ebene stets vom Fremdkapital getragen. Da sich das Kapitalkonto entweder durch Entnahmen oder durch Verluste reduzieren kann, finanziert der Fremdkapitalgeber im Falle eines negativen Kapitalkontos also eine dieser beiden Entstehungsursachen.[1228] Während die Finanzierung von Verlusten betriebsbedingt ist, induziert die Finanzierung von Entnahmen eine private Veranlassung. Diese erforderliche Tren-

---

1224 Vgl. *Demuth*, in: 17. KÖSDI-Spezialseminar, 2014, G, Rz. 8; *Elser/Neininger*, DB 2000, S. 995.

1225 Zum Begriff vgl. *Bareis*, StuW 1986, S. 121.

1226 Vgl. *Elser/Neininger*, DB 2000, S. 996.

1227 Vgl. *Korn/Strahl*, KÖSDI 2000, S. 12281 ff.; *Bode*, in: Kirchhof, EStG, 2016, § 4 EStG, Rz. 189; *Korn*, in: Korn et al., EStG, § 4 EStG, Rz. 858 (April 2016). Allerdings stellt das steuerliche Eigenkapital in Form der bilanziellen Kapitalkonten unter Umständen den Stand der Über-/Unterentnahmen nicht korrekt dar, wenn Entnahmen, Einlagen und Gewinne vorliegen, die auf den Gesellschafterkonten nicht ersichtlich sind und sich dadurch die Über-/ Unterentnahmen abweichend von der Höhe des steuerlichen Buchkapitals entwickeln. Dies betrifft u. a. nichtabzugsfähige Betriebsausgaben, die Investitionsabzugsbeträge nach § 7g EStG oder den Stand des steuerlichen Kapitalkontos zum 1.1.1999. Vgl. hierzu *Nacke*, in: Littmann/Bitz/Pust, Einkommensteuerrecht, § 4 EStG, Rz. 1657 (Februar 2015); *Korn*, in: Korn et al., EStG, § 4 EStG, Rz. 858.1 (April 2016).

1228 Vgl. *Bode*, in: Kirchhof, EStG, 2016, § 4 EStG, Rz. 189. Die Frage, wann und ob eine Entnahme ein negatives Gesellschafterkapitalkonto begründet, ist im Schrifttum umstritten. Vgl. hierzu Gliederungspunkt 3.4.

nung der beiden Entstehungsursachen eines aktivischen Kapitalkontos erschwert die praktische Umsetzung der Abgrenzung privater Schuldzinsen.[1229] Der Anteil am negativen Saldo, der auf die Verlustbuchungen entfällt, führt nicht zur Einschränkung des Schuldzinsenabzugs.[1230] Betrieblich veranlasste Schuldzinsen dürfen aber in dem durch § 4 Abs. 4a Satz 3 EStG typisierten Umfang nicht als Betriebsausgaben berücksichtigt werden, soweit das Kapitalkonto durch Entnahmen negativ geworden ist. Ein aufgrund von Entnahmen aktivisch gewordenes Kapitalkonto induziert daher die private Veranlassung von Fremdkapital.[1231]

Im Ergebnis ist für die Abgrenzung von privat veranlassten Schuldzinsen die Orientierung am steuerbilanziellen Kapitalkonto erforderlich. Sämtliche Forderungen der Gesellschafter gegen die Personengesellschaft, die Teil des Sonderbetriebsvermögens sind (und somit auch die Darlehenskonten der Gesellschafter), gehören demnach dazu. Demgegenüber sind aktivische Gesellschafterkonten, die eine Forderung der Gesellschaft gegen den Gesellschafter begründen, nicht miteinzubeziehen.[1232]

4.3.3.3. Behandlung von passivischen und aktivischen Darlehenskonten

Im Ausgangspunkt wird bei Mitunternehmerschaften die Norm des § 4 Abs. 4a EStG betriebs- und gesellschafterbezogen ausgelegt.[1233] Die betriebsbezogene Betrachtungsweise bewirkt, dass auf die jeweilige Gewinnermittlungseinheit abgestellt wird und daher der Hinzurechnungsbetrag für jede einzelne Mitunternehmerschaft zu ermitteln ist.[1234] Demgegenüber ist der Begriff der Überentnahme sowie die ihn bestimmenden Merkmale (Einlage, Entnahme, Gewinn und ggf. Verlust) gesellschafterbezogen auszulegen.[1235] Dabei sind Ergebnisse und Kapitalveränderungen im Ergänzungs- und Sonderbereich einzubeziehen.[1236] Entnahmen und Einlagen im Sonderbetriebsvermögen beeinflussen

---

1229 Vgl. *Herzig/Dinkelbach*, BB 1999, S. 1141; *Elser/Neininger*, DB 2000, S. 996. Lediglich bei einem positiven Kapitalkonto kann eine Differenzierung unterbleiben, da eine zulässige Umfinanzierung vorliegt.

1230 Vgl. *Elser/Neininger*, DB 2000, S. 997.

1231 Vgl. im Einzelnen *Elser/Neininger*, DB 1999, S. 172; *Elser/Neininger*, DB 2000, S. 994.

1232 Vgl. *Korn*, in: Korn et al., EStG, § 4 EStG, Rz. 858 (April 2016).

1233 Vgl. BFH, Urteil v. 29.3.2007, IV R 72/02, BStBl. II 2008, S. 420.

1234 Vgl. *Prinz*, in: Prinz/Hoffmann, Beck`sches Handbuch der Personengesellschaften, 2014, § 7, Rz. 38. Zu Besonderheiten bei doppelstöckigen Personengesellschaften vgl. *Ley*, KÖSDI 2010, S. 17148 ff. Ebenso folgt aus der betriebsbezogenen Betrachtungsweise, dass der Sockelbetrag i. H. v. 2.050 EUR nicht jedem Gesellschafter in voller Höhe zusteht. Vielmehr ist dieser entsprechend des Schuldzinsenanteils der einzelnen Gesellschafter aufzuteilen, vgl. BFH, Urteil v. 29.3.2007, IV R 72/02, BStBl. II 2008, S. 420 m. w. N. auch zur Gegenauffassung.

1235 Vgl. BFH, Urteil v. 29.3.2007, IV R 72/02, BStBl. II 2008, S. 420. Dieser Ansicht schloss sich die Finanzverwaltung entgegen ihrer ursprünglichen Auffassung an, vgl. hierzu BMF, Schreiben v. 7.5.2008, IV B 2 - S 2144/07/0001, BStBl. I 2008, S. 588 in Ergänzung zu BMF, Schreiben v. 17.11.2005, IV B 2 - S 2144-50/05, BStBl. I 2005, S. 1019.

1236 Vgl. BFH, Urteil v. 29.3.2007, IV R 72/02, BStBl. II 2008, S. 420; *Prinz*, in: Prinz/Hoffmann, Beck`sches Handbuch

daher etwaige Überentnahmen. Entnahmen und Einlagen i. S. v. § 4 Abs. 4a EStG liegen dann vor, wenn Wirtschaftsgüter in den privaten Bereich der Gesellschafter oder in einen anderen betriebsfremden Bereich überführt werden.[1237]

Ein passives Darlehenskonto repräsentiert eine Forderung des Gesellschafters gegen seine Gesellschaft und gehört i. d. R. zum Sonderbetriebsvermögen. Zinsaufwendungen werden für Zwecke des § 4 Abs. 4a EStG nur berücksichtigt, wenn sie als Betriebsausgaben den Gesamtgewinn der Mitunternehmerschaft gemindert haben. Demnach sind Zinsaufwendungen im Gesellschaftsvermögen dann keine Schuldzinsen i. S. d. § 4 Abs. 4a EStG, wenn diese Zinsen zwar im steuerlichen Gesamthandsergebnis als Betriebsausgaben gewinnmindernd berücksichtigt werden, diese Gewinnminderung im Gesamtgewinn der Personengesellschaft allerdings dadurch wieder neutralisiert wird, dass im Sonderbetriebsvermögen des die Zinsen empfangenen Gesellschafters die Zinsen als Betriebseinnahmen zu erfassen sind.[1238] Diese Zinsen auf Gesellschafterdarlehen i. S. d. § 15 Abs. 1 Satz 1 Nr. 2 Halbsatz 2 EStG bewirken lediglich eine interpersonelle Gewinnverschiebung.

Ein Forderungsverzicht des Gesellschafters wird wie die Übertragung eines Einzelwirtschaftsguts zum Buchwert nach § 6 Abs. 5 Satz 3 EStG aus dem Sonderbetriebsvermögen des Gesellschafters in das Gesamthandsvermögen der Gesellschaft mit daran anschließendem Untergang der Forderung durch Konfusion behandelt.[1239] Da die Forderung im steuerlichen Betriebsvermögen verharrt, liegt analog der Behandlung von Übertragungsvorgängen aus dem Sonderbetriebsvermögen in das Gesamthandsvermögen nach § 6 Abs. 5 Satz 3 Nr. 2 Alt. 1 EStG keine Entnahme bzw. Einlage vor.[1240]

Auszahlungen, die ein aktivisches Gesellschafterkonten begründen und die sowohl zivilrechtlich als auch steuerrechtlich als Forderung der Personengesellschaft gegen den Gesellschafter einzustufen sind, stellen keine Entnahme i. S. d. § 4 Abs. 4a EStG dar, da sie das steuerliche Eigenkapital nicht

---

der Personengesellschaften, 2014, § 7, Rz. 38.

1237 Vgl. BFH, Urteil v. 22.9.2011, IV R 33/08, BStBl. II 2012, S. 10; BMF, Schreiben v. 7.5.2008, IV B 2 - S 2144/07/0001, BStBl. I 2008, S. 589, Rz. 32d. Zur Qualifikation von Übertragungsvorgängen als Entnahme bzw. Einlage vgl. *Korn*, in: Korn et al., EStG, § 4 EStG, Rz. 863 ff. (April 2016).

1238 Vgl. BFH, Urteil v. 12.2.2014, IV R 22/10, BStBl. II 2014, S. 621. Zutreffend insoweit bereits BMF, Schreiben v. 7.5.2008, IV B 2 - S 2144/07/0001, BStBl. I 2008, S. 588, Rz. 32. Nach *Micker* ist diese Auffassung mit der herrschenden gesellschafterbezogenen Betrachtungsweise nicht vereinbar, da durch diese Vorgehensweise bei der Ermittlung des Gesamtgewinns auf die betriebsbezogene Betrachtungsweise abgestellt wird, vgl. hierzu *Micker*, in: Söffing, GmbH & Co. KG, 2013, S. 404.

1239 Vgl. *Prinz*, in: Prinz/Hoffmann, Beck`sches Handbuch der Personengesellschaften, 2014, § 7, Rz. 129.

1240 Vgl. zur Behandlung von Übertragungsvorgängen nach § 6 Abs. 5 Satz 3 Nr. 2 Alt. 1 EStG BFH, Urteil v. 22.9.2011, IV R 33/08, BStBl. II 2012, S. 10. Gl. A. *Korn*, in: Korn et al., EStG, § 4 EStG, Rz. 863 (April 2016).

mindern. Werden die negativen Bestände auf dem Darlehenskonto verzinst, liegen auf Ebene der Personengesellschaft Zinserträge vor, die den Gewinn und somit das Entnahmevolumen des Gesellschafters erhöhen. Auf Ebene des Gesellschafters ist der Zweck für die Inanspruchnahme des Darlehens zu prüfen. Je nach Verwendungszweck stellen die Zinszahlungen (Sonder-) Betriebsausgaben, Werbungskosten oder steuerlich nicht relevante Privatausgaben dar.[1241]

Begründet der aktivische Bestand eines Gesellschafterkontos keine Forderung der Gesellschaft gegen den Gesellschafter,[1242] sondern eine Kapitalminderung, handelt es sich bei dieser um eine Entnahme i. S. d. § 4 Abs. 4a EStG.[1243]

Refinanziert die Personengesellschaft die Rückzahlung eines Gesellschafterguthabens, ist zu differenzieren, ob die zurückgewährten Beträge Gesellschafter-Eigenkapital oder Gesellschafter-Fremdkapital darstellen.[1244] Handelt es sich um Gesellschafter-Fremdkapital, sind die Refinanzierungsentgelte vorbehaltlich der Anwendung des § 4 Abs. 4a EStG Betriebsausgaben der Personengesellschaft. Bei einer Rückzahlung von Gesellschafter-Eigenkapital stellen die Refinanzierungsentgelte Privatentnahmen dar, sodass ein Betriebsausgabenabzug der Schulden von vornherein ausscheidet.[1245]

Gewährt die Personengesellschaft dem Gesellschafter ein Darlehen aufgrund besonderer schuldrechtlicher Vereinbarung, handelt es sich ebenfalls um keine Entnahme i. S. d. § 4 Abs. 4a EStG, wenn die Darlehensgewährung betrieblich veranlasst ist.[1246] Liegt hingegen keine betriebliche Veranlassung vor, handelt es sich ertragsteuerlich um eine Entnahme in das gesamthänderisch gebundene Privatvermögen.[1247] Die für das in Anspruch genommene Darlehen geleisteten Zins- und Tilgungszahlungen sind i. S. d. § 4 Abs. 4a EStG bei allen Gesellschaftern anteilig als Einlagen zu erfassen. Die

---

1241 Vgl. BFH, Urteil v. 28.10.1999, VIII R 42/98, BStBl. II 2000, S. 390; OFD Münster, Verfügung v. 18.2.1994, S - 2241 - 79 - St 11 - 31, DStR 1994, S. 582; *Ley*, StbJb 2003/2004, S. 136; *Bolk*, Bilanzierung und Besteuerung, 2015, S. 37; *Kempermann*, FR 2000, S. 610. Liegen Sonderbetriebsausgaben vor, unterliegen diese der Regelung des § 4 Abs. 4a EStG.

1242 Wann ein aktivisches Gesellschafterkonto eine Forderung und wann eine Kapitalrückzahlung darstellt, ist umstritten. Vgl. hierzu Gliederungspunkt 3.4.2.1.

1243 Vgl. *Demuth*, in: 17. KÖSDI-Spezialseminar, 2014, G, Rz. 10.

1244 Vgl. *Demuth*, in: 17. KÖSDI-Spezialseminar, 2014, G, Rz. 1.

1245 Vgl. BFH, Urteil v. 26.6.2007, IV R 29/06, BStBl. II 2008, S. 103; *Korn*, in: Korn et al., EStG, § 4 EStG, Rz. 842.1 (Stand: April 2016).

1246 Dies ist selbst dann der Fall, wenn die Konditionen nicht fremdvergleichbar sind, vgl. BFH, Urteil v. 14.10.2014, IV R 15/11, DB 2015, S. 220.

1247 Vgl. BFH, Urteil v. 9.5.1996, IV R 64/93, BStBl. II 1996, S. 642; FG Nürnberg, Urteil v. 28.1.2010, 4 K 612/2007, StBW 2010, S. 438. Die Entnahme ist allen Gesellschaftern nach Maßgabe ihres jeweiligen Anteils am Gesamthandsvermögen zuzurechnen und demnach quotal in die Berechnung der Überentnahmen i. S. d. § 4 Abs. 4a EStG

Zinszahlungen unterliegen jedoch nicht der Regelung des § 4 Abs. 4a EStG, da diese privat veranlasst sind.

4.3.4. Bedeutung der Gesellschafterkontenabgrenzung im Rahmen der Zinsschranke nach § 4h EStG

4.3.4.1. Grundstruktur des § 4h EStG

Konzeptionell ist die Zinsschranke als Maßnahme zur steuerlichen Reglementierung der Fremdfinanzierung von international tätigen Unternehmen gedacht, die ihre Erträge im niedrig besteuernden Ausland realisieren, die Fremdfinanzierungsaufwendungen dagegen ins höher besteuernde Deutschland verlagern.[1248] Die Zinsschranke beschränkt unter bestimmten Voraussetzungen die Abziehbarkeit der Zinsaufwendungen und führt zu einer Gewinnkorrektur außerhalb der Steuerbilanz. Betroffen sind sämtliche betrieblichen Schuldzinsen eines Betriebs, soweit diese über die im Wirtschaftsjahr erzielten Zinserträge hinausgehen. Darüber hinausgehende Zinsaufwendungen können nach § 4h Abs. 1 EStG nur noch in Höhe des verrechenbaren EBITDA[1249] abgezogen werden. Schuldzinsen, die über die Zinsschranke hinausgehen, stellen nicht abzugsfähige Betriebsausgaben dar, können aber in spätere Wirtschaftsjahre vorgetragen werden (sog. Zinsvortrag).[1250]

Die Regelungen zur Zinsschranke gelten grundsätzlich auch für Personengesellschaften, soweit diese einen Betrieb i. S. d. § 4h EStG betreiben und keine der drei vom Gesetz genannten Ausnahmen zur Anwendung kommt. Demnach ist die Zinsschranke nicht anzuwenden, wenn der Zinssaldo (Zinsaufwendungen abzgl. Zinserträge) maximal 3 Mio. Euro (Freigrenze) beträgt (§ 4h Abs. 2 Satz 1 Buchstabe a EStG). Darüber hinaus sind die Regelungen zur Zinsschranke nach § 4h Abs. 2 Satz 1 Buchstabe b EStG nicht für Betriebe anwendbar, die nicht oder nur anteilmäßig zu einem Konzern gehören

---

einzubeziehen. Vgl. *Demuth*, in: 17. KÖSDI-Spezialseminar, 2014, G, Rz. 9. Dies gilt, sofern der Gesellschaftsvertrag oder eine steuerlich anzuerkennende Gesellschafterabsprache keine abweichende Regelung trifft.

1248 Vgl. *Niehus/Wilke*, Personengesellschaften, 2015, S. 108; *Möhlenbrock*, in: Wassermeyer/ Richter/Schnittker, Personengesellschaft im Internationalen Steuerrecht, 2015, Kapitel 17, Rz. 17.1.

1249 Earnings before interests, taxes, depreciation and amortization. Das verrechenbare EBITDA beträgt 30 % des um die Zinsaufwendungen und um bestimmte AfA-Beträge erhöhten sowie um Zinserträge verminderten maßgeblichen Gewinns. Ein nicht ausgenutzter EBITDA-Betrag kann in zukünftige Wirtschaftsjahre vorgetragen werden (EBITDA-Vortrag).

1250 Die Aufteilung der nichtabziehbaren Schuldzinsen und des sich daraus ergebenden Zinsvortrags auf die Mitunternehmer und ggf. auch auf das Gesamthands- und Sonderbetriebsvermögen ist umstritten. Ausführlich hierzu *Loschelder*, in: Schmidt, EStG, 2016, § 4h EStG, Rz. 9; *Niehus/Wilke*, Personengesellschaft, 2015, S. 108 ff.; *Möhlenbrock*, in: Wassermeyer/ Richter/Schnittker, Personengesellschaft im Internationalen Steuerrecht, 2015, Kapitel 17, Rz. 17.45 m. w. N.

(Konzernklausel). Gehört ein Betrieb zu einem Konzern, kann er sich durch den Nachweis einer konzerndurchschnittlichen oder besseren Eigenkapitalausstattung (Eigenkapitaltest) vor der Anwendung der Zinsschranke schützen (§ 4h Abs. 2 Satz 1 Buchstabe c EStG).[1251]

Gegen § 4h EStG bestehen verfassungsrechtliche Bedenken, da durch die Regelungen das objektive Nettoprinzip verletzt wird, ohne dass sich dies hinreichend rechtfertigen ließe.[1252] Weitere Bedenken bestehen zudem, ob § 4h EStG aufgrund seiner Komplexität das Erfordernis der Bestimmtheit von Steuergesetzen verletzt.[1253] Darüber hinaus verstößt die Zinsschranke gegen die Niederlassungs- und Kapitalverkehrsfreiheit der Art. 43 und 56 EG und steht somit nicht im Einklang mit dem Europarecht.[1254]

4.3.4.2. Relevanz der Verzinsung von Gesellschafterkonten

Tatbestandsvoraussetzung des § 4h Abs. 1 EStG ist das Vorliegen eines Betriebes.[1255] Mitunternehmerschaften haben i. S. d. Zinsschrankenregelung grundsätzlich nur einen Betrieb, obwohl die Personengesellschaft für die Besteuerung nach dem Einkommen an sich transparent behandelt wird. Der Betrieb der Personengesellschaft umfasst neben dem Gesamthandsvermögen der Personengesellschaft auch das Sonderbetriebsvermögen des Gesellschafters.[1256] Im Rahmen des § 4h EStG stellt der Gesetzgeber demnach auf das steuerliche Eigenkapital ab.[1257] Deshalb ist sowohl der Zinssaldo als

---

1251 Bei den letzten beiden Ausnahmen ist ggf. § 8a KStG zu beachten. Diese Norm gilt auch für Personengesellschaften, wenn diese unmittelbar oder mittelbar einer Kapitalgesellschaft nachgeordnet sind. Ausführlich hierzu *Niehus/Wilke*, Personengesellschaften, 2015, S. 115 f.; *Möhlenbrock*, in: Wassermeyer/Richter/Schnittker, Personengesellschaft im Internationalen Steuerrecht, 2015, Kapitel 17, Rz. 17.33 ff.

1252 Für verfassungswidrig halten die Vorschrift deshalb z. B. *Micker*, in: Söffing, GmbH & Co. KG, 2013, S. 423; *Loschelder*, in: Schmidt, EStG, 2016, § 4h EStG, Rz. 4; *Homburg*, FR 2007, S. 717; *Hey*, BB 2007, S. 1305; *Köhler/Hahne*, DStR 2008, S. 1505; *Goebel/ Eilinghoff*, DStZ 2010, S. 550; *Hölzer/Nießner*, FR 2008, S. 845. Auch der BFH hat dem BVerfG die Frage vorgelegt, ob die Zinsschranke aufgrund eines Verstoßes gegen den allgemeinen Gleichheitssatz verfassungswidrig ist (BFH-Beschluss v. 14.10.2015, I R 20/15, BFH/NV 2016, S. 475). Bereits in seinem Beschluss v. 18.12.2013 (I B 85/13, BFH/NV 2014, S. 970) hatte der BFH in einem summarischen Verfahren Zweifel an der Verfassungskonformität der Zinsschranke geäußert. Zudem hat das FG Berlin-Brandenburg wegen insoweit ernstlicher Zweifel eine Aussetzung der Vollziehung gewährt, vgl. FG Berlin-Brandenburg, Urteil v. 13.10.2011, 12 V 12089/11, EFG 2012, S. 358.

1253 Vgl. *Heuermann*, DB 2013, S. 1328; *Müller-Gatermann*, Stbg 2007, S. 158.

1254 Vgl. u. a. *Loschelder*, in: Schmidt, EStG, 2016, § 4h EStG, Rz. 4; *Führich*, IStR 2007, S. 341; *Musli/Volmering*, DB 2008, S. 12; *Hey*, BB 2007, S. 1305; *Kessler/Köhler/Knörzer*, IStR 2007, S. 418.

1255 Die Definition des Begriffs „Betrieb" ist im Schrifttum strittig, vgl. hierzu u. a. *Möhlenbrock*, in: Wassermeyer/Richter/Schnittker, Personengesellschaft im Internationalen Steuerrecht, 2015, Kapitel 17, Rz. 17.3; *Kußmaul/Ruiner/Schappe*, DStR 2008, S. 904; *Köster-Böckenförde/Clauss*, DB 2008, S. 2214; BMF, Schreiben v. 4.7.2008, IV C 7 - S 2742-a/07/10001, BStBl. I 2008, S. 718; *Herzig/Lieckenbrock*, Ubg 2011, S. 102.

1256 BMF, Schreiben v. 4.7.2008, IV C 7 - S 2742-a/07/10001, BStBl. I 2008, S. 718, Rz. 6 ff.

1257 Vgl. *Gocke/Rogall*, FS Schaumburg, 2009, S. 365.

auch das steuerliche EBITDA einheitlich unter Berücksichtigung von Sonderbetriebseinnahmen und -ausgaben zu bestimmen.[1258]

Bei passiven Gesellschafterdarlehenskonten bleiben die von der Personengesellschaft bezahlten Zinsaufwendungen im Rahmen der Ermittlung der Zinsschranke unberücksichtigt. Die hieraus resultierenden Zinserträge auf Ebene des Gesellschafters sind ebenfalls nicht zinsschrankenrelevant,[1259] denn im Ergebnis kommt es durch die Zahlungen zu keiner Verminderung des maßgeblichen Gewinns. Demgegenüber sind Zinsaufwendungen, die ein Gesellschafter zur Finanzierung seines Anteils aufwendet, der Zinsschrankenregelung zu unterwerfen.[1260]

Nach Auffassung der Finanzverwaltung sind Sondervergütungen im Rahmen der Zinsschranke allerdings zu berücksichtigen, wenn das Besteuerungsrecht an den Zinserträgen des Mitunternehmers abkommensrechtlich einem anderen Staat zugewiesen wird.[1261] Die Einordnung von Sondervergütungen als Unternehmensgewinne gem. Art. 7 OECD-MA oder als Zinsen gem. Art. 11 OECD-MA und damit die Zuordnung des Besteuerungsrechts für diese Sondervergütungen ist im Schrifttum umstritten.[1262] Gleichwohl lässt sich das Problem der grenzüberschreitenden Sondervergütungen einer inländischen Personengesellschaft losgelöst von der abkommensrechtlichen Einordnung lösen. Nach § 4h Abs. 3 EStG sind Zinsaufwendungen der Zinsschranke zu unterwerfen, wenn diese den maßgeblichen Gewinn gemindert haben. Deshalb kommt es im Rahmen von Sondervergütungen solange nicht zu einer Berücksichtigung, wie diese den maßgeblichen Gewinn nicht gemindert haben. Wird das Besteuerungsrecht der Sondervergütung allerdings einem anderen Staat als Deutschland zugewiesen, kommt es auf Ebene der Personengesellschaft zu einer Gewinnminderung. Eine mögliche Umqualifizierung der Zinszahlungen in Unternehmensgewinne nach § 50d Abs. 10 EStG ist demnach irrelevant und schlägt nicht auf die Zinsschranke durch. Folglich unterliegen die betreffenden Zinszahlungen den Wirkungen der Zinsschranke.[1263]

1258 Vgl. *Niehus/Wilke*, Personengesellschaften, 2015, S. 108.

1259 Einhellige Meinung vgl. BMF, Schreiben v. 4.7.2008, IV C 7 - S 2742-a/07/10001, BStBl. I 2008, S. 718, Rz. 19; *Möhlenbrock*, in: Wassermeyer/Richter/Schnittker, Personengesellschaft im Internationalen Steuerrecht, 2015, Kapitel 17, Rz. 17.47; *Wagner/Fischer*, BB 2007, S. 1811; *Köhler*, DStR 2007, S. 597; *Goebel/Eilinghoff/Busenius*, DStZ 2010, S. 748.

1260 Vgl. *Loschelder*, in: Schmidt, EStG, 2016, § 4h EStG, Rz. 9.

1261 Vgl. BMF, Schreiben v. 4.7.2008, IV C 7 - S 2742-a/07/10001, BStBl. I 2008, S. 718, Rz. 6, 19. A. A. *Loschelder*, in: Schmidt, EStG, 2016, § 4h EStG, Rz. 24; *Köhler/Hahne*, DStR 2008, S. 1505; *Schaden/Franz*, Ubg 2008, S. 452; *Salzmann*, IStR 2008, S. 399; *Goebel/Eilinghoff/Busenius*, DStZ 2010, S. 748.

1262 Vgl. Gliederungspunkt 4.3.2.1.

1263 Vgl. *Möhlenbrock*, in: Wassermeyer/Richter/Schnittker, Personengesellschaft im Internationalen Steuerrecht, 2015,

Werden aktivische Gesellschafterkonten als Forderungen der Personengesellschaft gegen den Gesellschafter qualifiziert, stellen die vom Gesellschafter gezahlten Zinsen auf Ebene der Personengesellschaft wirksame Zinserträge i. S. d. § 4 Abs. 1 Satz 1 EStG dar. Dies gilt nicht, wenn das Darlehen beim Gesellschafter Sonderbetriebsvermögen darstellt, da sich die Zahlungen zwischen den Beteiligten in diesem Fall kompensieren und den maßgeblichen Gewinn nicht mindern.[1264] Refinanziert die Personengesellschaft die Auszahlung eines Darlehenskontos, handelt es sich bei den Refinanzierungsentgelten um Zinsaufwand, der der Zinsschranke zu unterwerfen ist.

4.3.4.3. Eigenkapitaltest i. S. d. § 4h Abs. 2 EStG

Gehört die Personengesellschaft zu einem Konzern, kann sie sich dennoch durch den Eigenkapitaltest vor der Anwendung des § 4h EStG schützen. Die Anwendung der Zinsschrankenregelung unterbleibt, wenn die Eigenkapitalquote der Personengesellschaft am Schluss des vorangegangenen Abschlussstichtages gleich hoch oder höher ist als die des Konzerns, wobei ein Unterschreiten der Eigenkapitalquote des Konzerns um bis zu zwei Prozentpunkte unschädlich ist (§ 4h Abs. 2 Satz 1 Buchstabe c Satz 2 EStG).

Die Ermittlung der Eigenkapitalquoten des Betriebs und des Konzerns erfolgt, indem das in der Bilanz ausgewiesene Eigenkapital durch die Bilanzsumme dividiert wird. Zur Berechnung der Eigenkapitalquoten des Einzel- und Konzernabschlusses ist es notwendig, dass diese vereinheitlicht werden. Diesbezüglich sind ausgehend vom bilanziellen Eigenkapital eine Reihe von Modifikationen durchzuführen, die das Ziel haben, Inkonsistenzen und Kaskadeneffekte zu vermeiden.[1265]

Der Vergleich der Eigenkapitalquote des Betriebs der Personengesellschaft mit derjenigen des Konzerns erfordert die Erstellung von einheitlichen Abschlüssen. Primär ist dabei das Regelungswerk der IFRS anzuwenden (§ 4h Abs. 2 Satz 1 Buchstabe c Satz 8 EStG).[1266] Vor diesem Hintergrund hat die Eigenkapitalabgrenzung im Rahmen von Personengesellschaften besondere Bedeutung. Aller-

---

Kapitel 17, Rz. 17.47. A. A. *Förster*, in: Breithecker et al., Unternehmenssteuerreformgesetz, 2007, § 4h EStG, Rz. 73; *Goebel/Eilinghoff/Busenius*, DStZ 2010, S. 749. Ausführlich hierzu *Boller/Eilinghoff/Schmidt*, IStR 2009, S. 109 ff.; *Hils*, DStR 2009, S. 888 ff.

1264 Gl. A. *Hoffmann*, in: Littmann/Bitz/Pust, Einkommensteuerrecht, § 4h EStG, Rz. 302 (Mai 2010).

1265 Vgl. *Niehus/Wilke*, Personengesellschaft, 2015, S. 115. Um Kaskadeneffekte zu vermeiden, sind Anteile an anderen Konzerngesellschaften zu kürzen. Diese Beteiligungskürzung betrifft neben Beteiligungen an Kapitalgesellschaften auch Beteiligungen an Personengesellschaften.

1266 Vgl. die Fundamentalkritik hierzu von *Küting/Weber/Reuter*, DStR 2008, S. 1602; *Kahle/Dahlke/Schulz*, StuW 2008, S. 266; *Stibi/Thiele*, BB 2007, S. 2507.

dings regelt § 4h Abs. 2 Satz 1 Buchstabe c Satz 4 Halbsatz 2 EStG, dass sowohl im Konzern- als auch im Einzelabschluss mindestens das Eigenkapital anzusetzen ist, das sich nach dem HGB ergibt oder ergeben hätte.[1267] Diese Regelung soll geringe Eigenkapitalquoten korrigieren, die sich möglicherweise aus der Anwendung der IFRS ergeben, da diese die Eigenkapitalabgrenzung an die Kündbarkeit des Kapitals knüpfen.[1268] Anzumerken ist, dass diesbezüglich kein aufwendiger Parallelabschluss nach HGB aufgestellt werden muss. Vielmehr erfolgt die Umqualifizierung von Fremd- in Eigenkapital nur dem Grunde nach, sodass sich die Höhe der einzuordnenden Passivposten weiterhin aus den ohnehin anwendbaren Rechnungslegungsgrundsätzen ergibt.[1269]

Darüber hinaus ist zur Ermittlung der Eigenkapitalquote auch das Sonderbetriebsvermögen der Gesellschafter dem Betrieb der Personengesellschaft zuzuordnen, soweit es im Konzernvermögen enthalten ist (§ 4h Abs. 2 Satz 1 Buchstabe c Satz 7 EStG).[1270] Dieses ist mit dem Wert nach dem einschlägigen Rechnungslegungsstandard, also nicht unbedingt mit dem Steuerbilanzwert, dem Eigenkapital der Mitunternehmerschaft zuzurechnen. Bei den konzernzugehörigen Mitunternehmern vermindern sich dementsprechend das Eigenkapital und die Bilanzsumme um die in ihnen enthaltenen Wertansätze für das Sonderbetriebsvermögen.[1271] Eine Darlehensgewährung durch den Gesellschafter an die Personengesellschaft (positives Sonderbetriebsvermögen) erhöht demnach das Eigenkapital der Mitunternehmerschaft.[1272] Hat ein Gesellschafter seinen Anteil an der Personengesellschaft fremdfinanziert, führt dies aufgrund der Zuordnung der Verbindlichkeit zum Sonderbetriebsvermögen II zu einer Verringerung der Eigenkapitalquote.[1273]

Für den Fall, dass der Gesellschafter beabsichtigt, das Eigenkapital der Gesellschaft zu verstärken, indem er Einlagen zuführt oder ein Darlehenskonto in ein Eigenkapitalkonto unqualifiziert, ist eine Sperrfrist von jeweils sechs Monaten vor und nach dem maßgeblichen Abschlussstichtag zu berücksichtigen (§ 4h Abs. 2 Satz 1 Buchstabe c Satz 5 EStG).[1274]

[1267] Vgl. *Dörfler/Vogl*, BB 2007, S. 1084; kritisch *Hennrichs*, DB 2007, S. 2101.

[1268] Ausführlich hierzu Gliederungspunkt 3.1.3.

[1269] Vgl. *Hennrichs*, DB 2007, S. 2106; *Möhlenbrock*, in: Wassermeyer/Richter/Schnittker, Personengesellschaft im Internationalen Steuerrecht, 2015, Kapitel 17, Rz. 17.31; *Heintges/ Kamphaus/Loitz*, DB 2007, S. 1263.

[1270] Sonderbetriebsvermögen konzernexterner Mitunternehmer sowie der Mitunternehmer der Mutter-Personengesellschaft werden nicht mit einbezogen, vgl. *van Lishaut/Schumacher/ Heinemann*, DStR 2008, S. 2345; *Wagner/Fischer*, BB 2007, S. 1815; *Pawelzik*, Ubg 2009, S. 54.

[1271] Vgl. *van Lishaut/Schumacher/Heinemann*, DStR 2008, S. 2345.

[1272] Vgl. *van Lishaut/Schumacher/Heinemann*, DStR 2008, S. 2345.

[1273] Vgl. *Niehus/Wilke*, Personengesellschaft, 2015, S. 115.

[1274] Maßgebend sind die Zeitpunkte, zu denen die Vorgänge bilanziell zu erfassen sind.

4.4. Bedeutung der Gesellschafterkonten im Rahmen der Übertragung eines Mitunternehmeranteils

4.4.1. Entgeltliche Übertragung eines Mitunternehmeranteils

4.4.1.1. Grundlagen

Geht der Mitunternehmeranteil entgeltlich auf einen neuen oder einen anderen Gesellschafter über, kommt es zur Aufdeckung der stillen Reserven und der veräußernde Gesellschafter realisiert einen Veräußerungsgewinn gem. § 16 Abs. 2 EStG (§ 16 Abs. 1 Nr. 2 EStG).[1275] Dieser ist bei Vorliegen der entsprechenden Voraussetzungen gem. §§ 16 und 34 EStG privilegiert.[1276] Der Mitunternehmeranteil umfasst neben der Mitgliedschaft einschließlich der dinglichen Mitberechtigung am Gesamthandsvermögen auch das Sonderbetriebsvermögen des Gesellschafters.[1277] Für eine begünstigte Veräußerung ist eine Veräußerung sämtlicher Wirtschaftsgüter des Sonderbetriebsvermögens nicht erforderlich. Zwingend mit zu veräußern sind lediglich die Wirtschaftsgüter des Sonderbetriebsvermögens, die wesentliche Betriebsgrundlagen der Personengesellschaft darstellen.[1278]

Bei Veräußerung des Mitunternehmeranteils geht das Kapitalkonto mit seinen Unterkonten automatisch mit der Übertragung auf den Erwerber über.[1279] Der Erwerber übernimmt demnach die

---

1275 Eine Auflistung der unter § 16 Abs. 1 Satz 1 Nr. 2 EStG zu erfassenden gesellschaftsrechtlichen Sachverhalte findet sich in *Wacker*, in: Schmidt, EStG, 2015, § 16 EStG, Rz. 412; *Micker*, in: Söffing, GmbH & Co. KG, 2013, S. 584 f. Ebenfalls eine entgeltliche Veräußerung stellt neben dem Verkauf des Mitunternehmeranteils an eine Personengesellschaft die Einbringung in eine Personengesellschaft gegen Gewährung von Gesellschaftsrechten dar. Hier sind allerdings die vorrangigen Vorschriften des § 24 UmwStG anzuwenden. Vgl. hierzu ausführlich *Wacker*, in: Schmidt, EStG, 2016, § 16 EStG, Rz. 413.

1276 Veräußert ein beschränkt steuerpflichtiger Gesellschafter seinen inländischen Mitunternehmeranteil, unterliegt die Veräußerung gem. § 49 Abs. 1 Nr. 2 Buchstabe a EStG i. V. m. § 16 Abs. 1 EStG ebenfalls der beschränkten Steuerpflicht. Die Vergünstigungen der §§ 16 und 34 EStG sind uneingeschränkt anwendbar, vgl. *Loschelder*, in: Schmidt, EStG, 2016, § 50 EStG, Rz. 19. Im Abkommensfall muss allerdings entschieden werden, inwieweit Deutschland ein Besteuerungsrecht aus dem Veräußerungsvorgang zusteht, da sich das Besteuerungsrecht nach Art. 13 Abs. 2 OECD-MA allein auf das Deutschland zurechenbare veräußerte Betriebsvermögen beschränkt. Vgl. ausführlich hierzu *Weggenmann*, in: Wassermeyer/Richter/Schnittker, Personengesellschaft im Internationalen Steuerrecht, 2015, Kapitel 6, Rz. 6.105.

1277 Vgl. BFH, Urteil v. 2.10.1997, IV R 66/96, BStBl. II 1998, S. 104; v. 12.4.2000, XI R 35/99, BStBl. II 2001, S. 26; v. 24.8.2000, IV R 51/98, BStBl. II 2005, S. 173; v. 25.2.2010, IV R 49/08, BStBl. II 2010, S. 726; *Micker*, in: Söffing, GmbH & Co. KG, 2013, S. 626; *Bodden*, FR 1997, S. 757; *Korn*, KÖSDI 1997, S. 11219; *Kempermann*, GmbHR 2002, S. 200; *Wacker*, in: Schmidt, EStG, 2016, § 16 EStG, Rz. 407; *Kobor*, in: Herrmann/Heuer/Raupach, EStG/KStG, § 16 EStG, Rz. 292 (Februar 2016). A. A. *Schön*, BB 1988, S. 1866; *Tismer/Ossenkopp*, FR 1992, S. 39.

1278 Vgl. zuletzt BFH, Urteil v. 25.11.2009, I R 72/08, BStBl. II 2010, S. 471; *Bolk*, Bilanzierung und Besteuerung, 2015, S. 292; *Wacker*, in: Schmidt, EStG, 2016, § 16 EStG, Rz. 407.

1279 Vgl. *Rodewald*, GmbHR 1998, S. 523. In der Handelsbilanz ändert sich lediglich die Bezeichnung des Kapitalkontos des Gesellschafters.

Rechtsstellung des ausscheidenden Gesellschafters. Der entgeltliche Erwerb eines Mitunternehmeranteils ist in steuerlicher Hinsicht für den Erwerber kein Erwerb eines Wirtschaftsguts „Personengesellschaftsanteil“, sondern die entgeltliche Anschaffung von Anteilen an den einzelnen Wirtschaftsgütern des Gesellschaftsvermögens.[1280] Die Veräußerung eines Mitunternehmeranteils kommt demnach einem Asset Deal gleich.[1281] Der Kaufpreis stellt die Anschaffungskosten des neuen Gesellschafters bzw. die nachträglichen Anschaffungskosten der bisherigen Gesellschafter dar. Der Gesamtbetrag ist auf die einzelnen Wirtschaftsgüter zu verteilen, in denen stille Reserven enthalten waren; ggf. ist ein Geschäftswert auszuweisen. Die aufgedeckten stillen Reserven und der Geschäftswert werden in positiven Ergänzungsbilanzen ausgewiesen und in gleicher Höhe ist auf der Passivseite ein Mehreigenkapital des Erwerbers auszuweisen. In der Gesamthandsbilanz werden die Buchwerte fortgeführt und es wird die AfA wie bisher vorgenommen. Die Korrektur der dem Gesellschafter in der Gesamthandsbilanz zu hoch oder zu niedrig ausgewiesenen AfA erfolgt ebenfalls in der Ergänzungsbilanz des Gesellschafters.[1282]

Bei einer teilentgeltlichen Übertragung[1283] eines Mitunternehmeranteils wird der Veräußerungsvorgang grundsätzlich nicht in ein entgeltliches und ein unentgeltliches Geschäft aufgeteilt. Vielmehr greift die Einheitstheorie.[1284] Zur Ermittlung des Veräußerungsgewinns ist demnach das Entgelt dem Wert des Anteils am Betriebsvermögen gegenüberzustellen.[1285] Ist das Teilentgelt höher als der Buchwert, liegt ein insgesamt entgeltlicher Vorgang vor. Liegt das Teilentgelt hingegen unter dem Buchwert, handelt es sich in vollem Umfang um ein unentgeltliches Geschäft.[1286]

Im Falle der Veräußerung eines Mitunternehmeranteils können die Gesellschafterkonten bei der Bemessung des Kaufpreises Bedeutung erlangen. Die Summe der Kapitalanteile ist zwar nicht identisch mit dem Wert des Gesellschaftsvermögens. Der Kapitalanteil spiegelt allerdings den Nettobuchwert des mit der Beteiligung übergehenden Gesamthandsvermögens wider und kann als Anhaltspunkt

---

1280 Vgl. BFH, Urteil v. 6.7.1995, IV R 30/93, BStBl. II 1995, S. 831.

1281 Vgl. BFH, Urteil v. 26.1.1978, IV R 97/76, BStBl. II 1978, S. 368; *Kahle*, FR 2013, S. 873; *Wacker*, in: Schmidt, EStG, 2016, § 16 EStG, Rz. 452.

1282 Zu Einzelheiten vgl. BFH, Urteil v. 20.11.2014, IV R 1/11, BFH/NV 2015, S. 409. Ausführlich zur bilanziellen Behandlung vgl. *Bolk*, Bilanzierung und Besteuerung, 2015, S. 306 ff. Zur Anwendung der §§ 4f und 5 Abs. 7 EStG im Rahmen der Veräußerung von Mitunternehmeranteilen vgl. *Dannecker/Rudolf*, BB 2014, S. 2539 ff.

1283 Eine teilentgeltliche Übertragung liegt vor, wenn der Mitunternehmeranteil zu einem Preis veräußert wird, der niedriger ist als der Wert des Anteils.

1284 Vgl. *Kobor*, in: Herrmann/Heuer/Raupach, EStG/KStG, § 16 EStG, Rz. 425 (Februar 2016); *Micker*, in: Söffing, GmbH & Co. KG, 2013, S. 599.

1285 Vgl. BFH, Urteil v. 10.7.1986, IV R 12/81, BStBl. II 1986, S. 811.

1286 Vertiefend zur jeweiligen Behandlung vgl. *Micker*, in: Söffing, GmbH & Co. KG, 2013, S. 599 ff.

des Kaufpreises fungieren, der über Zu- oder Abschläge konkretisiert werden kann.[1287] Hierzu sind die stillen Reserven bzw. die in der Beteiligung verkörperte anteilige Ertragskraft der Personengesellschaft zu berücksichtigen.[1288] Zudem spielen die Gesellschafterkonten für die Ermittlung des Veräußerungsgewinns eine Rolle, da sie diesen maßgeblich determinieren.

4.4.1.2. Relevanz der Gesellschafterkonten bei der Ermittlung des Veräußerungsgewinns

4.4.1.2.1. Definition des Betriebsvermögens

Nach § 16 Abs. 2 Satz 1 EStG ist der Veräußerungsgewinn der Betrag, um den der Veräußerungspreis nach Abzug der Veräußerungskosten den Wert des Betriebsvermögens bzw. den Wert des Anteils am Betriebsvermögens (Buchwert) übersteigt. Der Buchwert des veräußerten Mitunternehmeranteils ist nach § 16 Abs. 2 Satz 2 EStG auf den Zeitpunkt der Veräußerung zu ermitteln.[1289] Ein laufender Gewinn wird dem Buchwert hinzugerechnet, die zwischenzeitlichen Entnahmen werden abgezogen.[1290] Der Anteil am Wert des Betriebsvermögens wird durch das steuerliche Kapitalkonto repräsentiert, welches sich unter Umständen auch aus mehreren Unterkonten zusammensetzt.[1291] Maßbeglich ist demnach das Kapital der Steuerbilanz inklusive Ergänzungsbilanzen.[1292]

Das Darlehenskonto gehört hingegen nicht zum Kapitalkonto i. S. d. § 16 EStG.[1293] Da es sich beim passiven Darlehenskonto um einen schuldrechtlichen Anspruch des Gesellschafters gegen die Gesellschaft handelt, ist es als selbständiges Wirtschaftsgut vom Gesellschaftsanteil zu trennen.[1294] Daher ist es problemlos möglich, nur den Gesellschaftsanteil zu veräußern und ein Guthaben auf dem Darlehenskonto zurückzubehalten. Das Guthaben auf dem Darlehenskonto ist demnach frei übertragbar.[1295] Mit Urteil v. 5.5.1986 hat der BGH dies grundsätzlich auch anerkannt.[1296] Allerdings sollen

---

1287 Vgl. *Werner*, NWB 2012, S. 1532.

1288 Vgl. *Rodewald*, GmbHR 1998, S. 523.

1289 Liegt nach Abzug der Veräußerungskosten und des Buchwerts vom Veräußerungspreis eine negative Differenz vor, handelt es sich um einen Veräußerungsverlust, vgl. BFH, Urteil v. 12.6.1975, IV R 10/72, BStBl. II 1975, S. 853; v. 14.1.2010, IV R 13/06, BFH/NV 2010, S. 1483.

1290 Vgl. *Stahl*, in: Korn et al., EStG, § 16 EStG, Rz. 206 (April 2016).

1291 Vgl. *Wacker*, in: Schmidt, EStG, 2016, § 16 EStG, Rz. 409; *Wendt*, FR 2015, S. 994.

1292 Vgl. *Dannecker/Rudolf*, BB 2014, S. 2539. Wird nur ein Bruchteil des Mitunternehmeranteils veräußert, ist vom Veräußerungspreis auch nur ein gleichartiger Bruchteil des steuerlichen Kapitalkontos abzuziehen, vgl. *Wacker*, in: Schmidt, EStG, 2016, § 16 EStG, Rz. 409.

1293 Vgl. *Wendt*, Stbg 2010, S. 146; *Werner*, NWB 2012, S. 1533.

1294 Vgl. *Wälzholz*, DStR 2011, S. 1862.

1295 Das Guthaben auf einem Kapitalkonto kann hingegen nur auf Mitgesellschafter übertragen werden.

1296 Vgl. BGH, Urteil v. 5.5.1986, II ZR 163/85, NJW-RR 1987, S. 286.

die Umstände des Einzelfalles maßgeblich sein, ob der Anspruch auf das Guthaben des Darlehenskontos im Veräußerungsfall auf den Erwerber mit übergeht oder beim Veräußerer verbleibt. Im Zweifel ist davon auszugehen, dass der Erwerber in vollem Umfang in das Gesellschaftsverhältnis des Veräußerers eintritt und demnach auch alle Ansprüche des Veräußerers gegen die Gesellschaft, welche ihre Grundlage im Gesellschaftsvertrag haben, erwirbt.[1297] Sind im Anteilsabtretungsvertrag demnach keine anderweitigen Vereinbarungen enthalten, umfasst die Abtretung sämtliche Kapitalkonten des bisherigen Gesellschafters einschließlich eines etwaigen Darlehenskontos.[1298]

Wird im Rahmen der Veräußerung oder der Aufgabe das Darlehenskonto allerdings ausgeglichen, weiter bestehen bleibt oder erlassen wird, kann es sich auf den Veräußerungs- oder Aufgabegewinn auswirken.[1299]

4.4.1.2.2. Negatives Kapitalkonto aufgrund Verlustverrechnung

Liegt ein insgesamt negatives Kapitalkonto vor, kann dessen Übernahme ein gesondertes Entgelt des Erwerbers und damit einen originären Teil des Veräußerungspreises darstellen. Allerdings kommt es auch schon aufgrund des allgemeinen Schemas zur Ermittlung des Veräußerungsgewinns zu einer Gewinnerhöhung, da sich aus der Subtraktion des negativen Betrages mathematisch eine Gewinnerhöhung ergibt, wenn das negative Kapitalkonto in die Ermittlung des Veräußerungsgewinns einbezogen wird.[1300]

Ein aufgrund von Verlusten entstandenes negatives Kapitalkonto des unbeschränkt haftenden Gesellschafters bringt zum Ausdruck, bis zu welchem Betrag der Gesellschafter beim Ausscheiden aus der Gesellschaft den übrigen Gesellschaftern ausgleichs- bzw. nachschusspflichtig wäre, soweit das negative Kapitalkonto nicht durch den Anteil am Abwicklungsgewinn ausgeglichen wird. Wird der unbeschränkt haftende Gesellschafter von dieser Nachschusspflicht befreit, weil der Anteil an den

---

1297 Vgl. BGH, Urteil v. 5.5.1986, II ZR 163/85, NJW-RR 1987, S. 286; v. 25.4.1966, II ZR 120/64, NJW 1966, S. 1307; v. 24.8.1972, VIII R 36/66, NJW 1973, S. 328. Ob diese Grundsätze auch im Fall der Übertragung eines Gesellschaftsanteils im Weg der Rechtsnachfolge von Todes wegen anzuwenden sind, ist fraglich, vgl. hierzu *Werner*, NWB 2012, S. 1533.

1298 Vgl. *Carlé*, KÖSDI 1985, S. 6096. A. A. wohl *Rodewald*, GmbHR 1998, S. 523, der davon ausgeht, dass eine Darlehensforderung des bisherigen Gesellschafters mangels abweichender Vereinbarung nicht auf den Neugesellschafter übergeht.

1299 Vgl. etwa BFH, Urteil v. 28.7.1994, IV R 53/91, BStBl. II 1995, S. 112; v. 19.3.1991, VIII R 214/85, BStBl. II 1991, S. 633; v. 12.12.1996, IV R 77/93, BStBl. II 1998, S. 180.

1300 Vgl. bspw. BFH, Urteil v. 17.1.1989, VIII R 370/83, BStBl. II 1989, S. 563; *Kobor*, in: Herrmann/Heuer/Raupach, EStG/KStG, § 16 EStG, Rz. 412 (Februar 2016); *Wendt*, FR 2015, S. 994.

stillen Reserven höher oder gleich dem aktivischen Kapitalkonto ist, zählt sein negatives Kapitalkonto zum Veräußerungspreis.[1301] Das negative Kapitalkonto zählt allerdings dann nicht zum Veräußerungs-preis, wenn der Veräußerer wegen der schlechten Lage der Gesellschaft und deren Gesellschaftern auch nach dem Ausscheiden noch damit rechnen muss, dass er den Nachhaftungsregeln des § 160 HGB unterliegt.[1302]

Für den Erwerber stellt das übernommene negative Kapitalkonto korrespondierend Anschaffungskosten dar.[1303] Ist der Erwerber nicht bereit, dass negative Kapitalkonto zu übernehmen und hat der ausscheidenden Gesellschafter das negative Kapitalkonto auszugleichen, handelt es sich bei der Ausgleichszahlung um eine das negative Kapitalkonto erfolgsneutrale Einlage.[1304] Dem Erwerber entstehen insoweit keine Anschaffungskosten.[1305] Ist die zu erbringende Ausgleichzahlung geringer als das negative Kapitalkonto, erhöht das verbleibende negative Kapitalkonto den Veräußerungsgewinn des ausscheidenden Gesellschafters und die Anschaffungskosten des Erwerbers.[1306]

Der beschränkt haftende Gesellschafter ist grundsätzlich nicht verpflichtet, ein durch Verluste entstandenes negatives Kapitalkonto auszugleichen.[1307] Dennoch entsteht bei der Veräußerung seines Mitunternehmeranteils ein Veräußerungsgewinn in Höhe des übergehenden negativen Kapitalkontos

---

1301 Vgl. BFH, Urteil v. 16.12.1992, XI R 34/92, BStBl. II 1993, S. 436; v. 16.4.2010, IV B 94/09, BFH/NV 2010, S. 1272; *Walpert*, in: Sudhoff, Personengesellschaften, 2005, § 29, Rz. 15; *Kobor*, in: Herrmann/Heuer/Raupach, EStG/KStG, § 16 EStG, Rz. 412 (Februar 2016); *Micker*, in: Söffing, GmbH & Co. KG, 2013, S. 606; *Demuth*, KÖSDI 2013, S. 18385; *Wacker*, in: Schmidt, EStG, 2016, § 16 EStG, Rz. 470; *Kaufmann*, in: Frotscher/Geurts, EStG, § 16 EStG, Rz. 221 (November 2013). Dies gilt auch, wenn der ausscheidende Gesellschafter aus betrieblichen Gründen von der Nachschusspflicht befreit wurde und die Schuld uneinbringlich war, vgl. BFH, Urteil v. 24.3.1993, IV B 79/92, BFH/NV 1993, S. 658. Bei einem Schuldenerlass aus privaten Gründen wird regelmäßig eine unentgeltliche Übertragung vorliegen, vgl. BFH, Urteil v. 14.11.1979, I R 143/76, BStBl. II 1980, S. 96; *Micker*, in: Söffing, GmbH & Co. KG, 2013, S. 606. Der Erlass der Forderung gegenüber dem ausscheidenden Gesellschafter ist demnach nicht einkünfterelevant, allerdings eventuell schenkungsteuerpflichtig, vgl. *Stahl*, in: Korn et al., EStG, § 16 EStG, Rz. 152 (April 2016).

1302 Vgl. BFH, Urteil v. 19.3.1991, VIII R 214/85, BStBl. II 1991, S. 633; *Demuth*, KÖSDI 2013, S. 18386. Die Nachhaftungsregeln des § 160 HGB greifen auch im Fall der Anteilsveräußerung, vgl. *K. Schmidt*, in: Schmidt, Handelsgesetzbuch, 2012, § 160 HGB, Rz 24. Bilanztechnisch wird die mögliche Nachhaftung durch eine Rückstellung in einer für den Veräußerer fortzuführenden Sonderbilanz abgebildet. Diese Rückstellung mindert den durch das negative Kapitalkonto entstehenden Gewinn. Ausführlich hierzu *Demuth*, KÖSDI 2013, S. 18386.

1303 Vgl. BFH, Urteil v. 30.3.1993, VIII R 63/91, BStBl. II 1993, S. 706. Zur bilanziellen Erfassung und Aufteilung der Anschaffungskosten vgl. ausführlich *Wacker*, in: Schmidt, EStG, 2016, § 16 EStG, Rz. 480 ff.

1304 Vgl. *Walpert*, in: Sudhoff, Personengesellschaften, 2005, § 29, Rz. 15; *Wacker*, in: Schmidt, EStG, 2015, § 16 EStG, Rz. 471.

1305 Vgl. *Wacker*, in: Schmidt, EStG, 2016, § 16 EStG, Rz. 15. Bei einem ausgeglichen negativen Kapitalkonto und keiner zusätzlichen Gegenleistung entsteht weder ein Gewinn noch ein Verlust, vgl. *Demuth*, KÖSDI 2013, S. 18386.

1306 Vgl. *Wacker*, in: Schmidt, EStG, 2016, § 16 EStG, Rz. 471, 497.

1307 Vgl. hierzu Gliederungspunkt 3.1.1.2.3.

und zwar unabhängig davon, ob das negative Kapitalkonto durch ausgleichs- und abzugsfähige oder nur verrechenbare Verlustanteile entstanden ist. Allerdings mindert sich der Veräußerungsgewinn um den verrechenbaren Verlust, soweit das negative Kapitalkonto durch verrechenbare Verluste entstanden ist (§ 15a Abs. 2 Satz 1 EStG).[1308]

Beim Erwerber handelt es sich bei der Übernahme des negativen Kapitalkontos eines beschränkt haftenden Gesellschafters um Anschaffungskosten. Übersteigt das negative Kapitalkonto die Teilwerte der anteilig erworbenen Wirtschaftsgüter, erleidet der Erwerber in Höhe dieser überhöhten „Anschaffungskosten" keinen Erwerbsverlust, da der Erwerber nichts aus seinem Vermögen aufwendet. Zudem bestehen für den Erwerber keine Nachschusspflicht und keine Haftung.[1309] Die Übernahme des negativen Kapitalkontos bewirkt vielmehr, dass die Entnahmesperre des § 169 Abs. 1 Satz 2 HGB greift. Demnach sind künftige Gewinne vom Erwerber bis zum Ausgleich des negativen Kapitalkontos nicht entnehmbar. Da der Veräußerer das negative Kapitalkonto in seinem Veräußerungsgewinn bereits versteuert hat, droht eine Doppelbesteuerung. Um diese zu vermeiden, dürfen die zum Ausgleich des negativen Kapitalkontos verwendeten Gewinne beim Erwerber nicht erneut versteuert werden. Hierfür ist ein Ausgleichsposten zu führen, der erfolgswirksam aufzulösen ist, wenn die Personenhandelsgesellschaft Gewinne erzielt, die auf den Erwerber entfallen und die zum Ausgleich des negativen Kapitalkontos verwendet werden.[1310]

4.4.1.2.3. Negatives Gesellschafterkonto aufgrund von Überentnahmen

Ein Gesellschafterkonto kann auch durch Überentnahmen des Gesellschafters aktivisch werden. Im Gesellschaftsrecht besteht Einigkeit darüber, dass unzulässige Überentnahmen eine Rückzahlungsverpflichtung des Gesellschafters begründen. Allerdings stellen aktivische Bestände von Gesellschafterkonten, die aufgrund von zulässigen Entnahmen entstanden sind, je nach gesellschaftsrechtlicher

---

1308 Vgl. BFH, Urteil v. 3.9.2009, IV R 17/07, BStBl. II 2010, S. 631; *Walpert*, in: Sudhoff, Personengesellschaften, 2005, § 29, Rz. 17. Ein verrechenbarer Verlust, der nach Abzug des Veräußerungsgewinns verbleibt, ist in Höhe der nachträglichen Einlagen ausgleichsfähig (§ 15a Abs. 2 Satz 2 EStG).

1309 Vgl. *Demuth*, KÖSDI 2013, S. 18387 f.; *Stahl*, in: Korn et al., EStG, § 16 EStG, Rz. 153 (April 2016).

1310 Vgl. BFH, Urteil v. 19.12.1998, IV R 59/96, BStBl. II 1999, S. 266; *Stahl*, in: Korn et al., EStG, § 16 EStG, Rz. 153 (April 2016). Faktisch kommt dem Ausgleichsposten die Funktion der Feststellung eines verrechenbaren übernommenen Verlustes zu, vgl. *Demuth*, KÖSDI 2013, S. 18388. Hingegen kommt es zu keiner Bildung eines Ausgleichspostens, wenn der beschränkt haftende Gesellschafter ohne Abfindung ausscheidet und sein anteiliges Gesellschaftsvermögen den übrigen Gesellschaftern anwächst. Übersteigt in diesem Fall das negative Kapitalkonto die Teilwerte der anteiligen Wirtschaftsgüter einschließlich eines Firmenwerts, kommt es zu einem Erwerbsverlust, der den übrigen Gesellschaftern nach Maßgabe ihrer Anwachsungsquote zuzurechnen ist, vgl. BFH, Urteil v. 14.6.1994, VIII R 37/93, BStBl. II 1995, S. 246; *Wacker*, in: Schmidt, EStG, 2016, § 15a EStG, Rz. 222; a. A. *Heuermann*, in: Blümich, EStG/KStG/GewStG, § 15a EStG, Rz. 112 (Oktober 2015).

Auffassung entweder eine Forderung der Gesellschaft gegen den Gesellschafter oder negatives Eigenkapital dar.[1311] Im Anwendungsbereich des § 16 EStG, der ein Ausscheiden des Gesellschafters aus der Gesellschaft voraussetzt, stellt sich jedoch diese gesellschaftsrechtlich umstrittene Frage nicht. Da es gesellschaftsrechtlich unstreitig ist, dass auch eine als Gewinnvorschuss qualifizierte Überentnahme spätestens im Zeitpunkt des Ausscheidens des Gesellschafters auszugleichen und damit rückzahlungspflichtig ist, begründen im Rahmen des § 16 EStG alle Entnahmen, die zu einem aktivischen Gesellschafterkonto führen, unabhängig von ihrer Zulässigkeit und ihrer gesellschaftsrechtlichen Qualifikation eine Rückzahlungsverpflichtung.[1312]

Verzichtet nun die Personenhandelsgesellschaft auf ihre Ausgleichsforderung, löst der Wegfall des negativen Gesellschafterkontos einen entsprechenden Veräußerungsgewinn aus.[1313] Dieser Vorgehensweise ist m. E. zuzustimmen, da in der Befreiung des ausscheidenden Gesellschafters von der Verpflichtung, den negativen Bestand auf dem Gesellschafterkonto auszugleichen, eine Gegenleistung für die Veräußerung seines Kommanditistenanteils zu sehen ist.[1314]

Unterliegt der ausgeschiedene Kommanditist jedoch einer drohenden Haftungsinanspruchnahme für die rückzahlungspflichtigen Entnahmen, sind die Haftungsbeiträge in einer Sonderbilanz zurückzustellen.[1315] Die drohende Haftungsverpflichtung mindert demnach den Veräußerungsgewinn.

Der Einbezug des negativen Kapitalkontos in die Ermittlung des Veräußerungsgewinns entspricht auch dem Zweck des § 16 EStG, den Zugang an wirtschaftlicher Leistungsfähigkeit durch das Veräußerungsgeschäft zu dokumentieren. Im Grundsatz bewirkt die Rückzahlung einer Einlage keine Steigerung der Leistungsfähigkeit. Soweit das Kapitalkonto allerdings durch Entnahmen negativ wird, gilt dies nicht mehr, da der Gesellschafter mehr erhält, als er zuvor hingegeben hat.[1316] Die

---

1311 Vgl. ausführlich hierzu Gliederungspunkt 3.4.2.1.

1312 Vgl. *Huber*, ZGR 1988, S. 41. Ausführlich Gliederungspunkt 3.1.1.2.3.

1313 Vgl. BFH, Urteil v. 9.7.2015, IV R 19/12, DStR 2015, S. 1859; v. 3.9.2009, IV R 17/07, BStBl. II 2010, S. 631; *Demuth*, BeSt 2015, S. 34; *Demuth*, KÖSDI 2013, S. 18388; *Heß*, BB 2015, S. 2290; *Wischmann*, EStB 2015, S. 308; *Zwirner*, BC 2015, S. 466; *Wacker*, in: Schmidt, EStG, 2015, § 16 EStG, Rz. 473. A. A. noch das FG Berlin-Brandenburg als Vorinstanz. Demnach soll der Wegfall eines negativen Kapitalkontos zu keinem Veräußerungsgewinn führen, wenn eine Rückzahlungsverpflichtung im Gesellschaftsvertrag ausgeschlossen ist. Vgl. FG Berlin-Brandenburg, Urteil v. 3.4.2012, 6 K 6267/05 B, DStRE 2013, S. 69.

1314 Liegen allerdings die Voraussetzungen des § 15a Abs. 3 Satz 1 EStG vor, ist dem Kommanditisten bereits im Jahr der Entnahme und nicht erst im Jahr der Auflösung des negativen Kapitalkontos ein Gewinn zuzurechnen, vgl. *Wischmann*, EStB 2015, S. 308.

1315 Vgl. BFH, Urteil v. 3.9.2009, IV R 17/07, BStBl. II 2010, S. 631; v. 9.7.2015, IV R 19/12, DStR 2015, S. 1859; *Demuth*, BeSt 2015, S. 35.

1316 Vgl. *Wendt*, FR 2015, S. 994 f.

Überentnahme stellt vielmehr einen „Ertrag der mitunternehmerischen Beteiligung“[1317] dar. Dieses Ergebnis gilt unabhängig von einer differenzierten gesellschaftsrechtlichen Einordnung von Entnahmen. Eine differenzierte ertragsteuerliche Behandlung von zulässigen, als Gewinnvorab zu behandelnden und unzulässigen, als Forderung einzustufenden Überentnahmen würde gegen das Leistungsfähigkeitsprinzip verstoßen. Denn da der Kommanditist im Falle des Ausscheidens aus der Gesellschaft in beiden Fällen einer Rückzahlungsverpflichtung der zu viel entnommenen Beträge unterliegt, liegt bei deren Verzicht seitens der Gesellschaft eine identische Mehrung der individuellen Leistungsfähigkeit vor.[1318] Eine unterschiedliche Besteuerungsfolge der beiden Fälle wäre demnach nicht gerechtfertigt.

Im Ergebnis ist im Rahmen des Einbezugs eines negativen Gesellschafterkontos in die Ermittlung des Veräußerungsgewinns nur entscheidend, ob der ausscheidende Gesellschafter von der Rückzahlungsverpflichtung befreit wird oder ob er die entnommenen Beträge zurückzuzahlen hat. Im ersten Fall kommt es zu einem steuerlichen Wegfallgewinn.

4.4.2. Unentgeltliche Übertragung eines Mitunternehmeranteils

Überträgt der Altgesellschafter seinen Mitunternehmeranteil unentgeltlich auf einen neuen oder einen anderen Gesellschafter, entsteht bei ihm kein Veräußerungsgewinn. Der Neugesellschafter führt die Buchwerte nach § 6 Abs. 3 EStG nach Maßgabe der geltenden Bilanzierungs- und Bewertungsvorschriften unverändert fort.[1319] Auch im Falle der unentgeltlichen Übertragung besteht der Mitunternehmeranteil neben dem Gesamthandsvermögen auch aus den Wirtschaftsgütern des Sonderbetriebsvermögens, die zu den wesentlichen Betriebsgrundlagen gehören.[1320]

Der neue Gesellschafter hat die Eigenkapitalkonten und ein eventuell bestehendes Darlehenskonto des übertragenen Gesellschafters weiter zu führen.[1321] Wird vereinbart, dass das Darlehenskonto nicht Gegenstand des Übertragungsvorganges ist, wird dieses weiterhin bei der Personengesellschaft

---

1317 *Demuth*, KÖSDI 2013, S. 18389.

1318 Vgl. BFH, Urteil v. 9.7.2015, IV R 19/12, DStR 2015, S. 1859; *Demuth*, KÖSDI 2013, S. 18389; *Demuth*, BeSt 2015, S. 34 f.

1319 Vgl. *Bolk*, Bilanzierung und Besteuerung, 2015, S. 291. Dies gilt auch, wenn nur ein Bruchteil des Mitunternehmeranteils übertragen wird (§ 6 Abs. 3 Satz 1 Halbsatz 2 EStG).

1320 Vgl. BFH, Urteil v. 6.5.2010, IV R 52/08, BStBl. II 2011, S. 261. Dabei ist es ausreichend, wenn es sich um funktional wesentliche Betriebsgrundlagen handelt. Eine quantitative Betrachtungsweise ist nicht erforderlich. Vgl. BMF, Schreiben v. 3.3.2005, IV B 2 - S 2241 - 14/05, BStBl. I 2005, S. 458; *Reiß*, in: Kirchhof, EStG, 2016, § 16 EStG, Rz. 86.

1321 Vgl. *Bolk*, Bilanzierung und Besteuerung, 2015, S. 291.

passiviert, da es sich immer noch um eine Verbindlichkeit der Gesellschaft handelt.[1322] Die in der Sonderbilanz des ausscheidenden Gesellschafters aktivierte Forderung ist als erfolgsneutrale Entnahme aufzulösen.

Die Übernahme eines negativen Kapitalkontos, unabhängig davon ob dieses durch Verluste oder Überentnahmen aktivisch geworden ist, steht einer unentgeltlichen Übertragung i. S. v. § 6 Abs. 3 EStG nicht entgegen.[1323] Bei der Übertragung zwischen Familienangehörigen gilt dies, wenn stille Reserven vorhanden sind, der Mitunternehmeranteil noch eine Gewinnchance repräsentiert und keine sonstige Gegenleistung erbracht wurde.[1324] Bei einer Übertragung unter fremden Dritten gilt dies jedoch nicht, wenn es dem übertragenden Gesellschafter darum ging, sein verlustbringendes Engagement zu beenden.[1325]

Ein durch ausgleichs- und abzugsfähige Verluste entstandenes negatives Kapitalkonto eines Kommanditisten fällt schon vor der unentgeltlichen Übertragung gewinnwirksam weg, wenn vor der Übertragung bereits fest stand, dass dieses durch künftige Gewinnanteile nicht mehr ausgeglichen werden kann.[1326]

4.5. Bedeutung der Gesellschafterkonten im Rahmen der Thesaurierungsbegünstigung nach § 34a EStG

4.5.1. Zielsetzung und Grundmechanik der Thesaurierungsbegünstigung

Ziel der Thesaurierungsbegünstigung ist es, Personenunternehmen mit Gewinneinkünften tariflich in vergleichbarer Weise wie das Einkommen einer Kapitalgesellschaft zu belasten. Zudem soll eine Belastungsdifferenz zwischen einbehaltenen und verteilten Gewinnen erzeugt werden, um damit Anreize zu schaffen, Gewinne zu thesaurieren. Durch die Thesaurierung von Gewinnen wird demnach die Eigenkapitalbasis der Personengesellschaft gestärkt.[1327] Der Mitunternehmer erhält bei

---

1322 In diesem Fall kommt ein Ausweis der Verbindlichkeit unter dem Posten „Verbindlichkeit gegenüber Gesellschaftern" nicht mehr in Betracht. Zu Ausweisfragen vgl. Gliederungspunkt 3.5.

1323 Vgl. *Wacker*, in: Schmidt, EStG, 2016, § 16 EStG, Rz. 434.

1324 Vgl. BFH, Urteil v. 10.3.1998, VIII R 76/96, BStBl. II 1999, S. 269.

1325 Vgl. BFH, Urteil v. 12.12.1996, IV R 77/93, BStBl. II 1998, S. 180.

1326 Vgl. BFH, Beschluss v. 2.7.1992, VIII B 17/92, BFH/NV 1993, S. 421.

1327 Ausführlich zu den sich hieran anschließenden Folgeeffekten vgl. *Glutsch/Otte/Schult*, Unternehmensteuerrecht, 2008, S. 93.

Anwendung der Thesaurierungsbegünstigung einen Liquiditäts- bzw. Zinsvorteil, dessen Höhe von der Thesaurierungsdauer und der Thesaurierungshöhe abhängt.[1328]

Die Regelung der Thesaurierungsbegünstigung nach § 34a EStG ist zweistufig aufgebaut. Im ersten Schritt unterliegen die begünstigten nicht entnommenen Gewinne nach § 34a Absatz 1 Satz 1 EStG nicht mehr dem individuellen progressiven Einkommensteuertarif des Mitunternehmers nach § 32a EStG, sondern einem ermäßigten Steuersatz von 28,25 %.[1329] Der begünstigte nicht entnommene Gewinn ist der um den positiven Saldo von Entnahmen und Einlagen korrigierte Steuerbilanzgewinn nach § 4 Abs. 1 EStG (§ 34a Abs. 2 EStG).[1330]

Für die Ermittlung des nicht entnommenen Gewinns sind neben den Ergebnissen aus der Gesamthandsbilanz und der Ergänzungsbilanz auch die Ergebnisse aus der Sonderbilanz zu berücksichtigen.[1331] Die begünstigte Besteuerung führt zur Entstehung eines nachversteuerungspflichtigen Betrages. Dieser ergibt sich aus dem Begünstigungsbetrag abzüglich der darauf entfallenden Einkommensteuer von 28,25 % (§ 34a Abs. 3 EStG).

Bei einem späteren Entnahmeüberhang wird der Gesellschaft Liquidität entzogen und infolgedessen die Eigenkapitalbasis geschwächt. Der Grund der Begünstigung entfällt somit und es ist in einem zweiten Schritt eine Nachversteuerung des nachversteuerungspflichtigen Betrages in Höhe von 25 % durchzuführen (§ 34a Abs. 4 EStG). Ein Entnahmeüberhang liegt vor, wenn die Entnahmen des zu betrachtenden Veranlagungszeitraums den Gewinn nach § 4 Abs. 1 EStG zuzüglich etwaiger Einlagen übersteigen (§ 34a Abs. 4 Satz 1 EStG).

1328 Vgl. *Ley/Brandenberg*, FR 2007, S. 1085.

1329 Hierzu ist ein Antrag erforderlich, der nach § 34a Abs. 1 Satz 2 EStG beim für die Einkommensteuer des Gesellschafters zuständigen Finanzamt zu stellen ist. Der Antrag entfaltet keine Bindungswirkung für künftige Veranlagungszeiträume und muss daher für jeden Veranlagungszeitraum gesondert gestellt werden. Beschränkt Steuerpflichtige können die Thesaurierungsbegünstigung ebenfalls beanspruchen, vgl. *Ley*, FS Herzig, 2010, S. 470. Ein Mitunternehmer kann die Thesaurierungsbegünstigung nur in Anspruch nehmen, wenn dessen Anteil am steuerlichen Gewinn mindestens 10 Prozent oder mehr als 10.000 Euro beträgt (§ 34a Abs. 1 Satz 3 EStG).

1330 Im Falle eines negativen Steuerbilanzgewinns wird der nicht entnommene Gewinn nicht vermindert. Vielmehr gilt der positive Saldo der Entnahmen und Einlagen als nicht entnommener Gewinn, vgl. BMF, Schreiben v. 11.8.2008, IV C 6 - S 2290-a/07/10001, BStBl. I 2008, S. 842. Zur Behandlung von steuerfreien Gewinnbestandteilen vgl. BMF, Schreiben v. 11.8.2008, IV C 6 - S 2290-a/07/10001, BStBl. I 2008, S. 839; *Wilk*, DStZ 2007, S. 217 f.; *Husken/Schmidt/Siegmund*, BB 2007, S. 1204; *Wacker*, in: Schmidt, EStG, 2016, § 34a EStG, Rz. 35. Zum Einbezug von außerbilanziellen Hinzurechnungen vgl. *Schultes-Schnitzlein/Keese*, NWB 2008, S. 1308; *Gragert/Wißborn*, NWB 2008, S. 4004; *Schiffers*, GmbHR 2007, S. 842; *Söffing/Worgulla*, NWB 2008, S. 843 f.

1331 Vgl. *Dörfler/Graf/Reichl*, DStR 2007, S. 647.

4.5.2. Relevanz der Gesellschafterkonten für die Einordnung eines Vorgangs als Entnahme und Einlage i. S. d. § 34a EStG

Die Qualifikation eines Gesellschafterkontos als Gesellschaftereigen- oder als Gesellschafterfremdkapitalkonto erlangt im Rahmen der Thesaurierungsbegünstigung nach § 34a EStG Bedeutung, wenn es um die Einordnung eines Vorganges als Entnahme oder Einlage geht.[1332]

Sowohl für die Ermittlung des nicht entnommenen Gewinns als auch für die Ermittlung des Nachversteuerungsbetrages wird der Saldo der Entnahmen und Einlagen benötigt (§ 34a Abs. 2 und 4 EStG). Die Begriffe „Entnahmen“ und „Einlagen“ sind für jeden Mitunternehmer individuell zu ermitteln und beschreiben die Veränderung des Eigenkapitals der Personengesellschaft.[1333] Hierbei ist zwischen dem Eigenkapital nach Handelsrecht und dem steuerlichen Eigenkapital in der Gesamtbilanz der Personenhandelsgesellschaft zu unterscheiden.[1334] Für die Begünstigung des nicht entnommenen Gewinns ist bei Personengesellschaften allerdings der steuerliche Eigenkapitalbegriff maßgebend, da der Begünstigungsgegenstand des § 34a EStG der nicht entnommene Gewinn des Mitunternehmeranteils ist.[1335] Der Mitunternehmeranteil umfasst die Mitgliedschaft in der Personengesellschaft einschließlich der dinglichen Mitberechtigung am Gesamthandsvermögen sowie das Sonderbetriebsvermögen.[1336] Die einzelnen Bestandteile des Mitunternehmeranteils stellen dabei für Zwecke des § 34a EStG eine Einheit dar, sodass folglich Entnahmen und Einlagen der Gesellschafter zwischen dem Gesamthandsvermögen und dem Sonderbetriebsvermögen ohne Bedeutung sind.[1337] Im Ergebnis mindern/erhöhen Entnahmen/Einlagen den nicht entnommenen Gewinn nur, wenn sie in das/aus dem Privatvermögen oder einem anderen Betriebsvermögen geleistet werden.[1338]

Im Zusammenhang mit der Verbuchung auf einem Gesellschafterkonto gilt demnach folgendes: Die Erhöhung bzw. Minderung eines Gesellschafterkontos von außerhalb der Mitunternehmerschaft ist

---

1332 Vgl. *Ley/Bodden*, in: Korn et al., EStG, § 34a EStG, Rz. 66 (April 2016).

1333 Vgl. *Thiel/Sterner*, DB 2007, S. 1102.

1334 Vgl. hierzu Gliederungspunkt 3.1.

1335 Vgl. BMF, Schreiben v. 11.8.2008, IV C 6 - S 2290-a/07/10001, BStBl. I 2008, S. 838; *Thiel/Sterner*, DB 2007, S. 1103; *Ley*, KÖSDI 2007, S. 15753; *Ley/Brandenberg*, FR 2007, S. 1095.

1336 Vgl. BFH, Urteil v. 2.10.1997, IV R 66/96, BStBl. II 1998, S. 104; v. 12.12.1996, IV R 77/93, BStBl. II 1998, S. 180; *Ley/Bodden*, in: Korn et al., EStG, § 34a EStG, Rz. 89 (April 2016).

1337 Vgl. BMF, Schreiben v. 11.8.2008, IV C 6 - S 2290-a/07/10001, BStBl. I 2008, S. 838; *Hey*, DStR 2007, S. 928; *Ley*, KÖSDI 2007, S. 15753; *Thiel/Sterner*, DB 2007, S. 1102; *Ley/Bodden*, in: Korn et al., EStG, § 34a EStG, Rz. 90 (April 2016); *Meyer/Sterner*, Ubg 2008, S. 735.

1338 Vgl. *Ley/Bodden*, in: Korn et al., EStG, § 34a EStG, Rz. 91 (April 2016); *Thiel/Sterner*, DB 2007, S. 1103; *Wrede/Friedrich*, Stbg 2010, S. 58; *Hey*, DStR 2007, S. 928; *Ley*, KÖSDI 2007, S. 15753.

demnach als Einlage bzw. Entnahme zu qualifizieren.[1339] Deshalb führt die Gutschrift des nicht entnommenen Gewinns auf dem Darlehenskonto nicht zu einer Entnahme i. S. d. § 34a EStG, da dieses dem Sonderbetriebsvermögen zuzurechnen ist.[1340] Gleiches gilt für die Umbuchung von Beträgen des Kapitalkontos auf das Darlehenskonto.[1341]

In der Praxis besonders bedeutsam sind Auszahlungen, die zu Lasten eines Kapital- oder Darlehenskontos zur Finanzierung des privaten Lebensunterhalts bzw. zur Finanzierung der persönlichen Steuerzahlungen des Gesellschafters geleistet werden. Diese stellen zweifelsohne Entnahmen i. S. d. § 34a EStG dar, da sie das steuerliche Eigenkapital der Gesellschaft mindern.[1342] Zu empfehlen wäre deshalb, die Steuerzahlungen und den privaten Konsum aus anderen Mitteln zu finanzieren oder diese über Darlehensgewährungen der Gesellschaft an den Gesellschafter abzubilden.[1343]

Im Rahmen von Auszahlungen von einem Darlehenskonto, die einen Rückforderungsanspruch begründen, sind zwei Fälle zu unterscheiden. Mindert die Auszahlung das Darlehenskonto, ohne dass es dadurch zu einem negativen Saldo desselbigen kommt, liegt eine Entnahme aus dem Sonderbetriebsvermögen vor. Führt die Auszahlung dagegen zu einem aktivischen Darlehenskonto und liegt ein schuldrechtlicher Rückzahlungsanspruch der Gesellschaft gegenüber dem Gesellschafter vor, ist insoweit eine Forderung zu aktivieren. In diesem Fall liegt keine Entnahme vor.[1344]

1339 Vgl. *Wrede/Friedrich*, Stbg 2010, S. 58.

1340 Vgl. *Thiel/Sterner*, DB 2007, S. 1102; *Ley/Bodden*, in: Korn et al., EStG, § 34a EStG, Rz. 90 (April 2016). Als Entnahme bzw. Einlage zu erfassen sind jedoch die Überführung bzw. die Übertragung von Wirtschaftsgüter zum Buchwert nach § 6 Abs. 5 Sätze 1 bis 3 EStG, vgl. hierzu ausführlich *Ley/Brandenberg*, FR 2007, S. 1101 f.; *Niehus/Wilke*, DStZ 2009, S. 14 ff.; *Pohl*, BB 2008, S. 1536 ff. Zudem folgt dies aus § 34a Abs. 5 EStG, der in diesen Fällen von einer Nachversteuerung ausgeht, aber dem Mitunternehmer die Möglichkeit einräumt, den nachversteuerungspflichtigen Betrag vom übertragenden Betrieb auf den übernehmenden Betrieb zu übertragen.

1341 Vgl. *Ley*, KÖSDI 2007, S. 15753; *Ley*, FS Herzig, 2010, S. 474.

1342 Vgl. *Ley/Bodden*, in: Korn et al., EStG, § 34a EStG, Rz. 92 (April 2016).

1343 Vgl. *Ley/Brandenberg*, FR 2007, S. 1108; *Ley*, KÖSDI 2003, S. 13575 m. w. N.

1344 Vgl. *Ley/Bodden*, in: Korn et al., EStG, § 34a EStG, Rz. 66 (April 2016).

5. Gestaltungsempfehlung eines Kontenmodells

5.1. Vorbemerkung

Zur Vermeidung von Unsicherheiten sind eindeutige Regelungen zur Einordnung von Gesellschafterkonten im Gesellschaftsvertrag zu empfehlen. Es bietet sich dabei an, nicht nur zur Gründung der Personenhandelsgesellschaft auf eine sorgfältige Abgrenzung zu achten, sondern diese auch im weiteren Verlauf auf ihre Tragfähigkeit zu überprüfen.[1345] Demnach sollte der Gesellschaftsvertrag eine unmissverständliche Vorgabe enthalten, welche Buchungen auf den jeweiligen Gesellschafterkonten zu tätigen sind. Zudem sollten darauf geachtet werde, dass die Konten in der Buchführung und in der Bilanz die Bezeichnungen tragen, für deren Inhalt sie stehen.[1346] So sollte es bspw. vermieden werden, dass ein Fremdkapitalkonto als Kapitalkonto II bezeichnet wird.[1347]

Sind in der Handhabung der Gesellschafterkonten Fehler gemacht worden, sollten diese durch Änderung des Jahresabschlusses oder Bilanzberichtigungsmaßnahmen i. S. d. § 4 Abs. 2 Satz 1 EStG frühzeitig korrigiert werden.[1348] Kann im Einzelfall mit angemessenen Aufwand nicht mehr nachvollzogen werden, welche Bestandteile auf Gesellschafterkonten Eigen- oder Fremdkapitalcharakter haben oder besteht Unklarheit darüber, inwieweit ein aktivisches Gesellschafterkonto durch Verluste oder durch zulässige/unzulässige Entnahmen entstanden ist, ist eine auf Grundlage eines Gesellschafterbeschlusses einverständliche Generalbereinigung dieser Gesellschafterkonten zu vollziehen.

Ein optimales Kontenmodell, welches den gesellschaftsrechtlichen, handelsrechtlichen und steuerrechtlichen Anforderungen gerecht wird, ist aufgrund der Wechselwirkungen der unterschiedlichen Bedürfnisse dieser Teildisziplinen nicht zu realisieren. Das Kontenmodell ist m. E. vielmehr so auszugestalten, dass es sich der Kontenstruktur einer Kapitalgesellschaft nähert. Hierzu sind u. a. Entnahmen in eventuell unkontrollierter Höhe nicht zuzulassen und stattdessen feste Tätigkeitsvergütungen zu vereinbaren. Weiterer Finanzierungsbedarf der Gesellschafter sollten darüber hinaus über Darlehensleistungen realisiert werden.[1349]

1345 Vgl. *Prinz*, StuB 2009, S. 131; *Schluck-Amend/Krispenz*, BB 2012, S. 1849.

1346 Vgl. BFH, Urteil v. 26.6.2007, IV R 29/06, BStBl. II 2006, S. 103.

1347 Vgl. BFH, Urteil v. 16.10.2008, IV R 98/06, BStBl. II 2009, S. 272; *Bolk*, Bilanzierung und Besteuerung, 2015, S. 33.

1348 Vgl. *Prinz*, StuB 2009, S. 131.

1349 Gl. A. *Hoffmann*, StuB 2009, S. 408.

Eines der größten Probleme im Rahmen von Gesellschafterkonten in der Praxis ist die Einordnung von aufgrund zulässigen oder unzulässigen Überentnahmen entstandenen negativen Gesellschafterkonten. Deshalb sollten Entnahmen von einem Kapitalkonto nur zulässig sein, wenn ein gültiger Gesellschafterbeschluss vorliegt und dadurch kein negativer Kapitalanteil begründet wird. Zudem sollte der Gesellschaftsvertrag klarstellend eine Regelung enthalten, wonach alle Auszahlungen vom Darlehenskonto, die einen negativen Saldo begründen, einen Rückforderungsanspruch der Gesellschaft begründen.[1350] Durch die Verbuchung der Auszahlungen auf dem Darlehenskonto wird demnach der damit zusammenhängende Rückforderungsanspruch mit einer bestehenden oder künftig entstehenden Gesellschafterforderung verrechnet.[1351] Aufgrund dieser Entnahme- und Auszahlungsregelung wird die komplexe und streitanfällige Qualifizierung von negativen Gesellschafterkonten obsolet. Die Vorgehensweise bietet demnach eine gewisse Rechtssicherheit.

5.2. Beschreibung des empfohlenen Kontenmodells

Für jeden Gesellschafter werden ein Festkapitalkonto, ein Rücklagenkonto, ein Verlustverrechnungskonto und ein Darlehenskonto geführt.[1352]

Auf dem Festkapitalkonto wird für jeden Gesellschafter der im Gesellschaftsvertrag festgelegte Einlagebetrag gebucht. Die Festkapitalkonten werden als im Verhältnis zueinander unveränderliche Konten geführt, mit welchen die mitgliedschaftlichen Rechte und Pflichten der Gesellschafter verbunden sind. Entnahmen und Verlustanteile verändern nicht die Höhe der Festkapitalkonten. Das Festkapitalkonto ist unverzinslich.

Auf dem Rücklagenkonto werden die dem Gesellschafter zustehenden, jedoch nicht entnahmefähigen Gewinne erfasst. Zudem erfolgt die Verbuchung von Zuzahlungen des Gesellschafters, die über die Pflichteinlage hinausgehen. Der Zweck der Rücklagenkonten ist die Stärkung des Eigenkapitals der

---

1350 So auch *Ley*, DStR 2003, S. 963 f.; *Leitzen*, ZNotP 2009, S. 262. Um ein möglicherweise existierendes Steuerentnahmerecht, durch welches ein aktivisches Darlehenskonto entsteht, nicht durch eine sofortige Fälligkeit der entsprechenden Darlehensforderung auszuhöhlen, empfiehlt sich eine Klarstellung im Gesellschaftsvertrag, dass die entsprechende Forderung der Gesellschaft erst mit der Liquidation der Gesellschaft oder dem Ausscheiden des Gesellschafters fällig wird, soweit sie nicht vorher durch die Verbuchung von Gewinnanteilen erfüllt worden ist, vgl. *Leitzen*, ZNotP 2009, S. 262.

1351 Vgl. *Ley*, KÖSDI 2014, S. 18895.

1352 Weitere Formulierungsvorschläge finden sich bspw. in *Veltins*, Der Gesellschaftsvertrag der Kommanditgesellschaft, 2002, S. 15; *Mueller-Thuns*, in: Hesselmann/Tillmann/Mueller-Thuns, Handbuch der GmbH & Co. KG, 2009, Anhang B jeweils m. w. N.

Gesellschaft. Entnahmen vom Rücklagenkonto sind daher nur aufgrund eines gültigen Gesellschafterbeschlusses zulässig.[1353] Zudem bedarf es eines gültigen Gesellschafterbeschlusses, um das Guthaben auf dem Rücklagenkonto ganz oder teilweise auf das Darlehenskonto umzubuchen oder damit Verluste auf dem Verlustverrechnungskonto auszugleichen. Entnahmen vom Rücklagenkonto sind jedoch nur zulässig, wenn die Summe des Festkapitalkontos, des Rücklagenkontos und des Verlustverrechnungskontos nach der Entnahme größer gleich Null ist.[1354] Das Rücklagenkonto wird nicht verzinst und weist auch keine Forderung des Gesellschafters gegen die Gesellschaft aus. Ein etwaiges auf dem Rücklagenkonto vorhandenes Guthaben wird bei Ausscheiden eines Gesellschafters mit seinem auf dem Verlustvortragskonto ausgewiesenen Verlustanteils verrechnet. Dies gilt auch im Fall der Liquidation oder der Insolvenz der Personenhandelsgesellschaft.

Auf dem Verlustverrechnungskonto werden die dem Gesellschafter zuzurechnenden Verlustanteile ausgewiesen. Das Verlustverrechnungskonto wird nicht verzinst und stellt keine Forderung der Gesellschaft gegen den Gesellschafter dar. Der negative Bestand auf dem Verlustverrechnungskonto ist vorrangig durch Gewinngutschriften der folgenden Jahre auszugleichen.[1355] Gewinne können erst dann wieder auf dem Rücklagenkonto oder dem Darlehenskonto verbucht werden, wenn das Verlustverrechnungskonto ausgeglichen ist. Das Verlustverrechnungskonto ist ein Unterkonto des Kapitalkonto I und dem Rücklagenkonto.[1356]

Auf dem Darlehenskonto werden die Gewinnanteile verbucht, die nicht zum Ausgleich eines Verlustverrechnungskontos benötigt werden oder auf dem Rücklagenkonto zu verbuchen sind. Darüber hinaus kommt es zur Verbuchung von Tätigkeitsvergütungen, Zinsen sowie die Auszahlung dieser Beträge und des sonstigen Zahlungsverkehrs zwischen dem Gesellschafter und der Gesellschaft. Sämtliche Auszahlungen an den Gesellschafter sind über das Darlehenskonto abzuwickeln. Entsteht durch eine Überentnahme ein negatives Darlehenskonto, stellt der aktivische Bestand eine

---

[1353] Die Voraussetzungen für einen gültigen Gesellschafterbeschluss sind ebenfalls im Gesellschaftsvertrag zu definieren.

[1354] Ein negativer Kapitalanteil ist somit nur aufgrund von Verlustverbuchungen möglich.

[1355] Somit werden Verluste nur mit künftigen Gewinnanteilen des Gesellschafters verrechnet, was der in § 169 Abs. 1 Satz 2 Halbsatz 2 HGB vorgesehenen Verlustverrechnungs-Systematik entspricht.

[1356] Aufgrund der laufenden Verlustverrechnung und des Einbezugs in die Ermittlung des Abfindungsguthabens stellen das Festkapitalkonto, das Rücklagenkonto und das Verlustverrechnungskonto allesamt Eigenkapitalkonten dar und bilden in der Summe den Kapitalanteil des Gesellschafters ab.

Forderung der Gesellschaft gegen den Gesellschafter dar.[1357] Das Darlehenskonto ist zu verzinsen.[1358] Die Bemessungsgrundlage für die Zinsen ist der Stand des Darlehenskontos zum Ende eines jeden Kalendermonats. Die Zinsen stellen Aufwand bzw. Ertrag dar. Bezüglich der Fälligkeit der Forderung der Gesellschafter bzw. der Gesellschaft sind entsprechende Regelungen zu treffen. Liegen besondere schuldrechtliche Darlehensvereinbarungen vor, können diese zur besseren Übersichtlichkeit auf einem extra Darlehenskonto verbucht werden. Die Fälligkeit und die Verzinsung dieser Darlehen richten sich nach den entsprechenden Bestimmungen der Darlehensvereinbarung.[1359]

[1357] Dies gilt unabhängig von der Zulässigkeit der „Entnahme". Vielmehr wird im Gesellschaftsvertrag geregelt, dass jede Überentnahme einen schuldrechtlichen Anspruch der Gesellschaft gegenüber dem Gesellschafter begründet.

[1358] Die genauen Soll- und Habenzinssätze sind konkret zu benennen. So kann das Darlehenskonto bspw. mit 2 Prozentpunkten über dem zu Beginn eines jeden Kalenderjahres geltenden Basiszinssatz gem. § 247 BGB p. a. verzinst werden. Es ist zu empfehlen, dass die Höhe der Zinsen nur per Gesellschafterbeschluss geändert werden kann.

[1359] Ob ein separates Darlehenskonto geführt wird, ist eine Frage der Zweckmäßigkeit im Einzelfall. Mangels Verlustverrechnung handelt es sich beim Darlehenskonto um ein Fremdkapitalkonto.

6. Thesenförmige Zusammenfassung

1) In der Praxis sind die Regelungen bezüglich der Eigen- und Fremdkapitalabgrenzung von Gesellschafterkonten häufig unzweckmäßig und unzulänglich. Für zahlreiche betriebswirtschaftliche, handelsrechtliche und steuerrechtliche Folgen kommt es aber entscheidend auf die Frage an, ob der jeweilige Saldo auf einem Gesellschafterkonto als Eigenkapital der Gesellschaft den Kapitalanteil des Gesellschafters erhöht oder ob es sich insoweit um eine Verbindlichkeit der Gesellschaft gegenüber einem Gesellschafter handelt. Eindeutige Regelungen zur Bestimmung der Gesellschafterkonten sind demnach unabdingbar.

2) Die in der Literatur diskutierten verschiedenen Ansätze zur Eigen- und Fremdkapitalabgrenzung liefern für sich allein keine befriedigende Lösung des Abgrenzungsproblems. In der Betriebswirtschaftslehre ist es nicht möglich, eine exakte Eigen- und Fremdkapitalabgrenzung für alle denkbaren Rechtsbereiche, wie bspw. Gesellschafts-, Steuer- oder Insolvenzrecht, vorzunehmen. Für die Abgrenzung von Eigen- und Fremdkapital bedarf es vielmehr einer Analyse der Rechte eines Finanzierungsinstrumentes. Hierbei sind insbesondere die Vermögens- und Verwaltungsrechte entscheidend.

3) Das handelsbilanzielle Eigenkapital ist im Ausgangspunkt formell und folgt dem Gesellschaftsrecht. Somit definiert das gesellschaftsrechtliche Eigenkapital eine erste Ebene von handelsbilanziellem Eigenkapital im formellen Sinne. Der materielle Eigenkapitalbegriff wird auf einer zweiten Ebene relevant, nämlich dann, wenn es um die Frage geht, ob auch Kapitalposten, die nicht bereits formelles Eigenkapital sind, im Eigenkapital ausgewiesen werden können. Der materielle Eigenkapitalbegriff des HGB wird anhand der Eigenschaften des der jeweiligen Kapitalüberlassung zugrundeliegenden Rechtsverhältnisses definiert. Grundlage hierfür ist die funktionelle Kapitalabgrenzung und die sich daraus ergebenden konkreten Rechten und Pflichten, die aus dem Finanzierungsverhältnis folgen. Aufgrund der geforderten Gläubigerschutzwirkung des Eigenkapitals kommt der Haftungs- und Verlustausgleichsfunktion eine wesentliche Bedeutung zu.

4) In Bezug auf das steuerbilanzielle Eigenkapital stellt das handelsrechtliche Eigenkapital den Ausgangspunkt dar. Die steuerlichen Abgrenzungskriterien entwickeln sich aufgrund des Maßgeblichkeitsgrundsatzes aus den Abgrenzungskriterien des Handelsrechts heraus. Verdrängen oder modifizieren spezielle steuerliche Vorschriften die handelsrechtlichen Vorschriften,

kommt es zu Abweichungen der Aktivierung und Passivierung in Handels- und Steuerbilanz und damit zu einem von der Handelsbilanz abweichenden steuerbilanziellen Eigenkapital.

5) Das handelsrechtliche Eigenkapital der Personenhandelsgesellschaft setzt sich aus der Summe der Kapitalanteile der Gesellschafter zusammen. Der Kapitalanteil bringt zum Ausdruck, welches Kapital die einzelnen Gesellschafter der Gesellschaft überlassen. Der Kapitalanteil ist jedoch keine unveränderliche Größe, da sich das Kapital der Gesellschaft und somit auch die einzelnen Kapitalanteile der Gesellschafter in dem Maße verändern, wie sich das Verhältnis von Aktiv- und Passivvermögen entwickelt. Errechnet wird der Kapitalanteil aus der Summe von Einlagen und Gewinnen, vermindert um Verluste und getätigte Entnahmen.

6) Das steuerliche Eigenkapital der Personenhandelsgesellschaft lässt sich im Ausgangspunkt grundsätzlich über den Maßgeblichkeitsgrundsatz des § 5 Abs. 1 EStG aus dem handelsrechtlichen Eigenkapital ableiten. Zudem ist das ausgewiesene Kapital in der Ergänzungs- und Sonderbilanz des Gesellschafters Bestandteil des steuerlichen Eigenkapitals.

7) Für die Abbildung des Kapitalanteils ist die Führung verschiedener Gesellschafterkonten in der Buchführung der Gesellschaft erforderlich. Die Zahl der Gesellschafterkonten ist abhängig von dem zugrunde liegenden Kontenmodell. Das gesetzliche Kontenmodell des unbeschränkt und beschränkt haftenden Gesellschafters wird den gesellschaftsrechtlichen und steuerrechtlichen Anforderungen jedoch nicht gerecht. Deshalb werden in der gesellschaftsvertraglichen Praxis Kontenmodelle geführt, die vom gesetzlichen Leitbild abweichen und den Anforderungen standhalten. Hauptsächlich findet in der Praxis das Zwei-Konten-, Drei- oder Vier-Konten-Modell Anwendung.

8) Für die Qualifizierung passiver Gesellschafterkonten als Eigen- oder Fremdkapital, stellt die Verlustverrechnung das alles entscheidende Abgrenzungskriterium dar. Die Kriterien Entnahmefähigkeit, Verzinslichkeit und Dauerhaftigkeit sind für die Kapitalabgrenzung lediglich von nachrangiger Bedeutung. Steht die Rechtsnatur eines Kontos jedoch nicht bereits durch das Kernkriterium der Verlustverrechnung fest, haben diese Kriterien eine Indizwirkung für die Rechtsnatur des einzuordnenden Kontos. Für die Eigen- und Fremdkapitalabgrenzung von passiven Gesellschafterkonten sind zudem neben der Auslegung des Gesellschaftsvertrages, auch die Besonderheiten des Einzelfalles und die tatsächliche Durchführung relevant.

9) Die gesellschaftsrechtliche Einordnung von aufgrund Entnahmen entstandenen aktivischen Gesellschafterkonten basiert auf der Zulässigkeit der Entnahmen. Einigkeit besteht darüber, dass ein aktivisches Gesellschafterkonto, das durch unzulässige Entnahmen entsteht, eine schuldrechtliche Forderung der Gesellschaft gegenüber dem Gesellschafter begründet. Hingegen ist es bei der Beurteilung einer gesellschaftsrechtlich zulässigen Entnahme strittig, ob es sich bei dem aktivischen Bestand des Gesellschafterkontos um einen schuldrechtlichen Anspruch der Gesellschaft gegenüber dem Gesellschafter oder um negatives Eigenkapital handelt.

10) Die steuerrechtliche Einordnung von aktivischen Gesellschafterkonten orientiert sich bei aktivischen Gesellschafterkonten, die im passivischen Zustand Eigenkapital darstellen, an deren passivischen Rechtsnatur. Liegt im passiven Zustand hingegen Fremdkapital vor, erfolgt die Qualifizierung wie im Gesellschaftsrecht anhand der Zulässigkeit der Entnahmen.

11) Die Ausweissystematik des § 264c Abs. 2 HGB gilt neben den Kapitalgesellschaften gleichgestellten Personenhandelsgesellschaften auch für die gesetzestypische OHG oder KG gelten. Für einen korrekten Ausweis sind die einzelnen Gesellschafterkonten den entsprechenden Bilanzposten zuzuordnen. Die handelsrechtlichen Vorgaben zum Eigenkapitalausweis sind geeignet, das Zwei-, Drei- und Vier-Konten-Modell abzubilden. Aufgrund des Maßgeblichkeitsgrundsatzes nach § 5 Abs. 1 EStG ist der handelsbilanzielle Ausweis grundsätzlich auch in die Steuerbilanz zu übernehmen. Der Ausweis des Eigenkapitals ist in den IFRS nur sehr rudimentär geregelt. Es ist daher zu empfehlen, die handelsrechtliche Gliederungssystematik des Eigenkapitals für den Ausweis der Gesellschafterkonten zu übernehmen.

12) Im Rahmen des § 15a EStG nimmt die Abgrenzungsfrage der Gesellschafterkonten eine zentrale Rolle ein, da die Frage, ob und in welcher Höhe Verluste nach den allgemeinen Vorschriften ausgleich- und abziehbar sind oder erst in späteren Jahren verrechnet werden können, an das Kapitalkonto gekoppelt ist. Unter dem Kapitalkonto i. S. d. § 15a EStG ist das in der steuerlichen Gesamthandsbilanz der Gesellschaft ausgewiesene Kapitalkonto zuzüglich eines etwaigen Mehr- oder Minderkapitals aus einer für den Kommanditisten zu führenden Ergänzungsbilanz zu verstehen. Das im Sonderbetriebsvermögen ausgewiesene Eigenkapital ist hingegen nicht in das Kapitalkonto i. S. d. § 15a EStG miteinzubeziehen

13) Im Rahmen von Übertragungen von einzelnen Wirtschaftsgütern oder Sachgesamtheiten in eine bzw. aus einer Personenhandelsgesellschaft ist die Abgrenzungsfrage der Gesellschafterkonten

dann relevant, wenn diese als Gegenbuchung im Rahmen des Übertragungsvorganges angesprochen werden. Die Verbuchung auf dem Gesellschafterkonto ist maßgebend für die Qualifikation des Übertragungsvorgangs. In einem ersten Schritt ist zu prüfen, ob das entsprechende Gesellschafterkonto Eigen- oder Fremdkapital darstellt. Handelt es sich beim einzuordnenden Gesellschafterkonto um ein Fremdkapitalkonto, ist stets ein entgeltliches Rechtsgeschäft anzunehmen. Liegt hingegen ein Eigenkapitalkonto vor, ist in einem zweiten Schritt zu differenzieren, ob die Gutschrift auf diesem Konto Gesellschaftsrechte vermittelt oder nicht. Werden Gesellschaftsrechte gewährt, handelt es sich um einen entgeltlichen Vorgang. Vermittelt das Kapitalkonto keine Gesellschaftsrechte, liegt mangels Gegenleistung ein unentgeltlicher Übertragungsvorgang vor.

14) Darüber hinaus ist die Gesellschafterkontenabgrenzung für die steuerliche Behandlung der Verzinsung der Gesellschafterkonten von Bedeutung. Die Eigenkapitalverzinsung ist als Gewinnverwendung zu beurteilen. Demgegenüber sind Zinsen auf Fremdkapital in einem ersten Schritt Betriebsausgaben, allerdings wird die Gewinnminderung dadurch kompensiert, dass die Zinsen nach § 15 Abs. 1 Satz 1 Nr. 2 EStG als Sondervergütungen dem Gewinn hinzugerechnet werden. Diesbezüglich spielt die Abgrenzung der Gesellschafterkonto vor allem für die Regelungen der §§ 4 Abs. 4a und 4h EStG eine Rolle.

15) Im Rahmen der Veräußerung eines Mitunternehmeranteils spielen Gesellschafterkonten bei der Ermittlung des Veräußerungsgewinns eine Rolle, da sie diesen maßgeblich determinieren. Je nach Qualifikation der Gesellschafterkonten können sich diese auf die Höhe des Betriebsvermögens auswirken. Zudem kann im Wegfall eines negativen Kapitalkontos ohne Ausgleichsverpflichtung ein Veräußerungspreis gesehen werden.

16) Die Qualifikation eines Gesellschafterkontos als Gesellschafterkapital- oder als Gesellschafterfremdkapitalkonto erlangt im Rahmen der Thesaurierungsbegünstigung nach § 34a EStG Bedeutung, wenn es um die Einordnung eines Vorganges als Entnahme oder Einlage geht.

17) Bei der Wahl eines geeigneten Kontenmodells sollten stets die unterschiedlichen gesellschaftsrechtlichen, handelsrechtlichen und steuerrechtlichen Anforderungen beachtet werden. Aufgrund der Wechselwirkung dieser unterschiedlichen Anforderungen ist die Implementierung eines für alle Teildisziplinen geeignetes Kontenmodell nicht möglich. Das Kontenmodell sollte klar und übersichtlich strukturiert sein und die Konten „Festkapitalkonto“, „Rücklagenkonto“,

„Verlustverrechnungskonto“ und „Darlehenskonto“ umfassen. Die Handhabung bezüglich Entnahmen und Auszahlungen sollte sich an deren Handhabung bei einer Kapitalgesellschaft orientieren. Demnach sind Entnahmen nur zuzulassen, wenn dadurch kein negativer Kapitalanteil entsteht. Weitere Auszahlungen begründen stets eine Rückzahlungsverpflichtung.

Literaturverzeichnis

A. Monographien, Beiträge in Handbüchern und anderen Sammelwerken sowie Artikel in Periodika

Adler, Hans/Düring, Walther/Schmaltz, Kurt (Rechnungslegung und Prüfung der Unternehmen, 1998): Rechnungslegung und Prüfung der Unternehmen, Kommentar zum HGB, AktG, GmbHG, PublG nach den Vorschriften des Bilanzrichtlinien-Gesetzes, 6. Auflage, Stuttgart 1998.

Adrian, Gerrit/Fey, Julian/Hahn, Alexander (DStR 2014): E-Bilanz: Die Änderungen durch die Taxonomie 5.3, in: Deutsches Steuerrecht 2014, S. 2522-2529.

Altendorf, Klaus (GmbH-StB 2009): Aktuelle Tendenzen zur steuerlichen Behandlung von Gesellschafterkonten bei Personengesellschaften, in: GmbH-Steuerberater 2009, S. 101-106.

Altmeppen, Holger (NJW 2008): Das neue Recht der Gesellschafterdarlehen in der Praxis, in: Neue Juristische Wochenschrift 2008, S. 3601-3607.

Arndt, Hans-Wolfgang (FS Mühl, 1981): Steuerliche Leistungsfähigkeit und Verfassungsrecht, in: Festschrift für Otto Mühl, Hrsg. Damrau, Jürgen/Fürst, Walter/Kraft, Alfons, Stuttgart 1981, S. 17-39.

Arndt, Hans-Wolfgang (NVwZ 1988): Gleichheit im Steuerrecht, in: Neue Zeitschrift für Verwaltungsrecht 1988, S. 787-794.

Autenrieth, Karlheinz (NWB 2001): Gewährung oder Minderung von Gesellschaftsrechten bei Übertragung einzelner Wirtschaftsgüter zwischen Mitunternehmer und Mitunternehmerschaft, in: Neue Wirtschafts-Briefe 2001, S. 4291-4292.

Baetge, Jörg (Objektivierung, 1970): Möglichkeiten der Objektivierung des Jahreserfolges, Düsseldorf 1970.

Baetge, Jörg (Kapital und Vermögen, 1975): Kapital und Vermögen, in: Handwörterbuch der Betriebswirtschaft, Hrsg. Grochla, Erwin/Wittmann, Waldemar, Band 2, 4. Auflage, Stuttgart 1975, Spalte 2089-2096.

Baetge, Jörg (FS Leffson, 1976): Rechnungslegungszwecke des aktienrechtlichen Jahresabschlusses, in: Festschrift für Ulrich Leffson, Bilanzfragen, Hrsg. Baetge, Jörg/Moxter, Adolf/Schneider, Dieter, Düsseldorf 1976, S. 11-30.

Baetge, Jörg (Eigenkapitalstärkung, 1990): Notwendigkeit und Möglichkeit der Eigenkapitalstärkung mittelständischer Unternehmen, in: Rechnungslegung, Finanzen, Steuern und Prüfung in den neunziger Jahren, Hrsg. Baetge, Jörg, Düsseldorf 1990, S. 205-240.

Baetge, Jörg/Brüggemann, Benedikt (DB 2005): Ausweis von Genussrechten auf der Passivseite der Bilanz des Emittenten, in: Der Betrieb 2005, S. 2145-2152.

Baetge, Jörg/Graupe, Fabian/Brüggemann, Peter (DK 2009): Die bilanzielle Behandlung von Anteilen von Minderheitsgesellschaftern an Personengesellschaften nach IAS 32 im Konzernabschluss, in: Der Konzern 2009, S. 466-475.

Baetge, Jörg/Haenelt, Timo (ZGR 2008): Kritische Würdigung der Kapitalabgrenzung im IFRS-Abschluss und Darstellung des alternativen Loss Absorption Approach der EFRAG und des DSR, in: Zeitschrift für Unternehmens- und Gesellschaftsrecht 2008, S. 297-308.

Baetge, Jörg/Kirsch, Hans-Jürgen/Leuschner, Carl-Friedrich/Jerzembek, Lothar (DB 2006): Die Kapitalabgrenzung nach IFRS, in: Der Betrieb 2006, S. 2133-2138.

Baetge, Jörg/Kirsch, Hans-Jürgen/Thiele, Stefan (Bilanzen, 2014): Bilanzen, 13. Auflage, Düsseldorf 2014.

Baetge, Jörg/Kirsch, Hans-Jürgen/Thiele, Stefan (Handbuch der Rechnungslegung, 2015): Grundsätze ordnungsgemäßer Buchführung, in: Handbuch der Rechnungslegung Einzelabschluss - Kommentar zur Bilanzierung und Prüfung, Hrsg. Küting, Peter/Pfitzer, Norbert/Weber, Claus-Peter, 5. Auflage, 20. Ergänzungslieferung, Stuttgart 2015.

Baetge, Jörg/Thiele, Stefan (FS Beisse, 1997): Gesellschafterschutz versus Gläubigerschutz - Rechenschaft versus Kapitalerhaltung, in: Festschrift für Heinrich Beisse, Handelsbilanzen und Steuerbilanzen, Hrsg. Budde, Wolfgang/Moxter, Adolf/Offerhaus, Klaus, Düsseldorf 1997, S. 11-24.

Baetge, Jörg/Winkeljohann, Norbert/Haenelt, Timo (DB 2008): Die Bilanzierung des gesellschaftlichen Eigenkapitals von Nicht-Kapitalgesellschaften nach der novellierten Kapitalabgrenzung des IAS 32 (rev. 2008), in: Der Betrieb 2008, S. 1518-1522.

Baldi, Heinz Rudolf (EStG, 2009) §15a EStG, in: Kommentar zum Einkommensteuergesetz, Hrsg. Frotscher, Gerrit/Geurts, Matthias, 151. Ergänzungslieferung, Freiburg 2009.

Ballwieser, Wolfgang (WPg 1987): Die Analyse von Jahresabschlüssen nach neuem Recht, in: Die Wirtschaftsprüfung 1987, S. 57-68.

Ballwieser, Wolfgang (Handelsgesetzbuch, 2013): § 246 HGB, in: Münchener Kommentar zum Handelsgesetzbuch, Hrsg. Schmidt, Karsten/Ebke, Werner, Band 4, 3. Auflage, München 2013.

Ballwieser, Wolfgang (Handelsgesetzbuch, 2013): § 247 HGB, in: Münchener Kommentar zum Handelsgesetzbuch, Hrsg. Schmidt, Karsten/Ebke, Werner, Band 4, 3. Auflage, München 2013.

Balz, Gerhard K./Ilina, Ksenia (BB 2005): Kommanditkapital nach International Accounting Standards – Ist die GmbH & Co. KG kapitalmarkttauglich?, in: Betriebs-Berater, S. 2759-2763.

Barckow, Andreas/Schmidt Martin (WPg 2006): Abgrenzung von Eigenkapital und Fremdkapital – Der Entwurf des IASB zu Änderungen an IAS 32, in: Die Wirtschaftsprüfung 2006, S. 950-952.

Bareis, Peter (StuW 1986): Plädoyer für ein neues Konzept beim steuerlichen Abzug von Schuldzinsen, in: Steuer und Wirtschaft 1986, S. 118-127.

Bareis, Peter (Grundrechtsschutz, 2001): Finanzierungszwecke und Lenkungszwecke in einem verfassungsmäßigen Steuersystem, in: Grundrechtsschutz im Steuerrecht, Hrsg. Bareis, Peter/Birk, Dieter/Borgsmidt, Kirsten/Lang, Joachim/Mellinghoff, Rudolf, Heidelberg 2001, S. 89-115.

Bareis, Peter (Reform, 2002): Die Reformbedürftigkeit der Ertragsbesteuerung aus ökonomischer Sicht, in: Unternehmensbesteuerung in der Reform, Hrsg. Rautenberg, Hans, Stuttgart 2002, S. 19-38.

Bareis, Peter (BFuP 2007): Das Postulat der Werturteilsfreiheit in der Diskussion um die Steuerreform 2008, in: Betriebswirtschaftliche Forschung und Praxis 2007, S. 421-442.

Baumhoff, Hubertus (StbJb 1993/1994): Verlustverwertungsstrategien bei Personengesellschaften, in: Steuerberater-Jahrbuch 1993/1994, S. 267-302.

Bauschatz, Peter (BeSt 2001): Freigebige Zuwendung durch Änderung der Beteiligungs- und Wertverhältnisse, in: Beratersicht zur Steuerrechtsprechung 2001, S. 10-11.

Behlau, Ansgar (SJ 2009): Verlustausgleichsbeschränkung nach § 15a EStG: Negative Tilgungsbestimmung und aktivisches Darlehnskonto, in: Steuer-Journal 2009, S. 22-25.

Beine, Frank (Eigenkapitalersetzende Gesellschafterleistungen, 1994): Eigen-kapitalersetzende Gesellschafterleistungen, Düsseldorf 1994.

Bieg, Hartmut/Kußmaul, Heinz (Finanzierung, 2009): Finanzierung, 2. Auflage, München 2009.

Bieg, Hartmut/Kußmaul, Heinz/Waschbusch, Gerd (Externes Rechnungswesen, 2012): Externes Rechnungswesen, 6. Auflage, München 2012.

Bigus, Jochen (DBW 2007): Zur bilanziellen Abgrenzung von Eigen- und Fremdkapital, in: Die Betriebswirtschaft 2007, S. 7-21.

Bingel, Elmar/Weidenhammer, Simon (DStR 2006): Ausweis des Eigenkapitals bei Personenhandelsgesellschaften im Handelsrecht, in: Deutsches Steuerrecht 2006, S. 675-679.

Birk, Dieter (Leistungsfähigkeitsprinzip, 1983): Das Leistungsfähigkeitsprinzip als Maßstab der Steuernormen, Ein Beitrag zu den Grundfragen des Verhältnisses Steuerrecht und Verfassungsrecht, Köln 1983.

Birk, Dieter (StuW 1983): Zum Stand der Theoriediskussion in der Steuerrechtswissenschaft, in: Steuer und Wirtschaft 1983, S. 293-299.

Birk, Dieter/Desens, Marc/Tappe, Henning (Steuerrecht, 2015): Steuerrecht, 18. Auflage, Heidelberg 2015.

Bitter, Bernhard/Grashoff, Dietrich (DB 2000): Anwendungsprobleme des Kapitalgesellschaften- und Co-Richtlinie-Gesetzes, in: Der Betrieb 2000, S. 833-839.

Bitz, Horst (GmbHR 2005): Finanzplandarlehen als Teil des Kapitalkontos nach § 15a EStG, in: GmbH-Rundschau 2005, S. 1064-1065.

Bitz, Horst (GmbHR 2008): Zu den Voraussetzungen der Qualifizierung eines Darlehenskontos des Kommanditisten als Kapitalkonto bei gewinnunabhängiger Verzinsung, GmbH-Rundschau 2008, S. 1001-1002.

Bitz, Horst (Einkommensteuerrecht, 2015): § 15a EStG, in: Einkommensteuerrecht, Hrsg. Littmann, Eberhard/Bitz, Horst/Pust, Hartmut, 111. Ergänzungslieferung, Stuttgart 2015.

Bitz, Michael (Finanzdienstleistungen, 1993): Finanzdienstleistungen, München 1993.

Bitz, Michael (DStR 1994): Darlehensgewährung einer Personengesellschaft an ihren Gesellschafter, in: Deutsches Steuerrecht 1994, S. 1221-1222.

Bitz, Michael (FS Schneeloch, 2007): Schöpfungswille und Harmoniestreben des Renaissancemenschen: Luca Pacioli und die Folgen – Dogmenhistorische und sprachtheoretische Reflektionen zum Begriff des Eigenkapitals, in: Festschrift für Dieter Schneeloch, Rechnungslegung, Eigenkapital und Besteuerung, Hrsg. Winkeljohann, Norbert/Bareis, Peter/Volk, Gerrit, München 2007, S. 147-166.

Blaum, Ulf (IFRS Änderungskommentar 2009, 2009): Amendments to IAS 32 - Presentation of Financial Statements - Puttable Financial Instruments and Obligations Arising on Liquidation, in: IFRS Änderungskommentar 2009, Hrsg. Vater, Hendrik/Ernst, Edgar/Hayn, Sven/Knorr, Liesel/Mißler, Peter, Stuttgart 2009.

Böcking, Hans-Joachim (FS Beisse, 1997): Betriebswirtschaftslehre und wirtschaftliche Betrachtungsweise, in: Festschrift für Heinrich Beisse, Handelsbilanzen und Steuerbilanzen, Hrsg. Budde, Wolfgang/Moxter, Adolf/Offerhaus, Klaus, Düsseldorf 1997, S. 85-103.

Bodden, Guido (FR 1997): Übertragung eines Mitunternehmeranteils und Überführung von wesentlichen Wirtschaftsgütern des Sonderbetriebsvermögens ins Privatvermögen, in Finanz-Rundschau 1997, S. 757-762.

Bode, Walter (EStG, 2016): § 4 EStG, in: Einkommensteuergesetz, Kommentar, Hrsg. Kirchhof, Paul, 15. Auflage, Köln 2016.

Bode, Walter (NWB 2016): Keine Einbringung gegen Gewährung von Gesellschaftsrechten, wenn Gegenwert des übertragenen Wirtschaftsguts allein dem Kapitalkonto II gutgeschrieben wird, in: Neue Wirtschafts-Briefe 2016, S. 464-465.

Bolk, Wolfgang (Bilanzierung und Besteuerung, 2015): Bilanzierung und Besteuerung der Personengesellschaft und ihrer Gesellschafter, Köln 2015.

Boller, Tino/Eilinghoff, Karolina/Schmidt, Sebastian (IStR 2009): § 50d Abs. 10 EStG i.d.F. des JStG 2009 – ein zahnloser Tiger?, in: Internationales Steuerrecht 2009, S. 109-115.

Bömelburg, Peter/Landgraf, Christian (Accounting 2008): Änderung der Kapitalabgrenzung – IAS 32 (rev. 2008), in: Accounting 2008, S. 13-15.

Bömelburg, Peter/Landgraf, Christian/Luce, Karsten (PiR 2008): Die Auswirkungen der Eigenkapitalabgrenzung nach IAS 32 (rev 2008) auf deutsche Personengesellschaften, in: Praxis internationale Rechnungslegung 2008, S. 143-149.

Bordewin, Arno (StbJb 1992/1993): Zinsprobleme bei der Besteuerung der Personengesellschaft, in: Steuerberater-Jahrbuch 1992/1993, S. 171-192.

Bordewin, Arno (DStR 1994): Verlustausgleich und Verlustabzug bei Personengesellschaften – insbesondere nach neuester Rechtsprechung des Bundesfinanzhof, in: Deutsches Steuerrecht 1994, S. 673-679.

Bormann, Michael/Hellberg, Claus (DB 1997): Ausgewählte Probleme der Gewinnverteilung in der Personengesellschaft, in: Der Betrieb 1997, S. 2415-2421.

Bösch, Martin (Finanzwirtschaft, 2013): Finanzwirtschaft, 2. Auflage, München 2013.

Brandenberg, Hermann (FR 2000): Wiedereinführung des Mintunternehmererlasses?, in: Finanz-Rundschau 2000, S. 1182-1189.

Brandenberg, Hermann (DB 2013): Abschied vom Gesamtplan – neuer Betriebsbegriff, in: Der Betrieb 2013, S. 17-23.

Breker, Norbert/Harrison David A./Schmidt, Martin (KoR 2005): Die Abgrenzung von Eigen- und Fremdkapital, in: Zeitschrift für internationale und kapitalmarktorientierte Rechnungslegung 2005, S. 469-479.

Breuer, Wolfgang (Finanzierung, 2007): Finanzierung, 2. Auflage, Wiesbaden 2007.

Breuninger, Gottfried/Ernst, Markus (GmbHR 2012): Debt-Mezzanine-Swap und die Unmaßgeblichkeit der Maßgeblichkeit - Anmerkungen zur Kurzinformation der OFD Rheinland vom 14.12.2011, in: GmbH-Rundschau 2012, S. 494-498.

Breuninger, Gottfried/Prinz, Ulrich (DStR 2006): Ausgewählte Bilanz- und Steuerrechtsfragen von Mezzaninefinanzierungen, in: Deutsches Steuerrecht 2006, S. 1345-1349.

Briesemeister, Simone (Hybride Finanzinstrumente, 2006): Hybride Finanzinstrumente im Ertragsteuerrecht, Düsseldorf 2006.

Briesemeister, Simone/Joisten, Christian/Vossel, Stephan (FR 2011): Abschreibung von Windparks, in: Finanz-Rundschau 2011, S. 666-667.

Brönner, Herbert (Die Besteuerung der Gesellschaften, 2007): Die Besteuerung der Gesellschaften, 18. Auflage, Stuttgart 2007.

Broser, Manuela/Hoffjan, Andreas/Strauch, Joachim (KoR 2004): Bilanzierung des Eigenkapitals von Kommanditgesellschaften nach IAS 32 (rev. 2003), in: Zeitschrift für internationale und kapitalmarktorientierte Rechnungslegung 2004, S. 452-459.

Brown, Patricia (CDFI, 2012): General Report, in: Cahiers de droit fiscal international, Hrsg. International Fiscal Association, Band 97b, Rotterdam 2012, S. 17-43.

Brüggemann, Benedikt/Lühn, Michael/Siegel, Mikosch (KoR 2004): Bilanzierung hybrider Finanzinstrumente nach HGB, IFRS und US-GAAP im Vergleich (Teil I), in: Zeitschrift für internationale und kapitalmarktorientierte Rechnungslegung 2004, S. 340-352.

Brüggemann, Benedikt/Lühn, Michael/Siegel, Mikosch (KoR 2004): Bilanzierung hybrider Finanzinstrumente nach HGB, IFRS und US-GAAP im Vergleich (Teil II), in: Zeitschrift für internationale und kapitalmarktorientierte Rechnungslegung 2004, S. 389-402.

Buciek, Klaus (DStZ 2000): Eigenkapitalersetzende Darlehen führen nicht zu erweitertem Verlustausgleich nach § 15a EStG, in: Deutsche Steuer-Zeitung 2000, S. 569

Buciek, Klaus (Stbg 2000): Das kapitalersetzende Darlehen im Steuerrecht, in: Die Steuerberatung 2000, S. 109-118.

Bundessteuerberaterkammer (DStR 2006): Hinweise der Bundessteuerberaterkammer zum Ausweis des Eigenkapitals bei Personenhandelsgesellschaften im Handelsrecht, in: Deutsches Steuerrecht 2006, S. 668-674.

Bydlinski, Franz (Methodenlehre, 1991): Juristische Methodenlehre und Rechtsbegriff, 2. Auflage, Wien und New York 1991.

Carlé, Dieter (KÖSDI 1985): Gesellschafterkonten der GmbH & Co – Handels- und Bilanzrecht – Gesellschaftsteuer, in: Kölner Steuerdialog 1985, S. 6095-6101.

Carlé, Dieter/Bauschatz, Peter (FR 2002): Die durch Kapitalkonten abgebildete Beteiligung an einer Personengesellschaft im Gesellschafts- und Steuerrecht, in: Finanz-Rundschau 2002, S. 1153-1163.

Clemens, Ralf (Beck´sches IFRS-Handbuch, 2016): Eigenkapital, in: Beck´sches IFRS-Handbuch, Hrsg. Driesch, Dirk/Riese, Joachim/Schlüter, Jörg/Senger, Thomas, 5. Auflage, München 2016.

Coenenberg, Adolf/Berger, Simon/Joest, Andreas (FS Baetge, 2007): Kapitalabgrenzung nach IAS 32 – Status Quo und Perspektive, in: Festschrift für Jörg Baetge, Rechnungslegung und Wirtschaftsprüfung, Hrsg. Kirsch, Hans-Jürgen/Thiele, Stefan, Düsseldorf 2007, S. 142-167.

Coenenberg, Adolf/Haller, Axel/ Schultze, Wolfgang (Jahresabschluss, 2014): Jahresabschluss und Jahresabschlussanalyse - Betriebswirtschaftliche, handelsrechtliche, steuerrechtliche und internationale Grundlagen, 23. Auflage, Stuttgart 2014.

Crezelius, Georg (JbFfSt 1999/2000): Offene Fragen bei § 15a, in: Jahrbuch der Fachanwälte für Steuerrecht 1999/2000, S. 395-403.

Crezelius, Georg (IStR 2002): Steuerrechtliche Verfahrensfragen bei grenzüberschreitenden Sachverhalten, in: Internationales Steuerrecht 2002, S. 433-441.

Crezelius, Georg (DB 2004): Gewährung von Gesellschaftsrechten bei § 6 Abs. 5 EStG, §§ 20, 24 UmwStG, in: Der Betrieb 2004, S. 397-401.

Dahlke, Andreas (Konzernbesteuerung, 2011): Harmonisierung der Konzernbesteuerung in der Europäischen Union, Ökonomische Analyse einer einheitlichen konsolidierten körperschaftsteuerlichen Bemessungsgrundlage, Lohmar 2011.

Dahlke, Andreas/Kahle, Holger (FS Caesar, 2009): CCCTB – die EU auf dem Weg zu einer gemeinsamen körperschaftsteuerlichen Bemessungsgrundlage?, in: Festschrift für Rolf Caesar, Entwicklung und Perspektiven der Europäischen Union, Hrsg. von Knoll, Bodo/Pitlik, Hans, Baden-Baden 2009, S. 229-254.

Damodaran, Aswath (Corporate Finance, 2001): Corporate Finance: Theory and Practice. 2. Auflage, Weinheim 2001.

Dangel, Peter/Hofstetter, Ulrich/Otto, Patrick (Analyse, 2001): Analyse von Jahresabschlüssen nach US-GAAP und IAS, Stuttgart 2001.

Dannecker, Achim/Rudolf, Michael (BB 2014): Veräußerung von Mitunternehmeranteilen und Unternehmenstransaktionen mit negative Kaufpreis im Lichte der §§ 4f, 5 Abs. 7 EStG, in: Betriebs-Berater 2014, S. 2539-2543.

Decker, Torsten/Weitz, Daniel (BB 2015): Gewinnvortrag bei der GmbH & Co. KG: Spannungsfeld zwischen Personenhandelsgesellschaftsrecht und Konzernbilanzierungspraxis, in: Betriebs-Berater 2015, S. 556-559.

Demuth, Ralf (KÖSDI 2008): Gesellschafterforderungen im Ertragsteuerrecht – Entstehung, Verzinsung, Verzicht, in: Kölner Steuerdialog 2008, S. 16177-16187.

Demuth, Ralf (KÖSDI 2013): Negatives Kapitalkonto bei Aufgabe und Veräußerung im EStG, in: Kölner Steuerdialog 2013, S. 18381-18391.

Demuth, Ralf (EStB 2014): Trennung von der modifizierten Trennungstheorie?, in: Ertrag-Steuer-Berater 2014, S. 373-376.

Demuth, Ralf (17. KÖSDI-Spezialseminar, 2014): Schuldzinsenabzug bei Mitunternehmerschaften, in: 17. KÖSDI-Spezialseminar, Brennpunkt Personengesellschaft, Köln 2014, Abschnitt G, Rz. 1-16.

Demuth, Ralf (21. KÖSDI-Spezialseminar, 2015): Das steuerliche Kapitalkonto, in: 21. KÖSDI-Spezialseminar, Brennpunkt Personengesellschaft, Köln 2015, Abschnitt D, Rz. 1-14.

Demuth, Ralf (BeSt 2015): Erhöhung des Veräußerungsgewinns auf Grund eines negativen Kapitalkontos, in: Beratersicht zur Steuerrechtsprechung 2015, S. 34-35.

Dietel, Marco (DStR 2009): Die Sachwertabfindung von Mitunternehmern – Ungeklärte Rechtslage bei der Abfindung mit betrieblichen Sachgesamtheiten, in: Deutsches Steuerrecht 2009, S. 1352-1354.

Ditz, Xaver (Personengesellschaften im Internationalen Steuerrecht, 2015): Einkünfteabgrenzung, in: Personengesellschaften im Internationalen Steuerrecht, Hrsg. Wassermeyer, Franz/Richter, Stefan/Schnittker, Helder, 2. Auflage, Köln 2015, S. 634-671.

Döllerer, Georg (DStR 1981): Steuerbilanz der Gesellschaft und Gesamtbilanz der Mitunternehmerschaft bei Anwendung des § 15a EStG, in: Deutsches Steuerrecht, S. 19-22.

Döllerer, Georg (DStZ 1983): Neues Steuerrecht der Personengesellschaft, in: Deutsche Steuer-Zeitung 1983, S. 179-184.

Döllerer, Georg (FS Forster, 1992): Bilanzrechtliche Fragen des kapital-ersetzenden Darlehens und der kapitalersetzenden Miete, in: Festschrift für Karl-Heinz Forster, Rechnungslegung – Entwicklung bei der Bilanzierung und Prüfung von Kapitalgesellschaften, Hrsg. Moxter, Adolf et al., Düsseldorf 1992, S. 199-213.

Dörfler, Harald/Graf, Roland/Reichl, Alexander (DStR 2007): Die geplante Besteuerung von Personenunternehmen ab 2008 – Ausgewählte Problem-bereiche des § 34a EStG im Regierungsentwurf, in: Deutsches Steuerrecht 2007, S. 645-692.

Dörfler, Harald/Vogl, Andreas (BB 2007): Unternehmensteuerreform 2008: Auswirkungen der geplanten Zinsschranke anhand ausgewählter Beispiele, in: Betriebs-Berater 2007, S. 1084-1087.

Dörfler, Harald/Zerbe, Sebastian (DStR 2012): Lock-in-Effekte durch § 15a EStG bei Veräußerung von Anteilen an doppelstöckigen Personengesellschaften, in: Deutsches Steuerrecht 2012, S. 1212-1216.

Dötsch, Franz (FS Spindler, 2011): Der Begriff des Kapitalkontos im Sinne von § 15a EStG, in: Festschrift für Wolfgang Spindler, Steuerrecht im Rechtsstaat, Hrsg. Mellinghoff, Rudolf/Schön, Wolfgang/Viskorf, Hermann-Ulrich, Köln 2011, S. 595-617.

Dornheim, Bertram (DStZ 2013): Die Aufgabe der „reinen" Trennungstheorie, in: Deutsche Steuer-Zeitung 2013, S. 397-404.

Dornheim, Bertram (FR 2013): Einbringung gegen Mischentgelt, in: Finanz-Rundschau 2013, S. 1022-1029.

Dornheim, Bertram (FR 2014): Teilentgeltliche Übertragung einzelner Wirtschaftsgüter bei Mitunternehmerschaften – BFH fordert BMF zum Beitritt auf, in: Finanz-Rundschau 2014, S. 869-876.

Dreissig, Hildegard (StbJb 1990/1991): Ergänzungsbilanzen - steuerliche Zweifelsfragen und wirtschaftliche Auswirkungen, in: Steuerberater-Jahrbuch 1990/1991, S. 221-246.

Dremel, Ralf (Ubg 2010): Aktuelle Entwicklungen im Bereich des § 4 Abs. 4a EStG, in: Die Unternehmensbesteuerung 2010, S. 705-711.

Drukarczyk, Jochen (Finanzierungstheorie, 1980): Finanzierungstheorie, München 1980.

Drukarczyk, Jochen (Theorie, 1993): Theorie und Politik der Finanzierung, 2. Auflage, München 1993.

Drukarczyk, Jochen (Finanzierung, 2008): Finanzierung, 10. Auflage, Stuttgart 2008.

Düll, Alexander/Fuhrmann, Gerd/Eberhard, Martin (DStR 2000): Unternehmenssteuerreform 2001: Die Neuregelung des § 6 Abs. 5 Satz 3 EStG – sog. Wiedereinführung des Mitunternehmererlasses, in: Deutsches Steuerrecht 2000, S. 1713-1718.

Dürr, Ulrike (Mezzanine-Kapital, 2007): Mezzanine-Kapital in der HGB- und IFRS Rechnungslegung, Berlin 2007.

Ehrike, Ulrich (HGB, 2014): § 120 HGB, in: Handelsgesetzbuch, Kommentar, Hrsg. Ebenroth, Carsten/Boujong, Karlheinz/Joost, Detlev/Strohn, Lutz, Band 1, 3. Auflage, München 2014.

Ehrike, Ulrich (HGB, 2014): § 122 HGB, in: Handelsgesetzbuch, Kommentar, Hrsg. Ebenroth, Carsten/Boujong, Karlheinz/Joost, Detlev/Strohn, Lutz, Band 1, 3. Auflage, München 2014.

Eichfelder, Sebastian (Ubg 2013): Mezzanine-Finanzierung als steuerliches Gestaltungsinstrument: Eine Analyse am Beispiel der stillen Gesellschaft, in: Die Unternehmensbesteuerung 2013, S. 178-187.

Eichholz, Rüdiger R. (Finanzwirtschaftliches Management, 2009): Finanzwirtschaftliches Management, 6. Auflage, München 2009.

Ekkenga, Jens (Anlegerschutz, Rechnungslegung und Kapitalmarkt, 1998): Anlegerschutz, Rechnungslegung und Kapitalmarkt, Tübingen 1998.

Elicker, Michael (DStZ 2005): Fortentwicklung der Theorie vom Einkommen, in: Deutsche Steuer-Zeitung 2005, S. 564-567.

Elschen, Rainer (DBW 1988): Agency-Theorie, in: Die Betriebswirtschaft 1988, S. 248-250.

Elschen, Rainer (StuW 1991): Entscheidungsneutralität, Allokationseffizienz und Besteuerung nach der Leistungsfähigkeit. Gibt es ein gemeinsames Fundament der Steuerwissenschaften?, in: Steuer und Wirtschaft 1991, S. 99-115.

Elschen, Rainer (Fremdfinanzierung, 1993): Eigen- und Fremdfinanzierung, in: Handwörterbuch des Finanzmanagements, Hrsg. Gebhardt, Günter/Gerke, Wolfgang/Steiner, Manfred, München 1993, S. 585-617.

Elschen, Rainer (Institutionale Besteuerung, 1994): Institutionale oder personale Besteuerung von Unternehmensgewinnen?, 2. Auflage, Hamburg 1994.

Elschen, Rainer/Hüttenbrock, Michael (FA 1983): Steuerneutralität in Finanzwissenschaft und Betriebswirtschaftslehre, in: Finanzarchiv 1983, S. 253-280.

Elser, Thomas/Neininger, Monika (DB 1999): Abgrenzbarkeit privat veranlasster Schuldzinsen aus ökonomischer Sicht, in: Der Betrieb 1999, S. 172-177.

Elser, Thomas/Neininger, Monika (DB 2000): Die Notwendigkeit einer Betrachtung des Eigenkapitalkontos bei der Abgrenzung privater Schuldzinsen, in: Der Betrieb 2000, S. 994-1000.

Emde, Achim (Genußschein, 1987): Der Genußschein als Finanzierungsinstrument, Bochum 1987.

Emerich, Volker (Handelsgesetzbuch, 1996): § 120 HGB, in: Handelsgesetzbuch (ohne Seerecht), Kommentar, Hrsg. Heymann, Ernst, Band 2, 2. Auflage, Berlin 1996.

Emmerich, Gerhard/Naumann, Klaus-Peter (WPg 1994): Zur Behandlung von Genußrechten im Jahresabschluß von Kapitalgesellschaften, in: Die Wirtschaftsprüfung 1994, S. 677-689.

Engelberth, Martin (NWB 2011): Das Kapitalkonto des Kommanditisten, in: Neue Wirtschafts-Briefe 2011, S. 1808-1824.

Engels, Wolfram (Eigenkapital, 1981): Begriff und Funktionen des Eigenkapitals, in: Handwörterbuch des Rechnungswesens, Hrsg. von Kosiol, Erich/Chmielewicz, Klaus/Schweitzer, Marcel, 2. Auflage, Stuttgart 1981, Sp. 419-428.

Erhardt, Alexander (DStR 2012): Steuerneutraler Forderungsverzicht durch Gesellschafter einer (Familien-) Personengesellschaft zur Abwendung einer bilanziellen Überschuldung, in: Deutsches Steuerrecht 2012, S. 1636-1640.

Erle, Bernd (Maßgeblichkeitsprinzip, 2000): Das Maßgeblichkeitsprinzip - ein Phantom?, in: Die Zukunft des deutschen Bilanzrechts, Hrsg. Kleindiek, Detlef/Oehler, Wolfgang, Köln 2000, S. 177-191.

Erlei, Mathias/Leschke, Martin/Sauerland, Dirk (Neue Institutionenökonomik, 2007): Neue Institutionenökonomik, 2. Auflage, Stuttgart 2007.

Ettinger, Jochen/Schmitz, Markus (DStR 2009): Einbringungen ins Sonderbetriebsvermögen – Anwendbarkeit des § 24 UmwStG nach dem SEStEG, in: Deutsches Steuerrecht 2009, S. 1248-1252.

Falterbaum, Hermann/Bolk, Wolfgang/Reiß, Wolfram/Kirchner, Thomas (Buchführung und Bilanz, 2015): Buchführung und Bilanz, 22. Auflage, Achim 2015.

Farnschläder, Marion/Kahl, Ilona (DB 1998): Die Entscheidung des Großen Senats des BFH zum Forderungsverzicht – Anwendbarkeit unter Berücksichtigung der Rechtsprechung zum Sonderbetriebsvermögen und § 15a EStG auch auf Personenhandelsgesellschaften, in: Der Betrieb 1998, S. 793-798.

Federmann, Rudolf (Bilanzierung, 2010): Bilanzierung nach Handelsrecht, Steuerrecht und IAS/IFRS, 12. Auflage, Berlin 2010.

Fischer, Hardy/Lohbeck, Allit (IStR 2012): Generalthema II: Das „Eigen-/ Fremdkapital-Rätsel", in: Internationales Steuerrecht 2012, S. 678-682.

Fischer, Michael (DB Beilage zu Heft 4 2015): Steuerentnahmeklauseln bei Personenhandelsgesellschaften, in: Der Betrieb Beilage zu Heft 4 2015, S. 1-18.

Fleck, Hans-Joachim (FS Döllerer, 1988): Die Bilanzierung kapitalersetzender Gesellschafterdarlehen in der GmbH, in: Festschrift für Georg Döllerer, Handelsrecht und Steuerrecht, Hrsg. Knobbe-Keuk, Brigitte/Klein, Franz/Moxter, Adolf, Düsseldorf 1988, S. 109-131.

Fleck, Hans-Joachim (GmbHR 1989): Das kapitalersetzende Gesellschafterdarlehen in der GmbH-Bilanz – Verbindlichkeit oder Eigenkapital?, in: GmbH-Rundschau 1989, S. 313-323.

Förschle, Gerhart/Hoffmann, Karl (Beck´scher Bilanz-Kommentar, 2014): § 247 HGB, in: Beck´scher Bilanz-Kommentar, Handels- und Steuerbilanz, Hrsg. Förschle, Gerhard/Grottel, Bernd/Schmidt, Stefan/Schubert, Wolfgang/Winkeljohann, Norbert, 9. Auflage, München 2014.

Förster, Guido (Unternehmensteuerreformgesetz, 2007): § 4h Betriebsausgabenabzug für Zinsaufwendungen (Zinsschranke), in: Unternehmensteuerreformgesetz 2008, Hrsg. Breithecker, Volker/Förster, Guido/Förster, Ursula/Klapdor, Rolf, Berlin 2007, S. 49-96.

Franke, Günter/Hax, Herbert (Finanzwirtschaft, 2009): Finanzwirtschaft des Unternehmens und Kapitalmarkt, 6. Auflage, Heidelberg 2009.

Franz, Matthias/Winkler, Hartmut/Polatzky, Robert (BB Beilage zu Heft 1 2011): Einbringung in Personengesellschaften, in: Betriebs-Berater Beilage zu Heft 1 2011, S. 21-23.

Frebel, Maibrit (Erfolgsaufteilung, 2006): Erfolgsaufteilung und –besteuerung im internationalen Konzern, Lohmar, 2006.

Freidank, Carl-Christian (WPg 1994): Der Ausweis des Eigenkapitals bei Personengesellschaften in der handelsrechtlichen Jahresabschlußrechnung, in: Die Wirtschaftsprüfung 1994, S. 397-406.

Fresl, Karlo (Bilanzrecht, 2000): Die Europäisierung des deutschen Bilanzrechts, Wiesbaden 2000.

Frey, Johannes (Personengesellschaften im Internationalen Steuerrecht, 2015): Verluste, in: Personengesellschaften im Internationalen Steuerrecht, Hrsg. Wassermeyer, Franz/Richter, Stefan/Schnittker, Helder, 2. Auflage, Köln 2015, S. 1004-1038.

Friedrich, Katja (Beck´sches Handbuch der Personengesellschaft, 2014): Gewinnermittlung und Besteuerung, in: Beck´sches Handbuch der Personengesellschaften, Hrsg. Prinz, Ulrich/Hoffmann, Wolf-Dieter, 4. Auflage, München 2014, § 6, S. 473-552.

Frystatzki, Christian (EStB 2006): Eigenkapital oder Fremdkapital?, in: Ertrag-Steuer-Berater 2006, S. 342-344.

Führich, Gregor (IStR 2007): Ist die geplante Zinsschranke europarechtskonform?, in: Internationales Steuerrecht 2007, S. 341-345.

Fuhrmann, Claas (KÖSDI 2012): Gesellschafterfremdfinanzierung von Personen- und Kapitalgesellschaften, in: Kölner Steuerdialog 2012, S. 17977-17988.

Fuhrmann, Claas (NZG 2014): Einbringung einer betrieblichen Sachgesamtheit gegen Mischentgelt, in: Neue Zeitschrift für Gesellschaftsrecht, S. 137-139.

Fuhrmann, Claas (UmwG/UmwStG, 2015): § 24 UmwStG, in: Umwandlungsrecht, Kommentar, Hrsg. Widmann, Siegfried/Mayer, Dieter, 153. Ergänzungslieferung, Bonn 2015.

Gassner, Wolfgang/Lang, Michael (Leistungsfähigkeitsprinzip, 2000): Das Leistungsfähigkeitsprinzip im Einkommen- und Körperschaftsteuerrecht, Dogmatische Grundfragen, rechtspolitischer Stellenwert, Wien 2000.

Geissler, Michael (FR 2014): Die verbilligte Übertragung betrieblicher Sachgesamtheiten – Anwendung der Einheitstheorie bei § 16 EStG und § 24 UmwStG, in: Finanz-Rundschau 2014, S. 152-158.

Geissler, Michael (EStG/KStG, 2016): § 16 EStG, in: Einkommensteuergesetz, Körperschaftssteuergesetz, Kommentar, Hrsg. Herrmann, Carl/Heuer, Gerhard/Raupach, Arndt, 273. Ergänzungslieferung, Köln 2016.

Girlich, Gerhard/Philipp, Moritz (Ubg 2012): Entstrickungsaspekte bei der Hinausverschmelzung von Kapitalgesellschaften, in: Die Unternehmensbesteuerung 2012, S. 150-161.

Glaser, Andreas (StuW 2012): Verfassungs- und unionsrechtliche Grenzen steuerlicher Lenkung, in: Steuer und Wirtschaft 2012, S. 168-181.

Glutsch, Siegfried/Otte, Ines/Schult, Bernd (Unternehmensteuerrecht, 2008): Das neue Unternehmensteuerrecht, Wiesbaden 2009.

Gocke, Rudolf/Rogall, Matthias (FS Schaumburg, 2009): Gesellschafterdarlehenskonten in der Personengesellschaftsbesteuerung, in: Festschrift für Harald Schaumburg, Steuerzentrierte Rechtsberatung, Hrsg. Spindler, Wolfgang/Tipke, Klaus/Rödder, Thomas, Köln 2009, S. 345-366.

Goebel, Sören/Eilinghoff, Karolina (DStZ 2010): (Nicht-)Konformität der Zinsschranke mit dem Grundgesetz und Europarecht?, in: Deutsche Steuer-Zeitung 2010, S. 550-562.

Goebel, Sören/Eilinghoff, Karolina/Busenius Nadine (DStZ 2010): Abgrenzung zwischen Eigen- und Fremdkapital aus steuerrechtlicher Sicht: Der „Prüfungsmarathon" von der Finanzierungsfreiheit bis zur Zinsschranke, in: Deutsche Steuer-Zeitung 2010, S. 742-753.

Golland, Frank/Gehlhaar, Lars/Grossmann, Klaus/Eickhoff-Kley, Xenia/Jänisch, Christian (BB Special 4 2005): Mezzanine-Kapital, in: Betriebs-Berater Special 4 2005, S. 1-32.

Gosch, Dietmar (EStG, 2016): § 50d EStG, in: Einkommensteuergesetz, Kommentar, Hrsg. Kirchhof, Paul, 15. Auflage, Köln 2016.

Gossert, Ernst/Liepert, Martin/Sahm, Daniel (DStZ 2013): Die Aufgabe der reinen Trennungstheorie durch die aktuelle BFH-Rechtsprechung und deren Folgen auf der Erwerberseite, in: Deutsche Steuer-Zeitung 2013, S. 242-248.

Graf von Kanitz, Friedrich (WPg 2003): Rechnungslegung bei Personenhandelsgesellschaften, in: Die Wirtschaftsprüfung 2003, S. 324-345.

Gragert. Katja/Wißborn, Jan-Peter (NWB 2008): Begünstigung der nicht entnommenen Gewinne nach 3 34a EStG, in: Neue Wirtschafts-Briefe 2008, S. 3995-4014.

Graw, Christian (FR 2015): Teilentgeltliche Übertragung von Einzelwirtschaftsgütern bei Mitunternehmerschaften – strenge vs. modifizierte Trennungstheorie, in: Finanz-Rundschau 2015, S. 260-267.

Groh, Manfred (DB 1990): § 15a EStG und die Kunst der Gesetzesanwendung, in: Der Betrieb 1990, S. 13-17.

Groh, Manfred (BB 1993): Eigenkapitalersatz in der Bilanz, in: Betriebs-Berater 1993, S. 1882-1892.

Groh, Manfred (StuW 1995): Die Bilanzen der Mitunternehmerschaft, in: Steuer und Wirtschaft 1995, S. 383-389.

Groh, Manfred (DB 2007): Fragen zum Abzinsungsgebot, in: Der Betrieb 2007, S. 2275-2280.

Große, Frank (DStR 2010): Bilanzielle Behandlung von Genussrechten bei Kapitalgesellschaften in Handels- und Steuerbilanz, in: Deutsches Steuerrecht 2010, S. 1397-1400.

Grottel, Bernd/Staudacher, Richard (Beck´scher Bilanz-Kommentar, 2014): § 247 HGB, in: Beck´scher Bilanz-Kommentar, Handels- und Steuerbilanz, Hrsg. Förschle, Gerhard/Grottel, Bernd/Schmidt, Stefan/Schubert, Wolfgang/Winkeljohann, Norbert, 9. Auflage, München 2014.

Grunewald, Barbara (Handelsgesetzbuch, 2012): § 167 HGB, in: Münchener Kommentar zum Handelsgesetzbuch, Hrsg. Schmidt, Karsten, Band 3, 3. Auflage, München 2012.

Grunewald, Barbara (Gesellschaftsrecht, 2008): Gesellschaftsrecht, 7. Auflage, Tübingen 2008.

Grützner, Dieter (Personengesellschaften im Steuerrecht, 2015): Personengesellschaften im Steuerrecht, Hrsg, Lange, Joachim/Bilitewski, Andrea/Götz, Hellmut, 9. Auflage, Herne 2015.

Gschwendtner, Hubertus (DStZ 1998): Korrespondierende Bilanzierung bei Pensionszusagen einer Personengesellschaft an einen Gesellschafter, in: Deutsche Steuer-Zeitung 1998, S. 777-785.

Gunsenheimer, Gerhard (StuD 2010): Verlustverrechnung nach § 15a EStG, in: NWB Steuer und Studium 2010, S. 305-315.

Gutenberg, Erich (Einführung BWL, 1958): Einführung in die Betriebswirtschaftslehre, Wiesbaden 1958.

Gutenberg, Erich (Grundlagen, 1980): Grundlagen der Betriebswirtschaftslehre: Die Finanzen, 8. Auflage, Berlin 1980.

Haas, Franz Josef (DStZ 1992): Finanzierungsmodalitäten durch Kommanditisten und § 15a Abs. 1 EStG, in: Deutsche Steuer-Zeitung 1992, S. 655-663.

Haase, Florian (StuB 2009): Die bilanzielle und steuerliche Behandlung von Genussrechten, in: NWB Unternehmensteuern und Bilanzen 2009, S. 495-498.

Habersack, Mathias (Das Recht der OHG, 2004): § 124 HGB, in: Das Recht der OHG, Hrsg. Habersack, Mathias/Schäfer, Carsten, Berlin 2010, Rz. 1-44.

Hachmeister, Dirk (Kritisches, 2005): Einfluss der Besteuerung der Kapitalgesellschaft auf Finanzierungsentscheidungen – Eine kapitalmarkttheoretische Sicht, in: Kritisches zu Rechnungslegung und Unternehmensbesteuerung, Hrsg. Schneider, Dieter, Berlin 2005, S. 591-609.

Hachmeister, Dirk (Verbindlichkeiten, 2006): Verbindlichkeiten nach IFRS, München 2006.

Häck, Nils (IStR 2011): Zur Auslegung des § 50d Abs. 10 EStG durch den BFH, in: Internationales Steuerrecht 2011, S. 71-73.

Hageböke, Jens (Ubg 2009): Die Ausbringung eines Teilbetriebs aus einer Mitunternehmerschaft durch „Upstream"-Abspaltung, in: Die Unternehmensbesteuerung 2009, S. 105-111.

Hahn, Oswald (Finanzwirtschaft, 1983): Finanzwirtschaft, 2. Auflage, Landsberg/Lech 1983.

Hallerbach, Dorothee (Personengesellschaft, 1999): Die Personengesellschaft im Einkommensteuerrecht, München 1999.

Hallerbach, Dorothee (GmbH & Co. KG, 2013): Leistungsbeziehungen zwischen einer GmbH & Co. KG und ihren Mitunternehmern, in: Die GmbH & Co. KG, Hrsg. Söffing, Günter, 2. Auflage, Herne 2013, S. 251-303.

Haun, Jürgen (Hybride Finanzierungsinstrumente, 1996): Hybride Finanzierungsinstrumente im deutschen und US-amerikanischen Steuerrecht, Frankfurt am Main 1996.

Häuselmann, Holger (BB 2007): Bilanzielle und steuerliche Erfassung von Hybridanleihen, in: Betriebs-Berater 2007, S. 931-936.

Häuselmann, Holger (Konzernsteuerrecht, 2008): Hybride Finanzierungsformen, in: Konzernsteuerrecht, Hrsg. Kessler, Wolfgang/Kröner, Michael/Köhler, Stefan, 2. Auflage, München 2008, § 10 Finanzströme, Rz. 200-299.

Havermann, Hans (WPg 1988): Der Aussagewert des Jahresabschlusses, in: Die Wirtschaftsprüfung 1988, S. 612-617.

Hax, Heribert (ZfB 1964): Der Bilanzgewinn als erfolgsmaßstab, in: Zeitschrift für Betriebswirtschaft 1964, S. 642-651.

Hax, Herbert (Unternehmen und Unternehmer, 2005): Unternehmen und Unternehmer in der Marktwirtschaft, Göttingen 2005.

Hein, Oliver/Suchan, Stefan/Geeb, Christoph (DStR 2008): MoMiG auf der Schnittstelle von Gesellschafts- und Steuerrecht, in: Deutsches Steuerrecht 2008, S. 2289-2298.

Heinicke, Wolfgang (Einkommensteuergesetz, 2016): § 4 EStG, in: Einkommensteuergesetz, Hrsg. Schmidt, Ludwig, 35. Auflage, München 2016.

Heintges, Sebastian/Kamphaus, Christine/Loitz, Rüdiger (DB 2007): Jahresabschluss nach IFRS und Zinsschranke, in: Der Betrieb 2007, S. 1261-1266.

Heißenberg, Lutz (KÖSDI 2001): Verluste bei beschränkter Haftung – Neues zu § 15a EStG, in: Kölner Steuerdialog 2001, S. 12948-12954.

Hellwig, Peter (FS Döllerer, 1988): Verdeckte Gewinnausschüttung und verdeckte Entnahme, in: Festschrift für Georg Döllerer, Handelsrecht und Steuerrecht, Hrsg. Knobbe-Keuk, Brigitte/Klein, Franz/Moxter, Adolf, Düsseldorf 1988, S. 205-217.

Hemmelrath, Alexander (DStR 1991): Bilanzierungsproblem bei kapitalersetzender Nutzungsüberlassung, in: Deutsches Steuerrecht 1991, S. 626-631.

Hemmelrath, Alexander (DBA, 2015): Art. 7 OECD-MA, in: Doppelbesteuerungsabkommen der Bundesrepublik Deutschland auf dem Gebiet der Steuern vom Einkommen und Vermögen, Kommentar auf der Grundlage der Musterabkommen, Hrsg. Vogel, Klaus/Lehner, Moris, 6. Auflage, München 2015.

Hennrichs, Joachim (DStJG 2001): Maßgeblichkeitsgrundsatz oder eigenständige Prinzipien für die Steuerbilanz?, in: Deutsche Steuerjuristische Gesellschaft 2001, S. 301-328.

Hennrichs, Joachim (StuW 2005): Bilanzgestützte Kapitalerhaltung, HGB-Jahresabschluss und Maßgeblichkeitsprinzip – Dinosaurier der Rechtsgeschichte, in: Steuer und Wirtschaft 2005, S. 256-264.

Hennrichs, Joachim (WPg 2006): Kündbare Gesellschaftereinlagen nach IAS 32, in: Die Wirtschaftsprüfung 2006, S. 1253-1262.

Hennrichs, Joachim (ZHR 2006): Unternehmensfinanzierung und IFRS im deutschen Mittelstand, in: Zeitschrift für das gesamte Handels- und Wirtschaftsrecht 2006, S. 498-521.

Hennrichs, Joachim (DB 2007): Zinsschranke, Eigenkapitalvergleich und IFRS, in: Der Betrieb 2007, S. 2101-2107.

Hennrichs, Joachim (WPg 2009): IAS 32 amended – Eigenkapital deutscher Personengesellschaften im IFRS-Abschluss – zugleich Bemerkungen zur Gewinnermittlung und Gewinnverwendung bei Personenhandelsgesellschaften, in: Die Wirtschaftsprüfung 2009, S. 1066-1075.

Hennrichs, Joachim/Dettmeier, Michael/Pöschke, Moritz/Schubert, Daniela (KoR 2007): Geplante Änderung der Kapitalabgrenzung nach ED IAS 32: „Neues" Eigenkapital für Personenhandelsgesellschaften, in: Zeitschrift für internationale und kapitalmarktorientierte Rechnungslegung 2007, S. 61-69.

Hennrichs, Joachim/Pöschke, Moritz (Handbuch des Jahresabschlusses, 2015): Das Eigenkapital des Einzelkaufmanns, der offenen Handelsgesellschaft und der Kommanditgesellschaft, in: Handbuch des Jahresabschlusses, Rechnungslegung nach HGB und internationalen Standards, Hrsg, Wysocki, Klaus/Schulze-Osterloh, Joachim/Hennrichs, Joachim/Kuhner, Christoph, Abteilung 3, 58. Ergänzungslieferung, Köln 2015.

Herrmann, Hans Joachim/Neufang, Bernd (BB 2000): Übertragung von einzelnen Wirtschaftsgütern zwischen Gesellschafterbetriebsvermögen und Mitunternehmerschaften, in: Betriebs-Berater 2000, S. 2599-2605.

Herrmann, Horst (WPg 1994): Zur Bilanzierung bei Personenhandelsgesellschaften, in: Die Wirtschaftsprüfung 1994, S. 500-513.

Herrmann, Horst (WPg 2001): Zur Rechnungslegung der GmbH & Co. KG im Rahmen des KapCoRiLiG, in: Die Wirtschaftsprüfung 2001, S. 271-282.

Herzig, Norbert (FR 1994): Spannungsverhältnis zwischen Finanzierungsfreiheit und fehlender Finanzierungsneutralität der Besteuerung, in: Finanz-Rundschau 1994, S. 589-602.

Herzig, Norbert (IStR 2000): Thema I: Hybride Finanzinstrumente im nationalen und internationalen Steuerrecht, in: Internationales Steuerrecht 2000, S. 482-485.

Herzig, Norbert (WPg 2000): Internationalisierung der Rechnungslegung und steuerliche Gewinnermittlung, in: Die Wirtschaftsprüfung 2000, S. 104-119.

Herzig, Norbert (Steuerliche Gewinnermittlung, 2004): IAS/IFRS und steuerliche Gewinnermittlung, Eigenständige Steuerbilanz und modifizierte Überschussrechnung: Gutachten für das Bundesfinanzministerium, Düsseldorf 2004.

Herzig, Norbert/Dinkelbach, Andreas (BB 1999): Die Neuregelung des Schuldzinsenabzugs nach § 4 Abs. 4a EStG, in: Betriebs-Berater 1999, S. 1136-1142.

Herzig, Norbert/Lieckenbrock, Bernhard (Ubg 2011): Expertenbefragung zu Rechtsunsicherheiten der Zinsschranke, in: Die Unternehmensbesteuerung 2011, S. 102-112.

Herzig, Norbert/Watrin, Christoph (StuW 2000): Betriebswirtschaftliche Anforderungen an eine Unternehmenssteuerreform, in: Steuer und Wirtschaft 2000, S. 378-388.

Heß, Sebastian (BB 2015): BFH: Einbeziehung eines negativen Kapitalkontos in die Berechnung des Veräußerungsgewinns eines gegen Entgelt aus der KG ausscheidenden Kommanditisten, in: Betriebs-Berater 2015, S. 2288-2290.

Heuermann, Bernd (NZG 2009): Nachträgliche Einlagen – Neue steuerliche Regeln zur Einlagefinanzierung bei Personengesellschaften – ein Beispiel für Kommunikationsstörungen zwischen staatlichen Gewalten, in: Neue Zeitschrift für Gesellschaftsrecht 2009, S. 321-325.

Heuermann, Bernd (DB 2013): Einheit, Trennung oder modifiziertes Trennen, in: Der Betrieb 2013, S. 1328-1330.

Heuermann, Bernd (EStG/KStG/GewStG, 2015): § 15a EStG, in: EStG, KStG, GewStG, Kommentar, Hrsg. Blümich, Walter/Ebling, Klaus, 130. Ergänzungslieferung, München 2015.

Heuser, Paul (IFRS Handbuch, 2012): Internationale Normen statt HGB-Rechnungslegung, in: IFRS Handbuch, Hrsg. Heuser, Paul/Theile, Carsten, 5. Auflage, Köln 2012, Rz. 1-150.

Hey, Johanna (Harmonisierung Unternehmensbesteuerung, 1997): Harmonisierung der Unternehmensbesteuerung in Europa, Ein Vorschlag unter Auswertung des Ruding-Berichts und der US-amerikanischen „integration debate“, Köln 1997.

Hey, Johanna (Rechtsproblem, 2002): Steuerplanungssicherheit als Rechtsproblem, Köln 2002.

Hey, Johanna (StuW 2005): Erosion nationaler Besteuerungsprinzipien im Binnenmarkt? – Zugleich zu den Rechtfertigungsgründen der „Europatauglichkeit“ und „Wettbewerbsfähigkeit“ des Steuersystems, in: Steuer und Wirtschaft 2005, S. 317-326.

Hey, Johanna (BB 2007): Verletzung fundamentaler Besteuerungsprinzipien durch die Gegenfinanzierungsmaßnahmen des Unternehmensteuerreformgesetzes 2008, in: Betriebs-Berater 2007, S. 1303-1309.

Hey, Johanna (DStR 2007): Unternehmensteuerreform: das Konzept der Sondertarifierung des § 34a EStG-E, in: Deutsches Steuerrecht 2007, S. 925-931.

Hey, Johanna (Steuerrecht, 2015): Steuersystem und Steuerverfassungsrecht, in: Steuerrecht, Hrsg. Tipke, Klaus/Lang, Joachim, 22. Auflage, Köln 2015.

Hey, Johanna/Raupach, Arndt (Einführung KStG, 2000): Einführung zum KStG, Grundlagen der Körperschaftsteuer, Köln 2000.

Hilbertz, Martin (NWB 2011): Bemessungsgrundlage für AfA nach Einlage, in: Neue Wirtschafts-Briefe 2011, S. 108-111.

Hils, Michael (DStR 2009): Neuregelung internationaler Sondervergütungen nach § 50d Abs. 10 EStG, in: Deutsches Steuerrecht 2009, S. 888-892.

Höck, Edith (Stbg 2006): § 15a EStG oder die Verfehlung eines hohen Zieles, in: Die Steuerberatung 2006, S. 261-265.

Hoffmann, Karl/Schmidt, Stefan (Beck´scher Bilanz-Kommentar, 2016): § 247 HGB, in: Beck´scher Bilanz-Kommentar, Handels- und Steuerbilanz, Hrsg. Förschle, Gerhard/Grottel, Bernd/Schmidt, Stefan/Schubert, Wolfgang/ Winkeljohann, Norbert, 10. Auflage, München 2016.

Hoffmann, Karl/Schmidt, Stefan (Beck´scher Bilanz-Kommentar, 2016): § 264c HGB, in: Beck´scher Bilanz-Kommentar, Handels- und Steuerbilanz, Hrsg. Förschle, Gerhard/Grottel, Bernd/Schmidt, Stefan/Schubert, Wolfgang/ Winkeljohann, Norbert, 10. Auflage, München 2016.

Hoffmann, Wolf-Dieter (DStR 2000): Eigenkapitalausweis und Ergebnisverteilung bei Personen-handelsgesellschaften nach Maßgabe des KapCoRiLiG, in: Deutsches Steuerrecht 2000, S. 837-844.

Hoffmann, Wolf-Dieter (GmbHR 2005): Abzinsung von Verbindlichkeiten und Rückstellungen im Konzernverbund, in: GmbH-Rundschau 2005, S. 972-975.

Hoffmann, Wolf-Dieter (GmbHR 2008): Zur Frage der Einlage bei Einbringung von Wirtschafts-gütern gegen Gewährung von Mitunternehmeranteilen, in: GmbH-Rundschau 2008, S. 551-554.

Hoffmann, Wolf-Dieter (PiR 2009): Das Gesellschafterdarlehen mit Rangrücktritt, in: Praxis internationale Rechnungslegung 2009, S. 182-184.

Hoffmann, Wolf-Dieter (StuB 2009): Die Bewertung von Einlagen in Gesellschaften, in: NWB Unternehmensteuern und Bilanzen 2009, S. 707-708.

Hoffmann, Wolf-Dieter (StuB 2009): Gesellschafterkonten oder Eigenkapital bei der Personenhandelsgesellschaft nach § 264c HGB, in: NWB Unternehmen-steuern und Bilanzen 2009, S. 407-408.

Hoffmann, Wolf-Dieter (Beck´sches Handbuch der Personengesellschaft, 2014): Handelsrechtliche Rechnungslegung, in: Beck´sches Handbuch der Personengesellschaften, Hrsg. Prinz, Ulrich/Hoffmann, Wolf-Dieter, 4. Auflage, München 2014, § 5, S. 400-472.

Hoffmann, Wolf-Dieter (Einkommensteuerrecht, 2015): § 4h EStG, in: Einkommensteuerrecht, Hrsg. Littmann, Eberhard/Bitz, Horst/Pust, Hartmut, 111. Ergänzungslieferung, Stuttgart 2015.

Hoffmann, Wolf-Dieter (StuB 2015): Zwischen Eigen- und Fremdkapital (I), in: NWB Unternehmensteuern und Bilanzen 2015, S. 729-730.

Hoffmann, Wolf-Dieter/Lüdenbach, Norbert (DB 2005): IFRS-Rechnungslegung für Personengesellschaften als Theater des Absurden, in: Der Betrieb 2005, S. 404-409.

Hoffmann, Wolf-Dieter/Lüdenbach, Norbert (DB 2006): Die Neuregelung des IASB zum Eigenkapital bei Personengesellschaften, in: Der Betrieb 2006, S. 1979-1800.

Höflacher, Stefan (Eigenkapital, 1992): Einlagen und Eigenkapital bei der handels- und steuerrechtlichen Erfolgsermittlung in ökonomischer Sicht, Bergisch Gladbach und Köln 1992.

Hollatz, Andreas (DStR 1994): Die Abgrenzung von Gesamthandsvermögen und Sonderbetriebsvermögen bei Kapitalüberlassung eines Personengesellschafters, in: Deutsches Steuerrecht 1994, S. 1673-1676.

Hölzer, Volkmar-Alexander/Nießner, Michael (FR 2008): Kritische Bemerkungen vor dem Hintergrund der neueren Gesetzgebung, in: Finanz-Rundschau 2008, S. 845-850.

Homburg, Stefan (FR 2007): Die Zinsschranke – eine beispiellose Steuerinnovation, in: Finanz-Rundschau 2007, S. 717-728.

Homburg, Stefan (Allgemeine Steuerlehre, 2010): Allgemeine Steuerlehre, 6. Auflage, München 2010.

Hopt, Klaus J. (Handelsgesetzbuch, 2014): § 120 HGB, Handelsgesetzbuch, Hrsg. Baumbach, Adolf/Hopt, Klaus J., 36. Auflage, München 2014.

Hopt, Klaus J. (Handelsgesetzbuch, 2014): § 122 HGB, Handelsgesetzbuch, Hrsg. Baumbach, Adolf/Hopt, Klaus J., 36. Auflage, München 2014.

Horn, Wilhelm (BuW 2001): Gesellschafterkonten der Personengesellschaft, in: Betrieb und Wirtschaft 2001, S. 624-628.

Horschitz, Harald/Groß, Walter/Fanck, Bernfried/Kirschbaum, Jürgen (Bilanzsteuerrecht und Buchführung, 2013): Bilanzsteuerrecht und Buchführung, 13. Auflage, Stuttgart 2013.

Huber, Ulrich (Vermögensanteil, Kapitalanteil und Gesellschaftsanteil, 1970): Vermögensanteil, Kapitalanteil und Gesellschaftsanteil an Personengesellschaften des Handelsrechts, Heidelberg 1970.

Huber, Ulrich (ZGR 1988): Gesellschafterkonten in der Personengesellschaft, in: Zeitschrift für Unternehmens- und Gesellschaftsrecht 1988, S. 1-103.

Huber, Ulrich (JbFStR 1988/1989): Gesellschafterkonten in Personengesellschaften (Handels- und Steuerrecht), in: Jahrbuch der Fachanwälte für Steuerrecht 1988/1989, S. 301-315.

Huber, Ulrich (GS Knobbe-Keuk, 1997): Freie Rücklagen in Kommandit-gesellschaften, in: Gedächtnisschrift für Brigitte Knobbe-Keuk, Hrsg. Schön, Wolfgang, Köln 1997, S. 203-227.

Hueck, Alfred (Das Recht der OHG, 1971): Das Recht der offenen Handelsgesellschaft, Berlin 1971.

Hüls, Dagmar (Früherkennung, 2002): Früherkennung insolvenzgefährdeter Unternehmen, Düsseldorf 2002.

Hundsdoerfer, Jochen (Abgrenzung, 2002): Die einkommensteuerliche Abgrenzung von Einkommenserzielung und Konsum – Eine einzelwirtschaftliche Analyse, Wiesbaden 2002.

Husken, Carl-Josef/Schmidt, Sebastian/Siegmund, Olaf (BB 2008): Steuerfreie einnahmen jetzt mehr als steuerfrei?!, in: Betriebs-Berater 2008, S. 1204-1209.

Hüttemann, Rainer (DStJG 2011): Einkünfteermittlung bei Gesellschaften, in: Deutsche Steuerjuristische Gesellschaft 2011, S. 291-319.

Hüttemann, Rainer/Meyer, Andre (DB 2009): Verlustausgleich nach § 15a Abs. 1 EStG, negative Tilgungsbestimmung und Disponibilität des § 171 Abs. 1 Hs. 2 HGB, in: Der Betrieb 2009, S. 1613-1620.

IDW HFA (WPg 1994): Stellungnahme HFA 1/1994: Zur Behandlung von Genußrechten im Jahresabschluss von Kapitalgesellschaften, in: Die Wirtschaftsprüfung 1994, S. 419-423.

IDW (WPg-Supplement 2012): Stellungnahme HFA RS 7: Zur Rechnungslegung bei Personenhandelsgesellschaften, in: Die Wirtschaftsprüfung-Supplement 2012, S. 73 ff.

Ihrig, Hans-Christoph (GmbH & Co. KG, 2015): Gesellschafterkonten, Kapitalanteile, in: GmbH & Co. KG, Hrsg, Reichert, Jochem, 7. Auflage, München 2015, Kapitel 21, S. 551-572.

Isert, Dietmar/Schaber Mathias (KoR 2005): Zur Abgrenzung von Eigenkapital und Fremdkapital nach IAS 32 (rev. 2003), in: Zeitschrift für internationale und kapitalmarktorientierte Rechnungslegung 2005, S. 299-310.

Jachmann, Monika (Steuergesetzgebung, 2002): Steuergesetzgebung zwischen Gleichheit und wirtschaftlicher Freiheit, Verfassungsrechtliche Grundlagen und Perspektiven der Unternehmensbesteuerung, Stuttgart 2000.

Jacob, Friedhelm (IWB 2000): Besteuerung hybrider Finanzierung in grenzüberschreitenden Situationen, in: Internationale Wirtschaftsbriefe 2000, S. 1521-1547.

Jacobi, Herbert H. (Eigenkapital, 1978): Die Bedeutung der Eigenkapitalbasis im internationalen Vergleich, in: Eigenkapital und Kapitalmarkt, Hrsg. Bruns, Georg/Häuser, Karl, Frankfurt am Main 1978, S. 80-95.

Jacobs, Otto H. (Unternehmensbesteuerung und Rechtsform, 2015): Unternehmensbesteuerung und Rechtsform, 5. Auflage, München 2015.

Jahndorf, Christian/Reis, Matthias (FR 2007): § 15a EStG und Verlustübernahmen ohne Bareinzahlung, in: Finanz-Rundschau 2007, S. 424-427.

Jakob, Wolfgang (BB 1988): Das Verlustausgleichspotential eines Kommanditisten gemäß § 15a Abs. 1 EStG, in: Betriebs-Berater 1988, S. 1429-1440.

Jänisch, Christian/Moran, Kevin/Waibel, Nicole (DB 2002): Mezzanine-Finanzierung – Intelligentes Fremdkapital und deutsches Steuerrecht, in: Der Betrieb 2002, S. 2451-2456.

Janßen, Christian (NWB 2009): Der Transfer von einzelnen Wirtschaftsgütern, in: Neue Wirtschafts-Briefe 2009, S. 3422-3429.

Janssen, Jan (Rechnungslegung im Mittelstand, 2009): Rechnungslegung im Mittelstand, Eignung der nationalen und internationalen Rechnungslegungsvorschriften unter Berücksichtigung der Veränderung durch den IFRS for private entities und das Bilanzrechtsmodernisierungsgesetz, Wiesbaden 2009.

Jäschke, Dirk (GmbHR 2012): Übertragung von Wirtschaftsgütern und Mitunternehmeranteilen, in: GmbH-Rundschau 2012, S. 601-613.

Jestädt, Gottfried (DStR 1992): Kapitalkonto im Sinne des § 15a EStG ohne Einbeziehung positiven und negativen Sonderbetriebsvermögens, in: Deutsches Steuerrecht 1992, S. 413-417.

Kahle, Holger (WiSt 1995): Der kapitaltheoretische Gewinn als entscheidungsneutrale Steuerbemessungsgrundlage, in: Wirtschaftswissenschaftliches Studium 1995, S. 214-218.

Kahle, Holger (Rechnungslegung, 2002): Internationale Rechnungslegung und ihre Auswirkungen auf Handels- und Steuerbilanz, Wiesbaden 2002.

Kahle, Holger (DStZ 2010): Abgrenzung von Gesellschafterkonten bei Personengesellschaften, in: Deutsche Steuer-Zeitung 2010, S. 720-730.

Kahle, Holger (FR 2010): Das Kapitalkonto i. S. d. § 15a EStG, in: Finanz-Rundschau 2010, S. 773-781.

Kahle, Holger (FR 2012): Die Sonderbilanz bei der Personengesellschaft, in: Finanz-Rundschau 2012, S. 109-117.

Kahle, Holger (DStZ 2012): Die Steuerbilanz der Personengesellschaft, in: Deutsche Steuer-Zeitung 2012, S. 61-72.

Kahle, Holger (FR 2013): Ergänzungsbilanzen bei Personengesellschaften, in: Finanz-Rundschau 2013, S. 873-882.

Kahle, Holger (Bilanzsteuerrecht, 2014): Besonderheiten der steuerlichen Gewinnermittlung bei Personengesellschaften, in: NWB Praxishandbuch Bilanzsteuerrecht, Hrsg. Prinz, Ulrich/Kanzler, Hans-Joachim, 2. Auflage, Herne 2014, S. 299-354.

Kahle, Holger (DB Beilage zu Heft 22 2014): Entwicklung der Steuerbilanz, in: Der Betrieb Beilage zu Heft 22 2014, S. 1-20.

Kahle, Holger/Dahlke, Andreas/Schulz, Sebastian (StuW 2008): Zunehmende Bedeutung der IFRS für die Unternehmensbesteuerung?, in: Steuer und Wirtschaft 2008, S. 266-279.

Kai, Oliver (GmbHR 2012): Einbringung von Betriebsvermögen in Personengesellschaften nach dem UmwSt-Erlass 2011, in: GmbH-Rundschau 2012, S. 165-175.

Kammeter, Roland (IStR 2011): § 50d EStG in der Fassung des JStG 2009 und Sondervergütungen nach § 15 Abs. 1 S. 1 Nr. 2 EStG, in: Internationales Steuerrecht 2011, S. 35-37.

Kampmann, Helga (Kapitalstruktur, 2001): Die Kapitalstruktur der Unternehmung in der handelsrechtlichen Rechnungslegung, Ökonomische Theorie des Bilanzrechts und Prinzipien der Bilanzierung einfacher und hybrider Kapitalformen, Bielefeld 2001.

Kampmann, Helga (KoR 2007): Zur aktuellen Diskussion um die Abgrenzung von Eigen- und Fremdkapital in der internationalen Rechnungslegung: Abkehr von der dichotomen Kapitalgliederung als Lösungsansatz?, in: Zeitschrift für internationale und kapitalmarktorientierte Rechnungslegung 2007, S. 185-192.

Kamprad, Balduin (GmbHR 1985): Bilanz- und steuerrechtliche Folgen aus der Anwendung der §§ 32a und 32b GmbHG auf kapitalersetzende Gesellschafterkredite?, in: GmbH-Rundschau 1985, S. 352-354.

Kaufmann, Walter (EStG, 2013) § 16 EStG, in: Kommentar zum Einkommensteuergesetz, Hrsg. Frotscher, Gerrit/Geurts, Matthias, 178. Ergänzungslieferung, Freiburg 2013.

Kemper, Nicolas/Konold, Robert (DStR 2000): Übertragung von Wirtschaftsgütern zwischen beteiligungsidentischen Schwesterpersonengesellschaften zum Buchwert, in: Deutsches Steuerrecht 2000, S. 2119-2123.

Kempermann, Michael (StuW 1992): Personengesellschaften im Ertragsteuerrecht, in: Steuer und Wirtschaft 1992, S. 81-87.

Kempermann, Michael (GmbHR 2002): Mitunternehmerschaft, Mitunternehmer und Mitunternehmeranteil – steuerrechtliche Probleme der Personengesellschaft aus der Sicht des BFH, in: GmbH-Rundschau 2002, S. 200-204.

Kempermann, Michael (DStR 2004): Neue Rechtsprechung zu § 15a EStG: Einlagen bei negativem Kapitalkonto und Wechsel der Gesellschafterstellung, in: Deutsches Steuerrecht 2004, S. 1515-1517.

Kempermann, Michael (FR 2005): Voraussetzungen für die Erhöhung eines Kapitalkontos durch Finanzplandarlehen, in: Finanz-Rundschau 2005, S. 986-987.

Kempermann, Michael (DStR 2008): Nicht gezahlte Einlagen, zurückgezahlte Aufgelder und falsch bezeichnete Kapitalkonten – Die neue Rechtsprechung zu § 15a EStG, in: Deutsches Steuerrecht 2008, S. 1917-1921.

Kempermann, Michael (FR 2008): Verlustausgleichsbeschränkung nach § 15a EStG – Verrechnung einer Sacheinlage mit der Hafteinlage, in: Finanz-Rundschau 2008, S. 369-370.

Kempermann, Michael (S:R 2008): Mit Verlusten verrechenbares „Darlehenskonto" eines Kommanditisten ist Kapitalkonto i.S. des § 15a EStG, in: Status:Recht 2008, S. 289-290.

Kempermann, Michael (Personengesellschaften im Internationalen Steuerrecht, 2015): Steuerliche Grundfragen zu Personengesellschaften im internationalen Steuerrecht, in: Personengesellschaften im Internationalen Steuerrecht, Hrsg. Wassermeyer, Franz/Richter, Stefan/Schnittker, Helder, 2. Auflage, Köln 2015, S. 69-154.

Kerssenbrock, Otto-Ferdinand/Kirch, Wieland (Stbg 2013): E-Bilanz: Zu komplex für Personengesellschaften?, in: Die Steuerberatung 2013, S. 385-399.

Kersten, Alexander/ Feldgen, René (FR 2013): Steuerliche Implikationen der Kapitalkonten bei Personengesellschaften, in: Finanz-Rundschau 2013, S. 197-206.

Kessler, Wolfgang/Köhler, Stefan/Knörzer, Daniel (IStR 2007): Die Zinsschranke im Rechtsvergleich: Problemfelder und Lösungsansätze, in: Internationales Steuerrecht 2007, S. 418-422.

Kindler, Peter (HGB, 2015): § 167 HGB, in: Handelsgesetzbuch, Kommentar, Hrsg. Koller, Ingo/Kindler, Peter/Roth, Wulf-Henning/Morck, Winfried, 8. Auflage, München 2015.

Kirchhof, Paul (StuW 1984): Steuergleichheit, in: Steuer und Wirtschaft 1984, S. 297-314.

Kirchhof, Paul (StuW 1985): Der verfassungsrechtliche Auftrag zur Besteuerung der Leistungsfähigkeit, in: Steuer und Wirtschaft 1985, S. 319-329.

Kirchhof, Paul (Besteuerung nach der Leistungsfähigkeit, 1988): Die Besteuerung nach der Leistungsfähigkeit – Ein verfassungsrechtliches Problem im Steueralltag, in: Steuerberaterkongress-Report 1988, Hrsg. Bundessteuerberaterkammer, Berlin 1988, S. 29-48.

Kirchhof, Paul (StuW 2002): Der Weg zur verfassungsgerechten Besteuerung, in: Steuer und Wirtschaft 2002, S. 185-200.

Kirchhof, Paul (StuW 2011): Das Leistungsfähigkeitsprinzip des Steuerrechts – Steuerrecht und Verfassungsrecht, in: Steuer und Wirtschaft 2011, S. 365-371.

Kirsch, Hanno (BB 2003): IAS-Jahresabschluss für Kommanditgesellschaften, in: Betriebs-Berater 2003, S. 143-149.

Klapdor, Ralf (DBW 2002): Versuch einer ökonomischen Fundierung der Hinzurechnungsbesteuerung, in: Die Betriebswirtschaft 2002, S. 359-378.

Klinkmann, Berndt (BB 1998): Zurechnung von Lebensversicherungen zum Betriebs- oder Privatvermögen bei Absicherung betrieblicher Darlehen, in: Betriebs-Berater 1998, S. 1233-1235.

Klunzinger, Eugen (Grundzüge des Gesellschaftsrechts, 2012): Grundzüge des Gesellschaftsrechts, 16. Auflage, München 2012.

Knobbe-Keuk, Brigitte (StuW 1981): Der neue § 15a EStG – ein Beispiel für den Gesetzgebungsstil unserer Zeit, in: Steuern und Wirtschaft 1981, S. 97-105.

Knobbe-Keuk, Brigitte (ZIP 1983): Stille Beteiligung und Verbindlichkeit mit Rangrücktrittsvereinbarung im Überschuldungsstatus und in der Handelsbilanz des Geschäftsinhabers, in: Zeitschrift für Wirtschaftsrecht 1983, S. 127-131.

Knobbe-Keuk, Brigitte (StuW 1991): Rangrücktrittsvereinbarung und Forderungserlaß mit oder ohne Besserungsschein, in: Steuern und Wirtschaft 1991, S. 306-310.

Knobbe-Keuk, Brigitte (StbJb 1991/1992): Eigenkapitalersetzende Leistungen im Zivil- und Steuerrecht, in: Steuerberater-Jahrbuch 1993/1994, S. 363-376.

Knobbe-Keuk, Brigitte (Bilanz- und Unternehmenssteuerrecht, 1993): Bilanz- und Unternehmenssteuerrecht, 9. Auflage, Köln 1993.

Knobbe-Keuk, Brigitte (StbJb 1993/1994): Aktuelle Rechts- und Steuerprobleme mittelständischer Unternehmer, in: Steuerberater-Jahrbuch 1993/1994, S. 165-186.

Knorr, Liesel (S:R 2008): Neuer IAS 32 lässt kündbares Eigenkapital zu!, in: Status:Recht 2008, S. 91.

Kobor, Hagen (EStG/KStG, 2016): § 16 EStG, in: Einkommensteuergesetz, Körperschaftssteuergesetz, Kommentar, Hrsg. Herrmann, Carl/Heuer, Gerhard/Raupach, Arndt, 273. Ergänzungslieferung, Köln 2016.

Köhler, Stefan (DStR 2007): Erste Gedanken zur Zinsschranke nach der Unternehmenssteuerreform, in: Deutsches Steuerrecht 2007, S. 597-604.

Köhler, Stefan/Hahne Klaus D. (DStR 2008): Wichtige Verwaltungsregelungen, strittige Punkte und offene Fragen nach dem BMF-Schreiben vom 4. 7. 2008, IV C – S 2742-a/07/10001, in: Deutsches Steuerrecht 2008, S. 1505-1516.

Kolbeck, Johannes (DB 1992): Der Begriff des Kapitalkontos iS des § 15a EStG, in: Der Betrieb 1992, S. 2056-2060.

Kölpin, Gerhard (StuB 2005): Der KG gewährtes „Darlehen" eines Kommanditisten kann sein Kapitalkonto i. S. des § 15a EStG Abs. 1 Satz 1 EStG erhöhen, in: NWB Unternehmensteuern und Bilanzen 2005, S. 843-846.

Kölpin, Gerhard (StuB 2009): Übertragung von einzelnen Wirtschaftsgütern im Rahmen von Personengesellschaften, in: NWB Unternehmensteuern und Bilanzen 2009, S. 681-687.

König, Rolf (StuW 2004): Theoriegestützte betriebswirtschaftliche Steuerwirkungs- und Steuerplanungslehre, in: Steuer und Wirtschaft 2004, S. 260-266.

König, Rolf/Wosnitza, Michael (Steuerplanungs- und Steuerwirkungslehre, 2004): Betriebswirtschaftliche Steuerplanungs- und Steuerwirkungslehre, Heidelberg 2004.

Korn, Klaus (KÖSDI 1994): „Kapitalkonto" und Anteil „am Verlust der Kommanditgesellschaft" nach § 15a EStG – Beratungshinweise zur veränderten Rechtslage, in: Kölner Steuerdialog 1994, S. 9907-9919.

Korn, Klaus (KÖSDI 1997): Vermeidbare Gewinnrealisierung bei Übertragung oder Zurückbehaltung von Sonderbetriebsvermögen, in: Kölner Steuerdialog 1997, S. 11219-11225.

Korn, Klaus (EStG, 2016): § 15a EStG, in: Einkommensteuergesetz, Hrsg. Korn, Klaus/Carlé, Dieter/Stahl, Rudolf/Strahl, Martin, 93. Aktualisierung, Köln 2016.

Korn, Klaus (EStG, 2016): § 4 EStG, in: Einkommensteuergesetz, Hrsg. Korn, Klaus/Carlé, Dieter/Stahl, Rudolf/Strahl, Martin, 93. Aktualisierung, Köln 2016.

Korn, Klaus/Strahl, Martin (KÖSDI 2000): Rückwirkende Neukonzeption des Schuldzinsenabzugsverbots nach § 4 Abs. 4a EStG, in: Kölner Steuerdialog 2000, S. 12281-12283.

Korn, Klaus/Strahl, Martin (EStG, 2016): § 6 EStG, in: Einkommensteuergesetz, Hrsg. Korn, Klaus/Carlé, Dieter/Stahl, Rudolf/Strahl, Martin, 93. Aktualisierung, Köln 2016.

Körner, Andreas (RdF 2012): OFD Rheinland: Steuerliche Behandlung von Debt Mezzanine Swaps, in: Recht der Finanzinstrumente 2012, S. 139-140.

Köster-Böckenförde Andreas/Clauss, Alexa (DB 2008): Der Begriff des „Betriebs" im Rahmen der Zinsschranke, in: Der Betrieb 2008, S. 2213-2216.

Kraft, Cornelia (Steuergerechtigkeit, 1991): Steuergerechtigkeit und Gewinnermittlung – Eine vergleichende Analyse des deutschen und US-amerikanischen Steuerrechts, Wiesbaden 1991.

Kraft, Ernst (ZGR 2008): Die Abgrenzung von Eigen- und Fremdkapital nach IFRS, in: Zeitschrift für Unternehmens- und Gesellschaftsrecht 2008, S. 324-356.

Kraft, Gerhard (NWB 2016): Die „Kapitalkonten-Falle" bei einer Personengesellschaft, in: Neue Wirtschafts-Briefe 2016, S. 996-1003.

Kroener, Ilse/Momen, Leila (DB 2012): Debt-Mezzanine-Swap – Die OFD Rheinland auf dem Irrweg?, in: Der Betrieb 2012, S. 829-831.

Kruschwitz, Lutz (Finanzierung und Investition, 1999): Finanzierung und Investition, 2. Auflage, München und Wien 1999.

Kuhn, Steffen/Schaber, Mathias/Eichhorn, Sonja (BB 2004): Eigenkapitalcharakter von Genussrechten in der Rechnungslegung nach HGB und IFRS, in: Betriebs-Berater 2004, S. 315-319.

Kuhn, Steffen/Scharpf, Paul (Financial Instruments, 2006): Rechnungslegung von Financial Instruments nach IFRS, 3. Auflage, Stuttgart 2006.

Kühnberger, Manfred (DB 2004): Mezzaninekapital als Finanzierungsalternative von Genossenschaften, in: Der Betrieb 2004, S. 661-667.

Kulosa, Egmont (Einkommensteuergesetz, 2016): § 6 EStG, in: Einkommensteuergesetz, Hrsg. Schmidt, Ludwig, 35. Auflage, München 2016.

Künkele, Kai Peter/Zwirner, Christian (StuB Beilage zu Heft 7 2015): Bilanzierung bei Personengesellschaften – Besonderheiten der Bilanzierung bei Personenhandelsgesellschaften aus Sicht der Handels- und Steuerbilanz, in: NWB Unternehmensteuern und Bilanzen Beilage zu Heft 7 2015, S. 1-20.

Künkele, Kai Peter/Zwirner, Christian/König, Beate (StuB 2014): Eigenkapitaldarstellung bei Personengesellschaften, Abbildung des Kapitals der Gesellschafter im Jahresabschluss, in: NWB Unternehmensteuern und Bilanzen 2014, S. 3-11.

Kurth, Thomas/Delhaes, Wolfgang (DB 2000): Die Entsperrung kapitalersetzender Darlehen, in: Der Betrieb 2000, S. 2577-2585.

Kußmaul, Heinz/Ruiner, Christoph/Schappe, Christian (DStR 2008): Problemfelder bei der Anwendung der Zinsschranke auf Personengesellschaften, in: Deutsches Steuerrecht 2008, S. 904-910.

Kusterer, Stefan (DStR 1993): Imparitätsprinzip in der Sonderbilanz des Mitunternehmers, in: Deutsches Steuerrecht 1993, S. 1209-1212.

Kusterer, Stefan/Kirnberger, Christian/Fleischmann, Bernhard (DStR 2000): Der Jahresabschluss der GmbH & Co. KG nach dem Kapitalgesellschaften- und Co-Richtlinie-Gesetz, in: Deutsches Steuerrecht 2000, S. 606-612.

Küting, Karlheinz/Dürr, Ulrike (DB 2005): Mezzanine-Kapital – Finanzierungsentscheidung im Sog der Rechnungslegung, in: Der Betrieb 2005, S. 1529-1534.

Küting, Karlheinz/Dürr, Ulrike (DStR 2005): „Genüsse“ in der Rechnungslegung nach HGB und IFRS sowie Implikationen im Kontext von Basel II, in: Deutsches Steuerrecht 2005, S. 938-944.

Küting, Karlheinz/Kessler, Harald (BB 1994): Eigenkapitalähnliche Mittel in der Handelsbilanz und im Überschuldungsstatus, in: Betriebs-Berater 1994, S. 2103-2114.

Küting, Karlheinz/Reuter, Michael (Handbuch der Rechnungslegung, 2015): § 272 HGB, in: Handbuch der Rechnungslegung Einzelabschluss - Kommentar zur Bilanzierung und Prüfung, Hrsg. Küting, Peter/Pfitzer, Norbert/Weber, Claus-Peter, 5. Auflage, 20 Ergänzungslieferung, Stuttgart 2015.

Küting, Karlheinz/Weber, Claus-Peter/Reuter, Michael (DStR 2008): Steuerbemessungsfunktion als neuer Bilanzzweck des IFRS-/Konzern-Abschlusses durch die Zinsschrankenregelung?, in: Deutsches Steuerrecht 2008, S. 1602-1610.

Lamprecht, Philipp (Beteiligung an einer Personengesellschaft, 2002): Die Zulässigkeit der mehrfachen Beteiligung an einer Personengesellschaft, Berlin 2002.

Lanfermann, Josef (FS Ludewig, 1996): Die Bilanzierung des Eigenkapitals der GmbH & Co. KG de lege ferenda, in: Festschrift für Rainer Ludewig, Rechnungslegung, Prüfung und Beratung, Hrsg. Baetge, Jörg/Börner, Dietrich/Forster, Karl-Heinz, Düsseldorf 1996, S. 549-594.

Lang, Friedbert (Körperschaftsteuer, 2013): § 8 KStG, in: Die Körperschaftsteuer, Hrsg. Dötsch, Ewald/Pung, Alexandra/Möhlenbrock, Rolf, 79. Ergänzungslieferung, Stuttgart 2013.

Lang, Joachim (Bemessungsgrundlage, 1988): Die Bemessungsgrundlage der Einkommensteuer – Rechtssystematische Grundlagen steuerlicher Leistungsfähigkeit im deutschen Einkommensteuerrecht, Köln 1988.

Lang, Joachim (StuW 2013): Das Anliegen der Kölner Schule: Prinzipientreue des Steuerrechts, in: Steuer und Wirtschaft 2013, S. 53-60.

Larenz, Karl (Schuldrecht, 1987): Lehrbuch des Schuldrechts: Allgemeiner Teil, Band I, 14. Auflage, München 1987.

Larenz, Karl (Methodenlehre, 1991): Methodenlehre der Rechtswissenschaft, 6. Auflage, Berlin 1991.

Lechner, Florian/Haisch, Martin (Ubg 2012): Besteuerung von Mezzanine-Swaps – Kritische Anmerkungen zur Kurzinformation der OFD Rheinland vom 14.12.2001, in: Die Unternehmensbesteuerung 2012, S. 115-118.

Leffson, Ulrich (Bilanzanalyse, 1984): Bilanzanalyse, 3. Auflage, Stuttgart 1984.

Leffson, Ulrich (GoB, 1987): Die Grundsätze ordnungsgemäßer Buchführung, 7. Auflage, Düsseldorf 1987.

Lehmann, Matthias (Betriebsvermögen und Sonderbetriebsvermögen, 1988): Betriebsvermögen und Sonderbetriebsvermögen, Berlin 1988.

Leitzen, Mario (ZNotP 2009): Die Gesellschafterkonten der Kommanditisten im Lichte der jüngsten BFH-Rechtsprechung, in: Zeitschrift für die Notarpraxis 2009, S. 255-263.

Lempenau, Gerhard (StuW 1981): Verlustzurechnung und Verlustverrechnung beim Kommanditisten – handelsrechtlich und steuerrechtlich, in: Steuern und Wirtschaft 1981, S. 235-244.

Leuschner, Carl-Friedrich/Weller, Heino (WPg 2005): Qualifizierung rückzahlbarer Kapitaltitel nach IAS 32 – Ein Informationsgewinn?, in: Die Wirtschaftsprüfung 2005, S. 261-269.

Levedag, Christian (DStR 2010): Zum Verbot der Doppelabschreibung bei der „AfA nach Einlage", in: Deutsches Steuerrecht 2010, S. 249-253.

Levedag, Christian (GmbHR 2014): Gewinnrealisierung bei mitunternehmerischen Übertragungsvorgängen, in: GmbH-Rundschau 2014, S. 337-348.

Ley, Ursula (KÖSDI 1992): Schwerpunkte und Streitfragen aus dem Bilanzsteuerrecht (Teil 2), in: Kölner Steuerdialog 1992, S. 9152-9162.

Ley, Ursula (KÖSDI 1994): Gesellschafterkonten der OHG und KG: Gesellschaftsrechtliche und steuerrechtliche Charakterisierung und Bedeutung, in: Kölner Steuerdialog 1994, S. 9972-9988.

Ley, Ursula (KÖSDI 1999): Brennpunkte zu Einbringungen in und Umwandlungen auf Personengesellschaften, in: Kölner Steuerdialog 1999, S. 12155-12165.

Ley, Ursula (KÖSDI 2002): Zur steuerlichen Behandlung der Gesellschafterkapitalkonten sowie der Forderungen und Verbindlichkeiten zwischen einer gewerblichen Personengesellschaft und ihren Gesellschaftern, in: Kölner Steuerdialog 2002, S. 13459-13471.

Ley, Ursula (KÖSDI 2003): Gesellschafterkonten bei Doppelstock- und Schwestermitunternehmerschaften im Ertragsteuerrecht, in: Kölner Steuerdialog 2003, S. 13573-13577.

Ley, Ursula (DStR 2003): Rechtsnatur und Abgrenzung aktivischer Gesellschafterkonten, in: Deutsches Steuerrecht 2003, S. 957-964.

Ley, Ursula (StbJb 2003/2004): Ausgewählte Fragen und Probleme im Zusammenhang mit Gesellschafterkonten und Ergänzungsbilanzen, in: Steuerberater-Jahrbuch 2003/2004, S. 135-172.

Ley, Ursula (KÖSDI 2005): Ertragsteuerbrennpunkte bei der Liquidation einer GmbH & Co. KG, in: Kölner Steuerdialog 2005, S. 14815-14830.

Ley, Ursula (FS Korn, 2005): Ausscheiden eines Gesellschafters aus einer Personengesellschaft gegen Sachwertabfindung, in: Festschrift für Klaus Korn, Gestaltung und Abwehr im Steuerrecht, Hrsg. Carlé, Dieter/Stahl, Rudolph/Strahl, Martin, Bonn 2005, S. 335-364.

Ley, Ursula (KÖSDI 2007): Personengesellschaften nach der Unternehmensteuerreform 2008 unter besonderer Berücksichtigung der Thesaurierungsbegünstigung, in: Kölner Steuerdialog 2007, S. 15736-15757.

Ley, Ursula (KÖSDI 2008): Ausgewählte Neuerungen der Besteuerung der Mitunternehmerschaften, in: Kölner Steuerdialog 2008, S. 16204-16224.

Ley, Ursula (KÖSDI 2009): Die Übertragung von Einzelwirtschaftsgütern zwischen einer gewerblichen Personengesellschaft und ihren Gesellschaftern gegen Gutschrift/Belastung auf den Gesellschafterkonten, in: Kölner Steuerdialog 2009, S. 16678-16693.

Ley, Ursula (DStR 2009): Gesellschafterkonten im Lichte der grundlegenden BFH-Entscheidung vom 16. 10. 2008, IV R 98/06, in: Deutsches Steuerrecht 2009, S. 613-620.

Ley, Ursula (KÖSDI 2010): Ausgewählte Fragen und Probleme der Besteuerung doppelstöckiger Personengesellschaften, in: Kölner Steuerdialog 2010, S. 17148-17164.

Ley, Ursula (FS Herzig, 2010): Zur Thesaurierungsbegünstigung von Personengesellschaftern unter Berücksichtigung von doppelstöckigen Personengesellschaften und von ausländischen Betriebsstätten, in: Festschrift für Norbert Herzig, Unternehmensbesteuerung, Hrsg. Kessler, Wolfgang/Förster, Guido/Watrin, Christoph, München 2010, S. 468-494.

Ley, Ursula (KÖSDI 2012): E-Bilanz – Ein Überblick unter Berücksichtigung der Besonderheiten bei Personengesellschaften, in: Kölner Steuerdialog 2012, S. 17889-17907.

Ley, Ursula (DStR 2013): Das Eigenkapital der abgeleiteten Steuerbilanz und der E-Bilanz, in: Deutsches Steuerrecht 2013, S. 271-279.

Ley, Ursula (KÖSDI 2014): Gesellschafterkonten einer Personengesellschaft in der Handels- und Steuerbilanz – eine Fortschreibung, in: Kölner Steuerdialog 2014, S. 18844-18857.

Ley, Ursula (KÖSDI 2014): Gesellschafterkonten einer Personengesellschaft in der Handels- und Steuerbilanz – Spezialfragen, in: Kölner Steuerdialog 2014, S. 18891-18902.

Ley, Ursula (KÖSDI 2015): Kapitalkonten in den Berichtsbestandteilen „Bilanz" und „Kapitalkontenentwicklung" der E-(Gesamt)-Bilanz (Teil 1), in: Kölner Steuerdialog 2015, S. 19317-19329.

Ley, Ursula (KÖSDI 2015): Kapitalkonten in den Berichtsbestandteilen „Bilanz" und „Kapitalkontenentwicklung" der E-(Gesamt)-Bilanz (Teil 2), in: Kölner Steuerdialog 2015, S. 19353-19364.

Ley, Ursula/Bodden, Guido (EStG, 2016): § 34a EStG, in: Einkommensteuergesetz, Hrsg. Korn, Klaus/Carlé, Dieter/Stahl, Rudolf/Strahl, Martin, 93. Aktualisierung, Köln 2016.

Ley, Ursula/Brandenberg, Herrmann (FR 2007): Unternehmensteuerreform 2008: Thesaurierung und Nachversteuerung bei Personenunternehmen, in: Finanz-Rundschau 2007, S. 1085-1132.

Ley, Ursula/Brandenberg, Hermann (Ubg 2010): Umstrukturierungen von Personengesellschaften, in: Die Unternehmensbesteuerung 2010, S. 767-785.

Lipp, Marisa (Stille Gesellschaft, 2014): Die stille Gesellschaft im nationalen und internationalen Kontext, Lohmar 2014.

Littmann, Konrad (FS Neumark, 1970): Ein Valet dem Leistungsfähigkeitsprinzip, in: Festschrift für Fritz Neumark, Theorie und Praxis des finanzpolitischen Interventionismus, Hrsg. Haller, Heinz, Tübingen 1970.

Loitlsberger, Erich (Quartalshefte der Girozentrale 1976): Das Eigenkapitalproblem aus betriebswirtschaftlicher Sicht, in: Quartalshefte der Girozentrale 1976, S. 13-23.

Loschelder, Friedrich (Einkommensteuergesetz, 2016): § 4h EStG, in: Einkommensteuergesetz, Hrsg. Schmidt, Ludwig, 35. Auflage, München 2016.

Loschelder, Friedrich (Einkommensteuergesetz, 2016): § 50 EStG, in: Einkommensteuergesetz, Hrsg. Schmidt, Ludwig, 35. Auflage, München 2016.

Löw Edgar/Antonakopoulos Nadine (KoR 2008): Die Bilanzierung ausgewählter Gesellschaftsanteile nach IFRS unter Berücksichtigung der Neuregelungen nach IAS 32 (rev. 2008), in: Zeitschrift für internationale und kapitalmarktorientierte Rechnungslegung 2008, S. 261-271.

Löwenstein, Ulrich/Heinsen, Oliver (IStR 2007): Anwendung der Grundsätze zum Dotationskapital auch bei grenzüberschreitenden mitunternehmerischen Beteiligungen an Personengesellschaften?, in: Internationales Steuerrecht 2007, S. 301-306.

Lüdemann, Peter (Verluste bei beschränkter Haftung, 1988): Verluste bei beschränkter Haftung, Berlin 1998.

Lüdemann, Peter (EStG/KStG, 2016): § 15a EStG, in: Einkommensteuergesetz, Körperschaftssteuergesetz, Kommentar, Hrsg. Herrmann, Carl/Heuer, Gerhard/Raupach, Arndt, 273. Ergänzungslieferung, Köln 2016.

Lüdenbach, Norbert (PiR 2010): Eigenkapital bei Personengesellschaften, in: Praxis internationale Rechnungslegung 2010, S. 116-117.

Lüdenbach, Norbert (IFRS-Kommentar, 2014): Eigenkapital, Eigenkapitalspiegel, in: IFRS-Kommentar, Hrsg. Lüdenbach, Norbert/Hoffmann, Wolf-Dieter/Freiberg, Jens, 12. Auflage, Freiburg 2014, S. 1001-1060.

Lüdenbach, Norbert (StuB 2015): Darlehen einer KG an ihre Gesellschafter, in: NWB Unternehmensteuern und Bilanzen 2015, S. 227.

Lüdenbach, Norbert/Freiberg, Jens (BB 2008): BB-IFRS-Report 2008, in: Betriebs-Berater 2008, S. 2787-2791.

Lüdenbach, Norbert/Hoffmann, Wolf-Dieter (BB 2004): Kein Eigenkapital in der IAS/IFRS-Bilanz von Personengesellschaften und Genossenschaften?, in: Betriebs-Berater 2004, S. 1042-1047.

Lutter, Marcus (DB 1993): Zur Bilanzierung von Genußrechten, in: Der Betrieb 1993, S. 2441-2446.

Lutter, Marcus/Hommelhoff, Peter (ZGR 1979): Nachrangiges Haftkapital und Unterkapitalisierung in der GmbH, in: Zeitschrift für Unternehmens- und Gesellschaftsrecht 1979, S. 31-66.

Luttermann, Claus/Grossfeld, Bernhard (Bilanzrecht, 2005): Bilanzrecht – Die Rechnungslegung in Jahresabschluss und Konzernabschluss nach Handelsrecht und Steuerrecht, Europarecht und IAS/IFRS, 4. Auflage, Heidelberg 2005.

Mai, Jan Markus (GmbH & Co. KG, 2015): Verlustausgleichsbeschränkung gem. § 15a EStG, in: GmbH & Co. KG, Hrsg, Reichert, Jochem, 7. Auflage, München 2015, Kapitel 7, S. 135-162.

Maiterth, Ralf/Sureth, Caren (BFuP 2006): Unternehmensfinanzierung, Unternehmensrechtsform und Besteuerung, in: Betriebswirtschaftliche Forschung und Praxis 2006, S. 225-245.

Martinsen, Jörn (Institutionenökonomik, 2000): Institutionenökonomik – Die Analyse der Bedeutung von Regeln und Organisationen für die Effizienz ökonomischer Tauschbeziehungen, München 2000.

Masuch, Andreas (Personengesellschaften, 1995): Abfindung, in: Personengesellschaften, Hrsg. Sudhoff, Heinrich, 8. Auflage, München 1995, S. 358-375.

Mathiak, Walter (DStR 1990): Rechtsprechung zum Bilanzsteuerrecht, in: Deutsches Steuerrecht 1990, S. 255-263.

Mayer, Dieter (BB 1990): Neues zur Buchwertklausel in Personengesellschaftsverträgen, in: Betriebs-Berater 1990, S. 1319-1321.

Mayer, Lars (DStR 2003): Notwendiges Zusammentreffen von § 24 UmwStG und § 6 Abs. 5 EStG, in: Deutsches Steuerrecht 2003, S. 1553-1559.

Meilicke, Wienand (DB 1992): Kapitalersetzende Darlehen als Kapitalkonto iS von § 15a EStG, in: Der Betrieb 1992, S. 1802.

Mellinghoff, Rudolf (Stbg 2005): Steuergesetzgebung im Verfassungsstaat, in: Die Steuerberatung 2005, S. 1-11.

Mellwig, Winfried (BB 1979): Rechnungslegungszwecke und Kapitalkonten bei Personengesellschaften, in: Betriebs-Berater 1979, S. 1409-1418.

Mentz, Alexander (DStR 2007): Eigenkapitalausweis nach ED IAS 32 und der Abfindungsanspruch des Gesellschafters einer Personenhandelsgesellschaft, in: Deutsches Steuerrecht 2007, S. 453-460.

Mentz, Alexander (Unternehmensfinanzierung, 2008): Bilanzielle Behandlung von Eigen- und Fremdkapital und anderen Finanzierungsformen gemäß HGB und IAS/IFRS, in: Unternehmensfinanzierung, Hrsg. Eilers, Stephan/Rödding, Adalbert/Schmalenbach, Dierk, München 2008, S. 676-750.

Mentz, Alexander (Bilanzrecht, 2014): IAS 32, in: Münchener Kommentar zum Bilanzrecht, Hrsg. Hennrichs, Joachim/Kleindiek, Detlef/Watrin, Christoph, Band 1, 5. Ergänzungslieferung, München 2014.

Meurer, Holger (Abgrenzung, 2010): Abgrenzung des bilanziellen Eigenkapitals – Darstellung und Würdigung unterschiedlicher Konzepte unter besonderer Berücksichtigung der Vorschriften des HGB, der IFRS sowie der US-GAAP, Hamburg 2010.

Meyer, Henrik/Sterner, Ingo (Ubg 2008): Thesaurierung und Nachversteuerung – BMF-Schreiben und JStG 2009, in: Die Unternehmensbesteuerung 2008, S. 733-740.

Michalski, Lutz/de Vries Kolja (NZG 1999): Eigenkapitalersatz, Unterkapitalisierung und Finanzplankredite, in: Neue Zeitschrift für Gesellschaftsrecht 1999, S. 181-185.

Micker, Lars (GmbH & Co. KG, 2013): Das negative Kapitalkonto und § 15a EStG, in: Die GmbH & Co. KG, Hrsg. Söffing, Günter, 2. Auflage, Herne 2013, S. 442-518.

Micker, Lars (GmbH & Co. KG, 2013): Mitunternehmerwechsel, in: Die GmbH & Co. KG, Hrsg. Söffing, Günter, 2. Auflage, Herne 2013, S. 584-663.

Micker, Lars (GmbH & Co. KG, 2013): Schuldzinsenabzug und dessen Einschränkung durch § 4 Abs. 4a EStG sowie durch die Zinsschranke, in: Die GmbH & Co. KG, Hrsg. Söffing, Günter, 2. Auflage, Herne 2013, S. 379-423.

Mische, Marcus (BB 2013): BB-Kommentar: "Buchwertführung bei Einbringungen in Personengesellschaften auch bei sog. Mischentgelten möglich“, in: Betriebs-Berater 2013, S. 2866.

Mitsch, Bernd/Grüter, Gido (INF 2000): Steuerneutrale Übertragung von Einzelwirtschaftsgütern, in: Die Information für Steuerberater und Wirtschaftsprüfung 2000, S. 651-655.

Mitschke, Wolfgang (FR 2013): Nach dem Spruch des IV. BFH-Senats: Neu zu erwartende Rechtsprechung anderer BFH-Senate im Bereich der Personengesellschaftsbesteuerung, in: Finanz-Rundschau 2013, S. 314-321.

Mitschke, Wolfgang (FR 2013): Nochmals: Trennung von der Trennungstheorie?, in: Finanz-Rundschau 2013, S. 648-652.

Modigliani, Franco/Miller, Merton (AER 1958): The Cost of Capital, Corporation Finance and the Theory of Investment, in: The American Economic Review 1958, S. 261-297.

Möhlenbrock, Rolf (Personengesellschaften im Internationalen Steuerrecht, 2015): Anwendung der Zinsschranke auf grenzüberschreitende Personengesellschaften, in: Personengesellschaften im Internationalen Steuerrecht, Hrsg. Wassermeyer, Franz/Richter, Stefan/Schnittker, Helder, 2. Auflage, Köln 2015, S. 957-1001.

Moxter, Adolf (ZfhF 1962): Bilanzierung und unsichere Erwartungen, in: Zeitschrift für handelswissenschaftliche Forschung 1962, S. 607-632.

Moxter, Adolf (ZfbF 1966): Die Grundsätze ordnungsgemäßer Bilanzierung und der Stand der Bilanztheorie, in: Zeitschrift für betriebswirtschaftliche Forschung 1966, S. 28-59.

Moxter, Adolf (FS Leffson, 1976): Fundamentalgrundsätze ordnungsgemäßer Rechenschaft, in: Festschrift für Ulrich Leffson, Bilanzfragen, Hrsg. Baetge, Jörg/Moxter, Adolf/Schneider, Dieter, Düsseldorf 1976, S. 87-117.

Moxter, Adolf (Eigenkapitalmessung, 1978): Eigenkapitalmessung – Möglichkeiten und Grenzen, in: Eigenkapital und Kapitalmarkt, Hrsg. Bruns, Georg/Häuser, Karl, Frankfurt am Main 1978, S. 80-94.

Moxter, Adolf (Bilanzlehre Band I, 1984): Bilanzlehre, Band 1, 3. Auflage, Wiesbaden 1984.

Moxter, Adolf (Bilanzlehre Band II, 1986): Bilanzlehre, Band 2, 3. Auflage, Wiesbaden 1986.

Moxter, Adolf (BB 1997): Zum Verhältnis von Handelsbilanz und Steuerbilanz, in: Betriebs-Berater 1997, S. 195-199.

Mücke, Stefan (DStR 1994): Abzugsfähigkeit von Kontokorrentzinsen bei einer Mitunternehmerschaft, in: Deutsches Steuerrecht 1994, S. 199-200.

Mueller-Thuns, Thomas (GmbH & Co. KG, 2016): Anhang B, in: Handbuch der GmbH & Co. KG, Hrsg. Hesselmann, Malte/Tillmann, Bert/Mueller-Thuns, Thomas, 21. Auflage, Köln 2016, S. 1228-1244.

Müller, Katja (Entscheidungsneutralität, 2001): Verwirklichung von Gerechtigkeit und Entscheidungsneutralität in den Einkommen- und Körperschaftsteuersystemen der EU-Mitgliedschaften, Eine Analyse unter Berücksichtigung des Einkommens und des Konsums als alternative Anknüpfungspunkte der Besteuerung, Lohmar 2001.

Müller, Stefan (Bilanzrecht, 2015): § 247 HGB, in: Bilanzrecht, Hrsg. Baetge, Jörg/Kirsch, Hans-Jürgen/Thiele, Stefan, 64. Ergänzungslieferung, Bonn/Berlin 2015.

Müller, Thomas/Reinke, Rüdiger (WPg 1995): Behandlung von Genußrechten im Jahresabschluss – Eine kritische Bestandsaufnahme, in: Die Wirtschaftsprüfung 1995, S. 569-576.

Müller, Welf (FS Budde, 1995): Wohin entwickelt sich der bilanzrechtliche Eigenkapitalbegriff?, in: Festschrift für Wolfgang Dieter Budde, Rechenschaftslegung im Wandel, Hrsg. Förschle, Gerhart/Kaiser, Klaus/Moxter, Adolf, München 1995, S. 445-463.

Müller-Gatermann, Gert (Stbg 2007): Unternehmensteuerreform 2008, in: Die Steuerberatung 2007, S. 145-161.

Mundry, Thomas (Darlehen und stille Einlagen im Recht der Kommanditgesellschaft, 1992): Darlehen und stille Einlagen im Recht der Kommanditgesellschaft, Köln 1992.

Mundry, Thomas (DB 1993): Kommanditistendarlehen mit Eigenkapitalcharakter als Teil des Kapitalkontos i S des § 15a EStG?, in: Der Betrieb 1993, S. 1741-1745.

Musgrave, Richard (Neuordnung, 1991): Zur Wahl der „richtigen“ Steuerbemessungsgrundlage, in: Konsumorientierte Neuordnung des Steuersystems - Eine historische Betrachtung, Hrsg. Rose, Manfred, Berlin 1991, S. 35-50.

Musil, Andreas (FR 2011): Die Ergänzung des Entstrickungstatbestands durch § 4 Abs. 1 Satz 4 EStG – Herrscht nun endlich Klarheit?, in: Finanz-Rundschau 2011, S. 545-511.

Musil, Andreas/Volmering, Björn (DB 2008): Systematische, verfassungsrechtliche und europarechtliche Probleme der Zinsschranke, in: Der Betrieb 2008, S. 12-16.

Mutscher, Axel (DStR 2009): Risiko der Entgeltlichkeit bei der Übertragung von Wirtschaftsgütern auf eine Personengesellschaft im Wege der Einlage, in: Deutsches Steuerrecht 2009, S. 1625-1629.

Mutscher, Axel (EStG, 2015) § 6 EStG, in: Kommentar zum Einkommensteuergesetz, Hrsg. Frotscher, Gerrit/Geurts, Matthias, 189. Ergänzungslieferung, Freiburg 2015.

Mutscher, Axel (KStG/GewStG/UmwStG, 2015): § 24 UmwStG, in: Kommentar zum Körperschaft-, Gewerbe- und Umwandlungssteuergesetz, Hrsg. Frotscher, Gerrit/Maas, Ernst, 130. Ergänzungslieferung, Freiburg 2015.

Nacke, Alois (DB 2008): Der Gesetzesentwurf zum Jahressteuergesetz 2009, in: Der Betrieb 2008, S. 1396-1405.

Nacke, Alois (Einkommensteuerrecht, 2015): § 4 EStG, in: Einkommensteuerrecht, Hrsg. Littmann, Eberhard/Bitz, Horst/Pust, Hartmut, 111. Ergänzungslieferung, Stuttgart 2015.

Neu, Norbert (Finanzvermögen, 1994): Die bilanzsteuerliche Behandlung des Finanzvermögens, Wiesbaden 1994.

Neu, Norbert (BB 1995): Darlehensforderungen gegenüber interessenverflochtenen Personen aus bilanzsteuerlicher Sicht, in: Betriebs-Berater 1995, S. 1579-1586.

Neu, Norbert/Stamm, Andreas (DStR 2005): Aktuelles Beratungs-Know-how Personengesellschaftsbesteuerung, in: Deutsches Steuerrecht 2005, S. 141-149.

Neumann, Steffen (GmbHR 1997): Einkünfteermittlung und Bilanzierung in Personengesellschaften, in: GmbH-Rundschau 1997, S. 621-630.

Neumark, Fritz (Steuerpolitik, 1970): Grundsätze gerechter und ökonomischer nationaler Steuerpolitik, Tübingen 1970.

Neumayer, Jochen/Obser, Ralph (EStB 2009): Übertragung von Sonder-BV in das Gesamthandsvermögen der GmbH & Co. KG, in: Ertrag-Steuer-Berater 2009, S. 445-449.

Niehus, Ulrich/Wilke, Helmuth (FR 2005): Maß und Ausmaß von Gewinnrealisierung bei Übertragungen gegen Teil- oder Mischentgelt im Anwendungsbereich des § 6 Abs. 5 Satz 3 EStG, in: Finanz-Rundschau 2013, S. 1012-1016.

Niehus, Ulrich/Wilke, Helmuth (DStZ 2009): Anmerkungen zur Thesaurierungsbegünstigung in Umstrukturierungsfällen unter Berücksichtigung des Anwendungsschreibens zu § 34a EStG und der durch das JStG 2009 nicht umgesetzten gesetzgeberischen Änderungsüberlegung, in: Deutsche Steuer-Zeitung 2009, S. 14-29.

Niehus, Ulrich/Wilke, Helmuth (Personengesellschaften, 2015): Die Besteuerung der Personengesellschaften, 7. Auflage, Stuttgart 2015.

Niehus, Ulrich/Wilke, Helmuth (EStG/KStG, 2016): § 6 EStG, in: Einkommensteuergesetz, Körperschaftssteuergesetz, Kommentar, Hrsg. Herrmann, Carl/Heuer, Gerhard/Raupach, Arndt, 273. Ergänzungslieferung, Köln 2016.

Ohde, Erik (UmwStG, 2012): § 24 UmwStG, in: UmwStG, Kommentar, Hrsg. Haase, Florian/Hruschka, Franz, Berlin 2012.

Oppenländer, Frank (DStR 1999): Zivilrechtliche Aspekte der Gesellschafterkonten der OHG und KG, in: Deutsches Steuerrecht 1999, S. 939-943.

Otto, Jens Thomas (BB 2016): Anmerkung zum BFH-Urteil vom 29.7.2015, IV R 15/14, in: Betriebs-Berater 2016, S. 497.

Pach-Hanssenheimb, Ferdinand (DStR 2012): Dauerhaft fiktive Zinsen nach Darlehensrückzahlung durch eine Personengesellschaft?, in: Deutsches Steuerrecht 2012, S. 2519-2524.

Palm, Ulrich (Person im Ertragsteuerrecht, 2013): Person im Ertragsteuerrecht, Tübingen 2013.

Pape, Ulrich (Grundlagen, 2011): Grundlagen der Finanzierung und Investition, 2. Auflage, München 2011.

Paton, William (Accounting Theory, 1922): Accounting Theory, With Special Reference to the Corporate Enterprise, New York 1922.

Patt, Joachim (GmbH-StB 2011): Einbringung eines (Teil-) Betriebs/ Mitunternehmeranteils in eine Personengesellschaft, in: GmbH-Steuerberater 2011, S. 303-309.

Patt, Joachim (UmwStR, 2012): § 24 UmwStG, in: Umwandlungssteuerrecht, Hrsg. Dötsch, Ewald/Patt, Joachim/Pung, Alexandra/Möhlenbrock, Rolf, 7. Auflage, Stuttgart 2012.

Paul, Wolfgang/Richter, Tim (DB 2010): Kommanditistenhaftung im Rahmen der Sanierung von Schifffahrtsgesellschaften, in: Der Betrieb 2010, S. 2153-2158.

Pauli, Raimund (Eigenkapital der Personengesellschaft, 1990): Das Eigenkapital der Personengesellschaft, Berlin 1990.

Paus, Bernhard (FR 2001): Forderungsverzicht zugunsten der Personengesellschaft: Auswirkungen auf Gewinnverteilung und verrechenbare Verluste, in: Finanz-Rundschau 2001, S. 113-117.

Paus, Bernhard (EStB 2012): Überführen von Wirtschaftsgütern aus dem Privatvermögen in eine Personengesellschaft, in: Ertrag-Steuer-Berater 2012, S. 70-73.

Pawelzik, Kai-Udo (BBK 2007): Neue Entwicklungen beim Eigenkapital von Personengesellschaften nach IAS/IFRS, in: Buchführung, Bilanzierung, Kostenrechnung 2007, S. 381-386.

Pawelzik, Kai-Udo (Ubg 2009): Die Zuordnung von Firmenwerten und Akquisitionsschulden beim Eigenkapitaltest nach § 4h EStG (Zinsschranke) – Implikationen für die Akquisitionsstruktur, in: Die Unternehmensbesteuerung 2009, S. 50-56.

Pellen, Bernhard/Fülbier, Rolf Uwe/Gassen, Joachim/Sellhorn, Thorsten (Internationale Rechnungslegung, 2014): Internationale Rechnungslegung, 9. Auflage, Stuttgart 2014.

Perridon, Louis/Steiner, Manfred/Rathgeber, Andreas (Finanzwirtschaft, 2012): Finanzwirtschaft der Unternehmung, 16. Auflage, München 2012.

Peters, Harald (RNotZ 2002): Die Haftung des Kommanditisten, in: Rheinische Notarzeitschrift 2002, S. 425-441.

Petersen, Karl/Zwirner, Christian (DStR 2008): IAS 32 (rev. 2008) – Endlich (mehr) Eigenkapital nach IFRS?, in: Deutsches Steuerrecht 2008, S. 1060-1066.

Petersen, Karl/Zwirner, Christian (StuB 2008): Konzernrechnungslegung nach IFRS im deutschen Mittelstand – Unter Berücksichtigung der Eigenkapitalabgrenzung nach IAS 32 (rev. 2008), in: Steuern und Bilanzen 2008, S. 542-548.

Plassmann, Norbert (BB 1978): Darlehenskonto statt zweitem Kapitalkonto?, in: Betriebs-Berater 1978, S. 413-418.

Plumb, William (TLR 1971): The Federal Income Tax Significance of Corporate Debt: A Critical Analysis and a Proposal, in: Tax Law Review 1971, S. 369-640.

Pohl, Carsten (NWB 2008): Abgrenzung von Kapital- und Darlehenskonto, in: Neue Wirtschafts-Briefe 2008, S. 3915-3920.

Pohl, Carsten (BB 2008): Thesaurierungsbegünstigung und Nachversteuerung bei der Umstrukturierung von Personenunternehmen nach § 6 Abs. 5 EStG, in: Betriebs-Berater 2008, S. 1536-1540.

Pohl, Carsten (StuB 2015): Betriebliche Veranlassung von Darlehen einer Personengesellschaft an ihre Gesellschafter, in: NWB Unternehmensteuern und Bilanzen 2015, S. 330-333.

Pöschke, Moritz (Eigenkapital mittelständischer Gesellschaften nach IAS/IFRS, 2009): Eigenkapital mittelständischer Gesellschaften nach IAS/IFRS, Frankfurt 2009.

Pöschke, Moritz (CFL 2011): Bilanzrechtliche Kriterien für die Abgrenzung von Eigen- und Fremdkapital, in: Corporate Finance Law 2011, S. 195-201.

Prätsch, Joachim/Schikorra, Uwe/Ludwig, Eberhard (Finanzmanagement, 2007): Finanzmanagement, 3. Auflage, Berlin 2007.

Preiser, Erich (FS Rieger, 1953): Der Kapitalbegriff und die neue Theorie, in: Festschrift für Wilhelm Rieger, Die Unternehmung im Markt, Hrsg. Fettel, Johannes/Linhardt, Hanns, Stuttgart/Köln 1953, S. 14-38.

Preißer, Michael/von Rönn, Matthias (Die KG und die GmbH & Co. KG, 2013): Die KG und die GmbH & Co. KG, 3. Auflage, Stuttgart 2013.

Priester, Hans-Joachim (DB 1991): Sind eigenkapitalersetzende Gesellschafterdarlehen Eigenkapital?, in: Der Betrieb 1991, S. 1917-1924.

Priester, Joachim (Handelsgesetzbuch, 2011): § 120 HGB, in: Münchener Kommentar zum Handelsgesetzbuch, Hrsg. Schmidt, Karsten, Band 2, 3. Auflage, München 2011.

Priester, Joachim (Handelsgesetzbuch, 2011): § 122 HGB, in: Münchener Kommentar zum Handelsgesetzbuch, Hrsg. Schmidt, Karsten, Band 2, 3. Auflage, München 2011.

Priester, Hans-Joachim (DStR 2013): Ausschüttung aus der Liquidität bei der KG – Zulässigkeit – Haftung – Rückforderbarkeit, in: Deutsches Steuerrecht 2013, S. 1786-1791.

Prinz, Ulrich (Kaufpreisfinanzierung, 2004): Steuerorientierte Kaufpreisorientierung, in: Unternehmenskauf im Steuerrecht, Hrsg. Schaumburg, Harald, 2. Auflage, Stuttgart 2004, S. 151-198.

Prinz, Ulrich (FR 2006): Eigenkapitalvernichtende Konsequenzen freiwilliger IAS/IFRS- Bilanzierung bei deutschen Personengesellschaften, in: Finanz-Rundschau 2006, S. 566-572.

Prinz, Ulrich (StuB 2008): Wirtschaftsguttransfer aus dem Privatvermögen in das betriebliche Gesamthandsvermögen einer Personengesellschaft, in: NWB Unternehmensteuern und Bilanzen 2008, S. 388-391.

Prinz, Ulrich (StuB 2009): Neue Rechtserkenntnisse des BFH zur Verlustverrechnungsbeschränkung nach § 15a EStG, in: NWB Unternehmensteuern und Bilanzen 2009, S. 129-132.

Prinz, Ulrich (S:R 2009): Steuerlich optimierte Kapitalkontengestaltung und Eigenkapitalausweis nach IFRS, in: Status:Recht 2009, S. 44-45.

Prinz, Ulrich (FR 2009): Finanzierungsfreiheit im Steuerrecht – Plädoyer für einen wichtigen Systemgrundsatz, in: Finanz-Rundschau 2009, S. 593-599.

Prinz, Ulrich (DB 2010): Neuakzentuierung der BFH-Rspr. zur Sonderbetriebsvermögenseigenschaft von Kapitalgesellschaftsanteilen und Mitunternehmeranteilen?, in: Der Betrieb 2010, S. 972-977.

Prinz, Ulrich (DB 2010): Materielle Maßgeblichkeit handelsrechtlicher GoB – ein Konzept für die Zukunft im Steuerbilanzrecht?, in: Der Betrieb 2010, S. 2069-2076.

Prinz, Ulrich (FR 2010): 4 Thesen zu Bestandsaufnahme und Neujustierung der deutschen Personengesellschaftsbesteuerung, in: Finanz-Rundschau 2010, S. 736-744.

Prinz, Ulrich (FS Herzig, 2010): Bedeutung der Finanzierungsfreiheit im Steuerrecht, in: Festschrift für Norbert Herzig, Unternehmensbesteuerung, Hrsg. Kessler, Wolfgang/Förster, Guido/Watrin, Christoph, München 2010, S. 147-165.

Prinz, Ulrich (Beck´sches Handbuch der Personengesellschaft, 2014): Finanzierung von Personengesellschaften, in: Beck´sches Handbuch der Personengesellschaften, Hrsg. Prinz, Ulrich/Hoffmann, Wolf-Dieter, 4. Auflage, München 2014, § 5, S. 554-594.

Prinz, Ulrich (Maßgeblichkeit, 2014): Maßgeblichkeit handelsrechtlicher GoB für die steuerliche Gewinnermittlung, in: NWB Praxishandbuch Bilanzsteuerrecht, Hrsg. Prinz, Ulrich/Kanzler, Hans-Joachim, 2. Auflage, Herne 2014, S. 61-92.

Prinz, Ulrich/Thiel, Uwe (FR 1992): Zur Anbindung von Ergänzungsbilanzen bei mehrstufigen Personengesellschaften, in: Finanz-Rundschau 1992, S. 192-195.

Prinz, Ulrich/Thiel, Uwe (DStR 1994): § 15a EStG und Sonderbetriebsvermögen, in: Deutsches Steuerrecht 1994, S. 341-346.

Prokisch, Rainer (DBA Kommentar, 2015): Art. 1 OECD-MA, in: Doppelbesteuerungsabkommen der Bundesrepublik Deutschland auf dem Gebiet der Steuern vom Einkommen und Vermögen, Kommentar auf der Grundlage der Musterabkommen, Hrsg. Vogel, Klaus/Lehner, Moris, 6. Auflage, München 2015.

Pyszka, Tillmann (BB 1998): Forderungsverzicht des Gesellschafters gegenüber seiner Personengesellschaft, in: Betriebs-Berater 1998, S. 1557-1562.

Pyszka, Tillmann (BB 1999): Finanzplankredite und § 15a EStG, in: Betriebs-Berater 1999, S. 665-668.

Raettig, Lutz (Finanzierung mit Eigenkapital, 1974): Finanzierung mit Eigenkapital, Frankfurt am Main 1974.

Rammert, Stefan/Meurer, Holger (PiR 2006): Geplante Änderung in der Eigenkapitalabgrenzung nach IAS 32 – Eine Erleichterung für deutsche Unternehmen?, in: Praxis internationaler Rechnungslegung 2006, S. 1-6.

Rapp, Steffen (Einkommensteuerrecht, 2015): § 16 EStG, in: Einkommensteuerrecht, Hrsg. Littmann, Eberhard/Bitz, Horst/Pust, Hartmut, 111. Ergänzungslieferung, Stuttgart 2015.

Rasche, Ralf (UmwStG, 2013): § 24 UmwStG, in: UmwStG, Kommentar, Rödder, Thomas/Herlinghaus, Andreas/van Lishaut, Ingo, 2. Auflage, Köln 2013.

Rätke, Bernd (BBK 2007): Abgrenzung eines Eigenkapitalkontos von einem Darlehenskonto des Gesellschafters, in: Buchführung, Bilanzierung, Kostenrechnung 2007, S. 561-562.

Rätke, Bernd (StuB 2016): Übertragung eines Wirtschaftsguts gegen Gutschrift auf dem Kapitalkonto II, in: NWB Unternehmensteuern und Bilanzen 2016, S. 287-291.

Raupach, Arndt (DStZ 1992): Konsolidierte oder strukturierte Gesamtbilanz der Mitunternehmerschaft oder additive Ermittlung der Einkünfte aus Gewerbebetrieb der Mitunternehmer mit oder ohne korrespondierende Bilanzierung?, in: Deutsche Steuer-Zeitung 1992, S. 692-699.

Regniet, Michael (Ergänzungsbilanzen bei der Personengesellschaft, 1990): Ergänzungsbilanzen bei der Personengesellschaft, Köln 1990.

Reiß, Wolfram (DStJG 1994): Rechtsformabhängigkeit der Unternehmensbesteuerung, in: Deutschen Steuerjuristischen Gesellschaft 1994, S. 3-39.

Reiß, Wolfram (BB 2000): Die Revitalisierung des Mitunternehmererlasses – keine gesetzestechnische Meisterleistung, in: Betriebs-Berater 2000, S. 1965-1974.

Reiß, Wolfram (DB 2005): Einbringung von Wirtschaftsgütern des Privatvermögens in das Betriebsvermögen einer Mitunternehmerschaft, in: Der Betrieb 2005, S. 358-366.

Reiß, Wolfram (EStG, 2016): § 15 EStG, in: Einkommensteuergesetz, Kommentar, Hrsg. Kirchhof, Paul, 15. Auflage, Köln 2016.

Reiß, Wolfram (EStG, 2016): § 16 EStG, in: Einkommensteuergesetz, Kommentar, Hrsg. Kirchhof, Paul, 15. Auflage, Köln 2016.

Reusch, Peter (BB 1989): Eigenkapital und Eigenkapitalersatz im Rahmen der stillen Gesellschaft, in: Betriebs-Berater 1989, S. 2358-2365.

Reuter, Michael (Eigenkapitalausweis, 2008): Eigenkapitalausweis im IFRS-Abschluss: Praxis der Berichterstattung, Berlin 2008.

Richter, Lutz (GmbHR 2010): Die Maßgeblichkeit der handelsrechtlichen Grundsätze ordnungsgemäßer Buchführung für die steuerliche Gewinnermittlung, in: GmbH-Rundschau 2010, S. 505-512.

Richter, Lutz/Heyd, Steffen (Ubg 2011): Die Konkretisierung der Entstrickungsregelungen und Kodifizierung der finalen Betriebsaufgabe durch das Jahressteuergesetz 2010, in: Die Unternehmensbesteuerung 2011, S. 172-177.

Ries, Norbert/Schmidt, Stefan (Beck´scher Bilanz-Kommentar, 2016): § 246 HGB, in: Beck´scher Bilanz-Kommentar, Handels- und Steuerbilanz, Hrsg. Förschle, Gerhard/Grottel, Bernd/Schmidt, Stefan/Schubert, Wolfgang/ Winkeljohann, Norbert, 10. Auflage, München 2016.

Rödder, Thomas (DB 1992): Erfolgsneutrale Übertragung eines Wirtschaftsguts aus dem Gesamthandsvermögen in ein Sonderbetriebsvermögen gegen Minderung von Gesellschaftsrechten, in: Der Betrieb 1992, S. 953-958.

Rödel, Thomas (INF 2007): Steuerliche Abgrenzung von Kapital- und Darlehenskonten bei Personengesellschaften, in: Die Information für Steuerberater und Wirtschaftsprüfung 2007, S. 456-460.

Rodewald, Jörg (BB 1997): Kapitalüberlassung zwischen Personengesellschaft und Gesellschafter, in: Betriebs-Berater 1997, S. 763-765.

Rodewald, Jörg (GmbHR 1998): Zivil- und steuerrechtliche Bedeutung der Gestaltung von Gesellschafterkonten, in: GmbH-Rundschau 1998, S. 521-527.

Rogall, Matthias/Stangl, Ingo (FR 2006): Die Realteilung einer Personengesellschaft, in: Finanz-Rundschau 2006, S. 345-357.

Röhrig, Alfred P. (EStB 2008): Einbringung von WG des PV in eine gewerbliche Personengesellschaft, in: Ertrag-Steuer-Berater 2008, S. 216-220.

Röhrig, Alfred P./Doege, Mirko (DStR 2006): Das Kapital der Personengesellschaften im Handels- und Ertragsteuerrecht, in: Deutsches Steuerrecht 2006, S. 489-501.

Rose, Manfred (Neuordnung, 1991): Plädoyer für ein konsumbasiertes Steuersystem, in: Konsumorientierte Neuordnung des Steuersystems, Hrsg. Rose, Manfred, Berlin 1991, S. 7-34.

Rosenberg, Oliver/Placke, Kirsten (DB 2013): Einbringungen nach § 24 UmwStG gegen Mischentgelt, in: Der Betrieb 2013, S. 2821-2825.

Ruban, Reinhild (FS Klein, 1994): Zum Begriff der Einlageminderung in § 15a Abs. 3 EStG, in: Festschrift für Franz Klein, Steuerrecht, Verfassungsrecht, Finanzpolitik, Hrsg. Kirchhof, Paul/Offerhaus, Klaus/Schöberle, Horst, Köln 1994, S. 781-800.

Rückle, Dieter (FS Baetge, 2007): Zum Eigenkapital der Personengesellschaften – Bilanzierungs- und Gestaltungsprobleme, in: Festschrift für Jörg Baetge, Rechnungslegung und Wirtschaftsprüfung, Hrsg. Kirsch, Hans-Jürgen/Thiele, Stefan, Düsseldorf 2007, S. 479-503.

Rückle, Dieter (IRZ 2008): Das Eigenkapital der Personengesellschaften, in: Zeitschrift für internationale Rechnungslegung 2008, S. 227-233.

Rückle, Dieter/Klatte, Volkmar (Eigenkapital, 1986): Eigenkapital des Einzelkaufmanns und der Personenhandelsgesellschaften, in: Handwörterbuch unbestimmter Rechtsbegriffe im Bilanzrecht des HGB, Hrsg. Leffson, Ulrich/Rückle, Dieter/Großfeld, Bernhard, Köln 1986, S. 113-134.

Ruppe, Hans Georg (Ergebnisse, 1985): Zusammenfassung der Ergebnisse zum Forschungsprojekt, in: Die Abgrenzung von Eigenkapital und Fremdkapital, Hrsg. Ruppe, Hans Georg/Swoboda, Peter/Nitsche, Gunter, o. O. 1985, S. 5-9.

Rux, Joachim (GmbH & Co. KG, 2009): Die GmbH & Co. KG, Hrsg. Wagner, Heidemarie/Rux, Joachim, 11. Auflage, Freiburg 2009.

Sahrmann, Philipp (DStR 2012): Das negative Kaptalkonto des Kommanditisten nach § 15a EStG, in: Deutsches Steuerrecht 2012, S. 1109-1115.

Salje, Peter (DB 1978): Die Abgrenzung des Gesellschafter-Darlehenskontos gegenüber dem Kapitalkonto bei Personengesellschaften, in: Der Betrieb 1978, S. 1115-1116

Salzmann, Stephan (IStR 2008): Zinsen einer inländischen Personengesellschaft an ihre ausländischen Gesellschafter im Abkommensrecht, in: Internationales Steuerrecht 2008, S. 399-400.

Sauer, Ronald (Möglichkeiten, 1992): Möglichkeiten und Grenzen externer Eigenkapitalbeschaffung mittelständischer Unternehmungen. Eine Analyse aus Sicht der Unternehmung differenziert nach Finanzierungsformen, Ausstattungsmerkmalen und Kapitalgebern, Bergisch Gladbach/Köln 1992.

Schaden, Michael/Franz, Matthias (Ubg 2008): Qualifikationskonflikte und Steuerplanung – einige Beispiele, in: Die Unternehmensbesteuerung 2008, S. 452-461.

Schäfer, Carsten (HGB, 2009): § 120 HGB, HGB, Kommentar, Hrsg. Canaris, Claus-Wilhelm/Habersack, Mathias/Schäfer, Carsten, Band 3, 5. Auflage, Berlin 2009.

Schäfer, Carsten (HGB, 2009): § 132 HGB, HGB, Kommentar, Hrsg. Canaris, Claus-Wilhelm/Habersack, Mathias/Schäfer, Carsten, Band 3, 5. Auflage, Berlin 2009.

Schallmoser, Ulrich (EStG/KStG, 2016): § 4 EStG, in: Einkommensteuergesetz, Körperschaftssteuergesetz, Kommentar, Hrsg. Herrmann, Carl/Heuer, Gerhard/Raupach, Arndt, 273. Ergänzungslieferung, Köln 2016.

Schäperclaus, Jens/Hülshoff, Markus (DB 2014): E-Bilanz für Mitunternehmerschaften: Eigenkapitalausweis, steuerliche Gewinnermittlung, Sonderfälle, in: Der Betrieb 2014, S. 2781-2790.

Scharfenberg, Jens (SJ 2008): Das Darlehenskonto als Eigenkapital i. S. d. § 15a EStG, in: Steuer-Journal 2008, S. 20-23.

Scharfenberg, Jens (SJ 2009): Auswirkungen von Verlustsonderkonten auf die Eigenkapitalqualität der variablen Kapitalkonten, in: Steuer-Journal 2009, S. 29-32.

Schaumburg, Harald/Schaumburg, Heide (StuW 2005): Steuerliche Leistungsfähigkeit und europäische Grundfreiheiten im Internationalen Steuerrecht, in: Steuer und Wirtschaft 2005, S. 306-316.

Schaumburg, Harald/Schaumburg, Heide (StuW 2013): Steuergerechtigkeit in der Zeit, in: Steuer und Wirtschaft 2013, S. 61-71.

Scheffler, Eberhard (Eigenkapital, 2006): Eigenkapital im Jahres- und Konzernabschluss nach IFRS, München 2006.

Scheffler, Wolfram (Besteuerung von Unternehmen II, 2014): Besteuerung von Unternehmen, Band II: Steuerbilanz, 8. Auflage, Heidelberg 2014.

Scheiber, Ulrich (WPg 2002): Die Steuerbelastung der Personenunternehmen und der Kapitalgesellschaften – Ein Beitrag zur Weiterentwicklung der Unternehmensbesteuerung, in: Die Wirtschaftsprüfung 2002, S. 557-571.

Scherff, Susanne/Willeke, Clemens (BBK 2004): Der Eigenkapitalausweis der GmbH & Co. KG, in: Buchführung, Bilanzierung, Kostenrechnung 2004, S. 739-748.

Schiffers, Joachim (GmbHR 2007): Unternehmensteuerreform 2008: Sondertarif für nicht entnommenen Gewinn nach § 34a EStG - Fluch oder Segen?, in: GmbH-Rundschau 2007, S. 841-847.

Schildbach, Thomas (BFuP 2006): Das Eigenkapital deutscher Unternehmen im Jahresabschluß nach IFRS-Analyse eines Problems, in: Betriebswirtschaftliche Forschung und Praxis 2006, S. 325-341.

Schimmele, Jürgen (GmbH-StB 2015): Betriebliche Veranlassung von Darlehen einer KG an ihre Kommanditisten, in: GmbH-Steuerberater 2015, S. 58-59.

Schlößer, Ralf/Schley, Nico (Umwandlungssteuergesetz, 2015): § 24 UmwStG, in: Umwandlungssteuergesetz, Kommentar, Hrsg. Haritz, Detlef/Menner, Stefan, 3. Auflage, München 2010.

Schluck-Amend, Alexandra/Krispenz, Sabina (BB 2012): Das IDW-Kriterium der Nachrangigkeit bei der Qualifizierung von Darlehenskonten als Eigenkapital in der Personenhandelsgesellschaft, in: Betriebs-Berater 2012, S. 1847-1850.

Schmalenbach, Eugen (Dynamische Bilanz, 1962): Dynamische Bilanz, 13. Auflage, Köln 1962.

Schmidt, Christian (DStR 2010): Sondervergütungen auf Abkommensebene, in: Deutsches Steuerrecht 2010, S. 2436-2441.

Schmidt, Karsten (FS Goerdeler, 1981): Quasi-Eigenkapital als haftungsrechtliches und als bilanzrechtliches Problem, in: Festschrift für Reinhard Goerdeler, Bilanz- und Konzernrecht, Hrsg. Havermann, Hans, Düsseldorf 1987, S. 487-509.

Schmidt, Karsten (JZ 1984): Die Eigenkapitalausstattung der Unternehmen als rechtspolitisches Problem, in: Juristen Zeitung 1984, S. 771-786.

Schmidt, Karsten (Gesellschaftsrecht, 2002): Gesellschaftsrecht, 4. Auflage, Köln 2002.

Schmidt, Karsten (GmbHR 2009): Normzweck und Zurechnungsfragen im Recht der Gesellschafter-Fremdfinanzierung, in: GmbH-Rundschau 2009, S. 1009-1019.

Schmidt, Karsten (Handelsgesetzbuch, 2012): §§ 171, 172 HGB, in: Münchener Kommentar zum Handelsgesetzbuch, Hrsg. Schmidt, Karsten, Band 3, 3. Auflage, München 2012.

Schmidt, Karsten (Handelsgesetzbuch, 2012): § 160 HGB, in: Münchener Kommentar zum Handelsgesetzbuch, Hrsg. Schmidt, Karsten, Band 3, 3. Auflage, München 2012.

Schmidt, Ludwig (DStZ 1992): Bemerkungen zur jüngsten Rechtsprechung des BFH zu § 15a EStG und deren möglichen Konsequenzen, in: Deutsche Steuer-Zeitung 1992, S. 702-706.

Schmidt, Ludwig (Einkommensteuergesetz, 1997): § 15a EStG, in: Einkommensteuergesetz, Hrsg. Schmidt, Ludwig, 16. Auflage, München 1997.

Schmidt, Lutz (Maßgeblichkeitsprinzip und Einheitsbilanz, 1994): Maßgeblichkeitsprinzip und Einheitsbilanz, Berlin 1994.

Schmidt, Martin (DSWR 2006): Eigen- und Fremdkapitalabgrenzung nach IAS 32, in: Datenverarbeitung -Steuer -Wirtschaft -Recht 2006, S. 198-200.

Schmidt, Martin (BB 2008): IAS 32 (rev. 2008): Ergebnis- statt Prinzipienorientierung, in: Betriebs-Berater 2008, S. 434-439.

Schmidt, Reinhard H. (Neo-institutionalistischer Ansatz, 1980): Ein neo-institutionalistischer Ansatz der Finanzierungstheorie, in: Unternehmensführung aus finanz- und bankwirtschaftlicher Sicht, Hrsg. Rühli, Edwin/Thommen, Jean-Paul, Stuttgart, 1980, S. 135-154.

Schmidt, Reinhard H. (KK 1981): Grundformen der Finanzierung, Eine Anwendung des neo-institutionalistischen Ansatzes der Finanzierungstheorie, in: Kredit und Kapital 1981, S. 186-221.

Schmidt, Reinhard H. (Property Rights-Analysen, 1988): Neuere Property Rights-Analysen in der Finanzierungstheorie, in: Betriebswirtschaftslehre und Theorie der Verfügungsrechte, Hrsg. Budäus, Dietrich/Gerum, Elmar/Zimmermann, Gebhard, Wiesbaden, 1988, S. 239-267.

Schmidt, Reinhard H./Terberger, Eva (Grundzüge, 1997): Grundzüge der Investitions- und Finanzierungstheorie, 4. Auflage, Wiesbaden 1997.

Schmidt, Stefan/Hoffmann, Karl (Beck´scher Bilanz-Kommentar, 2016): § 264c HGB, in: Beck´scher Bilanz-Kommentar, Handels- und Steuerbilanz, Hrsg. Förschle, Gerhard/Grottel, Bernd/Schmidt, Stefan/Schubert, Wolfgang/ Winkeljohann, Norbert, 10. Auflage, München 2016.

Schmiel, Ute (BFuP 2006): Rechtsformneutralität als Leitlinie für eine Neukonzeption der Unternehmensbesteuerung?, in: Betriebswirtschaftliche Forschung und Praxis 2006, S. 246-261.

Schmiel, Ute (ZSteu 2011): Entspricht eine steuerliche Gewinnermittlung nach den Grundsätzen ordnungsgemäßer Bilanzierung dem Leistungsfähigkeitsprinzip?, in: Zeitschrift für Steuer und Recht 2011, S. 119-125.

Schneeloch, Dieter (Betriebswirtschaftliche Steuerlehre, 2012): Betriebswirtschaftliche Steuerlehre, Band 1, 6. Auflage, München 2012.

Schneider, Dieter (FS Leffson, 1976): Realisationsprinzip und Einkommensbegriff, in: Festschrift für Ulrich Leffson, Bilanzfragen, Hrsg. Baetge, Jörg/Moxter, Adolf/Schneider, Dieter, Düsseldorf 1976, S. 101-117.

Schneider, Dieter (StuW 1983): Rechtsfindung durch Deduktion von Grundsätzen ordnungsgemäßer Buchführung aus gesetzlichen Jahresabschlußzwecken?, in: Steuer und Wirtschaft 1983, S. 141-160.

Schneider, Dieter (Betriebswirtschaftslehre, 1987): Allgemeine Betriebswirtschaftslehre, 3. Auflage, Wien 1987.

Schneider, Dieter (DB 1987): Messung des Eigenkapitals als Risikokapital, in: Der Betrieb 1987, S. 185-191.

Schneider, Dieter (ZfbF 1989): Marktwirtschaftlicher Wille und planwirtschaftliches Können: 40 Jahre Betriebswirtschaftslehre im Spannungsfeld zur marktwirtschaftlichen Ordnung, in: Zeitschrift für betriebswirtschaftliche Forschung 1989, S. 11-43.

Schneider, Dieter (Investition, 1992): Investition, Finanzierung und Besteuerung, 7. Auflage, Wiesbaden 1992.

Schneider, Dieter (Unternehmensbesteuerung, 1994): Grundzüge der Unternehmensbesteuerung, 6. Auflage, Wiesbaden 1994.

Schneider, Dieter (Einkommen, 1999): Ist die Einkommensteuer überholt?, Kritik und Reformvorschläge, in: Einkommen versus Konsum, Ansatzpunkte zur Steuerreformdiskussion, Hrsg. Smekal, Christian/Sendlhofer, Rupert/Winner, Hannes, Heidelberg 1999, S. 1-14.

Schneider, Dieter (DB 2000): Otto H. Jacobs´ "Das Bilanzierungsproblem in der Ertragsteuerbilanz" und dessen Stellung in der Wissensgeschichte steuerlicher Gewinnermittlung, in: Der Betrieb 2000, S. 1241-1246.

Schneider, Dieter (Steuerlast und Steuerwirkung, 2002): Steuerlast und Steuerwirkung, Einführung in die steuerliche Betriebswirtschaftslehre, München 2002.

Schneider, Dieter (DB 2004): Steuervereinfachung durch Rechtsformneutralität?, in: Der Betrieb 2004, S. 1517-1521.

Schneider, Dieter (BFuP 2006): Reform der Unternehmensbesteuerung: Niedrigere Steuersätze für zurückbehaltene Gewinne oder höhere Finanzierung aus Abschreibung, in: Betriebswirtschaftliche Forschung und Praxis 2006, S. 262-274.

Schneider, Dieter (Zfbf 2009): „Finanzierungsneutralität der Besteuerung" als politischer Wunsch und als Widersprüchlichkeit in der erklärenden Theorie, oder: Quo vadis, Arqus?, in: Zeitschrift für betriebswirtschaftliche Forschung 2009, S. 126-137.

Schneider, Henning/ von Falkenhausen, Joachim (Münchener Handbuch des Gesellschaftsrechts, 2014): Kapitalanteil und Gesellschafterkonten, in: Münchener Handbuch des Gesellschaftsrechts, Hrsg. Gummert, Hans/Weipert, Lutz, Band 1, 4. Auflage, München 2014, § 61, Rz. 1-78

Schneider, Norbert/Oepen, Wolfgang (FR 2009): Nichtanwendungserlass zum BFH-Urteil zur (u.a.) Aufgabe der finalen Entnahmetheorie, in: Finanz-Rundschau 2009, S. 660-662.

Schneider, Uwe (DB 1991): Ist die Annahme von Gesellschafterdarlehen ein „erlaubnisbedürftiges Bankgeschäft"?, in: Der Betrieb 1991, S. 1865-1869.

Schnittker, Arne (Personengesellschaften im Internationalen Steuerrecht, 2015): Steuerliche Qualifikation ausländischer Rechtsgebilde, in: Personengesellschaften im Internationalen Steuerrecht, Hrsg. Wassermeyer, Franz/Richter, Stefan/Schnittker, Helder, 2. Auflage, Köln 2015, S. 157-195.

Schöllhorn, Thomas/Müller, Martin (DStR 2004): Bedeutung und praktische Relevanz des Rahmenkonzepts (framework) bei der Erstellung von IFRS-Abschlüssen nach zukünftigem „deutschen Recht" (Teil I), in: Deutsches Steuerrecht 2004, S. 1623-1627.

Schöllhorn, Thomas/Müller, Martin (DStR 2004): Bedeutung und praktische Relevanz des Rahmenkonzepts (framework) bei der Erstellung von IFRS-Abschlüssen nach zukünftigem „deutschen Recht" (Teil II), in: Deutsches Steuerrecht 2004, S. 1666-1670.

Schön, Wolfgang (BB 1988): Die „Betriebsaufgabe" des Gesellschaftsanteils – ein steuerrechtliches Phantom, in: Betriebs-Berater 1988, S. 1866-1872.

Schön, Wolfgang (ZGR 1990): Die stille Beteiligung an dem Handelsgewerbe einer Kommanditgesellschaft, in: Zeitschrift für Unternehmens- und Gesellschaftsrecht 1990, S. 220-248.

Schön, Wolfgang (FS Beisse, 1997): Bilanzkompetenzen und Ausschüttungsrechte in der Personengesellschaft, in: Festschrift für Heinrich Beisse, Handelsbilanzen und Steuerbilanzen, Hrsg. Budde, Wolfgang/Moxter, Adolf/Offerhaus, Klaus, Düsseldorf 1997, S. 471-489.

Schoor Hans Walter (StBp 2006): Aufstellung und Fortentwicklung von Ergänzungsbilanzen, in: Die steuerliche Betriebsprüfung 2006, S. 212-217.

Schoor, Hans Walter (BBK 2011): AfA-Bemessungsgrundlage nach einer Einlage, in: Buchführung, Bilanzierung, Kostenrechnung 2011, S. 115-120.

Schoor, Hans Walter (BBK 2016): Übertragung von Wirtschaftsgütern aus dem Privat- in das betriebliche Gesamthandsvermögen, in: Buchführung, Bilanzierung, Kostenrechnung 2016, S. 285-291.

Schopp, Heinrich (BB 1987): Kapitalkonten und Gesellschafterdarlehen in den Abschlüssen von Personenhandelsgesellschaften, in: Betriebs-Berater 1987, S. 581-584.

Schreiber, Ulrich (StuW 1987): Vertragsneutrale Erfolgsbesteuerung der Unternehmen, in: Steuer und Wirtschaft 1987, S. 1-10.

Schreiber, Ulrich (Besteuerung von Unternehmen, 2012): Besteuerung der Unternehmen, Eine Einführung in Steuerrecht und Steuerwirkung, 3. Auflage, Berlin 2012.

Schreiber, Ulrich/Stellpflug, Thomas (WiSt 1999): Einkommen oder Konsum als Steuerbasis, in: Wirtschaftswissenschaftliches Studium 1999, S. 186-192.

Schubert, Daniela (WM 2006): Die Einlage in Personengesellschaften nach HGB-Bilanzrecht und IAS 32 (2003) – Eigen- oder Fremdkapital?, in: Zeitschrift für Wirtschafts- und Bankenrecht 2006, S. 1033-1040.

Schubert, Wolfgang/Waubke, Patrick (Beck´scher Bilanz-Kommentar, 2016): § 266 HGB, in: Beck´scher Bilanz-Kommentar, Handels- und Steuerbilanz, Hrsg. Förschle, Gerhard/Grottel, Bernd/Schmidt, Stefan/Schubert, Wolfgang/ Winkeljohann, Norbert, 10. Auflage, München 2016.

Schuck, Stephan (DStR 1994): Klarheit bei Gesellschafterdarlehenskonten schaffen, in: Deutsches Steuerrecht 1994, S. 1352-1353.

Schulte, Knut (Personengesellschaften, 1995): Gesellschafterkonten, in: Personengesellschaften, Hrsg. Sudhoff, Heinrich, 8. Auflage, München 1995, S. 72-84.

Schultes-Schnitzlein, Stefan/Keese, Christian (NWB 2007): Steuersatzermäßigung für Personengesellschaften, in: Neue Wirtschafts-Briefe 2007, S. 2841-2852.

Schulz, Arne (Vergütungssysteme, 2010): Aktienkursorientierte Vergütungssysteme für Führungskräfte, Wiesbaden 2010.

Schulz, Sebastian (Harmonisierung, 2012): Harmonisierung der steuerlichen Gewinnermittlung in der Europäischen Union, Lohmar 2012.

Schulze zur Wiesche, Dieter (DStZ 2002): Die Übertragung von Einzelwirtschaftsgütern nach dem UntStFG, in: Deutsche Steuer-Zeitung 2002, S. 740-747.

Schulze zur Wiesche, Dieter (DStR 2012): Neue Rechtsprechung zur Einbringung von Einzelwirtschaftsgütern und zur Übertragung von Mitunternehmeranteilen, in: Deutsches Steuerrecht 2012, S. 2414-2419.

Schulze, Michael (UmwG/UmwStG, 2015): Anhang 16: Einbringung einzelner Wirtschaftsgüter in eine Personengesellschaft, in: Umwandlungsrecht, Kommentar, Hrsg. Widmann, Siegfried/Mayer, Dieter, 153. Ergänzungslieferung, Bonn 2015.

Schulze-Osterloh (BB 2005): Finanzplandarlehen als Teil des Kapitalkontos i.S. des § 15a EStG, in: Betriebs-Berater 2005, S. 1848.

Schütz, Michael (SteuK 2011): Einbringung zum Privatvermögen gehöhrender Wirtschaftsgüter in das Gesamthandsvermögen einer Personengesellschaft, in: Steuerrecht Kurzgefaßt 2011, S. 357-360.

Schwantag Karl (ZfhF 1963): Eigenkapital als Risikoträger, in: Zeitschrift für handelswissenschaftliche Forschung 1963, S. 218-231.

Schweitzer, Roger/Volpert, Verena (BB 1994): Behandlung von Genußrechten im Jahresabschluß von Industrieemittenten, in: Betriebs-Berater 1994, S. 821-826.

Schwinger, Reiner (Steuersysteme, 1992): Einkommens- und konsumorientierte Steuersysteme, Wirkungen auf Investition, Finanzierung und Rechnungslegung, Heidelberg, 1992.

Seibold, Felix (DStR 1998): Zur Anwendung des § 15a EStG bei doppelstöckigen Personengesellschaften, in: Deutsches Steuerrecht 1998, S. 438-442.

Sieben, Günter (ZfbF 1974): Kritische Würdigung der externen Rechnungslegung unter besonderer Berücksichtigung von Scheingewinnen, in: Zeitschrift für betriebswirtschaftliche Forschung 1974, S. 153-168.

Siegel, Theodor (Eigenkapital, 1993): Eigenkapital, in: Handwörterbuch des Rechnungswesens, Hrsg. Chmielewicz, Klaus/Schweitzer, Marcel, 3. Auflage, Stuttgart 1993, Sp. 481-490.

Siegel, Theodor (BFuP 2007): Steuern, Ethik und Ökonomie, in: Betriebswirtschaftliche Forschung und Praxis 2007, S. 625-646.

Sieger, Jürgen/Aleth, Franz (GmbHR 2000): Finanzplankredite – Stand der Rechtsprechung und offene Fragen, in: GmbH-Rundschau 2000, S. 462-472.

Siegle, Werner (StuD 2011): Bemessungsgrundlage für Absetzungen für Abnutzung nach einer Einlage, in: NWB Steuer und Studium 2011, S. 471-473.

Siegmund, Olaf/Ungemach, Markus (DStZ 2008): Gesamtplanerische Gestaltungen bei Übertragung von Einzelwirtschaftsgütern des Privatvermögens in das betriebliche Gesamthandsvermögen einer Personengesellschaft?, in: Deutsche Steuer-Zeitung 2008, S. 762-768.

Siegmund, Olaf/Ungemach, Markus (NWB 2009): Steuerfallen bei Einbringungen nach § 6 Abs. 1 Nr. 5 EStG, in: Neue Wirtschafts-Briefe 2009, S. 2308-2312.

Siegmund, Olaf/Ungemach, Markus (NWB 2011): Einbringung von Wirtschaftsgütern in eine Personengesellschaft, in: Neue Wirtschafts-Briefe 2011, S. 2859-2864.

Sieker, Susanne (Eigenkapital, 1991): Eigenkapital und Fremdkapital der Personengesellschaft, Köln 1991.

Sieker, Susanne (ZIP 2007): Die Personengesellschaft ohne Eigenkapital – ein juristischer Scherz?, in: Zeitschrift für Wirtschaftsrecht 2007, S. 849-857.

Sieker, Susanne (FS Westermann, 2008): Die Funktion des Gesellschaftsrechts für den Ausweis des Eigenkapitals in der Handelsbilanz der Personengesellschaft, in: Festschrift für Harm Peter Westermann, Hrsg. Aderhold, Lutz, Köln 2008, S. 1519-1531.

Singhof, Bernd (Handbuch des Jahresabschlusses, 2015): Das Eigenkapital der Kapitalgesellschaften, in: Handbuch des Jahresabschlusses, Rechnungslegung nach HGB und internationalen Standards, Hrsg, Wysocki, Klaus/Schulze-Osterloh, Joachim/Hennrichs, Joachim/Kuhner, Christoph, Abteilung 3, 58. Ergänzungslieferung, Köln 2015.

Söffing, Günter (BB 1999): Pensionsrückstellung für Personengesellschafter (Teil II), in: Betriebs-Berater 1999, S. 96-101.

Söffing, Matthias/Worgulla, Niels (NWB 2009): Probleme der Thesaurierungsbegünstigung, in: Neue Wirtschafts-Briefe 2009, S. 841-848.

Spanier, Günter/Weller, Heino (BB 2004): Was unterscheidet Sichteinlagen von rückzahlbarem Eigenkapital in der Bankbilanz?, in: Betriebs-Berater 2004, S. 2235-2237.

Spengel, Christoph (FR 2009): Bilanzrechtsmodernisierung – Zukunft der Steuerbilanz, in: Finanz-Rundschau 2009, S. 101-113.

Sprenger, Reinhard (Grundsätze, 1976): Grundsätze gewissenhafter und getreuer Rechenschaft im Geschäftsbericht, Wiesbaden 1976.

Staats, Wendelin (BB 2008): Verlustausgleichsbeschränkung nach § 15a EStG: Einlage nicht in jedem Fall mit der ausstehenden Hafteinlage zu verrechnen, in: Betriebs-Berater 2008, S. 656.

Stahl, Rudolf (EStG, 2016): § 16 EStG, in: Einkommensteuergesetz, Hrsg. Korn, Klaus/Carlé, Dieter/Stahl, Rudolf/Strahl, Martin, 93. Aktualisierung, Köln 2016.

Steger, Michael (NWB 2011): Außerbilanzielle Zu-/Abrechnungen im Anwendungsbereich des § 15a EStG, in: Neue Wirtschafts-Briefe 2011, S. 3372-3382.

Steger, Michael (NWB 2013): Die Qualifikation aktivischer Gesellschafterkonten, in: Neue Wirtschaftsbriefe 2013, S. 998-1008.

Stein, Thomas/Stein, Stefan (FR 2013): Neues vom BFH zur Übertragung von Einzelwirtschaftsgütern nach § 6 Abs. 5 EStG und zur Buchwertneutralität von Schenkungen – Praxisfolgen und Ausblicke, in: Finanz-Rundschau 2013, S. 156-163.

Steiner, Manfred/ Kölsch, Karsten (DBW 1989): Finanzierung, in: Die Betriebswirtschaft 1989, S. 409-432.

Stibi, Bernd/Thiele, Stefan (BB 2007): IFRS und Zinsschranke nach dem BMF-Schreiben vom 4.7.2008 - Ausweg oder Irrweg?, in: Betriebs-Berater 2007, S. 2507-2511.

Stobbe, Thomas (Rechnungslegung, 1991): Die Verknüpfung handels- und steuerrechtlicher Rechnungslegung: Maßgeblichkeitsausprägungen de lege lata et ferenda, Berlin 1991.

Strahl, Martin (StbJb 2000/2001): Besteuerung von Veräußerungsgeschäften unter besonderer Berücksichtigung von Einlage- und Einbringungsvorgängen, in: Steuerberater-Jahrbuch 2000/2001, S. 155-182.

Strahl, Martin (KÖSDI 2006): Grundstücksausgliederung im Zuge von Umstrukturierungsmaßnahmen, in: Kölner Steuerdialog 2006, S. 15197-15206.

Strahl, Martin (KÖSDI 2009): Neues zur Kapitalkontenstruktur bei Personengesellschaften, in: Kölner Steuerdialog 2009, S. 16531-16543.

Strahl, Martin (FR 2010): Gestaltungserwägungen zu Mitunternehmerschaften auf Grund der jüngeren Rechtsprechung, in: Finanz-Rundschau 2010, S. 756-760.

Strahl, Martin (Umwandlungen, 2012): Einbringung betrieblicher Sachgesamtheiten in Personengesellschaften, in: Umwandlungen – Der neue Umwandlungssteuer-Erlass, Hrsg. Carlé, Thomas/Korn, Klaus/Stahl, Rudolf/Strahl, Martin, Köln 2012, S. 135-155.

Strahl, Martin (KÖSDI 2012): Neues für Mitunternehmerschaften und ihre Gesellschafter, in: Kölner Steuerdialog 2012, S. 18054-18065.

Strahl, Martin (Personengesellschaften, 2013): Personengesellschaften, in: Strahl, Martin/Demuth, Ralph, 2. Auflage, Köln 2013.

Strahl, Martin (FR 2013): Übertragung von Wirtschaftsgütern bei Mitunternehmerschaften – Reichweite der Aufgabe der Trennungstheorie, in: Finanz-Rundschau 2013, S. 322-326.

Strahl, Martin (Ubg 2013): Ausweitung der Einheitstheorie auf Einbringungen gegen Mischentgelt, in: Die Unternehmensbesteuerung 2013, S. 762-764.

Strahl, Martin (KÖSDI 2015): Aktuelle spezielle Hinweise zur Gewinnermittlung bei Mitunternehmerschaften, in: Kölner Steuerdialog 2015, S. 19492-19495.

Stumpf, Wolf (BB 2013): BGH: Rückforderung gewinnunabhängiger Ausschüttungen erfordert klare gesellschaftsvertragliche Regelung, in: Betriebs-Berater 2013, S. 1809-1812.

Süchting, Joachim (Finanzmanagement, 1989): Finanzmanagement. Theorie und Politik der Unternehmensfinanzierung, 5. Auflage, Wiesbaden 1989.

Swoboda, Peter (Eigen- und Fremdkapital, 1985): Die Abgrenzung von Eigen- und Fremdkapital in betriebswirtschaftlicher Sicht, in: Die Abgrenzung von Eigenkapital und Fremdkapital, Hrsg. Ruppe, Hans Georg/Swoboda, Peter/Nitsche, Gunter, Wien 1985, S. 42-81.

Swoboda, Peter (FS Wittmann, 1985): Der Risikograd als Abgrenzungskriterium von Eigen- versus Fremdkapital, in: Festschrift für Waldemar Wittmann, Information und Produktion – Beiträge zur Unternehmenstheorie und Unternehmensplanung, Hrsg. Stöppler, Sigmar, Stuttgart 1985, S. 343-361.

Swoboda, Peter (Finanzierung, 1994): Betriebliche Finanzierung, 3. Auflage, Heidelberg 1994.

Terberger, Eva (Neo-institutionalistische Ansätze, 1994): Neo-institutionalistische Ansätze, Entstehung und Wandel, Anspruch und Wirklichkeit, Wiesbaden 1994.

Teschke, Manuel/Sundheimer, Henrik/Tholen, Christoph (Ubg 2014): Vermeidung der Aufdeckung stiller Reserven bei der Übertragung/Überführung von Wirtschaftsgütern unter Berücksichtigung aktueller Entwicklungen, in: Die Unternehmensbesteuerung 2014, S. 409-414.

Theile, Carsten (BB 2000): Ausweisfragen beim Jahresabschluß der GmbH & Co. KG nach neuem Recht, in: Betriebs-Berater 2000, S. 555-560.

Theile, Carsten (IFRS Handbuch, 2012): Bewertung (IFRS 13, diverse Standards), in: IFRS Handbuch, Hrsg. Heuser, Paul/Theile, Carsten, 5. Auflage, Köln 2012, Rz. 400-520.

Theile, Carsten (IFRS Handbuch, 2012): Bilanzansatz (Conceptual Framework), in: IFRS Handbuch, Hrsg. Heuser, Paul/Theile, Carsten, 5. Auflage, Köln 2012, Rz. 300-351.

Thiel, Jochen (GmbHR 1992): Im Grenzbereich zwischen Eigen- und Fremdkapital – Ein Streifzug durch die ertragsteuerlichen Probleme der Gesellschafter-Fremdfinanzierung, in: GmbH-Rundschau 1992, S. 20-29.

Thiel, Jochen/Sterner, Ingo (DB 2007): Entlastung der Personenunternehmen durch Begünstigung des nicht entnommenen Gewinns, in: Der Betrieb 2007, S. 1099-1107.

Thiele, Stefan (Eigenkapital, 1998): Das Eigenkapital im handelsrechtlichen Jahresabschluß, Düsseldorf 1998, S. 156.

Tiede, Kai (StuB 2011): Übertragung von Wirtschaftsgütern des Privatvermögens in das betriebliche Gesamthandsvermögen einer Personengesellschaft, in: NWB Unternehmensteuern und Bilanzen 2011, S. 610-615.

Tiede, Kai (EStG/KStG, 2016): § 15 EStG, in: Einkommensteuergesetz, Körperschaftssteuergesetz, Kommentar, Hrsg. Herrmann, Carl/Heuer, Gerhard/Raupach, Arndt, 273. Ergänzungslieferung, Köln 2016.

Tipke, Klaus (JuS 1985): Forum: Das Einkommen als zentraler Begriff des öffentlichen Schuldrechts, in: Juristische Schulung 1985, S. 345-352.

Tipke, Klaus (StuW 1988): Über „richtiges“ Steuerrecht, in: Steuern und Wirtschaft 1988, S. 262-282.

Tipke, Klaus (FS Stoll, 1990): Zur Methode der Anwendung des Gleichheitssatzes unter besonderer Berücksichtigung des Steuerrechts, in: Festschrift für Gerold Stoll, Steuern im Rechtsstaat, Hrsg. Doralt, Werner et al., Wien 1990, S. 229-243.

Tipke, Klaus (Steuerrechtsordnung, 2003): Die Steuerrechtsordnung, Band 2, 2. Auflage, Köln 2003.

Tipke, Klaus (FS Raupach, 2006): Hütet das Nettoprinzip!, in: Festschrift für Arndt Raupach, Steuer- und Gesellschaftsrecht zwischen Unternehmerfreiheit und Gemeinwohl, Hrsg. Kirchhof, Paul/Schmidt, Karsten/Schön, Wolfgang/Vogel, Klaus, Köln 2006, S. 177-209.

Tipke, Klaus (FS Lang, 2011): Steuerrecht als Wissenschaft, in: Festschrift für Joachim Lang, Gestaltung der Steuerrechtsordnung, Hrsg. Tipke, Klaus/Seer, Roman/Hey, Johanna/Englisch, Joachim, Köln 2011, S. 21-56.

Tismer, Wolfgang/Ossenkopp, Matthias (FR 1992): Veräußerung von Kommanditanteilen bei vorliegen von Sonderbetriebsvermögen, in: Finanz-Rundschau 1992, S. 39-43.

Uber, Steffen/Liebernickel, Martin (Ubg 2009): Übertragung von Wirtschaftsgütern auf eine Personengesellschaft: Risiken und Chancen der aktuellen Rechtsprechung, in: Die Unternehmensbesteuerung 2009, S. 844-847.

Uelner, Adalbert/Dankmeyer, Udo (DStZ 1981): Die Verrechnung von Verlusten mit anderen positiven Einkünften nach dem Änderungsgesetz vom 1980-08-20 (sog § 15a-Gesetz), in: Deutsche Steuer-Zeitung 1981, S. 12-24.

Ulmer, Peter/Schäfer, Carsten (Münchener Kommentar zum BGB, 2013): § 705 BGB, in: Münchener Kommentar zum Bürgerlichen Gesetzbuch, Hrsg. Säcker, Franz-Jürgen/Rixecker, Roland/Oetker, Hartmut/Limperg, Bettina, Band 5, 6. Auflage, München 2013

Urbahns, Rüdiger (StuB 2011): Abgrenzung und Abschreibung von Wirtschaftsgütern innerhalb eines Windparks, in: NWB Unternehmensteuer und Bilanzen 2011, S. 537-539.

van Lishaut, Ingo (FR 1994): § 15a EStG nach der Ausgliederung des Sonderbetriebsvermögens, in: Finanz-Rundschau 1994, S. 273-284.

van Lishaut, Ingo (DB 2000): Steuersenkungsgesetz: Mitunternehmerische Einzelübertragung i. S. des § 6 Abs. 5 Satz 3 ff. EStG n. F., in: Der Betrieb 2000, S. 1784-1789.

van Lishaut, Ingo (DB 2001): Einzelübertragung bei Mitunternehmerschaften, in: Der Betrieb 2001, S. 1519-1528.

van Lishaut, Ingo/Schumacher, Andreas/Heinemann, Peter (DStR 2008): Besonderheiten der Zinsschranke bei Personengesellschaften, in: Deutsches Steuerrecht 2008, S. 2341-2348.

Vees, Carl Friedrich (DStR 2013): Einheitstheorie oder Trennungstheorie: Eine kritische Würdigung, in: Deutsches Steuerrecht 2013, S. 681-686.

Veltins, Michael (Der Gesellschaftsvertrag der Kommanditgesellschaft, 2002): Der Gesellschaftsvertrag der Kommanditgesellschaft, 2. Auflage, München 2002.

Vogel, Klaus (Grundfragen, 1985): Die Besteuerung von Auslandseinkünften, in: Grundfragen des internationalen Steuerrechts, Hrsg. Vogel, Klaus, Köln 1985, S. 3-31.

Vogt, Stefan (Maßgeblichkeit, 1991): Die Maßgeblichkeit des Handelsbilanzrechts für die Steuerbilanz, Düsseldorf 1991.

von Arnin, Bernd (Eigenkapital, 1976): Eigenkapital, in: Handwörterbuch der Finanzwirtschaft, Hrsg. von Büschgen, Hans, Stuttgart 1976, Sp. 284-289.

von Beckerath, Hans-Jochem (EStG, 2009): § 15a EStG, in: Einkommensteuergesetz, Kommentar, Hrsg. Kirchhof, Paul/Söhn, Hartmut/Mellinghoff, Rudolf, 198. Ergänzungslieferung, Heidelberg 2009.

von Beckerath, Hans-Jochem (EStG, 2016): § 15a EStG, in: Einkommensteuergesetz, Kommentar, Hrsg. Kirchhof, Paul, 15. Auflage, Köln 2016.

von Falkenhausen, Joachim/Schneider, Henning (Münchener Handbuch des Gesellschaftsrechts, 2014): Kapitalanteil und Gesellschafterkonten, in: Münchener Handbuch des Gesellschaftsrechts, Hrsg. Gummert, Hans/Weipert, Lutz, Band 2, 4. Auflage, München 2014, § 22, Rz. 1-76.

Vormbaum, Herbert (Finanzierung, 1995): Finanzierung der Betriebe, 9. Auflage, Wiesbaden 1995.

Wacker, Roland (BB 1999): Keine Saldierung von Verlustanteil und Sonderbetriebseinnahmen eines Kommanditisten, in: Betriebs-Berater 1999, S. 33-36.

Wacker, Roland (FS Röhricht, 2005): Vertrautes und Neues zu § 15a EStG, in: Festschrift für Volker Röhricht, Gesellschaftsrecht, Rechnungslegung, Sportrecht, Hrsg. Crezelius, Georg/Hirte, Heribert/Vieweg, Klaus, Köln 2005, S. 1079-1093.

Wacker, Roland (JbFfSt 2006/2007): Ertragsteuerprobleme der GmbH und Co. KG in der Krise - § 15a EStG: Finanzplandarlehen und Kapitalkonto (Einlage), in: Jahrbuch der Fachanwälte für Steuerrecht 2006/2007, S. 335-348.

Wacker, Roland (NWB 2008): Einbringung von Wirtschaftsgütern, in: Neue Wirtschafts-Briefe 2008, S. 3091-3098.

Wacker, Roland (HFR 2008): Einbringung von Wirtschaftsgütern des Privatvermögens in eine Personengesellschaft, in: Höchstrichterliche Finanzsprechung 2008, S. 692-694.

Wacker, Roland (DStR 2009): § 15a EStG: Vorgezogene Einlagen und JStG 2009 – Ganzschluss, Halbschluss oder Trugschluss?, in: Deutsches Steuerecht 2009, S. 403-406.

Wacker, Roland (NWB 2013): Buchwerteinbringung ohne negative Ergänzungsbilanz, in: Neue Wirtschafts-Briefe 2013, S. 3377-3385.

Wacker, Roland (Einkommensteuergesetz, 2016): § 6 EStG, in: Einkommensteuergesetz, Hrsg. Schmidt, Ludwig, 35. Auflage, München 2016.

Wacker, Roland (Einkommensteuergesetz, 2016): § 15 EStG, in: Einkommensteuergesetz, Hrsg. Schmidt, Ludwig, 35. Auflage, München 2016.

Wacker, Roland (Einkommensteuergesetz, 2016): § 15a EStG, in: Einkommensteuergesetz, Hrsg. Schmidt, Ludwig, 35. Auflage, München 2016.

Wacker, Roland (Einkommensteuergesetz, 2016): § 16 EStG, in: Einkommensteuergesetz, Hrsg. Schmidt, Ludwig, 35. Auflage, München 2016.

Wacker, Roland (Einkommensteuergesetz, 2016): § 34a EStG, in: Einkommensteuergesetz, Hrsg. Schmidt, Ludwig, 35. Auflage, München 2016.

Wagenhofer, Alfred (IAS/IFRS, 2009): Internationale Rechnungslegungsstandards IAS/IFRS, 6. Auflage, München 2009.

Wagenknecht, Michael (Finanzierungsentscheidungen, 2016): Der Einfluss der Besteuerung auf Finanzierungsentscheidungen, Wiesbaden 2016.

Wagner, Franz (FS Scherpf, 1983): Kann es eine betriebswirtschaftliche Sicht der Steuerbilanz geben?, in: Festschrift für Peter Scherpf, Unternehmung und Steuer, Hrsg. Fischer, Lutz, Wiesbaden 1983, S. 39-49.

Wagner, Franz (BFuP 1984): Grundfragen und Entwicklungstendenzen der betriebswirtschaftlichen Steuerplanung, in: Betriebswirtschaftliche Forschung und Praxis 1984, S. 201-222.

Wagner, Franz (FA 1986): Der gesellschaftliche Nutzen einer betriebswirtschaftlichen Steuervermeidungslehre, in: Finanzarchiv 1986, S. 32-54.

Wagner, Franz (Zeitaspekte, 1989): Die zeitliche Erfassung steuerlicher Leistungsfähigkeit, in: Zeitaspekte in betriebswirtschaftlicher Theorie und Praxis, Hrsg. Hax, Herbert/Kern, Werner/Schröder, Hans-Horst, Stuttgart 1989, S. 261-276.

Wagner, Franz (DB 1991): Perspektiven der Steuerberatung: Steuerrechtspflege oder Planung der Steuervermeidung, in: Der Betrieb 1991, S. 1-7.

Wagner, Franz (StuW 1992): Neutralität und Gleichmäßigkeit als ökonomische und rechtliche Kriterien steuerlicher Normkritik, in: Steuer und Wirtschaft 1992, S. 2-13.

Wagner, Franz (FS Schneider, 1995): Leitlinien steuerlicher Rechtskritik als Spiegel betriebswirtschaftlicher Theoriegeschichte, in: Festschrift für Dieter Schneider, Unternehmenstheorie und Besteuerung, Hrsg. Elschen, Rainer/Siegel, Theodor/Wagner, Franz, Wiesbaden 1995, S. 724-746.

Wagner, Franz (DB 1998): Aufgabe der Maßgeblichkeit bei einer Internationalisierung der Rechnungslegung?, in: Der Betrieb 1998, S. 2073-2077.

Wagner, Franz (Aspekte, 1998): Ist noch breiter noch besser?, in: Ökonomische und rechtliche Aspekte der Unternehmensbesteuerung, Ein Beitrag zum optimalen Umfang von Steuerbemessungsgrundlagen, Hrsg. Rautenberg, Hans, Stuttgart 1998, S. 15-31.

Wagner, Franz (StuW 2004): Gegenstand und Methoden betriebswirtschaftlicher Steuerforschung, in: Steuer und Wirtschaft 2004, S. 237-249.

Wagner, Franz (StuW 2005): Steuervereinfachung und Entscheidungsneutralität – konkurrierende oder komplementäre Leitbilder für Steuerreformen?, in: Steuer und Wirtschaft 2005, S. 93-108.

Wagner, Franz (StuW 2006): Was bedeutet und wozu dient Rechtsform-neutralität der Unternehmensbesteuerung?, in: Steuer und Wirtschaft 2006, S. 101-114.

Wagner, Franz (StuW 2010): Warum haben Ökonomen das objektive Nettoprinzip erfunden, aber nicht erforscht?, in: Steuer und Wirtschaft 2010, S. 24-32.

Wagner, Franz/Dirrigl, Hans (Steuerplanung der Unternehmung, 1980): Die Steuerplanung der Unternehmung, Stuttgart 1980.

Wagner, Franz/Wissel, Harald (WiSt 1995): Entscheidungsneutralität der Besteuerung als Leitlinie einer Reform der Einkommensteuer, in: Wirtschaftswissenschaftliches Studium 1995, S. 65-70.

Wagner, Klaus (DStR 2008): Rückforderung getätigter Ausschüttungen bei KG-Fonds, in: Deutsches Steuerrecht 2008, S. 563-568.

Wagner, Thomas/Fischer, Hardy (BB 2007): Anwendung der Zinsschranke bei Personengesellschaften, in: Betriebs-Berater 2007, S. 1811-1816.

Walpert, Klaus (Personengesellschaften, 2005): Ein- und Austritt von Gesellschaftern, in: Personengesellschaften, Hrsg. Sudhoff, Heinrich, 8. Auflage, München 2005, § 29, S. 614-645.

Wälzholz, Eckhard (DStR 2011): Ausgewählte gesellschaftsrechtliche Aspekte von Gesellschafterkonten bei Personengesellschaften (Teil 1), in: Deutsches Steuerrecht 2011, S. 1815-1819.

Wälzholz, Eckhard (DStR 2011): Ausgewählte gesellschaftsrechtliche Aspekte von Gesellschafterkonten bei Personengesellschaften (Teil 2), in: Deutsches Steuerrecht 2011, S. 1861-1865.

Warnke, Carsten (EStB 2005): Verbindlichkeiten im Visier der Betriebsprüfung, in: Ertrag-Steuer-Berater 2005, S. 185-188.

Wassermeyer, Franz (ZGR 1992): Eigenkapitalersetzende Leistungen aus der Sicht des Steuerrechts, in: Zeitschrift für Unternehmens- und Gesellschaftsrecht, S. 639-661.

Wassermeyer, Franz (FS Ruppe, 2007): Sondervergütungen und Sonderbetriebsvermögen im Abkommensrecht, in: Festschrift für Hans Georg Ruppe, Steuerrecht, Verfassungsrecht, Europarecht, Hrsg. Achatz, Markus et al., Wien 2007, S. 681-694.

Wassermeyer, Franz (IStR 2011): Die abkommensrechtliche Behandlung von Einkünften einer in einem Vertragsstaat ansässigen Personengesellschaft, in: Internationales Steuerrecht 2011, S. 85-90.

Watrin, Christoph (Bilanzrecht, 2014): Einführung, in: Münchener Kommentar zum Bilanzrecht, Hrsg. Hennrichs, Joachim/Kleindiek, Detlef/Watrin, Christoph, Band 1, 5. Ergänzungslieferung, München 2014.

Weber-Grellet, Heinrich (FS Schmidt, 1993): Zeit und Zins im Bilanzsteuerrecht, in: Festschrift für Ludwig Schmidt, Ertragsbesteuerung, Hrsg. Raupach, Arndt/Uelner, Adalbert, München 1993, S. 161-176.

Weber-Grellet, Heinrich (DStR 1998): Bestand und Reform des Bilanzsteuerrechts, in: Deutsches Steuerrecht 1998, S. 1343-1349.

Weber-Grellet, Heinrich (BB, 1999): Der Maßgeblichkeitsgrundsatz im Lichte aktueller Entwicklungen, in: Betriebs-Berater 1999, S. 2659-2666.

Weber-Grellet, Heinrich (Verfassungsstaat, 2001): Steuern im modernen Verfassungsstaat: Funktionen, Prinzipien und Strukturen des Steuerstaats und des Steuerrechts, Köln 2001.

Weber-Grellet, Heinrich (DB 2010): Grundfragen und Zukunft der Gewinnermittlung, in: Der Betrieb 2010, S. 2298-2304.

Weber-Grellet, Heinrich (DB 2012): Schuldzinsenabzug nach § 4 Abs. 4a EStG – Rechtsprechung und neue Entwicklungen, in: Der Betrieb 2012, S. 1889-1892.

Weggenmann, Hans (Personengesellschaften im Internationalen Steuerrecht, 2015): Gewerbliche Personengesellschaften, in: Personengesellschaften im Internationalen Steuerrecht, Hrsg. Wassermeyer, Franz/Richter, Stefan/Schnittker, Helder, 2. Auflage, Köln 2015, S. 273-333.

Weidenhammer, Simon (Eigenkapitalsituation, 2007): Zur Eigenkapitalsituation von Personenhandelsgesellschaften in der IFRS-Rechnungslegung, Freiburg 2007.

Weidenhammer, Simon (PiR 2008): Die Eigenkapitalqualität kündbarer Anteile nach dem Amendment zu IAS 32 – Diskussion von Zweifelsfragen, in: NWB Internationale Rechnungslegung 2008, S. 213-218.

Weidmann, Matthias (FR 2012): Übertragung von Wertgegenständen aus dem Privatvermögen eines Gesellschafters in das betriebliche Gesamthandsvermögen einer Personengesellschaft, in: Finanz-Rundschau 2012, S. 205-213.

Weipert, Lutz (HGB, 2014): § 167 HGB, in: Handelsgesetzbuch, Kommentar, Hrsg. Ebenroth, Carsten/Boujong, Karlheinz/Joost, Detlev/Strohn, Lutz, Band 1, 3. Auflage, München 2014.

Weipert, Lutz (HGB, 2014): § 169 HGB, in: Handelsgesetzbuch, Kommentar, Hrsg. Ebenroth, Carsten/Boujong, Karlheinz/Joost, Detlev/Strohn, Lutz, Band 1, 3. Auflage, München 2014.

Wendt, Michael (FR 2002): Übertragung von Wirtschaftsgütern zwischen Mitunternehmerschaft und Mitunternehmer, in: Finanz-Rundschau 2002, S. 53-66.

Wendt, Michael (Stbg 2009): Personengesellschaften – Verluste und Gewinne, in: Die Steuerberatung 2009, S. 1-8.

Wendt, Michael (Stbg 2010): Gesellschafterkonten bei Personengesellschaften und ihre Bedeutung in der Krise, in: Die Steuerberatung 2000, S. 145-152.

Wendt, Michael (FS Lang, 2011): Realteilung und Ausscheiden gegen Sachwertabfindung – Vorrang des Kontinuitätsprinzip, in: Festschrift für Joachim Lang, Gestaltung der Steuerrechtsordnung, Hrsg. Seer, Roman et al., Köln 2011, S. 699-718.

Wendt, Michael (DB 2013): Verbilligte Wirtschaftsgutübertragung im Anwendungsbereich von § 6 Abs. 5 EStG, in: Der Betrieb 2013, S. 834-839.

Wendt, Michael (FR 2015): Einbeziehung eines negativen Kapitalkontos in die Berechnung des Veräußerungsgewinns eines gegen Entgelt aus einer KG ausscheidenden Kommanditisten, in: Finanz-Rundschau 2015, S. 992-995.

Wengel, Torsten (DStR 2000): Genussrechte im Rahmen der Bilanzanalyse, in: Deutsches Steuerrecht 2000, S. 395-400.

Wengel, Torsten (DStR 2001): Die handelsrechtliche Eigen- und Fremdkapitalqualität von Genussrechtskapital, in: Deutsches Steuerrecht 2001, S. 1316-1324.

Werner, Rüdiger (NWB 2012): Gesellschafterkonten im Gesellschaftsvertrag der GmbH & Co. KG, in: Neue Wirtschafts-Briefe 2012, S. 1523-1534.

Wertenbruch, Johannes (NZG 2005): Gewinnausschüttung und Entnahmepraxis in der Personengesellschaft, in: Neue Zeitschrift für Gesellschaftsrecht 2005, S. 665-667.

Wertenbruch, Johannes (HGB, 2014): § 105 HGB, in: Handelsgesetzbuch, Kommentar, Hrsg. Ebenroth, Carsten/Boujong, Karlheinz/Joost, Detlev/Strohn, Lutz, Band 1, 3. Auflage, München 2014.

Weßling, Johannes (BB 2011): Anwendbarkeit des § 15a EStG in Fällen der Gewinnermittlung nach § 4 Abs. 3 EStG bei ausländischen Personengesellschaften mit inländischen Gesellschaftern, in: Betriebs-Berater 2011, S. 1823-1827.

Wiechmann, Jost (WPg 1999): Der Jahres- und Konzernabschluß der GmbH & Co. KG, in: Die Wirtschaftsprüfung 1999, S. 916-926.

Wiedemann, Herbert (FS Beusch, 1993): Eigenkapital und Fremdkapital, in: Festschrift für Karl Beusch, Hrsg. Beisse, Heinrich/Lutter, Marcus/Närger, Heribald, Berlin 1993, S. 893-913.

Wiedemann, Herbert (Gesellschaftsrecht, 2004): Gesellschaftsrecht II: Recht der Personengesellschaften, München 2004.

Wilhelm, Jan (ZHR 1995): Bilanz, Vermögen, Kapital, Gewinn bei Einzelkaufmann, Personengesellschaften und Kapitalgesellschaften, in: Zeitschrift für das gesamte Handels- und Wirtschaftsrecht 1995, S. 454-478.

Wilk, Ekkehart (DStZ 2007): Unternehmensteuerreform: Wie effizient ist die Begünstigung nicht entnommener Gewinne von Personenunternehmen?, in: Deutsche Steuer-Zeitung 2007, S. 216-220.

Winnefeld, Robert (Bilanz-Handbuch, 2015): Bilanz-Handbuch, Handels- und Steuerbilanz, rechtsformspezifisches Bilanzrecht, bilanzielle Sonderfragen, Sonderbilanzen, IAS/IFRS-Rechnungslegung, 5. Auflage, München 2015.

Wischmann, Rolf (EStB 2015): Berechnung des Veräußerungsgewinns bei negativem Kapitalkonto, in: Der Ertrag-Steuer-Berater 2015, S. 307-308.

Wißborn, Jan-Peter (NWB 2011): Einbringung von Wirtschaftsgütern des Privatvermögens in das Gesamthandsvermögen einer Personengesellschaft, in: Neue Wirtschafts-Briefe 2011, S. 2694-2699.

Wittdorf, Sören (Steuerinduzierte Finanzierungen, 2005): Steuerinduzierte Finanzierungen: Ein Vergleich zwischen Deutschland und den USA, Maastricht 2005.

Wöhe, Günter/Bilstein, Jürgen/Ernst, Dietmar/Häcker, Joachim (Grundzüge, 2013): Grundzüge der Unternehmensfinanzierung, 11. Auflage, München 2013.

Wöhe, Günter/Döring, Ulrich (Allgemeine BWL, 2013): Einführung in die allgemeine Betriebswirtschaftslehre, 25. Auflage, München 2013.

Wolf, Thomas C. (StuB 2014): Kapitalkonten bei der Kommanditgesellschaft, in: NWB Unternehmensteuer und Bilanzen 2014, S. 143-148.

Wolff, Ulrich (DBA, 2015): Art. 7 DBA USA, in: Doppelbesteuerung, Kommentar zu allen deutschen Doppelbesteuerungsabkommen, Hrsg. Wassermeyer, Franz, 131. Ergänzungslieferung, München 2015.

Wolff-Diepenbrock, Johannes (StuW 1988): Zur ertragsteuerlichen Behandlung der Personengesellschaften, in: Steuer und Wirtschaft 1988, S. 376-380.

Wosnitza, Michael/Treisch, Corinna (ZfB 1999): Leistungsfähigkeitskonzeptionen und steuerliche Behandlung des Existenzminimums, in: Zeitschrift für Betriebswirtschaftslehre 1999, S. 351-368.

Wrede, Johannes/Friedrich, Rouven (Stbg 2010): Die Thesaurierungsbesteuerung nach § 34a EStG – Begünstigung der nicht entnommenen Gewinne, in: Die Steuerberatung 2010, S. 57-60.

Wüllenkemper, Dirk (BB 1991): Steuerliche Behandlung von Darlehen einer Personengesellschaft an ihre Gesellschafter, in: Betriebs-Berater 2007, S. 1904-1912.

Wüllenkemper, Dirk (EFG 2011): Einbringung eines Betriebs im Ganzen gegen Mischentgelt, in: Entscheidungen der Finanzgerichte 2011, S. 495-496.

Wüstemann, Jens/Bischof Jannis (ZHR 2011): Eigenkapital im nationalen und internationalen Bilanzrecht: Eine ökonomische Analyse, in: Zeitschrift für das gesamte Handels- und Wirtschaftsrecht 2011, S. 210-246.

Wüstemann, Jens/Bischhof, Jannis/Wüstemann, Sonja (Handbuch des Jahresabschlusses, 2015): International Financial Reporting Standards: Bedeutung und Systembildung der internationalen Rechnungslegungsregeln, in: Handbuch des Jahresabschlusses, Rechnungslegung nach HGB und internationalen Standards, Hrsg, Wysocki, Klaus/Schulze-Osterloh, Joachim/Hennrichs, Joachim/Kuhner, Christoph, Abteilung 1, 58. Ergänzungslieferung, Köln 2015.

Zantow, Roger/Dinauer, Josef (Finanzwirtschaft, 2011): Finanzwirtschaft des Unternehmens, 3. Auflage, München 2011.

Zerbe, Sebastian/Hafner, Nikolaus (DStR 2015): Bestimmung des Kapitalkontos und nur verrechenbarer Verluste iSv § 15a EStG bei doppelstöckigen Personengesellschaften, in: Deutsches Steuerrecht, 2015, S. 1292-1295.

Zimmermann, Horst/Henke, Klaus-Dirk/Broer, Michael (Einführung Finanzwissenschaft, 2009): Finanzwissenschaft, Eine Einführung in die Lehre von der öffentlichen Finanzwirtschaft, 10. Auflage, München 2009.

Zimmermann, Reimar/Hottmann, Jürgen/Kiebele, Sabrina/Schaeberle, Jürgen/Scheel, Thomas (Personengesellschaft im Steuerrecht, 2013): Die Personengesellschaft im Steuerrecht, 11. Auflage, Achim 2013.

Zülch, Henning/Erdmann, Mark-Ken/Clark, Joyce (IRZ 2006): Abgrenzung von Eigenkapital und Fremdkapital nach HGB und IFRS, in: Zeitschrift für internationale Rechnungslegung 2006, S. 227-232.

Zupancic, Georg Michael (Risikokapitalbeschaffung, 1989): Risikokapitalbeschaffung durch Genußscheine bei großen mittelständischen Unternehmungen, Köln 1989.

Zwirner, Christian (BC 2015): Ausscheiden eines Kommanditisten: Berechnung des Veräußerungsgewinns bei negativem Kapitalkonto aufgrund von Ausschüttungen aus der Liquidität, in: Zeitschrift für Bilanzierung, Rechnungswesen und Controlling 2015, S. 465-466.

Zwirner, Christian/Künkele, Kai Peter (BC 2012): Gewinnvereinnahmung bei Anteilen an Personengesellschaften, in: Zeitschrift für Bilanzierung, Rechnungswesen und Controlling 2012, S. 418-422.

B. Gesetzesmaterialien

AktG, Aktiengesetz 1965, in der Fassung der Bekanntmachung vom 6.9.1965 (BGBl. I, S. 1089), zuletzt geändert durch Artikel 1 des Gesetzes vom 22.12.2015 (BGBl. I, S. 2565).

AO, Abgabenordnung 2002, in der Fassung der Bekanntmachung vom 1.10.2002 (BGBl. I, S. 3866; 2003 I, S. 61), zuletzt geändert durch Artikel 5 des Gesetzes vom 3.12.2015 (BGBl. I, S. 2178).

AStG, Außensteuergesetz 1972, in der Fassung der Bekanntmachung vom 8.9.1972 (BGBl. I, S. 1713), zuletzt geändert durch Artikel 8 des Gesetzes vom 22.12.2014 (BGBl. I, S. 2417).

BewG, Bewertungsgesetz 1991, in der Fassung der Bekanntmachung vom 1.2.1991 (BGBl. I, S. 230), zuletzt geändert durch Artikel 9 des Gesetzes vom 2.11.2015 (BGBl. I, S. 1834).

BGB, Bürgerliches Gesetzbuch 2002, in der Fassung der Bekanntmachung vom 2.1.2002 (BGBl. I, S. 42; BGBl. I, S. 2909; BGBl. I, S. 738), zuletzt geändert durch Artikel 1 des Gesetzes vom 11.3.2016 (BGBl. I, S. 396).

EStG, Einkommensteuergesetz 2009, in der Fassung der Bekanntmachung vom 8.10.2009 (BGBl. I, S. 3366), zuletzt geändert durch Artikel 1 des Gesetzes vom 24.2.2016 (BGBl. I, S. 310).

GewStG, Gewerbesteuergesetz 2002, in der Fassung der Bekanntmachung vom 15.10.2002 (BGBl. I, S. 4167), zuletzt geändert durch Artikel 5 des Gesetzes vom 2.11.2015 (BGBl. I, S. 1834).

GG, Grundgesetz für die Bundesrepublik Deutschland 1949, in der Fassung der Bekanntmachung vom 23.5.1949 (BGBl. I, S. 1), zuletzt geändert durch Artikel 1 des Gesetzes vom 23.12.2014 (BGBl. I, S. 2438).

GmbHG, Gesetz betreffend die Gesellschaften mit beschränkter Haftung 1898, in der Fassung der Bekanntmachung vom 20.5.1898 (RGBl. 1898, S. 846), zuletzt geändert durch Artikel 5 des Gesetzes vom 22.12.2015 (BGBl. I, S. 2565).

HGB, Handelsgesetzbuch 1897, in der Fassung der Bekanntmachung vom 10.5.1897 (RGBl. 1897, S. 219), zuletzt geändert durch Artikel 4 des Gesetzes vom 31.3.2016 (BGBl. I, S. 518).

InsO, Insolvenzordnung 1994, in der Fassung der Bekanntmachung vom 5.10.1994 (BGBl. I, S. 2866), zuletzt geändert durch Artikel 16 des Gesetzes vom 20.11.2015 (BGBl. I, S. 2010).

KStG, Körperschaftsteuergesetz 2002, in der Fassung der Bekanntmachung vom 15.10.2002 (BGBl. I, S. 4144), zuletzt geändert durch Artikel 4 des Gesetzes vom 2.11.2015 (BGBl. I, S. 1834).

KWG, Kreditwesengesetz in der Fassung der Bekanntmachung vom 9.9.1998 (BGBl. I, S. 2776), zuletzt geändert durch Artikel 4 des Gesetzes vom 11.4.2016 (BGBl. I, S. 720).

MoMiG, Gesetz zur Modernisierung des GmbH-Rechts und zur Bekämpfung von Missbräuchen 2008, in der Fassung der Bekanntmachung vom 23.10.2008 (BGBl. I, S. 2026).

PublG, Gesetz über die Rechnungslegung von bestimmten Unternehmen und Konzernen (Publizitätsgesetz) 1969, in der Fassung der Bekanntmachung vom 15.8.1969 (BGBl. I, S. 1189; BGBl. I, S. 1113), zuletzt geändert durch Artikel 3 des Gesetzes vom 17.7.2015 (BGBl. I, S. 1245).

SEStEG, Gesetz über steuerliche Begleitmaßnahmen zur Erfüllung der Europäischen Gesellschaft und zur Änderung weiterer steuerrechtlicher Vorschriften vom 7.12.2006 (BStBl. I, 2007, S. 4).

Steueränderungsgesetz 2015, Steueränderungsgesetz 2015 vom 2.11.2015 (BGBl. I, S. 1834).

UmwG, Umwandlungsgesetz 1994, in der Fassung der Bekanntmachung vom 28.10.1994 (BGBl. I, S. 3210; BGBl. I, S. 428), zuletzt geändert durch Artikel 22 des Gesetzes vom 24.4.2015 (BGBl. I, S. 642).

UmwStG, Umwandlungssteuergesetz 2006, in der Fassung der Bekanntmachung vom 7.12.2006 (BGBl. I, S. 2782), zuletzt geändert durch Artikel 6 des Gesetzes vom 2.11.2015 (BGBl. I, S. 1834).

C. Entscheidungen der Gerichte

1. Entscheidungen des Reichsgerichtshofs

Datum	Az.	Fundstelle
27.6.1910	VI 277/08	RGZ 74, S. 72

2. Entscheidungen des Bundesverfassungsgerichts

Datum	Az.	Fundstelle
24.6.1958	2 BvF 1/57	BVerfGE 8, S. 51
9.2.1972	1 BvL 16/69	BVerfGE 32, S. 333
23.11.1976	1 BvR 335/76	BVerfGE 43, S. 108
3.11.1982	1 BvR 620/78	BVerfGE 61, S. 319
22.2.1984	1 BvL 10/80	BVerfGE 66, S. 214
4.10.1984	1 BvR 789/79	BVerfGE 67, S. 290
17.10.1984	1 BvR 527/80	BVerfGE 68, S. 143
29.5.1990	1 BvL 20/84	BVerfGE 82, S. 60
27.6.1991	2 BvR 1493/89	BVerfGE 84, S. 239
26.1.1994	1 BvL 12/86	BVerfGE 89, S. 352
22.6.1995	2 BvL 37/91	BVerfGE 93, S. 121
10.11.1998	2 BvR 1220/93	BVerfGE 99, S. 268
5.2.2002	2 BvR 305/93	BVerfGE 105, S. 17
6.3.2002	2 BvL 17/99	BVerfGE 105, S. 173
4.12.2002	2 BvR 400/98	BVerfGE 107, S. 27
9.3.2004	2 BvL 17/02	BVerfGE 110, S. 94
8.6.2004	2 BvL 5/00	BVerfGE 110, S. 412
16.3.2005	2 BvL 7/00	BVerfGE 112, S. 268
21.6.2006	2 BvL 2/99	BVerfGE 116, S. 164
9.12.2008	2 BvL 1/07	BVerfGE 122, S. 210
6.7.2010	2 BvL 13/09	BVerfGE 126, S. 268
12.10.2010	1 BvL 12/07	BVerfGE 127, S. 224

3. Entscheidungen des Bundesfinanzhofs

Datum	**Az.**	**Fundstelle**
27.7.1965	I 110/63 S	BStBl. III 1966, S. 24
31.5.1972	I R 49/69	BStBl. II 1972, S. 696
6.6.1973	I R 194/71	BStBl. II 1973, S. 705
6.7.1973	VI R 253/69	BStBl. II 1973, S. 754
22.5.1975	IV R 193/71	BStBl. II 1975, S. 804
12.6.1975	IV R 10/72	BStBl. II 1975, S. 853
15.7.1976	I R 17/74	BStBl. II 1976, S. 748
24.9.1976	I R 149/74	BStBl. II 1977, S. 69
26.1.1978	IV R 97/76	BStBl. II 1978, S. 368
14.11.1979	I R 143/76	BStBl. II 1980, S. 96
10.11.1980	GrS 1/79	BStBl. II 1981, S. 164
3.12.1980	II R 66/77	BStBl. II 1981, S. 280
17.12.1980	II R 36/79	BStBl. II 1981, S. 325
19.3.1981	IV R 169/80	BStBl. II 1983, S. 721
3.11.1982	II R 94/80	BStBl. II 1983, S. 240
2.12.1982	IV R 72/79	BStBl. II 1983, S. 215
19.7.1984	IV R 207/83	BStBl. II 1985, S. 6
12.9.1985	VIII R 336/82	BStBl. II 1986, S. 255
10.7.1986	IV R 12/81	BStBl. II 1986, S. 811
26.3.1987	IV R 65/85	BStBl. II 1987, S. 564
19.5.1987	VII B 104/85	BStBl. II 1988, S. 5
30.6.1987	VIII R 353/82	BStBl. II 1988, S. 418
22.7.1987	I R 74/85	BStBl. II 1987, S. 823
22.9.1987	IX R 15/84	BStBl. II 1988, S. 250
3.2.1988	I R 394/83	BStBl. II 1988, S. 551
13.4.1988	I R 300/83	BStBl. II 1988, S. 666
17.1.1989	VIII R 370/83	BStBl. II 1989, S. 563
1.6.1989	IV R 19/88	BStBl. II 1989, S. 1018

Datum	Az.	Fundstelle
27.4.1990	X B 11/89	BFH/NV 1990, S. 769
4.7.1990	GrS 2-3/88	BStBl. II 1990, S. 817
22.8.1990	I R 119/86	BStBl. II 1991, S. 415
8.11.1990	VI R 127/86	BStBl. II 1991, S. 505
11.12.1990	VIII R 8/87	BStBl. II 1992, S. 232
12.12.1990	I R 43/89	BStBl. II 1991, S. 427
19.2.1991	VIII R 422/8	BStBl. II 1991, S. 765
27.2.1991	I R 15/89	BStBl. II 1991, S. 444
5.3.1991	VIII R 93/84	BStBl. II 1991, S. 516
15.3.1991	III R 121/86	BFH/NV 1991, S. 809
19.3.1991	VIII R 214/85	BStBl. II 1991, S. 633
14.5.1991	VIII R 31/88	BStBl. II 1992, S. 167
23.5.1991	IV R 94/90	BStBl. II 1991, S. 800
21.1.1992	VIII R 72/87	BStBl. II 1992, S. 958
5.2.1992	I R 127/90	BStBl. II 1992, S. 532
6.2.1992	IV R 30/91	BStBl. II 1992, S. 653
2.7.1992	VIII B 17/92	BFH/NV 1993, S. 421
16.12.1992	I R 105/91	BStBl. II 1993, S. 792
16.12.1992	XI R 34/92	BStBl. II 1993, S. 436
24.3.1993	IV B 79/92	BFH/NV 1993, S. 658
30.3.1993	IV R 57/91	BStBl. II 1993, S. 502
30.3.1993	VIII R 63/91	BStBl. II 1993, S. 706
3.5.1993	GrS 3/92	BStBl. II 1993, S. 616
3.11.1993	II R 96/91	BStBl. II 1994, S. 88
26.1.1994	III R 39/91	BStBl. II 1994, S. 458
20.5.1994	VIII B 115/93	BFH/NV 1995, S. 101
14.6.1994	VIII R 37/93	BStBl. II 1995, S. 246
21.6.1994	VIII R 5/92	BStBl. II 1994, S. 856
28.7.1994	IV R 53/91	BStBl. II 1995, S. 112
22.9.1994	IV R 61/93	BStBl. II 1995, S. 367

Datum	Az.	Fundstelle
6.7.1995	IV R 30/93	BStBl. II 1995, S. 831
28.9.1995	IV R 57/94	BStBl. II 1996, S. 68
28.9.1995	IV R 39/94	BStBl. II 1996, S. 276
12.12.1995	VIII R 59/62	BStBl. II 1996, S. 219
14.12.1995	IV R 106/94	BStBl. II 1996, S. 226
16.2.1996	I R 183/94	BStBl. II 1996, S. 342
9.5.1996	IV R 64/93	BStBl. II 1996, S. 642
9.5.1996	IV R 75/93	BStBl. II 1996, S. 474
27.6.1996	IV R 80/95	BStBl. II 1997, S. 36
29.8.1996	VIII B 44/96	NJW 1997, S. 1527
26.9.1996	IV R 105/94	BStBl. II 1997, S. 277
12.12.1996	IV R 77/93	BStBl. II 1998, S. 180
9.6.1997	GrS 1/94	BStBl. II 1998, S. 307
29.7.1997	VIII R 57/94	BStBl. II 1998, S. 652
2.10.1997	IV R 66/96	BStBl. II 1998, S. 104
13.11.1997	VI B 119/96	BStBl. II 1998, S. 109
2.12.1997	VIII R 15/96	DStR 1998, S. 482
2.12.1997	IV R 77/93	BStBl. II 1998, S. 180
11.12.1997	IV R 28/97	BFH/NV 1998, S. 836
16.12.1997	VIII R 76/93	BFH/NV 1998, S. 576
10.3.1998	VIII R 76/96	BStBl. II 1999, S. 269
13.10.1998	VIII R 4/98	BStBl. II 1999, S. 284
13.10.1998	VIII R 46/95	BStBl. II 1999, S. 357
13.10.1998	VIII R 78/97	BStBl. II 1999, S. 163
19.10.1998	VIII R 69/95	BStBl. II 2000, S. 230
19.12.1998	IV R 59/96	BStBl. II 1999, S. 266
28.10.1999	VIII R 42/98	BStBl. II 2000, S. 390
28.3.2000	VIII R 13/99	BStBl. II 2000, S. 612
28.3.2000	VIII R 28/98	BStBl. II 2000, S. 347
28.3.2000	VIII R 41/98	BStBl. II 2000, S. 339

Datum	Az.	Fundstelle
12.4.2000	XI R 35/99	BStBl. II 2001, S. 26
18.4.2000	VIII R 11/98	BStBl. II 2001, S. 166
4.5.2000	IV R 16/99	BStBl. II 2001, S. 171
24.8.2000	IV R 51/98	BStBl. II 2005, S. 173
31.10.2000	VIII R 85/94	BStBl. II 2001, S. 185
23.11.2000	IV R 82/99	BStBl. II 2001, S. 232
7.12.2000	III R 35/98	BStBl. II 2001, S. 316
20.12.2000	II R 42/99	BStBl. II 2001, S. 454
23.1.2001	VIII R 12/99	BStBl. II 2001, S. 825
23.1.2001	VII R 30/99	BStBl. II 2001, S. 621
10.7.2001	VIII R 45/98	BStBl. II 2002, S. 339
11.12.2001	VIII R 58/98	BStBl. II 2002, S. 420
18.12.2001	VIII R 27/00	BStBl. II 2002, S. 733
5.6.2002	I R 81/00	BStBl. II 2004, S. 344
7.8.2002	VIII B 90/02	BFH/NV 2002, S. 1577
1.10.2002	IV B 91/01	BFH/NV 2003, S. 304
3.12.2002	IX R 24/00	BFH/NV 2003, S. 894
5.6.2003	IV R 36/02	BStBl. II 2003, S. 871
14.10.2003	VIII R 32/01	BStBl. II 2004, S. 359
18.12.2003	IV B 201/03	BStBl. II 2004, S. 231
12.2.2004	IV R 70/02	BStBl. II 2004, S. 423
7.10.2004	IV R 50/02	BFH/NV 2005, S. 533
20.10.2004	I R 11/03	BStBl. II 2005, S. 581
25.11.2004	IV R 7/03	BStBl. II 2005, S. 354
1.3.2005	VIII R 5/03	BFH/NV 2005, S. 1523
7.4.2005	IV R 24/03	BStBl. II 2005, S. 598
16.8.2005	IV B 198/04	BFH/NV 2006, S. 47
21.9.2005	X R 46/04	BStBl. II 2006, S. 125
21.9.2005	X R 47/03	BStBl. II 2006, S. 504
10.11.2005	IV R 13/04	BStBl. II 2006, S. 618

Datum	Az.	Fundstelle
7.3.2006	X R 44/04	BStBl. II 2006, S. 588
4.4.2006	IV B 12/05	BFH/NV 2006, S. 1460
25.4.2006	VIII R 52/04	BStBl. II 2006, S. 847
21.6.2006	XI R 14/05	BFH/NV 2006, S. 1832
18.10.2006	XI R 41/02	BFH/NV 2007, S. 416
4.12.2006	VIII B 61/06	BFH/NV 2007, S. 451
27.3.2007	IV B 149/05	BFH/NV 1998, S. 1502
29.3.2007	IV R 72/02	BStBl. II 2008, S. 420
24.4.2007	I R 35/05	BStBl. II 2008, S. 253
26.6.2007	IV R 29/06	BStBl. II 2008, S. 103
11.10.2007	VI R 38/05	BStBl. II 2009, S. 135
16.10.2007	VIII R 21/06	BStBl. II 2008, S. 126
17.10.2007	I R 5/06	BStBl. II 2009, S. 356
19.10.2007	VI B 157/06	BFH/NV 2008, S. 211
24.1.2008	IV R 37/06	BStBl. II 2011, S. 617
24.1.2008	IV R 66/05	BFH/NV 2008, S. 1301
14.2.2008	IV R 61/05	BFH/NV 2008, S. 1460
15.5.2008	IV R 46/05	BStBl. II 2008, S. 812
17.7.2008	I R 77/06	BStBl. II 2009, S. 464
16.10.2008	IV R 98/06	BStBl. II 2009, S. 272
3.9.2009	IV R 17/07	BStBl. II 2010, S. 631
25.11.2009	I R 72/08	BStBl. II 2010, S. 471
14.1.2010	IV R 13/06	BFH/NV 2010, S. 1483
25.2.2010	IV R 49/08	BStBl. II 2010, S. 726
16.4.2010	IV B 94/09	BFH/NV 2010, S. 1272
6.5.2010	IV R 52/08	BStBl. II 2011, S. 261
25.8.2010	I R 103/09	BStBl. II 2011, S. 218
8.9.2010	I R 74/09	BStBl. II 2014, S. 788
14.4.2011	IV R 46/09	BStBl. II 2011, S. 696
22.9.2011	IV R 33/08	BStBl. II 2012, S. 10

Datum	Az.	Fundstelle
30.11.2011	I R 100/10	BStBl. II 2012, S. 332
7.12.2011	I R 5/11	BFH/NV 2012, S. 556
21.6.2012	IV R 1/08	BFH/NV 2012, S. 1536
19.9.2012	IV R 11/12	BFH/NV 2012, S. 1880
18.9.2013	X R 42/10	BFH/NV 2013, S. 2006
18.12.2013	I B 85/13	BFH/NV 2014, S. 970
12.2.2014	IV R 22/10	BStBl. II 2014, S. 621
19.3.2014	X R 28/12	BStBl. II 2014, S. 629
16.10.2014	IV R 15/11	BStBl. II 2015, S. 267
20.11.2014	IV R 1/11	BFH/NV 2015, S. 409
9.7.2015	IV R 19/12	DStR 2015, S. 1859
29.7.2015	IV R 15/14	BFH/NV 2016, S. 453
17.9.2015	III R 49/13	BFH/NV 2016, S. 624
14.10.2015	I R 20/15	BFH/NV 2016, S. 475
27.10.2015	X R 28/12	DStR 2015, S. 2834
4.2.2016	IV R 46/12	DStR 2016, S. 662

4. Entscheidungen des Bundesgerichtshofs

Datum	Az.	Fundstelle
21.5.1952	II ZR 114/51	DB 1952, S. 486
24.9.1952	II ZR 136/51	BGHZ 7, S. 174
25.4.1966	II ZR 120/64	NJW 1996, S. 1307
29.5.1967	VII ZR 66/65	BGHZ 48, S. 70
14.7.1972	V ZR 176/70	NJW 1972, S. 1750
24.8.1972	VIII R 36/66	NJW 1973, S. 328
23.2.1978	II ZR 145/76	NJW 1978, S. 1053
21.1.1982	II ZR 137/81	NJW 1982, S. 2066
27.9.1982	II ZR 241/81	DB 1982, S. 2562
10.10.1984	VII ZR 244/83	BGHZ 92, S. 280

Datum	Az.	Fundstelle
5.5.1986	II ZR 163/85	NJW-RR 1987, S. 286
21.3.1988	II ZR 238/87	BGHZ 104, S. 33
5.2.1990	II ZR 94/89	NJW 1990, S. 2684
5.10.1992	II ZR 172/91	BGHZ 119, S. 305
29.3.1996	II ZR 263/94	BGHZ 132, S. 263
9.12.1996	II ZR 341/95	DStR 1997, S. 505
3.5.1999	II ZR 32/98	NJW 1999, S. 2438
27.11.2000	II ZR 218/00	BB 2001, S. 278
8.1.2001	II ZR 88/99	BGHZ 146, S. 264
11.5.2009	II ZR 210/08	DStR 2009, S. 1655
23.4.2012	II ZR 75/10	DB 2012, S. 1679
12.3.2013	ZR 73/11	DB 2013, S. 1406

5. Entscheidungen der Finanzgerichte

Finanzgericht, Datum	Az.	Fundstelle
Düsseldorf, 23.11.2000	10 K 3784 – 96 F	EFG 2001, S. 204
Düsseldorf, 11.2.2004	7 K 5737/01	EFG 2004, S. 989
Hessen, 17.6.2004	11 K 2330/02	EFG 2007, S. 171
Köln, 23.6.2005	10 K 2325/04	DStRE 2005, S. 1190
Hamburg, 20.10.2006	7 K 151/04	EFG 2007, S. 405
Münster, 2.4.2009	8 K 2403/05 F	EFG 2009, S. 1423
Münster, 1.9.2009	1 K 3384/06 F	EFG 2010, S. 52
Nürnberg, 28.1.2010	4 K 612/2007	StBW 2010, S. 438
München, 4.3.2010	5 K 3989/07	EFG 2010, S. 1207
Berlin, 13.10.2011	12 V 12089/11	EFG 2012, S. 358
Berlin Brandenburg, 3.4.2012	6 K 6267/05 B	DStRE 2013, S. 69
Hamburg, 10.10.2012	2 K 171/11	DStRE 2013, S. 969
München, 6.11.2012	13 K 943/09	EFG 2013, S. 421
München, 8.12.2012	13 K 875/10	DStRE 2014, S. 21

Finanzgericht, Datum	Az.	Fundstelle
Niedersachsen, 3.12.2014	4 K 299/13	BB 2015, S. 690
Niedersachen, 22.1.2014	3 K 314/13	EFG 2014, S. 900

D. Verwaltungsanweisungen

1. Richtlinien

EStR, Einkommensteuer-Richtlinie 2012, in der Fassung der Bekanntmachung vom 16.12.2005 (BStBl. I 2005, Sondernummer 1), zuletzt geändert durch Einkommensteuer-Änderungsrichtlinie 2012 vom 25.03.2013 (BStBl. I, S. 276).

2. Bundesministerium der Finanzen

Datum	**Az.**	**Fundstelle**
20.12.1977	IV B 2 – S 2241-231/77	BStBl. I 1978, S. 8
20.2.1992	IV B 2 - S 2241a-8/92	BStBl. I 1992, S. 123
13.11.1993	IV B 3 - S 2190-37/92	BStBl. I 1993, S. 80
24.11.1993	IV B 2 - S 2241a-51/93	BStBl. I 1993, S. 934
30.5.1997	IV B 2 - S 2241a-51/93 II	BStBl. I 1997, S. 627
25.3.1998	IV B 7 - S 1978-21/98	BStBl. I 1998, S. 268
24.12.1999	IV B 4 - S 1300-111/99	BStBl. I 1999, S. 1076
29.3.2000	IV C 2 - S 2178-4/00	BStBl. I 2000, S. 462
7.6.2001	IV A 6 - S 2241-52/10	BStBl. I 2001, S. 367
14.4.2004	IV A - S 2241a-10/04	BStBl. I 2004, S. 463
26.11.2004	IV B 2 - S 2178-2/04	BStBl. I 2004, S. 1190
3.3.2005	IV B 2 - S 2241/14/05	BStBl. I 2005, S. 458
26.5.2005	IV B 2 – S 2175-7/05	BStBl. I 2005, S. 699
17.11.2005	IV B 2 - S 2144-50/05	BStBl. I 2005, S. 1019
8.9.2006	IV B 2 - S 2133-10/06	BStBl. I 2006, S. 497
26.2.2007	IV C 3 - S 2190-18/06	BStBl. I 2007, S. 269
29.3.2007	IV C 6 - O 1000/07/018	BStBl. I 2007, S. 369
7.5.2008	IV B 2 - S 2144/07/0001	BStBl. I 2008, S. 588
4.7.2008	IV C 7 - S 2742-a/07/10001	BStBl. I 2008, S. 718
11.8.2008	IV C - S 2290-a/07/10001	BStBl. I 2008, S. 838
20.5.2009	IV C 6 - 2134/07/10005	BStBl. I 2009, S. 671
11.3.2010	IV C 3 - S 2221/09/10004	BStBl. I 2010, S. 227

Datum	Az.	Fundstelle
21.10.2010	IV C 6 - S 2244/08/10001	BStBl. I 2010, S. 832
23.12.2010	IV C 6 - S 2144/07/10004	BStBl. I 2011, S. 37
11.7.2011	IV C 6 - S 2178/09/10001	BStBl. I 2011, S. 713
11.11.2011	IV C 2 - S 1978-b/08/10001	BStBl. I 2011, S. 1074
8.12.2011	IV C 6 - S 2241/10/10002	BStBl. I 2011, S. 1279
18.2.2013	IV C 6 - S 2144/07/1001	BStBl. I 2013, S. 197
9.4.2013	IV A 2 - O 2000/12/10001	BStBl. I 2013, S. 522
12.9.2013	IV C 6 - S 2241/10/10002	BStBl. I 2013, S. 1164
26.9.2014	IV B - S 1300/09/10003	BStBl. I 2014, S. 1258

3. Verfügungen der Oberfinanzdirektionen

Oberfinanzdirektion Datum	Az.	Fundstelle
Münster, 18.12.1994	S 2241 - 79 St 11-31	DStR 1994, S. 582
Karlsruhe, 20.6.2006	S 2241/27 - St 111	BeckVerw 150365
Koblenz, 15.1.2007	S 2241aA - St 31 1	DB 2007, S. 546
Hannover, 14.5.2007	S 2241 - 79 - StO 221/StO222	DStR 2007, S. 1124
Hannover, 7.2.2008	S 2241a - 96 - StO 222/221	DB 2008, S. 1350
Münster, 4.12.2009	S 2241 - 79 - St 12-33	BeckVerw 232699
Rheinland, 14.12.2011	Kurzinfo KSt 56/2011	DStR 2012, S. 189
Frankfurt/Main, 1.9.2015	S 2241aA – 11 St 213	BeckVerw 317997

E. Sonstige Quellen

IAS/IFRS-Verordnung, Verordnung (EG) Nr. 1606/2002 des Europäischen Parlaments und des Rates betreffend die Anwendung internationaler Rechnungslegungsstandards vom 19.7.2002 (Abl. EG Nr. L 243, S. 1), zuletzt geändert durch Artikel 1 Verordnung (EG) Nr. 297/2008 des Europäischen Parlaments und des Rates vom 11.3.2008 zur Änderung der Verordnung (EG) Nr. 1606/2002 betreffend die Anwendung internationaler Rechnungslegungsstandards im Hinblick auf die Kommission übertragenen Durchführungsbefugnisse (Abl. EU Nr. L 97, S. 62).

OECD-MA, OECD-Musterabkommen 2010 zur Vermeidung der Doppelbesteuerung auf dem Gebiet der Steuern vom Einkommen und vom Vermögen inklusive Musterkommentar, Paris 2010.

EINZELSCHRIFTEN

Friedrich R. Then Bergh und Daniel Reimsbach (Hrsg.)
Entwicklungen und Perspektiven des Finanz- und Rechnungswesens – Festschrift zum 65. Geburtstag von Univ.-Prof. Dr. Raimund Schirmeister
Lohmar – Köln 2016 • 380 S. • € 74,- (D) • ISBN 978-3-8441-0469-1

Frank Wüller
Agency-Probleme und Lösungsansätze in der Bank-Sanierer-Beziehung – Eine qualitativ-empirische Untersuchung aus Banksicht
Lohmar – Köln 2016 • 248 S. • € 60,- (D) • ISBN 978-3-8441-0471-4

Max Monauni
Wandlungskonzepte für Produktionsnetzwerke
Lohmar – Köln 2016 • 176 S. • € 54,- (D) • ISBN 978-3-8441-0476-9

Arne Krey
Risikomanagement auf Rohstoffmärkten und die Bilanzierung nach IFRS
Lohmar – Köln 2016 • 444 S. • € 80,- (D) • ISBN 978-3-8441-0475-2

Heiko Koepke
Unternehmenswertorientierte Steuerungs- und Vergütungssysteme – Konzeption und Synchronisation des Performancecontrollings im Kontext der Corporate Governance
Lohmar – Köln 2016 • 568 S. • € 92,- (D) • ISBN 978-3-8441-0479-0

Amaliny Yoganathan-Hasselbeck
Vergabe von Patentlizenzen an ausländische Patentverletzer – Eine empirische Analyse auf Grundlage der Transaktionskostentheorie
Lohmar – Köln 2016 • 256 S. • € 62,- (D) • ISBN 978-3-8441-0485-1

Benjamin Brucker
Gesellschafterkontenabgrenzung einer inländischen Personenhandelsgesellschaft und deren Bedeutung in ausgewählten ertragsteuerlichen Normen
Lohmar – Köln 2016 • 348 S. • € 70,- (D) • ISBN 978-3-8441-0488-2

JOSEF EUL VERLAG